中国石化员工培训教材

成品油管道输油工

中国石化员工培训教材编审指导委员会　组织编写

本书主编　王卫东

中国石化出版社

内 容 提 要

《成品油管道输油工》为中国石化员工培训教材系列之一，本书共分五篇：输油工基础、输油工艺、管道运行、输油设备、仪表自控。主要介绍石油成品油、流体力学、油品计量、电工、仪表、计算机、金属腐蚀、识图、安全及环保等方面的基础知识；成品油管道输送工艺及顺序输送；管道投产、运行操作、计量操作、质量管理、管道事故判断处理及应急操作、运行记录、维修管理、生产方案及规程编制等管道运行方面内容；泵、电机、油罐、阀门的结构原理、安装、操作、运行维护保养及故障分析判断；过滤器、收发球筒等其他输油设备的结构、原理及操作维护；设备管理及设备润滑方面的知识；压力、温度、液位、振动、流量、密度等常用检测仪表以及电动、电液执行机构的分类、结构、原理、安装、日常维护及故障判断；实时监视与控制(SCADA)系统的基本结构、系统功能及应用、故障判断及处理等内容，对管道通讯作了简略介绍。

本书是输油操作人员岗位技能培训教材，亦可作为油品仓储管理人员的辅助参考书。

图书在版编目(CIP)数据

成品油管道输油工/王卫东主编. —北京：中国石化出版社，2013.11(2015.1 重印)
中国石化员工培训教材
ISBN 978 -7 -5114 -2428 -0

Ⅰ.①成… Ⅱ.①王… Ⅲ.①成品油管道 - 管道输油 - 技术培训 - 教材 Ⅳ.①TE832

中国版本图书馆 CIP 数据核字(2013)第 237283 号

中国石化出版社出版发行

地址:北京市东城区安定门外大街 58 号
邮编:100011　电话:(010)84271850
读者服务部电话:(010)84289974
http://www.sinopec-press.com
E-mail:press@sinopec.com
北京科信印刷有限公司印刷

*

787×1092 毫米 16 开本 29.25 印张 720 千字
2015 年 1 月第 1 版第 2 次印刷
定价:86.00 元

序

中国石化是上中下游一体化能源化工公司，经营规模大、业务链条长、员工数量多，在我国经济社会发展中具有举足轻重的作用。公司的发展，基础在队伍，关键在人才，根本在提高员工队伍整体素质。员工教育培训是建设高素质员工队伍的先导性、基础性、战略性工程，是加强人才队伍建设的重要途径。

当前，我们已开启了建设世界一流能源化工公司的新航程，加快转变发展方式的任务艰巨而繁重，这对进一步做好员工教育培训工作提出了新的更高要求。我们要以中国特色社会主义理论为指导，紧紧围绕企业改革发展、队伍建设和员工成长需要，以提高思想政治素质为根本，以能力建设为重点，积极构建符合中国石化实际的培训体系，加大重点和骨干人才培训力度，深入推进全员培训，不断提高教育培训的质量和效益，为打造世界一流提供有力的人才保证和智力支持。

培训教材是员工学习的工具。加强培训教材建设，能够有效反映和传递公司战略思想和企业文化，推动企业全员学习，促进学习型企业建设。中国石化员工培训教材编审指导委员会组织编写的这套系列教材，较好地反映了集团公司经营管理目标要求，总结了全体员工在实践中创造的好经验好做法，梳理了有关岗位工作职责和工作流程，分析研究了面临的新技术、新情况、新问题等，在此基础上进行了完善提升，具有很强的实践性、实用性和较高的理论性、思想性。这套系列培训教材的开发和出版，对推动全体员工进一步加强学习，进而提高全体员工的理论素养、知识水平和业务能力具有重要的意义。

学习的目的在于运用，希望全体员工大力弘扬理论联系实际的优良学风，紧密结合企业发展环境的新变化、新进展、新情况，学好用好培训教材，不断提高解决实际问题、做好本职工作的能力，真正做到学以致用、知行合一，把学习培训的成果切实转变为推进工作、促进改革创新的实际行动，为建设世界一流能源化工公司作出积极的贡献。

二〇一二年七月十六日

前言

根据中国石化发展战略要求，为加强培训资源建设、推进全员培训的深入开展，集团公司人事部组织梳理了近些年培训教材开发成果，调研了企业培训教材需求，开展了中国石化员工培训课程体系研究。在此基础上，按职业素养、综合管理、专业技术、技能操作、国际化业务、新员工等六类，组织编写覆盖石油石化主要业务的系列培训教材，初步构建起中国石化特色的培训教材体系。这套系列教材围绕中国石化发展战略、队伍建设和员工成长的需要，以提高全体员工履行岗位职责的能力为重点，把研究和解决生产经营、改革发展面临的新挑战、新情况、新问题作为重要目标，把全体员工在实践中创造的好经验好做法作为重要内容，具有较强的实践性、针对性。这套培训教材的开发工作由中国石化员工培训教材编审指导委员会组织，集团公司人事部统筹协调，总部各业务部门分工负责指导和质量把关，主编单位负责组织培训教材编写。在培训教材开发和编写的过程中，上下协同、团结合作，各级领导给予高度重视和支持，许多管理专家、技术骨干、技能操作能手为培训教材编写贡献了智慧、付出了辛勤劳动。

《成品油管道输油工》为员工培训类教材，在编写时，主要结合成品油管道输油工的实际工作，着重于输油工日常需要掌握的基础知识和技能。全书共5篇，分为输油工基础、输油工艺、管道运行、输油设备、仪表自控。第1篇介绍了流体力学、计量、电工、仪表、金属腐蚀、安全环保、计算机等与输油工相关的基础知识；第2篇阐述成品油管道输送工艺及顺序输送方面的内容；第3篇阐述管道投产、运行操作、计量操作及质量管理、管道事故判断处理及应急操作、检维修管理、生产方案及规程编制等内容；第4篇阐述输油泵、油罐、阀门的结构原理、安装、操作、运行维护保养及故障分析判断，过滤器、收发球筒等其他输油设备的结构、原理及操作维护等内容，并介绍了设备管理及设备润滑方面的知识；第5篇介绍了压力、温度、液位、振动、流量、密度等常用检测仪表以及电动、电液执行机构的分类、结构、原理、安装、日常维护及故障判断，实时监视与控制(SCADA)系统的基本结构、系统功能及应用、故障判断及处理等内容，对管道通讯作了简略介绍。

《成品油管道输油工》教材由销售华南分公司负责编写，由王卫东主编，参加编写的单位有销售华北分公司、销售华东分公司。刘静、徐燕萍、林武斌、赵平生、杨昌群、熊道英、郭俊、陈秀丽、金锁英、黄楚文、刘月明、戴兵、付永杰、刘国华编写了第1篇，刘园、刘静编写了第2篇，戴兵、刘静、李蓉蓉、郑启超、徐燕萍、左志恒、伍清、白云峰、付永杰、刘国华编写了第3篇，黄小茂、林武斌、林元茂、金锁英编写了第4篇，雷虹、刘文超、杨昌群、陈志勇、何勇君编写了第5篇，本教材已由集团公司人事部组织审定通过，主审秦新言，参加审定的人员有黄小茂、伍清、王卫东、白云峰 、陈振友、陈秀丽、王剑波、付永杰、戴兵、刘园、刘静、郑启超、郭俊。审定工作得到了油品销售事业部、销售华南分公司、销售华北分公司、销售华东分公司等的大力支持；中国石化出版社对教材的编写和出版工作给予了通力协作和配合，在此一并表示感谢。

由于本教材内容涵盖较广，不同企业之间也存在着差别，加之经验不足，编写时间紧迫，遗漏或欠妥之处在所难免，敬请各使用单位及个人对教材提出宝贵意见和建议，以便教材修订时补充更正。

目　录

第1篇　输油工基础

第2篇 输油工艺

第3篇　管道运行

第4篇 输油设备

第 1 篇
输油工基础

第1章　成品油输油管道发展概况

成品油管道作为安全、经济、快捷的能源运输方式，日益发挥着不可替代的重要作用，在我国得到迅速发展。如此迅速发展，主要缘于与公路、铁路、水运等成品油运输方式相比，具有独特的优势：管道埋设于地下，占用土地极少，走向受地形、地物的限制少，运输距离长；油品输送基本不受恶劣气候的影响、油气损耗小、对环境污染少，可全天为市场供应油品；管道运输能耗少，自动化程度和劳动生产率高，运输成本低；大流量连续运输。如国内某成品油管网覆盖五省区，年输送能力达2000多万吨，为企业和社会创造了良好的社会和经济效益。

1.1　成品油输油管道的特点

成品油管道与原油管道相比除了为常温输送外，还有以下特点：

1. 输送及分输到用户的成品油必须是合格油品

油品从输入点进入管道到分输至各个用户油库必须完全合格，用户可以直接进行销售。输送过程不能导致油品污染，发生质量事故。产生的混油段，必须经处理达到质量标准。

2. 采用“泵站－泵站”密闭顺序输送流程

为防止产生大量的混油，成品油管道必须采用“泵站－泵站”密闭输送流程。顺序输送的不同油品必须严格按同类油品及密度和性质相近的顺序排列，对于不同种类油品的相邻排列输送，需制定可靠混油切割和处理方案，以确保油品质量。

3. 成品油管道运行服务于市场和用户

成品油管道服务于跨区域的多种市场、多个用户以及多个油源单位，面对众多用户对输油量、分输量和油源的各种需求，管道运营单位必须在确保管道安全运行的前提下，准时、准量、符合质量要求地将油品输送到位于管道沿线各分输点的用户油库中，同时保证油源单位油品正常出厂或出库，避免堵库、影响正常生产。管道运行既要满足市场、用户需求，又要适合管道运行特性、安全性限制和经济性要求。

4. 输送的油品种类多、工况变化频繁

成品油管道通常输送多个品种，并由多个炼油厂或港口提供油源，油品种类繁多、变化大。当两种油品在管内移动时，随着两种油品在管内运行距离的变化，管道的运行状态处于缓慢的瞬变过程中。管道的操作参数(包括流量及各站进、出站压力)随时间而缓慢变化。对这种缓慢的瞬变过程，需要实时进行调节控制，该种瞬变过程的调节控制较容易，但要考虑全线运行泵的优化组合，尽量减少节流损失。

5. 顺序输送时会产生混油

管道内两种油品接触并向前移动会形成一段混油。产生的混油在物理化学性质上与所输的两种油品都不同，不能直接作为合格的油品销售。混油量不仅取决于两种油品的物理化学性质，而且与交替过程中管内油品的流动状态、输送顺序和管道长度等因素有关。

6. 混油的处理

顺序输送产生的混油量大多数输送到末站切割进混油罐储存后进行处理。目前处理混油的方式主要有混油回掺、运至炼油厂回炼、降级或末站蒸馏装置蒸馏处理。为节省费用、减少经济损失，应充分利用油品质量潜力和末站接收的油品数量进行回掺。回掺不完的混油应根据剩余量、运距等条件进行费用比较后再确定其他处理方式。

7. 混油界面跟踪、检测

混油界面跟踪检测是成品油管道特有的一项工作，由于所输送的是最终产品，如果混油段界面的跟踪不及时、不准确，将混油当作纯净油品分输进油库，将造成很大的质量事故，因此必须严密地跟踪监视界面所在位置，并在编制输油计划前，就预测好某一油品应于某日某时某分在某分输站分输，提前通知各站做好及时接收来油准备。

检测各批次油品界面的准确位置十分重要，需依靠各站密度计以及对管道的进油量和分输量的监测，通过计算机模拟计算和 SCDADA 系统实时监控等多项手段的综合判断，来实现对混油界面的跟踪监测。

1.2 成品油输油管道发展

现代成品油管道系统体现了一个国家的经济、技术实力。第二次世界大战期间，美国因战争需要，建设了一条当时管径最大、距离最长的成品油管道，管径 500mm，包括支线在内，全长 2745km，日输成品油量为 37360m^3。战后随着石油工业的发展，管道建设进入了一个新阶段，各国都建设了不少长距离成品油管道。现代成品油管道多建成为地区性的管网系统，沿途多处接收和分输油品，采用密闭和顺序输送方式输油。

1929 年，美国最早在长 1230km、直径 0.2m 的成品油管道上进行了三种汽油和丁烷沿管道的顺序输送试验。1943 年，前苏联在工业管道上实现了轻质成品油的顺序输送。

目前，全世界最大的成品油输送系统，有美国科洛尼尔、西欧的莱茵－美茵、前苏联的古比雪夫－勃良斯克等管道系统。美国的科洛尼尔成品油管道系统是世界上大型成品油管道系统的典型代表之一。

近年来，我国成品油管道得到了高速发展。1977 年建成了第一条长距离、小口径、顺序输送的格尔木－拉萨成品油管道。该管道建设通过世界屋脊青藏高原，穿过永久冻土带等地质条件极为复杂地区，全长 1080km，管径 150mm，顺序输送汽油和柴油。20 世纪 90 年代至今，先后建设了克拉玛依－乌鲁木齐、抚顺－鲅鱼圈、兰州－成都－重庆、西南管道、珠三角管道、鲁皖、乌鲁木齐－兰州等成品油管道。

1.3 成品油输油管道的现状

世界成品油管道主要分布在北美洲、欧洲和南美洲，占全世界成品油管道总长度的 80%。其中，北美洲约 1.5×10^5km，占世界总长度的 50%，管径在 168 ~1016mm；中南美洲约 2.9×10^4km，占世界总长度的 10%，管径在 102 ~508mm；欧洲合计约 6.0×10^4km，占世界总长度的 20%，管径在 102 ~813mm；亚洲约 4.8×10^4km，占世界总长度的 14.2%，管径在 152 ~1067mm，其中中国约 1.8×10^4km，占世界总长度的 5.8%；大洋洲约 0.6×10^4km，占世界总长度的 1.9%，管径在 102 ~355mm；非洲合计约 1.5×10^4km，占世界总长度的 4.9%，管径在 51 ~762mm。

据不完全统计，截至 2010 年我国已建和在建的主要成品油管道约 1.8×10^4km，其中，中国石油约为 8000km，主要包括西部成品油管道、兰－成－渝成品油管道、兰－郑－长成品油管道等；中国石化约为 8216km，主要包括西南成品油管道、珠三角成品油管道、鲁皖成品油管道等；中国海洋石油约为207km，主要包括立沙成品油管道、黄骅港－中捷石化成品油管道等。

近年来我国成品油管道获得了长足发展，但仍然存在诸多问题。一是成品油管道从干线管道向周边次级市场地区的扩散覆盖程度低，支线管道偏少，管道运输对市场的覆盖率低；二是由于SCADA软件的应用受到国外专利技术的限制，我国管道运输技术与自动化控制水平和国外先进水平相比，仍存在一定差距。三是部分成品油管道的输量较低。

1.4 新技术在成品油管道上的应用

从世界范围来看，成品油管道输送方面先进的成熟技术应用主要有以下几方面。

1. 添加减阻剂输送

在流体内部加入极少量的减阻剂，就能改变紊流运行的内部结构，从而使紊流阻力大大减小，这一方法被称为添加减阻剂，是近20年来迅速发展起来的新技术，应用于成品油管道的减阻。减阻剂是一种可减少液体管道摩擦阻力损失的多分子聚合物。目前，在陆地和海底原油、成品油管道上，先后都使用了减阻剂，减阻率达16%～48%，流量增加率7%～30%。

添加减阻剂是提高管道输量的有效应急措施，它可以使运行管道富有输送弹性，增强适应能力。使用减阻剂可以解决管道"瓶颈"段问题，从而提高整个管道的输送量；可以解决管道高峰负荷期的问题，以便排除临时或周期性的管流涌塞现象。此外，使用减阻剂还可以有效地加大站间距。因此发展成品油管道添加减阻剂输送技术，是世界范围内管道输送工艺的一种趋势。

2. 广泛应用新型的三层PE防腐材料

聚乙烯三层复合结构防腐层是世界上先进的管道防腐层，由环氧粉末、聚合胶、聚乙烯三层结构组成，环氧粉末喷涂于经严格除锈的钢管表面，起到防腐作用；聚合胶层的作用是黏结下层环氧粉末与上层聚乙烯，聚乙烯层主要起机械保护作用。该防腐层的特点是三层之间牢固结合，防腐性能和机械性能达到良好的统一。

3. 仿真技术在长输成品油管道上广泛应用

国内成品油管道向着大型化、网络化以及输送介质多样化方向发展，输送过程日趋复杂。为了保证管道在安全的前提下经济优化运行，从设计到运行管理的每个细节，必须深入全面地掌握管道运行工况的实时动态变化规律。由于输送介质物性以及输送过程中各种不确定因素的影响，致使描述管道工况动态变化的数学模型非常复杂。调度人员在做出控制决策或运行方案时需要考虑的因素很多，如果没有准确、迅速的管道工况分析手段，短时间内做出安全可靠的控制决策或安全经济的运行方案是十分困难的。计算机仿真技术可填补这一空白，它为长输成品油管道设计以及运行管理的技术人员提供了管道动态工况分析的工具。

管道仿真技术研究经过30多年的开发和研究，目前已形成多种管道网络仿真系统和软件，并在管道规划、设计、调度、管理及控制等方面得到广泛的应用。

4. 管道内窥检测技术被越来越多地广泛应用

使用智能内窥检测器对成品油管道进行内检测，是一种维护管道和确保管道长寿命的有效方法。管道内窥检测技术是一种降低管道事故的有效方法，在许多国家，检查金属缺损最常用的智能检测器是利用磁通量测漏技术（MFL）检查像腐蚀坑这样的缺损，MFL检测器能检测出金属缺损，但不能检查出轴向的、平面的缺损，像裂缝。但英国一家公司的MFL智能检测器却能检测出管道的环向裂缝。

5. 计算机模拟分析和优化顺序输送过程

顺序输送过程中影响混油产生的因素较多，选择合理的输送方案是减少混油的基本措施。运用计算机对不同的输油方案进行离线模拟分析，可选择合理的输油方案，或者判断某个输油方案是否可行。此项技术目前在许多成品油管道上得到广泛应用。

6. 数据采集及监视控制(SCADA)系统技术的应用

SCADA 系统即数据采集与监视控制系统是以计算机为基础的生产过程控制与调度自动化系统。它可以对现场的运行设备进行监视和控制，实现数据采集、设备控制、测量、参数调节以及各类信号报警、与第三方设备通讯等各项功能，实现管道安全、可靠、平稳、高效、经济地运行。

7. 泄漏检测技术开始在成品油管道上应用

由于成品油管道线路长，铺设于野外，打孔盗油、腐蚀或缺陷穿孔、第三方施工或自然灾害等引起外管线油品泄漏事故时有发生，如不能及时发现和控制处理，油品大量流出，可能引发火灾、爆炸或环境污染等严重后果。只依靠系统监控和人为巡检，难以及时发现，因此国际、国内一些院校和技术公司开发了专用于成品油管道泄漏检测和定位的技术软件，目前，已在部分管道上应用，随着该项技术的日益成熟，将会得到广泛应用。

第2章 成品油基础知识

2.1 石油的化学组成

2.1.1 石油的一般性质

石油是重要的能源之一，长期以来，一直是世界能源供应中的主要组成部分，约占35%~50%。同时，石油也是近代化学工业所需原料的主要来源，在国民经济中占有举足轻重的地位。

石油是埋藏在地下的天然矿产物，未经炼制前叫原油，原油经炼制加工后得到各种燃料油、润滑油、蜡、沥青、石油焦等石油产品。石油通常是一种流动或半流动状黏稠液体，颜色大部分为黑色，也有暗褐、暗绿等颜色，少数赤褐色、浅黄甚至无色。有特殊气味，含硫化物、氮化物多，则气味发臭；含胶质沥青质越多，颜色越深，气味越浓。相对密度一般小于1，多数在0.80~0.98之间，石油密度随其组成中的碳、氧、硫含量增加而增大，随温度升高而下降。不同原油黏度差别很大，50℃黏度有的仅1.4mm^2/s，有的高达20000mm^2/s。凝点差别也很大，有的高达30℃以上，有的却低于-50℃。

原油是由多种元素组成的多种化合物的混合物，由于化学组成的复杂和不同，导致石油外观性质有很大差异。

2.1.2 石油的元素组成

石油主要由碳(占83%~87%)、氢(占11%~14%)两种元素组成，合计占96%~99%。其次还含有硫、氮、氧，占1%~4%。

除以上五种元素外，还含有微量的金属元素和其他非金属元素，如钒、镍、铁、铜、砷、氯、磷、硅等，它们的含量非常少，常以百万分之几计。

石油中各元素一般以非单质形式存在，组成极为复杂。

2.1.3 石油的烃类组成

石油主要由各种不同的烃类组成，石油中的烃类主要是由烷烃、环烷烃和芳香烃这三类烃构成。烷烃在常温常压下，C_1~C_4为气体，C_5~C_{15}为液体，C_{16}以上的正构烷烃为固体。天然石油中一般不含烯、炔烃等不饱和烃，它们主要存在于石油二次加工产品中。

2.1.4 石油的非烃化合物

石油中的非烃化合物主要是指含硫、氮、氧的化合物，这些元素的含量虽仅占1%~4%，但非烃化合物含量却相当高，有的可达20%以上。

1. 含硫化合物

不同石油，硫含量差别很大，从百万分之几到百分之几。由于硫对石油加工和产品性能影响极大，所以硫含量常作为评价石油的一项重要指标。硫在石油中少量以硫(S)、硫化氢

(H_2S)形式存在，大多数以有机硫化物形式存在，如硫醇、硫醚、环硫醚、二硫化物及含硫杂环化合物等。

含硫化合物对设备管线有腐蚀作用，使油品某些使用性能变坏，在二次加工中使某些催化剂中毒，丧失催化活性，燃烧后还会污染大气。因此炼制时应尽量将其除去。

2. 氮化合物

主要是含氮杂环化合物，还有少量胺类。

含氮化合物大多有臭味，氧化安定性差，会促使油品颜色变深，加速胶质生成，在二次加工中也会使催化剂中毒，炼制时应将其除去。

3. 含氧化合物

主要有酸性氧化物和中性氧化物两类。酸性氧化物有环烷酸、脂肪酸和酚类等，它们也是重要的化工原料，但有特殊气味，有腐蚀性。中性氧化物有醛、酮、酯等。炼制时应除去。

4. 胶质沥青质

石油中的非烃化合物，大部分以胶状沥青状物质(即胶质沥青质)存在，都是由C、H、S、N、O及一些金属元素组成的多环复杂化合物。它们在石油中的含量相当可观，绝大部分存在于石油的减压渣油中。胶质是深黄色至棕色的黏稠物质，溶于石油醚、苯中，有很强着色力，油品颜色主要来自胶质，胶质受热或常温氧化下可转化为沥青质。沥青质是深褐或黑色非晶态固体，没有挥发性，不溶于石油醚，溶于苯中。胶质、沥青质高温下易转化为焦炭。

油品中的胶质必须除去，而含有大量胶质沥青质的渣油可用于生产沥青，包括道路沥青、建筑沥青等，沥青也是主要的石油产品之一。

2.1.5　石油加工工艺简介

按原油中烷烃、环烷烃、芳香烃等主要烃类的组成不同，可大致分为以下三类：

(1) 石蜡基。这类油的特点是含有较多的石蜡(即直链烷烃含量占50%以上)，凝点较高。如大庆原油。

(2) 中间基。这类油的特点是既含有一定数量的烷烃，也含有一定数量的环烷烃和芳香烃。如胜利原油。

(3) 环烷基。这类油的特点是含环烷烃和芳香烃较多，凝点较低，密度较大。如孤岛原油。

石油炼制是以原油为基本原料，通过一系列炼制工艺，把原油加工成各种石油产品和化工原料。加工过程可分为一次加工过程和二次加工过程。

一次加工过程：炼油工业中通常把常、减压蒸馏过程称为一次加工过程，在这一过程中，无化学变化，属物理过程，原油中烃类化合物在结构上也没有发生变化。

二次加工过程：在将轻馏分改质与重馏分和渣油的轻质化为主的加工过程中，都有化学反应发生，原油中的烃类化合物在结构上发生了变化，炼油工业中通常把这一过程称为二次加工过程。主要包括：催化裂化、催化重整、加氢裂化、热加工过程、炼厂气加工及产品精制等。

将原油加热使其汽化，经过分馏、冷凝和冷却，从而得到几个不同沸点范围馏分的过程，叫做原油的蒸馏。在蒸馏塔内压力与大气压力相同的条件下对原油进行的蒸馏叫做常压蒸馏。常压蒸馏的目的，是从原油中分离出汽油、煤油和柴油馏分，这些馏分通常叫做直馏馏分。要从原油中分离出沸点较高的润滑油馏分，用常压蒸馏的方法是办不到的，因为要使这些高沸点烃汽化，就必须提高加热温度，当温度升高到450℃以上时，这些高沸点烃就会裂解为低沸点烃，同时还会发生缩合反应生成焦炭。为了达到从原油中分离出润滑油馏分的目的，就必须按照液体的沸点随压力的降低而降低的原理，适当减低蒸馏塔内的压力，使高沸点烃能够在较低的加热条件下沸腾汽化。这种在降低蒸馏塔内压力的条件下对原油进行的蒸馏，叫做原油的减压蒸馏。

通常把沸点小于200℃的馏分称为汽油馏分或低沸馏分；200~350℃的称为煤、柴油馏分或中间馏分；350~500℃称为减压馏分或高沸馏分；大于500℃为渣油。

一般来说，石油馏分不是石油产品。石油产品必须满足油品规格的要求。通常馏分要经进一步加工、调和才能变成石油产品。此外，同一沸点范围的馏分也可以因目的不同加工成不同产品。例如航空煤油(即喷气燃料)的馏分范围是150~280℃，灯用煤油是200~300℃，轻柴油是200~360℃。

2.2 成品油的性能指标

石油经过不同的加工工艺，按照不同的产品规格标准生产出用于不同使用目的的成品油。按照GB/T 498—1987，石油产品及润滑剂共分燃料、溶剂和化工原料、润滑剂和有关产品、蜡、沥青、焦六大类，汽油、柴油和煤油(喷气燃料)是石油燃料中最重要的三种。

2.2.1 汽油性能指标

汽油是点燃式发动机燃料，是由 C_4 ~ C_{12} 烃族组分多种烃类组成的复杂混合物。随着我国国民经济的快速发展，汽车的保有量逐年递增，对汽油的需求也不断增长，经济的发展和环保的要求，对汽油的产量和质量提出了越来越高的要求。汽油质量的改进经历了以下三个阶段：高标号化、无铅化和清洁化。我国从2000年起取消了含铅汽油，而且在无铅化过程中实现了高标号化，取消了70号汽油，并积极推进汽油清洁化进程，即对汽油的硫含量、烯烃含量、芳烃含量、苯含量等提出越来越严格的限制。

目前我国执行的车用汽油标准GB 17930—2011为车用汽油(Ⅲ)见表2-1，相当于欧Ⅲ排放水平，其中硫含量不大于0.015%，车用汽油(Ⅳ)过渡期至2013年12月31日，其中硫含量不大于0.005%；北京、上海、广州执行地方标准，相当于欧Ⅳ排放水平，其中硫含量不大于0.005%；我国部分省市使用车用乙醇汽油，即在乙醇汽油组分油中加入10.0%(体积分数)变性燃料乙醇，称为E10，执行标准为GB18351—2010。

表2-1 GB 17930—2011 车用汽油(Ⅲ)标准

项　　目	质量指标				试验方法
		90号	93号	97号	
抗爆性： 研究法辛烷值(RON) 抗爆指数(RON+ROM)/2	 不小于 不小于	 90 85	 93 88	 97 报告	GB/T 5487 GB/T 503 GB/T 5487

续表

项　目	质量指标	试验方法
铅含量①/(g/L)	不大于　0.005	GB/T 8020
馏程： 10%蒸发温度/℃ 50%蒸发温度/℃ 90%蒸发温度/℃ 终馏点/℃ 残留量/%(体积分数)	 不高于　70 不高于　120 不高于　190 不高于　205 不大于　2	GB/T 6536
蒸气压/kPa 从11月1日至4月30日 从5月1日至10月31日	 不大于　88 不大于　72	GB/T 8017
溶剂洗胶质/(mg/100mL)	不大于　5	GB/T 8019
诱导期/min	不小于　480	GB/T 8018
硫含量②/%(质量分数)	不大于　0.015	GB/T 380 GB/T 11140 SH/T 0253 SH /T 0689 SH/T0742
硫醇(需满足下列要求之一)： 博士试验 硫醇硫含量/%	 通过 不大于　0.001	SH/T 0174 GB/T 1792
铜片腐蚀(50℃，3h)/级	不大于　1	GB/T 5096
水溶性酸或碱	无	GB/T 259
机械杂质及水分	无	目测③
苯含量④/%(体积分数)	不大于　1.0	SH/T 0713 SH/T 0693
芳烃含量⑤/%(体积分数)	不大于　40	SH/T 0741 GB/T 11132
烯烃含量⑤/%(体积分数)	不大于　30	SH/T 0741 GB/T 11132
氧含量/%(质量分数)	不大于　2.7	SH/T 0663
甲醇含量①/%(质量分数)	不大于　0.3	SH/T 0663
锰含量⑥/(g/L)	不大于　0.016	SH/T 0711
铁含量①/(g/L)	不大于　0.01	SH/T 0712

① 车用汽油中不得人为加入甲醇及含铅或含铁的添加剂。

② 在有异议时，以 SH/T 0689 方法测定结果为准。

③ 将试样注入 100mL 玻璃量筒中观察，应当透明，没有悬浮和沉降的机械杂质和水分。在有异议时，以 GB/T 511 和 GB/T 260 方法测定结果为准。

④ 在有异议时，以 SH/T 0713 方法测定结果为准。

⑤ 对于 97 号车用汽油，在烯烃、芳烃总含量控制不变的前提下，可允许芳烃的最大值 42%(体积分数)。在含量测定有异议时，以 GB/T 11132 测定方法为准。

⑥ 锰含量是指汽油中以甲基环戊二烯三羰基锰的形式存在的总锰含量，不得加入其他类型的含锰添加剂。

2.2.1.1 蒸发性

汽油由液态转变为气态的性能称为汽油的蒸发性。汽油的蒸发性能越强，就越容易汽化，与空气混合越均匀，这样就容易着火，燃烧速率快，燃烧较完全，能使发动机易于启动，加速及时，减少磨损，降低油耗。所以汽油必须具有良好的蒸发性。

但是，汽油的蒸发性也不能过强，因为蒸发性过强的汽油在炎热的夏季以及大气压力较低的高原和高山地区使用时，容易使发动机燃油供给系统发生气阻，甚至造成供油中断，使发动机工作不正常，严重时会堵塞油路造成发动机不工作。在储存和运输过程中，蒸发性过强的汽油的蒸发损耗也大。

汽油的蒸发性，用馏程和饱和蒸气压两个指标来评定。

1. 馏程

馏程是指油品在规定条件下蒸馏，所得到的以初馏点和终馏点表示其蒸发特性的温度范围，它是轻质燃料蒸发性的主要指标，从馏程即可以看出油品的沸点范围，也可以判断油品组成中轻质和重质组分的大体含量。在液体燃料的生产过程中，馏程作为重要的控制指标之一，用它作为基础来调节炼制操作条件，使各项指标既符合标准要求，同时又能生产出足够数量的产品。

10%蒸发温度的高低，表示汽油中低沸点轻馏分的多少，它决定发动机启动的难易，与产生气阻的倾向也有密切关系；50%蒸发温度表示汽油的平均蒸发性能，它与发动机启动后升温时间的长短以及加速性能和工作稳定性有密切关系；90%蒸发温度和终馏点——这两个指标都是用来表示汽油中重质馏分的多少，它们与燃料的完全燃烧和发动机耗油量及磨损程度有密切关系。

在储运过程中，汽油中混入少量柴油，由于柴油馏分重，会使终馏点上升，造成汽油馏程不合格，终馏点是管输混油回掺中应重点控制的指标。

2. 蒸气压

蒸气压是容器内气液两相达到平衡时，液面蒸气所显示的最大压力。蒸气压的高低表明了液体中分子逃离液体汽化或蒸发的能力，表示该液体在一定温度下的汽化能力，汽油的蒸气压是衡量是否易于产生气阻的指标，同时还可以衡量汽油在储存运输过程中的损耗倾向。饱和蒸气压越大，蒸发性越强，能使发动机易于冷启动，但产生气阻的倾向越大，蒸发损耗也越大，着火的危险性也增大。

2.2.1.2 抗爆性

抗爆性是汽油在发动机中燃烧时不致发生爆震现象的性能。产生爆震燃烧的原因，主要是汽油的抗爆性与发动机的压缩比不相适应，爆震严重影响发动机燃烧、工作状况，轻则敲缸、叫杆，重则损坏发动机。汽油的抗爆性用辛烷值表示，辛烷值越大，汽油的抗爆性越好。

汽油的辛烷值有以下三种表示方法：

研究法辛烷值（*RON*）：发动机在600r/min条件下测定的。该方法代表发动机常有加速情况下低速运转时汽油的抗爆性。

马达法辛烷值（*MON*）：发动机在900r/min条件下测定的。该方法代表发动机重负荷条件下高速运转时汽油的抗爆性。因为测定条件较研究法苛刻，因此马达法辛烷值比研究法辛烷值低。

抗爆指数(*RON* + *MON*)/2：是研究法辛烷值和马达法辛烷值的1/2，更能综合表示汽油的抗爆性。

测定辛烷值的标准燃料用两种抗爆性能相差悬殊的烷烃掺合而成：一种是抗爆性优良的异辛烷，定其辛烷值为100；另一种是抗爆性低劣的正庚烷，定其辛烷值为0。将两者按不同体积比掺合，就可得到辛烷值在0以上、100以下的各种标准燃料。如用90%的异辛烷和10%的正庚烷掺合，可以得到辛烷值为90的标准燃料。

车用汽油的牌号是按研究法辛烷值来划分的。

发动机压缩比是发动机汽缸的总容积与燃烧室容积的比值。压缩比越大的发动机，压缩终了时汽缸内的温度和压力越高，因而做功时的膨胀压力也越高，热功转换效果越好，从而可以提高发动机的功率，降低油耗，因此近代汽车发动机压缩比逐渐提高。但是，随着压缩比的提高，汽缸内的高温、高压更能促使发生爆震燃烧。如果只提高压缩比而无抗爆性相适应的汽油，则发动机在工作过程中就会产生爆震。因此提高发动机压缩比的同时，必须使用抗爆性更好的汽油。发动机压缩比与汽油辛烷值近似匹配关系见表2-2。

表2-2 发动机压缩比与汽油辛烷值近似匹配关系

压缩比	7.7~8.0	8.0~9.5	9.5~10.5
辛烷值(*RON*)	90	93	97

组成汽油的化合物主要是含5~11个碳原子的烷烃、环烷烃、芳香烃和烯烃。烷烃是汽油的主要组分，其辛烷值因分子化学结构不同而差异很大。正构烷烃的辛烷值最低，异构烷烃比正构烷烃高很多，芳香烃辛烷值最高，环烷烃与烯烃辛烷值介于二者之间。

2.2.1.3 氧化安定性

汽油的氧化安定性，是指汽油在常温和液相条件下抵抗氧化的能力。安定性好的汽油，长期储存也不会发生显著的质量变化；安定性差的汽油，在储存和输转过程中容易发生氧化反应，生成相对分子质量较大的胶状物质和酸性物质，使辛烷值降低，酸度增加，颜色变深。汽油的氧化安定性用溶剂洗胶质和诱导期两个指标评定。

1. 溶剂洗胶质

汽油的溶剂洗胶质是指汽油蒸发残渣中的正庚烷不溶部分，是汽油氧化安定性的重要指标，用以评定燃料在发动机中生成胶质的倾向。汽油中的不饱和烃及含硫、含氮等非烃化合物多，则安定性差，易氧化生成胶质。

胶质易沉积在油管、过滤器、汽化器喷管和喷油嘴等部位，胶质含量多很容易造成堵塞，尤其对现代电喷发动机，其喷嘴相当精细，很容易被胶质、积炭堵塞，使喷油状态恶化，燃烧不完全，导致动力性下降、油耗增加、尾气排放增大；胶质沉积在气门上时会黏结气门，使气门关闭不严，造成发动机动力性和经济性下降，严重使会卡住气门，使发动机停止工作；胶质多还会增加积炭，造成活塞顶、燃烧室积炭增多，增大爆震燃烧倾向，降低发动机功率，增大油耗。

影响胶质的因素较多，主要包括：烃类组成及含量，非烃类组成和含量，添加剂的组成及含量，环境温度、空气、阳光、水分及金属等。

2. 诱导期

汽油的诱导期是在规定的加速氧化的条件下，油品处于稳定状态所经历的时间周期，用 min 表示。是评定汽油氧化安定性的重要指标，表示汽油储存期间产生氧化和形成胶质的倾向。诱导期越长，汽油越不易氧化，氧化安定性越好。

汽油在储运中生成胶质或酸度增大，发动机油门、喷嘴和进气阀等处结焦、生成积炭等情况与诱导期有直接关系。

2.2.1.4 腐蚀性

汽油的腐蚀性是由烃类以外的各种杂质所引起的，如硫及硫化物、水溶性酸或碱、有机酸性物和水分等。对这些能引起汽油产生腐蚀作用的物质，都必须严格加以控制。

1. 硫含量、博士试验、硫醇硫含量和铜片腐蚀

燃料油品中的硫危害极大，它会增大燃烧产物的腐蚀性；硫的燃烧产物（特别是 SO_3）能使碳氢化合物加速聚合，造成汽缸中的积炭既多又硬，增大磨损；同时燃料燃烧后生成的 SO_2 和 SO_3，不但影响人的身体健康，而且会造成酸雨，污染环境。

汽油中硫及硫的化合物的含量及腐蚀性能主要通过硫含量、博士试验、硫醇硫含量和铜片腐蚀来测定。其中博士试验是一种定性测试硫醇的方法，硫醇硫含量试验是一种定量测试硫醇的方法。铜片腐蚀试验主要是定性地检查试油中是否含有腐蚀金属的活性硫化物或游离硫。

2. 水溶性酸或碱

水溶性酸或碱是指能够溶解于水的无机酸或碱和低分子有机酸。由于在原油炼制过程和成品油输转过程中，如果采用酸碱精制和用化学方法清洗容器后未清除干净，就可能使成品油中残留水溶性酸或碱。或者因为成品油储存时间较长或保管不善，烃类被氧化后生成了低分子有机酸。水溶性酸几乎能与各种金属直接发生化学反应生成盐类，产生化学腐蚀。水溶性碱对铝有腐蚀作用。

2.2.1.5 清洁环保性

随着环保要求的不断严格和汽车工业不断发展、发动机要求不断提高，汽油标准中还对油品的清洁、环保性能提出了许多指标要求，如硫含量、烯烃、芳烃、苯、氧（MTBE、甲醇）、各种金属含量等限制，这些组分对环境、人体健康都会造成一定影响，也会对发动机部件、尾气催化转化器等部件造成影响，是油品清洁化需要限制的指标。标准中规定汽油中也不能含有机械杂质和水分。

2.2.2 柴油性能指标

柴油是压燃式发动机。由于柴油发动机的压缩比高（一般为 13 ~ 24），因而柴油发动机的燃料热效率高、功率大、油耗低，因此不仅用于大中型动力机械、车辆，现在也越来越多地用于中小型如高级轿车的动力上。我国柴油产品标准有 GB 252—2011《普通柴油》和 GB 19147—2009《车用柴油》，普通柴油适用于拖拉机、内燃机车、工程机械、船舶和发电机组等压燃式发动机以及三轮汽车和低速货车；车用柴油是作为压燃式柴油车所使用的发动机燃料，可不包括三轮汽车和低速货车。其中车用柴油指标见表 2 - 3。北京、上海、广州车用柴油执行地方标准，相当于欧Ⅳ排放水平，其中硫含量不大于 0.005%。

表 2－3 GB 19147—2009 车用柴油标准

项目		5号	0号	－10号	－20号	－35号	－50号	试验方法
氧化安定性（总不溶物）/（mg/100mL）	不大于	2.5						SH/T 0175
馏程：								GB/T 6536
50% 回收温度/℃	不高于	300						
90% 回收温度/℃	不高于	355						
95% 回收温度/℃	不高于	365						
闪点（闭口）/℃	不低于	55			50	45		GB/T 261
凝点/℃	不高于	5	0	－10	－20	－35	－50	GB/T 510
冷滤点/℃	不高于	8	4	－5	－14	－29	－44	SH/T 0248
运动黏度（20℃）/（mm^2/s）		3.0～8.0		2.5～8.0		1.8～7.0		GB/T 265
硫含量（质量分数）/%	不大于	0.035						GB/T 380
铜片腐蚀（50℃，3h）/级	不大于	1						GB/T 5096
水分（体积分数）/%	不大于	痕迹						GB/T 260
机械杂质		无						GB/T 511
10% 蒸余物残炭（质量分数）/%	不大于	0.3						GB/T 268
灰分（质量分数）/%	不大于	0.01						GB/T 508
着火性（需满足下列要求之一）								
十六烷值	不小于	49			46	45		GB/T 386
十六烷指数	不小于	46			46	43		SH/T 0694
密度（20℃）/（kg/m^3）		810～850			790～840			GB/T 1884 GB/T 1885
润滑性								
磨痕直径（60℃）/μm	不大于	460						SH/T 0765
多环芳烃含量（质量分数）/%	不大于	11						SH/T 0606
脂肪酸甲酯（体积分数）/%	不大于	0.5						GB/T 23801

2.2.2.1 着火性

柴油发动机是压燃式发动机，可燃混合气直接在汽缸内形成并经压缩，温度超过其自燃点后自燃，自燃点是指在无外界火源的情况下，油品能被剧烈氧化而导致自行燃烧的最低温度；而汽油发动机中可燃混合气则是经压缩后通过火花塞点燃，为点燃式发动机。柴油的燃烧性又叫着火性，它表示柴油自燃的能力。评定柴油着火性的指标为十六烷值，十六烷值标准燃料是正十六烷和 α－甲基萘。柴油的十六烷值越高，柴油的发火性延迟时间越短，燃烧速度越快，燃烧性能越好。柴油组分中，对于碳数不同的烃类，以烷烃的十六烷值最高，烯烃、异构烷烃居中，芳烃特别是稠密环芳烃的十六烷值最小。柴油发动机的转速越高，能允许柴油在汽缸中燃烧的时间越短，因而对十六烷值的要求越高。一般来说，转速大于 1000r/min 的高速柴油机使用十六烷值 45～55 的柴油为宜，否则也容易产生爆震现象。当然，十六烷值并非越高越好，十六烷值过高，着火滞后期过短，将会造成柴油机早燃，产生爆震及增加炼制成本。

2.2.2.2 蒸发性

柴油在发动机汽缸中的发火和燃烧都是在气态下进行的，必须先蒸发成为蒸气并与空气形成可燃混合气后，才能使发动机启动和正常工作，因此要求柴油具有良好的蒸发性。但蒸发性也不能太强，因为蒸发速度过快，燃烧时会积聚大量柴油，使发动机工作不稳定。同时，蒸发性强，即馏分轻，黏度必然小，不仅会增大喷油泵磨损，而且降低喷雾质量，使燃烧过程恶化。这就是说，柴油的蒸发性过强或过差即馏分过轻或过重都不适宜。

柴油的蒸发性主要用馏程和闭口闪点来评定。

1. 馏程

（1）50%回收温度　该温度越低，说明柴油中轻质组分越多，蒸发性越好，使柴油机易于启动。

（2）90%回收温度和95%回收温度　该温度越低，说明柴油中重质组分越少，可以提高柴油的燃烧性能和柴油机的动力性能，降低油耗，减少机械磨损。

2. 闪点

闪点是在规定条件下，加热油品所逸出的蒸气和空气组成的混合物与火焰接触发生瞬间闪火时的最低温度，以℃表示。燃点是石油产品在规定的条件下，加热到接触火焰能点燃，并燃烧不少于5s时的最低温度。油品的燃点一般比其闪点高20～30℃。柴油闪点既是控制柴油蒸发性的项目，也是保证柴油安全性的项目。

柴油中混入少量汽油会使柴油闪点大大降低。例如在柴油运输过程中常见的一个问题是运输汽、柴油没有专车专用，油罐车运完汽油后再运柴油，如果汽油卸不干净就会造成柴油的闭口闪点下降，严重时会引起柴油闭口闪点不合格，同样闪点是管输混油回掺中应重点控制的指标。

2.2.2.3 流动性

柴油流动性能主要由黏度、凝点、冷滤点来表示。

1. 黏度

黏度是液体流动时内摩擦力的量度，黏度通常分为运动黏度、动力黏度和条件黏度，运动黏度是用毛细管黏度计测定的，单位为m^2/s（沱），通常是用单位为mm^2/s(厘沱)，动力黏度可由运动黏度乘以液体的密度求得，单位为Pa·s。随着压力增加，液体的黏度基本不变，温度升高时油品的黏度减小，油品黏度随温度变化的这种性质通常称为黏温性质，黏度比和黏温指数是黏温性能常用的表示方法。黏度比比较直观，为油品不同温度下黏度比值，其数值越小表明油品黏度随温度变化越小，黏温性能越好。黏温指数是表示油品黏度随温度变化的约定量值，油品的黏温指数越高，说明油品黏度随温度变化越小，即黏温性能越好。油品混合物的黏度不具有可加性。

黏度是柴油重要的使用性能项目，它与柴油的供给量、雾化性、燃烧性和润滑性均有密切的关系。柴油燃烧雾化好坏取决于黏度，黏度过大则雾滴大，与空气混合不均匀，燃烧不完全形成积炭；如果黏度过小，对喷油嘴等部件的润滑性能变差，增大磨损。只有在标准要求的黏度范围内，才既能保证柴油对发动机燃油供给系统有较好的润滑性，又保证柴油有较好的雾化性能和供给量，从而使柴油有较好的燃烧性能。

2. 凝点、冷滤点

是评定柴油低温流动性两个主要指标，我国柴油就是按凝点划分牌号的。凝点是柴油不能流动的最高温度，表示柴油储存、运输和收发作业的界限温度。但实际使用中，在柴油完全凝固前，便有蜡结晶析出，结晶达到一定尺寸，就可能造成过滤器滤网堵塞，使柴油并未达到凝点前便不能使用。因此凝点与柴油的低温使用性能没有对应关系。

在规定条件下柴油不能通过滤网的最高温度，叫柴油的冷滤点。冷滤点与柴油的使用性能有良好的对应关系，各牌号柴油的实际使用温度范围就是按冷滤点来划分的。柴油的冷滤点可通过炼制过程中脱蜡或调和等工艺来降低，加入柴油低温流动性改进剂，也是一种有效的方法。

2.2.2.4 氧化安定性

柴油的安定性对发动机的影响与汽油类似，预示柴油在储存和运输过程中生成沉淀物和胶质的趋势。柴油安定性差，容易氧化变质，颜色加深变黑，沉淀物和胶质增大，堵塞过滤器，容易在燃烧室形成大量积炭，对柴油的储存和使用有很大影响。柴油的安定性指标用氧化总不溶物和10%蒸余物残炭表示，同时色度的大小及变化也可以反映出柴油安定性的好坏。

氧化总不溶物指柴油在一定条件下加热、通氧气并氧化一定时间后产生的氧化沉渣量，可以表示柴油的氧化安定性，越低说明安定性越好。10%蒸余物残炭是指柴油的10%蒸余物在残炭测定器中受热蒸发和燃烧分解后的残留物，可以表示柴油的馏程和精制深度。如果馏分重，精制深度浅，则残炭值必然大，在汽缸中生成积炭的倾向也越大。色度是在规定条件下，油品颜色最接近于某一号标准色板(色液)颜色时所测的结果。

轻柴油在储存过程中的颜色变化，主要取决于所用原油的性质以及不同的加工工艺，而且与柴油组成、储存温度、水含量和环境温度有关。轻柴油中若催化裂化组分多，它们的安定性较差，易被氧化，使轻柴油颜色变深，颜色变化就快。如果轻柴油中直馏组分或加氢组分多，则其安定性较好，颜色变化较小。

2.2.2.5 腐蚀性

柴油的腐蚀性同汽油腐蚀性基本一样，它通过硫含量、酸度、铜片腐蚀三个指标加以控制。其中酸度是中和100mL油品中的酸性物质所需要的KOH毫克数，以mgKOH/100mL油表示。酸度测试方法能够测定出油中的有机酸和无机酸。柴油的酸度过高会造成柴油发动机腐蚀、活塞磨损、喷嘴结焦。

2.2.2.6 润滑性

近年来，随着人们环保意识的提高，对柴油质量提出的要求也越来越高，柴油中的硫含量受到严格控制，柴油精制程度越来越深。使用低硫和超低硫柴油确实对环境好，但由于精制过程中将具有润滑性组分也去除，使柴油的润滑性能下降，同时柴油发动机性能也越来越高，发动机喷油压力增加，喷射过程灵活性、复杂性增加，喷油压力还将提高，喷射系统对柴油润滑性的要求和依赖更大，因此车用柴油对润滑性也提出了要求。

2.2.2.7 清洁环保性

1. 灰分

灰分是在规定条件下，油品被炭化后的残留物经煅烧所得的无机物，以质量分数表示。灰分是油品中不能燃烧的矿物质，呈粒状，非常坚硬，能在摩擦副间起磨料作用，并且具有侵蚀金属的性质，是造成汽缸壁与活塞环磨损的重要原因之一。

2. 水分

柴油中有较多的水存在，会降低柴油的发热量；0℃以下水会结冰，使燃油供给系统堵塞；水能溶解水溶性盐类，使柴油灰分增大；水还能加速金属的腐蚀，由于水的存在会带来许多危害，因此标准中要求水分不大于痕迹。

3. 机械杂质

机械杂质会造成油路堵塞，加剧喷油嘴等精密零件的磨损，甚至造成喷油嘴堵死，因此柴油中不能含有机械杂质。

4. 硫含量

硫是原油中的天然成分，硫含量是与环境污染和腐蚀都有关的项目，柴油中随着硫含量的增加，尾气中的SO_2和SO_3必然增加，在大气中形成硫酸盐，是小颗粒排放物(PM)的主要组成。硫能导致发动机系统腐蚀和磨损，并且，随着硫含量增加，某些排气后处理系统(如NO_x捕集器)的效率会降低，严重的会造成排气后处理系统永久失效。由于硫的危害性，近年来各国都在柴油规格中将硫含量作为一个比较重要的指标加以限制，并且其趋势是向更加严格的方向发展。

5. 多环芳烃

多环芳烃是含有多个苯环的化合物，燃油中的多环芳烃含量将影响燃烧及微粒物和多环芳烃排放物的形成。含量高会使燃烧和排放恶化，影响环境和人体健康。

6. 脂肪酸甲酯

脂肪酸甲酯为生物柴油的主要成分，该指标主要是为了控制柴油中生物柴油的加入量。

2.2.3 喷气燃料的性能指标

煤油是馏程范围大致介于汽油和柴油之间的燃料油品，主要包括灯用煤油和国防、民航所用的喷气燃料(即航空煤油)两大类。目前，煤油用作灯用燃料已经很少，而随着喷气式发动机的迅速发展，喷气燃料的需求量急速增长，当前煤油绝大部分用作喷气燃料，喷气燃料(即航空煤油)成为石油炼制行业重要的产品之一。目前。我国喷气燃料执行标准为GB 6537—2006 3号喷气燃料，见表2-4。

喷气发动机和飞机对喷气燃料要求很高，喷气燃料主要应具备以下性能：

(1) 良好的组成及挥发性(高空性能)。馏程分布均匀，蒸发性适宜，保证高空飞行不产生气阻，蒸发损失小，燃烧稳定。

(2) 良好的燃烧性能。喷气燃料热值要高，具有良好的燃烧稳定性、完全性、生炭性、冒烟性，不因工作条件变化而熄火，一旦高空熄火后能容易再启动，燃烧要完全，产生积炭要少。

(3) 良好的低温性。在低温工作条件下部析出结晶和冰晶体，保证发动机正常供油。

(4) 良好的洁净性。喷气燃料中杂质、水、表面活性物应严格控制。

(5) 良好的安定性。保证储存和使用时不变质，满足安定性要求。

(6) 无腐蚀性。保证燃油系统零部件不发生腐蚀。

(7) 适宜的润滑性。保证燃油系统零部件正常润滑无磨损。

(8) 具有较好的导电性、较小的着火危险性。

表 2-4 GB 6537—2006 3 号喷气燃料

项目		指标	试验方法
外观		室温下清澈透明，目视无不溶解水及固体物质	目测
颜色	不小于	+25	GB/T 3555
组成			
总酸值/(mg KOH/g)	不大于	0.015	GB/T 12574
芳烃含量(体积分数)/%	不大于	20.0	GB/T 11132
烯烃含量(体积分数)/%	不大于	5.0	GB/T 11132
总硫含量(质量分数)/%	不大于	0.20	GB/T 380 GB/T 11140 GB/T 17040 SH/T 0253 SH/T 0689
硫醇性硫(质量分数)/%	不大于	0.0020	GB/T 1792
或博士试验		通过	SH/T 0174
直馏组分(体积分数)/%		报告	
加氢精制组分(体积分数)/%		报告	
加氢裂化组分(体积分数)/%		报告	
挥发性			
馏程：			GB/T 6536
初馏点/℃		报告	
10% 回收温度/℃	不高于	205	
20% 回收温度/℃		报告	
50% 回收温度/℃	不高于	232	
90% 回收温度/℃		报告	
终馏点/℃	不高于	300	
残留量(体积分数)/%	不大于	1.5	
损失量(体积分数)/%	不大于	1.5	
闪点(闭口)/℃	不低于	38	GB/T 261
密度(20℃)/(kg/m^3)		775~830	GB/T 1884，GB/T 1885
流动性			
冰点/℃	不高于	-47	GB/T 243，SH/T 0770
黏度(20℃)/(mm^2/s)	不小于	1.25	GB/T 265
-20℃	不大于	8.0	
燃烧性			
净热值/(MJ/kg)	不小于	42.8	GB/T 384，GB/T 2429
烟点/mm	不小于	25.0	GB/T 382
或烟点最小为 20mm 时，			
萘系烃含量(体积分数)/%	不大于	3.0	SH/T 0181
或辉光值	不小于	45	GB/T 11128

续表

项　　目		指　　标	试验方法
腐蚀性			
铜片腐蚀(100℃，2h)/级	不大于	1	GB/T 5096
银片腐蚀(50℃，4h)/级	不大于	1	SH/T 0023
安定性			
热安定性(260℃，2.5h)			GB/T 9169
压力降/kPa	不大于	3.3	
管壁评级		小于3，且无孔雀蓝色或异常沉淀物	
洁净性			
实际胶质/(mg/100mL)	不大于	7	GB/T 8019，GB/T 509
水反应			GB/T 1793
界面情况/级	不大于	1b	
分离程度/级	不大于	2	
固体颗粒污染物含量/(mg/L)	不大于	1.0	SH/T 0093
导电性			
电导率(20℃)/(pS/m)		50～450	GB/T 6539
水分离指数			
未加抗静电剂	不小于	85	SH/T 0616
加入抗静电剂	不小于	70	
润滑性			
磨痕直径(*WSD*)/mm	不大于	0.65	SH/T 0687

注：经铜精制工艺的喷气燃料，油样应按 SH/T 0182 方法测定铜离子含量，不大于 150μg/kg。

第3章　流体力学基础知识

3.1　流体的物理性质及流体力学基本概念

流体力学是研究流体平衡和运动规律及其在工程实践中应用的一门学科，是力学的一个重要分支。

3.1.1　流体的概念及物理性质

3.1.1.1　流体的概念

从宏观上讲，物质以固体、液体和气体三种状态存在。物质由分子组成，分子之间作用力的大小决定了物质存在的状态。固体的分子排列紧密，分子之间的作用力大，因此，固体不仅具有一定的体积，而且保持一定的形态，能抵抗一定的外力作用，变形微小。液体和气体与固体相比较，分子排列松散，分子间的作用力较小，这就决定了液体和气体具有区别于固体的共同特性：不能保持一定的形状，不能抵抗拉力和切力作用。当受到微小切力作用时，将发生连续不断的变形，即通常所说的流动，液体和气体放在什么形状的容器里就成什么形状。凡是无一定形状、易流动的物质称为流体。因此，液体和气体都属于流体。

液体和气体比较，气体的形状就更不固定。液体放在开口的容器中与大气形成明显的分界面，即自由面。而气体则只能限制在密闭的容器中，如果容器有漏洞，它就会向外扩散和四周的大气混合在一起。这种扩散现象是气体和液体的一个重要区别。

当液体改变形状发生流动时，由于分子内聚力作用，还产生一种抵抗变形阻碍流动的性质，叫做流体的黏滞性。流体的黏滞性是产生流动阻力的重要原因之一。对于一般液体来说，温度越高，黏滞性越小，也就越容易流动；而对于气体来说，温度越高，黏滞性越大，这是因为高温时气体的分子运动更加活跃，从而增加了流动阻力。液体压强对其黏滞性的影响很不明显，但对于气体来说，由于压强的增大会使气体密度增大，从而增大黏滞性。

液体和气体的另一显著区别在于它们的可压缩性。气体很容易被压缩，受压后体积明显变化，密度增大；而液体受压后，体积和密度的变化不甚明显。工程上把液体看成是不可压缩的流体，把气体叫做可压缩流体。但是，在某些特殊情况下，液体的压缩性又是不可忽视的，如管道中液体运动速度发生急剧变化时，会发生由于液流惯性引起的“水击”现象，造成压强的突然变化，发生强烈的震动，使管道破坏。这时，就必须考虑到液体的压缩性来计算水击压强的大小。

3.1.1.2　流体的主要物理性质

1. 密度、重度和相对密度

(1) 密度和比容：单位体积内所含有的流体质量称为流体密度，以符号 ρ 表示，单位是 kg/m^3。

比容是流体单位质量所占有的体积，它与密度的关系为：

$$v_b = \frac{1}{\rho} \tag{3-1}$$

(2)重度和相对密度：流体单位体积内具有的重力称为重度，以 γ 表示，单位是 N/m^3。

根据重力与质量的关系，可得到 ρ、v_b、γ 换算的关系式：

$$\gamma = \rho g = \frac{1}{v_b} g \tag{3-2}$$

相对密度是物体的密度与同样体积的4℃蒸馏水的密度之比，如果用下标 w 代表4℃蒸馏水的相应物理量，则流体的相对密度 S 为：

$$S = \frac{\rho}{\rho_w} = \frac{v_{bw}}{v_b} \tag{3-3}$$

在 SI 制中，4℃蒸馏水的密度：$\rho_w = 1000kg/m^3$

4℃蒸馏水的重度：$\gamma_w = 9810N/m^3$

4℃蒸馏水的比容：$v_{bw} = 0.001m^3/kg$

流体的密度、重度、比容均与流体的温度和压强有关。

2. 压缩性和膨胀性

(1) 压缩性：在温度不变的情况下，流体的体积随压强的增加而变小的性质称为压缩性，可用体积压缩系数 β_p 来表示。β_p 的单位是 m^2/N，工程制用 1/atm。

当压强由 p 增加 dp 时，体积被压缩了 dV，则：

$$\beta_p = \frac{-\frac{dV}{V}}{dp} = -\frac{1}{V}\frac{dV}{dp} \tag{3-4}$$

式中，$\frac{dV}{V}$ 是体积的相对变化量。β_p 的物理意义是：当温度不变时，每增加单位压强所产生的流体体积的相对变化率。

体积压缩系数的倒数称为流体体积弹性系数或体积弹性模数，以 K 表示：

$$K = \frac{1}{\beta_p} \tag{3-5}$$

(2)膨胀性：在压强不变的情况下，流体的体积随温度的升高而变大的性质称为膨胀性。流体膨胀性大小用体积膨胀系数 β_T 来表示，它代表增加单位温度时所发生的体积相对变化量，单位是 $℃^{-1}$。

一般情况下，液体的热胀性很小，可认为液体的密度不随温度变化。

3. 黏性

黏性是流体的一个重要性质。黏性指当流体微团发生相对运动时产生切向阻力的性质。流体是由分子组成的物质，当它以某一速度流动时，其内部分子间存在着吸引力。此外，流体分子和固体壁面之间存在附着力作用。分子间的吸引力和流体分子与壁面间的附着力都属于抵抗流体运动的阻力，而且以摩擦的形式表现出来，其作用是抵抗液体内部的相对运动，从而影响着流体的运动状况。由于黏性的存在，流体在运动中必然要因克服摩擦力做功，因此，黏性是流体中发生机械能量损失的根源。

(1) 动力黏度。动力黏度用 μ 表示，也称为绝对黏度，其单位是 $N \cdot s/m^2$ 或 $Pa \cdot s$，在物理单位中，μ 的单位是达因·秒/厘米^2，称为泊(P)。P 与 $Pa \cdot s$ 的换算关系为：

$$1P = 0.1Pa \cdot s$$

工程应用中常取泊的1/100称为厘泊(cP)。

(2)运动黏度。在研究流体流动时，常使用运动黏度ν，ν与动力黏度μ的关系为：

$$\nu = \frac{\mu}{\rho} \tag{3-6}$$

ν的常用单位是m^2/s或cm^2/s。cm^2/s称为沱(St)，其1/100称为厘沱(cSt)。

(3) 条件黏度。指采用不同的特定黏度计所测得的以条件单位表示的黏度，常用的条件黏度有以下三种：恩氏黏度、赛氏黏度、雷氏黏度。

(4) 温度对黏度的影响。温度对黏度的影响很大，温度升高时液体动力黏度降低，气体动力黏度增大。

3.1.2 流体力学基本概念

3.1.2.1 压强

定义：单位面积所承受的压力，常用p表示。压强有绝对压强、相对压强和真空度之分。

绝对压强：以绝对真空为零点而计量的压强。

相对压强(表压)：以当地大气压为零点而计量的压强，实质是指某点绝对压强超过大气压的数值，即为绝对压强与大气压之差。

真空度：流体的绝对压强小于大气压产生真空的程度。

图3-1表示了它们三者之间的相互关系。

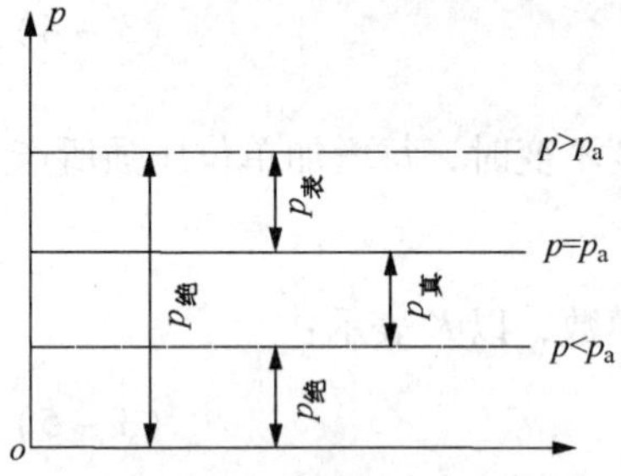

图3-1 绝对压强、相对压强和真空度的关系示意图

从图3-1可以清楚看出，绝对压强的基准和相对压强的基准相差一个当地大气压p_a。绝对压强永为正值，最小为零。而相对压强的数值是可正可负的，当绝对压强小于大气压时，相对压强为负值。所以相对压强和真空度是数值相等、符号相反的两个量。

工业上所用的压强指示值大多数为表压。它是绝对压强和大气压强之差，即

$$p_{表压} = p_{绝对压强} - p_{大气压}$$

因为各种工艺设备和测量仪表都处于大气之中，所以工程上都以标准大气压为基准，用表压或真空度表示压强的大小。

3.1.2.2 压强的单位

压强的国际单位为帕斯卡(Pa)，即每平方米面积上垂直作用1牛顿的力(N/m^2)，简称“帕”，符号为“Pa”。该单位所表示的压强较小，工程上常用千帕(kPa)或兆帕(MPa)，它们关系为：

$$1\ \text{MPa} = 10^3\ \text{kPa} = 10^6\ \text{Pa}$$

压强的其他单位(非法定计量单位)还有：工程大气压、巴、毫米水柱、毫米汞柱等。

目前我国已经统一采用国际单位Pa作为压强测量单位。

3.1.2.3 理想流体

实际流体都是有黏性的，因此在流体流动时，都会产生内摩擦力。考虑摩擦力来研究运动规律是很复杂的，因此在流体力学中，为简化所研究的问题，引入了理想流体的概念。即

认为没有黏性的流体为理想流体。

3.1.2.4 稳定流和不稳定流

根据流体运动时运动要素（速度、压强、密度等参数）是否随时间变化，可以把流动分为稳定流和不稳定流两类。

稳定流：在每一空间点上，液体的全部运动参数都不随时间而变化的液流称为稳定流。

不稳定流：流体的全部或部分运动参数随时间而变化的液流称为不稳定流。

3.1.2.5 层流和紊流

层流：流体流动时，如果质点没有横向脉动，不引起流体质点的混杂，而是层次分明，能够维持稳定的流束状态，这种流动状态称为层流。

紊流：流体流动时，质点具有横向脉动，引起流层质点的相互错杂交换，这种流动状态称为紊流。

3.1.2.6 雷诺数

雷诺数是液流中惯性力与黏滞力之比：

$$Re = \frac{vD}{\nu} = \frac{4Q}{\pi D\nu} \tag{3-7}$$

式中 ν——油品的运动黏度，m^2/s；

Q——油品的体积流量，m^3/s；

v——油品流速，m/s；

D——管道内径，m。

Re 比较小时，黏滞力起主要作用；Re 大时，惯性力起主要作用。

3.1.2.7 摩擦阻力损失

在管路中流动的流体质点之间和质点与管路之间的摩擦所消耗的能量，称为管道摩擦阻力损失。摩擦阻力损失包括沿程摩擦阻力损失和局部损失。沿程摩擦阻力损失就是油流通过直管段所产生的摩擦阻力损失 h_f；局部损失就是油流通过各种阀件、管件及有关的工艺设备所产生的摩擦阻力损失 h_j。长输管道站间管路的摩擦阻力损失主要是沿程摩擦阻力损失，局部损失只占1%～2%。

3.1.2.8 水力坡降

管道的水力坡降就是单位长度管道的摩擦阻力损失，用 i 表示。

$$i = \frac{h_f}{L} \tag{3-8}$$

式中 h_f——沿程摩擦阻力损失，m；

i——水力坡降，m/m；

L——管长，m。

3.2 流体静力学及基本方程

3.2.1 流体静力学概述

3.2.1.1 流体静力学的研究内容

流体静力学是研究流体处于平衡时的力学规律及其在实际工程中的应用。所谓静止是一个相对的概念，如果流体相对地球没有相对运动，我们称它们是处于静止状态。这是因为把参考坐标系固定在地球上，如果将参考坐标系放在其他星球上，则静止的液体是随地球一起运动的。与这种情况类似，如果容器中的流体随容器在运动，而流体对容器没有相对运动，则对于固定在容器上的参考坐标系来说，容器中的流体也是静止的，我们就称此种情况下的流体是处于相对静止或相对平衡。因此，流体静力学是研究流体质点相对于参考坐标系没有运动的情况。本章所介绍的流体平衡规律对理想流体和实际流体都是适用的。

由于流体处在静止状态时，流体质点之间以及质点和容器壁面之间的作用是通过压强形式来表现的，所以本章研究的基本问题是根据平衡条件来研究静止状态下压强的分布规律。

3.2.1.2 流体静压强及其特性

根据流体定义，静止流体内不存在切应力，因而表面力只有垂直于作用面的力。作用于流体单位面积上的压力称为压强。在静止流体中有一作用面，面积为 ΔA，其上压力为 ΔP，当面积缩为一点时，平均压强 $\dfrac{\Delta P}{\Delta A}$ 的极限值就是该点的静压强，用 p 表示，在国际单位制中常用单位为帕，以 Pa 表示，$1\text{Pa}=1\text{N/m}^2$；更大的单位用 bar 表示，$1\text{bar}=10^5\text{Pa}$；在工程单位制中常用单位为 kgf/cm^2。

作用在某一面积上的总静压力称为总压力，用 F 表示，其单位常用 N、kg 或 t 表示。

流体静压强有两个重要特性：

特性一：静压强方向永远沿着作用面内法线方向。

特性二：静止流体中任意一点上各个方向的静压强大小相等，与作用面方位无关。

3.2.2 流体静力学基本方程

3.2.2.1 流体静力学基本方程的表述

在工程上最常见的流体平衡是指流体相对于地球没有运动的静止状态，也就是只有重力作用的情况。下面对这种流体平衡情况进行分析。

$$p = p_0 + \gamma h \quad 或 \quad p = p_0 + \rho g h \tag{3-9}$$

式中 p——静止液体中任一点 M 处的静水压强，N/m^2；

p_0——液面上的压强，N/m^2；

γ——液体的重度，N/m^3；

ρ——液体的密度，kg/m^3；

g——重力加速度，m/s^2；

h——M 点处距液面的垂直深度，m。

式(3-9)为静止流体在重力作用下的平衡方程，称为流体静力学基本方程。它说明在静止流体(重力流体)中，任一点的静压强 p，等于流体表面的压强 p_0 加上该点潜入流体内的深度 h 与流体密度之乘积，即在静止的流体中任一点的压强与该点潜入的深度成正比。

分析流体静力学基本方程，可以说明下面几个问题：

(1) 静止的流体中任一点的静压强随该点所处位置的深度呈线性变化关系。如图 3-2 可以形象地看到流体静压分布情况。

(2) 由图 3-2 可以求出静止流体中任一点静水压强。若自由表面上压强 $p_0 = p_a$ 时，则式(3-9)可写为：

$$p = p_a + \gamma h \tag{3-10}$$

（3）静止流体中同一深度的各点其静压强相等。等压强各点的连线即成一个面，称为等压面，不同的等压面有不同的常数值。在静止流体中，如果质量力只有重力作用且液体区域由同一种均质液体连通，等压面为水平面。

（4）流体内不同深度的任意两点间的静压强差计算，如图3－3所示。

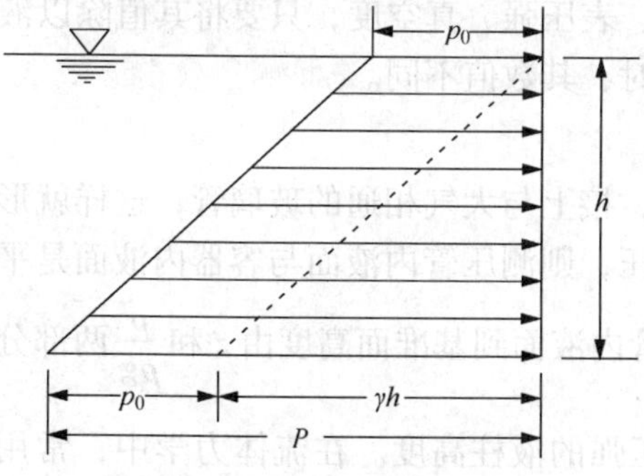

图3－2　液体压强分布图示意图

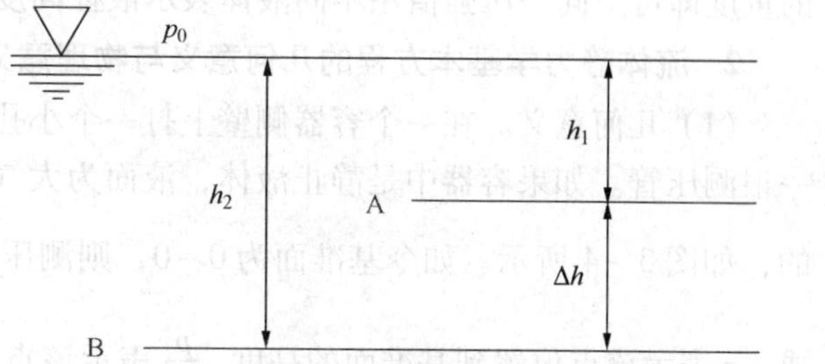

图3－3　液体内不同深度的静压强差示意图

设A点的静压强为 p_A，潜入深度为 h_1，B点的静压强为 p_B，潜入深度为 h_2。根据流体静力学基本方程可写成：

$$p_A = p_0 + \gamma h_1$$

$$p_B = p_0 + \gamma h_2$$

$$p_B - p_A = p_0 + \gamma h_2 - p_0 - \gamma h_1$$

整理后，得：

$$p_B - p_A = \gamma(h_2 - h_1) = \gamma\Delta h \tag{3-11}$$

从式(3－11)可以看出，静止流体内任意两点间的压差，等于两点潜入深度差 Δh 与该种流体重度的乘积。

式(3－11)也可表述为：

$$z_1 + \frac{p_1}{\rho g} = z_2 + \frac{p_2}{\rho g} \tag{3-12}$$

3.2.2.2　流体静力学基本方程的意义

1. 压强的表示

（1）压强单位表示，即用单位面积承受的力表示。在国际单位制中常用单位有：$1Pa = 1N/m^2$，$1bar = 10^5 Pa$。工程单位制中常用 kg/cm^2。工程单位制与国际单位制表示的压强之间的关系是 $1kg/cm^2 = 9.81 \times 10^4\ Pa$。

（2）大气压单位表示，即工程大气压使用大气压的倍数来表示。国际规定1标准大气压为101325Pa，用工程单位制表示时等于1.03323 kgf/cm^2。在工程计算上，为方便起见，常取 kgf/cm^2 作为一个工程大气压。

（3）液柱高度单位表示，即压强大小也可用某种液体的液柱高度来表示，通常以水柱或水银柱的高度表示压强的大小。某点的压强，包括绝对压强、表压强和真空度均可用与其相当的某液柱高度来表示，如1标准大气压等于760mm汞柱，1工程大气压等于0.735m汞柱，等于10m水柱。

绝对压强：

$$h = \frac{p_{绝}}{\rho g} \tag{3-13}$$

表压强： $$h = \frac{p_表}{\rho g} = \frac{p - p_a}{\rho g} \quad (3-14)$$

真空度： $$h = \frac{p_真}{\rho g} = \frac{p_a - p}{\rho g} \quad (3-15)$$

以上各式表明，要使用液柱高度表示绝对压强、表压强、真空度，只要将其值除以液体的重度即可。同一压强值用不同液体表示液柱高度时，其数值不同。

2. 流体静力学基本方程的几何意义与物理意义

(1) 几何意义。在一个容器侧壁上打一个小孔，接上与大气相通的玻璃管，这样就形成一根测压管。如果容器中是静止液体，液面为大气压，则测压管内液面与容器内液面是平齐的，如图3-4所示。如令基准面为0-0，则测压管内液面到基准面高度由 z 和 $\frac{p}{\rho g}$ 两部分组成，z 表示该点位置到基准面的高度，$\frac{p}{\rho g}$ 表示该点压强的液柱高度。在流体力学中，常用水头代表液柱高度，因此 z 称为位置水头，$\frac{p}{\rho g}$ 称为压强水头，而$(z+\frac{p}{\rho g})$称为测压管水头。从图3-4中可以看到：

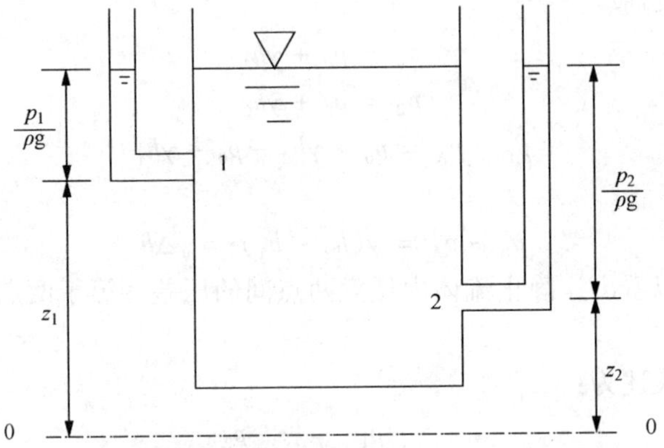

图3-4 液体内不同深度的静压强差示意图

$$z_1 + \frac{p_1}{\rho g} = z_2 + \frac{p_2}{\rho g} = C$$

静止流体中各点的测压管水头是一常数。

(2) 物理意义。位置水头 z 表示的是单位质量流体从某一基准面算起所具有的位置势能，简称比位能。基准面不同，z 值也不同。压强水头 $\frac{p}{\rho g}$ 表示的是单位质量流体从压强为大气压强算起所具有的压强势能，简称比压能。如果流体中某点的压强为 p，在该处接一测压管后，在压强作用下，液面会上升高度 $\frac{p}{\rho g}$，也就是把压强势能变为位置势能。对于单位重量的流体来说，位置水头 z 代表位置势能，压强水头 $\frac{p}{\rho g}$ 代表压强势能，测压管水头$(z+\frac{p}{\rho g})$代表了总势能。

在静止流体中，单位重量流体的总势能是恒等的，这也就是静止流体中能量分布规律。

3.2.3　流体静压强的测量

测量压强的仪表根据测量原理的不同分为液柱式、机械式、电气式三种。这里仅就液柱式测压仪表作简单介绍。液柱式测压计是利用液柱高度与被测液体压强平衡原理制成的测压仪表。

3.2.3.1　测压管

测压管是液柱式液位计中最简单的测压计，如图 3 - 5 所示，它由一根细直的玻璃管制成，铅锤的安装，下端与欲测的测点连接，上端通大气。它用于测量表压强，若玻璃管中液体上升高度为 h，则测点 A 的表压强为：

$$p_{\mathrm{Am}} = \rho g h \tag{3-16}$$

3.2.3.2　U 形管测压计

设被测流体密度为 ρ，U 形管中的液体为水银。图 3 - 6 是测点的压强大于大气压的情况，因为 B、C 为等压面上的两点，因此：

$$p_{\mathrm{cm}} = p_{\mathrm{Am}} + \rho g h_2$$

$$p_{\mathrm{Bm}} = \rho_{汞} g h_1$$

故 A 点表压强为

$$p_{\mathrm{Am}} = \rho_{汞} g h_1 - \rho g h_2 \tag{3-17}$$

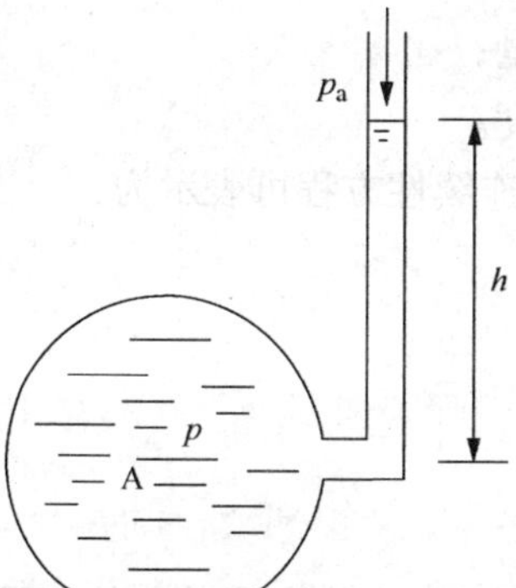

图 3 - 5　测表压强的测压管示意图

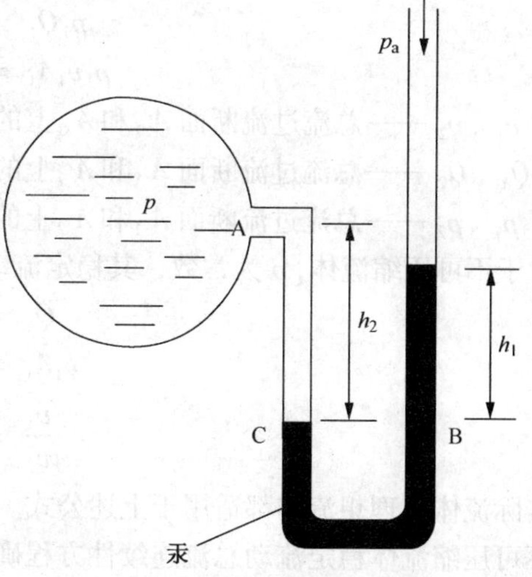

图 3 - 6　U 形管测压计

U 形管测压计也可以用来测定某两点之间的压差，因而也叫压差计。测量原理同上。

3.3　流体动力学及基本方程

3.3.1　流体动力学基本理论

流体动力学是研究流体运动规律的学科。运动是绝对的，静止是相对的，静止只是运动的一种特殊形式。流体静力学和流体动力学的区别如下：一是进行力分析时，水静力学只考虑重力和压强，而水动力学由于流体的流动还要考虑黏滞力（内摩擦力）；在水动力学中黏滞力起主要作用；二是进行流体压强计算时，流体静压强只与某点的位置有关，而流体动压强不仅与该点的位置有关，还与该点的流速有关。

单位时间内流过有效断面流体的量称为流量。流量有两种表示方法：一种是以单位时间通过的流体体积表示，称为体积流量，用 Q 表示，其单位为 m^3/s；另一种是以单位时间的流体质量表示，称为质量流量，用 G 表示，其单位为 kg/s。

流量与有效断面积的比值称为平均流速，在工程上应用的流速系指平均流速。流速与流量的关系式为：

$$v = \frac{Q}{A} \tag{3-18}$$

式中 A——有效内截断面积，m^2。

3.3.2 流体动力学基本方程

3.3.2.1 连续性方程

因为流体被视为连续介质，所以在流体流动时是连续的充满它所占据的空间，不出现空隙。根据质量守恒定律，对于空间固定的封闭面，不稳定流动时流入的流体质量与流出的流体质量之差应等于封闭面内流体质量的变化；稳定流动时流入的流体质量必然等于流出流体的质量。

可压缩流体稳定流的连续性方程表示为：

$$\rho_1 Q_1 = \rho_2 Q_2 \tag{3-19}$$

或

$$\rho_1 v_1 A_1 = \rho_2 v_2 A_2 \tag{3-20}$$

式中 v_1、v_2——总流过流断面 A_1 和 A_2 上的平均流速；

Q_1、Q_2——总流过流断面 A_1 和 A_2 上的体积流量；

ρ_1、ρ_2——总流过流断面 A_1 和 A_2 上的平均密度。

对于不可压缩流体，ρ 为常数，其稳定流动总流的连续性方程可表示为：

$$Q_1 = Q_2 \tag{3-21}$$

$$v_1 A_1 = v_2 A_2 \tag{3-22}$$

或

$$\frac{v_1}{v_2} = \frac{A_2}{A_1} \tag{3-23}$$

实际流体和理想流体都适用于上述公式。

不可压缩流体稳定流动总流连续性方程确定了一元总流在稳定流动条件下沿程体积流量将保持不变，为一常数。各有效断面平均速度沿流程变化规律是：平均速度与有效断面成反比，即断面大流速小，断面小流速大，这是不可压缩流体运动的一个基本规律。

3.3.2.2 伯努利方程(流体能量方程)

根据能量守恒定律，一切能量都是互相依存并且在一定条件下相互转化。流体也是如此，静止的流体位能与压能互相转化，而运动的流体能量也是互相转化的，但是关系更为复杂。

实际流体在运动中必须克服由黏滞性所引起的摩擦阻力而消耗能量。流体总的机械能总是沿着流动方向逐渐减少。此外，过流断面的面积和形状的突然变化，使液流产生漩涡，会消耗更多能量。因此，流体在运动过程中，总有一部分机械能用于克服阻力而转变为其他能量散失了。当流体没有从外界获得能量时，从第一个断面运动到第二个断面，液流在第一个断面上的总机械能总是大于第二个断面上的总机械能。

若损失的能量用 h 表示，则实际流体总流的能量方程也称为伯努利方程，可表述为：

$$z_1+\frac{p_1}{\rho g}+\frac{a_1 v_1{}^2}{2g}=z_2+\frac{p_2}{\rho g}+\frac{a_2 v_2{}^2}{2g}+h \qquad (3-24)$$

式(3－24)确定了流体运动要素流速和动压之间的关系。也就是说当液体经过收缩断面而流速加大时，则动压降低；当液流扩散时，流速减小动压则增加。

3.3.2.3 实际流体伯努利方程中各项含义

$z_1+\frac{p_1}{\rho g}+\frac{a_1 v_1{}^2}{2g}$——通过选定断面单位液流所具有的总机械能，又称总水头。

其中 z——比位能，又称位置水头，即以某基准面至所选横截面指定点的位置高度；

$\frac{p}{\rho g}$——比压能，又称压强水头，即动压换算的高度；

$\frac{av^2}{2g}$——比动能，又称流速水头，即液流从指定断面某点处的平均流速所产生的水柱高度。a 是动能修正系数，它与断面流速分布情况有关，流速分布越不均匀，其值越大。圆管紊流运动中 a 常取1，圆管层流运动中 a 常取2。v 为流过断面液流的流速，g 为重力加速度，$g=9.8m/s^2$。

h——能量损失，又称损失水头，即液流从指定的一个断面流到另一个断面损失的平均水头。

3.3.2.4 实际流体伯努利方程的适用条件说明

(1) 液流必须是稳定流，即流量固定不变；

(2) 液流认为是均质不可压缩的，即密度和重度是不变的；

(3) 作用于流体上的质量力只有重力；

(4) 所取的两个断面必须是渐变流过流断面，以满足断面上 $z+\frac{p}{\rho g}=$ 常数的条件，但在两断面之间，可以不必满足渐变流条件；

(5) 两个断面所用的压强标准必须一致，一般多用表压；

(6) 基准面的选取一定取成水平的，原则上位置可以任选，但为方便计算，选取的位置应使 $z\geqslant 0$。通常取两断面中位置较低的断面为基准面，使其位置高度为0；

(7) 在容器或水库中取断面时，由于该断面远大于管子断面，其流速远小于管内流速，因此该断面的速度水头可忽略不计。

3.4 流体的流动形态及管流阻力

3.4.1 流体的流动形态及判断

3.4.1.1 层流和紊流

管流中存在着两种截然不同的流态：层流和紊流。

流体流动时，如果质点没有横向脉动，不引起流体质点的混杂，而是层次分明，能够维持稳定的流束状态，这种流态称为层流。

流体流动时，质点具有横向脉动，引起流层质点的相互错杂交换，这种流动状态称为紊流。

3.4.1.2 流态的判断准则

通过实验得到：①如果管径一定，液体的黏度一定，则由层流转变为紊流时的临界流速 v'_c（称为上临界流速）和由紊流转变为层流时的临界流速 v_c（称为下临界流速）不同，$v'_c > v_c$。②临界流速的数值与管径 d 及液体的黏度 ν 有关，但无论临界流速、管径及黏度怎样变化，临界状态时的雷诺数（称为临界雷诺数）是不变的。上临界状态时的雷诺数，以 Re'_c 表示，下临界状态时的临界雷诺数以 Re_c 表示。

雷诺数是液体惯性力与黏性力的比值，其表达式为 $Re = \dfrac{vd\rho}{\mu} = \dfrac{vd}{\nu}$。紊流状态下，惯性力占主导地位，雷诺数较大；层流状态下，黏性力占主导地位，雷诺数较小，因此，使用雷诺数来判别流态，能同时反映出流速、管径和流体物理性质三方面对流态的影响，综合了引起流动阻力的内因和外因，揭示了流动阻力的物理本质。

对于任何一种管内液流、任何流态，都可以确定出一个雷诺数的值。大量实验表明，不同流体通过不同直径管路时，虽然临界流速不同，但临界雷诺数却大致相同：

上临界雷诺数 $Re'_c = \dfrac{v'_c d\rho}{\mu} = 4000 \sim 20000$

下临界雷诺数 $Re_c = \dfrac{v_c d\rho}{\mu} = 2000 \sim 2300$

由于上临界雷诺数并不稳定，而下临界雷诺数是稳定的，所以在工程计算中，以下临界雷诺数作为判别流动形态的标准，习惯上取 $Re_c = 2000$ 作为标准。即 $Re \leqslant 2000$ 为层流，$Re > 2000$ 为紊流。欲知管道内流体的流动形态，只要算出雷诺数 Re 和 Re_c 比较，便可知流动是层流或紊流。

3.4.2 管流阻力计算

实际流体在管道中流动时，由于流动边界情况不同，产生阻力的原因也不同，通常将流动阻力分为沿程阻力和局部阻力两大类。

3.4.2.1 沿程阻力的计算

实际流体在管道内流动时，由于黏滞力作用，在等直径（等断面）的直管内，流体之间所产生的摩擦力称为沿程阻力或沿程摩擦阻力。因沿程阻力而引起的能量损失称为沿程损失或沿程摩擦阻力损失，以 h_f 表示。

研究表明，流体在管道中流动时，沿程损失 h_f 与下列因素有关：

（1）管道内径 d 和管道长度 l。

（2）流体的密度 ρ 和黏度 μ。

（3）流体在管道中的断面平均流速 v。

（4）管道壁面粗糙的平均凸起高度 Δ。

计算沿程损失的公式主要有达西公式和列宾宗公式。

1. 达西公式

管路沿程摩擦阻力损失 h_f 可按达西公式计算

$$h_f = \lambda \frac{l}{d} \frac{v^2}{2g} \tag{3-25}$$

上式称为达西公式，它表明，流体在管道中流动时，h_f 随平均流速增大而增大，与管道长度成正比，与管道直径成反比。式中，λ 称为沿程阻力系数或沿程摩擦阻力系数。水力摩擦阻力系数 λ 随流态不同而不同，理论和实验都表明水力摩擦阻力系数是雷诺数 Re 和管壁相对当量粗糙度 ε 的函数。

管壁的相对当量粗糙度由下式表示：

$$\varepsilon = \frac{2e}{d} \tag{3-26}$$

式中　e——管壁的绝对当量粗糙度，m。

我国《输油管道工程设计规范》推荐了 e 的设计取值：无缝钢管，$e=0.06\text{mm}$；直缝钢管，$e=0.054\text{mm}$；螺旋缝钢管，$DN250 \sim DN350$ 时，$e=0.125\text{mm}$，$DN400$ 以上，$e=0.1\text{mm}$。

2. 列宾宗公式

使用达西公式计算沿程摩擦阻力，由于 λ 与 Re 和 ε 有关，不便分析各参数对摩擦阻力的影响。对达西公式中的各参数进行重新整理，可得到便于使用的综合参数摩擦阻力计算式，即列宾宗公式：

$$h_f = \beta \frac{Q^{2-m}\nu^m}{d^{5-m}} L \tag{3-27}$$

其中

$$\beta = \frac{8A}{4^m \pi^{2-m} g} \tag{3-28}$$

各流态区的 A、m、β 值机沿程摩擦阻力计算式见表 3-1。

表 3-1　不同流态时的 A、m、β 值

流态		A	m	β	h_f
层流		64	1	$\frac{128}{\pi g} = 4.15$	$h_f = 4.15 \frac{Q\nu}{d^4} L$
紊流	水力光滑区	0.3164	0.25	$\frac{8A}{4^m \pi^{2-m} g} = 0.0246$	$h_f = 0.0246 \frac{Q^{1.75}\nu^{0.25}}{d^{4.75}} L$
	混合摩擦区	$10^{0.127\lg\frac{e}{d}-0.627}$	0.123	$\frac{8A}{4^m \pi^{2-m} g} = 0.0802A$	$h_f = 0.0802A \frac{Q^{1.877}\nu^{0.123}}{d^{4.877}} L$ $A = 10^{0.127\lg\frac{e}{d}-0.627}$
	粗糙区	λ	0	$\frac{8\lambda}{\pi^2 g} = 0.0826\lambda$	$h_f = 0.0826\lambda \frac{Q^2}{d^5} L$ $\lambda = 0.11(\frac{e}{d})^{0.25}$

表 3-1 中所列各流态区的摩擦阻力计算式，反映了沿程摩擦阻力与流量、黏度、管内径、管长间的相互关系。他们的共同特点是：随着流量、黏度和管长的增大或管径的减小，沿程摩擦阻力随之增大。但在各流态区，各参数的影响程度是不相同的。随着 Re 的增大，从层流到紊流光滑区、混合摩擦区以至粗糙区，式中的 m 值由 1、0.25、0.123 变至 0。因此可以得出结论：随着 Re 的增大，输量、管径对摩擦阻力的影响愈来愈大，而黏度对摩擦阻力的影响由大变小直到没有影响，只有管道长度对摩擦阻力的影响在各种流态时都相同。轻油管道的流态多在水力光滑区，输送低黏油品的较小直径管道可能会进入混合摩擦区。

3.4.2.2　局部阻力的计算

在管道系统中，由于生产工艺的需要，通常装有各种阀门、弯管、变径管段、三通等管道配件。流体流经这些管件时，流体质点将发生急剧变化，速度分布迅速改变，并且往往出现漩涡区，产生附加阻力，称为局部阻力。因局部阻力而引起的能量损失，称为局部损失，以 h_j 表示。

局部损失从理论上推导一般是较为困难的，仅有少量的局部阻力可用理论分析方法进行计算，如管路突然扩大的情况，而绝大多数的局部阻力都需要由实验方法来确定。

用实验方法确定局部损失时，通常写成：

$$h_j = \xi \frac{v^2}{2g} \tag{3-29}$$

式中，ξ 称为局部阻力系数。

在工程实际中，为了便于把局部损失和沿程损失合并计算，有时把局部损失换算为相当于某长度为 $l_{当}$ 的管道的沿程损失，表示为

$$h_f = \lambda \frac{l_{当}}{d} \frac{v^2}{2g} \tag{3-30}$$

式中，$l_{当}$ 称为当量长度。将式(3－29)和式(3－30)比较，可以得到：

$$\xi = \lambda \frac{l_{当}}{d} \tag{3-31}$$

或

$$l_{当} = \frac{\xi}{\lambda} d \tag{3-32}$$

已知局部阻力系数就可以求出当量长度 $l_{当}$ 之值。

紊流状态下各种管件或阀件的 ξ 值近似为常数。而层流时，局部阻力系数 ξ_c 随雷诺数而变化。因此，计算层流状态下的局部阻力系数 ξ_c 需按下式修正：

$$\xi_c = \varphi \cdot \xi$$

阀门的阻力系数与阀门的开度有关。一般阀门的阻力系数(调节阀除外)是指全开条件下的测定值。φ 及各种管件、阀件的 ξ 值，可查阅《油库设计与管理》或有关手册。

管路系统中某些设备(如流量计等)可视为局部阻力源。其摩擦阻力损失可查阅产品说明书或直接向生产厂家查询。

长输管道的站场(泵站、计量站、清管站等)相对于整个管道系统，也可以视为局部阻力源。站内管道交错，并且连接众多的管件、阀件与设备，站内局部损失 h_j 等于流体流经的管道、管件、阀件和设备所产生的局部损失之和。管道中间站场的运行条件不同，站场的局部阻力损失也会不同。由于长输管道输油站的阻力损失往往只占站间管道摩擦阻力的很小部分，在管道的工艺设计计算时，输油站的局部阻力一般取为定值。

3.4.2.3 管道的纵断面图和水力坡降线

1. 纵断面图

管道纵断面图是指按适当比例，在直角坐标系中，用来表示管道长度与沿线高程关系的图形。横坐标是表示管道的实际长度，常用比例为 1∶10000 到 1∶100000；纵坐标表示线路的海拔高度，比例为 1∶500 到 1∶1000。纵断面图上的起伏情况与管道实际地形并不相同。图上的曲线并不是管道的实长，水平线(横坐标)才是实际长度。

2. 管道的水力坡降

管道的水力坡降就是单位长度管道的沿程摩擦阻力损失，如图 3－7 所示。通常用 i 表示，表达式为 $i = \frac{h_f}{L}$。

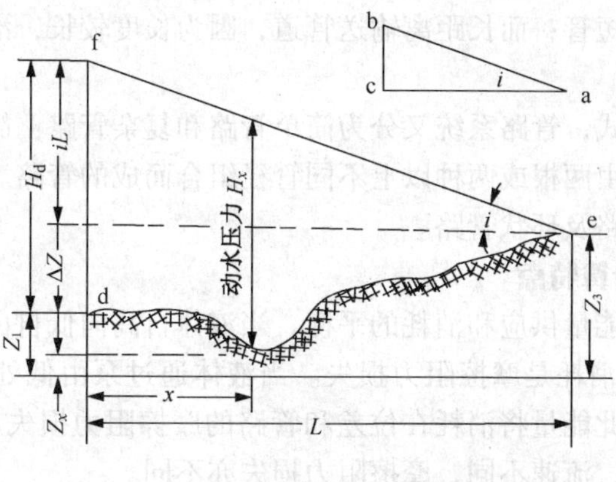

图 3－7　管道纵断面和水力坡降线图

绘制水力坡降线的方法是：在管道纵断面图上，按照纵、横坐标的比例，平行于横坐标画出一段线段 ca，由 c 点平行于纵坐标，向上画出对应 ca 段管道长度内的摩擦阻力损失 cb，连接 ab 得出水力坡降三角形。ab 直线的斜率为水力坡降 i。再在管道纵断面图的泵站位置上，以高程为起点往上作垂线，按纵坐标的比例，取高为 df 的值等于单位为米液柱的泵站出站压头 H_d，即进站压头 H_s 与工作点的泵扬程 H_c 之和再减去站内摩擦阻力 H_m 之值。即：

$$H_d = H_s + H_c - H_m \tag{3-33}$$

平移水力坡降三角形的斜边，使之左端与 f 点相接，右端与纵断面线交于 e 点，斜线 fe 为站间的水力坡降线。

纵断面线表示管内流体位能的变化，水力坡降线表示了管道沿线的压头损失情况。管道沿线任一点水力坡降线与纵断面线之间的垂直距离，表示液体流至该点时管内的剩余压头。

当水力坡降线与纵断面线相交于 e 点时，表示液体达到该点时压能已耗尽。如欲继续往前输送，必须重新升压。

当管道输量发生变化，管道沿线的水力坡降会随之变化。如果各输油站增压，全线输量增加，水力坡降线变陡，管道沿线所承受的压强增加；反之，则管道沿线所承受的压强降低。

3.5　管路的水力计算

3.5.1　概述

本章研究的是针对有压管路的计算，有压管路是指液流充满全管在一定压差下流动的管路。管内压强一般不等于大气压，可以大于大气压（如泵的排出管线），也可以小于大气压（如泵的吸入管线）。

3.5.1.1　管路系统的分类

按管路沿程损失与局部损失和速度水头 $\frac{av^2}{2g}$ 所占的比例不同，常将管路分为“长管”和“短管”两类：当$\left(\sum h_j + \frac{av^2}{2g}\right)$与沿程损失 h_f 相比，若$\left(\sum h_j + \frac{av^2}{2g}\right) < (5\% \sim 10\%)\,h_f$，计算时可忽略$\left(\sum h_j + \frac{av^2}{2g}\right)$部分，称为“长管”；不能忽略时，称为“短管”。因此，长管和短管的意义不在于管路的长短，而是根据各种损失所占的比例来确定的，在可以忽略局部损失和速度头损失的情况下可按长管计算。一般室内管线及自流发油管线如果管件较多，沿程直

径亦有所变化，就属于短管；而长距离输送管道，因为长度较长，沿程损失占绝大比例，可按长管计算。

按照管路的布置形式，管路系统又分为简单管路和复杂管路：简单管路是指单线等直径的管路；复杂管路是指由两根或两种以上不同管径组合而成的管路。复杂管路又分为串联管路、并联管路、分支管路及环状管路。

3.5.1.2 管路的水力计算特点

管路的基本特性是能量供应和消耗的平衡，当液体自高向低自由泄流时，能量供应主要靠液位差(位能)，能量消耗是摩擦阻力损失。当液体通过泵由低处送到高处时，能量的供应主要靠泵的扬程，而此能量将消耗在位差和管路的摩擦阻力损失上。对于管路本身来说，不同流量的液体通过时，流速不同，摩擦阻力损失亦不同。

根据摩擦阻力损失计算的通式(3－30)，当有局部损失时，可折算为当量长度并入沿程损失当中，则：

$$h_w = \lambda \frac{L}{d}\frac{v^2}{2g} = \lambda \frac{L}{d}\frac{Q^2}{(\frac{\pi}{4}d^2)^2 2g} = \frac{8\lambda}{\pi^2 g}\frac{L}{d^5}Q = aQ^2 \qquad (3-34)$$

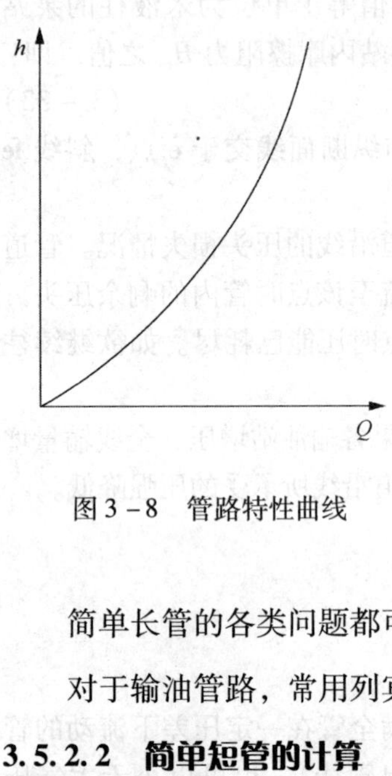

图3－8 管路特性曲线

对于一定管长和管径的管路，系数 a 将随 λ 值变化，给出不同流量 Q，将可计算出不同的摩擦阻力损失，绘成曲线如图3－8，称为管路特性曲线。

管路特性曲线对于确定泵的工况和自由泄流工况有着重要的意义，在工程实际中经常会用到。

3.5.2 简单管路的水力计算

3.5.2.1 简单长管的计算

短距离无中间站的输油管线和长距离管线两站间的管线都属于简单长管。根据长管特点，其能量方程式可写为：

$$H = h_f = (z_1 - z_2) + \frac{p_1 - p_2}{2g} \qquad (3-35)$$

简单长管的各类问题都可以由式(3－34)和式(3－35)联立求解。

对于输油管路，常用列宾宗公式 $h_f = \beta \frac{Q^{2-m}\nu^m}{d^{5-m}}L$，计算不同流态下的摩擦阻力损失。

3.5.2.2 简单短管的计算

简单短管的水力计算一般公式为：

$$Q = \mu_c A\sqrt{2gH_0} \qquad (3-36)$$

式中，μ_c 称为管路系统的流量系数，它反映了沿程摩擦阻力损失和局部摩擦阻力损失对过流能力的影响。

3.5.3 复杂管路的水力计算

串联管路和并联管路计算是计算复杂管网的基础，任何复杂的管网都是由串联管路和并联管路综合构成的。

3.5.3.1 串联管路

由直径不同的几段管道依次连接而成的管路系统称为串联管路。串联管路各段通过的流量可能相等，也有因流量分出而不相同的。

如图3－9所示的三种不同直径管段的串联管路，虚线箭头表示在该点接有支线分输出去部分流量。干线上各段流量用Q表示，从干线分输的流量用q表示。如支线阀门关闭，无流量分输，则干线上各段流量全部相等。

串联管路的水力特点是：

（1）各节点处流量出入平衡，即进入节点的总流量等于流出节点的总流量。

（2）全线总的水头损失为各段水头损失之和。

$$h_f = h_{f1} + h_{f2} + h_{f3} \quad (3-37)$$

串联管路各段的水力坡降不同，全线的压强水头呈折线状。

3.5.3.2 并联管路

自一点分离而又汇合到另一点的两条或两条以上的管路为并联管路。

如图3－10所示的A、B段三条管线组成的并联管路，节点A、B处可有分输，也可以没有分输。

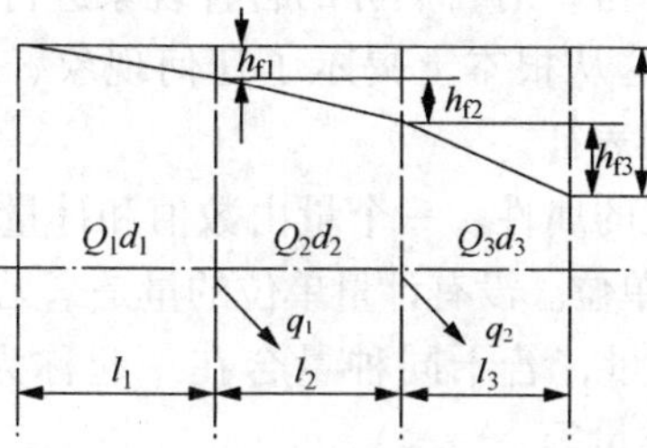

图3－9　串联管路示意图

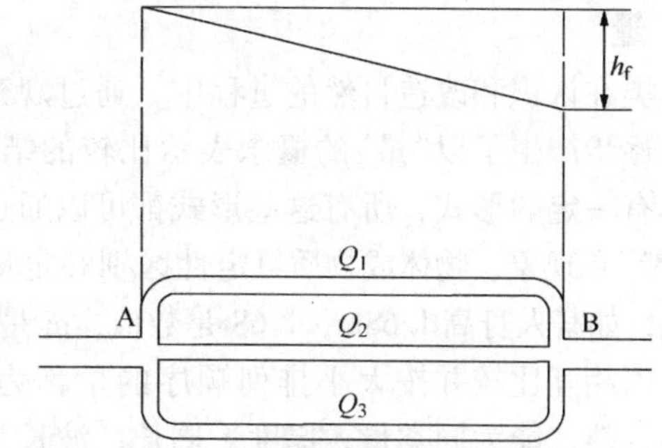

图3－10　并联管路示意图

并联管路的水力特点是：

（1）进入各并联管的总流量等于流出各并联管的流量之和。

（2）并联管路各管段从A点到B点单位质量液体的能量损失(水头损失)都相同。

并联管路各管段的长度、直径、粗糙度可能不同，因此通过各管段的流量也可能不相等，但各管段满足连续性方程：

$$Q = Q_1 + Q_2 + Q_3 \quad (3-38)$$

因为并联管路各管段的流量不同，尽管通过各管段单位质量液流体的水头损失相同，但通过各管段的流体所损失的机械能总量并不相同。由于各管段的管长不同，尽管通过各管段单位质量流体的水头损失相同，单个管段的水力坡降仍然不同。

第4章　计量基础知识

4.1　计量概述

伴随着商品交换的发展，逐步形成计量体系并发展成为一门综合性的学科——计量学。

计量学是现代科学的重要组成部分，是一门技术基础学科。石油计量是计量学的一个重要分支，是研究油品在储存、收发、运输过程中如何测量的专门学科。

4.1.1　量和测量

1. 量

人类在认识和改造自然的过程中，通过观察与思考，对自然界的各种现象进行了大量的比较，逐步产生了以“量”的概念表示比较的结果，这从根本上揭示了任何现象、物体或物质都具有一定的形式，所有这些形式都可以通过量来表征。

“量”是现象、物体或物质可定性区别和定量确定的属性。一个量由数值和计量单位两部分构成，如某人身高1.68m，1.68是数值，m是计量单位。没有计量单位的量是毫无意义的。

可以相互比较并按大小排列顺序的量称为同种量，若干同种量合在一起称为同类量。如：功、热、能为同类量；厚度、周长、波长为同类量等。

2. 测量

测量是指以确定量值为目的的一组操作。这里的操作可能是很简单的操作，也可能是相当复杂的一组操作。如：测量油温就是单一的操作，而测量油罐内油品的重量则需要测量油品的油高、水高、油温、采样测量视密度等一系列操作再结合查阅油罐容积表才能计算出油罐内油品的质量，是一组操作。

按照被测量获得的方法，测量可分为直接测量和间接测量两大类。

直接测量是不必测量与被测量有函数关系的其他量，而能直接得到被测量量值的测量方法。例如，使用卡尺测量某零件的尺寸、使用温度计测量油罐内油品计量温度、使用体重秤测量体重都是直接测量的方法。

间接测量是通过测量与被测量有函数关系的其他量，才能得到被测量值的测量方法。例如，通过测量长方体的边长可以计算出长方体的体积、通过测量圆的直径可以计算出圆的周长和面积等等都是间接测量方法。

4.1.2　计量

计量是实现单位统一和量值准确可靠的活动。计量属于测量的范畴，计量的本质是测量，计量是规范化的测量。

4.1.3　计量的特点

计量具有准确性、一致性、溯源性和法制性四个基本特点。

计量的准确性是指测量结果与被测量真值的一致程度。准确性是计量的基本特点，所有的测量结果都存在不同程度的误差，因此测量的结果不仅要给出被测量的量值，还必须给出测量结果的不确定度或误差范围，即准确性。严格讲，只有量值而无准确程度的测量结果，不是计量结果。

计量的一致性是指在统一计量单位、符合有关计量要求和规范的基础上，在不同时间、地点，采用不同计量方法，使用不同计量器具，不同的人对同一量值进行测量，其测量结果都应在规定的误差范围内一致。即测量结果是可重复、再现和比较的。

计量的溯源性是指任何一个计量结果，都能通过一条具有规定不确定度的连续比较链与规定的计量标准，通常是与国家或国际测量基准联系起来的特性。溯源性是准确性和一致性的基础。就一国而论，所有的量值都应该溯源于国家基准(或标准)；就世界而言，所有的量值都应该溯源于国际基准(或标准)。

计量的法制性是指计量本身的社会性不但要依赖于科学手段，还必须由政府主导建立起来的法律保证。特别是对直接影响国计民生、涉及公民利益、需要特殊信任的领域更需法律保障。否则，量值的准确统一便不能实现，计量的作用便无法发挥。

4.2　计量单位与单位制

4.2.1　计量单位

计量单位是用以定量表示同种量量值而约定采用的特定量，它具有专门的名称、符号和定义，其数值为1。

计量单位的符号一种是字母符号，如“m”表示“米”；另一种是附于数字右上角的符号。如“″”表示“秒”。计量单位的中文符号由单位和词头的简称构成，如长度的单位厘米(cm)。

4.2.2　单位制

单位制是选定计量基本单位后，可按一定物理关系构成一个系列的导出单位，这样的基本单位和导出单位组成的一个完整的单位体系称为单位制。如：国际单位制、英制等等。

4.2.3　国际单位制

国际单位制是1960年第十一届国际计量大会(CGPM)提出并通过，经过1971年第十四届国际计量大会进行补充修订完善的一种单位制。

国际单位制是选用米(m)、千克(kg)、秒(s)、开尔文(K)、安培(A)、摩尔(mol)和坎德拉(cd)七个基本单位构成的单位制。

国际单位制通常简称SI制。由SI单位(包括基本单位、辅助单位和导出单位)、SI词头和SI单位的十进倍数和分数单位三部分构成。我们常用的计量单位“摄氏度(℃)”就属于国际单位制中具有专门名称的导出单位。

由于国际单位制单位具有科学、简明、实用等优点，已经成为世界上使用最广泛的单位制。我国的法定计量单位就是以国际单位制为基础构成的。

4.2.4　法定计量单位

法定计量单位是国家以法令的形式规定强制使用或允许使用的计量单位。

我国法定计量单位由国际单位制单位、选定的非国际单位制单位和以上单位所构成的组合形式的单位三部分组成。我们常用的计量单位“吨(t)”、“升(L或l)”就属于我国选定的非国际单位制单位。

法定计量单位具有结构简单、科学性强、使用方便、易于推广的特点。

我国法定计量单位构成见图4－1，SI基本单位见表4－1和表4－2。

- 我国的法定计量单位
  - 国际单位制单位
    - SI单位
      - SI基本单位(见表4-1)
      - SI导出单位
        - 包括SI辅助单位在内的具有专门名称的SI导出单位
        - 组合形式导出单位
    - SI单位的倍数单位(见表4-2)
  - 国家选定的非国际单位制单位
  - 上述单位构成的组合形式的单位

图4－1　我国法定计量单位的构成

表4－1　SI基本单位的名称、符号、定义

序号	量的名称	单位名称	单位符号	定义
1	长 度	米	m	是光在真空中(1/299792458)s时间间隔内所经路径的长度[第十七届CGPM(1983)]
2	质 量	千克(公斤)	kg	等于国际千克原器的质量[第一，三届CGPM(1889，1901)]
3	时 间	秒	s	是铯－133原子基态的两个超精细能级间跃迁所对应的辐射的9192631770个周期的持续时间[第十三届CGPM(1967)]
4	电流强度	安[培]	A	在真空中，截面积可忽略的两根相距1m的无限长平行圆直导线内通以等量恒定电流时，若导线间相互作用力在每米长度上为2×10^{-7}N，则每根导线中的电流为1A[CIPM(1946)决议，第九届CGPM(1948)批准]
5	热力学温度	开[尔文]	K	水三相点热力学温度的1/273.16[第十三届CGPM(1967)(决议4)]
6	物质的量	摩[尔]	mol	是一系统的物质的量，该系统中所包含的基本单位数与0.012kg碳－12的原子数目相等。在使用摩尔时，基本单位应予指明，可以是原子、分子、离子、电子及其他粒子，或是这些粒子的特定组合[第十四届CGPM(1971)决议3]
7	发光强度	坎[德拉]	cd	是一光源在给定方向上的发光强度，该光源发出频率为540×10^{12}Hz的单色辐射，且在此方向上的辐射强度为(1/683)W/s[第十六届CGPM(1979)决议3]

注：(1)圆括号中的名称，是它前面的名称的同义词。

(2)无括号的量的名称与单位均为全称。方括号中的字，在不致引起混淆、误解的情况下，可以省略。去掉方括号中的字即为其名称的简称，下同。

表 4-2 SI 词头名称、符号一览表

因数	词头名称		符号	因数	词头名称		符号
	英文	中文			英文	中文	
10^{24}	yotta	尧[它]	Y	10^{-1}	deci	分	d
10^{21}	zetta	泽[它]	Z	10^{-2}	centi	厘	c
10^{18}	exa	艾[可萨]	E	10^{-3}	milli	毫	m
10^{15}	peta	拍[它]	P	10^{-6}	micro	微	u
10^{12}	tera	太[拉]	T	10^{-9}	nano	纳[诺]	n
10^{9}	giga	吉[咖]	G	10^{-12}	pico	皮[可]	p
10^{6}	mega	兆	M	10^{-15}	femto	飞[母托]	f
10^{3}	kilo	千	k	10^{-18}	atto	阿[托]	a
10^{2}	hecto	百	h	10^{-21}	zepto	仄[普托]	z
10^{1}	deca	十	da	10^{-24}	yocto	幺[科托]	y

4.2.5 成品油计量工作中常用的计量单位

成品油计量工作中常用计量单位主要有：

(1) 长度单位：米(m)、分米(dm)、厘米(cm)、毫米(mm)。

它们的换算关系为：

1 米(m) = 10 分米(dm) = 100 厘米(cm) = 1000 毫米(mm)

(2) 体积单位：立方米(m^3)、立方分米(dm^3)、升(L 或 l)、立方厘米(cm^3)、升(L 或 l)

它们的换算关系为：

1 立方米(m^3) = 1000 立方分米(dm^3) = 1000000 立方厘米(cm^3)

1 立方分米(dm^3) = 1 升(L 或 l)

(3) 温度单位：摄氏度(℃)

(4) 质量单位：吨(t)、千克(kg)、克(g)

它们的换算关系为：

1 吨(t) = 1000 千克(kg) = 1000000 克(g)

(5) 密度单位：千克每立方米(kg/m^3)、克每立方厘米(g/cm^3)

它们的换算关系为：

1 千克每立方米(kg/m^3) = 0.001 克每立方厘米(g/cm^3)

1 克每立方厘米(g/cm^3) = 1000 千克每立方米(kg/m^3)

例如：某汽油的标准密度为 747.8 千克每立方米(kg/m^3)，也可以表达为 0.7478 克每立方厘米(g/cm^3)。

4.3 计量器具

4.3.1 计量器具

计量器具是指能单独或连同辅助设备一起用以进行测量的器具。

计量器具广泛应用于生产、科研领域和人民生活等各方面，在整个计量工作中处于相当重要的地位。

按计量学用途分类，计量器具可以分为以下三类：基准计量器具、标准计量器具、工作计量器具。

1. 基准计量器具

计量基准就是在特定领域内，具有当代最高计量特性，其值不必参考相同量的其他标准，而被指定的或普便承认的测量标准。经国际协议承认，在国际上作为对有关量的其他测量标准定值依据的标准称为国际基准；经国家决定承认，在国内作为对有关量的其他测量标准定值依据的标准称为国家基准。基准计量器具通常有主基准、副基准、参考基准和工作基准之分。

基准计量器具的主要特征：

(1) 符合或接近计量单位定义所依据的基本原理。

(2) 具有良好的复现性并且所定义实现保持或复现的计量单位或其倍数或分数具有当代或本国的最高精度。

(3) 性能稳定，计量特性长期不变。

(4) 能将所定义实现、保持或复现的计量单位或其倍数或分数通过一定的方法或手段传递下去。

2. 标准计量器具和标准物质

计量标准是指为了定义、实现、保存或复现量的单位或一个或多个量值用作参考的实物量具、测量仪器、标准物质或测量系统。

例如：(1)1kg 质量标准。

(2)100Ω 标准电阻。

(3)标准电流表。

(4)铯频率标准。

(5)标准氢电极。

(6)有证的血浆中可的松浓度的参考溶液。

我国习惯性认为基准高于标准，这是从计量特性来考虑的各级计量标准器具必须直接或间接地接受国家基准的量值传递而不能自行定度。

3. 工作计量器具

工作计量器具是指一般日常工作中所用的计量器具，它可用于获得某给定量的计量结果。如量油尺、体温计、血压表等。

4.3.2 量值传递与溯源

量值传递[见图 4-2(a)]是通过对计量器具的检定或校准，将国家基准所复现的计量单位的量值，通过各等级计量标准传递到工作计量器具，以保证对被测对象所测得的量值的准确和一致的过程。

量值溯源[见图 4-2(b)]是指通过一条具有规定不确定度的不间断的比较链，使测量结果或测量标准的值能与规定的参考标准，通常是与国家测量标准或国际测量标准联系起来，这条不间断的比较链称为溯源链。

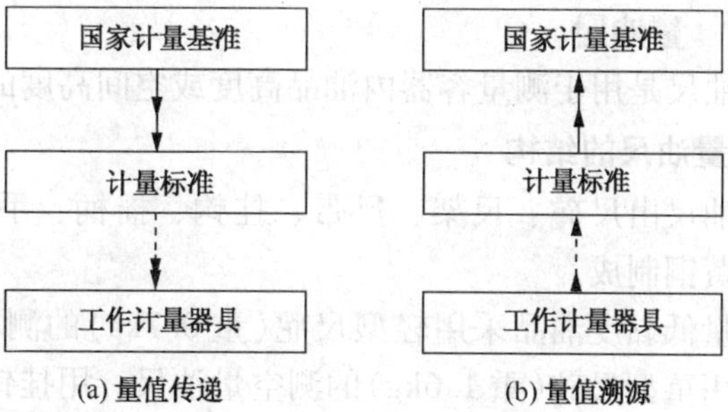

图4－2　量值传递与溯源图

量值传递与量值溯源的目的是相同的，都是要保证计量单位的统一和实现量值的准确可靠。

量值传递是自上而下传递，往往体现出政府的意志和行为，有一种强制性的含义；而量值溯源是自下而上溯源，体现出一种自发性，是企业自身的需要。

量值传递强调通过对计量器具检定和校准两种方式进行量值传递，而量值溯源是采用连续的“比较链”进行量值溯源，实际上承认多种溯源方式。

量值传递一般按级逐级传递；量值溯源由于“比较链”的存在可以越级。

量值传递强调将量值传递到工作计量器具上，强调的是对“器具”管理的特点；量值溯源强调的是将测量结果与有关标准联系起来，体现对“数据”管理的特征。

4.3.3　检定

检定是查明和确认计量器具是否符合法定要求的程序，包括检查、加标记和(或)出具检定证书。

检定的依据是具有法定性的技术文件，即检定规程。它规定了计量器具的技术性能、检定项目、检定条件、检定方法、检定周期以及检定结果的处理等。如果没有检定规程，各地区或各部门也可以制定暂行检定办法作为检定依据。

计量器具检定机构根据检定数据必须做出合格或不合格的判定，对检定结果合格的计量器具应出具检定证书；对检定结果不合格的计量器具应出具检定结果通知书。

按照检定规程中规定的时间，对使用中的计量器具进行周期性的检定，称为周期检定。实际工作中，应建立并严格执行计量器具周期检定制度，以确保计量数据准确、有效。

根据《计量法》的规定：县级以上人民政府计量行政部门对社会公用计量标准器具，部门和企事业单位使用的最高计量标准器具，以及用于结算、安全防护、医药卫生、环境监测等方面，且列入强检目录的工作计量器具实行定点、定期检定。国家还专门制定了强制检定计量器具检定管理办法和强检计量器具目录。

4.3.4　常用成品油人工计量器具

在成品油计量工作中会用到很多的计量器具，如：量油尺、温度计、石油密度计、各种流量计等，经过检定的立式油罐、卧式油罐、球形罐、铁路罐车、汽车罐车、油船舱也属于计量器具。需要强调的是，这些计量器具只有用于贸易交接、安全防护等上文提到的几个方面时，才属于强检计量器具。

这里我们着重介绍用于成品油静态人工计量的量油尺、温度计、密度计及部分辅助器具。

4.3.4.1 量油尺

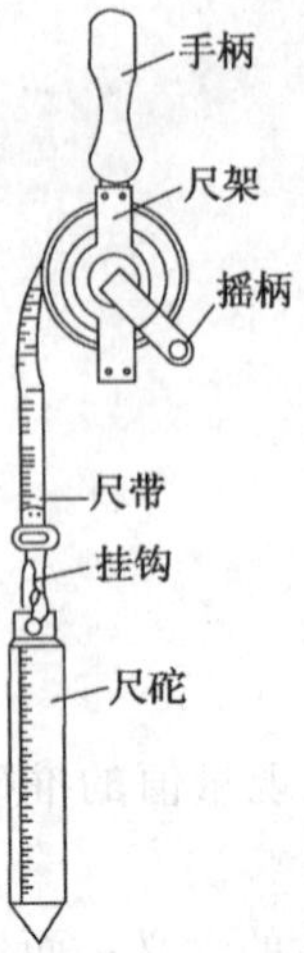

图4-3 量油尺结构示意图

量油尺是用于测量容器内油品高度或空间高度的专用尺。

1. 量油尺的结构

量油尺由尺砣、尺架、尺带、挂钩、摇柄、手柄等部件构成。其中，尺砣由黄铜制成。

测量低黏度油品采用轻型尺砣(重0.7kg)的测深量油尺；测量高黏度油品采用重型尺砣(重1.6kg)的测空量油尺。用挂钩将尺砣连接在尺带上，砣身呈圆柱形或棱柱形，下端呈圆台形，测深量油尺的零点在尺砣底端，测空量油尺的零点在尺砣的中部。所以，尺砣和旋转闭合的转动钩必须固定摇柄，不能调换或松动。尺架上装有鼓轮和轴，轴的一端连接摇柄。摇柄的作用是将尺带卷在鼓轮上，摇柄上刻有量油尺的标称长度。量油尺的结构见图4-3。

2. 量油尺的技术要求

(1) 尺带必须是含碳量低于0.8%的具有一定弹性的连续钢制尺带，钢带经热处理后，在鼓轮上收卷和伸开不得留有残存的变形。

(2) 尺带表面必须洁净，不得有斑点、锈迹、扭折等缺陷。边缘应平滑，不得有锋口和倒刺。

(3) 尺带的一面蚀刻或印有米、分米、厘米和毫米等刻度及其相应的数字，尺带上所有刻线必须均匀、清晰，并垂直于钢带的边缘。

(4) 表示分米、米的刻线必须横贯尺带表面，表示厘米和毫米的刻线长度应为尺带宽的2/3和1/2。

(5) 厘米、分米、米的分度值必须标有数字。

(6) 不同准确度等级的尺带任意两线纹间的允许误差Δ，可由下列公式求出：

$$\text{Ⅰ 级}: \Delta = \pm(0.1 + 0.1L)\text{mm} \tag{4-1}$$

$$\text{Ⅱ 级}: \Delta = \pm(0.3 + 0.2L)\text{mm} \tag{4-2}$$

式中，L是以米为单位的长度，当长度不是米的整数倍时，取最接近的较大的整“米”数。

3. 量油尺的使用要求

使用量油尺前，应注意检查量油尺是否合格，使用中的量油尺必须符合以下规定：

(1) 尺带不许扭折、弯曲及镶接。

(2) 刻度线、数字应清晰。

(3) 尺砣尖部无损坏。

(4) 有检定周期内的修正值表。

(5) 根据被测油品的黏度，选用不同类型量油尺，使用量油尺前应校对零点，并检查尺砣与挂钩是否连接牢固。

(6) 量油尺使用后应擦净，收卷好，放在固定的尺架上。

油品交接计量使用的量油尺检定周期一般为半年，最长不得超过1年。

4. 量油尺修正值的使用方法

经过检定合格的量油尺的检定证书都会附有修正值表，在使用时可以直接取与测量结果最靠近位置的修正值与测量结果相加即可。

例4-1 某量油尺5m处的修正值为+0.4mm，6m处的修正值为+0.6mm。当使用此量油尺进行检尺时，测量结果为5.326m和5.738m时的实际油高是多少?

解：(1)测量结果为5.326m时，最靠近5m处，因此应使用5m处的修正值：

所以，油高1=5.326m+0.4mm=5.3264 m≈5.326m

(2)测量结果为5.738m时，最靠近6m处，因此应使用6m处的修正值：

所以，油高2=5.738m+0.6mm=5.7386 m≈5.739m

答：实际油高分别是5.326m和5.739m。

4.3.4.2 量水尺

量水尺又称检水尺，是测量容器内水位高度的计量器具。

量水尺的技术要求如下：

(1) 量水尺应采用与金属摩擦不发生火花的铜或铝合金材料制成。

(2) 量水尺表面应光洁，刻线清晰，垂直立在平面上应构成90°角，倾斜误差不超过0.5°。

(3) 量水尺的长度为300~500mm，分度值为1mm。

4.3.4.3 温度计

1. 温度计的种类

温度计是利用物质的某些物理性质随温度变化而变化的特性制成的。根据物质特性随温度变化的物理性质制作的温度计有：

(1) 膨胀式温度计。是利用物体随温度的变化而膨胀或收缩的原理制成的，例如玻璃液体温度计就是常见的一种。

(2) 电阻式温度计。是利用金属的电阻随温度升高而增大，半导体电阻随温度增高而减小的特性，通过测量电阻值变化的大小来确定温度高低的，如半导体点温计。

(3) 热电偶温度计。是根据不同温度的两个接点电位不等产生电动势(热电势)，通过测量热电势变化的大小来判断温度的高低。

(4) 辐射式高温计。是利用测量物体热辐射强度的原理制作的，如光学温度计。

(5) 压力式温度计。是利用温度变化后工作物质的压力变化测量温度的，它的结构与压力表相似。

成品油静态手工计量工作中经常用到的温度计主要有玻璃液体温度计和便携式电子温度计。玻璃液体温度计属于膨胀式温度计，便携式电子温度计一般有电阻式温度计和半导体式温度计两种。

2. 玻璃液体温度计

玻璃液体温度计(见图4-4)是利用感温液体在透明玻璃感温泡和毛细管内的热膨胀作用来测量温度的。按温度计的结构，分为内标式和外标式两种；按使用时的浸没深度，分为全浸和局浸两种。

使用全浸温度计测温时，温度计示值以下的部分应全部浸在测温介质内，特殊情况下无法全浸时，可用下式修正：

$$\Delta t = \gamma n(t - t_1) \tag{4-3}$$

式中 Δt——露出液柱的温度修正值,℃;

γ——感温液体的膨胀系数(水银 0.00016);

n——露出液柱的度数(修正到整数度),℃;

t——被测介质的实际温度,℃;

t_1——借助辅助温度计测出的露出液柱平均温度,℃。

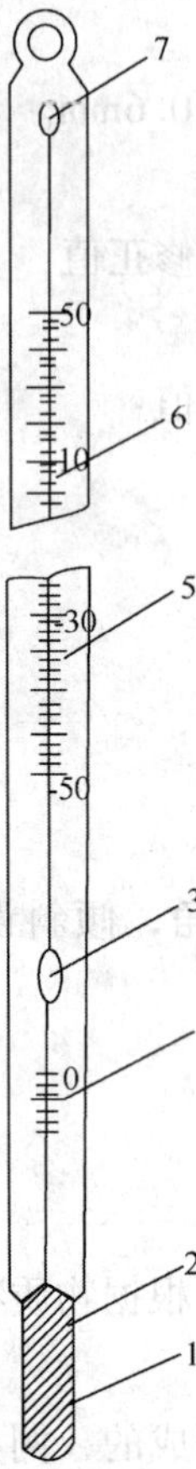

图4-4 玻璃液体温度计

1—感温泡;2—感温液体;3—中间泡;4—辅刻线;5—主刻度;6—毛细管;7—安全泡

3. 便携式电子温度计

便携式电子温度计(简称PET,见图4-5)是利用温度的变化引起传感元件阻值的变化,经转换电路转换成电压的变化量,并进行线性化校正和放大后,经A/D转换器驱动数码显示电路显示温度值。它具有结构简单、准确度高、测温范围广等特点。便携式电子温度计可作为精确的测量装置使用,测量油罐内一个或几个点的油品温度;也可作为标准温度计使用,检验其他温度测量装置的准确度。

4. 温度计使用要求

(1)玻璃液体温度计的使用要求

① 出于健康和安全的考虑,可优先考虑使用酒精玻璃温度计代替水银温度计,但首先应满足其准确度和分辨力达到实际需要。

② 最小分度值不大于0.2℃,最大允许误差为±0.3℃。

③ 玻璃棒内的毛细管液体柱不应中断、不应自流。

④ 玻璃棒应光滑透明,无裂痕、斑点、气泡、气线等影响读数的缺陷。

⑤ 温度计的刻线和数字应清晰。

⑥ 全浸式温度计应有“全浸”标志,局浸式温度计应有浸没标志或浸没深度。

⑦ 有检定周期内的检定证书,玻璃液体温度计检定周期为1年。

⑧ 当报废水银温度计时,应采取措施安全地保存水银,避免对健康、安全和环境造成影响。

(2)便携式电子温度计的使用要求

① 便携式电子温度计应该适用于所有危险区域,具有本质安全或防爆特性,可以通过计量口或蒸气闭锁阀接地。

② 便携式电子温度计的最小分辨力应不大于0.1℃。

③ 在-10~35℃范围内的准确度应在±0.2℃以内,在-25~-10℃以及35~100℃范围内的准确度应在±0.3℃以内。

④ 显示器的数字应清晰醒目。

⑤ 连接电缆应该可以长期浸泡在石油产品中,可以按照每米间隔标记或按毫米刻度,以便

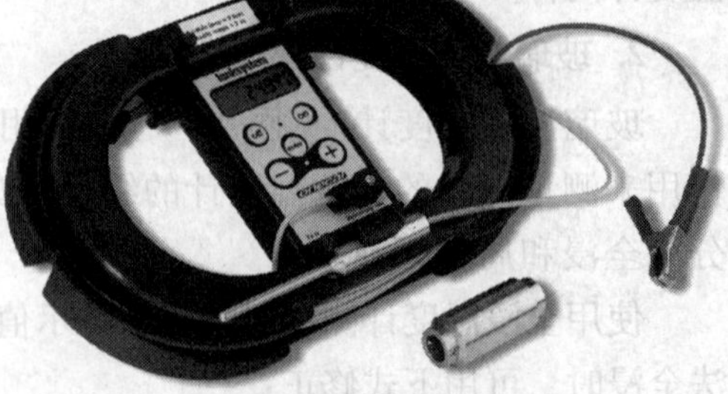

图4-5 某品牌的便携式电子温度计

于将温度计降落到需要测温的液深位置。

⑥ 由于半导体温度计可能存在零点漂移，因此基于半导体的便携式电子温度计通常应配有零点调整装置。

⑦ 有检定周期内的检定证书。

5. 温度计修正值使用方法

经过检定合格的温度计的检定证书都会附有修正值表，在使用时应采用线性插值法计算出测量温度所对应的修正值，与测量结果相加即可。

例 4－2　某温度计 20℃处的修正值为 +0.1℃，30℃处的修正值为 +0.3℃。当使用此温度计进行测温时，测量结果为 27.3℃时的实际温度是多少？

解：测量结果为 27.3℃时，应使用线性插值法计算该温度计 27.3℃的修正值：

$$27.3℃的修正值 = 0.1 + \frac{0.3-0.1}{30-20}\times(27.3-20) = 0.1+0.146 = 0.246\approx 0.2℃$$

所以，测量结果为 27.3℃时，实际温度 = 27.3 + 0.2 = 27.5℃

答：实际温度是 27.5℃。

4.3.4.4　石油密度计

密度计是测量液体密度的。用于测量石油密度的密度计称为石油密度计。

1. 密度计的结构和技术要求

密度计又称浮计，它由躯体、压载室、干管三部分组成。躯体是圆柱形的中空玻璃管，下端是压载室，室内填满金属丸，用胶固物或玻璃板封固，躯体上端有直径均匀的干管，指示读数的分度表粘贴于干管内。密度计的结构见图 4－6。

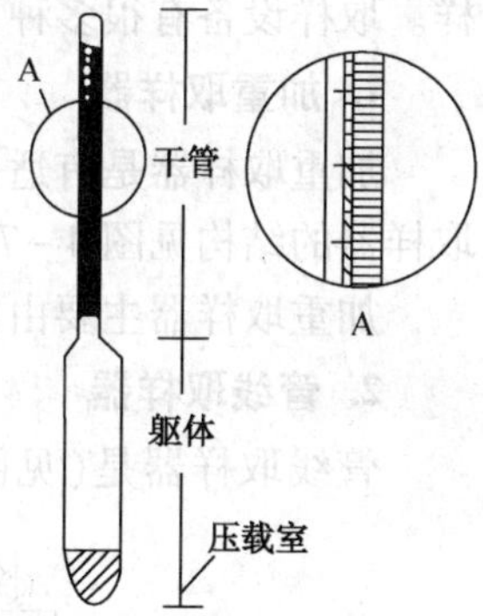

图 4－6　石油密度计构造图

密度计是按阿基米德定律设计的。同一支密度计的质量是不变的，它却可以测定一定范围的液体密度。这是因为液体密度小时，浸没深度大；液体密度大时，浸没深度小。浸没深度大小反映了液体的密度大小，所以密度计的示值从下至上逐渐减小。

石油密度计应符合 SH/T 0316—1998 的技术要求，见表 4－3。

表 4－3　石油密度计技术要求

型　号	单　位	测量范围	每支密度计测量范围	分度值	最大允许误差	弯用面修正值
SY－02	kg/m^3 (20℃)	600～1100	20	0.2	±0.2	+0.3
SY－05		600～1100	50	0.5	±0.3	+0.7
SY－10		600～1100	50	1.0	±0.6	+1.4
SY－02	g/cm^3 (20℃)	0.600～1.100	0.02	0.0002	±0.0002	+0.0003
SY－05		0.600～1.100	0.05	0.0005	±0.0003	+0.0007
SY－10		0.600～1.100	0.05	0.0010	±0.0006	+0.0014

2. 密度计的使用要求

用于油品计量的密度计应选用 SY－02 型或 SY－05 型的密度计，所用密度计应符合下列规定：

（1）密度计的玻璃应光洁、透明、无裂痕和其他影响读数的缺陷；

(2) 密度计的分度标尺刻线和数字应清晰，标尺纸条应牢固地贴于干管内壁，并应有判断标尺是否发生移动的标记；

(3) 密度计的金属弹丸不得有明显的移动；

(4) 应有检定周期内的检定证书；

(5) 密度计检定周期为 1 年，但根据其使用及稳定性等情况可为 2 年。

3. 密度计修正值使用方法

经过检定合格的密度计的检定证书都会附有修正值表，在使用时应采用线性插值法计算出测量的视密度所对应的修正值，与测量结果相加即可。

例 4－3 某密度计 750.0kg/m³处的修正值为 +0.3 kg/m³，770.0kg/m³处的修正值为 −0.1kg/m³。当使用此密度计进行密度测量时，测量结果为 752.8kg/m³的实际视密度是多少？

解：测量结果为 762.8kg/m³时，应使用线性插值法计算该密度计在 762.8kg/m³处的修正值：

$$762.8\text{kg/m}^3\text{处的修正值} = -0.1 + \frac{0.3 + 0.1}{750 - 770} \times (752.8 - 770) = -0.1 + 0.344 \approx 0.2\ \text{kg/m}^3$$

所以，测量结果为 762.8kg/m³时，实际视密度 = 762.8 + 0.2 = 763.0 kg/m³

答：实际视密度是 763.0 kg/m³。

4.3.4.5 油品取样设备

油品取样设备是成品油计量工作中必备的辅助设备，用于取得能够代表被测油品的试样。取样设备有很多种，这里我们仅介绍加重取样器和管线取样器。

1. 加重取样器

加重取样器是有适当的容量并可以在被采样石油产品中自由下沉的一种取样设备。加重取样器的结构见图 4－7。

加重取样器主要由筒体、软木塞或带弹簧的上盖、垫铅、提环、盖环等部分组成。

2. 管线取样器

管线取样器是(见图 4－8)用于从输油管线上取得油品试样的设备，管线取样器分为

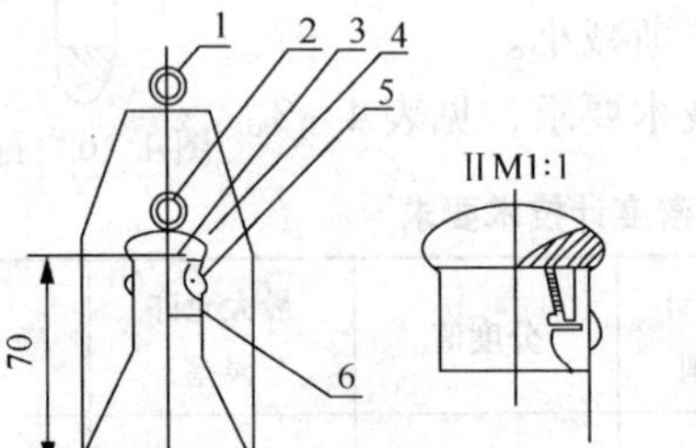

图 4－7 加重取样器

1—提环；2—盖环；3—盖环螺母；4—上盖；5—弹簧；6—弹片；7—耳环；8—铆钉；9—筒体；10—垫铅

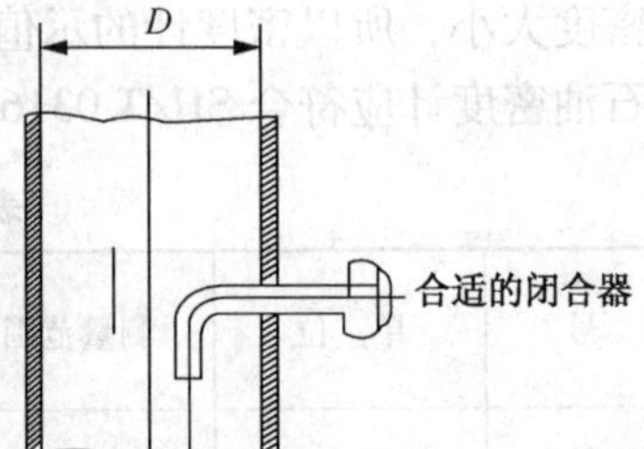

图 4－8 典型的管线取样器

手工取样器和自动取样器。

管线手工取样器由一个适当的管线取样头与一个隔离阀组成。管线手工取样器适用于均匀油品的管线取样。

管线自动取样器由管线取样头、分液装置、辅助控制器和样品接收器等部分组成。管线自动取样器可以按照设定的间歇或连续的方式自动采集管线内的油品试样，既可以用于均匀油品，也可以用于非均匀油品的管线取样。

4.3.4.6 保温盒

保温盒(见图4-9)是用于测定容器内油品计量温度的一种辅助设备。其作用是利用保温盒中储存的少量油品保持感温泡浸没其中的玻璃棒温度计的数值不会随环境温度的变化而快速变化。

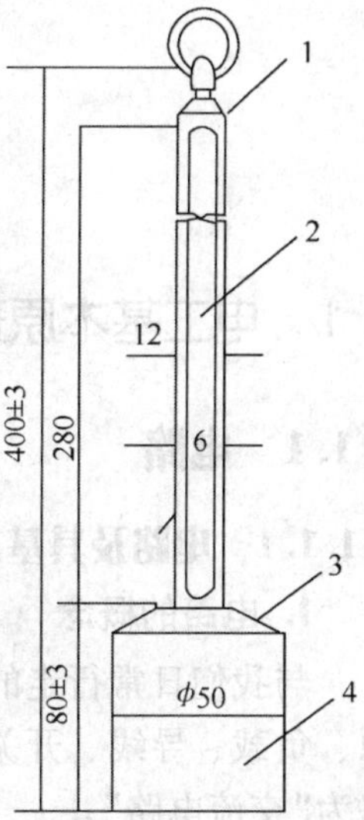

图4-9 保温盒示例

1—保护套；2—观察孔；3—进油孔；4—保温套

4.3.4.7 试水膏

试水膏是一种遇水变色而遇油不变色的膏状物质。在测量容器底部水位时，将其涂在检水尺上，浸水部分发生颜色变化，从而可以清晰地测量油水界面的高度。

4.3.4.8 试油膏

试油膏是一种遇油变色而遇水不变色的膏状物质。在测量容器内油品液位时，将其涂在量油尺上，浸油部分发生颜色变化，从而可以清晰地测量油品的高度。

第5章　电工基础知识

5.1　电工基本原理

5.1.1　电路

5.1.1.1　电路及其基本物理量

1. 电路的概念

与我们日常行走的道路的概念类似，在电工概念中，电流经过的路径称为电路，是由电源、负载、导线、开关等元器件组成。直流电通过的电路为“直流电路”，交流电通过的电路为“交流电路”。

根据电路是否形成闭合回路和形成闭合回路的方式，电路划分为三种状态：通路、开路和短路。

(1) 开路。也叫断路，电路中某一处中断，没有导体连接，电流无法通过，导致电路中电流消失，一般对电路无损害。

(2) 短路。电源未经过任何负载而直接由导线接通成闭合回路，易造成电路损坏、电源瞬间损坏，如温度过高烧坏导线、电源等。

(3) 通路。能构成电流的流通，能形成闭合回路的电路(也就是电流能从电源正极流出，再从负极流进)，称为通路。通路是在电路中处处连通的电路。

2. 电路的基本物理量

(1) 电流。电流是在外电场的作用下，单位时间内通过某一导体截面的电量，用字母 I 表示。

正电荷移动的方向规定为电流正方向。电流分为交流和直流两大类，凡方向不随时间变化的电流，称为直流；凡方向随时间变化的电流，称为交流。

(2) 电压。电压是衡量电场力做功能力的物理量。从数值上看，AB 两点之间的电压是电场力把单位正电荷从 A 点移动到 B 点时所做的功。电压的单位为伏特，简称伏，用字母 V 表示。

规定电场力移动正电荷的方向为电压的方向。

(3) 电位。在电路中选定任一点做为参考点，通常把参考点的电位定为零。电场中某点的电位等于电场力将单位正电荷自该点移动到参考点所做的功。

比较电压和电位的概念可以看出，电场中某点的电位就是该点到参考点之间的电压，电位是电压的一个特殊形式。A、B 两点的电压等于 A 点和 B 点的电位差。

对于电位来说，参考点是至关重要的。在同一电路中，当选定不同的参考点，同一点的电位数值是不同的。原则上说，参考点可以任意选定，在电工领域，通常选电路里的接地点为参考点；在电子电路里，常取机壳为参考点。

(4) 电动势。在电源的内部电路中，其他形式的能量将单位正电荷从电源负极移动到电源的正极所做的功，称为电源的电动势，用 E 表示。

电动势的方向规定为在电源的内部由负极指向正极，是从低电位指向高电位。电动势只存在于电源的内部电路中，而电压是针对外部电路而言的，两者的方向不同。

（5）电功。电流通过负载将电能转换为其他形式的能（热、光、机械能等），称为电流做功，简称电功，也称电能。

电功的单位是焦耳，简称焦，用字母 J 表示。

（6）电功率。电功率 P 表示单位时间内电流所做的功，单位为瓦特，用符号 W 表示。

$$P = \frac{W}{t} \tag{5-1}$$

5.1.1.2 欧姆定律

在同一电路中，导体中的电流跟导体两端的电压成正比，跟导体的电阻值成反比。这就是欧姆定律，用公式表达为：

$$I = \frac{U}{R} \tag{5-2}$$

5.1.1.3 电阻的串并联

1. 电阻的串联

将两个或两个以上的电阻按顺序连成一串，使电流只有一条通路的连接方式称为电阻的串联，电阻的串联有以下几个特点：

（1）串联电路中各处的电流相等。

（2）电路两端的总电压等于各电阻两端的电压之和。

（3）串联电路的等效电阻等于各串联电阻阻值之和。

（4）串联电阻各电阻上的电压分配与各电阻的阻值成正比。

（5）串联电路的总功率等于各串联电阻所消耗的功率之和。

（6）串联电路中各个电阻所消耗的功率与阻值成正比。

2. 电阻的并联

将两个或两个以上的电阻一端连在一起，另外一端也连在一起，使每一个电阻两端都承受相同的电压作用，这种连接方式称为电阻的并联。电阻并联有以下特点：

（1）电路中各并联电阻两端的电压相等。

（2）电路中的总电流等于各支路电流之和。

（3）并联电路的总电阻的倒数，等于各并联电阻的倒数之和。

（4）任一支路的电流大小与该支路的电阻成反比。

5.1.2 正弦交流电

5.1.2.1 交流电的概念

大小和方向随时间作周期性变化的电路称为交流电路，较为常见的是正弦交流电。

5.1.2.2 正弦交流电的三要素

电动势、电压和电流的大小和方向随时间作正弦规律变化的电路称为正弦交流电路，它是交流电路的基本形式。

以电流为列，其波形如图 5－1 所示。

正弦量（以电流 i 为例）的一般解析表达式为：

$$i = I_m \sin(\omega t + \varphi_i) \tag{5-3}$$

式中，i 为正弦交流电的瞬时值(用小写字母表示)称为振幅；ω 称为正弦量角频率；φ_i 称为初相位，反映交变电流初始时刻位置情况，其波形如图 5－2 所示。

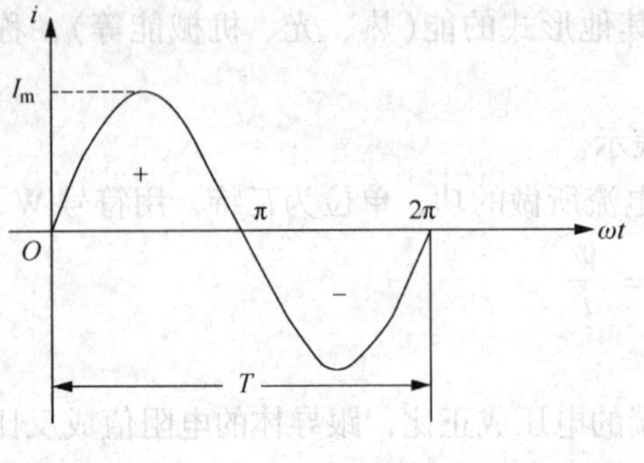

图 5－1　交流波形图

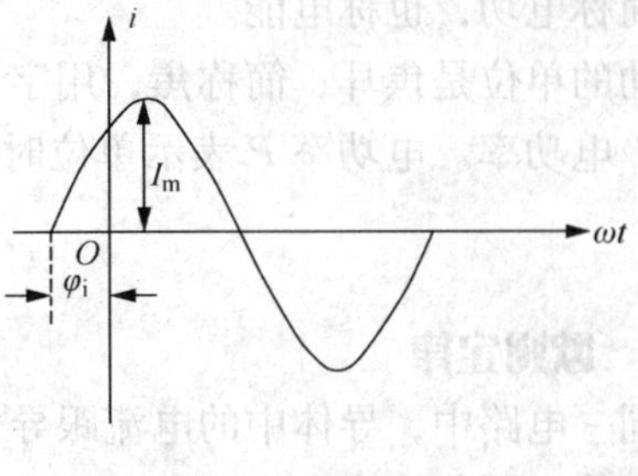

图 5－2　正弦交流波形图

1. 幅值

在式(5－3)中，I_m 为电流的最大值，也称幅值，表示正弦交变电流幅度的最大值。正弦量的最大值用带下标 m 的大写英文字母表示，如 I_m、U_m、E_m 分别表示正弦电流、正弦电压、正弦电动势的最大值。

2. 角频率

交流量循环变化一周的时间称为周期，用 T 表示。周期的单位是秒(s)，1s 内含有的周期数称为频率，用 f 表示。频率的单位是赫兹(Hz)，简称赫。由定义可知，频率与周期的关系互为倒数，即：

$$f = \frac{1}{T} \tag{5-4}$$

式(5－3)中的 ω 在数值上等于单位时间内正弦函数幅角的增长值，称为角频率，它的单位为弧度每秒(rad/s)。由于在一个周期 T 内幅角增长 2π 弧度，故：

$$\omega = \frac{2\pi}{T} = 2\pi f \tag{5-5}$$

频率、周期、角频率三个量都是说明正弦交流电变化快慢的物理量。三个量中只要知道一个，其他两个量即可求出。例如，我国和大多数国家工业和照明用电的频率为 50Hz(称为工频)，其周期为 $T = \frac{1}{f} = \frac{1}{50} = 0.02$，角频率 $\omega = 2\pi f = 100\pi \text{ rad/s}$。美国、日本等国工频为 60Hz。

3. 相位角与初相位

正弦交流电表达式(5－3)中，$(\omega t + \varphi_i)$ 是正弦交流电随时间变化的(电)角度，称为该正弦交流电的相位角，简称相位，单位是弧度(rad)。为了方便，在 $t=0$ 时的相位称为初相位。式(5－3)中的 φ_i 就是该正弦交流电的初相位，其值与计时起点有关，初相位的取值范围是 $-180° < \varphi_i < 180°$。

由此可知，要完整准确地描述一个不断随时间 t 交变的正弦量需要有三个要素：幅值、角频率、初相位，称为正弦量的三要素。对于一个正弦电流 i，如果已知正弦量的三要素 I_m、ω、φ_i，则该正弦量与时间 t 的关系就惟一确定了。

5.1.2.3　单相正弦交流电的表达式

由正弦交流电的三要素可知，单相交流电路中的电压、电流和电动势的瞬时表达式为：

$$
\begin{aligned}
e &= E_m \sin(\omega t + \varphi_e) \\
u &= U_m \sin(\omega t + \varphi_u) \\
i &= I_m \sin(\omega t + \varphi_i)
\end{aligned} \tag{5-6}
$$

E_m、U_m 和 I_m 分别为电动势、电压和电流的幅值，ω 为角频率，φ_e、φ_u 和 φ_i 分别为电动势、电压和电流的初相位。

5.1.2.4 单相正弦交流电的功率与功率因素

1. 瞬时功率

交流电路中任一瞬间的功率称为瞬时功率。设某电路的端电压瞬时值为 u，电流瞬时值为 i，且两者正方向一致，则该电路吸收的瞬时功率为 $p = ui$。假设电流 i 的初相角为零，u 超前 i 的角度为 φ，p 为每个时刻 u 和 i 的乘积，波形图如图 5－3 所示。当 $p > 0$ 时，该部分电路从外部电路汲取能量；当 $p < 0$ 时，该部分电路向外部电路输出能量。

电压、电流的表达式分别为 $u = \sqrt{2}U\sin\omega t$ 和 $i = \sqrt{2}I\sin(\omega t + \varphi)$，则：

$$
p = ui = 2UI\sin(\omega t + \varphi)\sin\omega t = UI\cos\varphi - UI\cos(2\omega t - \varphi) \tag{5-7}
$$

从式(5－7)可知，瞬时功率包含两个部分：一部分为 $UI\cos\varphi$，是不随时间变化的固定分量；另一部分为 $UI\cos(2\omega t - \varphi)$，是以 2 倍于电源频率随时间作正弦变化的分量。

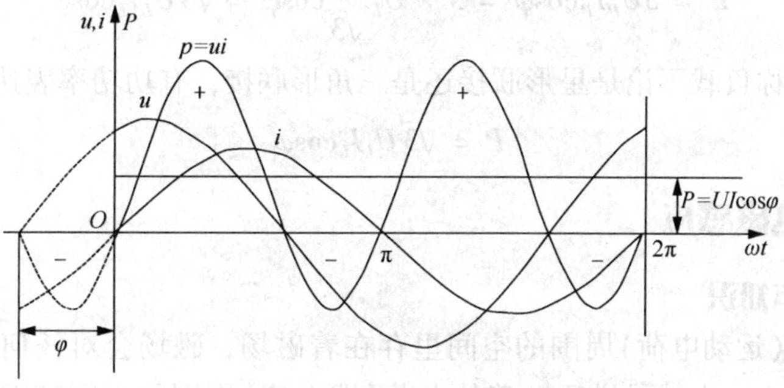

图 5－3 电压、电流和瞬时功率波形图

2. 有功功率

交流电路的瞬时功率在一个周期内的平均值，称为平均功率，又称有功功率，用 P 表示，单位为瓦。

$$
P = UI\cos\varphi \tag{5-8}
$$

从式(5－8)可知：当 U、I 一定时，有功功率决定于 $\cos\varphi$ 的大小。$\cos\varphi$ 称为电路(或系统)的功率因素，用 λ 表示，即：

$$
\lambda = \cos\varphi \tag{5-9}
$$

式中，φ 称为功率因素角，是供电电压 U 和电流 I 的相位差，也是负载的阻抗角。

工厂里由于大量使用异步电动机和变压器，所以工业负载多数为电感性的，导致阻抗角加大，从而引起功率因数较低。

5.1.2.5 对称三相正弦交流电的功率与功率因素

三相交流电路是三个单相交流电路的组合，因此不论三相负载采用何种连接方式或三相负载是否对称，三相交流电路的有功功率 P 为：

$$
P = P_U + P_V + P_W \tag{5-10}
$$

式中，P_U、P_V 和 P_W 分别为每相的有功功率，即：

$$P_U = U_U I_U \cos\varphi_U$$
$$P_V = U_V I_V \cos\varphi_V \quad (5-11)$$
$$P_W = U_W I_W \cos\varphi_W$$

若三相负载对称时，$U_U = U_V = U_W = U_P$；$I_U = I_V = I_W = I_P$；$\varphi_U = \varphi_V = \varphi_W = \varphi$。则各相的有功功率相等，因此：

$$P = 3U_P I_P \cos\varphi \quad (5-12)$$

有时候，相电压和相电流不容易测量，例如，三相电动机接成三角形时，要测量它的相电流就必须将绕组端部拆开，因此通常通过线电压和线电流计算三相电路的功率。

当负载为星形联接时，$U_P = \frac{U_L}{\sqrt{3}}$，$I_P = I_L$。则：

$$P = 3U_P I_P \cos\varphi = 3 \times \frac{U_L}{\sqrt{3}} I_L \cos\varphi = \sqrt{3} U_L I_L \cos\varphi$$

当负载为三角形联接时，$U_P = U_L$，$I_P = \frac{I_L}{\sqrt{3}}$。则：

$$P = 3U_P I_P \cos\varphi = 3 \times U_L \frac{I_L}{\sqrt{3}} \cos\varphi = \sqrt{3} U_L I_L \cos\varphi$$

所以，三相对称负载不论是星形联接还是三角形联接，有功功率表达式可以统一写成：

$$P = \sqrt{3} U_L I_L \cos\varphi \quad (5-13)$$

5.1.3　电磁与电磁感应

5.1.3.1　磁的基本知识

在磁铁或电流(运动电荷)周围的空间里存在着磁场，磁场会对任何置于其中的其他磁体或电流施加作用力。也就是说运动着的电荷(即电流)周围的空间存在磁场，并且这个磁场又会对处于其中的运动电荷(电流)产生力的作用。

人为规定，在磁场中的任一点，小磁针静止时北极所指的方向，就是该点的磁场方向。

5.1.3.2　磁场的基本物理量

1. 磁感应强度

在磁场中垂直于磁场方向的通电直导线受到的磁场力 ΔF 与通过的电流 I 和导线的长度 Δl 的乘积的比值，称为通电导线所在处的磁感应强度，用 B 表示。即

$$B = \frac{\Delta F}{I \Delta l} \quad (5-14)$$

式中，ΔF 为通电导体受到的磁场力，单位为牛(N)；I 为导体中的电流强度，单位为安(A)；Δl 为导体在磁场中的有效长度，单位为米(m)；B 为磁感应强度，单位为特斯拉(T)。磁感应强度是矢量，磁场中某处磁感应强度的方向就是该处磁场的方向。

2. 磁通量

穿过磁场中某一面积的磁感应线的条数，叫做穿过这个面积的磁通量。磁通量简称磁通，用 Φ 表示，单位是 Wb(韦伯)。

显然，磁通量的大小与磁场的强弱程度、面积的大小以及该面跟磁场方向的夹角有关，如图 5-4 所示。穿过磁场中面积为 S 的磁通量为：

$$\Phi = BS\cos\theta \tag{5-15}$$

式中，B 为磁感应强度，单位为特斯拉(T)；S 为面积，单位为平方米(m^2)；θ 为面积 S 与垂直磁场的面积 S′之间的夹角。

当面积 S 与磁场方向垂直时(即 $\theta=0$)，磁通量为：

$$\Phi = BS \tag{5-16}$$

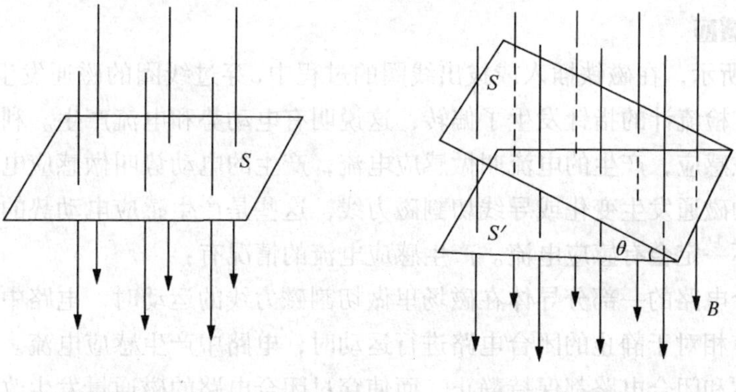

(a) 磁场与平面S垂直　(b) 磁场与平面S不垂直

图 5-4　磁通量示意图

3. 磁导率

磁感应强度不仅取决于电流的大小及导体的几何形状，而且与导体周围的物质(磁介质)有关。例如一个长直螺线管，在其他条件不变的情况下．当内部充满均匀磁介质时，比管内为真空时测出的磁感应强度大许多倍。这是因为这两种情况下磁导率不同造成的。因此用磁导率可以很方便、准确地衡量物质的导磁能力，并以此将材料分为磁性和非磁性材料。磁导率用 μ 表示，单位为亨/米(H/m)。

不同的介质其磁导率不同。由实验测得真空中的磁导率为一常数，用 μ_0 表示，即

$$\mu_0 = 4\pi \times 10^{-7}\,\mathrm{H/m} \tag{5-17}$$

为了比较各种物质的导磁性能，将任一物质的磁导率与真空中的磁导率的比值称为该物质的相对磁导率，用 μ_r 表示，即：

$$\mu = \mu_0\mu_r \tag{5-18}$$

不同材料的相对磁导率的差异很大，按相对磁导率的数值不同，可将磁介质分为三类：

(1) $\mu_r>1$，且与 1 相差不大的磁介质称为顺磁性物质，如铅、镁等，在这类物质中产生的磁场比真空中强一点。

(2) $\mu_r<1$，且与 1 相差不大的磁介质称为逆磁性物质(或抗磁质)，如氢、铜、银等，在这类物质中产生的磁场比真空中弱。

(3) $\mu_r \gg 1$ 的磁介质称为铁磁性物质，如铁、镍、钴及其合金。这种物质中产生的磁场要比真空产生的磁场强千倍甚至万倍以上。通常把铁磁性物质称为强磁性物质，在电工技术方面得到广泛应用。

4. 磁场强度

从前面分析可知，磁感应强度的大小与介质的性质有关，这就使得分析计算磁场问题变得非常复杂。引入磁场强度的概念可以将这类问题简化。研究结果表明，磁场中某点磁场强度 H 的大小，等于该点的磁感应强度 B 与介质磁导率 μ 的比值，其方向与该点磁感应强度的方向一致，即：

$$H = \frac{B}{\mu} \tag{5-19}$$

磁场强度也是反映磁场强弱的一个物理量，表示磁场中与介质磁导率无关的量，是一个矢量。即不管磁场处在什么介质情况下，磁场强度 H 是不变的，而磁感应强度 B 随介质的不同而差异很大。磁场强度的单位为安/米(A/m)。

5.1.3.3 电磁感应

如图 5-5 所示，在磁铁插入或拔出线圈的过程中(穿过线圈的磁通发生变化)，在导体切割磁力线时，检流计的指针发生了偏转，这说明有电动势和电流产生。利用磁场产生电流的现象叫做电磁感应，产生的电流叫做感应电流，产生的电动势叫做感应电动势。

穿过线圈的磁通发生变化或导线切割磁力线，这些是产生感应电动势的条件。电路中有感应电动势，不一定会有感应电流。产生感应电流的情况有：

(1) 当闭合电路的一部分导体在磁场里做切割磁力线的运动时，电路中产生感应电流。

(2) 当磁体相对于静止的闭合电路进行运动时，电路中产生感应电流。

(3) 当磁体和闭合电路都保持静止，而使穿过闭合电路的磁通量发生改变时，电路中产生感应电流。

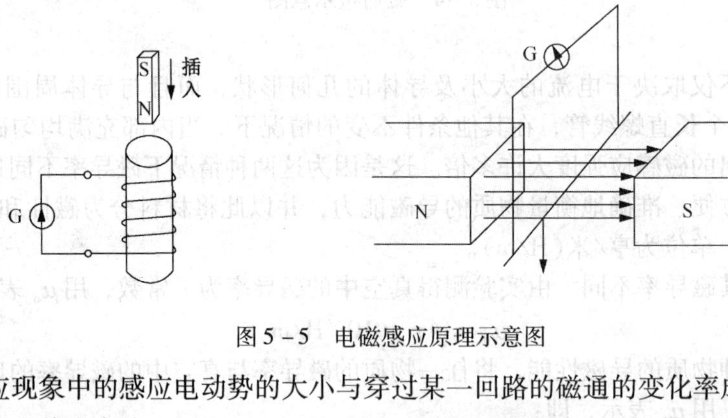

图 5-5 电磁感应原理示意图

电磁感应现象中的感应电动势的大小与穿过某一回路的磁通的变化率成正比，这个规律就是法拉第电磁感应定律。

感应电流产生的磁场总是阻碍引起感应电流的磁场的变化，这就是楞次定律。

电流周围存在磁场，感应电流周围同样存在磁场。感应电流产生的磁场总是阻碍引起感应电流的磁场的变化。也就是说，当引起感应电流的磁场减弱时，感应电流产生的磁场方向与引起感应电流的磁场方向相同；当引起感应电流的磁场增强时，感应电流产生的磁场方向与引起感应电流的磁场方向相反。

5.1.3.4 涡流

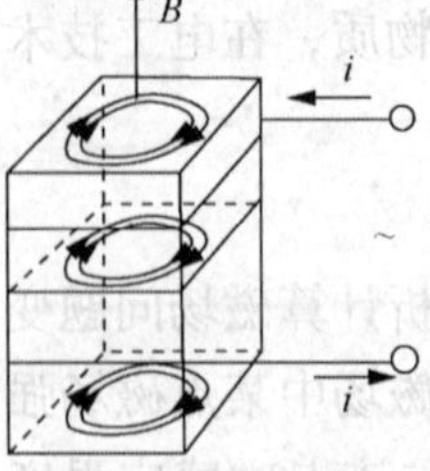

图 5-6 涡流

如图 5-6 所示，在一根导体外面绕上线圈，并让线圈通入交变电流，那么线圈就产生交变磁场。由于线圈中间的导体在圆周方向是可以等效成一圈圈的闭合电路，闭合电路中的磁通量在不断发生改变，所以在导体的圆周方向会产生感应电动势和感应电流，电流的方向沿导体的圆周方向转圈，就像一圈圈的漩涡，所以这种在整块导体内部发生电磁感应而产生感应电流的现象称为涡流现象。

导体的外周长越长，交变磁场的频率越高，涡流就越大。

导体内部的涡流也会产生热量，如果导体的电阻率小，则涡流很强，产生的热量就很大。

5.2 电气仪表与测量装置

5.2.1 电气仪表

5.2.1.1 电气测量仪表常识

1. 电气测量仪表的分类

(1) 根据所测量的种类分

电流表、电压表、功率表、电度表、相位表、频率表、欧姆表以及万用表等。

(2) 根据工作原理分

磁电系、电磁系、电动系、感应系、静电系、热电系、整流系、电子系等。

(3) 根据准确度等级分

电表的准确度等级用等级组指数 a 表示。GB 7676—87 规定，仪表在有效量程范围内和规定使用条件下测量时，若用基准值的百分比表示基本误差，则其值不得超过相对应的准确等级。表 5－1 列出了电压表、电流表的基本误差与准确度等级的关系。

一般来说 0.05～0.2 级作标准表，用来校验其他电表；0.3～1.5 级作实验室实验用电表；0.2～0.5 级当作一般工程用电表。

表 5－1　电压表、电流表的准确等级

准确度等级	0.05	0.1	0.2	0.3	0.5	1.0	1.5	2.0	2.5	3	5
基本误差/%	±0.01	±0.1	±0.2	±0.3	±0.5	±1.0	±1.5	±2.0	±2.5	±3	±5

2. 电气仪表的标识

在电气仪表的面板上有各种不同的标记符号，它们代表着不同的含义，如表 5－2 所示。

3. 电气仪表的型号

由于实际应用的需要，电表需做成不同尺寸和外部形状，如安装在配电屏上的电表其尺寸和外形为便于观察和安装就大些，装在仪表箱上的则外形尺寸和形状就小些。测试电表要便于携带和操作等，为了便于制造和实用，国家制定了电气仪表型号特征和系列代号的标准。

(1) 电表型号的基本组成形式

① 实验室及便携式电表。实验室及便携式电表型号表示方法如下：

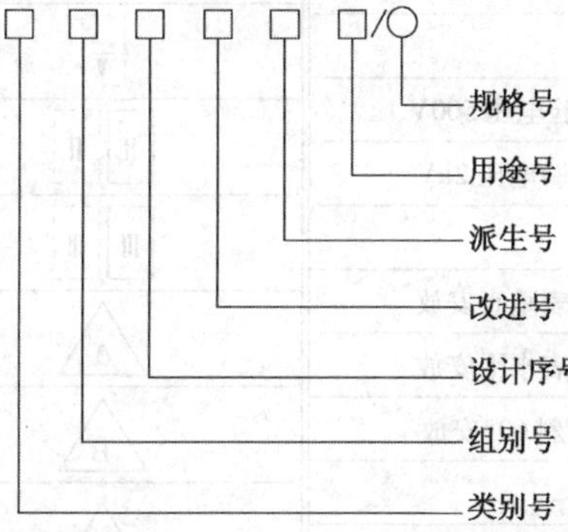

注：在允许的情况下，可以不必注明用途号，实验室及便携式指示电表无类别号。

表 5－2 电气仪表标识

符号	名称及意义
电表种类	
(A)	电流表
(V)	电压表
(W)	功率表
(kWh)	电能表
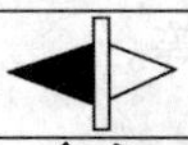	动磁系仪表
	动磁系比率表
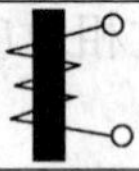	电磁系仪表
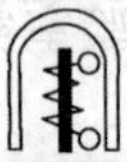	极化电磁系仪表
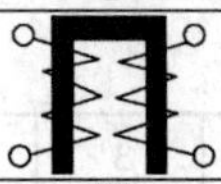	电磁系比率表
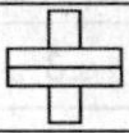	电动系仪表
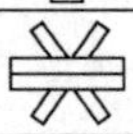	电动系比率表
	铁磁电动系仪表
	铁磁电动系比率表
3 ~ –	三相交流
~50	50Hz
45 ~ 65Hz	额定范围(频率)
绝缘强度	
☆	试验电压 500V
☆	试验电压 2kV
工作位置	
⊥	仪表垂直安放
→	仪表水平安放
∠60°	倾斜 60°安放
准确等级	
(0.5)	容许的基本误差% ±0.5

符号	名称及意义
(Hz)	频率表
(Ω)	欧姆表
(MΩ)	兆欧表
结构形式	
	磁电系仪表
	感应系仪表
	感应系比率表
	磁感应系仪表
	静电系仪表
	振簧系仪表
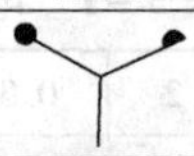	热线系仪表
	双金属系仪表
电流的性质	
~	直流
~	交流
~	交直流
(2.5)	±2.5
外界条件	
	Ⅰ级防外磁场
	Ⅰ级防外电场
Ⅱ Ⅱ	Ⅱ级防外磁电场
Ⅲ Ⅲ	Ⅲ级防外磁电场
△A	A 级仪表
△B	B 级仪表
△C	C 级仪表

② 固定式电表。固定式电表型号表示方法如下：

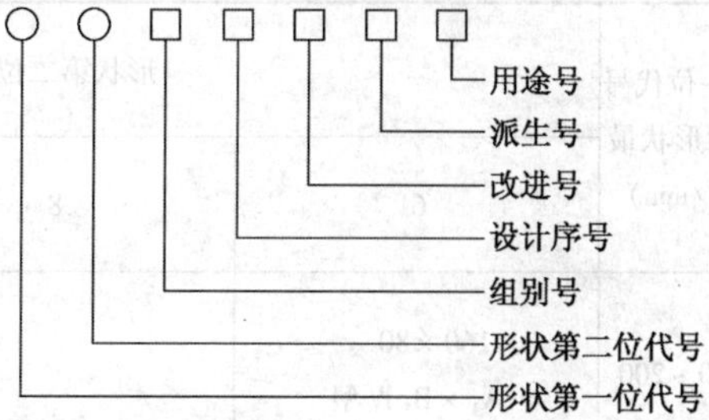

固定式电表形状代号根据固定式指示电表形状特征代号表（见表5－3）确定，如第二位代号为“0”时可略去不计。

表5－3　固定式指示电表形状特征代号表

安装式电表外形形状	形状第一位代号（按正面形状最大尺寸/mm）		形状第二位代号					
			0	1	2	3	4	5
Ⅰ型(A×A-D) 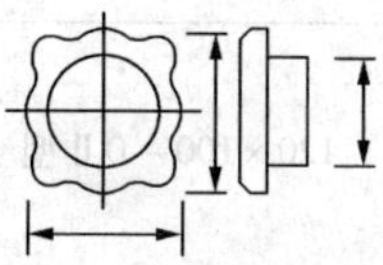	1	150～200	160×160－B×BⅡ型	186×186－DⅠ型	160×130－DⅡ型	160×160－DⅠ型		
	2	200～300	210×240－B×BⅡ型		240×200－DⅡ型	240×200－DⅠ型	240×120－$A_1 \times B_1$ Ⅳ型	
Ⅱ型(A×A-D) 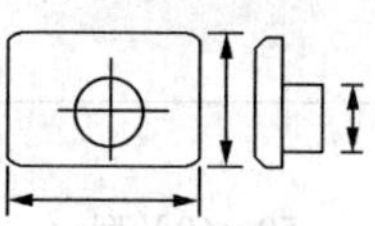	3	>300	320×320－B×BⅡ型		320×260－DⅡ型	320×320－DⅠ型	320×160－$A_1 \times B_1$ Ⅳ型	
Ⅲ型(A×A-B) 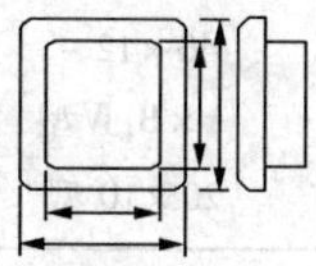	4	100～120	110×110－B×BⅡ型	110×110－DⅠ型	120×120－B×BⅡ型	120×40 Ⅴ型	100×80－DⅡ型	120×120－DⅠ型
	5	120～150	135×135－B×BⅡ型	135×135－DⅠ型	130×110－DⅡ型			
Ⅳ型(A×B-$A_1 \times B_1$) 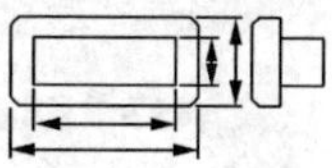	6	80～100	80×60－B×BⅡ型		85×85－DⅠ型	80×80－DⅠ型	80×40－$A_1 \times B_1$ Ⅳ型	
Ⅴ型(D-b) 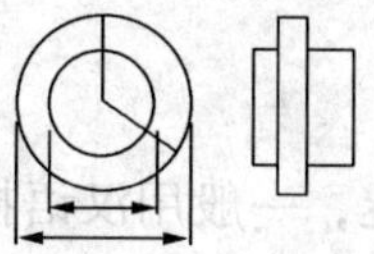	8	50～80	60×60－B×BⅡ型	65×65－DⅠ型		76×76－DⅠ型	60×60－DⅠ型	64×56－DⅡ型
	9	0及50以下	40×40－B×BⅡ型	45×45－DⅠ型	30×30－DⅠ型	20×20－DⅠ型	10×10－DⅠ型	40×32.5－DⅡ型

续表

安装式电表外形形状	形状第一位代号（按正面形状最大尺寸/mm）		形状第二位代号 6	形状第二位代号 8	形状第二位代号 9
Ⅰ型(A×A-D) 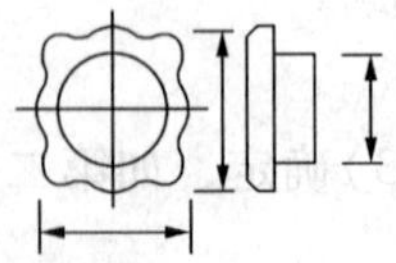	1	150～200	160×80-$A_1×B_1$Ⅳ型		186×186-B×BⅡ型
	2	200～300	200×160-DⅡ型		
Ⅱ型(A×A-D) 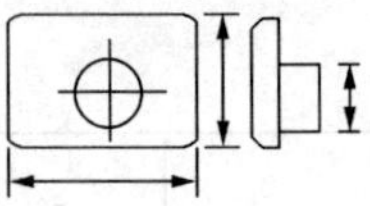	3	>300			
Ⅲ型(A×A-B) 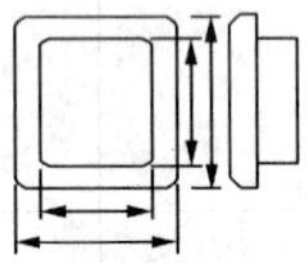	4	100～120	120×60-$A_1×B_1$Ⅳ型	100×30Ⅴ型	
	5	120～150			120×100-DⅡ型
Ⅳ型(A×B-$A_1×B_1$) 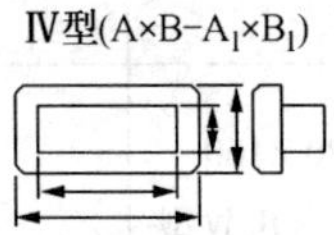	6	80～100	80×40-$A_1×B_1$Ⅳ型	80×25Ⅴ型	80×60-DⅡ型
Ⅴ型(D-b)	8	50～80	60×50-DⅡ型	60×20Ⅴ型	50×60Ⅴ型
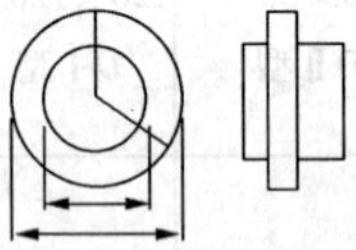	9	0 及50以下	30×12Ⅴ型	10×11Ⅴ型	40×12-A×B_1Ⅳ型 20×10型

③ 校验装置。校验装置型号表示方法如下：

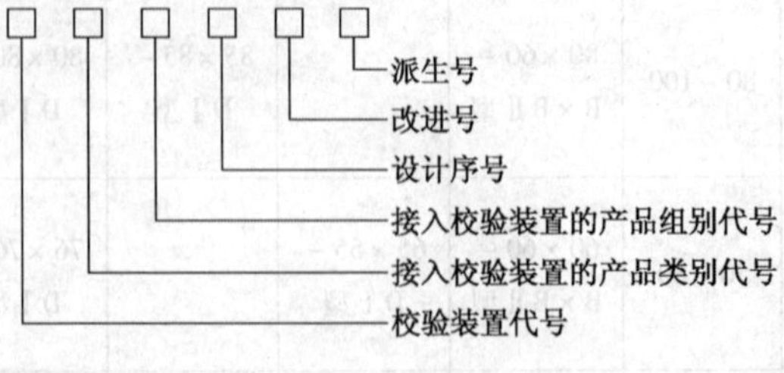

(2) 电表型号中各代号的确定

① 类别代号和组别代号根据电工仪表产品型号类组表(见表5-4)确定，一般用汉语拼音第一个字母表示。

表 5－4　电工仪表产品型号类组表

组别代号＼类别代号	A	B	C	D	E	F	G	H	J	K
指示电表		谐振	磁电	电动	热电		感应			
D 电能表	安培 小时计	标准		单相		伏特 小时计		总耗	直流	
M 各种 （专用）仪表						万用表 复用表	铅形表			
H 仪用互感器					检验装置	放大器			电压	
C 测磁仪器		比较装置	冲击装置	磁导计	测定仪	测量 用线圈		铁损计	磁力计	
L 自动记录电表		磁电	电功							自动控制
A 微电计		谐振	磁电							
Z 电阻度量		欧姆表								
Q 电桥						复用			直流	
R 电容度量										
G 电感度量										
B 标准度量			电池				自感	互感		
K 自动控制仪器			磁电							
U 电位差计									直流	
S 示波器			磁电							
J 遥测电表			磁电	电动						
P 数字电表			欧姆表			校量装置				
X 校验装置						复用				
F 附件配件			振动子	电阻元件 电阻 温度计	热电偶 热电堆	复用	光照设备	热电 变换器	分压器 倍率器 附加电阻	开关
Y 其余										

组别代号＼类别代号	L	P	Q	R	S	T	U	X	Z	Y
指示电表	整流	补偿	静电	热线	双金属	电磁	光电		电子	其余
D 电能表	打点记录				三相三线	三相四线		无功	最高需量	其余
M 各种（专用）仪表	整流				交流				组台 （成套） 仪表	其余
H 仪用互感器	电流									其余
C 测磁仪器	测量装置				退磁装置	磁通计			校验装置	其余
L 自动记录电表	整流		桥式			动铁	电位差计		电子	其余
A 微电计									电子	其余
Z 电阻度量								电阻箱	电阻	其余

续表

类别代号 / 组别代号	L	P	Q	R	S	T	U	X	Z	Y
Q 电桥					交流					其余
R 电容度量								电容箱		其余
G 电感度量								电感箱		其余
B 标准度量				电容	电阻 时间常数	时间			电阻	其余
K 自动控制仪器			桥式				电位差计		电子	其余
U 电位差计						交流			电子	其余
S 示波器										其余
J 遥测电表	整流								电子	其余
P 数字电表		频率表						相位表	伏特表	其余
X 校验装置										其余
F 附件配件	分流器 分流箱				传送器				整流器	其余
Y 其余					交流					其余

② 设计序号，按阿拉伯数字递增顺序排列。

③ 改进号以小写汉语拼音字母 abc…表示，字的高度等于设计序号的 1/2。“改进”表示对已生产的产品的结构进行了改进，而基本性能不变。

④ 派生号表示在原产品上加以某种措施后，能适应于另一种环境条件的派生品。环境条件派生号用汉语拼音字母表示，其代号规定如下：T——湿热干热两用；Ta——干热带用；Th——湿热带用；G——高原用；H——船用；F——化工防腐用。

⑤ 用途号表明产品的用途，用国际通用符号表示。

⑥ 规格号用来区别同一生产的参数规范式准确表，用阿位伯数字表示，但“0”不用。

5.2.1.2 常用电气仪表的工作原理

1. 常用电气仪表的工作原理

（1）磁电系（又叫动圈系）电表。磁电系电表的机械结构从图 5 - 7 可见：可动线圈装置在永久磁铁的气隙磁场之中，当线圈中有被测的电流流过的时候，通有电流的线圈在磁场中受力偏转，同时带动转轴和指针偏转，当与游丝的反作用力矩平衡时，我们便可从电表面板的标尺上获得指示的读数。由于产生作用力矩的元件是线圈，所以磁电式结构电表又叫动圈式结构电表。

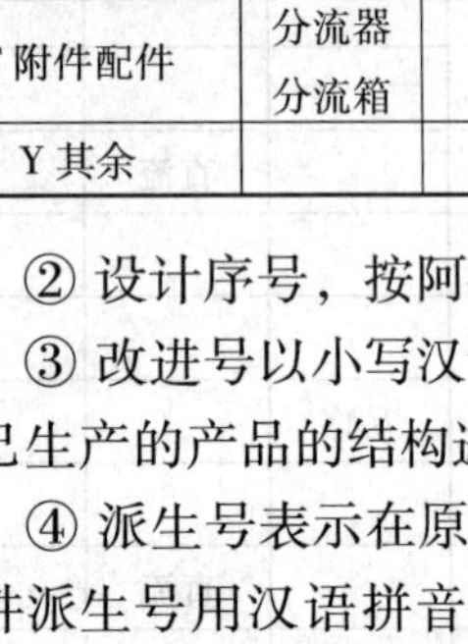

图 5 - 7　磁电系电表

这种结构型式电表的标尺标度均匀，灵敏度和准确度较高，受外界磁场的影响小，一般作实验用表。但是，这种表头本身只能用来测量直流，如用来测量交流需加装整流装置。这种表的缺点是过载能力差。

（2）电磁系（又叫动铁系）电表。电磁系电表的机械结构从图 5 - 8 可见：在固定的线圈内有一块装在表壳上的定铁片和另一块装在指针转轴上的动铁片，当线圈中有被测电流通过时，定铁片和动铁片同时被磁化，并呈同一极性。由于同性相斥的原理，动铁片便产生作用力矩，带动指针转轴偏转。当与游丝的反作用力矩平衡时，我们便可以从电表面板的标尺上获得指示的读数。由于产生作用力矩的元件是铁片，所以磁电式结构电表又叫动铁式结构电表。图 5-8 为电磁表中的推斥式，另一种吸入式从略。

这种结构形式的电表适用于交流和直流测量，过载能力强，并且无需辅助设备就可以测量大电流，还可以用来测量非正弦量的有效值。但是，这种电表的标尺标度不均匀，准确度不高，并且易受外界磁场的影响。

(3) 电动系电表。电动系电表的形成结构从图 5-9 可见：电表由装在表壳上的固定线圈和装在指针转轴上的活动线圈所组成。当它们有被测电流通过时，由于载流导体磁场间的相互作用或称载流导体间的相互作用，因而使活动线圈产生作用力矩带动转轴指针偏转。当与游丝的反作用力矩平衡时，我们便可以从电表面板的标尺上获得指示的读数。

这种结构形式的电表适用于交流和直流测量，灵敏度和准确度较高，故多作标准表及实验室用电表，还可以用来测量非正弦量的有效值。但是，这种电表的标尺标度不均匀，过载能力差。并且易受外界磁场干扰，影响测量精确度。

(4) 铁磁电动系电表。铁磁电动系电表的机械结构从图 5-10 可见：它的作用原理基本上与电动式电表一样，它是为了消除外界磁场对电动式电表精度的影响和增加电表的偏转力矩由电动式电表改良而成的一种形式。绕在圆柱铁芯上的动线圈有被测电流通过时，同时绕在衔铁上的固定线圈也有电流流过。产生的作用力矩使动线圈带动转轴和指针偏转。当与游丝反作用力矩平衡时，我们便可以从电表面板的标尺上获得指示的读数。这种结构形式的电表适用于交流、直流测量，有较大的转动力矩，较其他电表耐震动，并且受外界磁场影响较小。可以制成广角度开关板式电表，如功率表、相位表、功率因数表等。但是，像电动式电表一样，它的标尺标度不均匀，测量准确度较低。

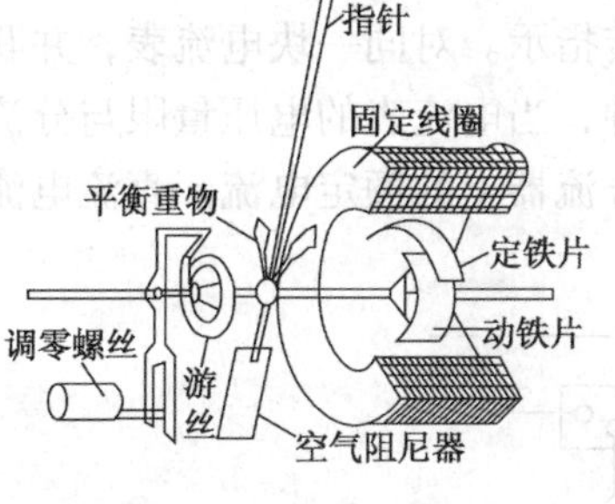

图 5-8　电磁系电表

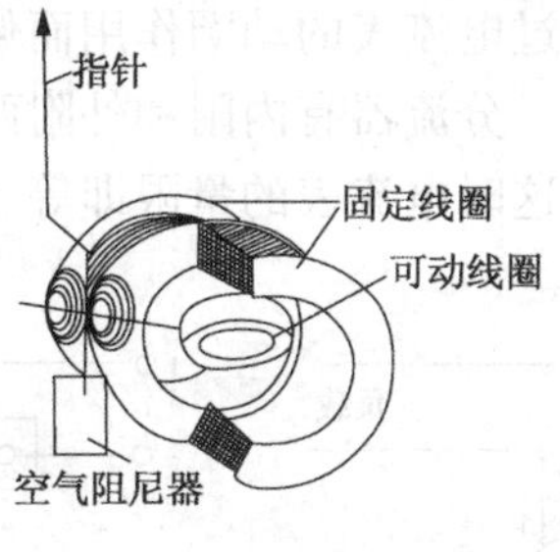

图 5-9　电动系电表的结构图

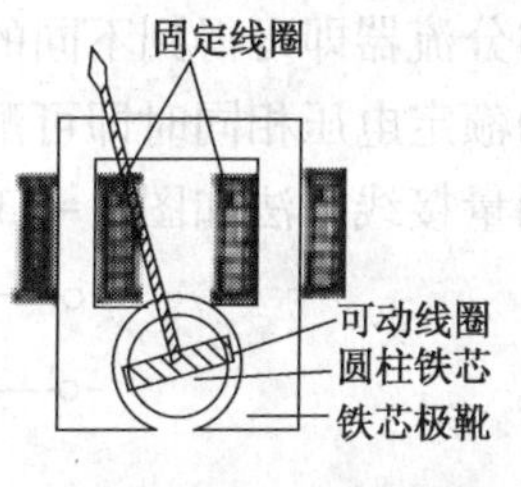

图 5-10　铁磁电动系电表的结构图

(5) 感应系电表。感应系电表的机械结构从图 5-11 可见：该电表的驱动机构由一个(或数个)绕在铁芯上的线圈和铝盘组成。当线圈有交流电通过时，在铁芯的气隙中便产生交变磁通。铝盘在交变磁通的作用下，感应产生涡流。此涡流在交变磁通的磁场中受力，使铝盘产生作用力矩而转动，带动计数器累加计数。由于制动磁铁和可动铝盘相互作用产生了制动力矩，它和转速成比例。当转动力矩和制动力矩相等方向相反时转速达到平衡，转动力矩大于制动力矩时，铝盘则稳定转动工作。这种结构形式的电表多用作记录电能的电能表，适用于一定频率的交流电路中，它的转矩大，过载能力强，并且受外界磁场影响较小。但是，准确度较低。

(6) 流比计(又叫比率计)电表。流比计电表的机械结构从图5-12可见：它的作用原理是在同一转轴上装有两只交叉的线圈，两个线圈在磁场中所受的作用力矩相反。建立这个磁场的方式有两种：由永久磁铁建立磁场的称为电磁式流比计；由两个线圈中的一个线圈建立磁场的称为电动式流比计。其偏转决定于通过两个线圈电流之比值，所以称为流比计式电表。因为这种电表没有产生反作用力的游丝，不用时指针可停在电表板面标尺上任意位置。通电时指针所指位置就是我们要获得的比率读数。这种结构形式的电表具有磁电式和电动式的某些优点，可以做成多种类型的测试电表，如兆欧表、相位表、频率表等。但是它的标尺标度不均匀，过载能力差。

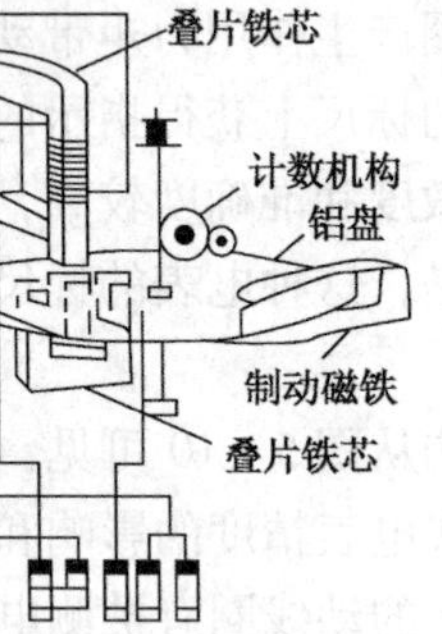

图 5－11　感应系电表的结构图

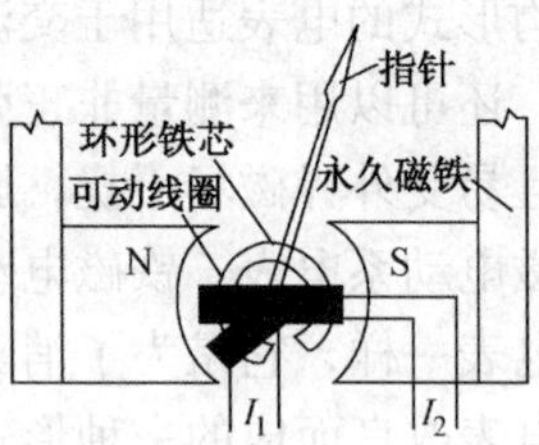

图 5－12　流比计式电表的结构图

2. 常用电气仪表的应用

（1）电流的测量

① 直流的测量。直流电流的测量分为直接测量和经分流器测量两种。直接测量电流表与负载串联，负载电流全部通过电流表的动圈，使它受电磁力作用而偏转指示，电流表允许通过的电流小，一般只有十几微安至几十毫安。若测量较大电流时，便将电流表并联分流器来扩大量限，负载电流少部分通过电流表的动圈作用而偏转指示。对同一块电流表，并联不同的分流器即可得到不同的量限。分流器有内附和外附两种，当电流表的电压量限与分流器上的额定电压相同时即可配用，这时电流表的量限即等于分流器上的额定电流。直流电流表的测量接线方法如图 5－13 所示。

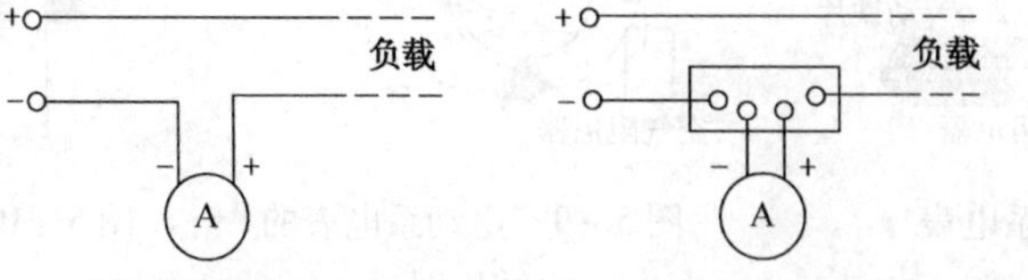

(a) 电流表直接接入电路　　(b) 电流表经分流器接入电路

图 5－13　直流电流表的测量接线图

② 交流电流的测量。交流电流的测量分为直接测量和通过电流互感器测量两种。由于交流电流表的电流线圈是固定的，所以线圈可根据被测电流的大小来绕制。直接测量的电流可达 200A 。在大电流或高电压系统中，用电流互感器来扩大电流表的量限和隔离高压，这时，电流表的允许电流国家标准为 5A。交流电流表的测量接线方法如图 5－14 所示。

（2）电压的测量

① 直流电压的测量。测量直流电压的直流电压表是由表头串联电阻所组成。串联电阻叫倍压器。倍压器有内附式与外附式两种。外附倍压器与直流电压表成套供应。串联不同阻

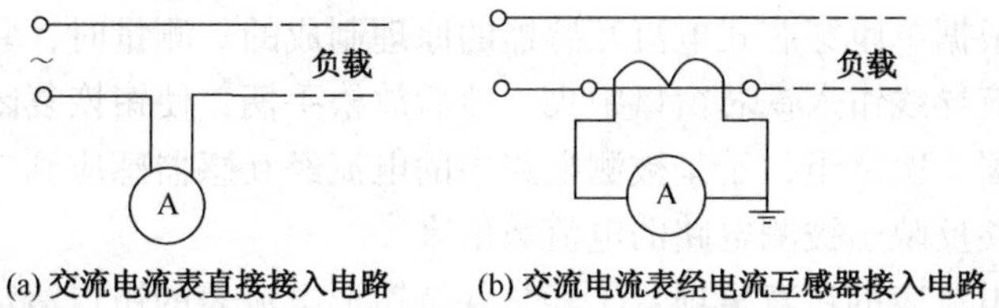

图 5－14　交流电流表的测量接线图

值的附加电阻即可得到不同的电压量值。测量时的所接线方法如图 5－15 所示。

② 交流电压的测量。测量交流的电压表同直流电压表一样，是由交流电流表串联一附加电阻组成，不过交流电压表的线圈比交流电流表的线圈匝数要多，导线要细得多。测量 500V 以下电压时，采用直接并联接入电路，测量高电压时要用电压互感器来扩大电压表量限和隔离高电压。这时，交流电压表的额定电压国家标准为 100V。其接线方法如图 5－16 所示。

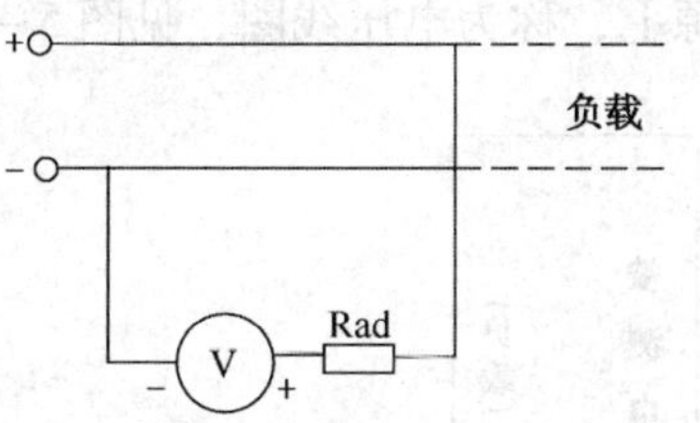

图 5－15　直流电压表经分压器接入电路图

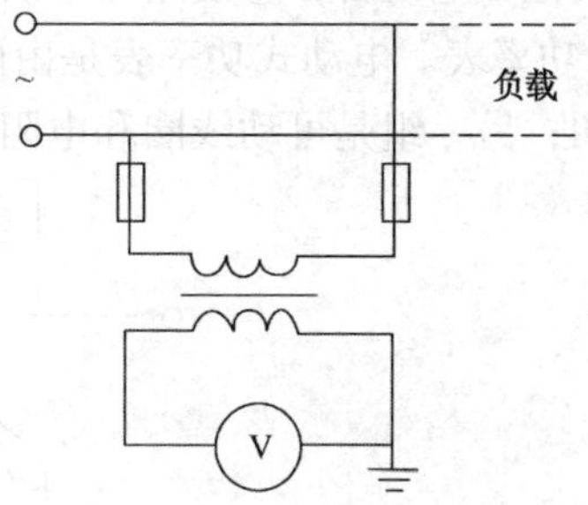

图 5－16　交流电压表经电压互感器接入电路图

（3）钳形电流表。钳形电流表又叫安培钳，如图 5－17 所示。实际上它是一只电流互感器和一只安培表组合而成的一种电测量仪表。它的测量范围广，尤其在测量大电流时不需断开用电设备接线，使用方便，但准确度较低。

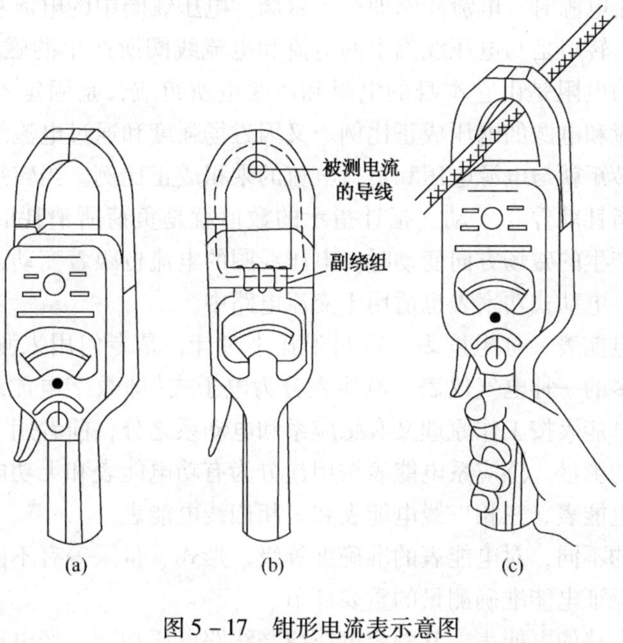

图 5－17　钳形电流表示意图

钳形电流表是根据单匝穿芯式电流互感器的原理制成的。测量时，紧握钳形手柄，使钳口张开，将被测载流导线钳入铁芯窗口中央，然后放松手柄，使钳恢复闭合，这时被测载流导线就是电流互感器一次绕组，于是被测电路中的电流经互感器感应到二次侧，和二次绕组相连的整流系表头便反映出被测电路的电流数值来。

正确使用钳形电流表的注意事项：①经常保持钳形电流表的钳口清洁、干燥；②测量前根据负荷大小选择适当的量程，如果负荷不明可根据设备容量选择较大的量程测试，逐级递减量程到适当为止，更换量程时最好将钳形表从测量位置拿下来更换；③使用钳形表时最好戴上绝缘手套或干燥布手套；测量要逐相进行，尽量使被测导线位于钳口中央，同时不能触及其他带电导体或任何接地点，以免引起短路或接地；④在配电柜上测量母线电流时，要注意相邻各相带电部位，以防止钳口张合时可能引起相间短路；⑤使用组合式钳形电流表，测量电流与测量电压应分别进行，不可同时测量；⑥使用钳形电流表还应注意被测导线电压，不得超过厂家规定值，否则会击穿钳形电流表，造成触电事故；⑦使用过程中注意安全，切勿触及其他带电设备；⑧使用完毕后，擦干净仪表，放入盒内存放于干燥处。

(4) 功率表。电动式功率表是由两组线圈所组成，一组是固定线圈和负荷相串联，称为电流线圈；另一组是可动线圈和电阻串联后跨接在电源上，称为电压线圈，见图 5 – 18。

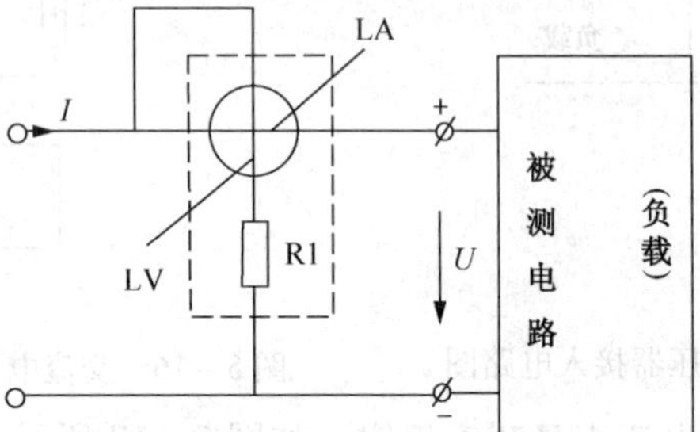

图 5 – 18　电动系功率表接线原理图

当负荷接通直流电源时，电流线圈即产生磁场。电压线圈中的电流和磁场相互作用产生转矩，使指针偏转。转矩是与电压线圈中的电流和电流线圈所产生的磁场的乘积成正比例。因为电压线圈电路的电阻是由它本身的电阻和串联电所组成，是固定不变的。根据欧姆定律，电压线圈的电流和电源的电压成正比例。又因磁场强度和通过电流线圈的负荷电流成正比例，所以电表的转矩就与电源电压和负荷电流的乘积成正比例。当转矩和螺旋形游丝的反作用力矩相等时，指针就停止不动。指针指示的数值就是负荷所消耗的功率。在交流电路中，当电流线圈所产生的磁场方向变动时，电压线圈的电流也跟着变动，所以指针偏转的方向仍不改变，因此，电动式功率表也适用于交流电路中。

(5) 电能表。电能表又称电度表，也叫千瓦小时计，是专门用来测量电能的积算式仪表。也是使用量最多的一种电气仪表。电能表分为电子式（即数字电能表）和电气机械式两大类。电气机械式电能表按工作原理又有感应系和电动系之分，前者用于交流电能测量，后者应用于直流电能的测量。感应系电能表按用途分为有功电能表和无功电能表。按被测电路不同又可分为单相电能表、三相三线电能表和三相四线电能表。

根据使用场合的不同，对电能表的准确度等级、形式、量限等有不同的要求。因此，合理选择电能表，是保证电能准确测量的重要环节。

对于直接接入电路的电能表，其额定电压应与线路电压相同。经电压互感器接入的电能表，其额定电压为100V。电能表电流量限的选择，应使线路常用负载电流等于或接近铭牌上的标定电流，负载的最大电流不应超过电能表的最大额定电流，负载的最小电流不应低于电能表标定电流的10%。一般来讲，当负载电流过大时，会使电流铁芯饱和产生负误差。当负载电流为标定电流的5%左右时，电能表会产生较大的正误差。所以，选择合适的标定电流可保证电能表的准确性。

电能表的接线分为直接接入和经过电流、电压互感器接入两类。经电流互感器接入的额定电流为5A，经电压互感器接入的额定电压为100V。单相和三相电能表的接线方式如图5-19和图5-20所示。

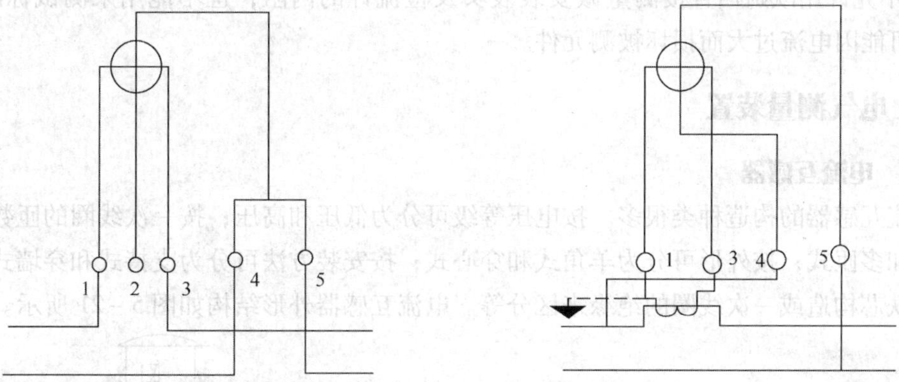

图5-19　单相电能表接线方式示意图

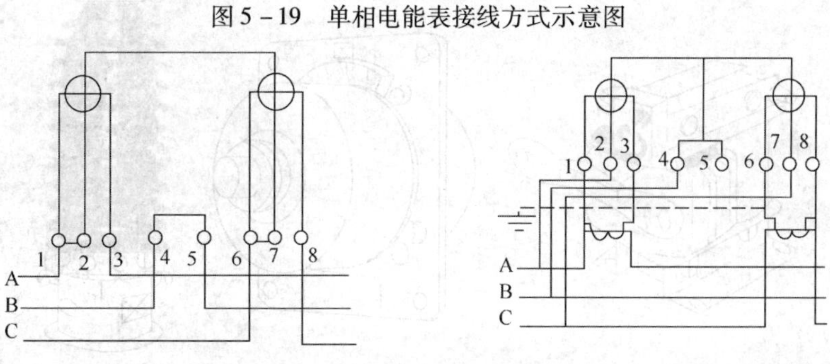

图5-20　三相电能表接线方式示意图

（6）万用表。万用表是一种多功能多量限的仪表，它的特点是量限宽、被测量的种类多。它可以测量交直流电流、交直流电压和电阻，有的万用表还可测量电容、电感、音频电平和晶体管参数等。

万用表结构主要有三大部分，即表头部分、测量线路部分以及转换开关部分。

使用万用表时，应注意如下几点：

① 插孔（或接线柱）的选择。测量前，首先弄清表笔（测试棒）应接在什么位置。红接线柱或标有"+"的插孔接红色表笔，黑接线柱或标有"-"的插孔接黑色表笔。有的万用表有单独的测电阻用接线柱。"*"端为测电压、电流、电阻的公共端钮。测直流电压时，红表笔接被测电压的正端，黑表笔接被测电压的负端；测直流电流时，电流从红端流入，从黑端流出。

② 测量种类和量程的选择。测量前根据测量对象的种类和大小把转换开关的旋钮旋至所需位置。万用电表的损坏很大部分是由于疏忽此点而造成的。如误用电流、电阻档测电压

或量程选择不当等。对被测量大小没有把握时，可先置最高量程档测试，然后根据指针偏转情况减小到合适档位。

③ 测量大电流、高电压时应避免带电旋转转换开关档位，防止电弧损坏开关。

④ 被测电阻两端不能有其他并联支路。

⑤ 注意万用表欧姆档表笔的正负极性。红表笔与表内电池的负极相联，黑表笔与电池的正极相联，正好与习惯上代表的正、负的颜色相反。用欧姆档判别整流元件极性及三极管管脚时需特别注意。

⑥ 不允许用欧姆档直接测量微安表表头及检流计的内阻，也不能用来测试标准电池，否则都可能因电流过大而损坏被测元件。

5.2.2　电气测量装置

5.2.2.1　电流互感器

电流互感器的构造种类很多。按电压等级可分为低压和高压；按一次线圈的匝数可分为单匝式和多匝式；按外形可分为羊角式和穿心式；按安装方法可分为支持式和穿墙式；此外还可按铁芯构造或一次线圈的绝缘来区分等。电流互感器外形结构如图 5－21 所示。

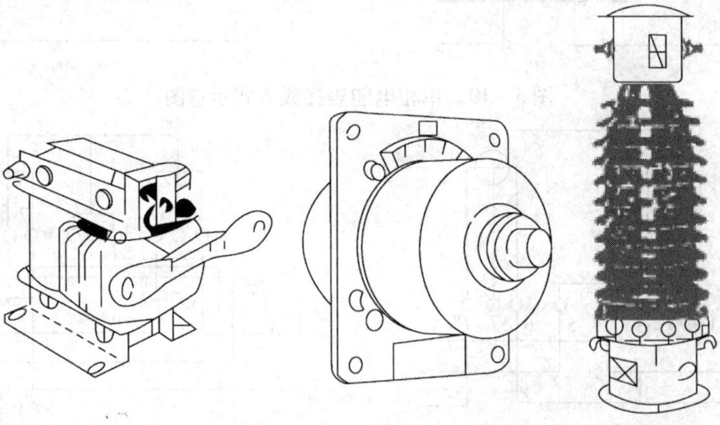

(a)　　(b)　　(c)

图 5－21　电流互感器的外形结构图

1. 电流互感器的接线

电流互感器的接线如图 5－22 所示。

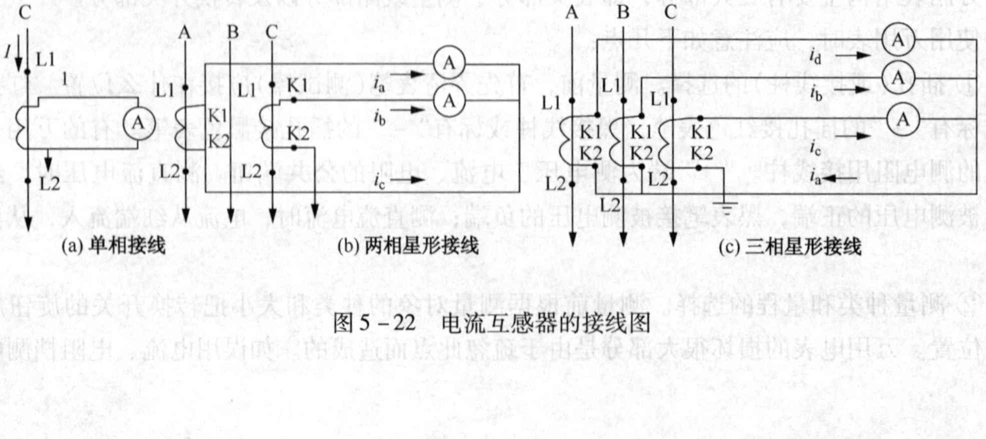

(a) 单相接线　　(b) 两相星形接线　　(c) 三相星形接线

图 5－22　电流互感器的接线图

2. 电流互感器的使用注意事项

(1) 电流互感器的配置应满足测量表计、保护和自动装置的要求，应分别由单独二次绕组供电，这样可满足不同设备的要求，而且又不会互相影响。

(2) 极性连接正确。为保证保护装置、计量表计和其检定工作的接线正确，电流互感器的一次和二次绕组端子应有极性标志。

(3) 运行中的电流互感器的二次绕组不允许开路。

(4) 电流互感器的二次应可靠接地。为防止由于电流互感器一次和二次绕组之间绝缘击穿时危及人身和设备安全，二次回路必须接地，而且只允许有一个接地点。在接近电流互感器端子箱内经端子接地。

5.2.2.2 电压互感器

电压互感器按电压等级可分为低压和高压；按相数可分为单相、三相；按安装地点可分为屋内和屋外；按绝缘方法可分为干式、浇注式和油浸式；按结构可分为普通结构和串级结构；按准确等级可分为0.2、0.5、1.0、3.0级等 。电压互感器的外形如图5-23所示。

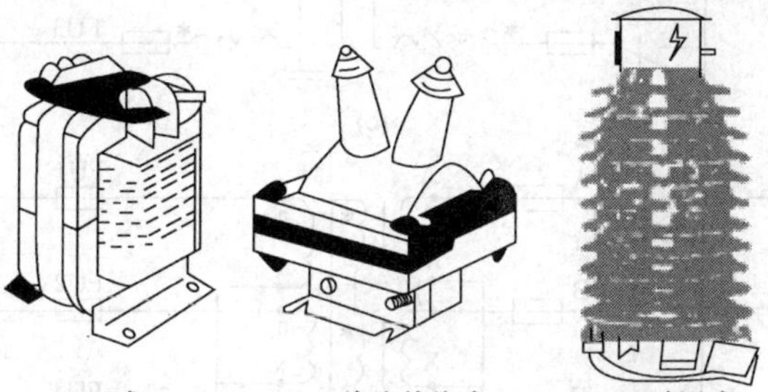

(a) 干式　(b) 浇注绝缘式　(c) 油浸式

图5-23　电压互感器的外形结构图

1. 电压互感器的接线

在三相系统中须测定线电压及每相对地电压。电能计量有时用线电压(一般三相三线电能表)，也有时用相电压(一般三相四线电能表)。各种不同电压互感器的额定电压、变压比、结构型式的确定都为了适应不同的用途而制造，不同的电压互感器各有不同的接线图，如图5-24所示。

2. 电压互感器的使用注意事项

(1) 正确的连接。电压互感器在投入使用前，要按有关规程的项目进行试验，安装时应按安装要求的相序进行接线(见图5-24)，对单相电压互感器组还要防止接错极性，对两台V/V的单相电压互感器更应注意这一问题。

(2) 应有一点可靠接地。电压互感器的二次绕组任一端、铁芯和外壳都要可靠接地，以防止在一次绕组绝缘破坏时，二次绕组对地电压升高，危及人身和设备安全。

(3) 电压互感器的二次侧不允许短路。因为电压互感器在正常运行时，二次负载是测量仪表或继电器的电压线圈，其阻抗都很大，基本上相当于变压器空载状态。因为二次回路中电流的大小主要决定于二次负载阻抗的大小。当电压互感器二次发生短路时，二次负载阻抗等于零，二次电流将会很大，引起熔断器熔断，计量表的计量会受到影响，继电保护将发生误动作。若熔断器不能及时熔断，此短路电流将会导致电压互感器绕组的损坏，以致无法使用。

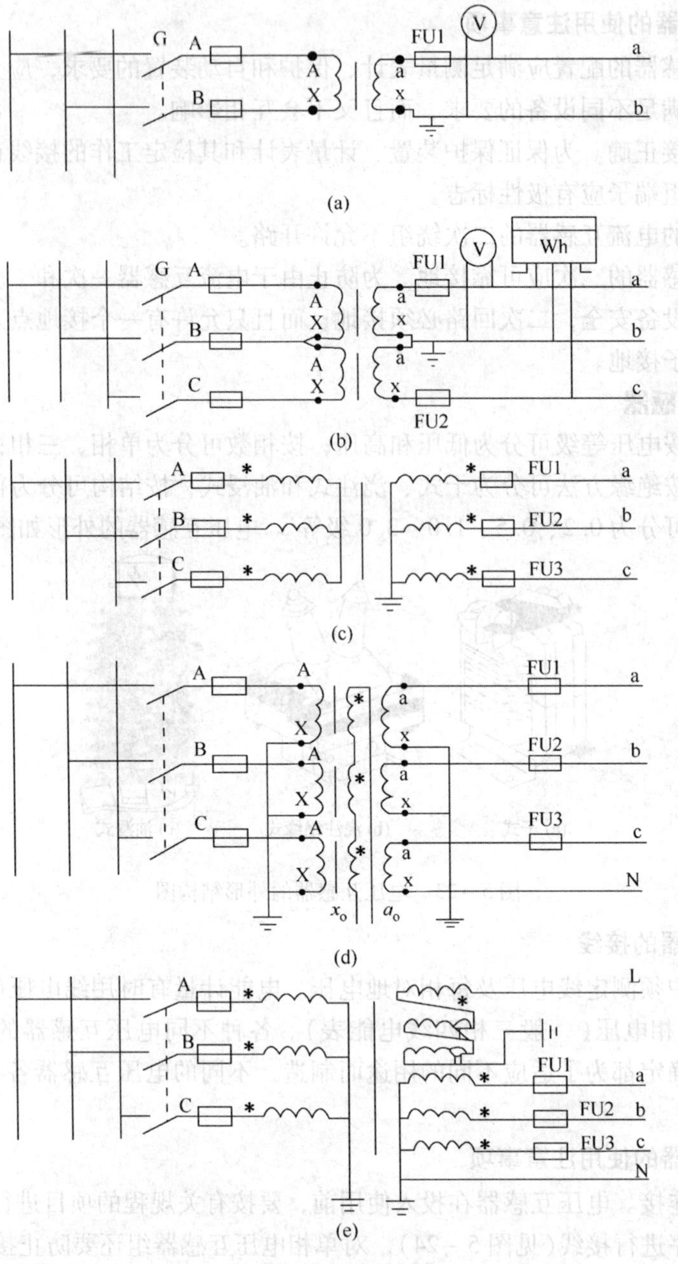

图 5－24　电压互感器接线图

5.3　输油站电气安全常识

5.3.1　触电危害与急救

5.3.1.1　触电危害

当人体触及带电体承受过高的电压而导致死亡或局部受伤的现象称为触电。触电依伤害程度不同可分为电击和电伤两种。

电击是指电流触及人体而使内部器官受到损害，它是最危险的触电事故。当电流通过人体时，轻则使人体肌肉痉挛，产生麻痹感觉，重则会造成呼吸困难，心脏麻痹，甚至导致死亡。电击多发生在电压为220V的低压线路或带电设备上，因为这些带电体是人们日常工作和生活中易接触到的。

电伤是由于电流的热效应、化学效应、机械效应以及在电流的作用下使熔化或蒸发的金属微粒等侵入人体皮肤，使皮肤局部发红、起泡、烧焦或组织破坏，严重时也可危及生命。电伤多发生在1000V及1000V以上的高压带电体上，它的危险虽不像电击那样严重，但也不容忽视。

人体触电伤害程度主要取决于流过人体电流的大小和电击时间长短等因素。我们把人体触电后最大的摆脱电流称为安全电流。我国规定安全电流为30mA·s，即触电时间在1s内，通过人体的最大允许电流为30mA。人体触电时，如果接触电压在36V以下，通过人体的电流就不致超过30mA，故安全电压通常规定为36V，但在潮湿地面和能导电的厂房，安全电压则规定为24V或12V。

常见的触电方式有单相触电和双相触电两种，大部分的触电事故属于单相触电。

在人体与大地之间互不绝缘情况下，人体的某一部位触及三相电源线中的任意一根导线. 电流从带电导线经过人体流入大地而造成触电伤害。

5.3.1.2 触电急救

触电急救的基本原则是在现场采取积极措施保护伤员生命，减轻伤情，减少痛苦，并根据伤情需要，迅速联系医疗部门救治。

要认真观察伤员全身情况，防止伤情恶化。发现呼吸、心跳停止时，应立即在现场就地抢救，用心肺复苏法支持呼吸和血液循环，对脑、心等重要脏器供氧。急救的成功条件是动作快、操作正确，任何拖延和操作错误都会导致伤员伤情加重或死亡。

1. 脱离电源

触电急救，首先要使触电者迅速脱离电源，越快越好。因为电流作用的时间越长，伤害越重。

脱离电源就是要把触电者接触的那一部分带电设备的开关、刀闸或其他断路设备断开；或设法将触电者与带电设备脱离。在脱离电源时，救护人员既要救人，也要注意保护自己。触电者未脱离电源前，救护人员不准直接用手触伤员，因为有触电的危险；如触电者处于高处，解脱电源后会自高处坠落，因此，要采取预防措施。

对各种触电场合，脱离电源采取如下措施。

(1) 低压设备上的触电。触电者触及低压带电设备，救护人员应设法迅速切断电源，如拉开电源开关或刀闸、拔除电源插头等，或使用绝缘工具，如干燥的木棒、木板、绳索等不导电的东西解脱触电者；也可抓住触电者干燥而不贴身的衣服，将其拖开，切记要避免碰到金属物体和触电者的裸露身躯；也可戴绝缘手套或将手用干燥衣物等包起绝缘后解脱触电者；救护人员也可站在绝缘垫上或干木板上，绝缘自己进行救护。

为使触电者与导电体解脱，最好用一只手进行。如果电流通过触电者入地，并且触电者紧握电线，可设法用干木板塞到其身下，与地隔离，也可用干木把斧子或有绝缘柄的钳子等将电线剪断。剪断电线要分相，一根一根地剪断，并尽可能站在绝缘物体或干木板上进行。

(2) 高压设备上触电。触电者触及高压带电设备，救护人员应迅速切断电源，或用适合该电压等级的绝缘工具(戴绝缘手套、穿绝缘靴并用绝缘棒)解脱触电者。救护人员在抢救过程中应注意保持自身与周围带电部分必要的安全距离。

(3) 架空线路上触电。对触电发生在架空线杆塔上，如系低压带电线路，能立即切断线路电源的，应迅速切断电源，或者由救护人员迅速登杆，束好自己的安全皮带后，用带绝缘胶柄的钢丝钳、干燥的不导电物体或绝缘物体将触电者拉离电源；如系高压带电线路，又不可能迅速切断开关的，可采用抛挂足够截面的适当长度的金属短路线方法，使电源开关跳闸。抛挂前，将短路线一端固定在铁塔或接地引下线上，另一端系重物，但抛掷短路线时，应注意防止电弧伤人或断线危及人身安全。不论是何线电压线路上触电，救护人员在使触电者脱离电源时要注意防止发生高处坠落的可能和再次触及其他有电线路的可能。

(4) 断落在地的高压导线上触电。如果触电者触及断落在地上的带电高压导线，如尚未确证线路无电，救护人员在未做好安全措施(如穿绝缘靴或临时双脚并紧跳跃地接近触电者)前，不能接近断线点至 8 ~10m 范围内，以防止跨步电压伤人。触电者脱离带电导线后亦应迅速带至 8 ~10m 以外，并立即开始触电急救。只有在确定线路已经无电时，才可在触电者离开触电导线后，立即就地进行急救。

2. 伤员脱离电源后的处理

触电伤员如神志清醒者，应使其就地躺平，严密观察，暂时不要站立或走动。

触电伤员神志不清者，应就地仰面躺平，确保其气道通畅，并用 5s 时间呼叫伤员或轻拍其肩部，以判定伤员是否意识丧失。禁止摇动伤员头部呼叫伤员。

需要抢救的伤员，应立即就地坚持正确抢救，并设法联系医疗部门接替救治。

3. 呼吸、心跳情况的判定

触电伤员如意丧失，应在 10s 内用看、听、试的方法，判定伤员的呼吸、心跳情况。

看：伤员的胸部、腹部有无起伏动作。

听：用耳贴近伤员的口鼻处，听有无呼气声音。

试：试测口鼻有无呼气的气流。再用两手指轻试一侧(左或右)喉结旁凹陷处的颈动脉有无搏动。

若看、听、试的结果为既无呼吸又无颈动脉搏动，则可判定呼吸、心跳停止。

4. 心肺复苏

触电伤员呼吸和心跳均停止时，应立即采取心肺复苏法正确进行就地抢救。心肺复苏措施主要有以下三种。

(1) 通畅气道。触电伤员呼吸停止，重要的是始终确保气道通畅。如发现伤员口内有异物，可将其身体及头部同时侧转迅速用一个手指或两手指交叉从口角处插入，取出异物。操作中要注意防止将异物推到咽喉深部。

通畅气道可采用仰头抬颌法，用一只手放在触电者前额，另一只手的手指将其下颌骨向上抬起，两手协同头部推向后仰，舌根随之抬起，气道即可通畅。严禁用枕头或其他物品垫在伤员头下，头部抬高前倾，会加重气道阻塞，并使胸外按压时流向脑部的血流减少，甚至消失。

(2) 口对口(鼻)人工呼吸。口对口(鼻)人工呼吸法。在保持伤员气道通畅的同时，救护人员用放在伤员额上的手指捏住伤员鼻翼，救护人员深吸气后，与伤员口对口紧合，在不漏气的情况下，先连续大口吹气两次，每次 1 ~1.5s，如两次吹气后试测颈动脉仍无搏动，可断定心跳已经停止，要立即同时进行胸外按压。

除开始时大口吹气两次外，正常口对口(鼻)呼吸的吹气量不需过大，以免引起胃膨胀。

吹气和放松时要注意伤员胸部应有起伏的呼吸动作。吹气时如有较大阻力，可能是头部后仰不够，应及时纠正。触电伤员如牙紧闭，可口对鼻人工呼吸。口对鼻人工呼吸吹气时，要将伤员嘴唇紧闭，防止漏气。

（3）胸外按压

① 按压位置。正确的按压位置是保证胸外按压效果的重要前提。确定正确按压位置的步骤为：

a. 右手的食指和中指沿触电伤员的右侧肋弓下缘向上，找到肋骨和胸骨接合处的中点。

b. 两手指并齐，中指放在切迹中点(剑突底部)，食指平放在胸骨下部。

c. 另一只手的掌根紧挨食指上缘，置上胸骨上，即为正确按压位置。

② 按压姿势。正确的按压姿势是达到胸外按压效果的基本保证，正确的按压姿势应符合以下要求：

a. 使触电伤员仰面躺在平硬的地方，救护人员或立或跪在伤员一侧肩旁，救护人员的两肩位于伤员胸骨正上方，两臂伸直，肘关节固定不屈，两手掌根相叠，手指翘起，不接触伤员胸壁。

b. 以髋关节为支点，利用上身的重力，垂直将正常成人胸骨压陷 3 ~ 5cm(儿童和瘦弱者酌减)。

c. 压至要求程度后，立即全部放松，但放松时救护人员的掌根不得离开胸壁。

按压必须有效，有效的标志是按压过程中可以触及颈动脉搏动。

③ 操作频率。

a. 胸外按压要以均匀度进行，每分钟 80 次左右，每次按压和放松的时间相等。

b. 胸外按压与口对口(鼻)人工呼吸同时进行，其节奏为：单人抢救时，每按压 15 次后吹气 2 次(15∶2)，反复进行；双人抢救时，每按压 5 次后另一人吹气 1 次(5∶1)，反复进行。

按压吹气 1min 后(相当于单人抢救时做了 4 个 15∶2 压吹循环)，应用看、听、试方法在 5 ~ 7s 时间内完成对伤员呼吸和心跳是否恢复的再判定。若判定颈动脉已有搏动但无呼吸，则暂停胸外按压，而再进行 2 次口对口人工呼吸，接着 5s 吹气一次(即 12 次/min)。如脉膊和呼吸均未恢复，则继续坚持心肺复苏方法抢救。

在抢救过程中，要每隔数分钟再判定一次，每次判定时间均不得超过 5 ~ 7s。在医务人员未接替抢救前，现场抢救人员不得放弃现场抢救。

5. 抢救过程中伤员的移动与转院

心肺复苏应在现场就地坚持进行，不要为方便而随意移动伤员，如确有需要移动时，抢救中断时间不应超过 30s。

移动伤员或将伤员送医院时，除应使伤员平躺在担架上并在其背部垫以平硬阔木板外，移动或送医院过程中还应继续抢救。心跳呼吸停止者要继续心肺复苏法抢救，在医务人员未接替救治前不能终止。

如伤员的心跳和呼吸抢救后均已恢复，可暂停心肺复苏方法操作。但心跳呼吸恢复的早期有可能再次骤停，应严密监护，不能麻痹，要随时准备再次抢救。初期恢复后，神志不清或精神恍惚、跳动，应设法使伤员安静。

6. 杆上或高处触电急救

发现高处有人触电，应争取时间及早在高处开始进行抢救。救护人员登高时应随身携带必要的工具和绝缘工具以及牢固的绳索等，并紧急呼救。

救护人员应在确认触电者已与电源隔离，且救护人员本身所涉环境安全距离内无危险电源时，方能接触伤员进行抢救，并应注意防止发生高空坠落的可能性。

若在杆上发生触电，应立即用绳索迅速将伤员送至地面，或采取可能的迅速有效措施送至平台上。

在将伤员由高处送至地面前，应再口对口(鼻)吹气4次。触电伤员送至地面后，应立即继续按心肺复苏法坚持抢救。现场触电抢救，对采用肾上腺素等药物应持慎重态度，如没有必要的诊断设备条件和足够的把握，不得乱用。

5.3.2 防雷与接地

5.3.2.1 电气防雷

1. 避雷针和避雷线

(1) 避雷针与避雷线的结构。避雷针和避雷线是防直击雷的有效措施。它能将雷电吸引到自身上并能将其安全地导入大地，从而保护附近的电气设备免受雷击。

当雷电先导通道发展到离地面一定高度时，避雷针才可以影响先导的发展方向，如图5-25所示。

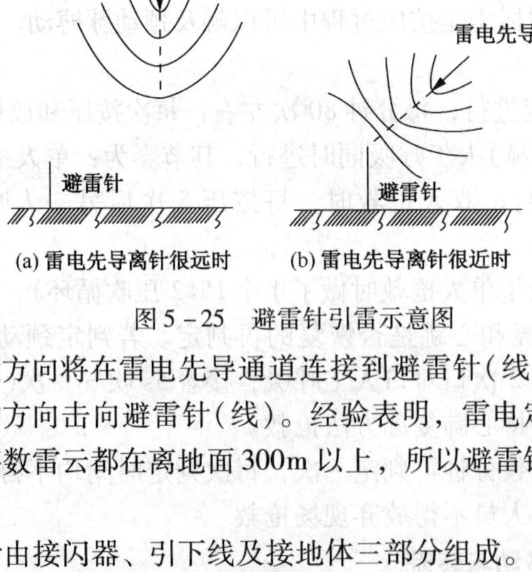

图5-25 避雷针引雷示意图

此时最大电场强度方向将在雷电先导通道连接到避雷针(线)顶部的连线上，使雷电先导沿着电场强度最大的方向击向避雷针(线)。经验表明，雷电定向高度大约在300~600m的范围内，由于绝大多数雷云都在离地面300m以上，所以避雷针(线)的保护范围不受雷击高度变化的影响。

一个完整的避雷针由接闪器、引下线及接地体三部分组成。接闪器是专门用来接受雷云放电的金属物体。选择不同的接闪器，可组成不同的防雷设备：接闪器是金属杆的，则称为避雷针；接闪器是金属线的，称为避雷针或架空地线；接闪器是金属带的、金属网的则称为避雷带、避雷网。

接闪器是避雷针的最重要部分，一般采用直径为10~20mm、长为1~2m的圆钢，或采用直径不小于25mm^2的镀锌金属管。避雷线采用截面不小于35mm^2的镀锌钢绞线。引下线是接闪器与接地体之间的连接线，将由接闪器引来的雷电流安全地通过其自身并由接地体导入大地，所以应保证雷电流通过时不致熔化。引下线一般采用直径为8mm的圆钢或截面不小于25mm^2的镀锌钢绞线。如果避雷针的本体是采用钢管或铁塔形式，则可以利用其本体做引下线，还可以利用非预应力钢筋混凝土的钢筋作引下线。接地体是避雷针的地下部分，其作用是将雷电流顺利地导入大地。接地体常用长2.5m，多根50mm×50mm×5mm的角钢或多根直径为50mm的镀锌钢管埋入地下，并用镀锌扁钢连接起来。接地体的效果和作用可用冲击接地电阻的大小表达，其值越小越好。冲击接地电阻 R_{sh} 与工频接地电阻 R_e 的关系为 $R_{sh} = a_{sh}\ R_{sh}$，其中 a_{sh} 为冲击系数。冲击系数 a_{sh} 值一般小于1，只有水平敷设的接地体且较长时才大于1。各种防雷设备的冲击接地电阻值均有规定，如独立避雷针或避雷线的冲击接地电阻应不大于10Ω。

（2）避雷针与避雷线的保护范围。保护范围是指被保护物在此空间内不致遭受雷击的立体区域。保护范围的大小与避雷针（线）的高度有关。

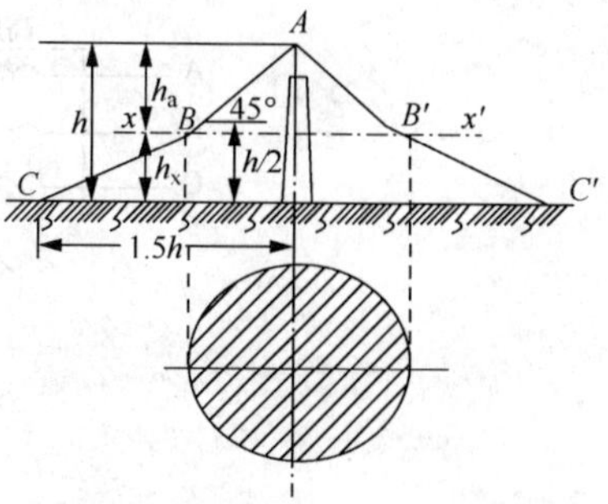

图5－26　避雷针的保护范围图

单支避雷针的保护范围是以避雷针为轴的折线构成的上、下两个圆锥形空间。图5－26所示为高度为 h 的避雷针的保护范围。

5.3.2.2　电气接地

在工厂供电系统中，为了保证电气设备的正常工作或防止人身触电，而将电气设备的某部分与大地做良好的电气连接，这就是接地。工厂供电系统和电气设备的接地按其作用的不同可分为工作接地和保护接地两大类。此外，还有为进一步保证保护接地的重复接地。

1. 接地装置的构成

接地装置是由接地体和接地线两部分构成的。其中与土壤直接接触的金属物体，称为接地体或接地极。而由若干接地体在大地中相互连接而构成的总体，称为接地网。连接于接地体和设备接地部分之间的金属导线，称为接地线。

接地线通常采用25mm×4mm或40mm×4mm的扁钢或直径为16mm的圆钢。接地线又分为接地干线和接地支线。

接地体通常采用直径为50mm、长为2～2.5m的钢管或50mm×50mm×5mm、长2.5m的角钢，端部削尖，埋入地中。接地体按其布置方式又可分为外引式和环路式两种。

2. 工作接地

为了保证电气设备的可靠运行，在电气回路中某一点必须进行的接地，称为工作接地。如避雷器、避雷针及变压器中性的接地都属于工作接地，如图5－27所示。

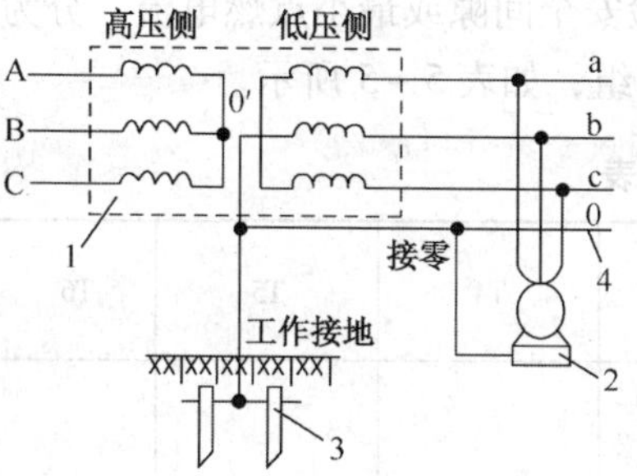

图5－27　工作接地示意图

1—变压器；2—电动机；3—接地装置；4—中性线；0′—中性点

3. 保护接地

将电气设备上与带电部分绝缘的金属外壳与接地体相连接，这种防止因绝缘损坏而使工作人员发生触电的危险的接地措施，称为保护接地，代号为PE。如变压器、电动机和家用电器的外壳接地等都属于保护接地，如图5－28所示。

保护接地的类型有两种：一种是设备的金属外壳经各自的PE线分别直接接地，即IT系统的接地，多适用于工厂高压系统或中性点不接地的低压三相三线制系统；另一种是设备的金属外壳经公共的PE线或PEN线接地，即所谓的“保护接零”，它多用于中性点接地的低压三相四线制系统，又可分为TN系统和TT系统两种。

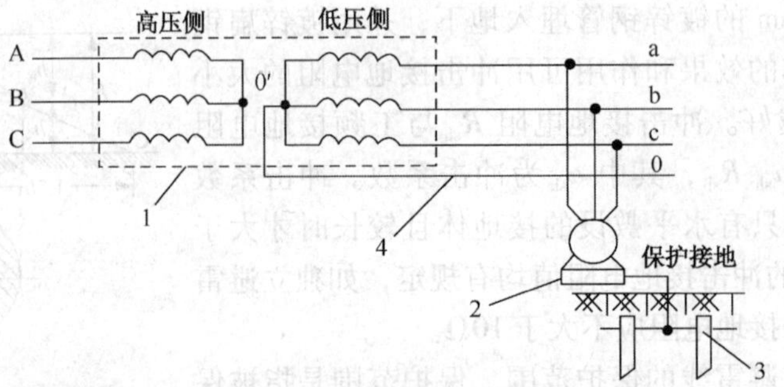

图 5 - 28　保护接地示意图

1— 变压器;2— 电动机;3— 接地装置;4— 中性线;0′—中性点

5.3.3　电气设备防爆与防护等级

5.3.3.1　防爆区域划分

危险场所区域的含义，是对该地区实际存在危险可能性的量度，由此规定其可适用的防爆型式。

国际电工委员会/欧洲电工委员会划分的危险区域的等级分类为：

0 区(Zone 0)：易爆气体始终或长时间存在；连续存在危险性大于 1000 小时/每年的区域。

1 区(Zone 1)：易燃气体在仪表的正当工作过程中有可能发生或存在；断续地存在危险性 10 ~ 1000 小时/每年的区域。

2 区(Zone 2)：一般情形下，不存在易燃气体且即使偶尔发生，即存在时间亦很短；事故状态下存在的危险性 0.1 ~ 10 小时/每年的区域。

中国划分的有效区域和以上相同。

5.3.3.2　电气设备防爆与防护等级分类

1. 电气设备防爆等级

防爆电气设备分为两类，Ⅰ类为煤矿井下用电气设备，Ⅱ类为除矿井以外的场所使用的电气设备。

Ⅱ类电气设备，按其适用于爆炸性气体混合物最大试验安全间隙或最小点燃电流，分为ⅡA、ⅡB、ⅡC 三类，并按其最高表面温度分为 T1 ~ T6 六组，如表 5 - 5 所示。

表 5 - 5　电气设备防爆等级划分表

温度组别 级别	T1	T2	T3	T4	T5	T6
ⅡA	甲烷、甲苯、甲酯、乙烷、丙烷、丙酮、丙烯酸、苯、苯乙烯、一氧化碳、醋酸乙酯、醋酸、氯苯、醋酸甲酯、氨	甲醇、乙醇、乙苯、丙醇、丙烯、丁醇、丁烷、醋酸丁酯、醋酸戊酯、环戊烷	戊烷、戊醇、己烷、己醇、庚烷、辛烷、环乙醇、松节油、石脑油、石油(包括汽油)、燃料油、戊醇四氯	乙醛、三甲胺		亚硝酸乙酯
ⅡB	丙烯酯、二甲醚、市用煤气	丁二烯、环氧丙烷、乙烯	二甲醚、丙烯醛、碳化氢	乙醚、二乙醚		
ⅡC	氢、水煤气	乙炔		二硫化碳	硝酸乙酯	

2. 防护等级

IP 表示 Ingress Protection(进入防护)。IEC IP 防护等级是电气设备安全防护的重要指标。IP 防护等级系统提供了一个以电气设备和包装的防尘、防水和防碰撞程度来对产品进行分类的方法。

防护等级多以 IP 后跟随两个数字来表述，数字用来明确防护的等级。第一个数字表明设备抗微尘的范围，或者是人们在密封环境中免受危害的程度。I 代表防止固体异物进入的等级，最高级别是 6；第二个数字表明设备防水的程度。P 代表防止进水的等级，最高级别是 8。设备的防护等级规定具体如表 5－6 所示。

表 5－6　设备防护等级划分表

接触电气设备保护和外来物保护等级（第一个数字）			电气设备防水保护等级（第二个数字）		
第一个数字	防护范围		第二个数字	防护范围	
	名称	说明		名称	说明
0	无防护	—	0	无防护	—
1	防护 50mm 直径和更大的固体外来体	探测器，球体直径为 50mm，不应完全进入	1	水滴防护	垂直落下的水滴不应引起损害
2	防护 12.5mm 直径和更大的固体外来体	探测器，球体直径为 12.5mm，不应完全进入	2	柜体倾斜 15°时，防护水滴	柜体向任何一侧倾斜 15°角时，垂直落下的水滴不应引起损害
3	防护 2.5mm 直径和更大的固体外来体	探测器，球体直径为 2.5mm，不应完全进入	3	防护溅出的水	以 60°角从垂直线两侧溅出的水不应引起损害
4	防护 1.0mm 直径和更大的固体外来体	探测器，球体直径为 1.0mm，不应完全进入	4	防护喷水	从每个方向对准柜体的喷水都不应引起损害
5	防护灰尘	不可能完全阻止灰尘进入，但灰尘进入的数量不会对设备造成伤害	5	防护射水	从每个方向对准柜体的射水都不应引起损害
6	灰尘封闭	柜体内在 2kPa20mbar 的低压时不应进入灰尘	6	防护强射水	从每个方向对准柜体的强射水都不应引起损害
			7	防护短时浸水	柜体在标准压力下短时浸入水中时，不应有能引起损害的水量浸入
			8	防护长期浸水	可以在特定的条件下浸入水中，不应有能引起损害的水量浸入

注：探测器的直径不应穿过柜体的孔

5.3.3.3 防爆电气设备选型与应用

1. 根据防爆区域选择

电气设备防爆形式有增安型、本质安全型、隔爆型、充砂型和浇封型等。各种防爆形式适用的防爆区域如表5-7所示。

表5-7 防爆电气设备按防爆区域选择表

电气设备防爆型式	代号	适用区域
本质安全型(ia级)	Ex ia	0区
浇封型(ma级)	Ex ma	
为0区设计的特殊型	Ex s	
适用于0区的防爆型式		1区
本质安全型(ib级)	Ex id	
隔爆型	Ex d	
增安型	Ex e	
正压外壳型	Ex px，Ex py	
油浸型	Ex o	
充砂型	Ex q	
浇封型	Ex mb	
为1区设计的特殊型	Ex s	
适用于0区和1区的防爆型式		2区
n型	Ex nA、Ex nC、Ex nL、Ex nR、Ex nZ	
正压型	Ex pz	
为2区设计的特殊型	Ex s	

2. 根据气体或蒸气的引燃温度选择

电气设备按其最高表面温度不超过可能出现的任何气体或蒸气的引燃温度选型，电气设备必须在被标志的温度范围内使用。

5.4 UPS的原理和维护

5.4.1 UPS的原理

UPS是不间断电源[uninterruptible power system，有的译为Uninterruptible Power Supply(这种翻译比较少)]的英文简称，是能够提供持续、稳定、不间断的电源供应的重要外部设备。

UPS作为计算机的重要外设，已从最初的提供后备时间单一功能发展到今天的提供后备时间及改善电网质量的双重功能，在保护计算机数据、改善电网质量、防止停电和电网污染对用户造成危害等方面起着很重要的作用。

UPS基本结构主要由滤波回路路、整流充电回路、逆变控制回路、电池组电路、控制单元等组成。

(1) 滤波回路：对输入的交流电进行滤波净化，去掉电网中的干扰成分，并在一定范围

内进行调压 。

（2）整流充电回路：整流充电回路是将交流整流成直流，经充电电路给蓄电池充电，并向内部提供所需的直流电。

（3）逆变控制回路：不断地将直流电逆变成所需交流输出(输出波形为正弦波）。

（4）蓄电池组电路：蓄电池是 UPS 的重要组成部分 ，与整流充电回路和逆变控制回路进行密切配合。

（5）控制单元：包括检测报警保护电路和智能监控及通讯电路。

5.4.2 UPS 的维护

1. 日常检查项目

（1）指示灯是否正常，有无声光报警 。

（2）输入电压、电流及输出电压、电流、频率是否正常 。

（3）蓄电池电解液有无渗漏、液面是否正常，电池外壳有无鼓裂的现象，接片处有无腐蚀 。

（4）室内空调、通风系统、室温、相对湿度是否正常，环境卫生是否干净。

（5）输入、输出开关、散热风扇等附属设备工作是否正常。

2. 定期维护保养项目

（1）每年对不间断电源主机进行一次积尘清扫。

（2）蓄电池组的定期保养：每 3 个月检测一次蓄电池的性能，每 3 个月对蓄电池进行一次放电测试。

第6章　仪表基础知识

6.1　误差的概念

在对各种生产过程的参数进行检测时，包括有能量形式的一次或多次转换过程以及测量单位的比较过程，如果这些过程是在理想的环境、条件下进行，即假若一切影响因素都不存在，则检测将是十分精确的，但是这种理想的环境和条件实际上是不存在的。

测量的仪器仪表不绝对准确、测量原理的局限、测量方法的不完善、外界的干扰及测量人员个人因素等，都会造成测量值与被测量的真值之间存在差值，这样就会产生各种类型的误差，它们对检测系统的影响又是各不相同的。

6.1.1　误差和精度的基本概念

测量过程实质上都是将被测参数与相应的测量单位进行比较的过程。各种仪表无论采用哪一种原理，都是要将被测参数经过一次或多次的信号能量的转换，最后获得便于测量的信号形式，并由指针移动或数字形式显示出来。

误差是指由于测量的仪器仪表不绝对准确，测量原理的局限、测量方法的不完善以及测量人员的个人因素，使测量值与被测量的真值之间存在的差值。

在检测过程中不仅需要知道仪表的指示值，还应该知道该指示值接近参数真实值的准确度，以便估计指示值误差大小，常用相对百分误差 δ 表示，即：

$$\delta = \frac{x - x_0}{\text{测量范围上限} - \text{测量范围下限}} \times 100\% \tag{6-1}$$

式中　x ——被测变量的测量值；

x_0 ——被测变量的标准值；

仪表精度通常是用仪表相对百分误差的大小衡量的。仪表的精度等级是指仪表在规定的条件下，允许的最大相对百分误差。按照国家统一规定所划分的等级有：……，0.05，0.1，0.25，0.35，0.5，1.0，1.5，2.5，4.0，……。所谓1级表，即该仪表允许的最大相对百分误差为1%，其余类推。精度等级的表示方法，如1级表示为△(1.0)。

6.1.2　误差及其分类

依据测量研究的需要，对误差可按多种方法分类。见表6-1。

表6-1　误差分类表

分类依据	名称	意义	说明
与使用条件的关系	基本误差	在测量工具使用的标准条件下应用所产生的误差	使用标准条件是指对影响测量的各种因素，人为作出的规定值
	附加误差	测量工具偏离标准使用条件下应用所产生的误差	按偏离条件、逐条分别列出相对附加误差值

分类依据	名称	意义	说明
误差数值表示	绝对误差	测量结果和真值之间的代数差	只是说明误差本身的大小
	相对误差（实际标称引用）	绝对误差和真值之比。 绝对误差和测量值之比。 绝对误差和仪表满刻度之比	多用于理论分析或精密测量中。 多用于检定或工程测量中，常据此划分仪表精确度等级
与被测量随时间变化的关系	静态误差	被测量缓慢变化或稳定不变化的测量误差	
	动态误差	被测量随时间变化过程中测量所附加的误差	由于检测装置的动态特性造成的。
误差的规律	系统误差	在相同条件下，多次测量同一被测（变）量的过程中出现的误差，其绝对值和符号或者保持不变，或者在条件变化时按某一规律变化	系统误差是由个别因素较强影响所致，它使测量结果偏离真值，影响正确度。 一定条件下绝对值和符号均不变的是恒定系统误差，若条件变化时按规律变化的为可变系统误差；若大小、符号均可确知的为已定系统误差，大小和符号即使一项未知，也属未定系统误差
	随机误差	在相同条件下，多次测量同一被测（变）量的过程中出现的误差，其绝对值和符号以不可预计的方式变化，但大量多次重复测量在总体上误差的出现（大的、小的，正的、负的）有一定的统计规律，典型的是正态分布	同由无数个互不相同的独立因素围绕其平均值随机起伏，而对测量结果造成的综合影响，它使测量结果随机分布，影响测量的精度
	粗大误差	明显与实事不符的误差，无任何规律	系操作者过失或重大干扰所致，有此误差的数据称为坏值，一经发现应立即剔除
与被测量的数量关系	定值误差	被测量变化而误差数值不变的误差	是系统误差或随机误差所致
	累积误差	在一定的范围内误差与被测量成正比变化的误差	是灵敏度及测量标准变化所造成
	整量化误差	误差的大小和被测量大小无关，总在 $-\Delta \sim \Delta$ 范围内摆动	是连续信号转换成离散信号的整量化过程中产生量化单位的1/2

产生误差的原因很多，可以归结为三类：系统误差、疏忽误差、偶然误差。

系统误差：即大小和方向（符号）均不改变的误差。产生这种误差的原因主要是仪表本身的缺陷、观察者的习惯或偏好等。这类误差在测量中是容易消除的，因为它是有规律的。

疏忽误差：是由于观察者在测量中疏忽大意所致。它比较容易被发觉，并从测量结果中删除。

偶然误差：在同样的测量条件下，反复多次，每次测量结果均不能重复的误差。这种误差是由偶然的因素造成的，因而它不易被发觉和修正。偶然误差的大小反映了测量的精度。

6.1.3 误差的表示形式

误差的表示方法通常有两种：绝对误差和相对误差。绝对误差可表示为：

$$\Delta = x - x_0 \tag{6-2}$$

式中 Δ——绝对误差；

x——仪表读数值；

x_0——测量真实值；

相对误差可表示为：

$$\Lambda = \frac{\Delta}{x_0} = \frac{x - x_0}{x_0} \tag{6-3}$$

式中 Λ——仪表在 x_0 处的相对误差。

6.2 仪表基本概念

6.2.1 检测仪表的基本构成及分类

检测仪表一般由三部分组成：一是传感器或敏感部件，二是测量电路及转换电路，三是显示器件。检测与过程控制仪表(通常称自动化仪表)分类方法很多，根据不同原则可以进行相应的分类。例如按仪表所使用的能源分类，可以分为气动仪表、电动仪表和液动仪表；按仪表组合形式，可以分为基地式仪表、单元组合仪表和综合控制装置；按仪表安装形式，可以分为现场仪表、盘装仪表和架装仪表；随着微处理机的蓬勃发展，根据仪表有否引入微处理机(器)又可分为智能仪表与非智能仪表；根据仪表信号的形式可分为模似仪表和数字仪表。

显示仪表具有记录和指示、模拟与数字等功能，又可分为记录仪表和指示仪表、模拟仪表和数显仪表，其中记录仪表又可分为单点记录和多点记录(指示亦可以有单点和多点)，其中又分为有纸记录或无纸记录，有纸记录又分为笔录和打印记录。

调节仪表可分为基地式调节仪表和单元组合式调节仪表。由于微处理机的引入，又有可编程调节器与固定程序调节器之分。

执行器由执行机构和调节阀两部分组成。执行机构按能源划分有气动执行器、电动执行器和液动执行器，按结构形式可以分为薄膜式、活塞式(气缸式)和长行程执行机构。调节阀根据其结构特性和流量特性不同进行分类，按结构特点分通常有直通单座、直通双座、三通、角形、隔膜、蝶形、球阀、偏心旋转、套筒(笼式)、阀体分离等，按流量特性分为直线、对数(等面分比)、抛物线、快开等。

6.2.2 测量仪表的品质指标

6.2.2.1 精确度

仪表精确度简称精度，又称准确度。仪表精确度就是仪表测量值接近真值的准确程度，通常用相对百分误差 δ 表示：

$$\delta = \pm \frac{\text{绝对误差值}}{\text{标尺上限值} - \text{标尺下限值}} \times 100\% \tag{6-4}$$

精确度是仪表很重要的一个质量指标，常用精度等级来规范和表示。精度等级就是最大相对百分误差去掉“±”号及“%”，当前我国生产的仪表常用的精度等级有 0.005、0.02、0.05、0.1、0.2、0.4、0.5、1.0、1.5、2.5、4.0 等。仪表的准确度等级一般可用不同的符号形式标志在仪表面板上，如 (0.5)，△1.0 等，数值越小，仪表精度越高。若一台仪表的允许误差为 ±1.5%，则该仪表的精度等级符合 1.5 级。

检定某一精度的仪器仪表，通常用精度比被检仪表高 3～5 倍的标准表进行。所谓标准值是精确度比被测仪表高3~5倍的标准表测得的数值。

仪表精度不仅和绝对误差有关，而且和仪表的测量范围有关。绝对误差大，相对百分误差就大，仪表精确度就低。如果绝对误差相同的两台仪表，其测量范围不同，那么测量范围大的仪表相对百分误差就小，仪表精确度就高。

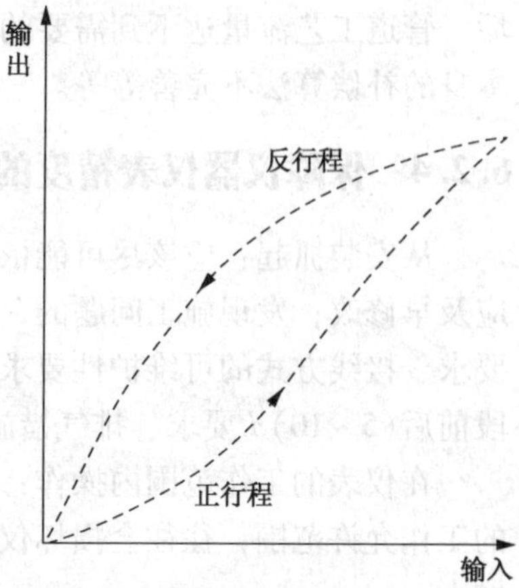

图6-1 测量仪表的变差

6.2.2.2 变差

传动机构的间隙、运动部件的摩擦、弹性元件滞后等因素会造成用同一仪表在外界条件不变的情况下，对某一参数值进行正反行程(即被测参数逐渐由小到大和逐渐由大到小)测量时，仪表正、反行程指示值之间存在差值，这种差值称为变差(又称为回差)，如图6-1所示。

变差可用式(6-5)表示。

$$变差=\frac{最大绝对差值}{标尺上限值-标尺下限值}\times 100\% \tag{6-5}$$

6.2.2.3 灵敏度和灵敏限

灵敏度：是指仪表对被测参数变化的灵敏程度，或者说是对被测的量变化的反应能力，输出变化增量对输入变化增量的比值。

灵敏限：所谓仪表的灵敏限，是引起仪表指针发生动作的被测参数的最小变化量。在数字仪表中，则用分辨率表示仪表的灵敏度的大小。数字式仪表的分辨率就是在仪表的最低量程上最末位改变一个数所表示的被测参数变化量。

反应时间：仪表对被测量进行测量时，被测量突然变化以后，仪表需要经过一定的时间才能准确显示。反应时间就是用来衡量仪表能不能尽快反应出参数变化的品质指标。

6.2.2.4 线性度

线性度用来说明输出量与输入量的实际关系曲线偏离规定直线的程度。

6.2.2.5 重复性

重复性表示检测仪表在被测参数按同一方向作全量程连续多次变动时所得标定特性不一致的程度。

6.2.3 造成精度下降的原因

(1) 与仪表连接使用的设备带来的误差：如，转换器、中继器、数据计算单元等。

(2) 设备本身稳定性带来的误差：如测量组件材料的选择和加工精度的差异，电子控制部分的老化、可动部件磨损或润滑性能下降、内部密封性能下降等。

(3) 遭受意外冲击造成性能下降引起的误差：如火灾、雷击、电源接线短路(仪表、仪表接线盒进水或接错线)；运输物理损伤；工艺介质串入腐蚀性介质；精密测量腔体进入固体颗粒；工作环境超出设计要求；受超出允许范围的压力、温度的冲击，等等。

(4) 安装、施工质量带来的误差：仪表对零操作不当；校验标准表精度不够；屏蔽达不到要求；未按设计要求进行安装、固定；安装位置不当、直管段不够、整流器安装不当、密封垫片对中误差大、取压开口位置不当、取压管配管不符合规定(走向不合适或泄漏)、前后控制阀门动作死区大，等等。

（5）其他原因：管线旁路或支线阀门内漏或未关严密，安装固定支架松动，测量组件结垢、管道工艺流量达不到需要的紊流条件，仪表工作于本身的最高精度流量范围之外，仪表本身的补偿算法不完善等等。

6.2.4 保障仪器仪表精度的措施和方法

从安装抓起：应该尽可能依照仪表说明文件的要求进行安装，发现设计不符合要求的，应及早修改；发现施工问题的，应该及早纠正：如，电气配线的防水防潮要求、信号线屏蔽要求、接线方式的可维护性要求、蝶阀的安装角度要求、流量计的防止轴向应力要求、直管段前后(5～10)d要求、排气措施要求、仪表的工作环境要求等。

在仪表的工作范围内操作：预防超温、超压操作是保证仪表精度的最大保障，超出仪表的工作允许范围，往往会损坏仪表的检测组件或放大组件，造成永久损坏或不可恢复的误差增大。

在仪表的最佳精度范围内操作，尽量减少在精度较低的区域段工作的时间。例如，多数质量流量计的精度，往往在标定的工作压力附近，25%量程流量以上的流量时工作精度有保证，涡轮流量计等也有类似的要求，用移动式标准体积管在线标定就是为了尽量使工作压力和标定压力一致所采取的一种措施。

爱护仪表设备，认真对待仪器仪表的日常检查、维护工作，严格按照操作要求对仪表进行检查、维护操作：

（1）避免用高压水龙头冲洗仪表；

（2）仪表设备开盖或拆装后，安装恢复要认真检查每一个接头和接线，防止仪表短路、漏油或进水；

（3）对于阀门、执行机构等设备的维修维护，还要检查电气接线盒、阀体密封、液压系统等的性能是否合格，确认没有问题以后才能离开；

（4）对于机泵上的探头，需要在泵体整体安装完成以后安装，同时调整和安装时要小心避免压坏探头前面环氧树脂封装的线圈；

（5）所有仪表开盖检查前必须断电。

6.2.5 仪表假信号识别

假信号指仪表设备测量的值不能反映当前工况的真实值，造成仪表假信号的现象和原因很多，如：

（1）温度超仪表量程（简称超程），或有时正常，有时超程，原因一般是热电偶、热电阻受震动时间长了测量点断开；

（2）机泵运行平稳，振动指示变化却无规律甚至引起联锁动作，原因一般是振动探头固定不牢或测量面被腐蚀不平整；

（3）压力、压差指示无变化、跑最大、跑零下或变化缓慢，原因一般是压力仪表引压管路堵塞；

（4）温度指示不规律突然升高或降低，原因一般是信号线的屏蔽层效果不好，热电偶、热电阻等弱电信号线受开停泵、对讲机、电磁干扰指示发生无规律变化；

（5）液位信号固定不动或只能上不能下，一般来说，是由于浮子被导向管卡住或被介质黏住；

（6）伺服液位计系浮子的钢丝断掉，液位指示故障，浮子无法取出来，原因往往是变向滑轮组或液位计内部的导向滑轮垂直度不够，钢丝受额外摩擦引起，有时还会损坏滑轮组；

（7）可燃气体报警器误报警或压力仪表对大气压力指示不回零，原因是仪表性能稳定性不好，发生了零位漂移，这种问题也发生于超声波仪表。随着工控产品技术的进步，目前模拟压力仪表零位发生漂移的情况已经很少发生，如果和现场指示压力表对不上，通常是现场指示表发生了问题；

（8）机泵的压力开关在起泵时发生误报警，联锁保护导致无法开泵，或压力变送器在压力上升时有不规律的波动，通常原因是测量腔体的气体未排放干净。

引发假信号的原因很多，自控人员和生产操作人员应该在实际生产中不断摸索，不断总结，才能熟练地判断。

6.2.6 仪表基本控制规律

各种控制规律是为了适应不同的生产要求而设计的，因此必须根据生产的要求选用适当的控制规律。如选用不当，不但不能起到控制的作用，反而会造成控制过程的剧烈振荡，甚至形成发散振荡而造成严重生产事故。

6.2.6.1 比例控制

图6－2是一个水槽液位控制示意图。对于图6－2所示的水槽，如果要保持水槽液位的话，那么当液位高于给定值时，就关小进水阀，液位越低，阀就开得越大。这种阀门开度的变化量(亦即控制期输出的变化量)与被控变量偏差信号成比例的控制规律，称为比例控制规律，一般用字母P表示。

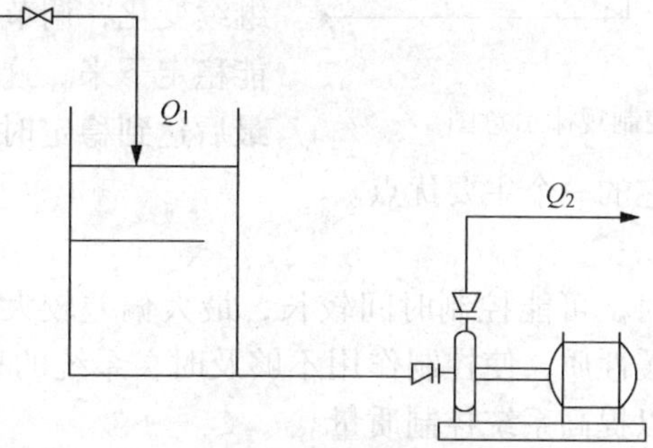

图6－2　水槽液位控制示意图

比例控制规律可以用数学式(6－6)来表示。

$$\Delta p = K_c e \qquad (6-6)$$

式中　Δp——控制器的输出变量；

e——控制器的输入，即偏差；

K_c——比例控制器的放大倍数。

比例控制是一种最基本的控制规律，反应速度快，控制及时，但由于控制结果有余差等特点，仅适用于干扰较小、对象的时滞较小而时间常数并不太小、控制质量要求不高、允许有余差的场合。

6.2.6.2 积分控制

比例控制的结果不能使被控变量恢复到给定值而存在余差，控制精度不高，所以，有时把比例控制比作“粗调”，这是比例控制的缺点。它只限于符合变化不大和允许有偏差存在的情况下适用。对控制精度有更高要求时，必须在比例控制的基础上，再加上能消除余差的积分控制。

当控制器的输出变化量 Δp 与输入偏差 e 的积分成比例时，就是积分控制规律，一般用字母 I 表示。

积分控制规律的数学表达式为：

$$\Delta p = K_I \int e\mathrm{d}t \tag{6-7}$$

式中　K_I——积分比例系数，称为积分速度。

由公式可以看出，积分控制作用输出信号的大小不仅取决于偏差信号的大小，而且主要取决于偏差存在的时间长短。只要有偏差，尽管偏差可能很小，但它存在的时间越长，输出信号就变化越大。

从式(6－7)可以画出在输入作用下的输出变化曲线，如图 6－3 所示。从图中可以看出：当积分控制器的输入是一个常数时，输出是一直线，其斜率与 K_I 有关。从图中可以看出，只要偏差存在，积分控制器的输出是随着时间不断增大的(或减小的)。

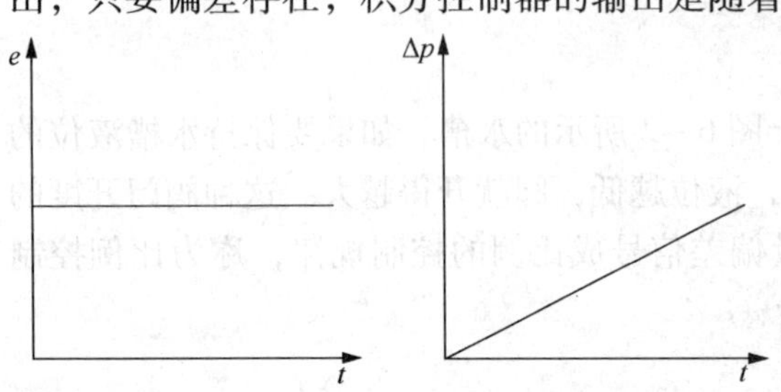

图 6－3　积分控制规律示意图

积分控制器输出的变化速度与偏差成正比，这就进一步说明了积分控制规律的无偏差：只要偏差存在，控制其输出就会变化，调节机构就要动作，系统不可能够稳定。只有当偏差消除时(即 $e=0$)，输出信号才不再继续变化，调节机构才停止动作，系统才可能稳定下来。这也就是说，积分控制作用在最后达到稳定时，偏差是等于零的，这是它的一个显著特点，也是它的一个主要优点。

6.2.6.3　微分控制

当对象滞后特别大时，可能控制时间较长，最大偏差较大。当对象符合变化特别剧烈时，由于积分作用的迟缓性质，使控制作用不够及时，系统的稳定性较差，在上述情况下，可以再增加微分作用，以提高系统控制质量。

这种按被控变量变化的速度来确定控制作用的大小，就是微分控制规律，一般用字母“D”表示。

具有微分控制规律的控制器，其输出 Δp 与偏差 e 的关系可用式(6－8)表示：

$$\Delta p = T_D \frac{\mathrm{d}e}{\mathrm{d}t} \tag{6-8}$$

式中　T_D——微分时间；

$\frac{\mathrm{d}e}{\mathrm{d}t}$——偏差对时间的导数，即偏差信号的变化速度。

由上述公式可知，偏差变化的速度越大，则控制器的输出变化也越大，积微分作用的输出大小与偏差变化的速度成正比。对于一个固定不变的偏差，不管这个偏差有多大，微分作用的输出总是零，这是微分作用的特点。

如果控制器的输入是一个阶跃信号，按式(6－8)，微分控制器的输出如图 6－4(b)所示。在输入变化的瞬间，输出趋于无穷大。在此之后，由于输入不再变化，输入立即降到零。在实际工作中，要实现图6-4(b)所示的控制作用是很难的(或是不可能的)，也没有什么实用价值。这种控制作用成为理想微分控制作用。图6-4(c)是一种近似的微分控制。在阶跃输入发生的时刻，输入 Δp 突然上升到一个较大的有限数值，然后呈指数规律衰减至零。

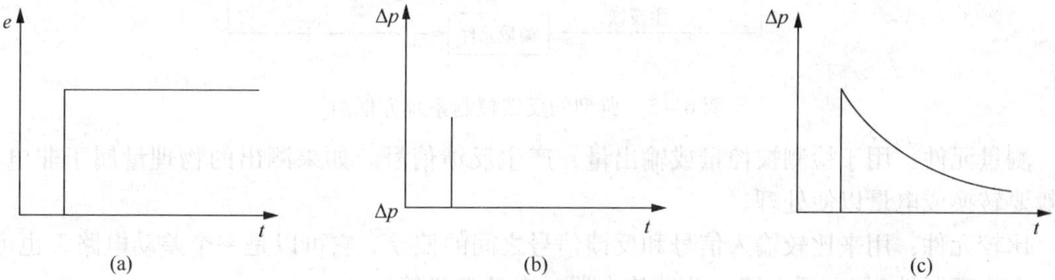

图6-4　微分控制动态特性

6.2.7　自动控制系统概述

在现代科学技术的众多领域中，自动控制技术起着越来越重要的作用。所谓自动控制，就是在没有人直接参与的情况下，利用外加的设备或装置(控制装置)，使机器、设备或生产过程(控制对象)的某个工作状态或参数(被控量)自动地按照预定的规律运行。如数控车床按预定程序自动切削，人造卫星准确进入预定轨道并回收等。

自动控制技术不仅在工业上广泛应用，近几十年来，随着计算机技术的发展和应用，在宇航、机器人控制、导弹制导及核动力等高新技术领域中，自动控制技术更具特别重要的作用。不仅如此，自动控制技术的应用范围现已扩展到生物、医学、环境、经济管理和其他许多社会生活领域中，自动控制已成为现代社会生活中不可缺少的一部分。

自动控制：是指在没有人直接参与的情况下，利用控制装置使被控对象(如机器、设备或生产过程)的一个或数个物理量(如电压、电流、速度、位置、温度、流量、化学成分等)自动的按照预定的规律运行(或变化)。

自动控制系统：是指能够对被控对象的工作状态进行自动控制的系统。它一般由控制装置和被控对象组成。被控制对象是指那些要求实现自动控制的机器、设备或生产过程。控制装置是指对被控对象起控制作用的设备总体。

自动控制系统的功能和组成是多种多样的，其结构有简单也有复杂。它可以只控制一个物理量，也可以控制多个物理量甚至一个企业机构的全部生产和管理过程；它可以是一个具体的工程系统，也可以是比较抽象的社会系统、生态系统或经济系统。

6.2.7.1　自动控制系统的组成

任何一个自动控制系统都是由被控对象和控制器有机构成的。自动控制系统根据被控对象和具体用途不同，可以有各种不同的结构形式。图6-5是一个典型自动控制系统的功能框图。图中的每一个方框代表一个具有特定功能的元件，除被控对象外，控制装置通常是由测量元件、比较元件、放大元件、执行机构、校正元件以及给定元件组成。这些功能元件分别承担相应的职能，共同完成控制任务。

被控对象：一般是指生产过程中需要进行控制的工作机械、装置或生产过程。描述被控对象工作状态的、需要进行控制的物理量就是被控量。

给定元件：主要用于产生给定信号或控制输入信号。

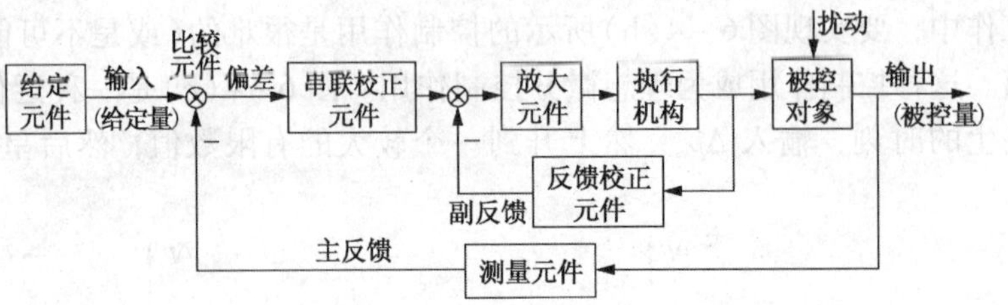

图 6-5　典型的反馈控制系统方框图

测量元件：用于检测被控量或输出量，产生反馈信号。如果测出的物理量属于非电量，一般要转换成电量以便处理。

比较元件：用来比较输入信号和反馈信号之间的偏差。它可以是一个差动电路，也可以是一个物理元件(如电桥电路、差动放大器、自整角机等)。

放大元件：用来放大偏差信号的幅值和功率，使之能够推动执行机构调节被控对象。例如功率放大器、电液伺服阀等。

执行机构：用于直接对被控对象进行操作，调节被控量。如阀门、伺服电动机等。

校正元件：用来改善或提高系统的性能。常用串联或反馈的方式连接在系统中。例如 RC 网络、测速发电机等。

6.2.7.2　自动控制系统的方块图

自动控制系统因为控制的对象及参数(如温度、压力、流量等)的不同，在实际系统图中表示方法有所不同。但是各种不同参数的控制系统的基本结构和组成，均可用形式相同的方块图来表示，如图 6-6 所示。采用方块图用来分析自动控制系统，则更为方便清楚。

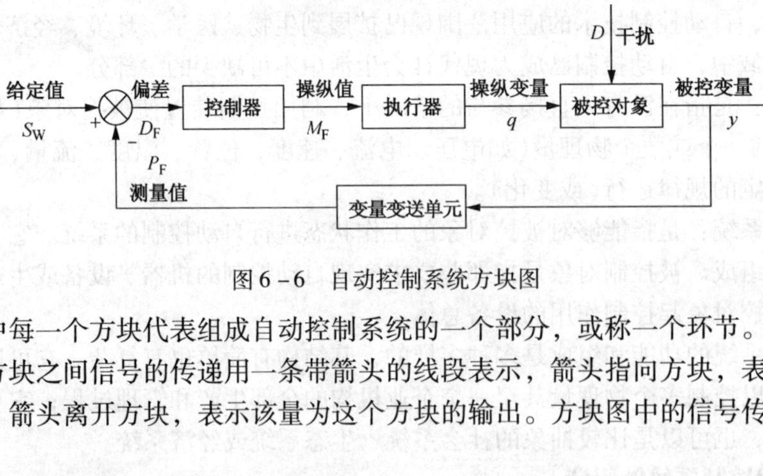

图 6-6　自动控制系统方块图

方块图中每一个方块代表组成自动控制系统的一个部分，或称一个环节。它代表一个具体的事物。方块之间信号的传递用一条带箭头的线段表示，箭头指向方块，表示该量为这个方块的输入；箭头离开方块，表示该量为这个方块的输出。方块图中的信号传递只能沿箭头方向进行。

方框：控制装置和被控对象分别用方框表示。

信号线：方框的输入和输出以及它们之间的连接用带箭头的信号线表示。

输入信号：进入方框的信号。

输出信号：离开方框的信号。控制系统的输出量就是被控量，它的希望值一般是系统输入信号的函数。

比较机构：实际上是控制器的一个部分，不是独立的原件。图中将其单独画出是为了更清楚地说明其比较作用。

一般说来，自动控制系统均由被控对象、测量变送、控制器和执行器这些基本环节组成，这些环节相互联系又相互影响。

被控变量：生产中需要保持不变或按要求变化的工艺指标(如储罐的液位高度)，即生产中需要控制的工艺参数。

给定值：工艺上希望保持的被控变量数值。

偏差：测量值和给定值之差。

操纵变量：用以实现控制作用的参数，一般是执行器控制的物理量。

控制器：也称调节器。根据测量值与给定值比较的偏差，按一定的数学运算规律输出操纵值(也称控制信号)，并采用标准信号去操纵执行器。

被控对象：自动控制系统中被控制的工艺生产设备。

干扰：引起被控变量发生变化的各种因素。

在控制系统的分析中，必须从信号流的角度出发，千万不要与物料流或能量流混淆。在定义输入、输出变量时，应从因果关系、从信号的作用来考虑，而不应与物料的流入流出相混淆。

图6-7是一个简单水槽，流入流量为 Q_i，流出流量为 Q_o，在考虑液位 h 是如何受 Q_i、Q_o 的影响时，我们可以定义 Q_i、Q_o 为输入变量。尽管这时 Q_o 是流出流量，但是它是影响 h 的一个因素，因此仍定义为输入变量。

当用图6-6来表示图6-7所示的液位自动控制系统时，液位 h 即为被控变量；出料控制阀门即为执行器；进料流量的波动即为干扰；如果想让液位稳定在 H，则 H 即为给定值；给定值 H 与实际液位 h 的差 ΔH 即为偏差。通过控制器计算得出的出料阀门的开度即为操作值，因此阀门的开度为该系统的操纵变量。

由图6-7看出，系统的输出变量是被控变量，但是它经过测量元件和变送器后，又返回到系统的输入端，与给定值进行比较。这种把系统(或环节)的输出信号直接或经过一些环节重新返回大输入端的做法叫作反馈。负反馈的作用可用图6-8所示的方块图来说明。

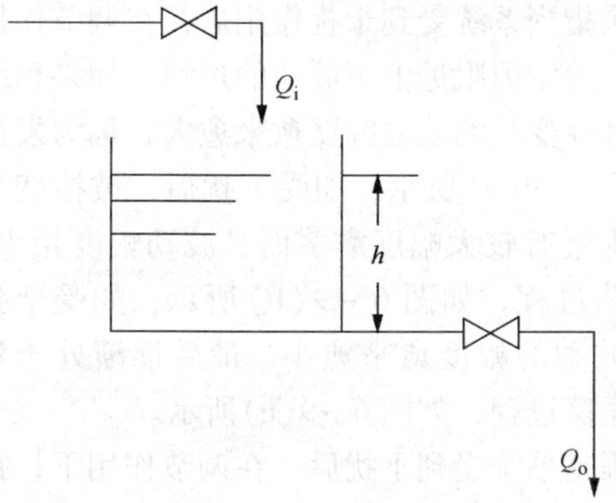

图6-7　简单水槽示意图

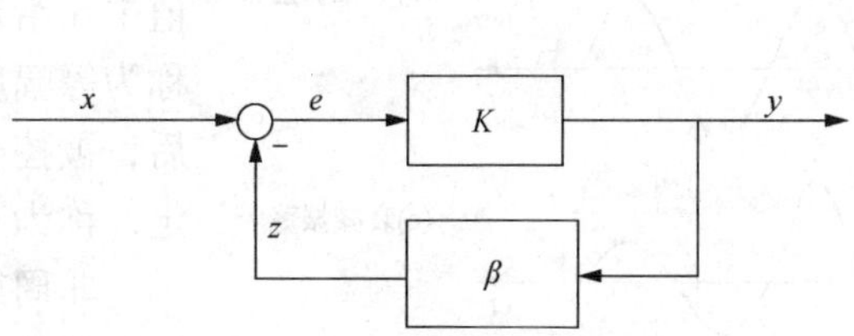

图6-8　负反馈系统示意图

假定是正向环节的增益(放大系数)为 K，反馈环节的增益为 β，输入为 x、偏差为 e 和输出 y 都用增量形式表示，则存在下述关系：

$$y = Ke \tag{6-9}$$

$$e = x - \beta y \tag{6-10}$$

两式联立，消去 e，则：

$$y = Kx - K\beta y \tag{6-11}$$

$$y = \frac{K}{1 + K\beta}x \qquad (6-12)$$

如果 K 很大，$K \gg 1$，则：

$$y \approx \frac{1}{\beta}x \qquad (6-13)$$

式(6－13)说明，只要正向环节的增益足够大，那么被控变量 y 与给定值 x 之间即取决于反馈环节的增益 β，在反馈控制系统中，通常取 $\beta = 1$，即要求测量值正好等于被测变量的真实值(测量无误差)，这样的系统可称为单位反馈系统，此时有：

$$y \approx x \qquad (6-14)$$

即测试在系统稳定时，能保证系统的被控变量等于各定值，达到了自动控制系统的要求。

6.2.7.3 过渡过程和品质指标

1. 自动控制系统的过渡过程

自动控制系统在运行中有两种状态：一是静态(稳态)，二是动态。

稳态指的是当输入恒定不变时，整个系统若能建立平衡，系统中各个环节将暂不动作，如控制器、调节阀、变送器等都暂不动作，它们的输出信号都处于相对静止的状态。注意这里的静态指的是各变量(或信号)的变化率为零。

动态指的是当系统受到外来干扰的影响或者在改变了给定值后，原来的静态遭到破坏，系统中各组成部分的输入输出量都相应发生变化，尤其是被控变量也将偏离原静态值而随时间变化，这时系统处于动态。经过一段时间调整后，如果系统是稳定的，被控变量将会重新回到给定值或达到新给定值，系统又恢复稳定平衡工况。这种从一个平衡状态到达另一个平衡状态的历程称为过渡过程。

当自动控制系统的输入(给定输入或干扰输入)是阶跃变化时，系统的过渡过程有如图6－9所示的几种基本形式。它们可分为振荡过程和非周期过程。

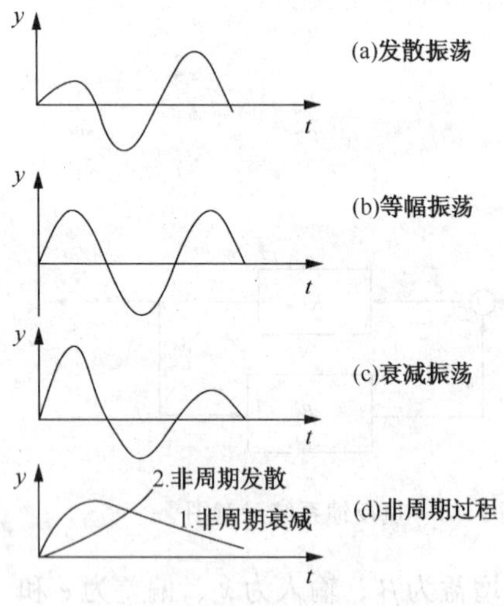

图6－9　过渡过程的几种形式

振荡过程是指当系统受到干扰作用后，在调节作用下，被控变量在给定值附近上下波动的过程。如果系统受到干扰后，被控变量的波动幅度愈来愈大，称为发散振荡过程，如图6－9(a)所示；如受干扰后，被控变量值中在给定值附近有较大幅度震荡而且波动幅度相等，称为等幅度振荡过程，如图6－9(b)所示；如受干扰后，被控变量波动的幅度愈来愈小，最后逐渐处于稳定，称为衰减振荡过程，如图6－9(c)所示。

非周期过程是系统受到干扰后，在调节作用下，被控变量的变化是单调地增大或减小的过程。如果被控变量的变化速度愈来愈慢，逐步趋近于给定值而稳定下来，称为非周期衰减过程，如图6－9(d)中曲线1所示。如被控变量的变化是单调上升，偏离给定值愈来愈远，则称为非周期发散过程，如图6－9(d)的曲线2所示。

通过上述分析可知，发散振荡、等幅振荡以及非周期发散过程都属于不稳定过程，是不希望的，而非周期衰减过程是属于稳定过程。对生产操作者来说比较喜欢衰减振荡过程，因为它容易看出被控变量的变化趋势，便于及时操作调整。如果在生产上不允许被控变量有较大幅度波动时，可采用非周期的衰减过程。

2. 控制系统的品质指标

评价控制系统的优劣需要有一定的标准。一个控制过程的优劣在于给定值变化或系统受干扰作用后，能够在控制器的作用下稳定下来，以及跟踪或恢复到给定值的准确性、平稳性、快速性如何。研究控制系统的品质指标一般都以在阶跃给定值或阶跃干扰作用下衰减振荡过程为依据，图 6 – 10 是阶跃给定和干扰作用下的过渡过程品质指标示意图。为衡量其品质指标，从稳、快、准三个方面提出如下指标。

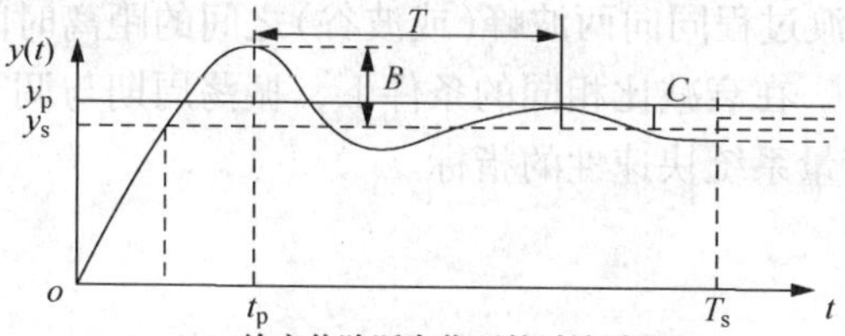

(a)给定值阶跃变化下的过渡过程

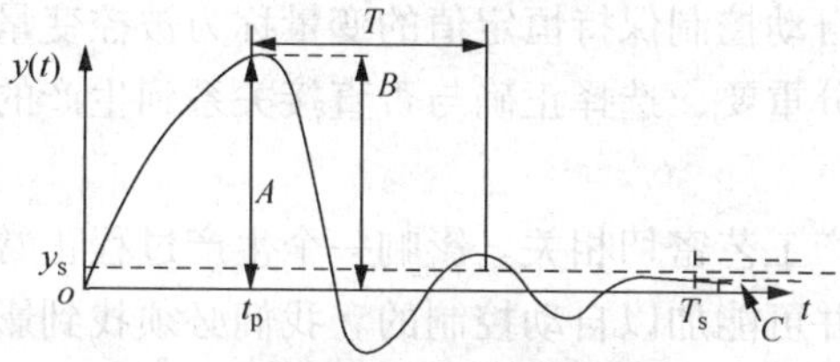

(b)干扰阶跃变化下的过渡过程

图 6 – 10　过渡过程品质指标示意图

(1)余差：余差 C 是指新的稳态值 y_s 与给定值 y_i 之差，也就是过渡过程终了时的参与偏差。

$$C = y_i - y_s \tag{6-15}$$

余差是一个稳态指标，它反映了控制系统的控制精确度，我们希望余差尽量小，最好是完全消除，但这不是绝对的，在实际生产中，一般储罐的液位调节要求不高，往往允许液位有较大的变化范围，余差可以大一些。因此，对于余差的要求应根据实际系统确定。

(2) 最大偏差 A 与超调量 σ：最大偏差是指在过渡过程中被控变量偏离给定值的最大偏差。对于定值系统的衰减振荡过程，最大偏差就是第一个波的峰值，在图 6 – 10(b)中以 A 表示。对于图 6 – 10(a)的随动控制系统，经常用超调量这一指标。

$$\sigma = \frac{y(t_p) - y_s}{y_s} \times 100\% \tag{6-16}$$

最大偏差(或超调量)是一个反映超调情况、衡量稳定程度的指标。若最大偏差(或超调量)愈大，说明被控变量离开规定的生产状态就愈远，这是不希望的，特别是对于一些有约束条件的系统，都会对最大偏差的允许值有所限制。同时考虑到干扰会不断出现，偏差是叠加的，这就更限制了最大偏差的允许值。所以在决定最大偏差(或超调量)允许值时，要根据工艺情况慎重选择。

(3) 衰减比 n：衰减比是衡量过渡过程稳定性的动态指标，反映衰减振荡过渡过程的衰减程度，它的定义是过渡过程第一个波的振幅与同方向的第二个波的振幅之比，习惯上表示为 n∶1。衰减比反映了系统的相对稳定性，如 $n<1$，过渡过程式发散振荡；如 $n=1$，过渡

过程是等幅振荡。一般工业上这两种情况都不允许发生，因此应取 $n>1$，为了保证足够的稳定性，衰减比 4∶1 至 10∶1 为宜。

(4) 调节时间 T_s：调节时间又称为过渡过程时间。严格讲，是指从干扰发生起至被控变量建立新的平衡状态止的这段时间，而被控变量要绝对到达最终稳态值需要无限长时间。但实际上，当被控变量的变化幅度衰减到足够小，并保持在一个极小的范围内所需要的时间还是有限的，因此规定调节时间就是从干扰作用开始之时起，至被控变量进入稳态值的 ±5%(或 ±2%)的范围内，并保持在这个范围内所经历的时间。调节时间是反映系统快速性的一个重要指标。

(5) 振荡周期 T：过渡过程同向两波峰(或波谷)之间的距离时间称为振荡周期或工作周期，其倒数称为振荡频率。在衰减比相同的条件下，振荡周期与调节时间成正比，因此振荡周期在一定程度上也是衡量系统快速性的指标。

6.2.8 简单控制系统

6.2.8.1 被控变量的选择

生产过程中希望借助自动控制保持恒定值的变量称为被控变量。在构成一个自动控制系统时，被控变量的选择十分重要，选择正确与否直接关系到生产的稳定操作、产品质量和产量的提高以及生产安全等。

被控变量的选择与生产工艺密切相关。影响一个生产过程正常操作的因素是很多的，但并非所有影响因素都需要并可能加以自动控制的。我们必须找到影响生产的关键变量作为被控变量。

根据被控变量与生产过程的关系，可分为两种变量的控制型式：直接指标控制与间接指标控制。如果被控变量本身就是需要控制的工艺指标(如温度、压力、流量、液位等)，则称为直接指标控制；如果工艺是要求按质量指标进行操作的，应以质量指标作为直接指标进行控制，但有时缺乏各种合适的获取质量信号的工具，或虽能测量，但信号很微弱或之后很大，这时可选取与直接质量指标有单值对应关系且反应又快的参数，如温度、压力等作为间接指标控制。

若要正确地选择被控变量，就必须了解工艺过程和工艺特点对控制的要求，仔细分析各变量之间的相互关系。选择被控变量时，一般要遵循下列原则：

(1) 被控变量应能代表一定的工艺操作指标或能反映工艺的操作状态，一般都是工艺过程中比较重要的变量。

(2) 被控变量在工艺操作过程中常常要受到一些干扰影响而变化，为维持被控变量的恒定，需要较频繁的控制。

(3) 尽量采用直接指标作为被控变量。当无法获得直接指标信号，或其测量信号滞后很大时，可选择与直接指标有单值对应关系的间接指标作为被控变量。

(4) 被控变量应比较容易测量，并具有小的滞后和足够大的灵敏度。

(5) 选择被控变量时，必须考虑工艺合理和国内仪表产品的现状。

(6) 被控变量应是独立可控的。

6.2.8.2 操作变量的选择

在自动控制领域中，把用来克服干扰被控变量的影响、实现控制作用的变量称为操作变量，具体来说，就是执行器的输出变量。

当被控变量选定以后，接下来应对工艺进行分析，找出有哪些因素会影响被控变量发生变化，并确定这些影响因素中哪些是可控的，哪些是不可控的。原则上，应将对被控变量影响较显著的可控因素作为操作变量。选择操作变量的原则有如下三点：

(1) 操作变量应是可控的，即工艺上允许控制的变量。

(2) 操作变量一般应比其他干扰对控制变量的影响更加灵敏。注意，在影响被控变量的诸多因素中，确定其中一种因素作为操作变量后，其余的因素都自然成为了影响被控变量的干扰因素。

(3) 在选择操作变量时，除了从自动化角度考虑外，还要考虑工艺的合理性与生产的经济性，尽可能地降低物料和能量的消耗。

选择好被控变量和操作变量后，还要选择正确的控制规律。

在控制系统投用前，要做好下列相关准备工作：

(1) 仪表虽在安装前已校验合格，投用前仍应在现场校验一次，再确认仪表工作正常后才可考虑投用；

(2) 对于控制记录仪表，除了要观察测量指示是否正常外，还特别要对控制器控制点进行复校；

(3) 检查控制器的正、反作用及控制阀的气开、气关型式；

(4) 控制器的正、反作用于控制阀的气开、气关型式是关系到控制系统能否正常运行与安全操作的重要问题，投用前必须仔细检查；

(5) 在控制系统中，不仅是控制器，而且是被控对象、测量变送器、控制阀都有各自的控制作用方向，它们如果组合不当，是总的作用方向构成了正反馈，则控制系统不但不能起控制作用，反而破坏了生产过程的稳定。所以，在系统投运前必须注意检查各环节的作用方向。

做好了上述准备，控制回路方可投用。

6.3 温度测量基础知识

温度是表征物体冷热程度的物理量，是工业生产和科学实验中最普遍、最重要的热工参数之一。温度的测量是保证生产正常进行、确保安全生产的关键环节。

成品油管道常用的温度仪表有双金属温度计、热电偶、热电阻、温度变送器等。

6.3.1 温度测量的基本概念

温度的测量只能借助于冷热不同物体间的热交换，以及物体的某些物理性质随冷热程度不同而变化的特性来实现，而用来量度物体温度数值的标尺叫做温标，它规定的温度的读数的起点和测量温度的基本单位，目前国际上用得较多的温标有华氏温标、摄氏温标、热力学温标和国际实用温标。

6.3.2 温标及其换算

1. 摄氏温标规定

在标准大气压下，冰的融点为0℃，水的沸点为100℃，中间划分100等份，每等份为1摄氏度，符号为℃。

2. 华氏温标规定

在标准大气压下，冰的融点为32℃，水的沸点为212℃，中间划分180等份，每等份为1华氏度，符号为℉。

3. 摄氏温标与华氏温标关系

摄氏温度 t(℃)和华氏温度 t_F（℉）有如下关系：

$$t = \frac{5}{9}(t_F - 32) \tag{6-17}$$

$$t_F = \frac{9}{5}t + 32 \tag{6-18}$$

6.3.3 热力学温标

热力学温标又称为开尔文温标，或称绝对温度，它规定分子运动停止时的温度为绝对零度，符号为K。

6.3.4 常用温度测量仪表

温度测量仪表按测温方式可分为接触式和非接触式（见表6-2）。通常来说接触式测温仪表比较简单、可靠，测量精度较高，但因测温元件与被测介质需要进行充分的热交换，故需要一定的时间才能达到热平衡，所以存在测量延迟现象，同时受到耐高温的限制，不能应用于很高的温度测量。非接触式仪表测温是通过热辐射原理来测温的，测温元件不与被测介质接触，测量范围广，不受测量上限的限制，也不会破坏被测物体的温度场，反应速度也较快，但受到物体的发射率、测量距离、烟尘和水汽等因素影响，测量误差较大。

表6-2 常用温度检测仪表的分类

测温方式	测温原理		仪表分类
接触式	体积变体	(1)利用两种膨胀系数不同的金属材料在加热或冷却时产生的膨胀差 (2)利用密封容器中气体、饱和蒸气压力或液体体积随温度的变化	固体热膨胀：双金属温度计 液体热膨胀：玻璃液体温度计 气体热膨胀：气体压力式温度计
	电阻变化	利用导体或半导体的电阻随温度变化的特性	金属热电阻：铂、铜、铁 半导体热敏电阻：碳、锗、金属氧化物等半导体温度计
	电压或热电动势变化	(1)利用两种不同材料相接触而产生的热电动势随温度变化的特性 (2)利用半导体PN结电压随温度变化的特性	金属热电偶 非金属热电偶 PN结电压：PN结数字温度计
	其他		石英晶体温度计、光纤温度传感器、声学温度计等
非接触式	辐射能量变化	根据被测量对象所发射的辐射能量测定被测对象的表面温度	比色法：比色温度计 辐射法：辐射感温式温度计 亮度法：光学高温计、光电高温计 其他：红外温度计、火焰温度计、光谱温度计

表6-3为各类仪表测量范围及主要特点。

表6-3 各类仪表测温范围及主要特点

测温种类和仪表		测温范围/℃	主要特点
膨胀式	双金属温度计	-80~600	结构简单，牢固可靠，维护方便，抗振性好，价格低廉，适用振动较大的场合
	玻璃液体温度计	-100~600	结构简单，读数直观，使用方便，价格便宜，易断裂，信号不能远传
	压力式温度计	-200~600	结构简单，防爆，信号可远传，计数清晰，使用方便
	铂电阻	-260~850	测量准确，稳定性好，耐腐蚀，易加工，信号远传方便
	铜电阻	-50~150	线性度好，灵敏度高，易于加工，互换性好，价格便宜
	半导体热敏电阻	-50~300	灵敏度高，结构结单，体积小，响应时间短，稳定性不如金属型热电阻
热电偶		-200~1800	测温范围宽，测量准确，性能稳定，结构简单，信号远传方便
辐射式温度计		0~3500	测温上限不受限制，动态特性好，灵敏度高，广泛应用于测量处于运动状态对象的温度

6.4 压强测量基础知识

压强是工业生产中的重要监控参数之一，压强测量是直接关系到生产过程能否优质、安全、高效运行的重要条件，对压强的测量与控制具有十分重要的意义。

常用压力测量仪表的分类：压力测量原理可分为液柱式、弹性式、电阻式、电容式、电感式和振频式等，管道常用压力测量仪表有弹簧管压力表、压力开关、差压表、压力变送器等。

6.5 流量测量基础知识

流量就是单位时间内流经某一截面的液体数量。可用体积流量和质量流量来表示。

工业上常用的流量测量仪表有两大类：速度式和容积式。

1. 速度式流量计

以测量流体在管道中的流速作为测量依据来计算流量的仪表。如差压流量计、电磁流量计、漩涡流量计、冲量式流量计和叶轮水表等。

2. 容积式流量计

以单位时间内所排出的液体固定容积数目作为测量依据，如椭圆齿轮流量计、刮板流量计和活塞式流量计。

6.5.1 流量的定义和单位

流量通常用如下表示方法：

1. 质量流量q_m

单位时间内流过某截面的质量，其单位为 kg/s。

2. 工作状态下的体积流量q_v

单位时间内流过某截面的流体的体积，其单位为m^3/s。它与质量流量的关系是：

$$q_m = q_v \rho \quad (6-19)$$

或

$$q_v = q_m / \rho \quad (6-20)$$

式中　ρ——流体密度，kg/m^3。

3. 标准状态下的体积流量q_{v_n}

气体是可压缩的，q_v 会随工作状态变化而变化，q_{v_n} 就是折算到标准的压力和温度状态下的体积流量。在仪表计量上多数以 20℃和 1 个物理大气压(101.325kPa)为标准状态。

q_{v_n} 与 q_m、q_v 的关系是：

$$q_{v_n} = q_m / \rho_n \quad (6-21)$$

或

$$q_m = q_{v_n} \rho_n \quad (6-22)$$

$$q_{v_n} = q_v \rho / \rho_n \quad (6-23)$$

$$q_v = q_{v_n} \rho_n / \rho \quad (6-24)$$

式中　ρ_n——气体在标准状态下的密度。

6.5.2　常用流量仪表的分类

流量测量与仪表可以按照多种原则进行分类，如按测量原理分类有力学原理、电学原理、声学原理等；按测量方法和结构分类，有测体积流量和质量流量，其中体积流量检测方法又可分为速度式和容积式。

6.5.2.1　按测量目的分类

可以分为测量瞬时流量和总流量两类。生产过程中流量大多作为监控参数，测量的是瞬时流量，但在物料平衡和能源计量的贸易中多数使用总量表。有些流量计备有累积流量的装置，可以作为总量表使用。

6.5.2.2　按测量原理分类

流量测量仪表根据测量原理不同有不同的分类方法，具体如下：

(1) 力学原理。属于此类原理的仪表有利用伯努利定理的差压式、转子式；利用动量定理的有冲量式、可动管式；利用牛顿第二定律的有直接质量式；利用流体动量定理的有靶式；利用角动量定理的有涡轮式；利用流体振荡原理的有旋涡式、涡街式；利用总静压力差的有皮托管式以及容积式等。

(2) 电学原理。有电磁式、差动电容式、电感式、应变电阻式等。

(3) 声学原理。有超声波式。

(4) 热学原理。有热量式、直接热量式、间接热量式等。

(5) 光学原理。激光式、光电式等是属于此类原理的仪表。

6.5.2.3　按测量方法和结构分类

流量测量方法大致可分成两大类：测体积流量和质量流量。

1. 测体积流量

测量体积流量的方法又可分为两类：容积法(又称直接法)和速度法(又称间接法)

(1) 容积法。在单位时间内以标准固定体积对流动介质连续不断地进行度量，以排出流体的固定容积数来计算流量。流量越大，度量的次数越多，输出的频率越高。容积法受流体流动状态影响小，适用于测量高黏度、低雷诺数的流体。

容积式流量计的原理比较简单，适于测量高黏度、低雷诺数的流体。根据回转体的不同，目前的产品分为：适于测量液体流量的腰轮流量计、椭圆齿轮流量计、旋转活塞流量计和刮板流量计，适于测量气体流量的伺服式容积流量计、皮膜式和转筒式流量计等。

基于容积法流量检测仪表有椭圆齿轮流量计、腰轮流量计、皮膜式流量计等。

(2) 速度法。先测出管道内的平均流速，再乘以管道截面积求得流体和体积流量。速度法可用于各种工况下的流体测量检测，但由于是利用平均流速计量流量，因此受管路条件影响较大，流动产生的涡流以及截面上流速分布不对称等都会影响测量精确度。

用于测量管道内流速的方法或仪表主要有：

① 差压式。差压式又称节流式，利用节流前后的差压和流速关系，通过差压值获得液体的流速。

② 电磁式。导电流体在磁场中运动产生感应电动势，感应电动势的大小与流体的平均流速成正比。

③ 旋涡式。流体在流动中遇到一定形状的物体会在其周围产生有规则的旋涡，旋涡释放的频率与流速成正比。

④ 涡轮式。流体作用在置于管道内部的涡轮上使涡轮转动，其转动速度在一定流速范围内与管道内液体的流速成正比。

⑤ 声学式。根据超声波在流体中传播速度的变化得到流体的速度。

⑥ 热学式。利用加热体被流体的冷却程度与流速的关系来检测流速。

基于速度法检测流量的仪表有：节流式流量计、靶式流量计、弯管流量计、浮子流量计、电磁流量计、漩涡流量计、涡轮流量计、超声波流量计等。

2. 测质量流量

质量流量计是以测量流体的质量为依据的流量检测仪表，具有精确度不受流体温度、压力、密度、黏度等变化影响的优点。质量流量的测量方法分为直接法和间接法两类。

(1) 直接法。直接测量质量流量，如科里奥利流量计、量热式流量计、角动量式流量计等。

(2) 间接法。间接法又称推导法，测出流体的体积流量以及密度(或温度和压力)，经过运算求得质量流量。主要有压力温度补偿式质量流量计。

6.6 液位测量的基础知识

工业上常把液位、料位及界面总称为物位，对物位进行测量的仪表称为物位检测仪表。

物位测量的目的有两个：一是通过测量来确定容器中的原料、产品或半成品的数量，以保证连续生产中各个环节所需的物料或进行经济核算；另一个是通过物位测量，了解物位是否在规定的范围内，以便使生产过程正常进行，保证产品质量、产量和生产安全。

物位测量仪表的种类很多，按液位、料位、界面来分可分为：

(1) 测量液位的仪表：玻璃管式、称重式、浮力式、静压式、电容式、电感式、电阻式、超声波式、放射式、激光式和微波式等。

(2) 测量界面仪表：浮力式、差压式、电极式和超声波式。

(3) 测量料位的仪表：重锤探测式、音叉式、超声波式等。

6.6.1 液位测量的基本概念

物位是指储存容量或工业生产设备里的液体、粉粒状固体或互不相溶的两种液体间由于密度的不同而形成的界面位置。液体介质液面的高低称为液位，液体－液体（两种密度不等且互不相溶的液体）或液体－固体间的分界面称为界面；固体颗粒或粉料的堆积高度称为料位。一般将液位、料位、界面统称为物位。液位、料位、界面的测量统称为物位测量。

6.6.2 常用液位仪表的分类

目前已经建立了多种物位测量方法，按照测量原理的不同，分为以下几类：

（1）直接式物位测量。用于容器相连通的玻璃管或玻璃板来显示容器中的液位高度。

（2）压力式物位测量。根据流体静力学原理，静止介质某一点的静压力与介质上方的介质高度成正比，因此可以利用差压来测量液位。

（3）浮力式物位测量。利用漂浮于液面上的浮子随液面变化位置，或者部分浸没于液体中的浮子所受到的浮力随液位变化而变化来进行物位测量。前者称为恒浮力法，后者称为变浮力法，这两种方法可用于液位或界面测量。

（4）声学式物位测量。利用超声波在介质中的传播速度及在不同界面之间的反射特性来检测物位。

（5）电气物位测量。把敏感元件做成一定开关的电极放置在被测介质中，则电极之间的电气参数，如电容、电阻、电感等随物位的变化而变化。

此外，还有磁致伸缩、光学式、射频导纳等各种物位测量方法。

第7章　金属腐蚀

7.1　金属腐蚀的基本原理

7.1.1　金属腐蚀的定义

从广义上讲，腐蚀是材料和环境相互作用而导致的失效。这个定义包含了所有的天然和人造材料，例如塑料、陶瓷和金属。我们通常所研究的腐蚀是金属的腐蚀，金属腐蚀是金属与周围介质发生化学或电化学作用所引起的金属损失的现象和过程。

金属为什么会发生腐蚀？从热力学的知识来解释：金属从矿石中提炼出来时，需要提供很大的能量，使其处于一个高能级状态。这些矿石是典型的金属氧化物，如用来炼钢的赤铁矿（Fe_2O_3）。热力学的一个规律是材料总是趋向最低能量状态存在，换句话说，大多数金属处于热力学不稳定状态，具有寻求低能量状态的倾向，如氧化物或其他化合物。金属转化成低能量氧化物的过程称为腐蚀。

7.1.2　金属腐蚀的分类

7.1.2.1　按腐蚀破坏的形貌特征分类

根据金属破坏的形貌特征可分为全面腐蚀和局部腐蚀两类。

1. 全面腐蚀

是一种常见的腐蚀形态，包括均匀全面和不均匀全面腐蚀，其腐蚀分布在整个金属表面上。例如碳钢在强酸、强碱中的腐蚀属于此类。这类腐蚀的危险性相对较小，当全面腐蚀不太严重时，只要在设计时增加腐蚀余量就能够使设备达到应有的使用寿命而不被腐蚀损坏。

2. 局部腐蚀

是指腐蚀主要集中在金属表面某一区域，而表面的其他部分则几乎未被破坏。局部腐蚀有很多类型，如点蚀、缝隙腐蚀、电偶腐蚀、晶间腐蚀、应力腐蚀和腐蚀疲劳等。这类腐蚀是造成设备失效的主要原因。

7.1.2.2　按腐蚀机理分类

按腐蚀的机理可分为化学腐蚀、电化学腐蚀和物理腐蚀三类。

1. 化学腐蚀

指金属表面与非电解质直接发生纯化学作用而引起的破坏。化学腐蚀是在一定条件下，非电解质中的氧化剂直接与金属表面的原子相互作用，即氧化还原反应是在反应粒子相互作用的瞬间于碰撞的那一个反应点上完成的。在化学腐蚀过程中，电子的传递是在金属与氧化剂间直接进行，因而没有电流产生。

2. 电化学腐蚀

指与电解质因发生电化学反应而产生的破坏。任何一种按电化学机理进行的腐蚀反应至少包含有一个阳极反应和一个阴极反应，并与流过金属内部的电子流和介质中定向迁移的离子联系在一起。阳极反应是金属原子从金属转移到介质中并放出电子的过程，即氧化过程。阴极反应是介质中的氧化剂夺取电子发生还原反应的还原过程。

3. 物理腐蚀

金属由于单纯的物理作用所引起的破坏。许多金属在高温熔盐、熔碱及液态金属中可以发生此类腐蚀。如盛放熔融锌的钢容器，铁被液态锌所溶解而腐蚀。

7.1.3 电化学腐蚀

电化学腐蚀的基本原理是腐蚀原电池理论。由于不同金属本身的电偶序(即电位)存在着差别，当两种金属处于同一电解质中，并由导体连接这两种金属时，腐蚀电池就形成了。电流通过导体和电解质形成电流回路，此时两种金属之间的电位差越大，则电路产生的电压越大。腐蚀电池一旦形成，阳极金属表面因不断地失去电子，发生氧化反应，使金属原子转化为正离子，形成以氢氧化物为主的化合物，也就是说阳极遭到了腐蚀；而阴极金属则相反，它不断地从阳极处得到电子，其表面因富集了电子，金属表面发生还原反应，没有腐蚀现象发生。腐蚀过程可表示如下：

氧化反应：　$Fe \longrightarrow Fe^{2+} + 2e$

还原反应：　$O_2 + 2H_2O + 4e \longrightarrow 4OH^-$

$2H_2O + 2e \longrightarrow H_2 + 2OH^-$

图 7－1 为腐蚀电池示意图。

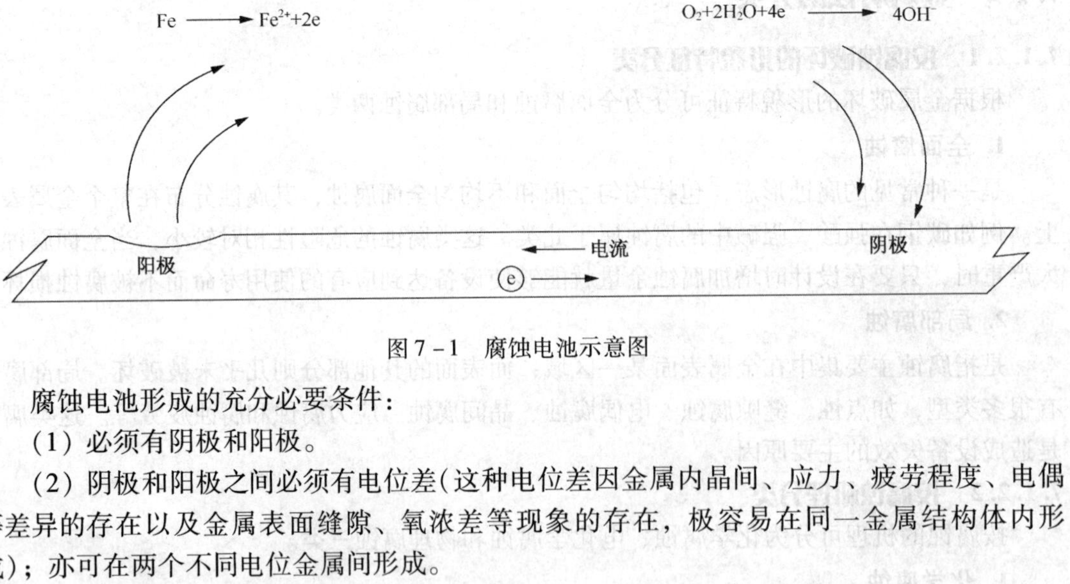

图 7－1　腐蚀电池示意图

腐蚀电池形成的充分必要条件：

(1) 必须有阴极和阳极。

(2) 阴极和阳极之间必须有电位差(这种电位差因金属内晶间、应力、疲劳程度、电偶等差异的存在以及金属表面缝隙、氧浓差等现象的存在，极容易在同一金属结构体内形成)；亦可在两个不同电位金属间形成。

(3) 阴极和阳极之间必须有金属的电流通道。

(4) 阴极和阳极必须浸在同一电解质中，该电解质中有流动的自由离子。

一旦具备以上条件，腐蚀电池即形成并开始工作。换言之，金属开始发生电化学腐蚀。然而，上述 4 项条件中，我们只要阻止其中一项，即可阻止金属的电化学腐蚀。

7.1.4 大气腐蚀

金属材料在大气自然环境条件下，受大气中的水、氧、二氧化碳等物质的作用而引起的腐蚀，称为大气腐蚀。钢铁在大气自然环境下生锈，就是一种最常见的大气腐蚀现象。在大气中，普遍存在的腐蚀成分是氧、水蒸气、二氧化碳。氧能直接和金属作用使金属氧化，但常温常压下金属的氧化过程极为缓慢。二氧化碳虽然能生成腐蚀产物中的碳酸盐，但它在大气腐蚀中的作用是很小的。水蒸气能在金属表面形成水膜，对金属在大气中的腐蚀起着决定性的作用，这是由于大气中含有许多杂质，如硫化物、氮化物、碳化物以及一些有机物，这些杂质成分溶解在金属表面的水膜中，构成了具有一定腐蚀性的电解质溶液。

大气腐蚀是金属处于表面薄层电解液下的腐蚀过程，其腐蚀速率取决于金属表面的潮湿程度。按照金属表面的潮湿程度，即按照金属表面电解质液膜的存在和状态的不同，可以把大气腐蚀分为三种类型：

1. 干的大气腐蚀

大气中基本没有水蒸气，金属表面上完全没有水膜层时的大气腐蚀。在清洁的大气中，所用普通的金属在室温下都可以产生不可见氧化物薄膜，一般情况下钢铁的表面将保持光泽。

2. 潮的大气腐蚀

金属在肉眼看不见的薄液膜层下所发生的腐蚀，称为潮的大气腐蚀。在相对湿度低于100%时，金属表面有很薄的一层水膜存在。铁在没有被雨、雪淋到时发生的锈蚀，即属于此例。

3. 湿的大气腐蚀

当空气中的相对湿度为100%左右或当雨水直接落在金属表面上时就发生此类腐蚀。在这种情况下，水在金属表面上已成液滴凝聚，金属表面上存在肉眼看得见的水膜。

7.2 金属的腐蚀破坏

7.2.1 金属的腐蚀速度

金属遭受腐蚀后，其质量、厚度、机械性能以及组织结构等都会发生变化，这些物理和力学性能的变化均可用来表示金属腐蚀的程度，通常可采用质量指标和深度指标来表示。

7.2.1.1 金属腐蚀速度的质量指标

金属腐蚀速度的质量指标是指把金属因腐蚀而发生的质量变化，换成相当于单位金属表面于单位时间内的质量变化数值。通常用质量损失法表示：

$$M = \frac{W_0 - W_t}{St} \tag{7-1}$$

式中 M——腐蚀速度，$g/(m^2 \cdot h)$；

W_0——金属的初始质量，g；

W_t——金属表面除去腐蚀产物后的质量，g；

S——金属的表面积，m^2；

t——腐蚀进行的时间，h。

7.2.1.2 金属腐蚀速度的深度指标

金属腐蚀的深度指标是把金属的厚度因腐蚀而减少的量，以线量单位表示，并换算为相当于单位时间的数值。在衡量密度不同的各种金属腐蚀程度时，此种指标极为方便，可按下列公式将腐蚀的质量损失指标换算为腐蚀深度指标：

$$\delta = \frac{M \times 24 \times 365}{100^2 \rho} \times 10 = \frac{M \times 8.76}{\rho} \qquad (7-2)$$

式中 δ——腐蚀深度指标，mm/年；

ρ——金属的密度，g/cm^3。

7.2.2 腐蚀失效的形式与原因

凡机械设备、生产装置、桥梁、飞机、船舶及海洋设备等或零部件在使用过程中，由于腐蚀的原因，使之达不到设计规定的功能，或产生破断，或者不能安全可靠地进行运转和继续服役，均称为腐蚀失效。常见的腐蚀失效形式有全面腐蚀、电偶腐蚀、晶间腐蚀、点蚀、缝隙腐蚀、应力腐蚀、腐蚀疲劳、氢脆、氢腐蚀、选择性腐蚀、石墨化腐蚀等等。

一般情况下，考虑腐蚀失效的类型、腐蚀失效的原因，均要把外部环境和与该环境接触的金属材料的表面性质、状态、组织结构等因素联系起来。另外，还要考虑到金属零件或构件在加工和制作过程中的操作工艺，如热处理、表面研磨、焊接、成型、冷加工、钻孔及剪切等。

分析腐蚀失效原因可以从以下几方面着手考虑：

（1）设计不当。对于工作载荷确定和应力分析准确的零件或构件来说，仅考虑材料的力学性能数据是不够的，还必须考虑外界环境、腐蚀介质、温度变化等因素。

（2）选材不当或材质缺陷。有些腐蚀失效是由于选材不当或材质缺陷引起的，材料内部和表面缺陷都可能降低材料的强度，起到缺口作用，使裂纹由此扩展，也可成为最先产生点蚀的位置或成为晶间腐蚀的部位。

（3）加工缺陷。由于加工或制作缺陷，或加工方法不规范，没有按技术要求规定的方法加工，或操作者失误或意外损伤，均可引起腐蚀失效，如焊接金属零件或构件不当时，容易引起材料产生应力腐蚀破裂。

（4）其他因素。金属构件或构件的装配、储存、运输、维修、清洗等不当均能引起腐蚀失效现象。如清洗剂选择的不适当或清洗后冲洗不干净时，有可能引起管道、容器及压力装置产生点蚀。

7.2.3 输油设备的主要腐蚀形式

在输油生产过程中，设备、储罐、地面管线等设备容易产生的腐蚀形式主要有：

（1）全面腐蚀：暴露在大气中的碳钢和低合金钢等均容易产生全面腐蚀，其特征是金属表面腐蚀面积大，减薄均匀。

（2）电偶腐蚀：泵轴和阀杆与石墨密封相接触，金属轴杆被腐蚀，这属于电偶腐蚀。其原因是在电解质中，两种电位不同的金属相接触或通过结构中的导体构成回路形成宏观的腐蚀电池，在电位较低的金属接触面周围出现沟槽和凹坑等局部腐蚀现象。

（3）晶间腐蚀：奥氏体不锈钢敏化处理后或焊接的热影响区在腐蚀溶液中均可发生，其原因是由于晶界与晶内存在电位差而在晶界上产生选择性溶解而腐蚀。晶间腐蚀不引起金属外形尺寸变化，但强度及塑性下降，出现微裂纹。

（4）点蚀：不锈钢和铝合金等材料在介质中含有 Cl^- 时容易产生点蚀，点蚀的孔径小，但向深度方向发展直至设备穿孔。介质中含有 Cl^- 时往往有自催化作用，多发生在沉积的垢下和腐蚀产物下。

(5) 缝隙腐蚀：设备构件金属之间或与非金属之间存在缝隙，范围在几十微米时，形成了溶液即可进入又处于停滞状态，促使 Cl^- 等浓缩而导致金属活化－钝化腐蚀。在法兰盘与垫圈的接触面上，漆膜下的丝状腐蚀也属于缝隙腐蚀。

(6) 应力腐蚀：在拉应力作用下，金属材料在特定的介质中引起的腐蚀断裂，其中应力包括工作应力、热应力以及焊接和装配残余应力，其断裂裂纹可以是穿晶、沿晶和混合型裂纹，也容易有点蚀或缝隙腐蚀引发。

(7) 腐蚀疲劳：在交变应力作用下，处于腐蚀介质中的金属材料产生的疲劳断裂，疲劳裂纹断口表面多有腐蚀产物。

(8) 氢脆：环境中高氢压、腐蚀反应产生的原子氢渗透到金属内部，在缺陷处聚集产生的氢致裂纹或断裂，断口表面常带有鸡爪型花样和撕裂棱，易发生在高强钢、铝合金和钛合金上。

7.3 控制金属腐蚀的基本方法

7.3.1 腐蚀控制方法

7.3.1.1 正确合理的结构设计

(1) 设计外形尽量简单，尽可能避免易引起腐蚀的易积存、浓缩腐蚀介质的死角、缝隙、接头等，易积水部位应考虑设计排水口、通风孔，尽量用焊接而不用螺栓连接或铆接。

(2) 尽可能避免用异种金属材料直接组合以防电偶腐蚀。

(3) 要避免流体通路截面的急剧变化以防严重的涡流和湍流，在冲刷严重部位可适当增加材料厚度或作衬里层或安装防冲挡板。

(4) 加强整体保温，以防冷凝液造成的露点腐蚀。

(5) 要考虑足够的挠度以防由于热膨胀、振动和工作时造成的应力，要尽量减少结构的应力集中，并用热处理或喷丸等消除残余应力。

7.3.1.2 合理选用耐蚀材料

(1) 选择的材料必须满足使用性能，要根据构件或设备的工作环境、介质的腐蚀性以及对材料特殊物理化学性能的要求，选择合适的材料，并具有一定的强度、塑性、冲击韧性和耐热性等。

(2) 有较好的加工工艺性能，应考虑包括铸造、塑性加工(冷、热加工)、焊接、机械加工、热处理等加工性能，也需考虑加工工艺对腐蚀的影响。

(3) 具有合理的经济性。

7.3.1.3 采用耐腐蚀覆盖层

采用具有耐腐蚀性能的金属或非金属材料覆盖在基体金属表面，使介质与金属基体隔离，是一种广泛的腐蚀方法，分为金属覆盖层和非金属覆盖层两类。

金属覆盖层有电镀、喷镀、化学镀、热浸镀、热扩散渗镀等，复合钢板和金属衬里也可以包括在内。

非金属覆盖层是采用耐蚀的非金属材料涂敷或粘贴在基体金属表面上，其防腐作用主要是靠隔离效应，其中防腐涂层的应用最为广泛，橡胶、塑料、玻璃钢、耐蚀陶瓷、铸石等衬里也具有良好的防腐效果。

7.3.1.4 电化学保护

金属的腐蚀是由于腐蚀电池的作用，将金属进行阴极极化以减少或防止金属腐蚀的防腐称为阴极保护法。分为牺牲阳极法与强制电流法两种。

1. 牺牲阳极法

在被保护金属上连接一种电位更负的金属和合金，如镁、铝等，连接上的金属成为牺牲阳极，使被保护金属成为阴极受到保护

2. 外加电流法

将被保护金属与直流电源的负极相连，把辅助阳极与电源正极连接，使被保护金属成为阴极受到保护。

7.3.2 腐蚀控制方法的选择

腐蚀的控制方法应根据腐蚀机理的不同和所处环境条件的不同，采用相应的腐蚀控制方法，其基本原则有以下几方面：

(1) 合理设计金属的结构。

(2) 选用在具体运行条件下适用的钢材和加工工艺。

(3) 选用合适的耐蚀覆盖层及电化学保护措施。

(4) 控制金属所处环境的腐蚀成分。

(5) 建立腐蚀监控和管理系统。

实际生产中的腐蚀及其控制是个复杂的系统工程，选择腐蚀控制方法，既要整体考虑，又需要根据不同的特定需求突出某个控制手段，因此要具体分析，认真、科学地选择防腐对策。

第8章　安全及环保基础知识

8.1　安全、环保及消防基础知识

油品的危险性和成品油管道生产经营作业特点，决定了安全工作必须贯穿于输油生产的全过程。因此，在收发储存、运输等作业过程中，必须依据这些特性来采取相应的安全措施，做好油品的储运工作。

8.1.1　输油站安全生产的特点

（1）输油站是油品从生产到销售的中间环节，是油品储存和输转的重要场所。

（2）输油站所储存油品具有易燃、易爆、易受热膨胀、易产生和积聚静电、易挥发、易渗漏、易扩散和有毒性等危险特性。

（3）输油站作业环节较复杂，一旦发生事故，难以控制。

（4）油罐区作为地方政府重点关注的化学危险品仓储生产场所，一旦发生事故，经济损失、社会影响较大。

8.1.2　输油站防火防爆知识

8.1.2.1　油品的火灾特点

1. 爆炸危险性大。

石油产品在一定温度下，能蒸发大量的蒸气，与空气混合达到一定比例时，遇到明火即发生爆炸。

2. 火焰温度高、辐射热强

油罐火灾的热辐射强度与发生火灾的时间成正比，强热辐射易引起相邻油罐及其他可燃物燃烧，还严重影响灭火战斗行动。

3. 易形成大面积火灾

石油火灾发展蔓延速度快，极易造成大面积火灾。储罐火灾伴随油罐爆炸、油品沸溢、喷溅、流散，油罐区会发生大面积火灾。

4. 具有复燃、复爆性

石油火灾在灭火后未切断可燃气体、易燃可燃液体的气源和液源的情况下，遇到火源或高温将产生复燃、复爆。对于灭火后的油罐、输油管道，由于壁温过高，如不继续冷却，会重新引起油品的燃烧。

5. 产生沸溢、喷溅现象

一般在油罐起火30min后，油罐上部油品会出现高温层，水滴变成气泡，这种表面包含有油品的气泡，扩大为原来水体积的千倍以上，造成油品沸溢，在油罐四周地面扩散，致使火势扩大。

8.1.2.2 防火和灭火的基本原理

1. 燃烧的必要条件

可燃物、阻燃物、点火源是燃烧的三要素，无论缺少哪一个条件，燃烧都不能发生。防止火灾发生就是应避免三者的结合，对已经燃烧的过程，若消除其中任何一个条件，燃烧就会终止，这就是灭火的基本原理。

（1）可燃物。凡是能在空气、氧气或其他氧化剂中发生燃烧反应的物质都称为可燃物，可燃物质大多是含碳和氢的化合物，某些金属如镁、铝、钙等在某些条件下也可以燃烧。

（2）助燃物。凡能帮助和支持可燃物燃烧的物质都称为助燃物。如空气、氧、氯酸钾、过氧化纳、浓硝酸、浓硫酸等。一般情况下发生火灾时，空气是主要的助燃物。

（3）点火源。点火源是指提供可燃物与氧、助燃物进行燃烧反应的能量来源。输油站（库）常见的造成火灾危害的点火源主要有明火、高温表面、电热能、机械热能等。

2. 燃烧的类型。

燃烧可分为闪燃、自燃、点燃几种类型，每种类型的燃烧都有其特点。

（1）闪燃。液体表面的蒸气与空气混合形成可燃气体，当达到一定温度时，如火焰或炽热物体靠近此液体表面，即会发生一闪即灭的燃烧现象，这种现象称为闪燃。

（2）自燃。自燃是可燃物质自发着火的现象。自燃又可分为受热自燃和自热自燃。一般来说，液体密度越大，闪点越高，而自燃点越低。

（3）点燃。点燃也称强制着火，即可燃物质与明火直接接触引起燃烧，在火源移去后仍能保持继续燃烧的现象。

3. 爆炸

（1）爆炸的概念。物质由一种状态迅速转变成另一种状态，并在瞬间以声、光、热、机械功等形式释放出大量能量的现象称为爆炸。实质上爆炸是一种极为迅速的物理或化学的能量释放过程。

可燃物、助燃物和火源是发生燃烧与爆炸的三个基本条件。燃烧与爆炸的区别在于反应速度不同。

（2）爆炸的分类。根据爆炸能量来源可分为物理性爆炸、化学性爆炸和核爆炸三种。

4. 灭火的基本方法

（1）冷却法。冷却法就是降低燃烧物质的温度。如果将可燃物冷却到其燃点温度以下，并隔绝外来的热源，它就不能产生足以维持燃烧的气体或蒸气，燃烧反应就会被迫中止。

（2）隔离法。隔离法就是把可燃物与空气隔离开来。例如：灭火泡沫像一层厚厚的毡毯覆盖在燃烧液体或固体的表面上，在冷却作用的同时，把可燃物与空气以及火焰隔离开去，火焰失去了燃料来源，随之就会熄灭。

（3）窒息法。窒息法就是减少空气中氧的含量。空气中氧气的浓度按体积计约21%，这种浓度足以维持绝大多数可燃物的燃烧。如果用二氧化碳、水蒸气、氮气等来稀释空气，使空气中的含氧量降到维持燃烧的最低氧浓度以下，燃烧就会熄灭。

（4）化学抑制法。化学抑制法就是抑制燃烧连锁反应的进行。

以上四种灭火方法，也就是各种灭火剂的四种主要灭火机理或灭火作用。不同的灭火剂有其不同的灭火作用。水的主要灭火作用是冷却作用；泡沫、金属灭火剂的主要灭火作用是隔离作用；二氧化碳、水蒸气的主要灭火作用是窒息作用；干粉的主要灭火作用是化学抑制作用。

8.1.2.3 输油站(库)防火和火灾扑救措施

1. 控制可燃物和助燃物

(1) 工艺过程中杜绝和防止可燃物泄漏。

(2) 加强密闭。为了防止易燃气体、蒸气和可燃性粉尘与空气形成爆炸性混合物，应设法使生产设备和容器尽可能密闭，对于具有压力的设备，更应注意它的密闭性，以防止气体或粉尘逸出与空气形成爆炸性混合物。

压缩机、泵、导管、阀门、法兰接头等容易漏油、漏气部位应经常检查，填料如有损坏应立即调换，以防渗漏。设备在运转中也应经常检查气密情况，操作压力必须严格控制，不允许超压运行。

(3) 搞好通风除尘。保证易燃、易爆及有毒物质在厂房(含库房)里不超过最高容许浓度，必要时设置良好的通风除尘装置。

(4) 惰性化。在可燃气体、蒸气或粉尘与空气的混合物中充入惰性气体，降低氧气在可燃物中的百分比，从而消除爆炸危险和阻止火焰的传播，这就是惰性化。

(5) 监测空气中易燃易爆物质的含量。在可燃有毒物质(气体、蒸气、粉尘)可能泄漏的区域设报警仪，这是监测空气中易燃易爆物质含量的重要措施。

(6) 工艺参数的安全控制。在石化行业生产过程中，工艺参数主要是指温度、压力、流量等。按工艺要求严格控制工艺参数在安全限度以内，是实现石油化工安全生产的基本条件，而对工艺参数的自动调节和控制则是保证生产安全的重要措施。

2. 控制点火源

引起火灾爆炸事故的能源主要有明火、高温表面、摩擦和碰撞、绝垫压缩、自动发热、电气火花、静电火花、雷击和光热射线等。生产过程中的明火主要是指加热用火、维修用火以及其他火源。

(1) 加热用火。采用明火，设备应严格密闭，明火加热设备的布置，应远离可能泄漏易燃液体和蒸气的工艺设备和储罐区，并应布置在散发易燃物料设备的侧风向或上风向。

(2) 维修用火。维修动火主要指焊割、喷灯以及熬制用火等。生产设备和管道中的介质大多是易燃易爆物质，设备检修时一般又离不开切割、焊接等作业，所以检修动火具有很大的危险性。

动火前必须对现场可燃气体浓度进行分析，动火分析不宜过早，一般应在动火前半小时以内进行。动火分析合格的标准定为：爆炸下限<4%(体积分数，下同)者，动火地点空气中可燃物含量<0.2%为合格；爆炸下限>4%者，分析可燃物含量<0.5%为合格。

(3) 其他用火。喷灯是一种轻便的加热工具，维修时常有使用，在有火灾爆炸危险场所使用应按动火制度进行。

在易燃易爆场所，不得使用蜡烛、火柴或普通灯具照明，且应采用封闭式或防爆型电气照明设备。

3. 在有火灾爆炸危险的场所，应采取防止火花生成的措施：

(1) 机器上的轴承等转动部件，应保证有良好的润滑和及时加油，并经常清除附着的可燃污垢。

(2) 凡是撞击或摩擦的两部分都应采用不同的金属(如铜与钢)制成，锤子、扳手等工具应用铜质合金制造。

（3）输送气体或液体的管道，应定期进行耐压试验，防止破裂或接口松脱喷射起火；

（4）凡是相互间易产生撞击或摩擦的设备，应采用不同的金属制成（如铜与钢）。

（5）搬运金属容器，严禁在地上抛掷或拖拉，在容器可能碰撞部位覆盖不发生火花的材料；

（6）防爆生产厂房，应禁止穿带铁钉的鞋，地面应为不产生火花材料的地坪。

4. 输油区域或生产装置发生火灾爆炸事故时，操作人员应采取的措施

（1）应迅速查清着火部位、着火物质及其来源，立即向调度控制中心报告，并及时准确地关闭阀门，切断物料来源及各种加热源；开启冷却水、消防蒸汽等，进行冷却或有效隔离；关闭机械通风装置，防止风助火势或沿通风管道蔓延。这样做可以有效地控制火势，有利灭火。

（2）带有压力的设备物料泄漏引起着火时，除应立即切断进料外，还应打开泄压阀门，进行紧急放空减小喷射压力，但不得在着火点周围排放可燃物料；

（3）根据火势大小和设备、管道的损坏程度，现场当班人员应迅速做出是否需要越站（紧急停车）的判断。在不能判断时，应在通知调度后，采取越站（紧急停车）措施，并及时向调度控制中心调度报告情况和向消防等有关部门报警。在报警时要讲清着火单位、地点、着火部位和物质，最后报告自己的姓名。

（4）输油区域或生产装置发生火灾后，输油站负责人应迅速组织人员，除了采取正确的工艺处理措施外，还应利用站内的消防设施及灭火器材进行灭火。若火势一时难以扑灭，则要采取防止火势蔓延的措施，保护要害部位。

（5）专业消防人员到达火场时，输油站负责人应主动向消防指挥人员介绍情况，说明着火部位、物料情况、设备及工艺状态、已经采取的措施等。

5. 易燃可燃液体储罐初期火灾的扑救措施

（1）易燃可燃液体储罐发生着火、爆炸，特别是罐区中某一储罐发生着火、爆炸是很危险的。一旦发现火情应迅速向消防部门报警并向调度控制中心调度报告，报警和报告中须说明罐区的位置、着火罐的位号及储存物料的情况，以便消防部门迅速赶赴火场进行扑救。

（2）若着火罐尚在进料，必须采取措施迅速切断进料。如无法关闭进料阀门，可在消防水枪掩护下进行抢关，或通知送料单位停止送料。

（3）应立即启动泡沫发生装置，开通着火罐的泡沫管线阀门，利用泡沫灭火。

（4）迅速打开水喷淋设施，对着火罐和邻近储罐进行冷却保护，以防止升温、升压而引起爆炸。

（5）根据储罐损坏情况，采取果断措施，避免火势扩大。应警惕油罐发生二次爆炸，造成人员伤亡和火势的扩大。

8.1.3 职业卫生知识

8.1.3.1 职业病的概念

职业病是指企业、事业单位和个体经济组织的劳动者在职业活动中，因接触粉尘、放射性物质和其他有毒、有害物质等因素而引起的疾病。

8.1.3.2 职业性危害因素的来源

（1）与生产过程有关的职业性危害因素：与生产过程有关的原材料、工业毒物、粉尘、噪声、振动、高温、辐射、病毒等。

（2）与劳动过程有关的职业性危害因素：劳动制度与劳动组织不合理造成对劳动者健康的损害。

（3）与作业环境有关的职业性危害因素：不良气象条件，厂房狭小、车间位置不合理及照明不良等。

8.1.3.3 职业性危害因素的分类

生产过程中的职业性危害因素分为：

（1）化学因素。工业毒物、生产性粉尘等。

（2）物理因素。如高温、低温、辐射、噪声、振动等。

（3）生物因素。炭疽杆菌、霉菌、布氏杆菌、病毒、真菌等。

（4）与劳动过程有关的劳动生理、劳动心理方面的因素，以及与环境有关的环境因素等。

8.1.3.4 毒物的定义

毒物也叫化学性毒物或有毒化学物，通常是指以较小的剂量，在一定条件下能作用于机体，使机体的细胞成分发生化学或生物化学变化，引起机体功能或器质性改变，导致暂时性或持久性损害，甚至危及生命的物质。

8.1.3.5 毒物侵入人体的途径

有毒化学品对人体的危害途径有呼吸道(吸入)、消化道(经口摄入)、皮肤(吸收)，还有皮下、肌肉、静脉注射以及黏膜等其他特殊途径。毒物吸收速度最快是静脉注射，其次为呼吸道、口、皮肤吸收。在工业生产中，有毒化学品的危害途径最主要是呼吸道，其次为皮肤，而经消化道、黏膜等其他途径较罕见。

8.1.4 消防、气防设施与器材

输油站(库)应建立健全消防管理机构和制度，加强内部的消防安全监督，配备和维护消防设施设备，加强消防演练和经验的总结。

8.1.4.1 消防设施

1. 消防水源

（1）临时高压给水系统运行时，其压力应确保灭火时最不利点供水要求。

（2）临时高压消防给水系统应保证接警后2min内消防给水泵投入运行。

2. 消防泵站

（1）消防泵房应独立设置，泵房内应同时设置供消防水装置和供泡沫装置。

（2）消防冷却水泵、泡沫混合液泵应采用正压启动或自吸启动，且各设一台备用泵。

（3）消防给水泵应每班盘车一次、每周试泵一次(不少于15min)、定期润滑并做好记录。

（4）消防给水泵房应明示流程图和操作程序说明，消防给水泵房岗位人员需经过培训考试，合格后持证上岗。

3. 固定灭火设施管理

（1）固定泡沫站应明示流程图、操作程序说明、泡沫类型、泡沫储量和有效期。

（2）每年春秋两季应定期检查泡沫输送管线和泡沫产生器是否完好，做好防腐保护。

（3）半固定灭火设施的泡沫管线接口应采用跨越方式引出到防火堤外的适当地点，接口处应有泡沫产生器型号的标牌，便于消防车对应供给泡沫混合液。为防止竖管内锈蚀物堵塞管路，油罐的固定、半固定式泡沫灭火系统和冷却水竖管下端应设排渣口。

（4）消防水喷琳系统的控制阀应设在防火堤外，储罐的水喷淋冷却系统应定期检查和试用。

8.1.4.2 消防车

1. 消防车

（1）消防车应设专职司机，实现24h值班制度。

（2）消防车应每天启动试运行，保持车况良好（轮胎气压正常、油、水充足、所储存泡沫液合格有效）。

（3）消防车内报警系统应保持良好，急救设备应保持整洁有效。

（4）车载泵及其他附件应定期试运行，定期检查维护。

（5）石油库应和邻近企业或城镇消防支队协商，建立联防机制。

8.1.4.3 灭火剂

1. 灭火剂的种类

常用的灭火剂种类有：

（1）水。古今中外，水是使用最广泛的一种天然灭火剂。

（2）泡沫灭火剂。泡沫是一种体积较小、表面被液体包围的气泡群。火场上使用的灭火泡沫是由泡沫灭火剂的水溶液通过充填大量的空气后形成的。通常使用的灭火泡沫，发泡倍数的范围为2～1000，相对密度在0.001～0.5之间。

（3）干粉灭火剂。这类灭火剂是一种微细而干燥的、易于流动的固体粉末。

（4）二氧化碳灭火剂。是一种惰性气体，具有不燃烧、不助燃的性质，所以在燃烧区内稀释空气，减少空气的含氧量，从而降低燃烧强度。当二氧化碳在空气中的浓度达到30%～35%时，就能使火焰熄灭。

2. 灭火剂的灭火作用

（1）水的灭火作用

① 冷却作用。冷却是水的主要灭火作用。当水与炽热的燃烧物接触时，在被加热和汽化的过程中，就会大量吸收燃烧物的热量，迫使燃烧物的温度大大降低而最终停止燃烧。

② 窒息作用。水遇到炽热的燃烧物会被加热和汽化，产生大量的水蒸气。1kg水变成水蒸气时的抑燃空间可达$5m^3$，因此，水有良好的窒息灭火作用。

③ 冲击作用。高压水流强烈地冲击燃烧物和火焰，可以冲散燃烧物，使燃烧强度显著减弱；水还可以冲断火焰，使之熄灭。

④ 稀释作用。水溶性可燃液体发生火灾时，在允许用水扑救的条件下，水与可燃液体混合后，可降低它的浓度，因而降低了蒸发速度和燃烧区内可燃气体的浓度，使燃烧强度减弱。水的稀释灭火作用只适用于容器中储有少量水溶性可燃液体的火灾，或浅层的水溶性可燃液体溢流引起的火灾。

（2）泡沫灭火剂的灭火作用

① 覆盖作用（主要作用）。灭火泡沫在燃烧物表面形成的泡沫覆盖层，可使燃烧物表面与空气隔离，遮断火焰对燃烧物的热辐射，阻止燃烧物的蒸发或热解挥发，使可燃气体难以

进入燃烧区。

② 冷却作用。泡沫析出的液体对燃烧表面可起到冷却作用。

③ 稀释作用。泡沫受热蒸汽产生的水蒸气有稀释燃烧区氧气浓度的作用。

（3）干粉灭火剂的灭火作用

① 抑制作用。当大量的粉粒以雾状形式喷向火焰时，可以大大吸收火焰中的自由基，使其数量急剧减少，从而中断燃烧的链锁反应，使火焰熄灭。

② 稀释作用。使用干粉灭火时，浓云般的粉雾包围了火焰，可以减少火焰对燃料的热辐射；同时，粉粒受高温的作用，将会放出结晶水或发生分解，这样不仅可以吸收部分热量，而且分解生成的不活泼气体又对燃烧区内氧的浓度有稀释作用(但这些作用对灭火的影响远不如抑制作用大)。

（4）二氧化碳灭火剂灭火的作用

① 窒息作用(主要作用)。当把二氧化碳施放到灭火空间时，由于二氧化碳的迅速汽化，排挤、稀释燃烧区的空气，使空间的氧气含量减少，当空间的氧气含量低于维持物质燃烧所需的极限氧含量时，物质的燃烧就会熄灭。

② 冷却作用(次要作用)。当把二氧化碳从钢瓶中释放出来，由液体迅速膨胀为气体时，会产生一个冷冻效果，致使部分二氧化碳转变为固态的干冰。干冰迅速汽化的过程中，要从火焰和周围环境吸热。

8.1.4.4 灭火器的使用

1. 泡沫灭火器(化学泡沫和空气泡沫)

（1）使用方法

① 手提式化学泡沫灭火器使用时，应注意在未到达火灾现场时不能将灭火器过份倾倒，避免两种药剂(碳酸氢钠水溶液和硫酸铝水溶液)混合提前喷出。

② 当距起火点约 10m 时，将灭火器倒置，一手握提环，一手抓住筒体底边，对准着火点即可喷出。

（2）灭火注意事项

① 在喷射泡沫过程中，灭火器应一直保持颠倒的垂直状态，不能横置或直立过来。

② 如果扑救可燃固体物质火灾，应把喷嘴对准燃烧最猛烈处喷射。

③ 如果扑救容器内的油品火灾，应将泡沫喷射在容器的器壁上，使泡沫沿器壁流下，再平行地覆盖在油品表面上。

④ 如果扑救流动油品火灾，应站在上风方向，尽量减少泡沫射流与地面的夹角，使泡沫由近而远地逐渐覆盖在整个油面上。

2. 干粉灭火器

（1）使用方法

① 手提式干粉灭火器使用时，在离火几米远处，将灭火器立于地上，用手握紧喷嘴胶管，另一手拉住提环，用力向上拉起并向火源移近，这时器内就会喷出一股带大量白色粉末的强大气流。

② 推车式干粉灭火器一般由两人操作。使用时应将灭火器迅速拉到或推到火场，在离起火点大约 10m 处停下，一人将灭火器放稳，然后拔出开启机构上的保险销，迅速打开二氧化碳钢瓶；另一人则取下喷枪，迅速展开喷射软管，然后一手握住喷枪枪管，另一只手钩动扳机，将喷嘴对准火焰根部，喷粉灭火。灭火方法同手提式灭火器。

（2）灭火注意事项。在室外使用时，应占据上风方向喷射。

3. 二氧化碳灭火器

（1）使用方法

① 手提式二氧化碳灭火器使用时，可手提灭火器的提把，或把灭火器扛在肩上，迅速赶到火场。在距起火点大约5m处，放下灭火器，一只手握住喇叭形喷筒根部的手柄，把喷筒对准火焰，另一只手或者旋开手轮，或者压下压把，二氧化碳就喷射出来。

② 推车式二氧化碳灭火器使用时，一般应由两人操作。先把灭火器拉到或推到火场，在距起火点大约10m处停下，一人迅速卸下安全帽，然后逆时针方向旋转手轮，把手轮开到最大位置，另一人则迅速取下喇叭喷筒，展开喷射软管后，双手紧握喷筒根部的手柄，把喇叭筒对准火焰喷射。其灭火方法与手提式灭火器相同。

（2）灭火注意事项

① 灭火时应注意在密闭的空间内，采取防止人员窒息的措施。

② 灭火时应处于上风方向喷射。

8.1.4.5 气防设施

1. 过滤式防毒面具

（1）防毒面具的作用。过滤式防毒面具是保护人员面部和呼吸器官免受有毒气体、蒸汽、烟雾、放射性灰尘及细菌等物质伤害的个人防护器材。它是依靠滤毒罐滤去空气中的有毒有害物质而达到无害呼吸的。滤毒罐的作用原理主要是机械阻留、吸附和化学反应(包括中和、氧化、还原、络合、置换等)。滤毒罐中的吸收药剂只能防止与之对应的有毒有害物质。

（2）防毒面具的使用方法

① 面具的一般检查。佩戴者首先去掉包装纸，用酒精棉球擦净面罩上的滑石粉，然后对面具进行一般性检查，检查面具的部件是否齐全，有无损坏，面具在较长时间不使用时应根据保管与维护的要求，将面具的面罩和滤毒罐分开保存在面具袋内，执行任务时应将滤毒罐拧在面罩上，并经常注意接头处是否拧紧密。

② 面具的配戴。佩戴面具时应紧闭双眼，迅速取出面具，将两手的拇指伸入面罩内，用拇指和食指抓住面罩两侧的中下头带，下颚微向前伸将面罩的下颚部分套在下颚上，然后两手均匀用力将面罩的头盔由下而上的向脑后拉，直至面罩于面颊部贴紧。面具戴好后，先呼一口气，睁开双眼，然后相互检查佩戴是否正确，佩戴不正确者可进行适当调整。

③ 面具佩戴后的气密检查。佩戴者用手掌或滤毒罐底塞堵住滤毒罐的进气口，然后用力吸气数次，看面具有无漏气现象。

2. 正压式空气呼吸器

（1）空气呼吸器使用前的检查

① 检查全面罩的镜片、系带、环状密封、呼气阀、吸气阀是否完好，和供给阀的连接是否牢固。全面罩的各部位要清洁，不能有灰尘或被酸、碱、油及有害物质污染，镜片要擦拭干净。

② 供给阀的动作是否灵活，与中压导管的连接是否牢固。

③ 气源压力表能否正常指示压力。

④ 检查背具是否完好无损，左右肩带、左右腰带缝合线是否断裂。

⑤ 气瓶组件的固定是否牢固，气瓶与减压器的连接是否牢固、气密。

⑥ 打开瓶头阀，随着管路、减压系统中压力的上升，会听到气源余压报警器发出的短

促声音；瓶头阀完全打开后，检查气瓶内的压力应在24～30MPa范围内。

⑦ 检查整机的气密性，打开瓶头阀2min后关闭瓶头阀，观察压力表的示值5min内的压力下降不超过4MPa。

⑧ 检查全面罩和供给阀的匹配情况，关闭供给阀的进气阀门，佩戴好全面罩吸气，供给阀的进气阀门应自动开启。

⑨ 根据使用情况定期进行上述项目的检查。空气呼吸器在不使用时，每月应对上述项目检查一次。

（2）空气呼吸器的佩戴方法

① 佩戴空气呼吸器时，先将快速接头拔开(以防在佩戴空气呼吸器时损伤全面罩)，然后将空气呼吸器背在人身体后(瓶头阀在下方)，根据身材调节好肩带、腰带，以合身牢靠、舒适为宜。

② 连接好快速接头并锁紧，将全面罩置于胸前，以便随时佩戴。

③ 将供给阀的进气阀门置于关闭状态，打开瓶头阀，观察压力表示值，以估计使用时间。

④ 佩戴好全面罩(可不用系带)进行2～3次的深呼吸，感觉舒畅，屏气或呼气时供给阀应停止供气，无“丝丝”的响声。一切正常后，将全面罩系带收紧，使全面罩和人的额头、面部贴合良好并气密。在佩戴全面罩时，系带不要收得过紧，面部感觉舒适，无明显的压痛。全面罩和人的额头、面部贴合良好并气密后，此时深吸一口气，供给阀的进气阀门应自动开启。

⑤ 空气呼吸器使用后将全面罩的系带解开，将消防头盔和全面罩分离，从头上摘下全面罩，同时关闭供给阀的进气阀门。将空气呼吸器从身体卸下，关闭瓶头阀。

（3）使用注意事项

① 一旦听到报警声，应结束在危险区工作，并尽快离开危险区。

② 压力表固定在空气呼吸器的肩带处，随时可以观察压力表示值来判断气瓶内的剩余空气。

③ 要等瓶头阀关闭后，管路的剩余空气释放完，再拔开快速接头。

（4）使用后的处理。空气呼吸器使用完后应及时恢复使用前的战斗准备状态，并做好以下工作：

① 卸下全面罩，用中性或弱碱性消毒液洗涤全面罩的口鼻罩及人的面部、额头接触的部位，擦洗呼气阀片；最后用清水擦洗。洗净的部位应自然干燥。

② 卸下背具上的空气瓶，擦净装具上的油雾、灰尘，并检查有无损坏的部位。

③ 对空气瓶充气。

④ 将充气的空气瓶接到减压器上并固定在背具上。

⑤ 按使用前准备工作要求，对空气呼吸器进行检查。

8.2 输油站安全管理

8.2.1 安全教育

8.2.1.1 三级安全教育

所有新员工(包括学徒工、外单位调入员工、合同工、代培人员和大中专院校毕业生、有技术岗位的季节性农民外用工等）上岗前应接受三级安全教育，教育时间不少于72学时，经考试合格后方可上岗。

8.2.1.2 特殊安全教育

（1）凡从事特殊工种作业的人员，应按国家有关要求进行专业性安全技术培训，经考试合格，取得特种作业操作证后方可上岗，并定期参加复审，成绩记入安全教育卡片。

（2）在新工艺、新技术、新装置、新产品投产前，主管部门应组织编制新的安全技术操作规程，并进行专门培训。有关人员经考试合格，方可上岗操作。

（3）发生事故或未遂事故时，按要求对事故责任者和相关员工进行安全教育，吸取教训，落实防范措施，防止类似事故发生。

8.2.1.3 日常安全教育

1. 班组安全活动频次要求

班组安全活动每月不应少于两次，每次不少于1学时；部门安全活动每月一次，每次不少于2学时。

2. 班组安全活动内容要求

（1）学习国家有关安全生产的法令和法规。

（2）学习有关安全生产文件、安全通报、安全技术规程、安全管理制度及安全技术知识。

（3）结合事故通报和《班组安全》等安全学习材料，讨论分析典型事故，总结和吸取事故教训。

（4）开展防火、防爆、防中毒及自我保护能力训练，以及异常情况紧急处理和应急预案演练。

（5）开展岗位安全技术练兵、比武活动。

（6）检查安全规章制度执行情况，查找并组织消除事故隐患。

（7）开展安全文化活动、安全技术座谈，观看安全教育电影和录像等。

8.2.2 安全检查与隐患治理

8.2.2.1 安全检查的种类

1. 日常检查

（1）以一线员工为主体的检查形式，主要检查本岗位负责范围的设备设施运转状况、作业中存在的不安全因素。

（2）各班操作工班长督促做好班前准备工作和检查离班前的交接班工作。

2. 定期检查

（1）周检查。以班组为单位对本辖区负责的设施设备状况、人员遵章守纪的情况、各种台账的记录情况等进行巡查。

（2）月检查。由基层单位负责组织，是对安全工作的一次全面检查，对检查发现的问题及隐患，属于基层单位自身能力可以整改的，要按照“四定”要求落实整改，对自身无法整改的，要向上级公司做出书面报告，并采取有效的防范措施。

（3）季节性检查。根据本地的气候、环境特点，有重点地检查生产经营活动。春夏季检查以防台风、防雷、防汛、防漏电为重点；秋冬季以防火、防爆、防静电为重点。

（4）节日检查：重点落实基层单位节假日对安全、保卫、消防、交通、应急预案的检查和值班管理。

3. 不定期检查

检查前不通知受检单位或部门而进行的检查。一般由上级部门组织进行，带有突击性，可以更加客观、真实地反映受检单位或部门安全生产的持续性程度，以弥补定期检查的不足。

4. 专业安全检查

此项检查为不定期检查，根据上级部门的要求、生产中暴露出来的问题，本着预测、预防的目的而确定，如：压力管道、机械设备、电气设备、仪表设备、安全环保装备、职防器材及车辆等的检查。

8.2.2.2 安全检查的内容

（1）每个岗位的安全责任制的建立和落实情况。

（2）各项安全制度健全和执行情况。

（3）职业健康安全管理体系的建立和符合情况。

（4）各级安全教育的开展落实情况。

（5）各项资料台账的建立和落实情况。

（6）工艺运行和设备设施的技术状况。

（7）直接作业环节安全措施落实情况。

（8）检查各级安全检查发现的问题是否落实整改；对未整改的隐患，防范措施是否落实等。

8.2.2.3 隐患治理

（1）生产设施和场所存在的不符合国家和集团公司安全生产法规、标准、规范、规定要求的隐患。

（2）可能直接导致人身伤亡、火灾爆炸事故或可能造成事故扩大的生产设施、安全设施等存在的隐患。

（3）可能造成职业病或职业中毒的隐患。

（4）集团公司、销售公司或公司下达的重大隐患项目整改通知书要求治理的隐患。

（5）预防可能造成灾害扩大的固定资产投资项目。

8.2.3 事故管理与处理

8.2.3.1 事故分类

（1）火灾事故。在生产过程中，由于各种原因引起的火灾，并造成人员伤亡或财产损失的事故。

（2）爆炸事故。在生产过程中，由于各种原因引起的爆炸，并造成人员伤亡或财产损失的事故。

（3）设备事故。由于设计、制造、安装、施工、使用、检维修、管理等原因造成机械、动力、电气、电信、仪器（表）、容器、运输设备、管道等设备及建（构）筑物等损坏造成损失或影响生产的事故。

（4）生产事故。由于“三违”或其他原因造成停产、减产以及井喷、跑油、跑料、串料的事故。

（5）交通事故。车辆、船舶在行驶、航运过程中，由于违反交通、航运规则或因机械故障等造成车辆、船舶损坏、财产损失或人身伤亡的事故。

（6）人身事故。员工在劳动过程中发生的与工作有关的人身伤亡和急性中毒事故。

（7）放射事故。放射源丢失、失控、保管不善、造成人员伤害或环境污染的事故。

8.2.3.2　事故处理

（1）事故处理要坚持“四不放过”的原则，即事故原因未查清不放过、责任人员未处理不放过、整改措施未落实不放过、有关人员未受到教育不放过。

（2）因忽视安全生产、违章指挥、违章作业、违反纪律、玩忽职守或者发现事故隐患、危险情况不采取有效措施、不积极处理以至造成事故的，应按照国家有关规定，对事故单位负责人和责任者给予行政处分或行政处罚；构成犯罪的，由司法机关依法追究刑事责任。

（3）在事故发生后隐瞒不报、谎报、故意拖延不报、故意破坏事故现场，或者无正当理由，拒绝接受调查以及拒绝提供有关情况和资料的，应按照有关规定，对有关单位负责人和直接责任人员给予从重行政处分或行政处罚；构成犯罪的，由司法机关依法追究刑事责任。

8.2.4　安全技术规程

8.2.4.1　动火作业安全规程

1. 用火作业的危害识别

用火作业前，针对作业内容，应进行危害识别，制定相应的作业程序及安全措施，将安全措施填入“中国石化用火作业许可证”内。

2. 用火作业系指采用以下方式的作业

（1）各种气焊、电焊、铅焊、锡焊、塑料焊等各种焊接作业及气割、等离子切割机、砂轮机、磨光机等各种金属切割作业。

（2）使用喷灯、液化气炉、火炉、电炉等明火作业。

（3）烧（烤、煨）管线、熬沥青、炒砂子、铁锤击（产生火花）物件，喷砂和产生火花的其他作业。

（4）生产装置和罐区连接临时电源并使用非防爆电器设备和电动工具。

（5）使用雷管、炸药等进行爆破作业。

3. 用火作业分级

（1）一级用火作业

① 储存收发易燃、可燃液（气）体的罐区、泵房、装卸作业区（铁路、公路、码头）、桶装仓库。

② 加油（气）站的罐区（储气瓶）、加油（气）区、液化气泵房、压缩机房、接卸站区。

③ 输油（气）管道、隔油池、污水处理设施。

④ 易燃、可燃液体和气体的罐车、油轮、驳船等爆炸危险性区域的用火作业。

（2）二级用火作业

① 从易燃、易爆及有毒储罐、泵房、装卸区等拆除的容器、管线、附件，已运到安全地点、并经过吹扫处理检验合格。

② 罐区、泵房、装卸作业区等的非防爆区域及防火间距以外的区域；

③ 发电机房、配电间、消防泵房、化验室、储存收发润滑油的储罐、桶装油品仓库、

灌装、收发区域等火灾危险性区域的用火作业。

（3）三级用火作业范围是在油库、加油站内，除一、二级以外的用火均属三级用火。

（4）固定用火作业区是在没有火灾危险性的区域划出固定用火作业区域。在二级以上用火区域内，不应设固定用火区。

4. 用火作业人职责

（1）用火作业人员应持有有效的本岗位工种作业证。

（2）用火作业人员应严格执行“三不动火”的原则；对不符合的，有权拒绝用火。

5. 用火监护人职责

（1）用火监护人应有岗位操作合格证；应了解用火区域或岗位的生产过程，熟悉工艺操作和设备状况；应有较强的责任心，出现问题能正确处理；应有处理应对突发事故的能力。

（2）应参加由安全监督管理部门培训组织的用火监护人培训班，考核合格后由安全监督管理部门发放用火监护人资格证书，做到持证上岗。

（3）在接到“用火作业许可证”后，应在安全技术人员和单位领导的指导下，逐项检查落实防火措施；检查用火现场的情况；用火过程中发现异常情况应及时采取措施；监火时应佩戴明显标志；用火过程中不应离开现场。

（4）当发现用火部位与“用火作业许可证”不相符合，或者用火安全措施不落实时，用火监护人有权制止用火；当用火出现异常情况时有权停止用火；对用火人不执行“三不动火”又不听劝阻时，有权收回“用火作业许可证”，并向上级报告。

6. 许可证管理

（1）“用火作业许可证”是用火作业的凭证和依据，不能随意涂改，不应代签，应妥善保管。

（2）“用火作业许可证”一式四联，一联存放在签发部门，一联由用火作业人持有，一联由用火监护人持有，一联存放在用火点所在的操作控制室或岗位。

8.2.4.2 受限空间作业安全规程

1. 进入受限空间作业危险程度分级

（1）凡属下列情况或部位均为进入受限空间一级作业。

① 各类储罐清罐作业及油罐拆密封胶作业。

② 罐内刷漆、喷涂（产生可燃可爆气体或雾）作业。

③ 蒸馏装置局部检修进罐作业。

（2）进入受限空间二级作业。进入受限空间一级作业以外的进入受限空间的作业。如：清理过滤器等作业。

2. 受限空间的危害识别

进入受限空间作业前，应针对作业内容，对受限空间进行危害识别，制定相应的作业程序（方案）及安全措施。

3. 许可证管理

（1）许可证各栏目应由相应责任人填写，其他人不得代签，作业人员、监护人姓名应与许可证上的相符。

（2）“进入受限空间作业许可证”有效期为作业项目一个周期。当作业中断4h以上时，再次作业前，应重新对环境条件和安全措施予以确认；当作业内容和环境条件变更时，需要重新办理“进入受限空间作业许可证”。

（3）“进入受限空间作业许可证”一式四联，第一联由审批单位存档，第二联由作业负责人持有，第三联由监护人持有，第四联存放在作业点所在操作控制室。

8.2.4.3 高处作业安全规程

在15m（含15m）以上的高处作业，应办理“高处作业许可证”，在正式巡检路线进行正常高处检查的人员不需办理“高处作业许可证”。

1. 作业人员的基本要求

（1）凡患高血压、心脏病、贫血病、癫痫病、精神病以及其他不适于高处作业的人员，不得从事高处作业。

（2）应熟悉高处作业应知应会的知识，掌握操作技能。

2. 许可证的管理

（1）“高处作业许可证”中各栏目，应由相应责任人填写，其他人不得代签，作业人员姓名应与“高处作业许可证”上的相符。

（2）“高处作业许可证”的有效期为作业项目一个周期。当作业中断，再次作业前，应重新对环境条件和安全措施予以确认；当作业内容和环境条件变更时，需要重新办理“高处作业许可证”。

（3）“高处作业许可证”一式三联，第一联由审批单位存档，第二联由施工作业现场负责人持有，第三联由监护人持有。

8.2.4.4 起重作业安全规程

1. 起重作业前应进行以下项目的安全检查

（1）对从事指挥和操作的人员进行资格确认。

（2）对起重机械和吊具进行安全检查确认，确保处于完好状态。

（3）对安全措施落实情况进行确认。

（4）对吊装区域内的安全状况进行检查（包括吊装区域的划定、标识、障碍）。

（5）核实天气情况。

2. 作业中安全措施

（1）起重作业时必须明确指挥人员，指挥人员应佩戴明显的标志。

（2）起重指挥必须按规定的指挥信号进行指挥，其他作业人员应清楚吊装方案和指挥信号。

（3）起重指挥应严格执行吊装方案，发现问题应及时与方案编制人协商解决。

（4）正式起吊前应进行试吊，试吊中检查全部机具、地锚受力情况，发现问题应先将工件放回地面，故障排除后重新试吊，确认一切正常，方可正式吊装。

（5）吊装过程中，出现故障，应立即向指挥者报告，没有指挥令，任何人不得擅自离开岗位。

（6）起吊重物就位前，不许解开吊装索具。

（7）起重作业现场必须设置警示牌或在作业半径范围内拉警戒线，指定安全监护人。

（8）不得使用在用工艺管道作为起重支撑或起吊支点。

3. 起重作业完毕，作业人员应做好以下工作：

（1）将吊钩和起重臂放到规定的稳妥位置，所有控制手柄均应放到零位，对使用电气控制的起重机械，应将总电源开关断开。

（2）对在轨道上工作的起重机，应将起重机有效锚定。

（3）将吊索、吊具收回放置于规定的地方，并对其进行检查、维护、保养。

（4）对起重机械进行维护保养时，切断主电源并挂上标志牌或加锁。

8.2.4.5 动土作业安全规程

破土作业施工前应办理“破土作业许可证”，由施工单位填写。

（1）破土作业前，针对作业内容，应与作业地管理单位及输油站共同组织危害识别，制定相应的作业程序及安全措施。

（2）工程项目的主管部门根据情况，组织电力、电信、生产、公安、消防、安全等有关部门、破土施工区域所属单位和地下设施的主管单位联合进行现场地下情况交底，根据施工区域地质、水文、地下供排水管线、埋地燃气（含液化气）管道、埋地电缆、埋地电信、测量用的永久性标桩、地质和地震部门设置的长期观测孔、不明物、沙巷等情况向施工单位提出具体要求。

（3）作业安全措施

① 破土前，施工单位应按照施工方案，划定破土作业范围，逐条落实安全措施，并对所有作业人员进行安全教育和安全技术交底后方可施工。破土作业涉及到电力、电信、地下供排水管线、生产工艺埋地管道等地下设施时，施工单位应设专人进行施工安全监督。

② 在破土开挖前，应先做好地面和地下排水，严防地面水渗入到作业层面，造成塌方。破土开挖，应防止邻近建（构）筑物、道路、管道等下沉和变形，必要时采取防护措施，加强观测，防止位移和沉降。挖掘破土时应由上至下逐层挖掘，严禁采用挖空底脚和挖洞的方法。在破土开挖过程中应采取防止滑坡和塌方的措施。

③ 作业人员在作业中应按规定着装和佩戴劳动保护用品。

④ 在施工过程中，有下列情形之一的，应报告输油站和项目主管部门，采取有效措施后方可继续进行作业：

a. 需要占用规划批准范围以外的场地。

b. 可能损坏道路、管线、电力、邮电通信等公共设施的。

c. 需要临时停水、停电、中断道路交通的。

d. 需要进行爆破的。

⑤ 在道路上（含居民区）及危险区域内施工，应在施工现场设围栏及警告牌，夜间应设警示灯。在地下通道施工或进行顶管作业而影响地上安全或地面活动影响地下施工安全时，也应设围拦、警示牌、警示灯。

⑥ 在施工过程中，如发现不能辨认物体时，不得敲击、移动，应立即停止作业，报输油站和项目主管部门，查清情况采取有效措施后，方可继续施工。

⑦ 在雨期的土方工程内作业时，应及时检查土方边坡，当发现边坡有裂纹或不断落土及支撑松动、变形、折断等情况应立即停止作业，经采取可靠措施检查无问题后方可继续施工。

⑧ 在破土开挖过程中，出现滑坡、塌方或其他险情时，应做到：

a. 立即停止作业。

b. 先撤出作业人员及设备。

c. 设置明显标志的警告牌，夜间设警示灯。

d. 划出警戒区，设置警戒人员，日夜值勤。

e. 通知设计、建设和安全等有关部门，共同对险情进行调查处理。

⑨ 使用电动工具应安装漏电保护器。

(4) 许可证管理

① “破土作业许可证”一式三联，第一联交审批单位留存，第二联交施工单位持有，第三联交监护人持有。

② 一个施工点一个施工周期应办理一张作业许可证。

8.2.4.6 临时用电作业安全规程

在生产运行的输油生产区、罐区和具有火灾爆炸危险场所内一般不允许接临时电源。确属生产、检修施工需要时，在办理“临时用电作业许可证”的同时，按规定办理“用火作业许可证”。

1. 作业安全措施

(1) 有自备电源的施工和检修队伍，自备电源不应接入公用电网。

(2) 安装临时用电线路的电气作业人员，应持有电工作业证。

(3) 临时用电设备和线路应按供电电压等级和容量正确使用，所用的电气元件应符合国家规范标准要求，临时用电电源施工、安装应严格执行电气施工安装规范，并接地良好。

① 在防爆场所使用的临时电源，电气元件和线路应达到相应的防爆等级要求，并采取相应的防爆安全措施。

② 临时用电线路及设备的绝缘应良好。

③ 临时用电架空线应采用绝缘铜芯线。架空线最大弧垂与地面距离，在施工现场不低于2.5m，穿越机动车道不低于5m。架空线应架设在专用电杆上，严禁架设在树木和脚手架上。

④ 对需埋地敷设的电缆线线路应设有“走向标志”和“安全标志”。电缆埋地深度不应小于0.7m，穿越公路时应加设防护套管。

⑤ 对现场临时用电配电盘、箱应有编号，应有防雨措施，盘、箱门应能牢靠关闭。

⑥ 行灯电压不应超过36V，在特别潮湿的场所或塔、釜、槽、罐等金属设备作业装设的临时照明行灯电压不应超过12V。

⑦ 临时用电设施，应安装符合规范要求的漏电保护器，移动工具、手持式电动工具应一机一闸一保护。

2. 临时用电

临时用电单位应严格遵守临时用电规定，不得变更地点和工作内容，禁止任意增加用电负荷或私自向其他单位转供电。

3. 许可证管理

(1) “临时用电作业许可证”一式三联，第一联由审批单位存档，第二联交配送电执行人持有，第三联由施工单位持有。

(2) “临时用电作业许可证”有效期限为一个作业周期。

(3) 用电结束后，“临时用电作业许可证”第三联交由配送电执行人注销。

8.3 环境保护

8.3.1 环境保护基本概念

8.3.1.1 环境

人们在一般意义上使用环境这一词汇时，通常相对于某一中心事物而言的，即围绕某个中心事物的外部空间、条件和状况，便构成某一中心事物的“环境”。

一般意义上的“环境”是一个相对的、可变的概念，它因中心事物的不同而有不同的含义和范围。

8.3.1.2 人类环境

人类环境指的是以人类为中心、为主体的外部世界，即人类赖以生存和发展的天然的和人工改造过的各种自然因素的综合体。

8.3.1.3 环境问题

由于人类活动或自然原因使环境条件发生不利于人类的变化，以致影响人类的生产和生活，给人类带来灾害，这就是环境问题。

自然原因引起的环境问题称为原生环境问题或第一环境问题。人为原因引起的环境问题称为次生环境问题或第二环境问题，有的国家称为“公害”。

广义的环境问题包括人为原因引起的环境问题和自然原因引起的环境问题两类。狭义的环境问题仅指人为原因引起的环境问题。

8.3.1.4 环境保护

环境保护就是利用现代科学和理论与方法，协调人类和环境的关系，解决各种环境问题，是保护、改善和创造环境的一切人类活动的总称。

我国环境保护方针是：全面规划，合理布局，综合利用，化害为利，依靠群众，大家动手，保护环境，造福人民。

8.3.1.5 “三废”

在我国的生产经营活动中，技术等各方面的限制以及生产成本的制约，总有部分物料以气体、液体、固体的形式排入外环境，习惯上称为“三废”，即废气、废水、废渣(或固体废弃物)。

“三废”的排放不仅浪费资源，更重要的是大部分都会对环境造成危害，破坏生态平衡，影响人体健康。

8.3.1.6 清洁生产

指不断采取改进设计、使用清洁的能源和原料、采用先进的工艺技术与设备、改善管理、综合利用等措施，从源头削减污染，提高资源利用效率，减少或者避免生产、服务和产品使用过程中污染物的产生和排放，以减轻或者消除对人类健康和环境的危害。

8.3.1.7 水土保持

指对自然因素和人为活动造成水土流失所采取的预防和治理措施。

8.3.1.8 初期雨水

顾名思义就是降雨初期时的雨水。但是，由于降雨初期，雨水溶解了空气中的大量酸性气体、汽车尾气、工厂废气等污染性气体，降落地面后，又由于冲刷沥青油毡屋面、沥青混凝土道路、建筑工地等，使得前期雨水中含有大量的有机物、病原体、重金属、油脂、悬浮固体等污染物质，因此前期雨水的污染程度较高，通常超过了普通的城市污水的污染程度。如果将前期雨水直接排入自然承受水体，将会对水体造成非常严重的污染，必须对前期雨水进行处理，可以设置雨污切换装置，将降雨初期雨水分流至污水管道，降雨后期污染程度较轻的雨水进过预处理截留水中的悬浮物、固体颗粒杂质后，可以直接排入自然承受水体，有效地保护我们的自然水体环境。

8.3.2 输油生产的主要污染物

8.3.2.1 废气

废气是指人类在生产和生活过程中排出的有毒有害的气体。特别是化工厂、钢铁厂、制药厂以及炼焦厂和炼油厂等，排放的废气气味大，严重污染环境和影响人体健康。

输油生产排放的废气主要为无组织排放的废气，即油品在转运、储存过程中挥发的油气，包括油品的跑、冒、滴、漏和储罐的大、小呼吸损失，其主要污染物为烃类。有加热炉的输油站，加热炉的烟囱产生（燃料油在燃烧）少量有组织排放废气污染物，主要为 SO_2、NO_x 和碳氢化合物等。

8.3.2.2 废水

在环境保护学科中，废水是指生产活动产生的液状废弃物，常常含有有毒、有害组分。

输油生产排放的废水主要是过滤器拆卸清洗废水、油罐清洗水、管线工艺污水、机泵冲洗污水、地面冲洗污水、分析仪表排水、泵密封排水、检修产生的含油污水、初期雨水以及输油站职工的生活污水。含油污水量以油罐清洗水量为最大，各油罐约 3 年清洗一次，每年清洗总罐容的 1/3，清洗罐的排水量较大且时间相对集中。

8.3.2.3 固体废弃物

固体废弃物是指人类在生产、消费、生活和其他活动中产生的固态、半固态废弃物质（国外的定义则更加广泛，动物活动产生的废弃物也属于此类），通俗地说，就是“垃圾”。主要包括固体颗粒、垃圾、炉渣、污泥、废弃的制品、破损器皿、残次品、动物尸体、变质食品、人畜粪便等。有些国家把废酸、废碱、废油、废有机溶剂等高浓度的液体也归为固体废弃物。

输油生产的固体废弃物主要为出现异常事故时受污染的土壤、草坪等固体废弃物，正常检维修时拆卸清洗过滤器产生的油渣、清罐油泥、含油废物，站间清管试压及投料试运不正常时处理大量漏油的混油土，以及生活垃圾等。

8.3.2.4 噪声

噪声一般指干扰人们休息、学习和工作的声音，可引起人的心理和生理变化。

输油生产的噪声源主要是大功率输油泵工作时产生的机械噪声，这些输油泵的轴功率都在 100kW 以上。此外还有少量的电噪声。

8.3.3 输油生产污染的控制

8.3.3.1 废气的控制

无论是拱顶罐，还是浮顶油罐，油气排放问题都存在，特别是拱顶油罐，油气排放情况尤为严重，储罐油气排放是油品损耗和造成环境污染的一个重要原因。减少储罐的油气排放量，储存汽油等轻质油品应尽可能选用内浮顶油罐；检查和维护好固定顶油罐的呼吸阀，使其始终处在有效可靠的状况下；有条件的油罐区应设置气相连通线，将储存相同油品的油罐气体空间用管道连通，成为一个储罐间的气相连通线，油罐间可以相互交换油蒸气，减少罐内吸入的空气和排出的油气；也可以将油品集中储存，且尽可能做到满罐状态，相同油品不要分散在许多油罐（呈不满状态），这样可以减少罐顶与油品液面的气体空间，从而减少蒸发损耗，自然也就减少了油气对大气的污染。

输油生产过程中管道排放的废气量较小（以烃类污染物为主），经环境影响评价对周围环境敏感点影响不大，可不作处理直接排放。

8.3.3.2 废水的控制

废水排放采用后期雨水、污水分流的方式进行。污水排放系统分为含油污水系统和生活污水系统。

输油站的含油污水收集后用槽车运至最近的油库进行处理，管道异常事故时流入污水中的浮油进行回收至污油罐，含油污水必须进行集中后进入含油污水处理设施，经监测达到国家或地方标准后排放，杜绝超标的污水外排。其他输油站含油污水均依托配套油库的处理设施。生活污水集中到化粪池沉降后排入生活污水管网。后期雨水可直接排入地表明沟。

在防止或降低油罐区和输油站废水污染的程度上，我们还可以采用以下几项措施：

（1）储罐采用自动切水器排水，加强对脱水器的管理和维护。

（2）规范清洗有关的操作要求，尽量利用新技术、新工艺提高清洗效率和清洗水的利用率，以减少污水量。

（3）保证输油站和油罐区雨水的合理处理。平时要对罐区阀门、法兰等可能泄漏油品的地方和清扫孔、排污孔附近的地面进行局部处理，避免油品渗入地下；保证初期雨水排入含油污水处理系统。

（4）输油站正常运行时，过滤器及泵体进行液体排空作业，应集中处理，采用吸油毡、油桶等回收，禁止将液体直接排入泵周围的排污沟或者排入含油污水系统。

（5）防止油品泄漏。选用高质量的阀门、法兰、垫片、泵的密封件等，平时发现问题及时处理，对罐底板因腐蚀而发生的泄漏要提高警惕，对油罐基础周围排放管流出的油品进行判断并采取相应措施。在现场设备关键点，应当设置可燃气体探测器进行实时监测，当发生油品渗漏，尤其浓度达到报警时，可燃气体探测器立即报警，工作人员能及时采用相应措施进行处理，防止油品泄漏扩大化。

8.3.3.3 固体废弃物的控制

罐内或管线设备内清洗出的污物应集中堆放，并妥善处理，避免污物中的油渗入土壤，清洗作业结束后应及时将清除的污物运出输油站。固体废弃物应当运到当地环保部门指定地点堆放或填埋处理，生活垃圾均运至地方环卫部门指定地点。对被出现跑油事故时污染的土壤进行更换，同时对受污染的地面植被进行恢复。

8.3.3.4 噪声的控制

减低噪声的方法是通过选用先进的主输泵及低噪声的电机等设备以及完善隔声、减振、降噪等措施，来降低噪声源的污染，使厂界噪声达到《工业企业厂界噪声标准》(GB 12348—1990)要求。

8.3.3.5 泄漏油品常用回收处理方法

1. 物理回收法

（1）围油栏。用围油栏将油品包围，缩小面积，防止扩散。围油栏的材料一般是耐油的氯丁橡胶。

（2）机械式撇油器(收油机)。按照撇油器收油的原理进行分类，主要包括黏附式撇油器、抽吸式撇油器、堰式撇油器和其他的撇油器等。

（3）吸附法。利用吸油材料吸附水面油品，吸油材料主要有聚乙烯、聚氨酯泡沫、聚苯乙烯纤维等人工合成的材料以及锯末、麦秆等天然吸油材料。

2. 化学法

（1）燃烧法。用火点燃油品，减少其污染的方法，也称为就地燃烧法。

（2）化学试剂法。主要使用消油剂、凝油剂和集油剂等试剂。

3. 生物处理法

通过微生物利用油类作为新陈代谢的营养物质将其降解，从而达到去除溢油污染和修复环境的目的。

8.4 HSE 管理体系基础知识

8.4.1 健康、安全、环境管理体系(HSE)的发展过程和意义

健康、安全、环境管理体系(HSE - MS)的形成和发展是石油勘探开发(EP)和炼化生产多年工作经验积累的成果，体现完整的一体化管理。

1974 年，石油工业国际勘探开发论坛(E&O Forum)建立，它是石油公司国际协会的石油工业组织，论坛现有成员 52 名，来自世界上 60 个不同的国家。勘探开发论坛组织了专题的工作组，从事健康、安全和环境体系的开发。

国外专家曾这样评价过安全工作的发展过程，20 世纪 60 年代以前主要是从安全方向要求，在装备上不断改善对人们的保护，利用自动化控制手段使工艺流程的保护性能得到完善；70 年代以后，注重了对人的行为研究，注重考察人与环境的相互关系；80 年代以后，逐渐发展形成了一系列安全管理的思路和方法。以壳牌石油集团公司为例，1985 年，壳牌公司向被广泛承认的世界上最好的工业安全成效之一的 Du pont 做咨询，首次在石油勘探开发中提出强化安全管理(SMS)的构想和作法，以更好地提高安全成效。1986 年，在强化安全管理(SMS)的基础上，形成手册。接着，在 1987 年，壳牌公司发布了环境管理指南(EMG)，并于 1992 年修订再版。1989 年，壳牌公司颁发了职业健康管理导则(OHMG)。

到 1995 年，壳牌石油公司将英国政府调查报告所提出的 SMS 和 SC(安全状况报告)，EP92—0100 出版的安全管理体系，石油作业公司的经验和危害管理的技术集于一体，采用与 ISO9000 和英国标准(BS)5750 质量保证体系相一致的原则，充实了健康、安全、环境这三项内容，形成了完整的一体化的 HSE 管理体系(HSE—MS)EP95—0000。这是石油行业长期以来经验积累的产物。

8.4.2 健康、安全、环境管理体系

为消除和减轻石油石化企业生产过程中存在的风险和危害，保护员工的健康和生命财产安全，维护生态环境，使中国石油化工集团公司的安全、环境与健康管理与国际接轨，并在安全、环境与健康管理上创国际一流的业绩，参考了 ISO/CD 14690《石油天然气工业健康、安全与环境管理体系》和 BP 公司 HSE 的管理层指导手册制定了安全、环境与健康(HSE)管理体系 Q/SHS 0001.1—2001 标准。

该标准确立了中国石化 HSE 管理体系的总体框架和要求，其中核心内容为十项要素(见图 8-1)。整个管理体系围绕风险控制展开，因此该管理体系的核心要素为风险评价和隐患治理。通过贯标和 HSE 管理体系的建立，使得中石化 HSE 管理进一步程序化、标准化、规范化。为提高集团公司 HSE 管理水平，提升中国石化企业形象发挥了重要作用。

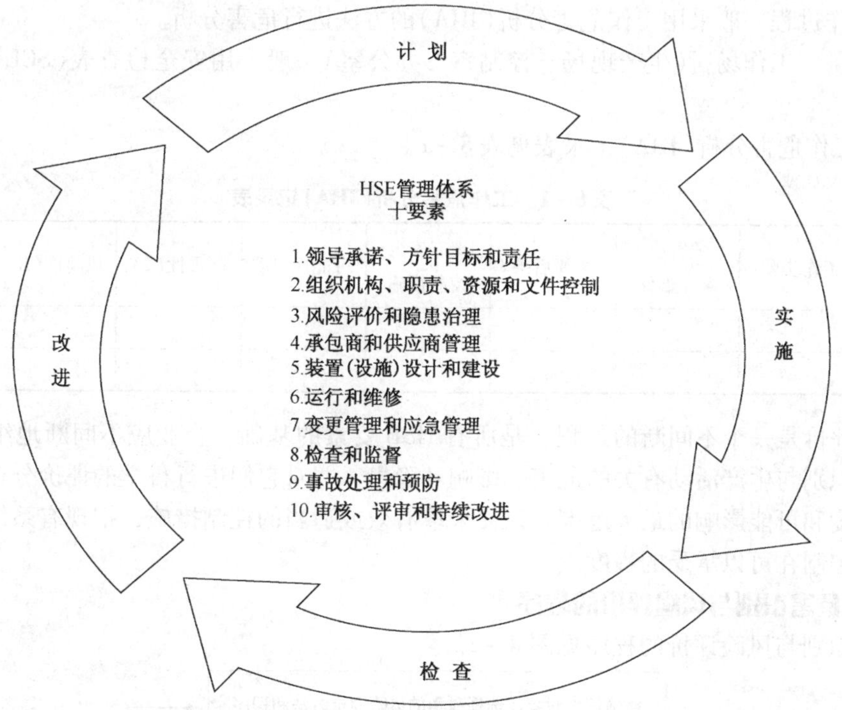

图 8－1 HSE 管理体系要素图

8.4.3 危害识别与风险评价

8.4.3.1 危害与风险的概念

1. 危害

可能造成人员伤害、职业病、财产损失、环境破坏的根源或状态。

2. 风险

发生特定危害的可能性或发生事件结果的严重性。

8.4.3.2 危害识别与风险评价的方法

(1) 以基层班组或站队为单位，建立危害识别及风险评价小组，并对参与评价的人员进行评价有关知识的培训。

(2) 选择和确定评价范围和对象。根据所从事的工作内容、生产活动确定评价具体范围，确保评价的工作的完整性。

根据风险特点，对评价目标进行初步判断和分析，确定评价对象。

(3) 选择危害识别和风险评价的方法。评价人员根据所确定的评估对象的作业性质和危害程度，主要选择以下一种或结合多种危害识别方法进行危害识别和风险评价：工作危害分析(JHA)、预危害性分析(PHA)、故障假设分析(WI)、失效模式与影响分析(FMEA)、危险与可操作性研究(HAZOP)、安全检查表(SCL)、事件树分析(ETA)、故障树分析(FTA)等。

(4) 几种主要的危害识别和风险评价方法的选择

① 工艺操作系统一般采用危险与可操作性研究(HAZOP)的方法进行危害分析。

② 传动设备一般采用失效模式与影响分析(FMEA)的方法进行危害分析。

③ 工作过程一般采用工作危害分析(JHA)的方法进行危害分析。

④ 设备、工作场所(生产现场、控制室、办公室)一般采用安全检查表(SCL)进行危害分析。

(5) 工作危害分析(JHA)记录表见表8-1。

表8-1 工作危害分析(JHA)记录表

序号	工作步骤	危害或潜在事件	主要后果	现有安全控制措施	可能性(L)	严重性(S)	风险度(R)	建议改正/控制措施

风险评价是一个不间断的过程，是所有HSE要素的基础。企业应不间断地组织风险评价工作，识别与生产活动有关的危害、影响和隐患，并对它们进行科学的评价分析，确定最大危害程度和可能影响的最大范围，以便采取有效或适当的控制措施，把现有系统的风险降到最低或控制在可以承受的程度。

8.4.3.3 危害识别与风险评价的程序

危害识别与风险评价的程序见图8-2。

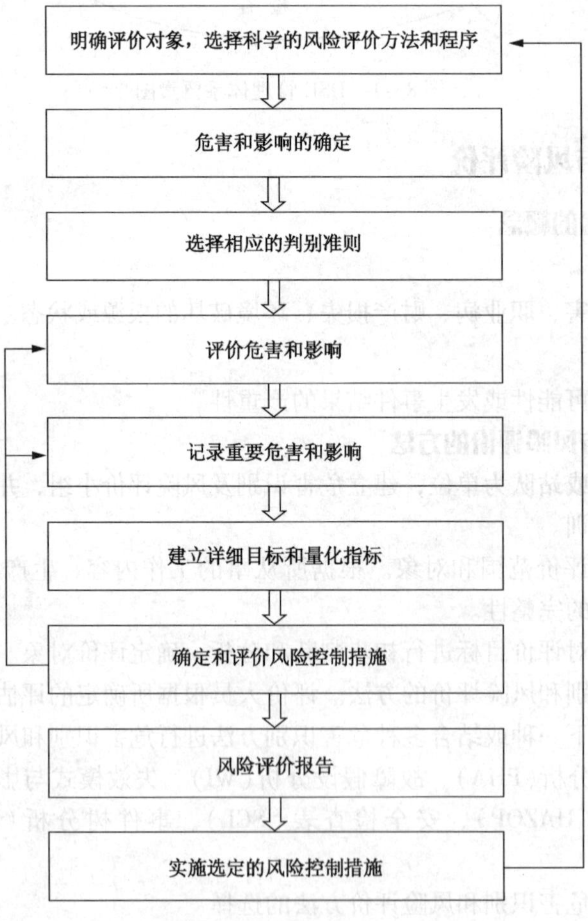

图8-2 风险评价程序

8.5 应急预案与演练

8.5.1 应急预案的文件结构

完整的应急预案文件体系十分庞大，根据应急文件的需要，一般将应急预案文件分为：总体预案(或称综合性预案)、专项预案、应急程序(措施)、预案附件。另外，在应急工作中产生的文件一般还有应急过程记录、应急总结、应急演练记录(演练计划、演练方案、演练总结)。

8.5.2 应急预案的编制要求和意义

8.5.2.1 资料收集和初始评估

编制小组的首要任务是收集制定预案的必要信息并进行汇总评估，预想可能发生的突发事件。包括：

(1) 适用的法律、法规和标准。

(2) 企业安全记录、事故情况。

(3) 国内外同类企业事故资料。

(4) 地理、环境、气象资料。

(5) 相关企业应急预案等。

(6) 与生产现场有关的相关资料。

8.5.2.2 对预想突发事件进行应急反应过程分析

根据最可能发生的事故场景，编制小组可以确定出不同紧急情况下相应的应急措施，即可看做是回答了以下问题：

(1) 在紧急情况下谁该做什么？什么时候做？怎么做？

(2) 整个应急过程由谁负责？管理结构应该如何适应这种情况？

(3) 如何准确报告紧急情况？谁负责报告？

(4) 可获得哪些外部救援？什么时候能到达？

(5) 在什么情况下厂内和厂外人员应该进行避难或疏散？

(6) 如何恢复正常操作？

8.5.2.3 人员和职责的确定

相应的应急措施确定后，现场设施和人员如何能够顺利实施应急措施，应对现场突发事件。按照企业内部部门和企业外部单位(或部门)，对应急措施进行细化并分解到位，确保应急设施和应急程序及时启动，快速、有效地遏制突发事件，防范重大恶性事故的发生。

8.5.2.4 应急资源的评估

编制小组要评价企业在紧急情况下所具备的物质资源和控制紧急事故的人员。对照预案模拟场景，从报警、工具、物资、材料、资料、人员等各方面入手，对各类应急资源进行评估。对于不能满足要求的资源进行补充和完善，确保应急工作的顺利完成。

8.5.2.5 编制应急预案的注意事项

(1) 应急预案应当简明，便于有关人员学习和掌握。根据预案格式，可以把一些条款放在总体内容中，或放在附录中。

(2) 预案的主要部分应当是总的应急策略和原则性应急措施，具体实施步骤单元，应放在预案附件中详细说明。

（3）预案内容应考虑一定的灵活性，以适用于现场情况的变化。

（4）在预案中，应确定预案更新、培训和演习。

（5）预案编制不是单独、短期的行为，它是整个应急工作中的一个重要环节。有效的应急预案应该不断进行评价、修订和测试演练，并在经验的不断积累中持续改进。

8.5.3 应急预案的演练

为了提高救援人员的技术水平与救援队伍的整体能力，以便在事故救援行动中达到快速、有序、有效的效果，发现和解决预案中存在的问题，应经常性地开展应急救援培训、训练或演习。

8.5.3.1 演练的分类

（1）综合演练。根据情景要素，按照应急预案检验包括预警(报告)、应急响应、指挥与协调、现场处置与救援、保障与恢复等应急行动和应对措施的全部应急功能的演练活动。

（2）专项演练。根据情景事件要素，按照应急预案检验某项或数项应对措施或应急行动的部分应急功能的演练活动。

（3）现场演练。选择(或模拟)生产建设某个工艺流程或场所，现场设置情景事件要素，并按照应急预案组织实施预警、应急响应、指挥与协调、现场处置与救援等应急行动和应对措施的演练活动。

8.5.3.2 演练的要求

（1）应急演练的原则。从实战出发、以人为本；应急演练的目的是检验预案的科学性与可行性，发现并修正预案中存在的问题，提高应急指挥和处置突发事件的能力。

（2）演练的基本任务。加强现场警戒，控制危险源扩散；抢救受伤人员；及时组织人员撤离危险区；清理现场，消除危害后果。

（3）应急演练分类。分为桌面推演、功能演练和模拟实战演习三种。桌面推演是在桌面文件书、计算机或沙盘上进行的，对设定应急情况进行处置的一种演练；功能演练是指在现场不启动应急装备，而对应急预案的整体或部分进行的演练；模拟实战演习是指在现场模拟受灾的实际情况，启动应急装备而进行的应急预案演练，是预案演练的最高形式。

（4）输油站的现场应急预案的演练每季度至少演练一次，二级单位的专项预案每半年至少演练一次。输油站的应急小组每月至少进行一次应急技能训练。

（5）对制定出的预案进行演练，输油站演练内容侧重于火灾爆炸、成品油泄漏、突发环境事件及自然灾害事件。

（6）预案演练应有计划、有记录、有总结。演练结束后应组织各应急小组研究解决演练和预案存在的问题。

（7）定期对所属单位突发事件应急预案演练进行监督和检查。

8.5.3.3 预案演练工作的评估

为准确评价应急预案的演练过程与演练方案、演练目的的符合程度，找出演练方案及演练实施过程中的各种不足，不断提高预案演练工作的水平，应尽量对预案演练工作的全过程进行较为细致、科学的评估。对于预案演练的评估，应建立科学的、可操作性较强的应急演练评估标准并组织实施。主要内容包括：演练方案的选题评估、演练方案的文件评估、演练实施过程的评估三部分。

1. 演练方案的选题评估

演练方案选立的课题，是否充分反映演练现场的危害及风险特点。

2. 演练方案的文件评估

演练方案是否按照现场风险的特点及演练目标的要求，科学、合理、逼真地设置现场演练各子项目的场景、顺序，细化、量化演练各项动作的标准和要求。所提出的与预设应急突发事件场景对应的风险控制的应急处置措施，以及资源配置和应用方案是否符合实际，是否科学、充分、合理。应急行动的步骤描述是否清晰、合理，参与应急行动人员要求履行的职责，是否符合应急预案。

3. 演练实施过程的评估

在组织预案演练工作的同时，应同步组织好对预案演练的评估工作。为评估工作配置人力和物力，以满足评估工作的要求。根据评估标准及对应的演练进度，按照评估程序合理地组织做好预案演练的各项评估的组织工作。并根据现场演练情况建立应急演练评估记录（反映演练有效性的照片、录像、表格等），形成对应急演练工作深入、客观的分析评估总结。

4. 输油站火灾事故的处理程序

（1）立即报告生产调度、110 火警、输油站负责人（或值班人）。

（2）在生产调度的配合下，组织现场工艺紧急处理，防止事故扩大。

（3）启动站内消防系统及使用消防器材，进行现场初期火灾的扑救。

（4）组织事故周边范围的安全警戒、疏散，检查确认现场无跑油。

（5）迎接消防车、配合消防部门进行现场火灾的扑救。

（6）检查、熄灭现场余火。

（7）检查确认周边环境无污染等问题出现。

第 9 章　计算机基础知识

9.1　计算机常规操作知识

9.1.1　计算机的功能应用

计算机的应用包括科学计算、信息管理、工艺过程实时控制、计算机辅助系统、人工智能、网络与通讯(电子商务、网络教育)、办公自动化、多媒体技术等。

9.1.2　工业用计算机的组成和人机接口

计算机由硬件和软件组成。硬件一般包括：显示器、键盘、鼠标，机箱里的 CPU、主板、硬盘、系统总线显卡、内存、输入、输出接口电路等等。软件包括操作系统、应用软件等。人机接口即显示器、键盘、鼠标，简称 KVM。

9.1.3　工业用计算机的日常维护保养知识

1. 计算机自动重启的原因

造成计算机重启的原因很多，首先，电源问题：意外断电或者电源电压不满足要求造成计算机重新启动。其次，内存问题：内存出错导致系统重启的概率较大。再次，系统运行的温度过高。最次，系统的软硬件的兼容问题等。

2. 计算机黑屏的原因

电脑运行一段时间后，显示器出现黑屏，按下 CTRL + ALT + DEL 热启动键也不起作用，只有强行关机才能正常启动。一般是主板芯片的散热措施不充分或环境温度不理想，导致温度过高，芯片不能正常工作，可检查散热风扇是否正常。其次，也有的机器是集成显卡占用一定的内存，内存有问题时也会导致同样的现象。

3. 计算机显示器没有显示

有时按下开机按钮，电源灯亮，但是显示器却没有反应，重启也没有显示。一般这样的现象是显卡或是传输中出了问题，要检查显卡和显示器的连接是否出现了问题。在工业现场，经常配置了 KVM 延时、计算机长时间运行后无法进行关机。

计算机系统后台有许多运行的程序无法关闭，造成系统长时间不能响应进行关机。首先，是尽可能关闭后台更多的程序；其次，需要设置电源选项：右键点击“我的电脑”，选择“属性→高级”选项卡，找到“启动和故障恢复”，点击“设置”，去掉“系统失败”中的“自动重新启动”选项。

4. 计算机蓝屏问题的解决

造成蓝屏的原因很多，由硬盘故障、网卡网络设置冲突，CPU 散热问题、硬盘的数据线老化都可能造成上述故障。一般是对其蓝屏出现的代码进行分析。

5. 计算机长期关机后难以启动

一般和主板的 BIOS 电池相关，如果更换纽扣电池后仍然不起作用，造成 CMOS 丢失的可能是主板自身电路等问题，需要联系厂家的服务中心进行检测维修。

6. 计算机自动关闭的原因

计算机内存与主板插槽的接触松可能造成电脑自动关机。其次，电源断电。再次，由于病毒如木马等造成的电脑关机也很多。

9.2 计算机操作系统基础知识

操作系统是一组控制和管理计算机硬件和软件资源、合理地对各类作业进行调度以及方便用户的程序的集合。包括进程管理程序、调度和死锁处理、存储器管理、设备管理I/O控制等几个方面。

计算机操作系统总的来说，分为图形界面操作系统(如Windows系列、Apple系列)和字符界面操作系统(如Unix系列、Linux系列、DOS系统等等)。目前一般常见的操作系统有DOS、OS/2、Unix、Xenix、Linux、Windows、Netware等。但所有的操作系统均具有并发性、共享性、虚拟性和不确定性四个基本特征。Windows2000/2003/2008又分为专业版、服务器版、高级服务器版等，其主要为服务器使用，它的特点是稳定、有很好的服务器管理界面。Windows系列与Linux系列的主要区别是处理进程方式不一样，一个是实时系统，一个是分时系统。目前，常用的网络操作系统有Novell公司的NetWare、Microsoft的Windows 2000/2003/2008以及带有网络功能的UNIX、Linux。

9.2.1 Windows操作站用操作系统

操作站一般选用WindowsXP操作系统，其具有如下特点：

(1) 兼容性好，对新技术、新产品的支持良好。

(2) 较之前版本有更安全、更人性化的保障。

(3) XP运行速度得到快速提高，工作效率得到良好改进。

(4) 开创了操作系统不同对象版本的先例。

(5) 操作系统软件对各种各样程序的完美演绎。

(6) 系统的管理更方便、更快捷。

(7) 对中文的完美支持。

9.2.2 Unix/Linux/Windows Server工业服务器用操作系统

服务器一般选用Windows Server、Unxi、Linux操作系统，其特点如下：

1. Unix操作系统特点

是一个多用户系统、多任务操作系统，其文件、目录与设备采用统一处理方式，其有很强的核外程序功能，很好的可移植性；也直接支持网络功能。

2. Linux操作系统的特点

不限制应用程序可用内存的大小；具有虚拟内存的能力，可以利用硬盘来扩展内存；允许在同一时间内，运行多个应用程序；支持多用户，在同一时间内可以有多个用户使用主机；具有先进的网络能力，可以通过TCP/IP协议与其他计算机连接，通过网络进行分布式处理；符合Unix标准，可以将Linux上完成的程序移植到Unix主机上去运行；其也是免费软件，可以通过匿名FTP服务在“sunsite. unc. edu”的“pub/linux”目录下获得。

3. Windows Server 系统特点

是一个多用户系统、多任务操作系统，网络管理功能强大，简单易学，人机界面简单方便。

网络操作系统可以对全网资源进行管理，以实现整个系统的资源共享，实现计算机之间通信与同步。且具有并行性，每个节点机上的程序都可以并行执行，一个作业可以分配到本地的节点机上，也可以分配到远程节点机上。也具有较高的网络安全性，可对不同用户规定不同的权限；提供身份验证机制；保证数据传输的安全和保密。提供高效可靠的网络通信能力。其提供多种网络服务，可以实现对等式网络操作系统，客户机/服务器模式。

9.3 计算机网络系统基础知识

9.3.1 计算机网络定义和功能介绍

计算机网络就是将地理位置不同、具有独立功能的多个计算机系统通过通信设备和线路，并以功能完善的网络软件实现网络资源共享的系统。其功能是实现资源共享，包括硬件、软件、数据和信息资源共享。

9.3.2 计算机网络介质和设备组成

网络分为有线网络和无线网络。其中有线网络使用双绞线、同轴电缆、光纤网。用于无线通讯的有无线电波、微波、红外、可见光。

网络设备包括路由交换器、交换机、光端机、网线电缆、光缆等。

9.3.3 工业计算机网络协议

物理网是实现网络通信的基础，协议即一套关于信息传输顺序，信息格式和信息内容等的约定。网络协议可以使不兼容的系统互相通信。为了解决异种机互连及通信问题，20 世纪 70 年代后期国际标准化组织(ISO)制定了 OSI 参考模型。该模型采用了三级抽象，即体系结构、服务定义和协议规格说明。分为物理层、数据链路层、网络层、运输层、会话层、表示层和应用层。TCP/IP 协议是一个协议集，其中最重要的是 TCP 协议与 IP 协议，TCP/IP 参考模型能很好地适应世界范围内数据通信的需要而应用。比如说工业应用的 DNP3、IEC61850、OPC 等等都是依据 TCP/IP 协议而应用的。

9.3.4 工业计算机网络拓扑结构

通信子网中各台计算机连接的形式和方法称为网络的拓扑结构。包括总线型、星型、环型、树型等。对于长输管道 SCADA 系统，由一个调控中心和多个站场组成，其网络即成为一个星型网络。对于工业计算机网络一般采用链路冗余配置。

9.4 数据库管理系统基础知识

9.4.1 数据库管理系统的主要功能

数据库技术已成为现代信息技术的重要组成部分，是现代计算机信息系统和计算机应用系统的基础和核心。数据库管理系统是位于用户与操作系统之间的一层数据管理软件。它为用户提供或者应用程序提供访问数据库的方法，包括数据库的建立、查询、更新以及各种数据的控制。其包括数据独立性、数据冗余度、数据共享性、数据间的相互关系、数据安全性、数据完整型和数据存取方式等方面的内容。广泛应用于计算机辅助设计和管理、OA、过程控制等方面。

9.4.2 数据库管理系统分类

数据库除传统的关系型数据库，在网络通讯技术、人工智能技术、面向对象的程序设计技术和并行的计算技术的发展基础上出现了面向对象的数据库、主动数据库、实时数据和时态数据库等。

不改变数据库的基本原理，而是在系统的体系结构方面采用和集成了新的技术。属于这方面的数据库技术有分布式数据库、并行数据库、内存数据库、联邦数据库和数据仓库等。

最常见的数据库系统的体系结构式是分布式数据库系统和客户机与服务器系统。其在工业控制系统特别是SCADA系统方面有着广泛的应用。如长输管道的各站和调控中心的SCADA系统就是一个分布式数据库系统。各个站场即结点具有独立处理的能力，执行局部应用。具有高度的独立性和自治性。同时各个场地的数据库系统又相互协作组成一个整体。可以方便地实现调控中心对全局的数据库的调用访问，也可以方便地实现站间的相互访问。对用户而言，形式上如同一个集中式数据库系统，用户却可以在任何一个场地执行全局应用。

客户机－服务器基本是将计算机应用分为多个子任务，由多台计算机组成。客户机完成数据处理、用户接口等，服务器完成数据库管理系统的核心功能。因此服务器可以有多个操作员站，在操作站上进行数据的控制，而服务器主要是对多用户提供数据服务，协调资料，处理并发控制，并避免死锁等。服务器平台一般安装网络操作系统，如Unix、Windows NT/2000/2003/2008等，客户平台一般是Windows系列等，便于应用。

9.4.3 实时数据库管理系统

传统的数据库系统旨在处理永久、稳定的数据，强调维护数据的完整性、一致性，其性能目标是高的系统吞吐量和低的代价，无需考虑有关数据及其处理的定时限制。而实时数据库管理系统的应用与传统应用有着不同的特征，一方面要维护大量共享数据和控制数据；另一方面其应用活动有着很强的时间性，要求在规定的时刻或一定的时间内完成其处理，同时，所处理的数据有一定的时效性。所以，这种应用对数据库和实时处理两者的功能及特性均有要求，既需要数据库来支持大量数据的共享，维护其数据的一致性，又需要实时处理来支持其任务与数据的定时限制。而传统的实时系统虽然支持任务的定时限制，但它针对的是结构与关系简单、稳定和可预报的数据，不涉及维护大量共享数据的完整性和一致性，尤其是时间一致性。因此，只有将两者的概念、技术、方法与机制“无缝集成(Seamless Integration)”的实时数据库才能同时支持定时和一致性。实时数据库主要是采集生产实时数据，把各装置的生产数据采集到计算机的信息系统中；同时进行加工采集过来的实时数据，可以对实时数据进行量程变换等初步处理并进行一系列运算，如累计运算、逻辑运算、SPC统计分析等；并实现管理实时数据、处理实时报警、以流程图方式显示实时数据等；作为接口，实现管理历史数据、提供趋势分析、历史查询等手段管理历史数据；并设有对外提供数据接口，可以和关系数据库集成，供开发接口，用户可以在实时数据库上做二次开发。

1. 实时数据库和历史数据库

历史库主要保存静态数据库和定时由实时库转发备份到历史库的实时数据。所以历史库中有相当一部分数据是实时库数据加上时间标志，并进行一定的统计所得的(如累计、平均和求和等)。实时库通常通过自定义接口与历史库实现数据的定时转储。

2. 实时数据库和应用程序接口

实时数据库提供与应用程序之间的方便、灵活、快速的传递数据功能。采用的是客户机服务器方式。数据库为服务器，应用程序为客户机。实时数据库采用多线程与应用程序通讯，应用程序通过管道发送请求，要求实时数据库提供数据，实时数据库根据请求，在库中查找到相应的数据再通过管道发送给应用程序。

3. 实时数据库的安全和故障恢复功能

实时数据库的主备服务器互为热备用，运行中通过网络定时通信，如主服务器有异常则备用服务器自动接替主服务器工作。实时数据库的维护操作设有权限控制表，用密码控制操作员的权限，使数据的录入、修改和删除不能随意操作，以此来保证数据的安全。实时数据库每5分钟备份一次数据，当发生故障造成系统停止运行时，实时数据库重新启动、安装后，能迅速恢复到故障前的状态，使损失减至最小，满足可靠性要求。

9.4.4 工厂信息管理系统的应用

企业信息系统包括生产安全监控系统、能源管理系统、计量管理系统、资源管理系统、生产调度系统、工业控制系统等。现在企业的信息化平台一般由ERP、MIS系统集成商集成，即把生产数据集成到管理信息系统，并针对用户需求开发实际应用。计算机技术的发展为我们提供了广阔的企业管理应用前景。

第 10 章　识图基础

10.1　制图基本知识

10.1.1　工程制图一般规定

1. 图纸幅面

绘制图样时，应优先采用表 10 - 1 中规定的幅面尺寸。图纸四周应画出图框，需要装订的图样，其图框的周边尺寸分别用 a 和 b 表示；不需要装订的图样，周边尺寸用 e 表示。

表 10 - 1　基本幅面和图框尺寸

幅画代号	A0	A1	A2	A3	A4
$B \times L$	841 × 1189	594 × 841	420 × 594	297 × 420	210 × 297
a	25				
b	10			5	
e	20		10		

2. 比例(GB/T 14690—1993)

图样中的比例是指图中与实物相应要素的线性尺寸比例。绘制图样时一般采用表 10 - 2 中的规定比例。

表 10 - 2　常用比例

原值比例	1:1
缩小比例	(1:1.5)　1:2　(1:2.5)　(1:3)　(1:4)　1:5　(1:6)　$1:1 \times 10^n$ $(1:1.5 \times 10^n)$ $1:2 \times 10^n$　$(1:2.5 \times 10^n)$　$(1:3 \times 10^n)$　$(1:4 \times 10^n)$　$(1:5 \times 10^n)$　$(1:6 \times 10^n)$
放大比例	2:1　(2.5:1)　(4:1)　5:1　$1 \times 10^n:1$　$2 \times 10^n:1$　$(2.5 \times 10^n:1)$　$(4 \times 10^n:1)$　$5 \times 10^n:1$

注：(1) n 为正整数；

(2) 必要时允许选用表中带括号的比例。

图样上各个视图应采用相同的比例，并在标题栏的比例栏中填写。

3. 字体(GB/T 14691—1993)

图样中书写的字体必须做到字体端正，笔画清楚，排列整齐，间隔均匀。

汉字规定为长方宋体书写，并采用国家正式公布的简化汉字。

数字和字体可写成斜体或直体，但常用斜体。

4. 图线(GB/T 4557.4—2002)

机械制图中的各种图线的名称、型式、线宽及主要用途见表 10 - 3。

表 10－3　图形的形式、宽度及其用途

图线名称	图线型式	图线宽度	应用举例
粗实线		粗	可见轮廓线等
细虚线	2　3～6	细	不可见轮廓线等
细实线		细	尺寸线、尺寸界线、剖面线、指引线、重合断面轮廓线、过渡线等
细点画线	3　15～20	细	轴线、对称中心线、轨迹线等
波浪线		细	断裂处分界线、视图与剖视的分界线等
双折线		细	同波浪线
细双点画线		细	相邻辅助零件的轮廓线、极限位置的轮廓线等
粗点画线		粗	限定范围表示线
粗虚线		粗	允许表面处理的表示线

粗细线宽度之比为 2∶1。

10.1.2　三视图

在三投影体系中，物体在正立投影面上的投影，即由前向后看物体所画的视图，称之为主视图；物体在水平投影面上的投影，即由上向下看物体所画的视图，称之为俯视图；物体在侧立面上的投影，由左向右看物体所画的视图称之为左视图。将三个投影面展开后并去掉投影轴等，就得到一个物体的三视图，如图 10－1。

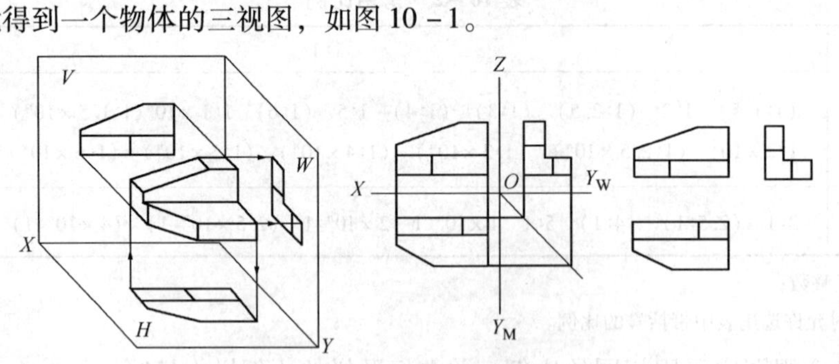

(a) 三面投影　(b) 三视图形成的过程　(c) 三视图

图 10－1　三视图的形成与展开

通常将物体沿着 X 轴方向的距离成为长度；沿 Y 轴方向的距离成为高度。从图 10－2 可以看到，主视图反映物体的长度和高度；俯视图物体的长度和宽度；左视图反映物体的高度和宽度。由此可得出三视图的投影规律：

（1）长对正。主、俯视图长对正。

（2）高平齐。主左视图高平齐。

（3）宽相等。俯、左视图宽相等，前后要对应。

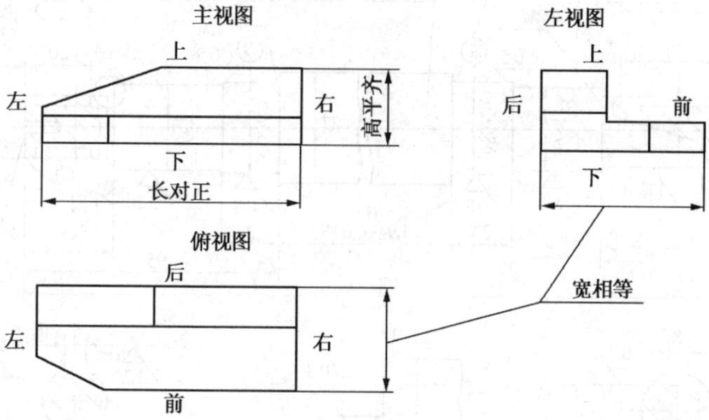

图 10－2　三视图位置关系与投影规律

10.1.3　剖视图

剖视图主要用于表示机件内部的结构形状，它是假象用剖切面剖开机件，将处在观测者和剖面之间的部分移去，而将其余部分向投影面投射，所得到的图形成为透视图。

剖视图的种类。根据机件剖开的范围可将剖视图分为三类：全剖视图、半剖视图和局部剖视图。

（1）全剖视图。用剖切面完全地剖开机件得到的剖视图，称为全剖视图。

（2）半剖视图。当机件具有对称平面时，在垂直于对称平面的投影面上投影，所得到的图形以对称中心为界，一半画成剖视，另一半画成视图，这种剖视图，称为半剖视图。

（3）局部剖视图。用剖切面局部地剖开机件所得到的剖视图，称为局部剖视图。

10.1.4　轴侧图

轴侧图是物体在平行投影下形成的一种单面投影，它能同时反映物体长、宽、高三个方向的形状，因此富有立体感，在以二维画法为主的工程图样中常用作一种辅助性的图样。

轴侧图所采用的投影方法是平行投影法，从而具有平行投影的投影特性。作图时应特别注意以下几点：

（1）空间相互平行的线段，其轴侧投影仍相互平行。

（2）空间平行于某坐标轴的线段，其伸缩系数与该坐标轴的伸缩系数相同轴侧图根据投射方向的不同，分为正轴侧图和斜轴侧图。

10.2　零件图的表达与识读

各种机械或部件都是由若干零件按一定的装配关系组装起来的。表示零件结构形状、尺寸大小和技术要求的图样叫零件图。如图 10－3 为轴零件图。

1. 零件图的内容

一张完整的零件图应包含以下内容：

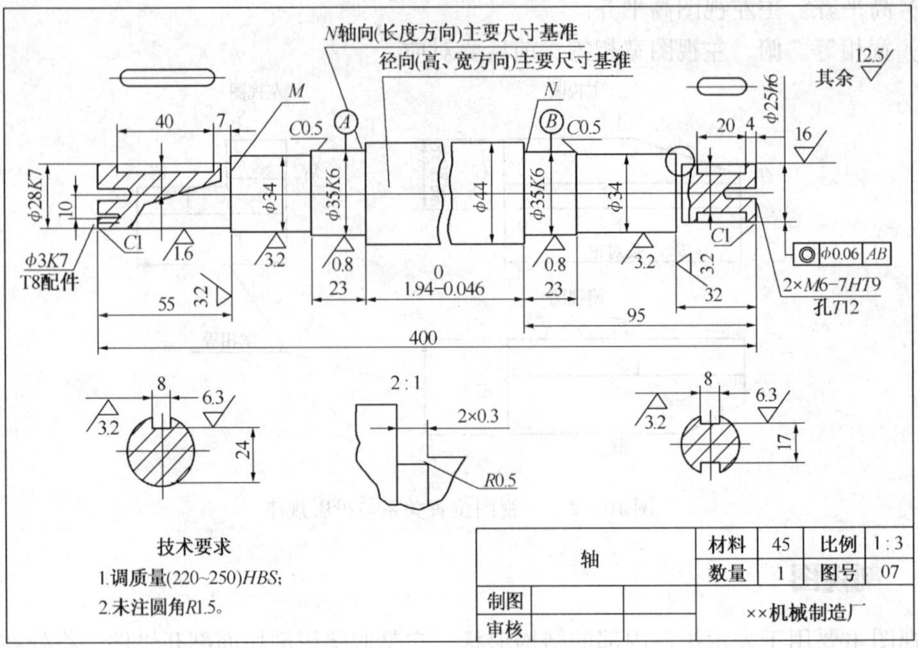

图 10－3　轴零件图

（1）一组视图。用来清晰、完整、准确地表达零件的所有结构形状。

（2）全部尺寸。完整、正确、清晰地及合理的标注出制造和检验零件所需要的全部尺寸。

（3）技术要求。用代(符)号、数字和文字写出零件在制造和检验时应达到的一些质量要求，如表面粗糙度、尺寸公差、形状和位置公差、材料的热处理等。

（4）标题栏。按国际规定配置的标题栏一般放在图纸的右下角，用来填写零件的名称、图号、材料、数量、比例和设计人员的签名和日期等内容。

各个单位可根据自身的要求确定标题栏的格式。

2. 读图的方法和步骤

（1）看标题栏。了解零件的名称、材料、图的比例、重量，对零件有一个初步的认识。

（2）分析零件图。看懂零件图的内外形状和结构是读懂零件图的重点。组合体的看图方法，仍然适合于读零件图。看图是常常先从主视图入手，再看其他视图。然后了解各视图间的投影对应关系，各视图的表达重点。一般先看主要部分，后看次要部分；先看整体，后看细节。

（3）分析尺寸和技术要求。先确定该零件的尺寸标准，找出主要尺寸，然后按形体分析和结构分析，确定该零件各部分结构的定位尺寸、定型尺寸及总体尺寸。还要看技术要求，如表面粗糙度、公差与配合等内容，进一步了解零件结构与作用，为制定加工工艺奠定基础。

（4）综合分析，看懂零件图。把看懂的零件结构、尺寸标注和技术要求综合起来，就能比较全面的读懂零件图。

10.3　装配图的识读

1. 读装配图的意义

（1）依据装配图绘制零件工作图。

（2）依据装配图组装零件成部件或整机。

（3）保养和维修时参照装配图拆卸和重装。

（4）进行技术交流。

2. 读装配图的要求

（1）了解部件的用途、性能、规格、工作原理。

（2）弄清各零件之间的相对位置、装配关系和连接固定方式。

（3）弄懂各零件的作用和主要结构形状。

（4）了解部件的尺寸和技术要求。

3. 装配图的作用和内容

表示部件或机器各组成部分的连接、装配关系的图样称为装配图。

1）装配图的作用

（1）装配图用于设计——先画装配图，再根据装配图拆画零件图。

（2）用于生产——根据装配图将零件装配成部件或机器。

（3）表达机器或部件的工作原理。

（4）表达各零件之间的装配关系和位置关系。

2）装配图的内容

（1）一组视图。表达组成机器或部件的零件之间的位置、装配关系，工作原理，零件的关键结构和形状。

（2）必要尺寸。标注出机器或部件的规格、性能、装配、外形、安装等方面的尺寸。

（3）技术要求。说明机器或部件的性能、装配、检验、安装调试、使用维修等方面应达到的技术要求。

（4）标题栏、序号、明细栏。在标题栏中说明名称、重量、比例以及与设计、生产管理有关的内容；在明细栏中列出机器或部件中各零件的序号、名称、数量、材料、规格等。

3）识读装配图的方法和步骤

（1）概括名称和零件数量。根据标题栏和明细栏，可知装配体及各组成零件的名称，由名称可略知它们的用途：由比例及件数可知道装配体的大小及复杂程度。

（2）分析视图并了解装配体的表达方案。根据装配图的视图、剖视图、剖面图，找出它们的剖切位置、投影方向及相互间的联系，初步了解装配体的结构和零件之间的装配关系。利用件号、不同方向或不同疏密的剖面线，把一个个零件的视图范围划分出来，找对投影关系，想象出各零件的形状，对于某些不易直接确定的部分，应借助于分规和三角板来判断，并应该考虑是否采用了简化画法。

（3）分析尺寸，了解装配体的规格性能、装配、安装、总体大小。规格性能尺寸、装配尺寸、安装尺寸、总体尺寸、其他重要尺寸。

（4）分析工作原理。

（5）分析装拆顺序。

（6）读技术要求。图中应分别对组装、调试和使用提出技术要求，读懂技术要求，了解组装、调试和使用要求。

图 10－4 为双关断旋塞阀装配图。

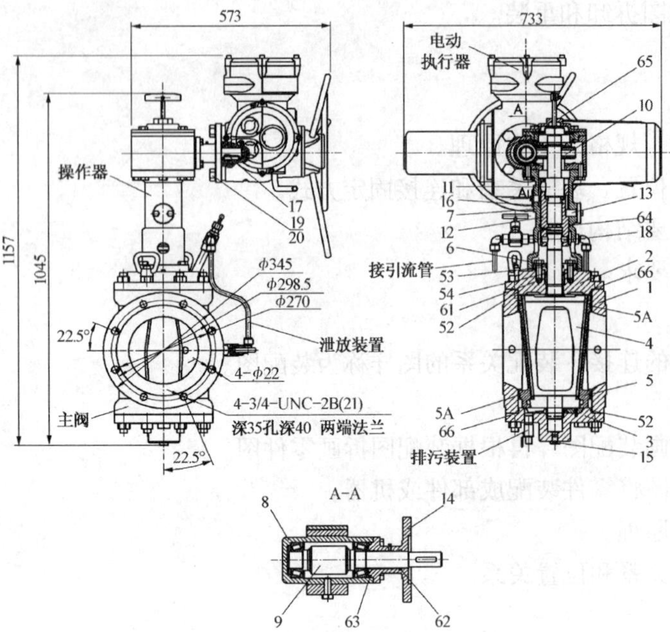

66	石墨垫圈	柔性石墨		2
65	橡胶O形圈	丁腈橡胶		1
64	橡胶O形圈	丁腈橡胶		1
63	橡胶O形圈	FRM		1
62	橡胶O形圈	FRM		1
61	橡胶O形圈	柔性石墨		5
54	橡胶O形圈	FRM		1
53	橡胶O形圈	FRM		1
52	橡胶O形圈	FRM		1
20	弹簧垫圈	16	GB/T119.2	4
19	螺栓	M16×35	GB/T5783	4
18	圆柱销	16×80	GB/T119.2	1
17	平键	B10×8×32	GB/T1096	1
16	圆盖	20Cr13	GB/T1220	1
15	堵头	20Cr13	GB/T1220	1
14	轴承盖	WCB或WCC	GB/T12229	1
13	导向销	95Cr18	GB/T1220	1
12	下阀杆	30CrMo	GB/T3077	1
11	上阀杆	40Cr	GB/T3077	1
10	蜗轮	QT700-2	GB/T1348	1
9	蜗杆	40Cr	GB/T3007	1
8	蜗轮护套	WCB或WCC	GB/T12227	1
7	操作器护套	WCB或WCC	GB/T12229	1
6	填料压盖	WCB或WCC	GB/T12229	1
5A	主阀密封圈	FRM		2
5	滑片	QT400-18	GB/T12227	2
4	旋塞	WCB或WCC	GB/T12229	1
3	下端盖	WCB或WCC	GB/T12229	1
2	上端盖	WCB或WCC	GB/T12229	1
1	阀体	WCB或WCC/内孔表面镀铬	GB/T12229	1
序号	名称	材料		数量

图 10－4　双关断旋塞阀装配图

10.4　输油站工艺流程图、安装图的绘制及识图

10.4.1　输油站工艺流程图绘制方法

在绘制输油站工艺流程图时，可按输油站平面的大小位置，将各种工艺设备布置好，然后按正常生产工艺流程、辅助工艺流程的要求，用管道、管件和阀门将各种工艺设备联系起来形成输油站工艺流程图。

（1）绘制方法。地上管道用粗实线表示，地下管道用粗虚线表示，管沟管道用粗虚线外加双点划线表示。主要工艺管道（输油管道）用粗的线型，次要或辅助管道用较细的线型。不论管道的直径多大，在图上体现的线条粗细是一致的。在介质主要进出工艺设备、油罐、流量计、码头等的管道上均要进行标示，标明管道编号、介质名称、管道公称直径及介质流向；在管道或工艺设备上标示仪表位置、种类、编号等；标明工艺设备的名称、编号；图中说明主要的工艺流程。

（2）为了在图上避免管线与管线、管线与设备发生重叠，通常把管线画在设备的上方或下方。管线与管线发生交叉时，应遵循竖断横连的原则。

（3）管路上的主要设备、阀门及其它重要附件要用符号表示。各种设备在图上一般用符号表示大致轮廓或示意结构，设备大小只需大致保持实际情况。设备间的相对大小、相对位置及设备上重要接管位置大致符合实际情况即可。不论设备的规格如何，其在同一图纸上应基本一致。图上设备要进行编号，通常标注在设备图形附近，也可直接注在设备图形之内。图上一般附有设备一览表，列出设备的编号、名称、规格及数量等项。

工艺管道、管件、设备、自控、仪表的常用符号见附录工艺流程及自控仪表图图例。

10.4.2 输油站工艺流程图的识读

10.4.2.1 识读方法

（1）先读标题栏。看局部工艺流程还是总的工艺流程图。

（2）看输油站类别、功能及工艺流程。

（3）看工艺管道流向、管件。

（4）看工艺设备、仪表。设备及仪表名称、位号、功能。

（5）看工艺及设备、仪表的设计和操作参数。

（6）看自动控制。联锁、报警及自控参数。

（7）各种工艺、设备安全保护措施等。

（8）看图的说明部分。

10.4.2.2 识图能力

读懂以下内容：输油站类别、功能、各种流程；工艺管道流向、管件、工艺设备、仪表等；工艺、设备设计和操作参数；各种联锁、报警及自控参数等自动控制要求；各种流程的阀门、设备、仪表处于何种状态，需要投用的报警、连锁等自动控制措施；泄压、连锁等安全保护措施。图 10－5 为某中间泵站工艺流程图。

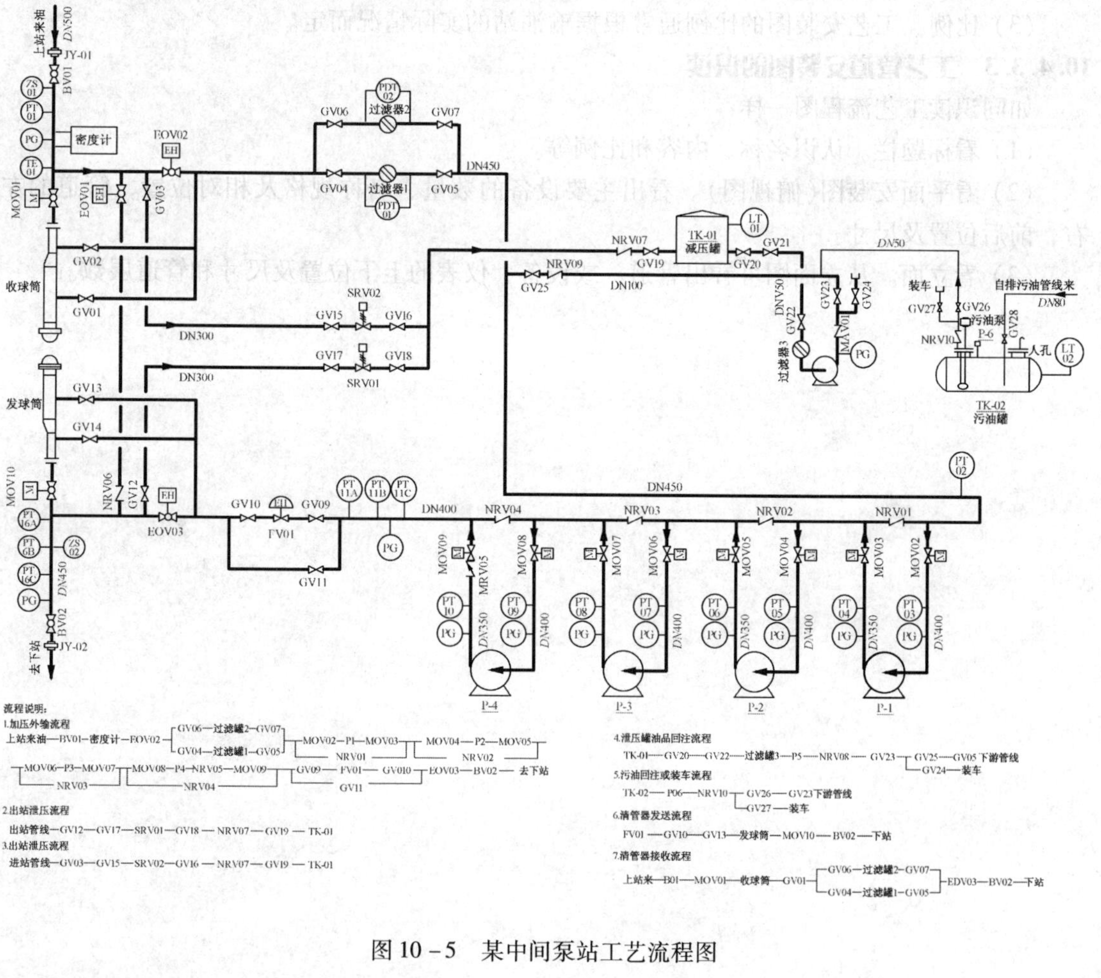

图 10－5 某中间泵站工艺流程图

10.4.3 输油站工艺管道安装图识读

10.4.3.1 输油站工艺管道安装图的基本内容

输油站工艺管道安装图是用管道符号将有关设备、管件、附件、仪表等符号连接在一起表示一定功能，并标注尺寸以对管道、管件、设备、仪表等进行安装定位的详图。工艺管道安装图包括以下内容：

（1）必要的平面图、立面视图或剖视图。

（2）足够的尺寸标注。

（3）必要的文字说明。设备、仪表、管道名称；管道走向、技术参数、安装要求和说明等。

（4）标题和明细表。

10.4.3.2 输油站工艺管道安装图的基本画法

（1）视图。管道的各个视图按正投影原理绘制，主要包括两种图形，即管道平面布置图和立面图，有的立面图用剖视图或局部放大图绘制。

（2）图线。一般用粗实线表示可见的工艺管道，而管件、阀门、设备、建构物用细实线表示。对于不同用途的辅助管道，线形的粗细应与管道不同。

（3）比例。工艺安装图的比例通常根据输油站的实际情况而定。

10.4.3.3 工艺管道安装图的识读

如同识读工艺流程图一样：

（1）看标题栏。认识名称、内容和比例等。

（2）看平面安装图(俯视图)。看出主要设备的数量、名称规格及相对位置，管道的左右、前后位置及尺寸。

（3）看立面。从立面图可看出管道、或设备、仪表的上下位置及尺寸和管道层数。

第2篇
输油工艺

第11章 成品油管道输送工艺

11.1 输油管道的构成

成品油管道系统由输油站和线路两大部分及辅助系统设施组成。输油站按位置分为首站、中间站和末站。

长距离成品油管道设有起点输油站，即首站，它的任务是收集储存油品，经计量后向下一站输送。一般，首站临近炼油厂或港口，接收炼油厂或港口的成品油。首站的主要组成部分有油罐区、输油区和油品计量区。炼油厂或港口来油经计量后进入首站罐区，罐区来油经计量、输油泵加压后进入干线管道。

由于管道内油品在沿着管道向下游流动过程中，克服沿程摩擦阻力或高程差，使管内压力不断下降，需要继续加压以提高输送压力，才能使油品送到终点，因此需在沿线设中间输油(泵)站。为了满足沿线用户油品销售，需在中间站分出一部分油品，进入当地用户油库或经支线输往其他油库。如在中途有炼油厂或港口来油，可从中间输油站注入干管，输往终点。按照功能特点，中间站又分为中间泵站、分输泵站、分输站和输入站等。

输油管道的终点即末站，它的任务是接收、储存来油和向用户供油，配套有接收油品的油库或者其他用户油库。

长距离输油管道的线路部分包括管道本身，沿线截断阀室，通过河流、公路、山谷的穿(跨)越构筑物，阴极保护设施，以及沿线特殊地段的便行公路、通信光缆及设施、自控线路等。长输管道上每隔一定距离设有截断阀，大型穿(跨)越构筑物两端或地形起伏较大的管段也设有截断阀，一旦发生事故可以及时截断管道，限制管内油品大量泄漏，防止事故扩大且便于抢修。

长距离输油管道由钢管焊接而成。为防止土壤对钢管的腐蚀，管外都包有防腐绝缘层，并采用电法保护措施。

计算机数据采集与监控(SCADA)系统是长输管道普遍采用的自动化方式，一般由全线集中控制(中控)、输油站控制(站控)、就地控制三级组成，对全线及各站进行数据采集、处理、监测和控制，实施调度管理和安全保护，由管道的调度控制中心可以遥测、控制全线。

有线或无线通信系统是长距离输油管道不可缺少的设施之一，是全线生产调度和指挥的重要工具。近年来光纤、通信卫星与微波技术被广泛地用于输油管道的通信系统和生产自动化的信息传输系统，使通信和信息传输更加可靠。

11.2 成品油管道的输送方式

11.2.1 以“旁接油罐”方式工作的输油系统

在输油管道建设初期，多使用“从罐到罐”的输油方式。采用这种方式时，油品全部经过各中间站的油罐，蒸发损耗大。后来逐步发展为“旁接油罐”(图11-1)。由上一站来的输油干管与下一站的吸入管道相连，同时在吸入管路上并联着与大气相通的旁接油罐。用油罐调节两站间排量的差额，多进少出。各泵进口的压力均决定于本站旁接油罐的液面高度及油罐到泵的吸入管道的摩擦阻力。

以旁接油罐方式工作的输油系统，由于旁接油罐的缓冲作用，使其有如下特点：

（1）各泵站的排量在短时间内可能不相等。

（2）各泵站的进出口压力在短时间内相互之间没有直接影响。

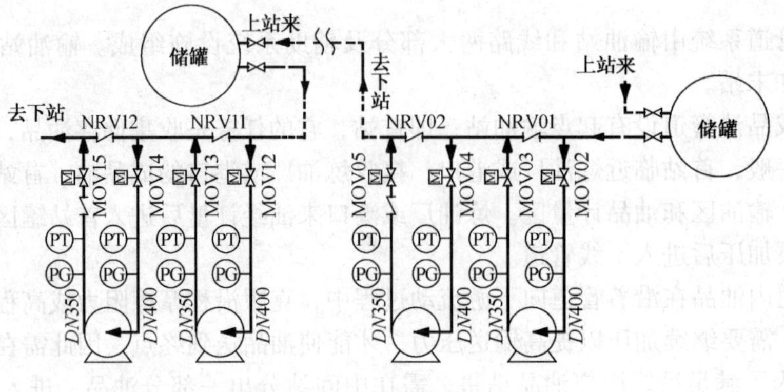

图 11－1　旁接油罐输油流程

11.2.2　以“密闭输送”方式工作的输油系统

“密闭输送”方式输油时，上站来的输油干管直接与下站泵机组的入口管相连，正常工作时，无调节油罐，各站泵机组直接串联工作。各泵站及站间管道的工况相互密切联系，类似一个泵站上的多台泵串联，只是其间的连接管拉长了很多，整个管道形成一个密闭的、连续的水力系统(见图 11－2)。它的特点是：

（1）全线形成一个统一的水力系统。

（2）不分输时各站的输油量必然相等。

（3）各站的进出站压力相互之间直接影响。

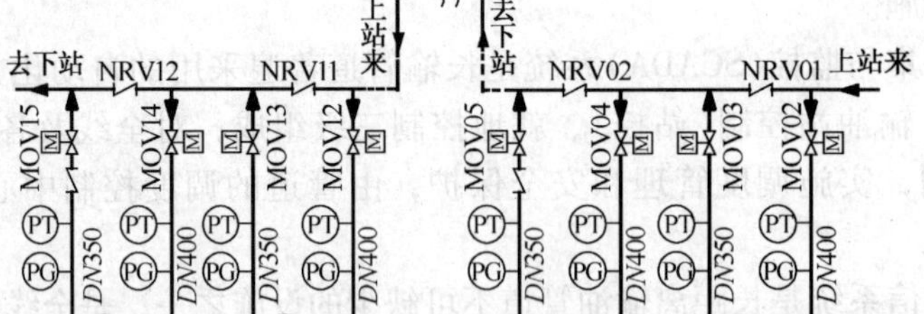

图 11－2　密闭输油流程

11.3　输油站及工艺流程

11.3.1　输油站分类

按输油站在管道沿线的位置可分为首站、中间站、末站，按功能不同又可将中间站分为分输泵站、中间泵站、分输站、分输支线泵站、输入站、分输阀室、中间减压站。

（1）首站。首站是长输管道的起点，接收和储存油品并经计量、加压后输往下一站。首站的主要输油生产区由油罐区、输油区组成。油罐区主要接收和储存炼油厂、港口或转运站来油。输油区主要将油品计量并加压后向下一站输送，包括给油泵区、计量区、输油泵区、调节阀区、发球区等。首站功能见表11－1。

（2）分输泵站。主要作用是加压和分输油品。通过输油泵给干线管道油流加压后，输往下一站，有的站也需要给支线增压；分输干线油品进用户油库、自备库或进支线，分输量大的站还可以分输混油和处理。

（3）中间泵站。主要作用是通过输油泵给干线管道油流加压。

（4）分输站。分输干线（或支线）油品进用户油库。

（5）分输支线泵站。分输油品进油库或向支线分输油品并经支线泵加压后输至支线末站，个别站可能两种作用兼有。

（6）输入站。将炼油厂、港口、转运站或其他管道来油注入干线，输往下站。具有油品自管道直接注入或自罐内经给油泵后注入两种方式，有的站同时具备两种注入方式。如西南管道黎塘输油站。

（7）分输阀室。从干线分输油品进支线。一般情况，分输阀室进站压力较高，支线距离较短，不需设支线泵加压。设有混油检测设施如密度计。

（8）中间减压站。对于地形落差大的管道，动静水压力超过管道设计承压，由减压阀控制动静水压力，实现管道安全平稳运行。

（9）末站。为输油管道的终点。接收、储存管道来油品和混油，配套有接收油品的油库（自备库或者其他用户油库）和混油罐及混油处理设施，对于混油量大的长输管道可能还建有混油蒸馏装置。

（10）输油站其功能见表11－1。

表11－1　输油站功能一览表

功能＼分类	增压	分输	收球	发球	计量	进站泄压	出站泄压	混油下载	给支线加压	干线减压	向干线注入
首站	●			●	●		●				
分输泵站	●	●	●	●	●	●	●	★			
中间泵站	●		●	●		●	●				
分输站		●	★	★	●	★		★		★	
分输支线泵站		●	★	★	●		●		●		
输入站	●	★	●	●	●	●	●				●
分输阀室		●						★			
中间减压站		★	●	●	★	●				●	
末站		●	●		●	●		●			

注：“●”表示站场具有此项功能；“★”表示一般不具有此功能，可能有个别站具有；分输支线泵站具有给支线加压的功能。

11.3.2 输油站单元工艺流程

在输油站内，把输油设备、管件、阀件等连接起来的输油管路系统，称为输油站工艺流程(简称工艺流程)，展示了油品在站内的流动过程和方向。输油站所承担的任务不同，所具有的工艺流程也不同。站内各个设备所承担的任务因此都具有相当独立的工艺流程。同时，它们又是相互关联的，构成输油站的总体工艺流程。为更好地学习输油站工艺流程，首先应弄清楚单体工艺流程，然后按它们之间的相互关系，弄清输油站总体工艺流程。将工艺流程绘制成图就成为工艺流程图。

11.3.2.1 输油泵工艺流程

输油泵为输油站提供出站压头，在输油泵生产中所处的地位犹如人的心脏。目前，长距离输油管道均采用离心式输油泵。根据离心泵的特性和工艺要求，离心式输油泵可并联和串联使用。

(1) 并联工艺流程如图 11-3 所示。并联泵的入口、出口都分别连接同一管线；并联运行时，管内总流量等于各输油泵流量之和；输油站总扬程等于各输油泵扬程(输油泵出口阀门不节流时)。

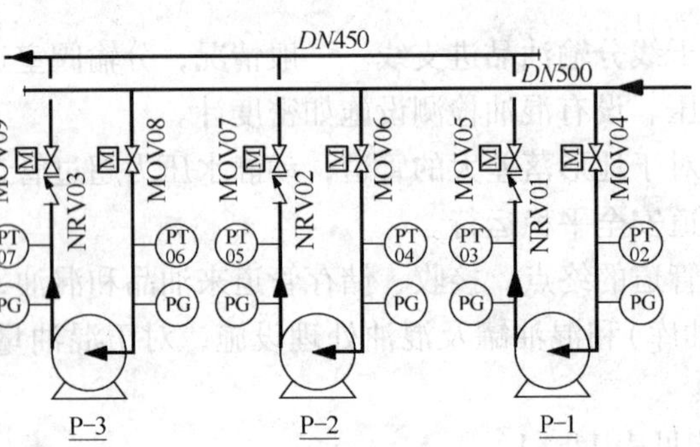

图 11-3 并联泵工艺流程图

(2) 串联工艺流程如图 11-4 所示。串联泵的进出口管线连接方式为首尾相连，即第一台泵的出口与第二台泵的入口相连；输油泵串联运行时，管内总流量等于单泵流量；输油站总扬程等于各输油泵扬程之和。

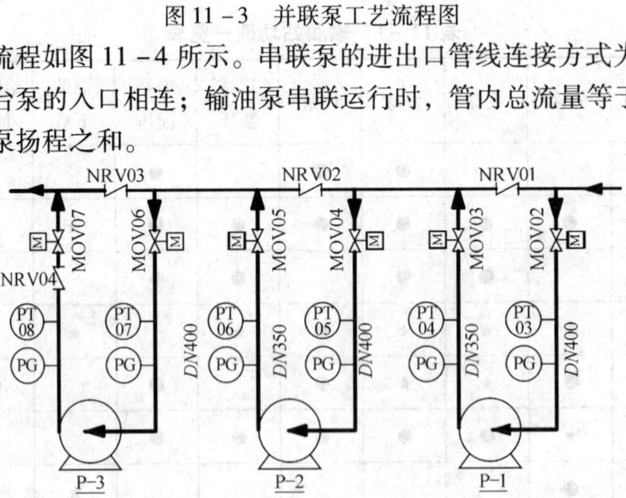

图 11-4 串联泵工艺流程图

11.3.2.2 清管器收、发流程

清管是保证输油管道长期高效、安全运行的基本措施之一。为了清除管内杂质，长输管道大多数输油站都设置清管器收、发了流程。清管流程包括收、发清管器两种流程。

(1) 清管器接收流程(见图 11－5)。正常输油时，上站来油经过 EOV02 阀进站，MOV01、GV01、GV02 阀关闭。收清管器前，微开 GV01 阀，缓慢打开排气阀进行排气，排气完毕，全开 GV01 阀。再缓慢开启打开 MOV01 阀，逐渐关闭 EOV02 阀。当接收指示器动作，并确认清管器进入接收筒后，先打开 EOV02 阀，后逐渐关闭 MOV01 阀、GV01 阀，恢复正常输油。泄压、排除清管器接收筒内存油，打开接收筒盲板取出清管器。

(2)清管器发送流程(见图 11－6)。正常输油时，油品经 EOV02 阀出站，MOV01、GV01、GV02 处于关闭状态。发送清管器前，打开快开盲板，将清管器放入发送筒内，关好盲板。微开 GV01 阀，使发送筒内充满油品。缓慢打开排气阀，排尽筒内气体，排气完毕关闭排气阀，全开 GV01 阀(有些情况下还需要通过缓慢开启 GV02 阀使 MOV01 和清管器之间的管段充满液体)。再打开 MOV01 阀至全开，缓慢关闭 EOV02 阀，使清管器发送出站。待发送指示器动作后，恢复正常流程，打开 EOV02 阀至全开，逐渐关闭 MOV01 和 GV01 及 GV02 阀，确认 MOV01 和 GV01、GV02 阀关严后，泄压、排除清管器接收筒内存油，确认收球筒泄压完毕后，打开快开盲板确认清管器是否已发出，然后关好快开盲板。

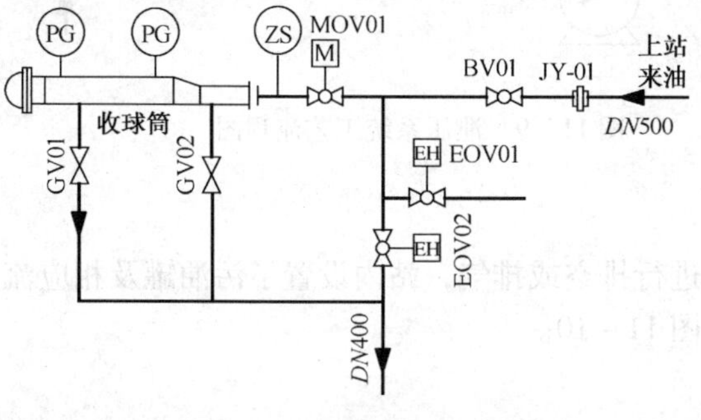

图 11－5　清管器接收工艺流程图

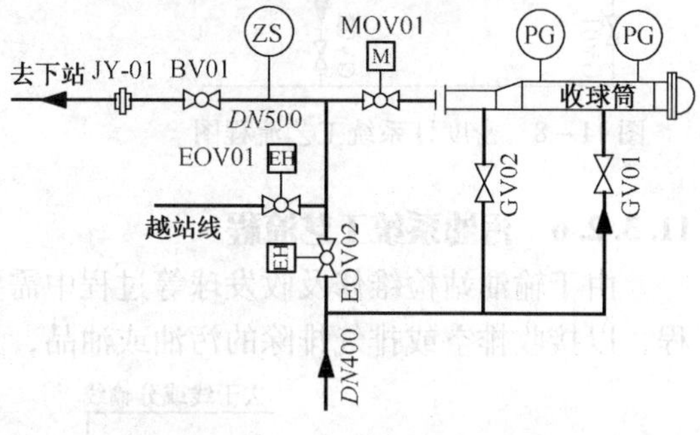

图 11－6　清管器发送工艺流程图

11.3.2.3　计量系统工艺流程

为了做好油品的计量工作，减少人工检尺所带来的人为误差，同时便于管道流量调节，长输成品油管道在首站进站处或分输站，都使用流量计系统进行计量，记录油品流量大小并进行流量累加。一般采用一用一备或多用一备。其后通常有流量标定系统或留有移动式体积管接口。见图 11－7。

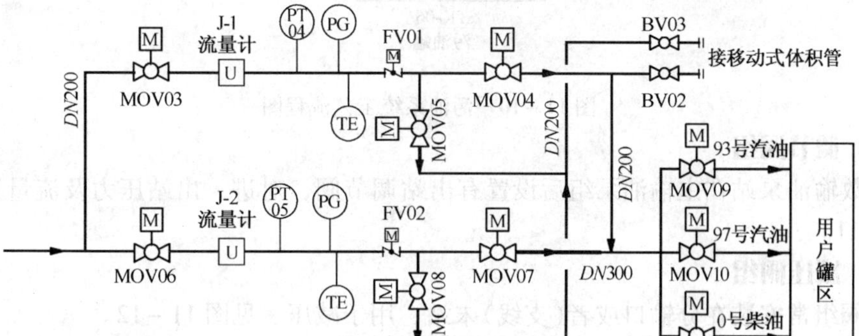

图 11－7　计量系统工艺流程图

11.3.2.4　密度计系统工艺流程

为了检测油品密度和监测混油界面，便于油品分输和混油切割，长输成品油管道在各站进站处设置了密度计检测系统。见图 11 -8。

11.3.2.5 泄压系统工艺流程

在长输成品油管道上，为了防止管道压力超高对管道造成破坏，一般在进出站都设有水击泄压保护系统(见图 11 -9)。泄压罐内油品通过回注泵注入管道或用户库区。泄压流程上所有阀门除泄压阀均应处于常开状态(见图 11 -9)。

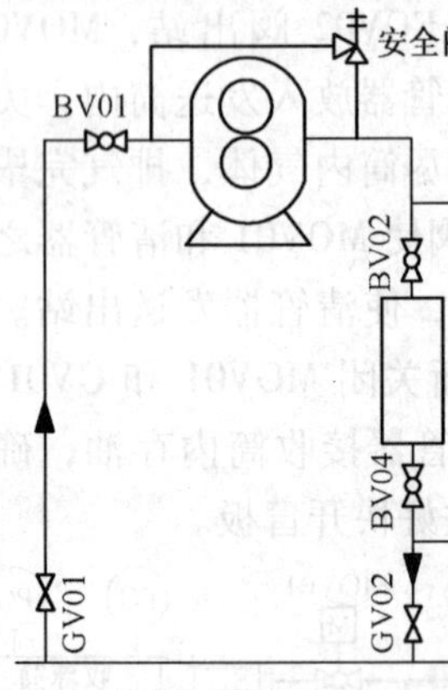

图 11 -8　密度计系统工艺流程图

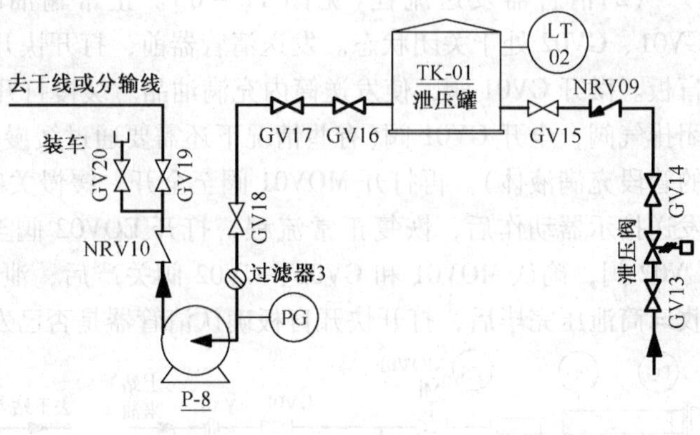

图 11 -9　泄压系统工艺流程图

11.3.2.6 污油系统工艺流程

由于输油站检维修及收发球等过程中需要进行排空或排气，站内设置了污油罐及相应流程，以接收排空或排气排除的污油或油品，见图 11 -10。

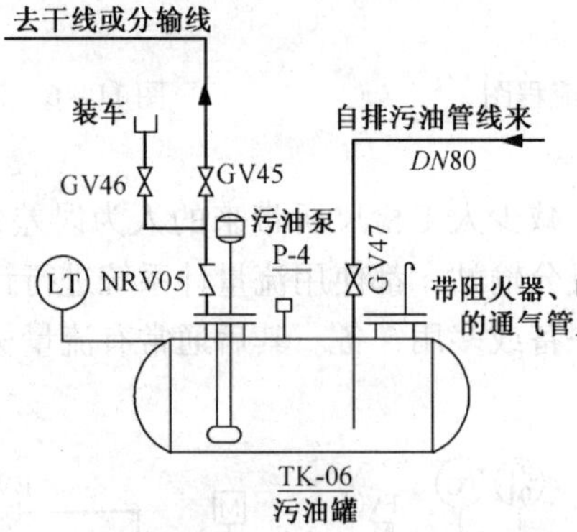

图 11 -10　污油系统工艺流程图

11.3.2.7 调节阀组

大多数输油泵站在主输油泵组后设置有出站调节阀，对进、出站压力及流量进行调节，见图 11 -11。

11.3.2.8 减压阀组

减压阀组常安装在分输口或者(支线)末站，用于减压。见图 11 -12。

11.3.3 输油站总工艺流程

输油站包括的主要操作有：正常输送、来油或分输计量、全越站或压力越站、收发清管器、油品注入或回注、倒罐。上述操作并不是每个输油站都具备，在生产实际中根据具体情况而设置。下面介绍“泵到泵”输送管道的输油站总工艺流程。

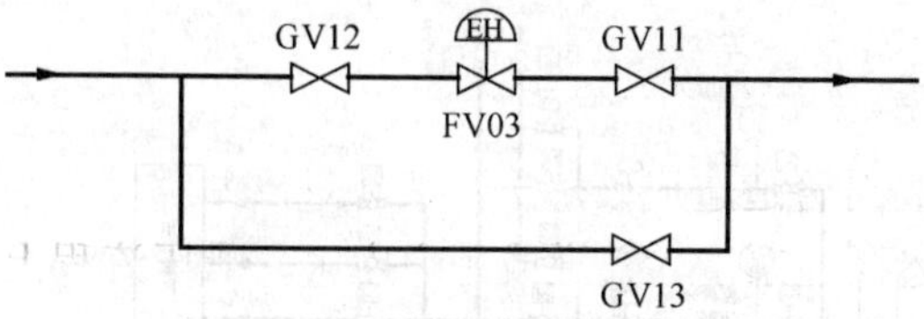

图 11－11　调节阀组示意图

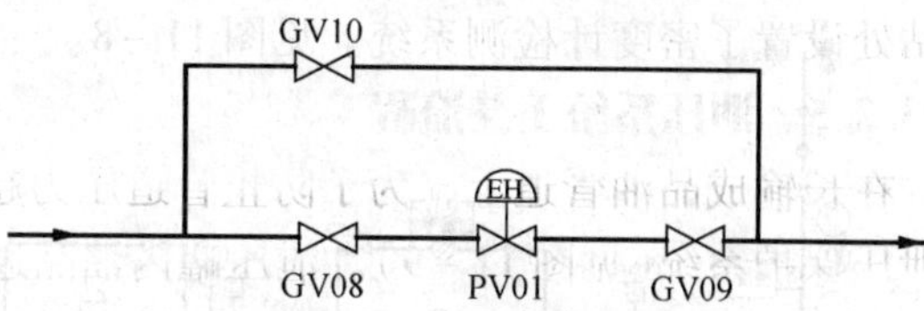

图 11－12　减压阀组示意图

11.3.3.1　首站工艺流程

首站工艺流程见图 11－13。

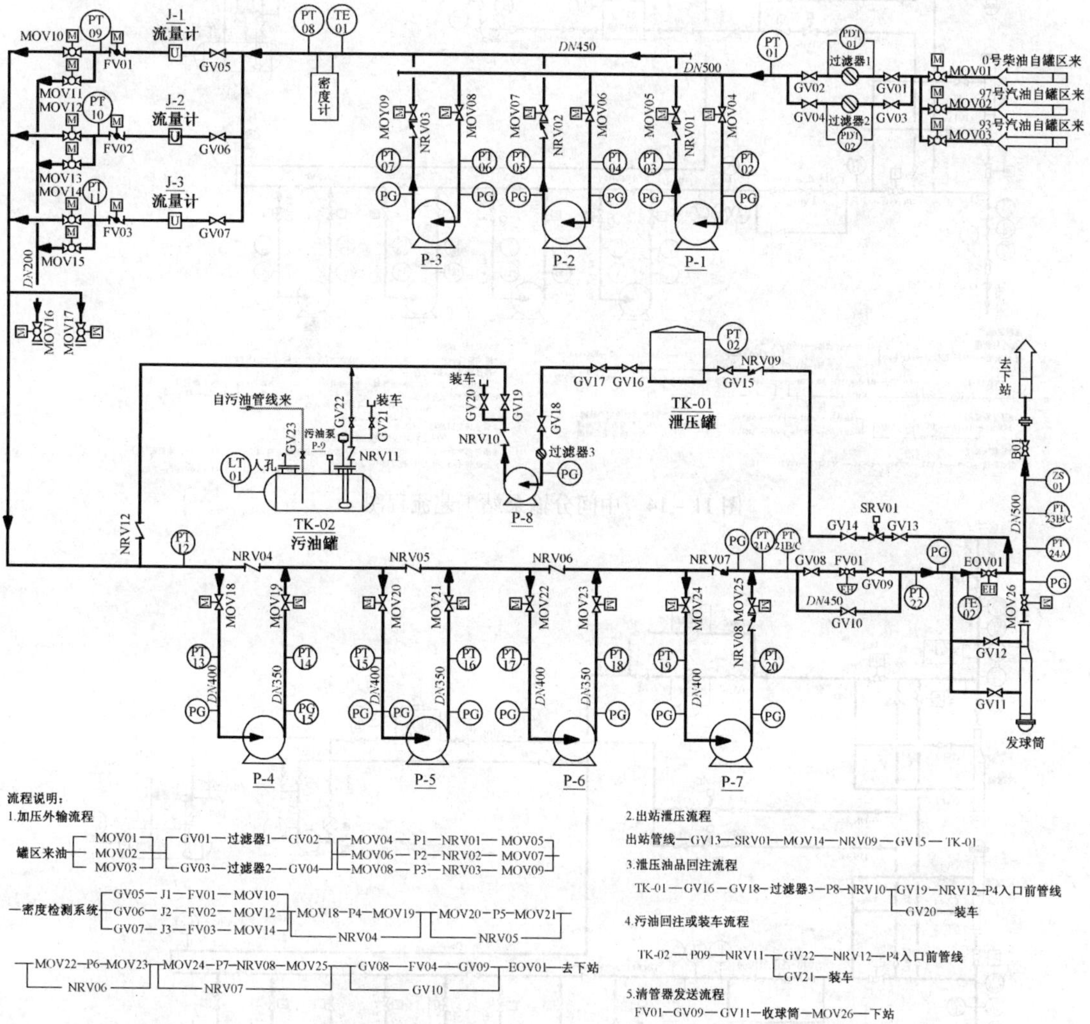

图 11－13　首站工艺流程示意图

11.3.3.2　中间分输泵站工艺流程

中间分输泵站工艺流程见图 11－14。

11.3.3.3　中间泵站工艺流程

中间泵站工艺流程见图 11－15。

11.3.3.4　中间分输站工艺流程

中间分输站工艺流程见图 11－16。

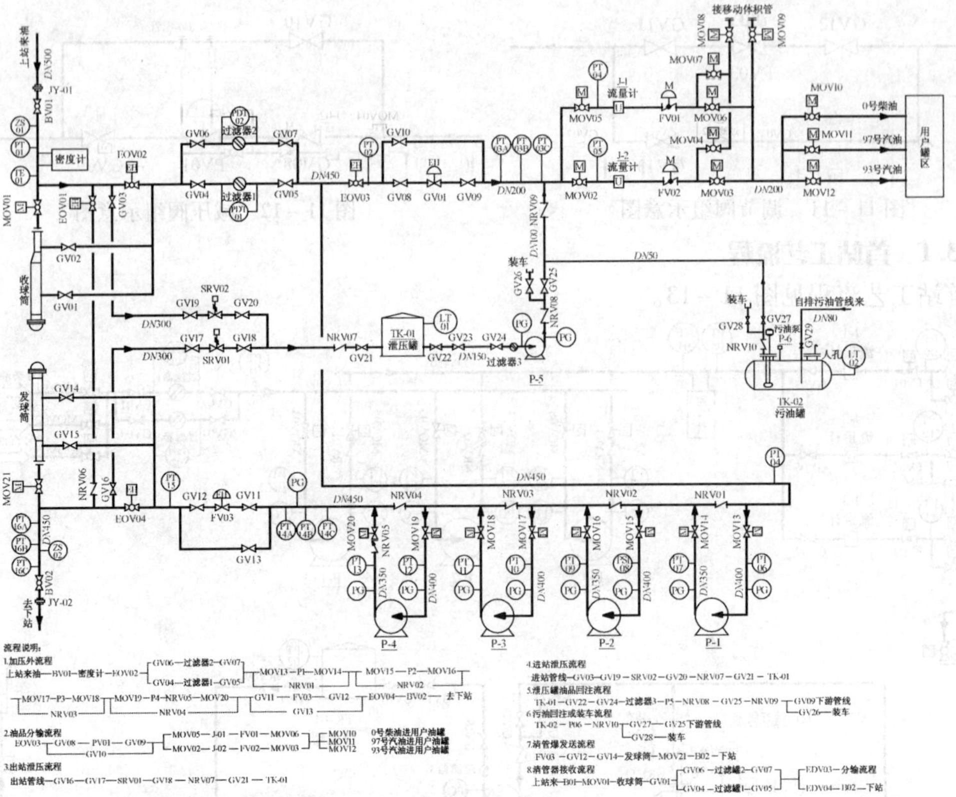

图 11－14　中间分输泵站工艺流程图

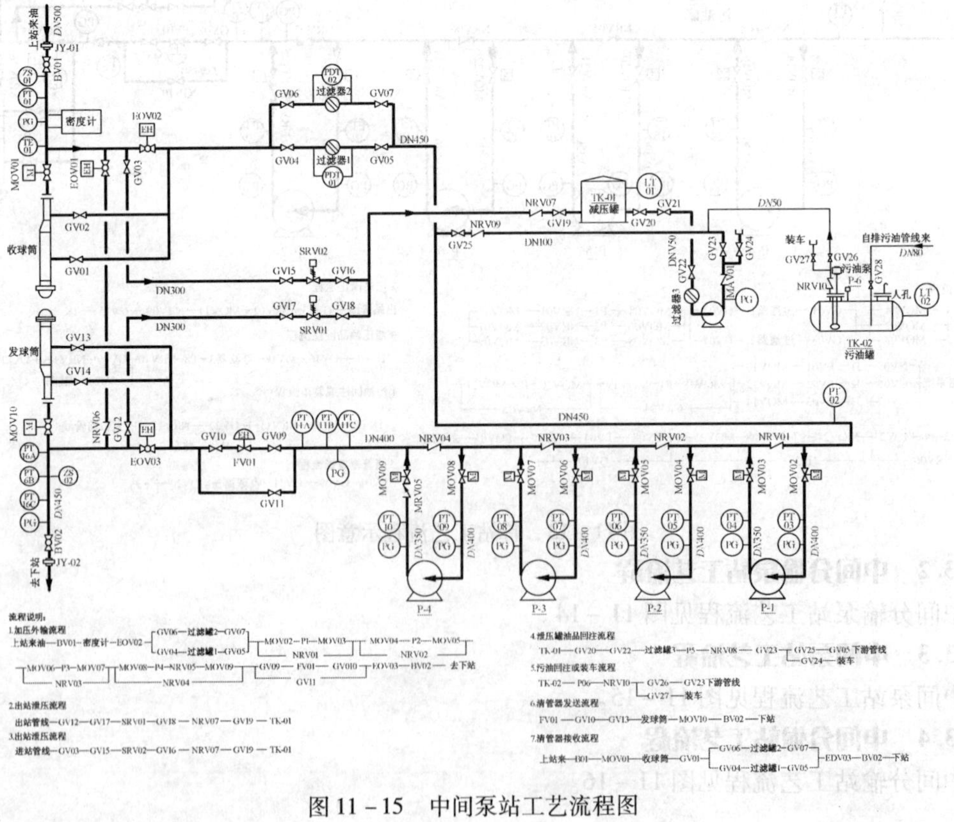

图 11－15　中间泵站工艺流程图

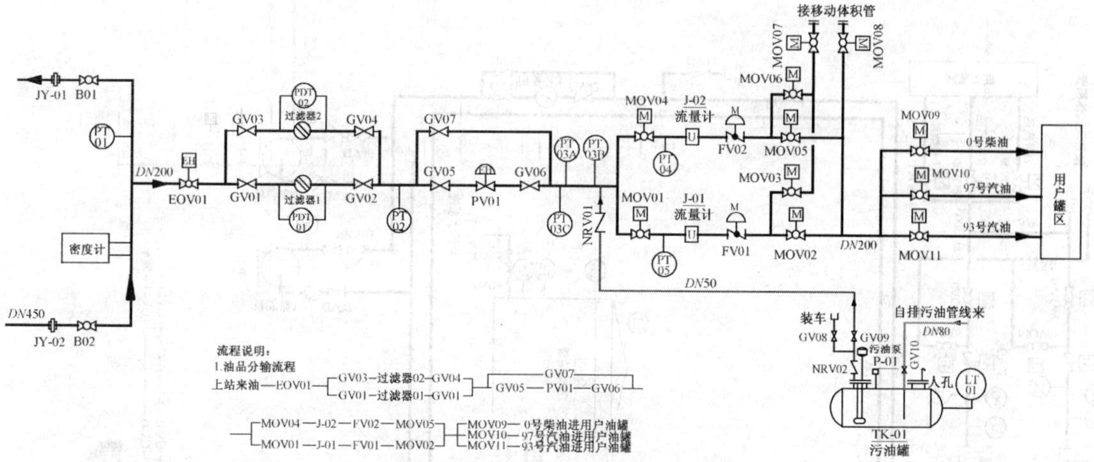

图 11－16　中间分输站工艺流程图

11.3.3.5　末站工艺流程

末站工艺流程见图 11－17。

11.4　成品油密闭输送管道的工作特性和工作点

11.4.1　管道摩擦阻力损失及管道工作特性

成品油管道应在紊流状态下进行多种油品的顺序输送，输油过程中压头的消耗主要包括两部分：一部分是克服地形高差的位能；另一部分是用于克服油品沿管路流动过程中的压头损失(包括沿程阻力损失和局部阻力损失)，单位为 m 液柱，上述压头损失均与管内充装油品的种类及其长度有关。对于多种油品在同一管道内顺序输送的管道系统，其工作特性也相对复杂。本节以充满单种油品的管路为例，简述压降的计算、管路工作特性和工作点等基本概念，在此基础上介绍顺序输送成品油管道的水力不稳定性。

11.4.1.1　油品的流动与摩擦阻力损失

长输管道摩擦阻力损失包括两部分，一是油流通过管道所产生的摩擦阻力损失 h_l，简称沿程摩擦阻力；二是油流通过各种阀件、管件所产生的摩擦阻力损失 h_ξ，简称局部摩擦阻力。长输管道站间管路的摩擦阻力损失主要是沿程摩擦阻力，局部摩擦阻力只占 1%～2%，而站内摩擦阻力则主要是局部摩擦阻力，尤其是在计算由储罐供油的吸入管路及事故保护的安全阀的泄压管路时，局部摩擦阻力可能成为主要阻力，应审慎处理。

1. 沿程摩擦阻力损失

(1) 达西公式。成品油顺序输送管道的沿程摩擦阻力损失 h_f，应按照达西公式计算：

$$h_l = \lambda \frac{L}{d} \frac{v^2}{2g} \tag{11-1}$$

式中　L——管路长度，m；

d——管内径，m；

v——平均流速，m/s；

g——重力加速度，m/s^2；

λ——水力摩擦阻力系数。

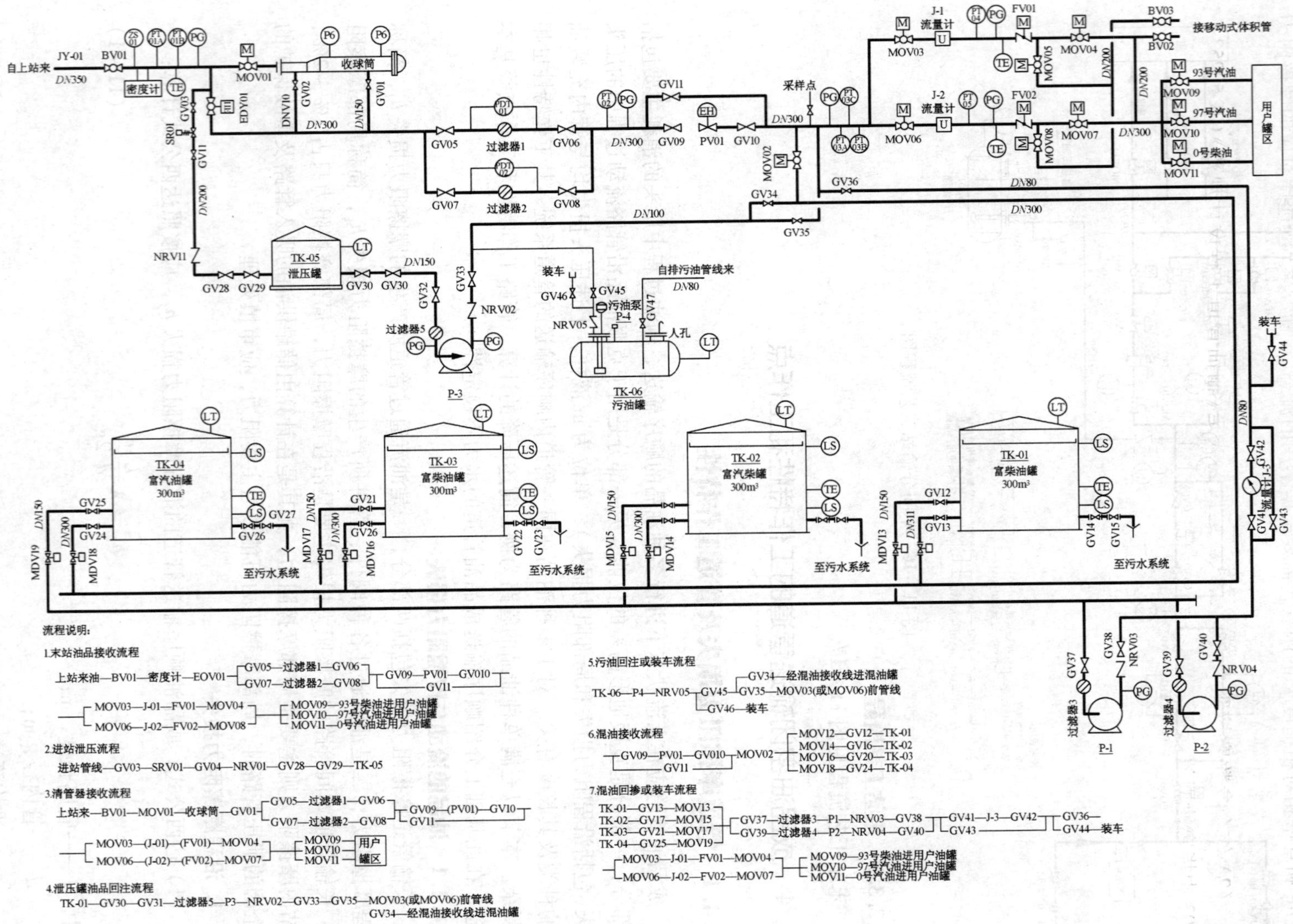

图11-17 末站工艺流程图

水力摩擦阻力系数 λ 随流态不同而不同，理论和实验都表明水力摩擦阻力系数是雷诺数 Re 和管壁相对粗糙度 ε 的函数，需要根据不用的流态(层流、紊流)选择对应的摩擦阻力系数计算公式来计算 λ 值。

(2) 综合参数摩擦阻力计算公式。达西公式是《输油管道工程设计规范》GB 50253—2003 中指定使用的沿程摩擦阻力计算公式。但用达西公式计算沿程摩擦阻力时，由于 λ 与 Re 有关，不便分析各参数对摩擦阻力的影响。对达西公式中的各参数进行重新整理，可得到便于使用和分析的综合参数摩擦阻力计算式，即列宾宗公式。上述各流态区 λ 的计算式可综合成下式：

$$\lambda = \frac{A}{Re^m} \tag{11-2}$$

将式(11-2)及 $v = \frac{4Q}{\pi d^2}$，$Re = \frac{4Q}{\pi d v}$代入 $h_l = \lambda \frac{L}{d}\frac{v^2}{2g}$，可得：

$$h_l = \beta \frac{Q^{2-m} v^m}{d^{5-m}} L \tag{11-3}$$

$$\beta = \frac{8A}{4^m \pi^{2-m} g}$$

关于如何使用达西公式及综合参数摩擦阻力计算公式来计算成品油长输管道的沿程摩擦阻力，参照第 1 篇第 3 章中的 3.4 节(流体的流动形态及管流阻力)。

2. 局部摩擦阻力损失

液体流经管道系统中的管件、阀件或某些设备时，由于流道形状及流动状态的变化，会产生局部摩擦阻力损失。局部摩擦阻力计算可参照第 1 篇第 3 章中的 3.4 节(流体的流动形态及管流阻力)。

3. 管道的压降计算

对管内径 d 和管长 L 一定的某管道，当输送一定量的某油品时，由起点至终点的总压降 H 可计算如下：

$$H = h_l + \sum_{i=1}^{n} h_{mi} + (Z_Z - Z_Q) \tag{11-4}$$

式中 $Z_Z - Z_Q$ 为管道终点与起点的高程差，$\sum_{i=1}^{n} h_{mi}$ 是各站的站内摩擦阻力之和，h_l 和 h_{mi} 可按前述方法计算。

11.4.1.2 成品油管道的工作特性

管道的工作特性系指管径、管长一定的某管道，输送性质一定的某种油品时，管道压降 H 随流量 Q 变化的关系。其数学关系式为：

$$H = \beta \frac{\nu^m \cdot L}{d^{5-m}} \cdot Q^{2-m} + \frac{8\xi}{\pi^2 d^4 g} Q^2 + (Z_Z - Z_Q) \tag{11-5}$$

由于长距离管道上局部阻力总是占很少的一部分，式(11-5)的第二项可以忽略不计。该公式可用图 11-18 的曲线表示，该曲线就称为管道的工作特性曲线。当高程差 $\Delta Z = 0$ 时，管道的特性曲线通过坐标原点。当 $\Delta Z \neq 0$ 时，纵坐标上的截距即为 ΔZ 值。当 $\Delta Z < 0$，曲线由低于坐标原点处 ΔZ 开始。

随着流态变化，各区管道特性曲线的曲率也相应变化。实际应用中一般只画出管道实际流量范围的一段曲线，应用它来定性分析管道摩擦阻力的变化情况较为直观、方便。也可用

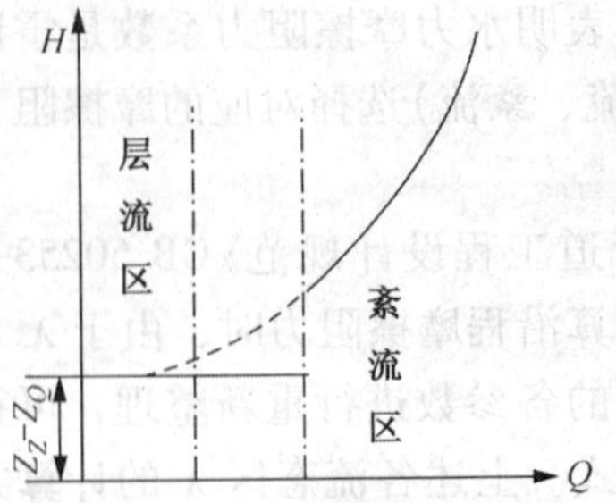

图 11－18　管道特性曲线

图解法确定泵与管道系统的工作点。

一条管道(d、L、ΔZ)，输送一种油品(ν一定)时，有一条一定的特性曲线。当d、L、ΔZ和ν中有一个参数发生变化时，就有另一条特性曲线。例如，同一管道，当所输油品黏度不同或管道阀件节流程度不同时，管道特性曲线的陡度就不同。黏度愈大、节流愈多，管道特性曲线愈陡。不同的管道，管径愈小、管道愈长时，管道特性曲线愈陡。

对于前后管径不同的变径管，其总的管道特性曲线为前后两段管道特性曲线的串联相加，如图 11－19。对于平行管段，其总的管道特性曲线由主、副两管段的特性曲线并联相加，如图 11－20 所示。任何复杂管道系统的特性曲线都可以应用上述并、串联的原则求得。

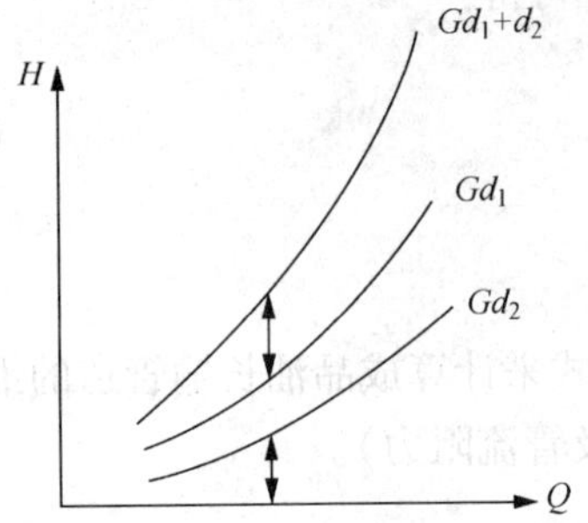

图 11－19　变径管特性曲线

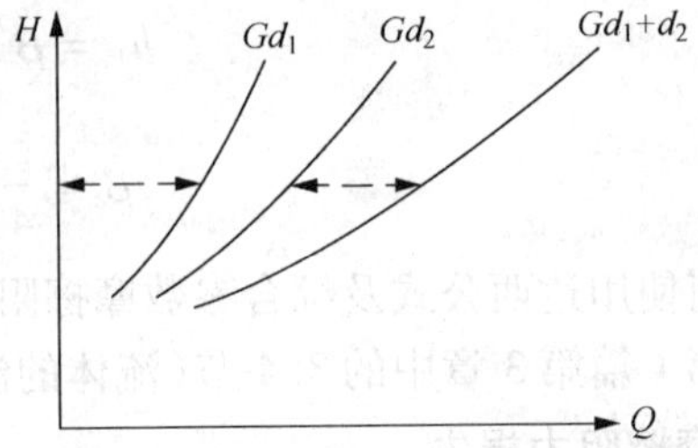

图 11－20　并联主、副管特性曲线

11.4.2　泵站工作特性(输油泵工作特性参见第 4 篇输油设备第 21 章)

输油管道的泵站与管道都是管道系统非常重要的组成部分。通常情况下，流体在一定的出站压强下离开泵站。由于摩擦阻力和高差的作用，随着流体与输油站距离的增加，其压强会下降。如果流体流过一定的距离后，泵站提供的能量被消耗，致使运行压强低于泵站进口压强，这时就需要增设另一个泵站。如果想从支线向干线输送流体，那么支线应保持足够高的压强，才能保证流体可以流入干线。泵站的任务就是向管内输送油品，并提供一定的压强能，维持管内油品的流动，所有泵站都应配备输油泵。

用于输送油品的泵主要有离心泵、螺杆泵、齿轮泵、往复泵等。由于离心泵具有结构简单、体积小、重量轻、操作平稳、流量稳定、性能参数范围广、易于制造、便于维修等优点，加之成品油黏度较小，适合离心泵的工况，因此成品油管道主输油泵普遍采用离心泵。

在很多情况下，泵站需要多台输油泵同时运行。泵与泵之间采用多种方式相连，从而提供不同的运行条件和输送能力。泵站的工作特性是指泵站的排量与扬程之间的函数关系。根据泵机组的组合方式，一般离心泵站的扬程－流量($H-Q$)特性也可以用类似于描述泵特性的方程来描述：

$$H_c = A - BQ^{2-m} \qquad (11-6)$$

式中　H_c——泵站扬程，m 液柱；

Q——泵站排量，m^3/h；

A、B——由离心泵特性及组合方式确定的常系数；

m——管道流量－压降公式(列宾宗公式)中的指数，在水力光滑区内 $m=0.25$，混合摩擦区中 $m=0.123$。

11.4.2.1 多台泵并联的泵特性

采用并联方式时，各台泵从同一吸入液罐吸入液体。这种情况下会用到入口汇管，入口汇管分出多个吸入管与每台泵的入口相连。每台泵的出口分别与出口汇管相连接，出口汇管则与外输管道相连。并联时，各台泵的吸入压力(和排出压力)基本一致，总的流量则是各台泵流量之和。若 N_p 台型号相同的离心泵并联时，泵站的特性方程为：

$$H_c = a - b\left(\frac{Q}{N_p}\right)^{2-m} \tag{11-7}$$

对照式 $H_c = A - BQ^{2-m}$ 可知，$A = a$，$B = b/N_p{}^{2-m}$。

如果并联泵的特性不同，可根据离心泵并联组合的特点，先做出并联泵的组合特性曲线，再根据泵站排量的变化范围，确定泵站的特性方程。

当输油量变化很大或管道翻越高山，泵的扬程主要用于克服静压差时，输油泵主泵宜采用并联方式。并联运转还可能用于如下情形：管道输量增大，要求泵站增加泵台数；新增加的泵与原有的泵并行排列，吸入汇管和排出汇管分别连接到新机组上。

11.4.2.2 多台泵串联的泵特性

泵还可以采用串联方式。串联时，一台泵从吸入罐吸入液体，排出的液体进入第二台泵的入口，以此类推，最后一台泵的液体进入外输管道。第二台泵的吸入压力等于第一台泵的排出压力减去连接管的摩擦阻力。串联时总流量与单泵输量相同，但总扬程是各台泵提供扬程之和。若有 N 台不同型号的泵串联，则泵站特性方程为

$$H_c = \sum_{i=1}^{n} h_i = \sum_{i=1}^{n} a_i - \sum_{i=1}^{n} b_i \cdot Q^{2-m} \tag{11-8}$$

对照式 $H_c = A - BQ^{2-m}$ 可知 $A = \sum_{i=1}^{n} a_i$，$B = \sum_{i=1}^{n} b_i$

若有 N 台型号相同的泵串联工作，泵站特性方程的常系数为 $A = Na$，$B = Nb$。

当站间高差不大，输油主泵主要用于克服管道摩擦阻力损失，且输量变化小时，输油主泵宜采用串联方式。另外，应用串联泵的一个常见例子是：扬程较小的给油泵为干线上的主泵供油(给油泵从储罐中吸油)。这种小型的增压泵(给油泵)排量较大、扬程较低，它们为干线主输油泵提供所需的入口压力，当然，某些主输油泵直接与储罐连接，不用给油泵。

11.4.2.3 多台泵串联、并联的泵站特性

当站上的泵机组既串联又并联时，也应由各机组特性串联和并联相加得到泵站的特性曲线，然后在特性曲线上取点，回归出泵站的特性方程。如图 11－21 所示的四台泵机组的组合方式，如图 11－22 所示，也可以由单泵特性曲线并联后再串联相加得到，如图 11－23 所示。

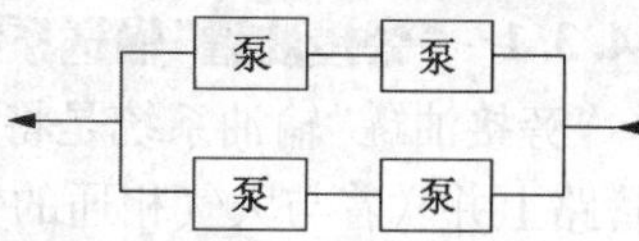

图 11－21 离心泵串并联工作

泵站的工作特性反映了泵站的扬程与排量的相互关系，即泵站的能量供应特性。泵站的排量就是输油管道的流量，泵站的出站压头(等于进站压头与扬程之和减去站内摩擦阻力)就是油品在管内流动过程中克服摩擦阻力损失、位差和保持管道终点剩余压力所需的能量。输油管道全线各泵站供应能量之和等于全线管道的能量需求。为了保证完成输油任务，泵站的排量应大于或等于任务流量。设计成品油管道时，应根据管道水力计算结果，对泵的生产厂家提出泵特性的设计要求。

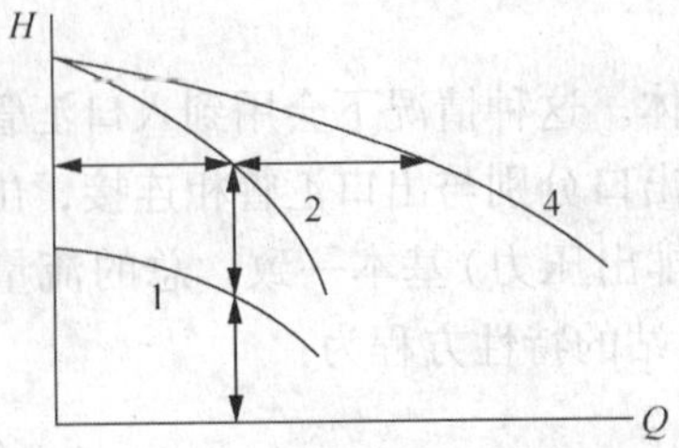

图 11-22　离心泵串并联特性曲线

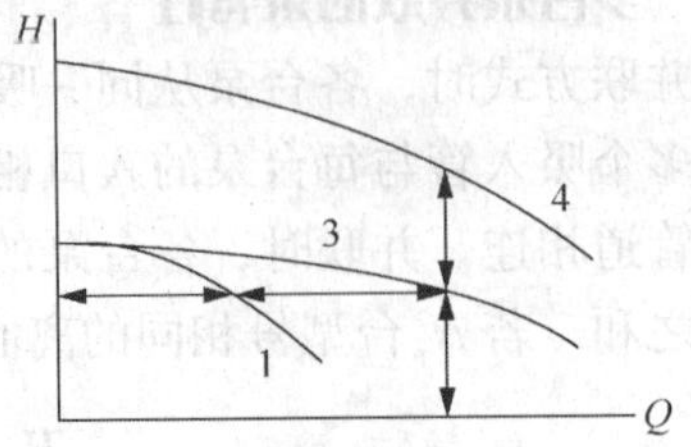

图 11-23　离心泵并串联特性曲线

11.4.3　泵站-管道系统工作点

在长输管道系统中，泵站和管道组成了一个统一的水力系统，管道所消耗的能量(包括终点所要求的剩余压力)必然等于泵站所提供的压力能，即二者必然会保持能量供求的平衡关系。管道的流量就是泵站的排量，泵站的总扬程就是管道需要的总压能。泵站-管道系统的工作点是指在压力供需平衡条件下，管道流量与泵站进、出站压力等参数之间的关系。在设计和生产管理工作中，常用作泵站特性曲线和管道特性(应包括剩余压力)曲线，求二者交点的方法，来确定泵站的排量和进、出站压力。

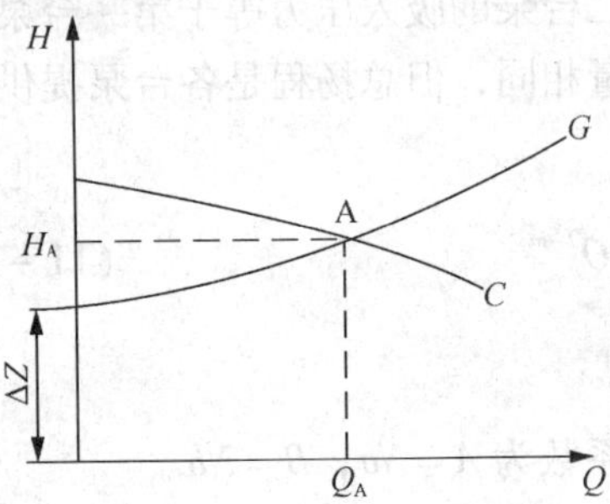

图 11-24　泵站与管道的工作点

以全线仅有一座泵站的管道系统为例，如图 11-24 所示，曲线 C 为泵站出站压头随排量的变化关系，G 为管道特性曲线，忽略进站压头，二者的交点称为系统的工作点，即泵站的排量为 Q_A，出站压头为 H_A。

泵站或管道中任何一方工作情况的变化，例如所输油品的改变，或并联运行的泵机组数的变化等都会破坏系统的能量平衡，而系统必将自动建立新的平衡关系，以适应这种变化。表现在图解上，就是泵站或管道特性曲线的改变，使系统转入新的工作点处运行，改变了流量。如欲保持原来的流量，就需采取调节措施，改变泵站或管道的工作特性曲线，恢复管道系统的输送能力。

为了保证输油管道安全经济地运行，工作点应在泵站特性曲线的最高效率区内，工作压力要在管道强度允许范围内，工作流量要满足输送任务的要求。当一条长输管道上有几个泵站时，由这若干泵站所给出的总扬程，应等于全线管道所需的压头，由于各泵站间的输油方式(泵到泵或旁接)不同，泵站-管道系统的工作具有不同的特点。

11.4.3.1　"旁接油罐"输送系统的工作特性

"旁接油罐"输油系统是将由上一站来的输油干管与下一站的吸入管道相连，同时在吸入管路上并联着与大气相通的旁接油罐。由于旁接油罐的缓冲作用，各泵站的排量在短时间内可能不相等，进出站压力在短时间内相互之间没有直接影响，每站进站(或泵)的压力取决于本站旁接油罐的液面高度及油罐到泵吸入管的摩擦阻力。

由于旁接油罐的存在，将管道分成若干的独立的水力系统，即每一个站间管道构成一个独立的水力系统。该泵站的工作特性曲线与这一站间的管道特性曲线的交点即为这一系统的工作点。因为全线各泵站都是为了完成同一个输油任务，且旁接油罐的容量有限，各站间的输量偏差和持续时间受到限制。因此各站的平均流量应一致，故全线的输量受输量最小的站间的限制。

11.4.3.2 “密闭输送”系统的工作特性

“密闭输送”系统是将上站来的输油干管直接与下站泵机组的入口管相连，如运行正常，不需用油罐调节，各输油泵站直接串联工作。所有泵站及站间管道系统形成一个密闭的、连续统一的水力系统；运行工况相互密切联系，各泵站的流量相互影响，中间不分输时各站的输油量必然相等，各站的进出口压力相互之间直接影响。整个系统需在统一的流量、相应的压力参数下运行，建立起能量平衡。

如前一输油站出站的压头大于站间管道所需要的压头，则剩余的压头就加在下一站泵机组的进口上，即为进站(口)压头，而泵机组出口压头则为进口压头与泵机组扬程之和。由于这样一站影响一站，全线形成统一的水力系统，每个泵站的工况(排量与压力)决定于全线总的能量供应与能量消耗。也就是说各站的工况要由全线总的泵站特性曲线和总的管路特性曲线来判断。

如图11－25所示，在同一坐标系上，将各泵站特性曲线串联叠加，得出总的特性曲线 C_Z，并根据全线的流量与摩擦阻力损失的关系及起终点的位差 ΔZ 作出全线总的管道特性曲线 G_Z，总的泵站特性曲线 C_Z 与总的管道特性曲线 G_Z 的交点即为全线的工作点，其横坐标即为全线的工作流量，其纵坐标即为沿线全部泵站所给出的压头总和 H。

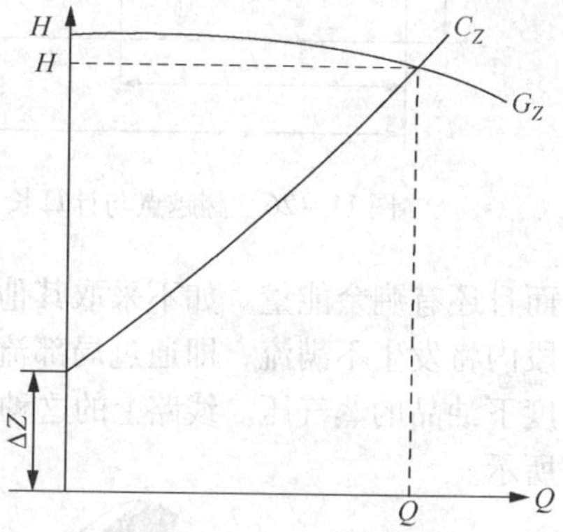

图11－25 “密闭输送”工作管道的工作点

比较两种输油流程，对于“旁接油罐”流程，出于旁接罐的存在，允许各站间流量在短时间内不相同，为手动调节、操作输油管道创造了条件。因此，这种流程对管道自动化水平要求不高。但是，设旁接罐增加了投资，产生了油品的蒸发损耗，并对环境造成污染，旁接罐内的油品占用流动资金，而且这种流程也不便于实现全线的自动化管理。对于“旁接油罐”流程，各站间是一个独立的水力系统，输量波动时，各站间的输油能力不能协调，剩余压力不能被利用。

“密闭输送”方式工作的输油系统克服了旁接罐带来的不利因素。这种流程全线是一个统一的水力系统，前站的剩余压力可为下站所利用。当管道系统出现故障，引起输油工况变化时，就会在管内产生压力波，沿管道向上、下游传播。如果这种压力波造成管道工作压力超过其允许值(高压或低压)，就需要对管道系统采取相应的可靠的控制和保护措施。这种输油方式有利于全线的统一管理，但对自动化程度要求较高。

由于往复泵和离心泵性能上和构造上的不同，往复泵只能采用“从罐到罐”或“旁接油罐”的方式，而以后者为优；离心泵机组可采用“旁接油罐”或“密闭输送”的输油方式，长距离输油管道的离心泵站大都采用“密闭输送”方式。我国《输油管道工程设计规范》GB 50253—2003中规定，输油管道设计宜采用密闭输送工艺。由于密闭输送时设有减少各输油站相互干扰和消除水击危害的措施，当不具备这些条件时也可采用其他工艺，如“旁接油罐”输送，但需要进行技术经济论证。

11.5 管道翻越点与计算长度

在线路地形起伏大的情况下，在纵断面图上作水力坡降线以检查沿线压力分布时，可能出现如图11－26虚线所示的情况，即按起、终点高差，由式 $H = h_1 + \sum_{i=1}^{n} h_{mi} + (Z_Z - Z_Q)$ 计

算出起点处压头 H，并由此作水力坡降线时，在达到终点以前，水力坡降线就与管道纵断面线相交了。

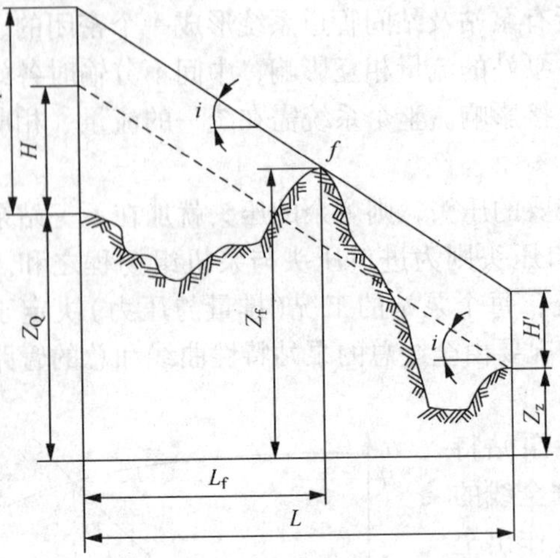

图 11－26　翻越点与计算长度

这说明按式 $H = h_1 + \sum_{i=1}^{n} h_{mi} + (Z_Z - Z_Q)$ 计算的起点压头 H 不能将此流量的液流输送到管道终点，因为式 $H = h_1 + \sum_{i=1}^{n} h_{mi} + (Z_Z - Z_Q)$ 没有考虑线路中途的高峰的影响。设该高峰 f 处的高程为 Z_f，距起点的距离为 L_f，则将规定流量的液流输送到该高峰处所需的起点压力为 $H_f = iL_f + Z_f - Z_Q$ 大于 $iL + Z_f - Z_Q = H$。为使液流通过该高峰 f，应使液流在起点具有比 H 更高的压头 H_f 而在 f 点以后，其与终点的高程差 $Z_f - Z_Z$，大于该段管路的摩擦阻力 $i(L - L_f)$，其差值即为 $H' = H_f - H$。说明在规定的输量下，液流不仅可从高峰自流到终点，而且还有剩余能量。如不采取其他措施加以利用或消耗这部分剩余能量，则在高峰以后的管段内将发生不满流，即通过局部流速变大来消耗剩余的能量。不满流管段中的压力为输送温度下油品的蒸气压。线路上的这种高峰就称为翻越点。翻越点后管内的流动状态如图 11－27 所示。

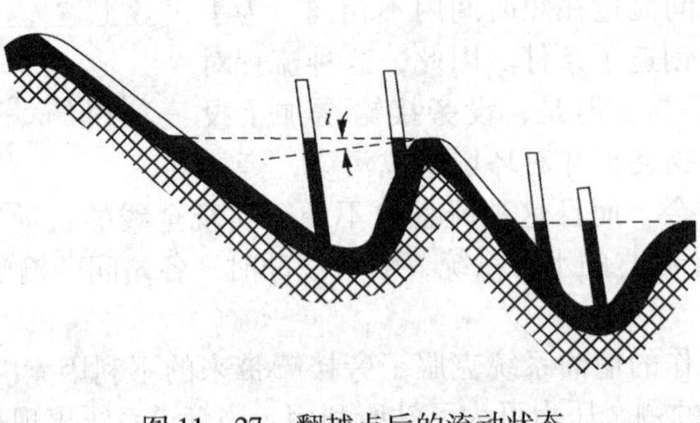

图 11－27　翻越点后的流动状态

不满流的存在不仅浪费了能量，而且可能在液流速度突然变化时增大水击压力。在顺序输送的管道上则会增大混油量，故需采取措施以避免不满流。例如在翻越点后换用小直径管路、在终点或中途设减压站节流等。

若线路上存在翻越点时，管道输送所需要的起点压力不能按起、终点高程差及全长来计算，而应按起点与翻越点的高程差及距离来计算。对翻越点以后，可按充分利用位差的原则来选择管径或采取其他措施消除不满流。起点与翻越点之间的距离即称为管道的计算长度。

在地形起伏剧烈的线路上是否有翻越点，可用在纵断面图上作水力坡降线的方法来判断。在接近末端的纵断面线的上方，按其纵横坐标的比例作水力坡降线，将此线向下平移，直到与纵断面线相切为止。如水力坡降线在与管道终点相交之前，不与管道纵断面上的任一点相切，即不存在翻越点。反之，在与终点相交前，水力坡降线与纵断面线的第一个切点就是翻越点，如图 11－26 所示。翻越点不一定是管道沿线的最高点，往往是接近末端的某高点。

有无翻越点，不仅与地形起伏的情况有关，还决定于水力坡降的大小。水力坡降愈小，愈易出现翻越点。因此，在管道输量逐年增大的情况下，常可能在输送初期有翻越点，而在输量接近满载时，就没有翻越点了。

11.6 动水压力与静水压力

11.6.1 动水压力

动水压力指油流沿管道流动过程中各点的剩余压力。在纵断面图上，动水压力是管道纵断面线与水力坡降线之间的垂直高度。动水压力的大小不仅取决于地形的起伏变化，而且与管道的水力坡降和泵站的运行情况有关。成品油管道的最低动水压力(一般为高点压力)应高于0.2MPa，最高动水压力应在管道强度的允许值范围内。管道运行过程中应将沿线各点动水压力控制在允许范围内。

检查管道的剩余压力是否在管道操作压力的允许值范围内，称为动水压力校核。对于最高动水压力校核，一般要考虑两个方面。

(1) 校核动水压力应根据管道可能承受压力的最不利条件进行。在长输管道的运行过程中，中间泵站停运(停电、设备故障等原因)是不可避免的事情。因此，中间泵站都设有压力越站流程。显然，压力越站输送时沿线动水压力会比正常输送时的压力偏大。特别是分期建设的管道工程，不同时期，中间泵站压力越站时沿线动水压力的分布也不同。校核动水压力，应全面考虑各种工况，确保任何时候动水压力均符合管道强度的设计要求。

(2) 地形起伏剧烈、落差比较大的地区，动水压力有可能出现过高的现象，甚至超出管道允许工作压力范围。如果超压的管道距离比较长，则需要设立减压站，使管内动水压力满足管道承压的要求。

动水压力校核的具体计算请查阅有关管道输送工艺计算的书籍。

11.6.2 静水压力

静水压力指管道系统停止输送后，油流停止流动后，管内液体因地形高差而产生的静液柱压力。静水压力常发生在翻越点后的管段或线路中途高峰后的峡谷地带，停输后的静水压力有可能大于管道允许的工作压力，对于这种超压情况通常采用增加壁厚或设自控阀(或减压站)，自动截断管道。

11.7 大落差管段的水力特性

目前世界上已有十几条管道遇到了大落差地段情况，如不采取措施，会给设计和运行管理带来以下问题：

(1) 由于下坡段的高差比正常输量下的沿程摩擦阻力大很多，导致运行中低点处动水压力过高，停输后静水压力可能会超高。

(2) 会在管道下坡段的高处形成不满流，造成液柱分离现象，使管道发生振动。若气体段进入下游泵站，可能使离心泵汽蚀甚至发生断流，这将损坏站内设备。

(3) 当大落差段的管道高点附近的压力低于管内油品的饱和蒸气压时，液体汽化并在高点或附近管段中形成气袋，这会在很大程度上降低压力波传播速度，使水击分析过程和控制变得复杂。气袋形成还可能造成管内液柱分离，当发生水击时，水击增压使蒸气形成的气袋破灭，其上、下游的液柱在高速下相遇，可能产生巨大增压而使管道压力超限。这些对管道安全的威胁很大。

11.7.1 大落差管段的水力特性

管道顺序输送时，其沿线液流流动是不稳定的，这种不稳定程度随油品物性及混油段位置而异。对于平原地区的顺序输送管道，在管道和各泵站开泵方案一定的情况下，满足各泵站的进站压力应大于或等于最小允许值 $P_{\min}$；各泵站的出站压力应小于或等于最大允许值 $P_{\max}$，即可使管道在最大输量下运行。然而，大落差管道却不仅如此，除满足上述条件外，还应满足最高点不汽化，且在高点后不产生不满流。

(1) 混油段在管道中间某点的工作点变化。当混油段在管道内移动时，其液流的压力和流量缓慢变化，因此可认为混油界面处于管道某一位置的全线流动是稳定的。相应的压力平衡方程为：

$$p_{\mathrm{h}} + \sum_{i=1}^{n} p_{\mathrm{c}i} = \sum p_{\mathrm{f}} + \sum_{i=1}^{n} (p_{\mathrm{J}i} + p_{\mathrm{W}i}) + p_{\mathrm{z}} + p_{\mathrm{k}} + p_{\mathrm{y}}$$

式中，p_{h} 为首站泵入口压力，MPa；$p_{\mathrm{c}i}$为第 i 泵站所提供的能量，MPa；p_{f} 为各计算段的摩擦阻力损失，MPa；$p_{\mathrm{J}i}$以为第 i 泵站的节流压力，MPa；$p_{\mathrm{W}i}$为第 i 泵站站内摩擦阻力损失，MPa；p_{z}，为克服地形高差的压力损失，MPa；p_{k} 为管道终点压力，MPa；p_{y} 为减压站的节流压力，MPa；n 为全线运行的泵站数。

根据各泵站运行泵的特性、泵机组组合方式及摩擦阻力计算公式，可求出某时刻全线的工作点流量 Q。然后由这一流量 Q 校核各泵站的进出站压力，如果某泵站的进站压力过低或出站压力超高，则全线要进行调节。

由于沿线有高点存在，所以要对沿线一些关键点进行压力平衡计算，其平衡方程为：

$$p_{\mathrm{h}} + \sum_{i=1}^{n} p_{\mathrm{c}i} = \sum p_{\mathrm{g}} + \sum_{i=1}^{n} (p_{\mathrm{J}i} + p_{\mathrm{W}i}) + p_{\mathrm{d}} + p_{\mathrm{v}}$$

式中，p_{g} 为高点前各计算段的摩擦阻力损失，MPa；p_{d} 为克服到高点地形高差的压力损失，MPa；p_{v} 为所要求的高点动水压力，MPa。

可利用方程 $p_{\mathrm{h}} + \sum_{i=1}^{n} p_{\mathrm{c}i} = \sum p_{\mathrm{g}} + \sum_{i=1}^{n} (p_{\mathrm{J}i} + p_{\mathrm{W}i}) + p_{\mathrm{d}} + p_{\mathrm{v}}$ 对几个关键点进行计算，得出 Q'，将 Q'与前面所计算的 Q 相比较，流量最小的值应是管道实际运行流量。此流量下的减压站节流压力是 $p_{\mathrm{y}} = p_{\mathrm{lz}} - \sum p_{\mathrm{lg}} - p_{\mathrm{k}}$

式中，p_{lg}为高点后各计算段的摩擦阻力损失，MPa；p_{lz}为高点至末站地形高差所提供的能量，MPa。

(2) 混油段经泵站时的管道特性。由于从首站到末站液流中的混油段不断增加，所以混油段经过不同的泵站对其全线的影响也不同。混油进入首站时，由于罐区至泵房的管线一般都不长，混油段很短，其内油品密度变化很大，而泵压与液体的密度成正比，所以首站出站压力变化较为激烈。这一变化过程要按管道水力瞬变过程处理，即认为管道发生了水击。混油段到达中间泵站时，由于不同油品在流动中的相互扩散已经具有相当的长度，其内油品密度变化显著变小，故中间泵站的泵压趋于平缓。

(3) 大落差管道的运行特点。由于受到管道强度和离心泵吸入特性以及高点条件的限制，当沿线有几个中间泵站的管道顺序输送黏度和密度出现差异较大油品时，应调节泵站及减压站的运行工况。对于位于平原地区的管道，无论混油段流经泵站还是在管道中移动，各站的压力变化都可由各泵站的自动调节和自动保护系统进行调节。不过为了满足用户的需要和使管道在较好的状态下运行，一般是根据管道运行工况结合界面跟踪系统，周期地停掉部分运行泵以减少节流损失。然而，经过大落差地区的顺序输送管道靠站内自动调节和自动保护系统难以完全满足要求。当高点前的泵站出站压力降低时，可能会使高点产生汽化；当高点前泵站出站压力升高时，高点后的下坡段可能会出现一段不满流管段。因此，大落差顺序输送管道的运行管理较之平原地区顺序输送管道要复杂得多。随着混油段在管道中的移动，必须控制管道的输量及减压站的减压值。从理论上讲，只要管道中有混油段，其减压站和一些泵站的调节状态是时间的函数。实际上，管道控制中心应根据界面跟踪信息和管道模型计算结果，阶梯地改变减压站和泵站的调节状态。

11.7.2 解决管道大落差的方法

在大落差地段管道保护方面，可以采用以下几种解决办法：

(1) 按“等强度”原则，采用变壁厚管道设计。根据管道沿线动水、静水压力的变化情况选择壁厚，在低点附近增大管段壁厚来保证安全。

(2) 在地势陡峭的地区采用隧道铺设以降低下坡段的高差，同时缩短了线路的长度，可以减少管材并节省运行时的动力费用。但这种方法受地形和地质条件、隧道工程施工难度及投资昂贵等条件的限制。

(3) 设置减压站，运行时利用减压阀的节流压降来增加管道下坡段的摩擦阻力，限制动水压力过高；停输时减压阀关闭以隔断静压，防止低点处管道静水压力过高。这种方法可以较好地解决大落差地段对管道的不利影响。随着自动化遥控技术不断发展，减压站的设计和运行管理也在不断改进和完善，已在多条管道上应用。

11.7.3 减压站

通过近几年的工程实践，我国在减压站设计及设备选择上积累了宝贵经验，图 11－28 是某管道的减压站流程图。

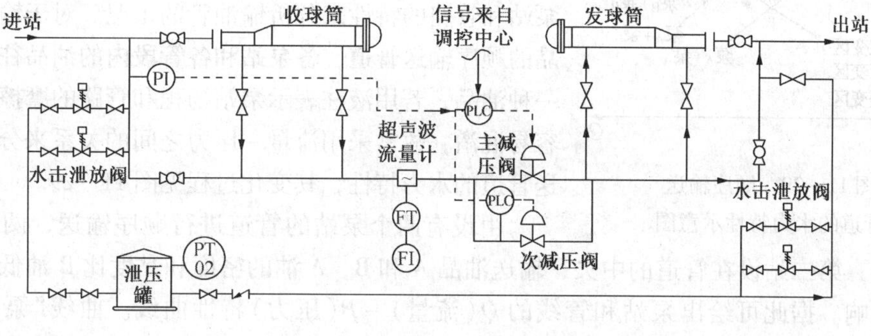

图 11－28　某管道的减压站流程图

减压站的主要设备是减压阀，正确选择性能良好、安全可靠的减压阀，制定合理的控制方案，是减压站设计的关键环节。图 11－28 的减压站设有并联的主、次两个减压阀，均为失信号关闭的阀型。减压站控制的主要参数是其上游压力，正常情况下只有主减压阀运行，次减压阀关闭。SCADA 系统根据管道输量，由软件计算出保持高点压力在一定值时，减压站上游应有的压力值，由通信系统传输至主减压阀，作为其压力设定值。若输量下降，由计算所得的减压站前所需的压力上升，主减压阀将立即关至适当位置，维持阀前压力为新的计算值；反之若输量上升，按此输量计算的阀前压力值将下降，主减压阀将逐渐打开至所需的位置。当管道停输时，减压阀自动关闭，将管道分成若干段，防止静水压力超过允许最大工作压力。

若主减压阀控制出现故障，该阀将自动逐渐关闭。这使阀前压力增高，当压力升高到一定值后，正常状态下关闭的次减压阀打开，维持并控制管内压力在允许范围内。

为确保安全，还在进减压站内的管线上，设有两组(一用一备)泄压阀，管内压力超高时可以自动开启泄压，进行超压保护。减压阀组进口端应设置过滤器，防止管内杂物堵塞流道而影响减压阀工作。

11.8 成品油管道顺序输送的水力特性

由于管道中有多种油品顺序输送，所以管道沿线流体的黏度和密度有较大的变化。在替换油品时，泵站特性和管道特性都会发生变化。泵站特性的变化是在油品交替的段时间内完成的，而管道特性的变化需要经历较长时间，它随管路中两种或多种油品长度的变化而改变。因此，在成品油顺序输送管道运行管理中，应充分考虑它的特殊性。由于管道沿线有物性不同的油品及其混合物，各种油品及混油段的长度和位置又随时间而变，顺序输送时液流是不稳定的，但不稳定程度差别很大。混油进入首站的情况是：由于首站进泵管线一般不长，初始混油段很短，其内油品浓度梯度很高，而泵压正比于液体的密度，变化是比较强烈的。这种压力突变可能历时几十秒之久，然后趋于平稳。混油段到达中间泵站时已经具有相当的长度，其内油品浓度梯度显著降低，故泵压的变化已趋平缓，一般不会发生明显的压力突变。混油段沿管线移动过程中，由于摩擦阻力和位能的变化，流量和压力也相应发生变化，但一般相当缓慢。因此，按流动不稳定程度的不同，顺序输送过程可分为三个区：突变区：混油段经过首站；渐变区：混油段经过中间泵站；缓变区：混油段沿管线移动。在输送单一油品的管道中，常用流量和所输油品液柱表示的压头描述泵站和管路的特性来分析输油管的工况。对于输送多种油品的顺序输送管道，各泵站和各管段内的油品往往不是同一种油品，若用液柱表示泵站扬程和管路的摩擦阻力损失容易混淆，故常采用流量－压力之间的关系来分析顺序输送管道的水力特性，其变化过程见图11－29。

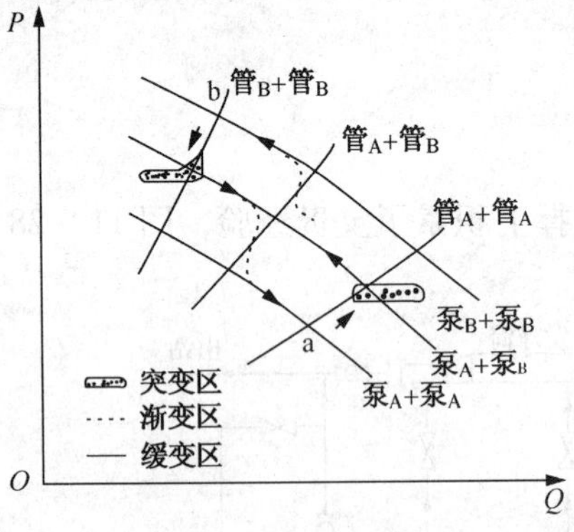

图11－29 顺序输送管道的水力特性示意图

由设有两个泵站的管道进行顺序输送，两站的特性完全相同，第二站设在管道的中央，输送油品A和B，A油的密度和黏度比B油低，不考虑高程的影响。据此可绘出泵站和管线的 Q(流量) － P(压力)特性曲线。曲线“泵$_A$ + 泵$_A$”、“泵$_A$ + 泵$_B$”、“泵$_B$ + 泵$_B$”分别为两站都泵送A油、一站泵送A油而另一站泵送B油、两站都泵送B油的泵站总特性曲线，曲线“管$_A$ + 管$_A$”、“管$_A$ + 管$_B$”、“管$_B$ + 管$_B$”分别为两段管线都输送A油、一段输送A油而另一段输送B油、两段都输送B油的管路总特性曲线。管道输送A油时系统工作点在a，切换入B油时发生突变。系统进入突变区，没有统一的工作点。待水力扰动消失后，系统可认为有了统一的工作点。随着管内油品的更叠，工作点沿着线“泵$_A$+ 泵$_B$”向左上方移动。混油达到中间泵站后，泵压开始变化，系统进入渐变区。混油通过中间站后，系统工作点沿着线“泵$_B$ + 泵$_B$”继续向左上方移动。油品更换完毕后，系统工作点稳定在b。若是以A油置换B油，则工况的变化路径是从b按箭头方向至a。

11.9 密闭输油管道工况分析及变化规律

“密闭输送的成品油管道，除了由于季节变化、所输油品种类改变使油品黏度改变，会引起全线工况变化外，根据供、销的需要，有计划地调整输量，以及输油管道沿线间歇地分输油品或接收油品，也会导致全线工况变化。运行中发生的各种故障，如电力供应中断使某中间站停运，机泵故障使某台泵机组停运，阀门开关错误或管道某处堵塞、漏油等也会引起流量及各站进出站压力的变化，甚至使某些运行参数超过允许范围。为维护持续输送，应对各站进行调节。

突然发生意外事故时，如某中间站突然停运，或有计划地调整输量而启、停泵时，在较短时间内，全线运行参数随时间剧烈变化，属于不稳定流动。为了便于分析，假设管内充满单种油品，各种工况变化的情况下，经过一段时间后，全线将转入新的稳定工况。本节仅讨论工况变化前后的稳定流动状况。另外，以下工况分析假设管内充满单种油品，实际顺序输送时，成品油管道存在水力不稳定性，因此工况分折时，需根据油品种类、混油界面位置等信息，结合下述分析方法进行。

11.9.1 中间泵站停运后的工况变化

设全长为 L 的“密闭输送”的成品油管道上有 N 个泵站，正常流量为 Q。由于中间第 C 站停运，流量降为 Q_*。如忽略站内摩擦阻力，由此时全线的压降平衡可求得：

$$Q_* = \left[\frac{H_{s1} + (N-1)A - \Delta Z}{(N-1)B + fL}\right]^{\frac{1}{2-m}} \tag{11-9}$$

在停运站前面，第 $C-1$ 站的进站压力变化，可以由首站至第 $C-1$ 站进口处的压降平衡式求得。第 C 站停运以前：

$$H_{s1} + (C-2)(A - BQ^{2-m}) = fL_{(C-2)}Q^{2-m} + \Delta Z_{(C-1),1} + H_{s(C-1)} \tag{11-10}$$

第 C 站停运后：

$$H_{s1} + (C-2)(A - BQ_*^{\ 2-m}) = fL_{(C-2)}Q_*^{\ 2-m} + \Delta Z_{(C-1),1} + H^*_{s(C-1)} \tag{11-11}$$

式中 $L_{(C-2)}$、$\Delta Z_{(C-1),1}$——管道起点至第 $C-1$ 站进口处管道长度、高差，m；

$H_{s(C-1)}$、$H^*_{s(C-1)}$——第 C 站停运前、后，第 $C-1$ 站进站压头，m 液柱。

上两式相减，可求得第 C 站停运前后，第 $C-1$ 站进站压力的变化。

$$H^*_{s(C-1)} - H_{s(C-1)} = [(C-2)B + fL_{(C-2)}](Q^{2-m} - Q_*^{2-m}) \tag{11-12}$$

由于 $Q > Q_*$，故 $H^*_{s(C-1)} > H_{s(C-1)}$

即第 C 站停运后，第 $C-1$ 站进站压头增高。第 $C-1$ 站出站压头 $H^*_{d(C-1)}$ 应等于该泵站扬程与进站压头之和，由于全线输量减小，泵站扬程 $H^*_{c(C-1)}$ 增高，且进站压头 $H^*_{s(C-1)}$ 也上升，故第 $C-1$ 站出站压头 $H^*_{d(C-1)}$ 增高。同理可求得第 C 站前面的第 $C-2$ 站、第 $C-3$ 站、……压力，各站的压力变化趋势与第 $C-1$ 站相同。距第 C 站愈远的站，其进、出站压力上升变化的幅度愈小。距第 C 站最近的第 $C-1$ 站，进、出站压力上升值最大。

第 C 站后面的第 $C+L$ 站压力变化情况，可由第 $C+L$ 站进口至末站油罐液面的压降平衡式求得。同上方法可以求得

$$H^*_{s(C+1)} - H_{s(C+1)} = [B(N-C) + f(L-L_C)](Q_*^{2-m} - Q^{2-m}) \tag{11-13}$$

由于 $Q > Q_*$，故 $H^*_{s(C+1)} - H_{s(C+1)} < 0$。

第 C 站停运后，第 $C+1$ 站进站压力下降，同样可求得第 C 站后面的第 $C+2$、第 $C+3$……进站压力，各站进站压力也会下降，距第 C 站愈远的站，压力变化的幅度愈小。第 $C+1$ 站进站压力下降的幅度最大。

第 $C+1$ 站出站压力应等于该站间所需摩擦阻力、高差及下站进站压力之和。由于输量下降使站间摩擦阻力及 $C+2$ 站进站压力下降，站间高差不变，故 $C+1$ 站出站压力下降。距第 C 站愈远的站，出站压力下降的幅度愈小。

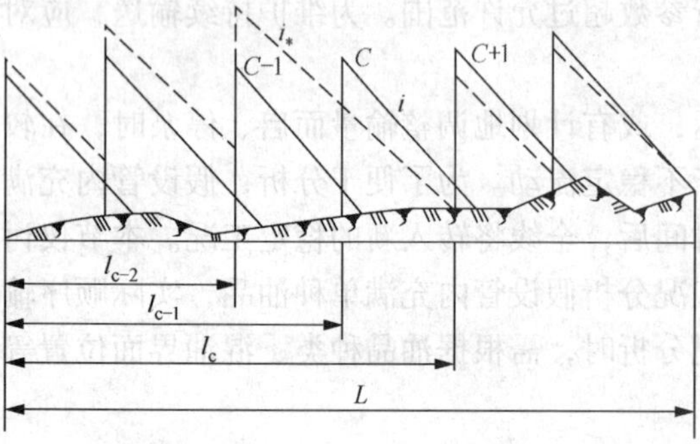

图 11－30　某中间站停运后的管道工况变化

第 C 站停运后，水力坡降由 i 变为 i_*，停运前后工况变化情况见图 11－30。图中虚线表示第 C 站停运后的水力坡降线 i_*。

也可以用泵站及管道特性曲线的图解法求得正常情况及某些事故工况时各站运行参数的变化，图 11－31 表示某输油管道上四个类型相同的泵站“密闭输送”运行时，正常工况的图解。

图 11－31(a)为全线四个泵站的总特性曲线 Z 与全线总管道特性曲线 G，其交点即为系统工作点。Q 为工作点流量，纵坐标之值 H 为全线总压头，即首站进站压头与各泵站扬程值之和，即 $H=H_{s1}+4H_c$。图 11－31(b)为首站的泵站特性曲线 I_c 及站间管道特性曲线 I_G。首站进站压力为定值，不随流量变化，故首站出站压力曲线 I_d 由泵站特性曲线 I_c 与 H_{s1} 叠加而得。在流量为 Q 时，I_G 曲线与 I_d 曲线之间的差值，即为在该流量下第一站间的剩余压头（$H_{d1}-H_{G1}$），也就是第二站的进站压头 H_{s2}。将 I_d 与 I_G 曲线相减，即得第二站的进站压头随流量变化的曲线 II_x。图 11－31(c)为第二站的泵站特性 II_c 及站间管道特性曲线 II_G。II_x 与 II_c 相加则得到第二站出站压力曲线 II_{d2}。在 II_d 上可求得流量 Q 时的第二站出站压头 II_{d2}。II_d 与 II_G 曲线之间的差值即为第三站进站压力曲线 III_x，由此可求得该流量 Q 时第三站进站压头 H_{s3}。依此类推，可求得最后一个泵站，即第四站的进、出站压力。第四站出站压头 H_{d4}，即为该站的出站压力曲线 IV_d 与该站间管道特性曲线 IV_G 的交点，如图 11－31(e)所示。

图 11－32 表示上述输油管道在第三泵站停运后的工况。由图 11－32(a)可见，运行的泵站数减少一个，总的泵站特性降低。由于能量供应减少，故工作点流量下降至 Q_*。图11－32(b)为第一站的泵站及站间管道特性曲线，与图 11－32(b)相同。由于流量减少，使第一站间剩余能量增大至 H_{s2}^*，即第二站进站压力上升。图 11－32(c)由于第三泵站停运，故将二、三站间管道特性曲线叠加。由第二站出站压力曲线 II_d 上可得到流量 Q_* 时的出站压头 H_{d2}^*。II_d 曲线与 $\mathrm{II}_G+\mathrm{III}_G$ 曲线交点在工作点流量 Q_* 的左边，表明在此流量下，二、三站间管道所需总压头大于此时第二站的出站压头，故下一站的进站压力下降为负值，即 H_{s4}^* 为负值。由图 11－32(e)可见，第四站的出站压头 $H_{d4}{}^*$ 下降。比较图 11－31 与图 11－32，同样可得出某中间站停运后流量减少；停运站前面各站的进、出站压力均上升：停运站后面各站的进、出站压力均下降的结论。此时某些站的进、出站压力的变化可能超出允许范围，故应进行调节。

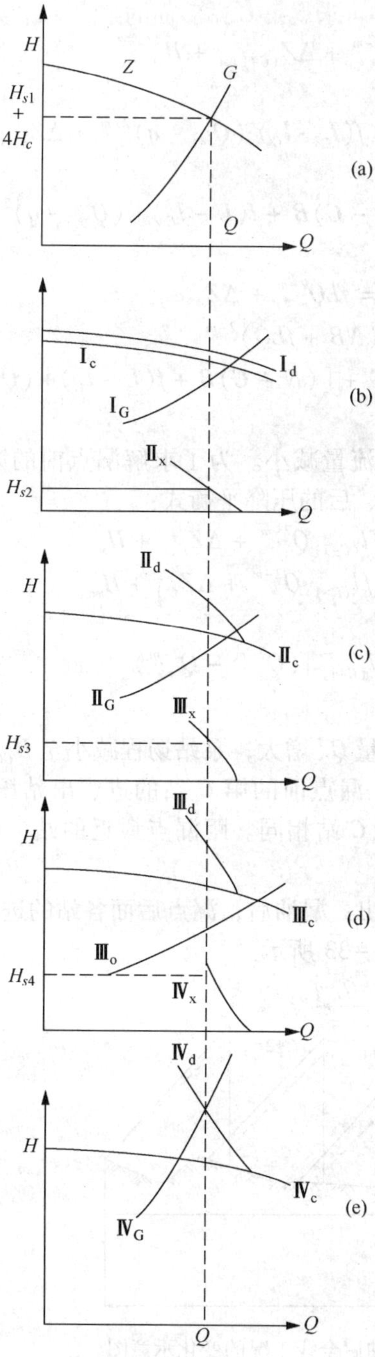

图 11－31　密闭输送时，正常工况下全线及各站工作特性

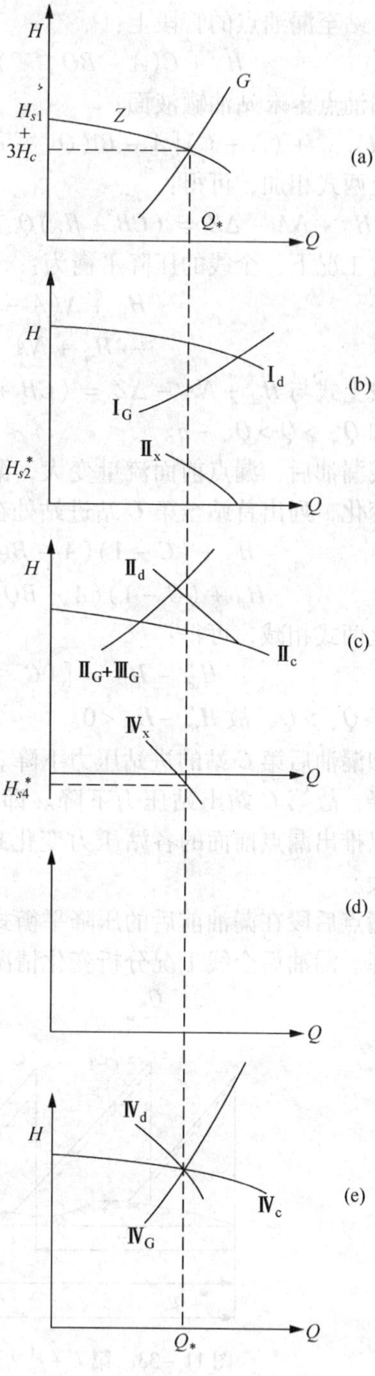

图 11－32　密闭输送时，第三站停运后的工况

11.9.2　干线漏油后的工况变化

有 N 个泵站的输油管道上，假设同种油品充满管道，若在第 $C+1$ 站进站处的漏油量为 q。漏油前，全线流量为 Q；漏油以后，漏点前面流量为 Q_*，漏点后面流量为 Q_*-q。漏油后全线流量不相等，可从漏点处将全线分为前后两段，分别列出各段的压降平衡式。

从首站至漏油点的管段上：

$$H_{sl} + C(A - BQ_*^{\ 2-m}) = fl_C Q^{2-m} + \Delta Z_{(C+1),l} + H_{s(C+1)}^* \tag{11-14}$$

从漏油点至末站油罐液面：

$$H_{s(C+l)}^* + (N-C)[A - B(Q_* - q)^{2-m}] = f(L - l_C)(Q_* - q)^{2-m} + \Delta Z_{k,(C+1)}$$

以上两式相加，可得：

$$H_{sl} + NA - \Delta Z = (CB + fl_C)Q_*^{2-m} + [(N-C)B + f(L-l_C)](Q_* - q)^{2-m}$$

正常工况下，全线的压降平衡为：

$$H_{sl} + N(A - BQ^{2-m}) = fLQ^{2-m} + \Delta Z$$

$$\rightarrow H_{sl} + NA - \Delta Z = (NB + fLQ)^{2-m}$$

比较上式与 $H_{sl} + NA - \Delta Z = (CB + fl_C)Q_*^{2-m} + [(N-C)B + f(L-l_C)](Q_* - q)^{2-m}$，可知 $Q_* > Q > Q_* - q$。

干线漏油后，漏点前面流量变大，漏点后面流量减小。为了求解漏点前的第 C 站进站压力的变化，列出首站至第 C 站进站处在漏油前、后的压降平衡式：

$$H_{sl} + (C-1)(A - BQ^{2-m}) = fl_{(C-1)}Q^{2-m} + \Delta Z_{C,1} + H_{sc}$$

$$H_{sl} + (C-1)(A - BQ_*^{\ 2-m}) = fl_{(C-1)}Q_*^{2-m} + \Delta Z_{C,1} + H_{sc}^*$$

以上两式相减，可得：

$$H_{sc}^* - H_{sc} = [(C-1)B + fl_{(C-1)}](Q^{2-m} - Q_*^{2-m})$$

由于 $Q_* > Q$，故 $H_{sc}^* - H_{sc} < 0$。

可知漏油后第 C 站的进站压力下降。由于流量 Q_* 增大，泵站扬程减小至 $H_{CC}{}^*$，进站压力又下降，故第 C 站出站压力下降。即漏油后，漏点前的第 C 站的进、出站压力都下降。同理可以推出漏点前面的各站压力变化趋势与第 C 站相同。距漏点愈近的站，压力下降的幅度愈大。

由漏点后段在漏油前后的压降平衡式可以推出：漏油后，漏点后面各站的进、出站压力也都下降。漏油后全线工况分析变化情况如图 11－33 所示。

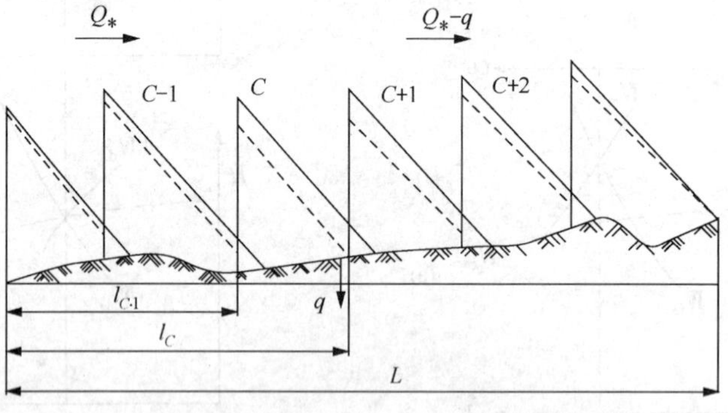

图 11－33　第 $C+L$ 站进站处漏油后全线工况的变化示意图

成品油管道沿线间歇分油时，其工况变化与漏油前后的情况类似，故应校核分油前后的工况，并作适当调节。

上述分析说明，可以从管道水力参数（流量、各站进出站压力等）的变化来监测管道是否发生泄漏。但由于上述分析仅适用于稳态，而长输管道实际运行中难以真正达到全线及站间管道运行均稳定不变，有些操作引起的瞬态过程常常持续相当长的时间。而较小的泄漏引起的水力参数变化不大，常规测量方法难以检测及准确判断。故输油管道的泄漏检测还需要专用的检测技术。

第 12 章 成品油顺序输送

12.1 成品油管道顺序输送特点

12.1.1 概述

在同一条管道内，按一定批量和次序，连续地输送不同种类油品的输送方法称为顺序输送(或交替输送)。由于市场对多种成品油都有需求，若为每种油品单独敷设一条管道，不仅工程投资大，而且输油成本也高。合理的方法是把流向相同的几种油品沿一条直径较大的管道顺序输送。

12.1.2 成品油管道顺序输送的特点

成品油顺序输送管道与单一油品输送管道相比，主要有以下特点：

12.1.2.1 顺序输送时会产生混油

在顺序输送管道中，前后两种油品接触会产生一段混油，产生的混油在物理性质上与所输的两种油品不同，不能作为合格的油品直接销售，会造成一定的混油损失。顺序输送产生的混油量，除了取决于两种油品的物理化学性质，还与两种油品接触过程中管内油品的流动状态、输送顺序和管道长度等因素有关。油品性质愈接近、质量指标潜力越大，两种油品互相允许的混入量就越大，产生无法直接销售的混油量就越少。因而一般选择性质相近的几种油品进行顺序输送，并把性质相近的两种油品相邻输送，尽可能地减少混油损失。生产实践表明，管道内油品在湍流状态下输送时，混油量通常为管道总体积的0.5% ~1.0%。顺序输送过程中应对混油界面进行跟踪和检测，以保证油品质量，及正确指导混油的切割和处理。

12.1.2.2 编制成品油管道输送计划

由于成品油管道服务于跨区域的多种市场、多个用户以及多个油源单位，因此，要求管道运营单位在确保管道安全运行的前提下，准时、准量、符合质量要求地将油品输送到位于管道沿线各分输点的用户油库中，同时保证油源单位油品正常出厂或出库，避免堵库，影响正常生产。管道运行既要满足市场、用户需求，又要适从管道运行特性、安全性限制和经济性要求。面对众多用户对输油量、分输量和油源的各种需求，管道运行部门需要提前制定输油计划。在制定输油计划时，需同时考虑用户的需求和管道特性、安全性限制以及经济性要求。

12.1.2.3 首站及分输(或分输站)批量油品的储存

顺序输送管道，对某种油品的输送是间歇进行的，而油品的生产和销售过程都是连续的。因此，顺序输送管道的首、末和中间分输站(分输站或中间输入站)，对每种油品都要建造足够容量的储罐。对于首站和中间分输站(或输入站)，需要足够容量的油罐进行收发作业；对于末站除了油品的收发作业外，还要考虑混油的分输、回掺和储存。另外，考虑油品收发过程及管道运行可能出现的事故，油罐容量都需要一定的备用系数。

12.1.2.4　顺序输送时管道的水力特性不稳定

顺序输送管道，当两种油品在管内交替时，随着两种油品在管内运行长度的变化，管道的运行状态处于缓慢的瞬变过程中。对于地形起伏的管道，当密度大的油品处于爬坡段时，管道用于克服地形高差需要的能量不断增加，上游管道出站压力上升；当密度低的油品达到爬坡段，管道用于克服地形高差需要的能量不断减小，上游管道出站压力又会不断下降；两种油品交替，混油段经过泵站时，经过泵站的混油密度连续变化，泵站进出站压力也连续变化；进出站压力的变化率取决于混油段的长度(或混油段通过泵站持续的时间)。因此，成品油管道的操作参数(包括流量、各站进出站压力)随时间而变化。对这种缓慢的瞬变过程，离心泵站可以实现自行调节。

12.2　循环次数和储罐容量

12.2.1　油品的排列顺序

在安排顺序输送油品的次序时，为减少混油损失，尽量按油品物理化学性质相接近的程度来安排输送次序。相邻排列的两种油品的物理化学性质相差越大，混油量越大，处理费用也越高，带来损失。如管道输送 93 号汽油、97 号汽油煤、0 号柴油三种油品时，其输送顺序一般按照 93 号汽油 -97 号汽油 -0 号柴油 -93 号汽油 -97 号汽油来安排。一般而言，若管道输入 m 种油品，按油品性质接近的程度安排输送次序如图 12 -1 所示。

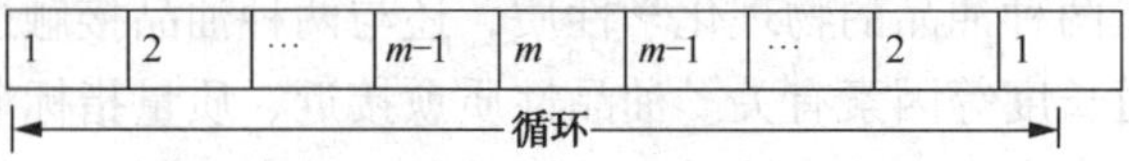

图 12 -1　输送次序

完成一个循环所需的时间为循环周期，一年内完成的循环周期数称为循环次数。在一个循环内，形成混油段的数量 n 可用下式表示：

$$n=2(m-1) \tag{12-1}$$

顺序输送管道的循环次数越少，每一种油品的一次输送量越大，在管道内形成的混油段和混油损失亦随之减少。但另一方面，油品的生产和消费通常是连续进行的，各种油品每天都在生产和消费，而每种油品的分输是按批次和周期进行，是不连续的。循环次数越少，就需要在管道的起、终点以及沿线的分输点和注油点建造较大容量的油罐区来平衡生产、消费和输送之间的不平衡，油罐区的建造和经营维修费用就要增加。因而，最优循环次数的确定应从建造、经营油罐区的费用和混油的贬值损失两方面综合考虑。

12.2.2　循环次数和储罐容量的确定

循环次数及储罐容量一般由项目设计单位经过经济分析比较后确定，是基于全年对油品的均衡需求条件，但实际上由于季节不同或成品油供应计划变化，通常管道的输油量是不均衡的。在这种情况下，全线的油罐容量为定值，每一循环的油品批量和循环次数是根据油品实际的供、求量和沿线油罐容量的可能性来确定的。有时在管道中间分输站和末站可能出现供油量不足的部分需由其他输送方式补充。

12.3 混油的形成机理及减少混油措施

12.3.1 混油的形成

两种油品在管内交替时，产生混油的因素主要有两个：一是管道横截面沿径向流速分布不均匀使后行油品呈楔形进入前行的油品中；二是管内流体沿管道径向、轴向造成的紊流扩散作用。紊流扩散过程破坏了楔形油头的分布，使两种油品混合，在一定程度上是混油段油品沿管子截面趋于均匀分布。对于紊流强度不大或层流流动的管内流体，横截面上油品的混合过程主要是分子扩散的作用。

当层流流动时，管中心液体的流速比平均流速大一倍，后一种油品 B 会进入前一种油品 A 形成楔形油头，在横截面上两种油品的分布很不均匀，中心部分 B 油的浓度很高。由于油品的密度差，这种楔形油头可能偏离管中心，并随改输 B 油时间的延续愈来愈长，直至管道终点。在浓度差的推动下，A 油分子将通过楔形界面进入 B 油，B 油分子将通过界面进入 A 油，这种分子扩散使界面邻近区域内的 A、B 油浓度趋于均匀(见图 12 - 2)。不难看出：层流流态下，管道截面上流速分布的不均匀是造成混油的主要原因。这种混油量大得惊人，可能达到管道总容积的若干倍。

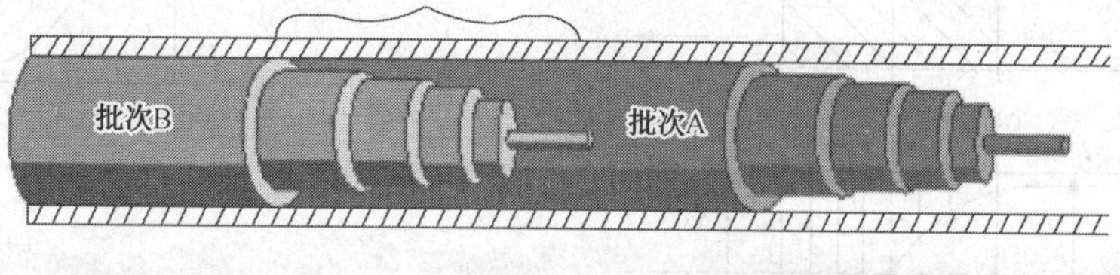

图 12 - 2 层流状态时混油示意图

当在紊流状态下交替输送油品时，紊流核心部分中流体的最大局部流速随雷诺数的增大而接近液流的平均流速，一般是平均流速的 1.18 ~ 1.25 倍。由于激烈的紊流扰动，使混油段各截面上的油品浓度较为均匀，观察不到楔形油头的存在(见图 12 - 3)。在层流边层内，则与层流流态相似，液层间的流速不同是造成混油的主要原因。实验表明：随雷诺数的增加，相对混油量开始很快的下降，当雷诺数大于 5×10^4时，相对混油量随雷诺数改变很小，可以认为，当雷诺数超过某一数值时，层流边层的厚度极薄，紊流核心部分已基本上占有整个管道截面，这时紊流速度场内局部流速的不均匀、紊流脉动以及在浓度差推动下沿管长方向的分子扩散是造成混油的主要原因，统称为纵向紊流扩散。

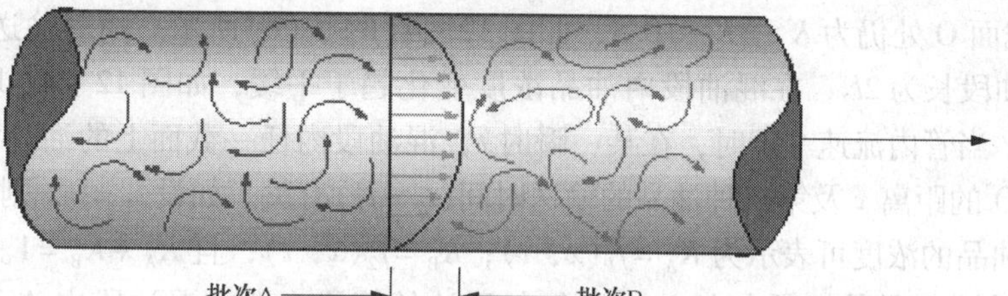

图 12 - 3 紊流状态时混油示意图

由于在层流状态时，两种油品在管道内交替所形成的混油量比紊流时大得多，同时雷诺数在 $2.3\times10^3 \sim 4\times10^3$范围内，流态由层流转变为紊流，流动不稳定，且管子截面上液体质点的局部流速差异较大，因而顺序输送管道运行时，一般应控制在紊流状态下运行。对顺序输送所进行的研究亦大多局限于紊流范围内。

12.3.2 纵向紊流扩散混油理论

12.3.2.1 混油段的发展

假设被输送的流体是能互相溶解的两种石油产品，则在管内两种油品的接触界面处，由于存在速度梯度、液体质点的紊流脉动和分子扩散作用，会在接触界面处形成混油。混油的发展过程可由图 12 -4 说明。

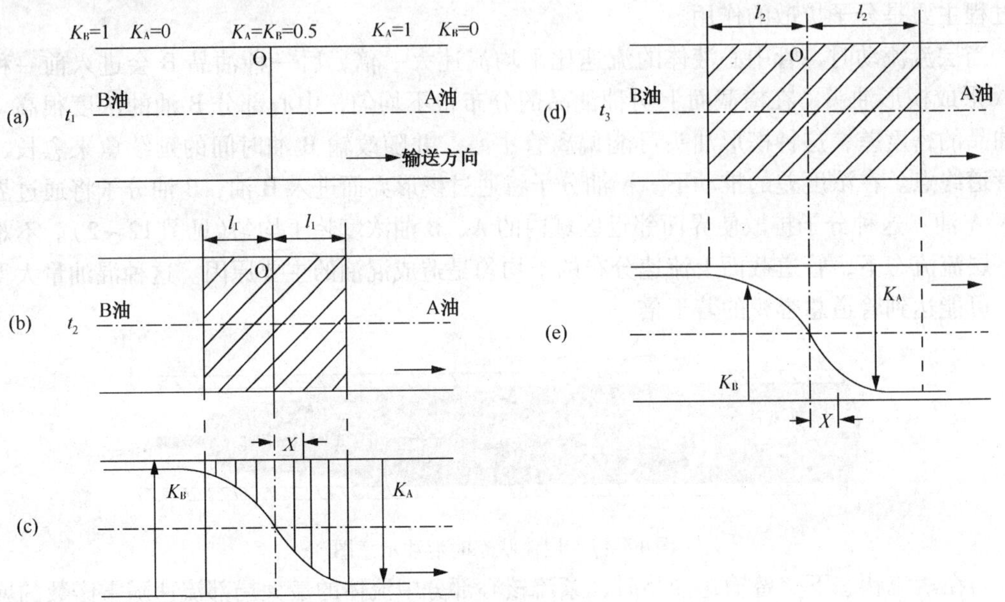

图 12 -4 混油的发展过程示意图

(a) 两种油品接触瞬间 t_1 时，管内油流和浓度分布情况；(b) t_2 时，管内油流情况；(c) t_2 时，管内油品浓度的分布情况；(d) t_3 时，管内油流情况；(e) t_3 时，管内油品浓度的分布情况

假设管道从输送 A 油开始转入输送 B 油的时刻为 t_1，在此瞬时，起始接触面 O 的左右分别为纯净的 B 油和 A 油，假设接触面 O 处的油品浓度 $K_A = K_B = 0.5$，如图 12 -4(a)所示。经过一段时间($t_2 - t_1$)，到 t_2时刻，在起始接触面 O 的两侧会形成一段长为 l_1的混油段。再混油罐内，自右至左，A 油的浓度逐渐减小，B 油的浓度逐渐增加，任意截面上两种油品浓度之和 $K_A + K_B = 1$；截面 O 处仍为 $K_A = K_B = 0.5$，如图 12 -4(b)、(c)所示。随着输送时间的延长，到时刻 t_3，混油段长为 $2l_2$，在混油段内油品浓度变化趋于平缓，如图 12 -4(d)、(e)所示。由此可以推断，当管内流速一定时，在某一瞬时 t，混油段内任一截面上的油品浓度与该截面至起始接触面 O 的距离 x 及第二种油品的输送时间($t_2 - t_1$)有关。如设 $t_1 = 0$，则混油段内任意截面处，两种油品的浓度可表示为 $K_A = f_1(x, t)$；$K_B = f_2(x, t)$，且 $K_A + K_B = 1$。

前面讨论的混油段是指既含有 A 油又含有 B 油的管段，即在混油段内 A 种油品的浓度由 1 变化为 0；B 种油品的浓度由 0 变为 1。在生产实践中，一种油品内含有微量的另一种性质相近的油品通常是允许的，同时限于测量仪表的精度，不可能精确地测出 A 油浓度由 1 变成 0 的整个混油段，故在工程上往往取一种油品的对称浓度，如 K_A 由 99%:1%、98%:2% 或 95%:5%(指体积比)作为混油段，混油段内所含的油品容积称为混油量，混油段所占的管段长度称为混油长度。

12.3.2.2 混油段内界面的浓度分布

两种油品在管道内交替时，因为对流和扩散的作用，A 油从浓度高处向低处扩散，使 B 油中混入 A 油；同时，B 油也从高浓度区向低浓度区扩散，使 A 油中混入 B 油。在两种油品之间形成混油区。在混油区内油品浓度沿长度变化，而管道横截面上的浓度基本趋于均匀。不考虑径向扩散作用，顺序输送管道的混油过程可简化为一维扩散。对于这种管内一维的扩散过程，可近似用费克扩散定律描述：

$$W = -D_T \frac{dK}{dx} \tag{12-2}$$

式中，W 为扩散速速，即单位时间通过单位面积扩散的液体的体积量，m/s；$\frac{dK}{dx}$为浓度梯度，即管道截面上某种油品的平均体积浓度沿 x 方向的变化率，1/m；D_T为管道轴向紊流有效扩散系数，m^2/s。

上式中的 D_T是针对管内一维扩散混油过程，满足上式的紊流有效扩散系数。它反应了紊流中对流和扩散两种传质过程的作用。实验表明，成品油管道有效扩散系数与管内流速、管径、油品黏度和油品密度等因素有关。有效扩散系数可由实验确定，也可由生产数据统计求得。

12.3.2.3 有效扩散系数

有效扩散系数综合了油品交替过程中的对流、紊流扩散和分子扩散三种因素的作用。目前所采用的计算公式多数都是从实验中总结出来的。

（1）雅勃隆斯基－希兹基洛夫公式

$$D_T = \nu_{pj}(3 \times 10^3 + 60.7 Re_{pj}^{0.545}) \tag{12-3}$$

式中，ν_{pj}为两种交替油品运动黏度的算术平均值，m^2/s；Re_{pj}为按 ν_{pj}和管内平均流速计算的雷诺数。

（2）阿沙图良公式

$$D_T = 17.4 \nu_{50} Re^{2/3} \tag{12-4}$$

式中，ν_{50}为混油的计算运动黏度，$\nu_{50} = \frac{\nu_1 + 3\nu_2}{4}$，且 $\nu_1 > \nu_2$，m^2/s；Re 为按 ν_{50}计算的雷诺数。

（3）泰勒公式。泰勒使用数据分析方法，得出了适用于水力光滑区的有效扩散系数的计算公式：

$$D_T = 1.785 v_{cp} \cdot d\sqrt{\lambda} \tag{12-5}$$

式中，V_{cp}为管内平均流速，m/s；d 为管内径，m；λ 为水力摩擦阻力系数。

实验数据证明，泰勒公式适用范围为 $Re > 2 \times 10^4$。

12.4 混油量的计算

12.4.1 管道终点的混油浓度

在一定的输送工况下，混油段内某一截面上的浓度分布取决于混油段在管内运行的时间和该截面距起始接触面的距离。混油段到达管道终点时，管内混油段的浓度分布呈一定规律，只是终点混油截面与起始接触面之间的距离随时间而变化。

由于在实际工作中，混油段的长度经常不到管道全长的1%，故自B油开始进入管道至混油段开始在管道终点出现所经历的时间 t，与两种油品的起始接触面从管道起点流至终点所需的时间 t_0 很接近，取 $\tau = \frac{t}{t_0}$，即 $\sqrt{\tau} \approx 1$。

当输送条件一定时，某一特定管道终点所流出的油流浓度 K_A 或 K_B 仅是 τ 的函数。管道终点油流浓度与 τ 的关系曲线如图12－5所示。横坐标 $\tau = 1$ 处 $K_A = K_B = 0.5$，表示混油起始接触面到达管道终点。上述理论曲线表明。流经管道终点的混油段长度和浓度的变化均对称于起始接触面。

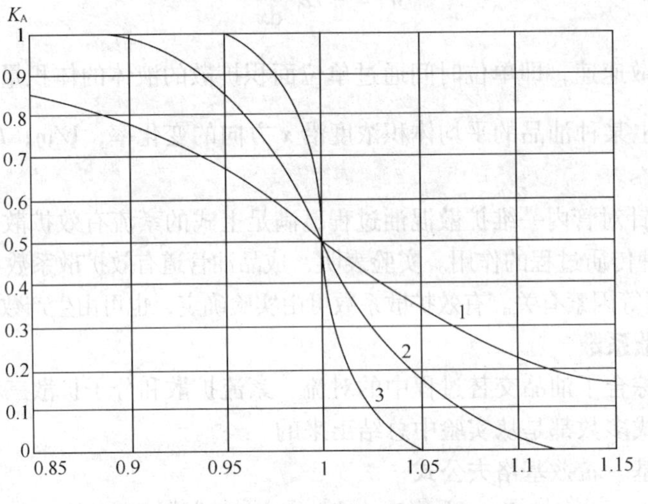

图12－5　管道终点混油浓度的理论变化曲线

实际上，在 $K_A = K_B = 0.5$ 的混油界面两侧的混油长度是不相等的，其浓度的变化关系也并不对称。通过对我国汽油、柴油顺序输送试验，可以看出混油段浓度分布的某些规律。

图12－6是国内轻质成品油经长距离输送后的混油曲线，与图12－5的理论变化曲线有明显区别。通过对混油曲线和相关数据分析可知混油段具有如下特征：

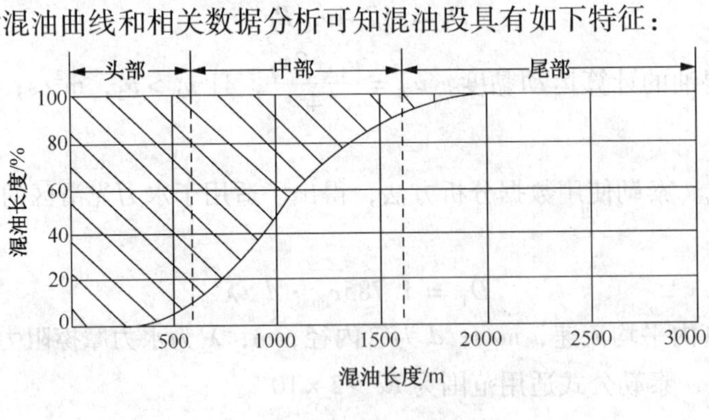

图12－6　实测浓度变化曲线

（1）混油段相对于50%浓度的混油界面是不对称的。50%浓度界面的混油段比理论浓度曲线所表示的短，约占混油段全长的1/3；50%浓度界面后的混油段比理论段长，约占混油段全长的2/3。

（2）实测曲线在10%～90%的浓度范围内，大体与50%的浓度界面相对称，其浓度与混油长度关系接近线性关系，每10%浓度范围的混油长度约占混油总长度的4%～5%左右，并与理论浓度曲线比较接近。

在1% ~10%浓度范围内的混油段占混油总长度的10% ~20%，而90% ~99%浓度范围的混油段约占混油总长的40% ~45%。特别在95% ~99%的范围内，实测浓度曲线存在一条很长的混油尾，浓度变化缓慢，在有的文献上把它称为混油尾痕。产生混油尾痕的原因是管内层流边层的影响，以及积存在盲支管和管道低洼处的前一种油品不断掺入后一种油品内的结果。

12.4.2 管道终点的混油量

管道终点的混油量与混油段的浓度范围有关。混油量所占据的管段长度称为混油长度。显然，管道终点的混油量是条件性的参数。预先确定的混油头、混油尾的切割浓度范围不同，管道终点产生的待处理的混油量也就不同。

12.4.2.1 混油量的理论计算公式

假设混油段的头到达管道终点截面的时间为 t_1，混油段尾通过管道终点的时间为 t_2，则在管道内所形成的混油量 V_h 为：

$$V_h = Q(t_2 - t_1) \tag{12-6}$$

式中 Q——混油分输的流量，m^3/s；

t_2、t_1——混油分输终了、初始时的时间。

混油量与管道容积之比称为相对混油量。因此我们可以预测出每个批次的混油量，得到管道终点处任意浓度范围内混油量。

$$\frac{V_h}{V_g} = \frac{Q}{Q_{t_0}}(t_2 - t_1) = \tau_2 - \tau_1 \tag{12-7}$$

式中 V_g——管道总容积，$V_g = Q_{t_0}$，m^3；

对于同一管径的管道来说，管容的计算非常简单。即：

$$V_g = \frac{\pi}{4}d^2L \tag{12-8}$$

式中 d——管的内径，m；

L——管线长度，m；

V_g——管道总容积，m^3。

对于变径的管道管容计算也是同理：

$$V_g = \frac{\pi}{4}(d_1{}^2l_1 + d_2{}^2l_2 + d_3{}^2l_3 + \dots\dots + d_n{}^2l_n) \tag{12-9}$$

式中 d_1、d_2……d_n——各段管的内径，m；

l_1、l_2……l_n——相对各管径的管线长度，m；

V_g——管道总容积，m^3。

对于输送条件一定的某管道，贝克莱数为一常数，不随时间而变化，Z 的大小只决定于 τ_0。即

$$\tau_2 = 1 - 2Z_2Pe_d{}^{-0.5}$$
$$\tau_1 = 1 - 2Z_1Pe_d{}^{-0.5}$$

所以

$$\frac{V_h}{V_g} = 2(Z_2 - Z_1)Pe_d{}^{-0.5} \tag{12-10}$$

其中 Pe_d 为贝克莱准数，$Pe_d=\dfrac{VL}{D_T}$

D_T 为有效扩散系数（综合了油品交替过程中的对流、紊流扩散和分子扩散三种因素的作用）。

（1）雅勃隆斯基－希兹基洛夫公式

$$D_T = \nu(3\times10^3+60.7\,Re_{pj}{}^{0.545}) \tag{12-11}$$

式中 ν_{pj}——两种交替油品运动黏度的算术平均值，m^2/s；

Re_{pj}——按 ν_{pj} 和管内平均流速计算的雷诺数。

（2）阿沙图良公式

$$D_T = 17.4\nu_{50}\,Re^{2/3} \tag{12-12}$$

式中 ν_{50}——混油的计算运动黏度，$\nu_{50}=\dfrac{\nu_1+3\nu_2}{4}$，且 $\nu_1>\nu_2$，m^2/s；

Re——按 ν_{50} 计算的雷诺数。

（3）泰勒公式

泰勒使用数据分析方法，得出了适用于水力光滑区的有效扩散系数的计算公式

$$D_T = 1.785V_{cp}\cdot d\sqrt{\lambda} \tag{12-13}$$

式中 V_{cp}——管内平均流速，m/s；

d——管内径，m；

λ——水力摩擦阻力系数。

实验数据证明，泰勒公式适用范围为 $Re>2\times10^4$。

于是混油量可按下式计算：

$$\frac{V_h}{V_g}=4\alpha Z\sqrt{\frac{d}{L}}\sqrt{\frac{3\times10^3+60.7\,Re_{pj}{}^{0.545}}{Re_{pj}}}2(Z_2-Z_1)Ped^{-0.5} \tag{12-14}$$

如以 C 代表管道内的混油长度，则

$$C=4\alpha Z\sqrt{dL}\sqrt{\frac{3\times10^3+60.7\,Re_{pj}}{Re_{pj}}} \tag{12-15}$$

式中 C、d、L——混油长度、管道内径和管道长度，m。

Re_{pj}——按 ν_{pj} 和管内平均流速计算的雷诺数。

12.4.2.2　混油量的经验计算公式

当 $Re>Re_c$ 时，$I=11.75\sqrt{L}\sqrt{D}Re^{-0.1}$　（12－16）

当 $Re\leqslant Re_c$ 时，$I=18420\sqrt{L}\sqrt{D}Re^{-0.9}\exp(2.19\sqrt{D})$　（12－17）

$$Re_c=9870\exp(2.74\sqrt{D})$$

式中 I——混油长度，m；

L——管道长度，m；

D——管内径，m；

Re——管道雷诺数；

Re_c——临界雷诺数；

根据 Austin－Palfrey 公式，管道中混油的扩散速度不仅与雷诺数 Re 有关，而且与油品输送距离有关。在 Re 相同情况下，输送距离越长，混油的扩散速度越小。

（1）相同管径，不同流量的混油长度计算。在输油管径相同情况下，混油长度 I 与管道

长度 L 和管道运行的雷诺数 Re 有关，不同长度和不同雷诺数情况下，混油的扩散速度不一样，混油长度 I 的增加速度不同。

假设一条成品油管道长度为 L，管径为 D，在距离 L_1 的位置有一分输点，管道前段流量 Q_1，雷诺数 Re_1；后段流量 Q_2，雷诺数 Re_2；混油头经过距离 L_1 的输送，形成混油长度 I_1（假定雷诺数小于临界雷诺数）。根据混油计算公式(12－17)得：

$$I_1 = 18420\sqrt{L_1}\sqrt{D}Re_1^{-0.9}\exp(2.19\sqrt{D}) \quad (12-18)$$

经过分输点后，管道流态发生变化，雷诺数变为 Re_2，混油扩散速度增大，新增混油按下式计算：

$$I_2 = 18420\sqrt{L-L_1}\sqrt{D}Re_2^{-0.9}\exp(2.19\sqrt{D}) \quad (12-19)$$

由于初始混油生成速度比较快，按式(12－18)计算混油量较大。但管道流态发生变化，雷诺数变为 Re_2 时，已经产生一定长度的初始混油量，对混油的增长速度有一定的影响，按式(12－19)计算混油量，其结果远大于实际产生的量。若最终混油长度按下列公式计算：

$$I = 18420\sqrt{L}\sqrt{D}Re_2^{-0.9}\exp(2.19\sqrt{D}) \quad (12-20)$$

则在管输距离 L_1 之前，混油长度是按雷诺数 Re_2 计算，与实际不符，其计算结果将偏大。因此，引入当量长度这一概念，即混油头经过距离 L_1 的输送，雷诺数为 Re_1，形成混油长度 I_1；当流态发生变化，雷诺数变为 Re_2 时，根据混油长度 I_1 推算出，雷诺数为 Re_2 形成 I_1 长度混油的管道当量长度 L'_1：

$$L'_1 = \left[\frac{I_1}{18420\sqrt{D}Re_2^{-0.9}\exp(2.19\sqrt{D})}\right]^2$$

最终混油长度：

$$I = 18420\sqrt{L - L_1 + L'_1}\sqrt{D}Re_2^{-0.9}\exp(2.19\sqrt{D}) \quad (12-21)$$

(2) 不同管径和流量下混油长度的计算。对于不同管径、不同流量的成品油管道，其混油量的计算同样采用当量长度，那么计算混油长度 I_1 的管道当量长度 L'，则最终混油长度为：

$$I = 18420\sqrt{L_2 + L'}\sqrt{D}_2 Re_2^{-0.9}\exp(2.19\sqrt{D_2}) \quad (12-22)$$

12.5 混油段的检测

在成品油的顺序输送中，应及时掌握混油界面的准确位置。一方面可以用于指导流程的倒换，如当混油界面没到达时，中间站停止输入；另一方面在分输站，可将不同的油品准确分输进不同的油罐；第三，由于不同的油品流经泵站时，对泵的运行影响较大，电机电流值波动较大，因此，若能及时掌握混油界面到达中间泵站的时间，并采取安全措施，对确保安全运行具有十分重要的意义。

目前，国内成品油管线用于输送不同油品的界面检测方法大致主要有以下几种：密度型、萤光记号型、光折射率型。

(1) 密度型。用测量不同油品的密度差别来检测输油管线中不同油品的界面，是一种比较直接的检测方法。能够连续测量的密度型界面检测仪表有很多种，目前国内较多使用的是振动式，即振动式密度计。

(2) 萤光记号型。将一定浓度的萤光剂注入到顺序输送油品的混油界面中，界面中萤光剂的含量与萤光强度成正比。通过萤光界面检测器持续不断的监测管道中流动油品萤光强度的变化，检测油品的混油界面。

(3) 光折射率型。利用光在不同介质中的折射率不同检测混油界面，如光学界面检测仪。

12.6 混油影响因素

12.6.1 雷诺数的影响

雷诺数越小，混油长度越长，混油量越大。

12.6.2 输送次序对混油量的影响

由于顺序输送的周期性，油品在管内的排列次序也发生周期性的变化。在操作条件完全相同的情况下，输送次序不同，产生的混油量亦不同。一般规律为：油品交替时，黏度小的油品顶替黏度较大的油品产生的混油量大于交替次序相反时的混油量。

这可作如下解释：在相同的输送条件下，黏度较大油品的层流边层比较厚，由于黏度大，层流边层内液体的黏滞力也大。例如，当汽油顶柴油时，附在管壁上的柴油量较大，且不容易被后行的汽油剪切冲刷下来，残留在管壁上，增加了混油量，并会使混油尾拖得很长。当柴油顶汽油时，附在管壁上的汽油量较少，且汽油与管壁的黏滞力也小，汽油容易被后行的柴油剪切冲刷下来，相应的混油长度也短一些。

在顺序输送管道内用黏度较小的油品替换黏度较大的油品时，其混油量比相同两种油品输送次序相反时的混油量大10%～15%。

12.6.3 管道首站初始混油量的影响

在输送首站进行两种油品切换操作时形成所谓的初始混油。初始混油量的大小取决于油品切换的速度、首站管道配管布置和首站的排量。管道愈长，初始混油对管道终点总的混油量影响愈小。在管道首站产生的初始混油，对短距离管道影响是很大的，当管道长度增加到300km时，初始混油的影响已不明显。因此，可以得出下述结论：初始混油会使管道终点的混油量有所增加。为了减少总的混油量，采取措施减少初始混油对短距离管道有效，但对长距离管道效果较小。

12.6.4 中间泵站对混油量的影响

顺序输送过程中，混油段每经过一个中间站，混油长度就有所增加。中间站产生混油的原因主要有以下几点：

(1) 站内分支管道较多，支管到阀门之间的存油不断的与进站油品掺合，使混油段浓度发生变化，混油量增加。

(2) 站内管道阀件、管件多，造成局部扰动，加剧混油过程。

(3) 混油段通过中间泵站时，泵内叶轮的剧烈剪切也会加强混油过程，增加混油量。

据资料统计，混油段经过中间泵站时，混油长度平均增加36.6m。从减少中间站对混油量影响的角度考虑，对于顺序输送管道，应采用密闭输油方式，尽量简化中间站流程，减少涡流源和盲管长度。

12.6.5 停输对混油量的影响

在油品输送过程中，管道的事故工况或计划内的维修工作都会造成管道的临时停输。停输时，管内液体的紊流脉动消失了，被输送液体之间的密度差成为产生混油的主要因素。在密度差的作用下，混油段横截面上的油品会在垂直方向上产生运移。较轻的油品向上运动，较重的油品向下运动。如果停输时混油段正在高差大的山坡地段且密度大的油品正处在高处时，在密度差的作用下，混油量会较大地增加。为减少混油，在油品交替时应尽可能避免停输。

12.7 混油的切割和处理

顺序输送成品油管道产生的混油，一般在管道末站进行接收和处理。混油切割前，需要制定混油切割方案，根据合格油品中允许混入另外一种油品的浓度及合格油品油罐的容量，计算一种油品允许混入另一种油品的量，从而确定管道终点混油段切割浓度，制定分段切割和倒换油罐方案。

12.7.1 纯净油品中允许的混油浓度

某种合格油品是否允许混入另一种油品，允许混入的浓度大小，取决于两种油品的性质和油品质量指标的潜力。如93号汽油与97号汽油的性质十分接近，允许相互混入的浓度较大，不会切割出混油，而93号汽油与0号柴油性质差别相对较大，相互间允许混入的量较小，易切割出较多混油。

一般，输送的油品质量指标潜力均有一定余量，但由于两种油品混合后的质量指标与混油浓度之间并不遵守相加原则，因此，在两种油品切换及接收混油之前，需进行两种油品不同浓度的混合试验，测定混油的性能，从而确定最大允许相互混入的比例，结合分输油品量和罐容，确定切割点。

12.7.2 两种油品允许相互混入的量及切割浓度

12.7.2.1 在混油接收站A、B两种油品允许相互混入的量计算

如果已知A油中允许混入的B油浓度(用K_{ByA}表示)和A油罐的实际容量V_{gA}，则A油罐中允许混入的B油量V_B可由下式计算

$$V_B = V_{gA} \times K_{ByA} \tag{12-23}$$

同样，如已知B油中允许混入的A油浓度(用K_{AyB}表示)和B油罐的实际容量V_{gB}，则B油罐中允许混入的A油量V_A可用下式计算：

$$V_A = V_{gB} \times K_{AyB} \tag{12-24}$$

由以上两式可以确定，在某一种合格油品储罐内，允许混入的另一种油品的容积。根据V_B、V_A和混油段的浓度分布，可进一步确定混油头和混油尾的切割浓度。

12.7.2.2 混油头和混油尾的切割浓度确定

混油头和混油尾的切割浓度计算有理论的计算公式，可参照有关书籍并结合接收末站的罐容情况、掺混浓度进行理论计算，但与实际情况有较大差距，只能作为管道设计时对管道分输点混油处理提供一个初步依据。从实际的混油密度曲线可以看出存在很长的油尾痕迹，其长度与所输油品的性质、顺序、工况变化、地形起伏、站内管系等因素有关，难以准确

计算。

在实际生产运行中，寻找混油切割点浓度的方法是在接近终点的管道上，检测实际的密度(或浓度)变化曲线，并根据实验得出的两种油品允许的相互掺入量，通过数值积分或估算来确定切割点。

12.7.3 混油切割和处理

12.7.3.1 混油的切割

大多数成品油管道的混油是在末站接收和处理。切割的方式主要有两段式、四段式和多段式切割。

(1) 两段式切割。两段式切割是将全部混油切割为前后两段，分别进入前行和后行的合格油品罐内，不仅使操作简便，减少混油损失，而且管理方便，简化了混油处理过程。如果所输前后两种油品的性质比较接近，质量指标潜力较高，两种油品允许的混油浓度均较高，且A油及B油的罐容量和接收的合格油品量又较大时，一种油品允许混入另一种油量较多，就可能将整个混油段分割为两部分，即两段切割。

(2) 四段切割。当相邻输送的两种油品性质相差较大、质量指标潜力较小，两种油品允许的浓度均较低，且A油及B油的罐容量和接收的合格油品量又较小时，只允许一小部分的混油头和混油尾可直接进入合格的油品罐中，中间部分混油段按含A、B两种油的比例不同，分别切入两个混油罐中，以便进行更多的混油回掺。

(3) 多段切割。如相邻输送的两种油品性质相差大、质量指标潜力小，两种油品允许的混油浓度均低，且A油及B油的罐容量和接收的合格油品量又较小时，只允许很小部分的混油头和混油尾可直接进入合格的油品罐中，为了便于进行更多的混油回掺，对中间部分混油段再分成四段进行切割，分别进入富汽油、高浓度富汽油、富柴油、高浓度富柴油罐中。

12.7.3.2 混油的处理

顺序输送产生的混油量大多数输送到末站切割进混油罐储存后进行处理。目前处理混油的方式主要有混油回掺、运至炼油厂回炼、降级或末站蒸馏装置蒸馏处理。

为节省费用，减少经济损失，应充分利用质量潜力和末站分输的油品进行回掺。但由于油品在管道沿线大量分输后，进入末站的油品较少，可掺的混油量较小，有大量混油无法通过回掺处理，需要采取其他处理方式处理。

回掺不完的混油应根据剩余量、运距等条件进行费用比较后确定其他处理方式。如混油剩余量大，当地无炼油厂或炼油厂距离较远时，则应考虑自建蒸馏装置。生产实践表明，常压馏分的特性已相当接近相应的合格成品油，可以大量(10% ~30%)混入合格油品中而不致破坏油品质量，以减少销售和运输混油造成的损失。

如剩混油余量不大运至炼油厂不经济时，可考虑降级处理。

12.8 减少混油的措施

12.8.1 改进工艺设计

在工艺设计上采取“从泵到泵”的工艺流程，而不是采取“从罐到罐”和“旁接罐”工艺流程，可以减少在中间泵站油罐的混油。

应尽量不用变径和复管，尽可能减少支盲管，因为这几种情形均会使混油增加。尤其当干线和复管管径不同时，干线和复管内的流速不同，在干线和复管的汇合处造成强烈的混油，增加混油量。

在设计时，应采取措施消除翻越点。因为翻越点后，自流管线将会出现不满流，流速增加，将使混油量增加。

在工艺设计上，采用各种隔离措施将前后油品隔开，可以减少油品的混合。常用的隔离措施有机械隔离器、液体隔离器。

12.8.2 正确操作

为了减少混油，应确保在紊流状态下输送，而且雷诺数应尽可能高，杜绝在层流状态下输送。

合理组织顺序输送次序对减少顺序输送混油是十分重要的，在满足质量要求的前提下，应将黏度相近的油品安排相邻输送，以减少混油。尽管黏度大的油品顶黏度小的油品可以减少混油，但对一个循环而言，这样有助于混油的减少，因为伴随的低黏度油品顶高黏度的混油将会增加。

尽量减少油品切换的时间，减少初始混油，有利于减少混油。

在切换油品时，应做好周密准备，不允许切换阀出现故障或发生停输，因为切换阀出现故障会产生窜油，增加初始混油，长时间的停输会由于扩散的继续而使混油量增加。不得已停输时，应尽量使混油段位置停在平坦的地段，并关闭线路上混油段两端的阀门。切忌停在重油在上轻油在下的大坡地上，因为这会使混油量剧增。

在起、终点储罐允许的前提下，尽量加大每种油品的一次输送量。对于特定管道的顺序输送，某种油品的输送量应大于规定的最小允许输量。

第 3 篇
管道运行

第 13 章　管道试运投产

成品油管道试运投产是由工程施工转入生产运行和管理的关键阶段。主要包括投产（生产）准备、工程三查四定（预验收及中交）、管道充水扫线、全线输水联运、投油条件确认、管道投油等阶段。管道投产应按规定进行生产准备，编制生产准备统筹计划和总体投油试车方案，各阶段工作应按生产准备统筹计划和总体投油试车方案紧密开展，落实到位。

13.1　管道试运投产准备

13.1.1　生产准备主要任务

生产准备主要任务包括：组织准备、人员准备、技术准备、物资准备、资金准备、油源及市场准备、外部条件准备。

13.1.2　组织准备

建设单位应及时成立以建设单位为主，设计、采购、施工、监理等单位参加的试车组织机构。统一指挥和协调有关单位做好生产准备、单机试车、水联运、投产等工作。根据设计要求和工程进展，建设单位适时组建各级生产管理机构。

13.1.3　人员准备

成立健全的生产管理组织机构，并根据设计和批复定员，编制定员方案和岗位人员配置、培训计划，适时配备人员。并对各级管理人员、专业技术人员、技能操作人员进行严格培训和考核，上岗人员必须全部持证上岗，特殊工种操作人员应获得相关部门取证。

13.1.4　技术准备

技术准备的主要任务是编制各种试车方案、生产技术资料、管理制度，使生产人员掌握输油管道的生产和维护技术。

（1）编制生产准备统筹纲要和计划。

（2）各种方案。总体试车方案、水联运方案、投产方案；给排水、消防、污水、通讯、供电、计量、阴保、自动化等系统试车或联调方案；仪表单调、联校方案；输油泵机组试运方案；事故处理预案等。各种方案应按规定取得各级部门的批准。

（3）技术资料。工艺操作规程、安全技术及职业卫生规程、事故处理预案；分析规程、各种检维修规程、设备运行规程、电气运行规程、仪表操作规程、SCADA 控制系统规程、通讯系统规程；各种检维修作业规程；工艺流程图、设计参数、控制逻辑程序、联锁逻辑程序及设定或整定值、报警值等；竣工资料、设备使用说明书、厂商编制的操作手册等；编制岗位记录报表、技术台帐。制度、方案、规程、参数等按规定进行审批。

（4）管理制度。生产作业部门和管理部门应制定以岗位责任制为中心的相关管理制度。

（5）培训资料。各专业基础知识教材，专业知识教材，实习教材，主要设备结构图，工艺流程图，生产准备手册，安全、环保、职业卫生及消防、气防基础知识，仿真培训及软件，事故案例等。

（6）综合性资料。本输油管道项目介绍、润滑油手册、三废排放手册、设备手册、阀门及垫片一览表、轴承一览表及备品配件手册，及时整理随机资料。

13.1.5 物资准备

（1）编制仪表、自控、电气、通信、机械类设备的备品备件、分析化验备件、润滑油（脂）等计划，并及时配备到位。

（2）收集随机专用工具、测量仪器，参与设备开箱验收工作。

（3）安全、卫生、消防、环保、气防、救护、通信、防洪抗汛等器材及物资按时配备到位；劳动保护用品按计划和规定配发。

（4）配备计量化验分析仪器。

（5）编制专用器具计划并配置到位。

13.1.6 油源和市场准备

落实管道投油和铺底油油源；沿线各站的分输量和输油计划、批次。

13.1.7 外部条件准备

（1）签订外部协议。有关操作、数质量交接、化验分析、供电、供水、消防、污水处理（环保）、生活后勤、油品运输等外部协议或依托协议；通球扫线和水联运用水、排水协议。

（2）劳动安全、消防、工业卫生、环保、压力容器等审批、申报、取证；

（3）水联运上水和排水条件落实。

13.2 管道试运投产

管道试运投产包括站内单体和分系统试运、管道清扫、管道充水扫线、全线输水联运、管道投油等过程，在投产过程中应择机尽早进行站内设备单体试运和分系统试运。投产的各个过程应以投产方案为依据，严格检查、落实方案中对各个阶段要求达到的条件，按步骤有序进行试运投产。

13.2.1 站内单体和分系统试运

工程施工单位安装结束并自检和初评合格后，由建设单位组织“三查四定”。对具备试运条件的工艺管道和设备、电气系统、仪表自动系统、通信、消防、给排水、计量、拔头装置等单体设备和分系统进行试运或初步调试，检验设备制造、安装质量和设备性能是否符合设计制造要求，各项试运和调试均要编制方案并经过各级批准后方可实施。

由于全线输油泵机组基本是高扬程大功率机组，单站不具备带负载试运条件，只能先对电机和调速装置进行空载试运，在水联运阶段具备条件后再进行带负载试运。新建和改造的油罐需进行试运，对阀门进行单体测试；通讯系统尽早调试和投用；外供电、变配电和电气控制系统需进行单体和系统试运；现场一次仪表、二次仪表、超声波流量计、密度计、压力开关等需进行单体调试；对控制、报警、连锁进行调试；SCADA 系统及部分可测试的自动化控制程序进行测试。

对不具备试运条件的部分程序，包括站控、中心控制等只进行室内建点和闭环测试，系统调试可在以后的管道充水和输水联运阶段进行；通信系统首先完成主信道通信的设备单体调试、端站和中心站的联调，然后开通备用信道；对消防系统进行单体和联合试运，并通过当地消防部门的验收；计量系统的流量计及其配管是撬装设备，出厂前已经过标定，在投用前采用氮气进行撬装整体气密性试验，并在通油时进行调零和在线标定；给排水、采暖通风系统需进行试运并投入使用；末站拔头装置需进行单体和系统联运。

13.2.2 站间干管线空气清扫

使用大型压缩机对站间干管线进行空气清扫测径，以清除施工中管内遗留的各种异物和杂质，清理焊缝处的药皮和焊渣。压缩空气清扫可以多次发球清扫杂质，直至清除的杂质减少到符合要求为止，测径是为了检测管道的变形情况，为水联运、投油提供可靠外管线参考资料。管道干线清扫在站间线路工程和干线阀室工程完工后进行，按照有关规范和设计文件要求完成分段施压和清扫。

站间管道清扫时应注意：

（1）与站间清管无关的其他站内工艺管线应进行隔离，以防止脏物进入，线路截断阀应处于全开状态。

（2）站间清扫宜采用压缩空气，进气点宜选择发球筒放空管或其他合适的地方，在收球筒上可安装临时排气管，将清扫出的污物排到站外。清扫出的污物应一站一排，不得污染环境或推向下站。

（3）站间清扫宜使用带跟踪器的清管器，清管期间应派人对清管器进行跟踪，现场跟踪人员应与指挥中心保持通信联络。

（4）对于复杂地区的管段，由于地形起伏大、平面转角多、落差大、路况条件差，大型压缩机的搬运非常困难和危险。可按照首站空气压缩机运行集中供气、各清管站间分段清管的原则进行。为了防止清管器卡阻，节约时间，可采用小型车载式空气压缩机在中间站加压推动清管器运行的方法进行清扫。

（5）管道清扫应先采用六皮碗直板型机械清管器和六皮碗直板型钢刷机械清管器，在管道试压后的扫线阶段，使用泡沫清管器，以清出管线内存水。六皮碗直板型测径清管器的直径为所通过管段最小直径的95%，按规范要求，清管器皮碗直径的过盈量应为管道内径的5%～8%。对于变壁厚设计的管道，只有距离很短的厚壁管段、穿(跨)越段和个别弯头处的过盈量稍大，过盈量也可超出此限制。泡沫清管器过盈量可在5%～9%之间。

13.2.3 管道充水

中间站一般无输入设施且缺乏水源，管道充水时，一般都采用在首站向管道内充水的方法，若必须从中间站或站间向管道内充水，则应选择符合要求的水源，并安装临时过滤、输入设施及足够扬程的输水泵。开始时因管道内无背压，可直接采用临时给水泵(或给油泵)充水，当水充满一定长度的管段后出站压力达到给水泵扬程时应启动站场主输泵(或临时输水泵)继续向管道充水。在管道充水扫线过程中，可选择在水头前放置一个机械清管器以更有利于排净管内气体，防止充满水的管段内空气残存；对于高差较大的管线，也可在外管线高点设置排气点。

充水阶段的污水到达下游站实行一站一排，不得使污水进入下段管道，在确定本站水质干净并符合要求后，按制定的站内冲洗方案进行站内冲洗，冲洗符合要求后再向下游充水。

应根据管线及站场设置情况，计算确定充水扫线阶段各站开泵方案。开泵方案在考虑提供足够压头的同时，应尽量减少开泵台数，降低杂质进入泵内的几率。

在充水期间和水联运前应完成全线控制和安全保护程序的调试，以保证水联运时管道和设备的安全。

13.2.4 站间管道整体试压

各站间管道充水结束后，可根据条件对站间管道进行整体试压。站间试压时，应将与线路试压无关的工艺管线进行隔离。并应采取措施，防止串压。

站间试压压力值为设计压力，如经核算局部地段出现超压，应降低试压压力，稳压时间为4h。以压降不超过试验压力的1%且小于0.1MPa为合格。站间试压升压速度应缓慢，当升至0.3倍和0.6倍试验压力时，应暂停升压，进行巡线检查，无异常情况方可继续升压。

巡线检查的重点部位为弯头、三通、绝缘接头(法兰)、穿(跨)越管线、截断阀、碰口焊接等部位。巡检人员向输油站站控室联系并汇报情况。

13.2.5 全线输水联运

13.2.5.1 全线输水联合试运的目的

(1) 进一步对管道进行冲洗、通球和清扫，确保投油后输送油品质量，并防止杂质、硬物对机泵、阀门等的损坏。

(2) 检验整个管道系统整体运行可靠性。

(3) 对给油泵、输油泵进行充分试运。

(4) 进一步检验输油工艺设备的技术性能和可靠性。

(5) 对自动调节系统进行整定、调试，测试调节灵敏性和可靠性；测试报警、联锁系统的可靠性。

(6) 对水击泄压阀进行整定。

(7) 进行分输、全线启停输等工况演练。

(8) 根据输水试运结果，对存在问题进行整改。

(9) 降低投产期间可能发生的风险。

(10) 对水联运期间暴露的问题进行全面整改，为管道投油做好准备。

13.2.5.2 水联运期间完成的工作内容

(1) 尽可能安排多发送清管器。

(2) 对给油泵、输油泵进行充分试运。

(3) 对站内其他需要用水作介质试运的设备、流程要进行试运。

(4) 让尽可能多的设备参加试运。

(5) 对自动调节系统进行整定、调试，测试报警、联锁系统的可靠性。

(6) 对水击泄压阀进行整定。

(7) 进行分输、全线启停输等工况演练。

(8) 对输水联运过程发现的问题进行整改。

13.2.6 管道投产

13.2.6.1 管道投产方式

投产前管道内充满水，在首站进行油水流程切换，可采取油顶水的方式将管道中的水置换出去。由于投产过程中各种设备都处于试运阶段存在不确定因素，为确保安全，投产过程一般选择单一油品——柴油。如果由于首站油源、分输库接收罐容、市场销售的限制，不能采用一种油品投产时，可选择批量较大的两种或多种油。

在油顶水过程中，通过密度计检测、人工跟踪取样化验、计算机模拟计算或人工跟踪计算等方法跟踪油头。为了降低油水交替过程中的能耗，避免大量水进入末站，可根据全线运行工况，在管道沿线选择输油站进行排水，并根据运行需要随时调整排水量，在预计油头到站前停止排水，预计混油段到达末站前提前改进站内混油罐或分输油库临时油水混合物接收罐，关闭末站的临时排水阀门。

13.2.6.2 油品分输

由于长输管道输送距离长、管径逐渐变小、沿线分输点多、流量逐渐减小，为满足输送工艺要求，在油顶水的油头到达末站前，沿线部分输油站要进行分输作业。根据输油工艺和下游市场的需求，在管道投油前应编制好详细的油品分输计划，并且在油头到达末站前按计划实施分输作业。

13.2.6.3 油水混油分输

在计算油头到达末站前一定时间，开始连续检测，可比预计到达时间提前一定时间切换进油水混合物接收罐。当油含水率低于1%时，可改进纯油罐。

为了使油水混合物便于分离，可在末站进展管道上安装临时破乳剂注入系统，注入浓度可取50～200g/t。注入了破乳剂的油水混合物进油罐沉降脱水。

分离出的污水应进行处理，达到国家规定的排放标准方可向外排放。

13.2.6.4 事故处理与预想

投油前编制管线爆管、变形和位移等大事故的应急预案和抢修措施，输油站场主要设施损坏、跑油、着火等大事故的应急预案和抢修措施，并经审核批准，并在投油前进行联合演练；成立保运及抢维修队伍，投油过程中保运抢维修队伍在输油站场和管道沿线指定地点做好准备，并备齐抢维修工器具。

13.3 基础工作

13.3.1 投产基础数据

（1）完整记录和整理投产过程中的运行数据，如工艺参数、油头到达时间、油水含量变化情况及油水混合总量等数据。

（2）记录设备的运转状况。

（3）记录、整理整个投产过程中的重要事件。

（4）投产完成后，应有投产过程的技术和管理工作总结，编写总结报告。

13.3.2 资料管理

投产过程中应汇总和保存以下资料：

（1）投产方案。

（2）投产技术、管理工作总结。

（3）各站单体试运、清管及试压有关数据与记录。

（4）投产过程中工艺运行参数汇总表及参数变化曲线。

（5）投产过程中设备运行技术状况分析。

（6）大事记及其他有关的数据、资料。

（7）全部资料应在投产后3个月归档。

第 14 章　管道运行操作

14.1　操作原则

14.1.1　工艺流程操作原则

（1）流程切换操作，实行集中调度、统一指挥。非特殊紧急情况下（如发生火灾、跑冒油、爆管等重大事故），任何人未经值班调度同意不得擅自切换流程。

（2）流程切换操作时，严格执行操作票管理制度，操作时须一人操作一人监护。

（3）在确认新流程导通后，方可切断原来流程。

（4）衔接高低压部位的流程，在导通流程时，必须先导通低压部位，后导通高压部位；切断流程时，必须先切断高压部位，后切断低压部位。

（5）阀门操作时，必须缓开缓关，避免发生水击；向无压或从未进行升压的管线充压时，须将阀门缓慢开启，待压力平衡后方可正常打开。

14.1.2　管道启停输原则

（1）全线启输时，一般应从上游向下游依次启输；全线停输时，一般情况应从上游向下游停输，在特殊情况下，可从下游向上游停输。

（2）管道启输时，应按照最低输量启输，在全线平稳后再逐步提高流量。

（3）管道停输前，应先降低流量运行，使管线内流量平缓减少，防止出现憋压、液柱分离和压力、流量大幅度波动的现象。

14.1.3　油罐操作原则

（1）浮顶罐在浮船起浮前，要控制进油速度≤1m/s；浮船起浮后，控制进油速度≤4.5m/s。

（2）拱顶罐在油品淹没进油管前，要控制进油速度≤1m/s；淹没进油管 200mm 以上，控制进油速度≤4.5m/s。

（3）正常情况下，油罐采取单罐接收油品或单罐发油操作流程，但油源供应紧张或罐容不足情况下，可采取旁接输送流程。

（4）若旁接输送时需几个罐同时旁接，则应控制油罐间液位和基础高差不同可能引起的进、出罐流速或流速超限。

（5）采用旁接输送流程时，罐的使用要考虑异常情况下进罐或出罐流量是否超限。在采用旁接输送流程情况下进罐或出罐流量可能不超限，但若来油或外输突然停止，进、出罐流量则可能出现超限。当出现此种情况，则停止旁接输送，调节输送流量。

（6）油罐在收油时液位不能超过油罐安全高限液位，发油时不能低于油罐的低限安全液位。

（7）自炼油厂来油温度不允许超过规定值，超过规定值不得接收。

14.2 输油站及全线启停输工艺操作

14.2.1 输油站的启输与停输

根据功能及位置将输油站分为首站、中间站(中间分输泵站、中间泵站、中间分输站)、末站等。

14.2.1.1 首站

1. 首站启输操作

(1) 首站启输准备。接到调控中心启输指令做好以下准备工作。

① 调控中心通知:

a. 首站及沿线其他输油站启泵的时间及顺序;

b. 首站输送的品种和输送流程;

c. 运行工艺参数和配泵方案、启输的站场;

d. 设定控制权限。如为站控操作，根据调控中心指示将控制权限设置为站控，如为中控操作则将控制权限设置为中控。

② 首站根据调控指示完成:

a. 检查确认供电系统、通信系统、控自系统等处于正常状态;

b. 电气操作岗送电;

c. 确认各检测设备、仪表处于正常状态;

d. 设置设备的控制状态(远控或就地);

e. 根据单体设备操作规程，检查并做好机泵设备、流量计、过滤器、密度计等投用前的准备工作;

f. 检查确认泄压罐、污油罐内是否有油品及油品性质;

g. 确认泄压流程处于导通状态，泄压阀前、后阀及泄压罐进罐阀打开;

h. 完成油品计量等相关工作;

i. 工艺管道、设备的引压排气;

j. 导通进油和干线输油流程。

③ 调控中心:

a. 确认工艺和设备报警、安全联锁保护正常且处于投用状态;

b. 将输油泵、给油泵逻辑复位，使机泵阀门、处于启动前的初始状态(如输油泵进口阀全开，出口阀开度设为中间位);

c. 按要求设置好进出站调节阀、分输减压阀、流量调节阀的设定值和开度，出站调节阀开度一般设为15% ~20%。

④ 首站完成:

a. 确定现场工艺阀门、给油泵、输油泵等启输前的初始状态是否正确;

b. 打开在线密度计进出口阀，启动在线密度计系统;

c. 上述工作完成后，向调控中心汇报。

(2) 首站中控启输操作步骤

① 调控中心:

a. 通知输油站岗位人员到现场监护;

b. 根据输油流量和设备实际情况，确定即将启动的给油泵和主输泵位号;

c. 启动给油泵；

d. 当满足主输泵入口条件时，启动主输泵；

e. 当启动第一台(位于最下游)泵时，开启出站阀；

f. 根据配泵方案，相互间隔 10s 依次从下游往上游启动选用主输泵；

g. 启输完成，根据工艺参数要求调节出站阀。

② 首站人员按照检查项目对泵运行情况进行检查，泵运行正常后，向调度汇报。

(3) 首站站控启输操作步骤

① 启输前准备：除了(1)中③的内容由首站完成外，其余与(1)中相同。

② 首站准备工作完成，站控向调控汇报，并通知临近下游站；

③ 调控中心确认全线启输准备完成，通知全线站场即将开始全线启输；

④ 首站站控按调控中心指示进行启输操作：

a. 输油站岗位人员到现场监护；

b. 根据设备实际情况，确定即将启动的给油泵和主输泵位号；

c. 启动给油泵；

d. 当满足主输泵入口条件时，启动主输泵；

e. 当启动第一台(位于最下游)泵时，开启出站阀；

f. 根据配泵方案，相互间隔 10s 依次从下游向上游启动选用主输泵；

g. 启输完成，联系下游站和调控中心，了解参数情况，根据工艺参数要求调节出站阀；

h. 首站检查现场运行情况，并向调度汇报。

2. 首站停输操作

(1) 停输前准备

① 调控中心：

a. 通知首站及全线各站停输时间，全线各站同时做好准备工作；

b. 设定控制权限。如为站控操作，根据调控中心指示将控制权限设置为站控，如为中控操作则将控制权限设置为中控。

② 首站：

a. 如正在进行回注，先停止回注并关闭流程；

b. 全面检查输油站设备运行情况，并向调度汇报；

c. 输油站人员到现场监护。

(2) 首站中控停输操作步骤

① 调控中心：

a. 确认全线停输准备完成，通知全线站场即将开始全线输；

b. 缓慢关小首站出站调节阀；

c. 当调节阀前后压差接近首站最下游一台运行泵的扬程时，开始停最下游一台运行泵；

d. 按主输泵停泵原则和操作步骤并相互间隔 5s 依次停输油泵；

e. 主输泵组停运后，延时 10s，依次停给油泵，相互之间延时 5s；

f. 给油泵停运后，关闭相应油品进出罐阀及切换阀；

② 首站人员现场停止密度计系统运行；

③ 调控中心在停输完毕后，将首站控制阀门、输油泵等的逻辑及状态重置于初始状态，恢复站内流程；

④ 首站人员现场检查确认所有流程无误、相关设备全部停运后，向调控中心汇报；

⑤ 调控中心在停输首站的同时，对下游站进行调节和停输操作。

（3）首站站控停输操作步骤

1）停输前准备：同(1)中内容。

2）站控停输操作步骤

① 调控中心：确认全线停输准备完成，通知全线站场即将开始全线输。

② 首站站控：

a. 缓慢关小首站出站调节阀；

b. 当调节阀前后压差接近首站最下游一台运行泵的扬程时，开始停最下游一台运行泵；

c. 按主输泵停泵原则和操作步骤并相互间隔 5s 依次停输油泵；

d. 主输泵组停运后，延时 10s，依次停给油泵，相互之间延时 5s；

e. 给油泵停运后，关闭相应油品进出罐阀及切换阀；

f. 首站人员现场停止密度计系统运行；

g. 在停输完毕，将站内控制阀门、输油泵等的逻辑及状态重置于初始状态，恢复站内流程；

h. 首站现场检查确认所有流程无误、相关设备全部停运后，向调度汇报。

③ 调控中心在停输首站的同时，对下游站进行调节和停输操作。

14.2.1.2 中间分输泵站(有分输功能)

1. 启输操作

（1）启输准备。接到调控中心启输指令做好以下准备工作：

① 明确启泵的时间及顺序；

② 检查确认供电系统、通信系统、控自系统等处于正常状态；

③ 通知电气操作岗送电；

④ 确认各检测设备、仪表处于正常状态；

⑤ 设置设备的控制状态；

⑥ 如为站控操作，输油站根据调控中心指示设置站控权限；

⑦ 根据单体设备操作规程，检查并做好机泵设备、流量计、过滤器、密度计等投用前的准备工作；

⑧ 检查确认泄压罐、污油罐内是否有油品及油品性质；

⑨ 确认泄压流程处于导通状态，泄压阀前、后阀及泄压罐进罐阀打开；

⑩ 确认安全联锁保护系统正常投用；

⑪ 导通干线输送流程(需在现场操作的阀门、过滤器等工艺设备)；

⑫ 确认油品分输流程：

a. 分输阀、分输阀、油品切换阀处于全关状态；

b. 对应的分输油品切换阀处于全开状态；

c. 导通分输流程上需导通的手动阀门；

⑬ 干线油品为计划分输油品；

⑭ 完成油品计量等相关工作；

⑮ 按要求设置好进出站调节阀、分输减压阀、流量调节阀的设定值和开度，出站调节阀开度一般设为 15% ~20% 左右；

⑯ 确认输油泵启动逻辑置于初始状态（如输油泵进口阀全开，出口阀开度设为中间位）；

⑰ 打开在线密度计进出口阀，启动在线密度计系统；

⑱ 上述准备工作和条件确认完毕，向调控中心汇报。

（2）中控启输操作步骤

① 启输准备工作已完成；

② 根据输送流量及设备态，确定启动输油泵的位号；

③ 根据调控中心的指令，打开进站阀；

④ 中间泵站进站压力满足分输条件；

⑤ 打开分输阀门，进行油品分输调节等操作；

⑥ 控制油品分输以后的进站压力，使其稳定且满足启泵条件；

⑦ 当启动第一台输油泵时，开启出站阀；

⑧ 相互间隔 10s 依次从下游向上游依次启动主输泵；

⑨ 输油泵启动完成，调节出站调节阀开度以达到工况要求；

⑩ 按照检查项目对泵运行情况进行检查，泵运行正常后，向调控中心汇报。

2. 停输操作

（1）停站前准备。接到调控中心停输指令做好以下准备工作：

① 明确停站时间；

② 如为站控操作，输油站根据调控中心指示设置站控权限；

③ 如正在进行回掺或回注，先停止回掺或回注并关闭流程；

④ 全面检查输油站各设备运行情况，并向调控中心汇报；

⑤ 输油站人员到现场监护。

（2）中控停输操作步骤。输油站做好现场准备后，调控中心进行停输操作：

① 停输准备完成；

② 先关闭分输切断阀，然后关闭油品切换阀，停止分输；

③ 缓慢关小干线出站调节阀；

④ 当调节阀前后压差接近最下游一台运行泵的扬程时，开始停最下游一台运行泵；

⑤ 按主输泵停泵原则和操作步骤并相互间隔 5s 依次停输油泵；

⑥ 停止在密度计系统运行；

⑦ 停输完毕，站内控制阀门、输油泵等的逻辑及状态重置于初始状态；

⑧ 检查确认所有流程无误、相关设备全部停运后，向调控中心汇报。

（3）站控停输操作步骤。输油站人员到现场做好准备后，按调控中心指示进行（2）中①～⑧步骤的停输操作。在输油站进行停输过程中，调控中心监控并做好其他站停输准备工作。

14.2.1.3 中间分输泵站（有支线管道）

1. 启输操作

（1）启输准备。输油站接到调控中心启输指令做好以下准备工作：

① 明确启输的时间，根据输油流量和设备实际情况确定即将启动的主输泵位号和支线泵位号；

② 检查确认供电系统、通信系统、自控系统等处于正常状态；

③ 通知电气操作岗送电；

④ 确认各检测设备、仪表处于正常状态；

⑤ 设置设备的控制状态(就地或远控)；

⑥ 如为站控操作，输油站根据调控中心指示设置站控权限；

⑦ 根据单体设备操作规程，检查并做好机泵设备、流量计、过滤器、密度计等投用前的准备工作；

⑧ 检查确认泄压罐、污油罐内油品液位高度及油品性质；

⑨ 确认泄压流程处于导通状态，泄压阀前、后阀及泄压罐进罐阀打开；

⑩ 确认安全联锁保护系统正常投用；

⑪ 确认支线油品分输流程：导通支线分输流程上需投用的手动阀门；分输阀、支线出站阀处于全关状态；

⑫ 干线、支线输油泵逻辑处于初始状态(进口阀处于全开状态，出口阀处于中间位)；

⑬ 干线油品为计划分输油品；

⑭ 按要求设置好干线和支线出站调节阀开度(当为全线启输时出站调节阀开度一般设为15% ~20%左右)；

⑮ 如混油段接近该站，则打开密度计进出口阀，启动在线密度计系统；

⑯ 上述准备工作和条件确认完毕，向调控中心汇报。

(2) 管道全线启输过程中的中控启输操作步骤，输油站人员到现场做好准备后，开始进行启输操作：

① 根据调控中心的指令，打开进站阀；

② 打开支线分输阀门，开启支线出站阀门；

③ 控制支线调节阀，当支线进站压力满足支线泵启泵条件时，启动第一台支线泵；

④ 第一台支线泵启动正常后，依次启动选定的支线泵；

⑤ 调节支线调节阀，使分输量满足计划流量要求；

⑥ 输油站进站压力满足主输泵启动条件时，启动第一台主输泵，开启出站阀；

⑦ 间隔 10s 从后往前依次启动选定的主输泵；

⑧ 输油泵启动完成，调节出站调节阀开度以达到工况要求；

⑨ 现场监护人员按照检查项目对站内设备和管线的运行情况进行检查，向调度汇报。

(3) 管道全线启输过程中的站控启输操作。在输油站人员做好现场准备后，根据调控中心指示并结合上、下游站和支线的工艺要求进行站控启输操作：

① 干线、支线输油泵逻辑置于初始状态(进口阀处于全开状态，出口阀处于中间位)；

② 按要求设定干线和支线出站调节阀开度；

③ 打开进站阀；

④ 打开支线分输阀门，开启支线出站阀门；

⑤ 控制支线调节阀，当支线进站压力满足支线泵启泵条件时，启动第一台支线泵；

⑥ 第一台支线泵启动正常后，依次启动选定的支线泵；

⑦ 调节支线调节阀，使分输量满足计划流量要求；

⑧ 输油站进站压力满足主输泵启动条件时，启动第一台主输泵，开启出站阀；

⑨ 间隔 10s 从下游向上游依次启动选定的主输泵；

⑩ 输油泵启动完成，根据调控中心要求和本站、上下游站及支线运行情况，调节出站调节阀开度，以满足工艺参数要求；

⑪ 现场监护人员按照检查项目对站内设备和管线的运行情况进行检查，向调度汇报。

(4) 在管道全线处于运行状态下的中间分输泵站启输操作

① 准备工作中有以下内容同全线启输时此类站启输准备不同，其余基本相同；

a. 干线出站调节阀开度不需预先设置，支线出站调节阀开度按要求预先设置(开度一般设为15% ~20%左右)；

b. 干线出站调节阀开度在其它条件具备后启泵前才能按照调控中心要求设定适当开度值；

c. 启输过程中要严格按照调控中心要求和本站、上下游站工艺参数情况进行操作和调节。

② 启输操作步骤

a. 准备工作准备完成后，启泵前按照调控中心要求将出站调节阀设定适当开度值，泵启动后按要求及本站、上下游站工艺参数情况进行操作和调节；

b. 其余同全线启输过程中的该类站启输操作。

2. 停输操作

(1) 停输前准备。接到调控中心停输指令做好以下准备工作：

① 明确停输时间；

② 设置设备的控制状态(就地或远控)；

③ 全面检查输油站各设备运行情况，并向调控中心汇报；

④ 如正在进行回掺或回注，先停止回掺或回注并关闭流程；

⑤ 输油站人员到现场监护。

(2) 在全线停输过程中的中控停输操作步骤。输油站人员到现场做好准备后，调控中心进行停输操作：

① 缓慢关小支线出站调节阀；

② 当调节阀前后压差接近最下游一台支线泵扬程时，开始停第最后下游一台支线泵，间隔5s依次停运支线泵；

③ 支线泵停运后，关闭支线进出站阀门，停止支线分输；

④ 缓慢关小干线出站调节阀；

⑤ 当调节阀前后压差接近最后一台运行泵的扬程时，开始停最后一台运行泵；

⑥ 间隔5s从下游往上游依次停主输泵；

⑦ 主输泵组停运后，输油站停运在线密度计系统；

⑧ 现场监护人员检查确认所有流程无误、相关设备全部停运后，向调度汇报。

(3) 在全线停输过程中的站控停输操作步骤。输油站人员到现场做好准备后，按调控中心指示进行(2)中①~⑧步骤的停输操作。在输油站进行停输过程中，调控中心监控并做好其他站停输准备工作。

14.2.1.4 中间泵站(无分输功能)

1. 启输操作

(1) 启输准备。输油站接到调控中心启输指令做好以下准备工作：

① 明确启输的时间，根据输油流量和设备实际情况确定即将启动的主输泵位号；

② 检查确认供电系统、通信系统、自控系统等处于正常状态；

③ 通知电气操作岗送电；

④ 确认各检测设备、仪表处于正常状态；

⑤ 设置设备的控制状态(就地或远控)；

⑥ 如为站控操作，输油站根据调控中心指示设置站控权限；

⑦ 根据设备操作规程，检查并做好机泵设备、流量计、过滤器、密度计等启动或投用前的准备工作；

⑧ 检查确认泄压罐、污油罐内油品液位高度及油品性质；

⑨ 确认泄压流程处于导通状态，泄压阀前、后阀及泄压罐进罐阀打开；

⑩ 确认安全联锁保护系统正常投用；

⑪ 按要求设置好出站调节阀的开度(出站调节阀开度一般设为20%左右)；

⑫ 确认输油泵启动逻辑置于初始状态(如输油泵进口阀全开，出口阀开度设为中间位)；

⑬ 打开密度计进出口阀，启动在线密度计系统；

⑭ 上述准备工作和条件确认完毕，向调控中心汇报。

(2) 管道全线启输过程中的中控启输操作步骤。输油站人员到现场做好准备后，开始进行现场启输操作。

① 打开进站阀；

② 进站压力逐渐上升并满足启泵条件时，开始启动主输泵；

③ 当启动第一台主输泵时，开启出站阀；

④ 间隔10s从下游往上游依次启动选定的主输泵；

⑤ 输油泵启动完成，调节出站调节阀开度以达到工况要求；

⑥ 输油站现场监护人员按照检查项目对站内设备和管线的运行情况进行检查，向调度汇报。

(3) 管道全线启输过程中的站控启输操作步骤。条件准备中增加：输油站根据调控中心指示设置站控权，由站控进行操作。

在输油站人员做好现场准备后，根据调控中心指示并结合上、下游站和支线的工艺要求进行站控启输操作：

① 置干线输油泵逻辑于初始状态(进口阀处于全开状态，出口阀处于中间位)；

② 按要求设定干线出站调节阀开度；

③ 打开进站阀；

④ 输油站进站压力满足主输泵启动条件时，启动第一台(最下游)主输泵，开启出站阀；

⑤ 间隔10s从下游向上游依次启动选定的主输泵；

⑥ 输油泵启动完成，调节出站调节阀开度，以满足工艺参数要求；

⑦ 现场监护人员按照检查项目对站内设备和管线的运行情况进行检查，向调度汇报。

(4) 在管道全线处于运行状态下的站控启输操作

① 准备工作中有以下内容同全线启输时此类站启输准备内容不同，其余基本相同：

a. 干线出站调节阀开度不需预先设置，支线出站调节阀开度按要求预先设置(开度一般设为15% ~20%)；

b. 干线出站调节阀开度在其它条件具备后启泵前才能按照调控中心要求设定适当开度值；

c. 启输过程中要严格按照调控中心要求和本站、上下游站工艺参数情况进行操作和调节。

② 启输操作步骤：

a. 准备工作准备完成后，启泵前按照调控中心要求将出站调节阀设定适当开度值，泵启动后结合本站及上下游站工艺参数情况进行操作和调节；

b. 其余同全线启输过程中的该类站启输操作。

2. 停输操作

(1) 停站前准备。接到调控中心停输指令做好以下准备工作：

① 设置设备的控制状态(就地或远控)；

② 全面检查输油站各设备运行情况，并向调控中心汇报；

③ 如正在进行回掺或回注，先停止回掺或回注并关闭流程；

④ 输油站人员到现场监护。

(2) 在全线停输过程中的中控停输操作步骤。输油站做好现场准备后，调控中心进行停输操作：

① 缓慢关小干线出站调节阀；

② 当调节阀前后压差接近最下游一台运行泵的扬程时，开始停最下游一台运行泵；

③ 间隔 5s 从下游往上游依次停运行的主输泵；

④ 主输泵组停运后，停运在线密度计系统；

⑤ 现场监护人员检查确认所有流程无误、相关设备全部停运后，向调度汇报。

(3) 在全线停输过程中的站控停输操作步骤。输油站人员到现场做好准备后，按调控中心指示进行(2)中①~⑤步骤的停输操作。在输油站进行停输过程中，调控中心监控并做好其他站停输准备工作。

(4) 在全线处于运行过程中进行停输某站的操作

① 中控操作：与全线停输过程中的中控停输操作步骤相同，但在该站停输过程中要进行全线或某段管道的调节；

② 站控操作步骤：在输油站人员做好现场准备后，根据调控中心指示并结合上、下游站和支线的工艺要求进行站控停输操作：

a. 缓慢关小干线出站调节阀；

b. 当调节阀前后压差接近最下游一台运行泵的扬程时，开始停最下游一台运行泵；

c. 间隔 5s 从下游往上游依次停下运行的主输泵；

d. 输油泵停运后，根据调控中心要求和上下游及本站工艺参数调节出站调节阀；

e. 停运在线密度计系统；

f. 现场监护人员检查确认所有流程无误、相关设备全部停运后，向调度汇报。

14.2.1.5 中间分输站

1. 中间分输站启输操作

(1) 启输准备。输油站接到调控中心启输指令做好以下准备工作：

① 明确启输的时间；

② 检查确认供电系统、通信系统、自控系统等处于正常状态；

③ 通知电气操作岗送电；

④ 确认各检测设备、仪表处于正常状态；

⑤ 设置设备的控制状态(就地或远控)；

⑥ 如为站控操作，输油站根据调控中心指示设置站控权限；

⑦ 根据设备操作规程，检查并做好机泵设备、流量计、过滤器、密度计等投用前的准备工作；

⑧ 检查确认泄压罐、污油罐内油品液位高度及油品性质；

⑨ 确认泄压流程处于导通状态，泄压阀前、后阀及泄压罐进罐阀打开；

⑩ 确认安全联锁保护系统正常投用；

⑪ 通知油库导通油品接收流程；

⑫ 确认站内油品分输流程：导通分输流程上需投用的手动阀门；分输切断阀处于全关状态；对应的油品切换阀处于全开状态；

⑬ 干线油品与计划分输油品相同；

⑭ 完成油品计量等相关工作；

⑮ 按要求设置好分输减压阀、流量调节阀的初始设定值或开度；

⑯ 打开在线密度计进出口阀，启动在线密度计系统；

⑰ 上述准备工作和条件确认完毕，向调控中心汇报。

（2）全线启输过程中的中控启输操作步骤。输油站人员做好现场准备后，中控开始启输操作：

① 调控中心打开进站阀；

② 输油站进站压力满足分输条件；

③ 打开分输切换阀，进行油品分输调节等操作；

④ 现场监护人员按照检查项目对站内设备和管线的运行情况进行检查，向调度汇报。

（3）全线启动过程中的站控启输操作步骤。输油站做好现场准备后，站控根据调控中心指令进行启输操作：

① 根据调控中心的指令，打开进站阀；

② 该站进站压力满足分输条件；

③ 打开分输切断阀，进行油品分输调节等操作；

④ 现场监护人员按照检查项目对站内设备和管线的运行情况进行检查，向调度汇报。

（4）在全线处于运行过程中启输操作步骤

① 中控操作：与全线启输过程中的中控启输操作步骤相同，但在该分输操作过程中要进行全线或某段管道的调节。

② 站控操作步骤：在输油站人员做好现场准备后，根据调控中心指示并结合上、下游站工艺要求按照(3)中①～④进行站控操作，同时在该分输操作过程中要根据调控中心指示进行全线或某段管道的调节。

2. 中间分输站停输

（1）停站前准备。输油站接到调控中心停输指令做好以下准备工作：

① 通知油库停止分输的时间；

② 设置设备的控制状态(就地或远控)；

③ 如为站控操作，输油站根据调控中心指示设置站控权限；

④ 全面检查输油站设备运行情况，并向调控中心汇报；
⑤ 如正在进行回掺或回注，先停止回掺或回注并关闭流程；
⑥ 输油站人员到现场监护。

（2）中控停输操作步骤。输油站做好现场准备后，调控中心开始中控停输操作：
① 视进站压力的高低调节分输调节阀，平稳减小分输流量；
② 先关闭分输切断阀，然后关闭油品切换阀，停止油品分输；
③ 停运在线密度计系统；
④ 现场监护人员检查确认所有流程无误、相关设备全部停运后，向调度汇报。

（3）站控停输操作步骤。在输油站人员做好现场准备后，根据调控中心指示并结合上、下游站工艺要求按照(2)中①~④进行站控操作。

（4）在全线处于运行过程中某分输站停输操作。站控操作步骤同(3)，但在分输操作过程中要根据调控中心指示进行全线或某段管道的调节。

14.2.1.6 末站

1. 末站启输操作

（1）末站准备。接到调控中心启输指令做好以下准备工作：
① 确定启输时间及接收油品种类、总量、流量；
② 通知油库做好油品接收准备工作，与油库计量人员一起确认、抄录流量计底数，导通油品切换阀至油库的流程；
③ 如为站控操作，输油站根据调控中心指示设置站控权限；
④ 确定油品切换阀处于关闭状态；
⑤ 启动流量计算机；
⑥ 确认安全联锁保护系统处于正常投用状态；
⑦ 导通站内流程：除进站阀和油品切换阀关闭外，导通其他输油流程；
⑧ 导通密度泵流程并启动密度计；
⑨ 设定进站减压阀及流量计后调节阀的初始开度；
⑩ 输油站人员到现场监护；
⑪ 上述工作完成后，向调控中心汇报。

（2）末站启输中控操作步骤
① 打开油品切换阀门；
② 当进站压力满足允许值时打开进站阀；
③ 根据进站压力、流量及减压阀后压力调节进站减压阀开度；
④ 现场监护检查确认后，上报调控中心。

（3）末站启输站控操作步骤。在输油站人员做好现场准备后，根据调控中心指示并按照(2)中①~④步骤进行站控操作。

2. 末站停输操作

（1）末站停输准备。输油站接到调控中心停输指令后完成以下准备工作：
① 明确停输时间；
② 通知油库做好停止分输的准备工作；
③ 如在进行油品回注或混油回掺，则先停止回注或回掺并关闭流程；
④ 全面检查末站设备的运行态，输油站人员到现场监护；

⑤ 准备工作完成向调控中心汇报。

（2）末站中控停输操作步骤

① 如在停输后对进站压力有要求，则应先逐渐调节进站调节阀或减压阀，使进站压力缓慢上升，当进站压力达到规定值时，关闭进站阀，然后关闭油品切换阀；

② 停运密度计系统；

③ 输油站与油库一道记录流量计表底数；

④ 检查确认设备正常、流程无误后，向调控中心汇报。

（3）末站停输站控操作。在输油站人员做好现场准备后，根据调控中心指示并按照(2)中①~④进行站控操作。

14.2.2 输油管道全线中控启输操作

14.2.2.1 外部条件准备

（1）调控中心提前通知炼油厂或油库等供油单位做好输油准备，首站或供油单位对应岗位做好数质量交接，供油单位导通相应流程；

（2）各分输站和末站根据指令联系油库做好油品计量、导通油品进库流程等准备工作；

（3）各输油站确认分输油库接收油品的油罐及流程。

14.2.2.2 全线启输条件及准备工作

（1）调控中心根据输油计划安排，确定全线启输时间，并将输油计划及时通知沿线输油站；录入批次编号、批次顺序、混油界面位置、混油量、分输总量、分输流量及时间等。

（2）调控中心指示、安排和协调输油做好启输条件准备、确认工作，并对全线启输条件进行最终确认。

（3）各输油站根据调控中心指示和安排做好如下准备。

① 确认外管道线路所有的手动阀室和单向阀室内的手动阀门处于全开位置，单向阀处于正常状态。

② 确认工艺、电气设备及自控仪表、通信等处于完好状态。

③ 设置输油泵、阀门、调节阀、减压阀等设备的控制状态(远控或就地)。

④ 供电和通信系统工作正常。

⑤ 确认设备、电气、工艺、连锁、报警等设定值或给定值正确。出站调节阀、支线调节阀、减压阀、流量计后调节阀初始设定值正确，且实际开度与初始给定值对应开度相符；工艺参数如流量、压力给定值正确；各项报警、连锁设定值正确。

⑥ 各种安全联锁保护、报警系统投用且正常。

⑦ 各输油站 SCADA 控制权限处在要求状态(中控)。

⑧ 输油站根据调控中心指示导通输送流程，工艺设备、阀门等处于管道启输前的初始状态(包括与输送流程相关的手动阀门)。

⑨ 检测仪表、设备和安全保护设施及流程正常投用。如进、出站泄压阀及泄压流程投用正常，泄压阀前后阀门、及泄压罐进罐阀处于全开状态；安全阀正常投用。

⑩ 流量计系统处于正常状态。

⑪ 主输泵和给油泵满足启泵条件：泵进口阀门处于全开状态，出口阀门处于设定的开度(即中间位)；泵体及管路排气完毕；送上电源。

⑫ 确认干线末站和支线末站进站阀门处于全关状态。

（4）各站进站阀全开，出站阀、越站阀全关。

（5）调控中心负责投用油品批次跟踪和管线泄漏检测系统。

14.2.2.3 启输过程

（1）调控中心发出全线启输的准备指令，传送相关参数给各输油站。

（2）各站输油场确认各项准备完成，上报主调度。

（3）调控中心最终确认全线输油站和中控的准备工作完成，通知全线各输油站人员到现场监护。

（4）根据启输开泵方案，选择所需运行机泵。

（5）调控中心按从上游向下游的顺序启输各站。

14.2.3 输油管道全线中控停输操作

14.2.3.1 计划停输

1. 停输准备工作

（1）确定混油段的位置，尽可能将混油界面停在不会引起混油量大量增加的位置，即密度小的油品位于海拔高的地段，密度大的油品位于海拔低的地段；

（2）根据输油计划的安排及混油段位置，确定最佳停输的时间；

（3）通知沿线各输油站、分输油库和供油单位全线停输计划；

（4）沿线各站混油回掺或油品回注均停止；

（5）向调控中心主管领导请示；

（6）通知全线各输油站全线计划停输时间，各输油站人员到现场监护。

2. 计划停输过程

（1）调控中心发出全线停输准备的指令；

（2）沿线各输油站确认停输准备完成，并上报调控中心调度岗；

（3）调控中心确认输油站准备工作完成；

（4）调整各站出站调节阀开度，逐渐降量；

（5）从上游向下游进行逐个输油站停输。

14.2.3.2 紧急停输

由于输油管道沿线或输油站出现意外情况必须进行全线停输时，可由调控中心通过中控操作进行全线停输，或者沿线输油站根据调控中心指挥及指令通过站控或者就地操作进行全线停输。

输油管道可能发生的意外情况有：①管道泄漏；②管道破裂或断裂；③输油站跑漏油；④管线憋压；⑤油罐冒罐；⑥输油站火灾等。

紧急停输时以事故点为界，事故点上游按从下游向上游顺序停输各站，事故点下游按从上游向下游顺序停输各站。

14.2.4 输油站基础工艺操作

14.2.4.1 输油泵机组操作

输油泵机组操作包括：输油泵机组启动前的检查、启动、检查、停运、切换、紧急停车等。

1. 输油泵机组启动前输油站现场检查内容

（1）输油泵机组的地脚螺栓、联轴器紧固、接地线连接情况；

（2）输油泵泵体、密封及部件正常，无渗漏；进出口管线、阀门、法兰、管件、仪表的连接正常，无渗漏；各类仪表指示正确；

（3）机组盘车两圈以上，机泵转子转动正常，无卡阻现象；

（4）泵及管线、仪表接管排气完毕；

（5）输油泵进出口阀门开关灵活，进口阀门处于全开位置，根据泵的特点，全关出口阀或处于中间位(微开10% ~15%)；

（6）检查泵体底部排污阀，并确保该阀关严，检查泵泄漏排放系统，并保持畅通；

（7）检查机组及泵的润滑情况、润滑油质量和数量，润滑油油杯内的油位高度应在规定的范围以内；

（8）输油泵机组的检测报警、联锁保护系统投用正常；

（9）变电岗位测试电路及机组对地绝缘电阻并符合规定要求；

（10）向调控中心(或调度)汇报，并联系上下游输油站，通知本站有关岗位。

2. 输油泵机组的就地启动

（1）通知变配电岗位送电；

（2）接到变电岗位送电信号并确认送电正常后，现场按启泵按钮启动泵；

（3）观察电动机电流和泵进出口压力，缓慢开启泵的出口阀；

（4）现场调节出口阀开度，保持工艺运行要求的参数；

（5）检查、监视输油泵机组的运行状况；

（6）向上级调度汇报启泵情况。

3. 检查和监视运行中的输油泵机组

（1）输油泵的进、出口压力是否满足泵的吸入及工艺要求；

（2）电动机电流是否稳定在额定电流以内；

（3）机械密封工作是否正常，泄漏量有无超标；

（4）泵体、电机各个测定温度点(或现场温度计)的温度正常，在限定范围以内；

（5）观察润滑油有无变色，油位在规定的范围内；

（6）轴承、泵体、电机有无异常噪音；

（7）泵体、电机及泵管线的振动有无超标；

（8）泵体、管线各连接处有无渗油；

（9）各检测仪表工作是否正常，安全联锁保护、监测报警系统工作是否正常。

输油泵机组的中控或站控启动，其准备工作和现场检查内容与就地操作基本相同，只是操作过程通过中控或站控完成：①将泵的启动逻辑置于初始状态；②设置出站调节阀开度；③在 SCADA 画面点击启泵按钮；④调节出站调节阀开度控制流量、压力和电机电流；⑤检查、监视输油泵机组的检测参数和进出站流量、压力。

4. 输油泵机组停运操作

（1）安排变电配岗位及输油岗位，做好停泵准备，到现场监护。

（2）输油站流程为串联泵且单台泵运行或待停泵为最后一级泵时：

① 当有出站调节阀时：

a. 先调节本站的出站调节阀，降低出站流量、压力；

b. 当该泵进出口压差缓慢上升到规定值时，按停泵按钮，停止泵运行；

c. 在泵停运后关严出口阀或关至中间位。

② 当无出站调节阀：

a. 缓慢关闭待停泵的出口阀，使泵进出口压差缓慢上升；

b. 当该泵进出口压差缓慢上升到规定值或出口阀开度到50%时，按停泵按钮，停止泵运行；

c. 在泵停运后关严出口阀或关至中间位。

（3）输油站流程为串联泵，多泵运行，且待停泵不是最后一级泵时，按停泵按钮，停运输油泵，在泵停运后关严出口阀或关至中间位。

（4）输油站流程为并联泵，多泵运行时：

① 如出站有调节阀时：

a. 先调节本站的出站调节阀，调节本站出站压力；

b. 当出站压力降到一定值，该泵的出口压力上升到规定值时，按停泵按钮，停止泵运行；

c. 在泵停运后关严出口阀或关至中间位。

② 如出站无调节阀：

a. 交替缓慢关闭运行泵的出口阀，调节本站出站压力；

b. 当出站压力降到一定值，缓慢关闭待停泵出口阀；该泵的出口压力上升到规定值时，按停泵按钮，停止泵运行；

c. 在泵停运后关严出口阀或关至中间位；

d. 调整运行泵的出口阀开度，使出站压力满足工艺要求。

（5）输油站流程为并联泵，单泵运行时：

① 如出站有调节阀：

a. 先调节本站的出站调节阀，调节本站出站压力，泵出口压力缓慢上升；

b. 当该泵的出口压力上升到规定值时，按停泵按钮，停止泵运行；

c. 在泵停运后关严出口阀或关至中间位。

② 如出站无调节阀：

a. 缓慢关闭泵出口阀，泵出口压力缓慢上升；

b. 当该泵的出口压力上升到规定值时，按停泵按钮，停止泵运行；

c. 在泵停运后关严出口阀或关至中间位。

5. 输油泵机组的切换

（1）在电网负荷允许及操作压力安全的情况下，泵机组的切换遵循先启后停的原则，否则采用先停后启方式。

（2）按要求完成待启动输输油泵机组的检查与准备。

（3）向上级调度汇报、联系上下游输油站、通知本站相关岗位，做好泵机组切换的配合。

（4）串联泵机组的切换

① 就地操作：

a. 调节本站的出站调节阀，降低出站流量及压力；

b. 按输油泵机组的启动要求，启动待用输油泵，视电流情况慢慢开启泵的出口阀至全开；

c. 缓慢关闭待停泵出口阀，按停泵按钮，停运输油泵，出口阀全关或开至少中间位；

d. 调节出站调节阀开度，将出站压力调整至工艺要求的值；

e. 输油泵停运后，泵进口阀全开，泵出口阀开至中间位或全关；

f. 检查泵机组的运行状况；

g. 向上级调度汇报输油泵切换时间及参数变化情况。

当出站无调节阀时，可采用先停后启的方式切换：

a. 缓慢关闭待停泵出口阀，按停泵按钮，停运输油泵，口阀全关或开至少中间位；

b. 按输油泵机组的启动要求，启动待用输油泵，视电流情况慢慢开启泵的出口阀至全开。

② 站控或中控操作：

a. 调节本站的出站调节阀，降低出站流量及压力；

b. 点击 SCADA 画面待启泵机组启动按钮，启动输油泵，泵出口阀按程序缓慢开启，直至全开；

c. 在泵启动信号返回或泵出口阀开至一定开度后，点击 SCADA 画面待停泵机组启动按钮，泵出口阀按程序缓慢关闭至设定中间位后，输油泵停运；

d. 调节出站调节阀开度，将出站压力调整至工艺要求的值；

e. 输油泵停运后，泵进口阀全开，泵出口阀开至中间位或全关；

f. 检查泵机组的运行状况；

g. 向上级调度汇报输油泵切换时间及参数变化情况。

（5）并联泵机组切换。并联泵流程且出站压力接近管道设计压力时：

① 就地操作：

a. 缓慢关闭泵的出口阀，将出站压力下调至出站原运行压力的 60%；

b. 按输油泵机组的启动要求，启动待启输油泵；

c. 在启动的输油泵运行正常后，按输油泵机组的停运要求，停待停输油泵；

d. 调整运行泵出口阀开度，将出站压力调整到要求值。

② 站控或中控操作：

a. 调节本站的出站调节阀，降低出站压力至出站原运行压力的 60%；

b. 按输油泵机组的启动要求，启动待启输油泵；

c. 在启动的输油泵运行正常后，按输油泵机组的停运要求，停待停输油泵；

d. 调整出站调节阀开度，将出站压力调整到要求值；

e. 关闭停运输油泵的出口至中间位或全关。

6. 输油泵机组紧急停车

（1）按停机按钮，停运输油泵机组；

（2）关闭泵的出口阀门；

（3）记录紧急停泵时间，并汇报上级调度。

7. 运行输油泵机组的检查与监护

（1）检查输油泵机组的运行状况，泵体、电动机、轴承、管道等应无异常噪声；

（2）泵体、管道、阀门、过滤器、仪表接口等密封部位无渗漏；

（3）泵进口压力、泵压、出口压力应平稳，符合工艺要求值；

（4）泵机组各检测参数正常；

（5）输油泵的密封渗漏量小于规定值；

（6）泵机组润滑油的质量与油杯的润滑油液位、润滑油质量应符合要求、油杯的润滑油液位应在刻度的范围内；

（7）检查污油系统畅通；

（8）检查工艺管道无憋压现象；

（9）操作人员按岗位责任制、巡回检查制度进行检查，按规定录取、记录运行参数，发现问题及时处理、汇报。

14.2.4.2 油品分输操作

此操作是针对混油段前后的合格油品分输，对于不分输混油段的中间站，当混油经过该站时需要提前停止前行油品的分输，直到混油过站后再开始后行油品分输。油品分输操作包括启动分输、停止分输、质量流量计切换、分输油品切换、分输流量调节、质量流量计标定。

1. 启动分输

（1）准备工作

① 油库接收准备：

a. 根据输油计划与油库方共同确认油品品种、批次号、批次量、分输时间、接收油罐罐号等信息；

b. 根据油库方提供的条件确认单确定油库相应油品接收罐进罐流程已导通，必要时输油站岗位人员与油库方共同到现场进行流程确认和油罐检尺等相关工作。

② 站内分输准备

a. 经过该站的管道内油品与计划接收的油品牌号一致；

b. 分输切断阀全关；

c. 分输流程排污阀、排气阀全关；

d. 设定减压阀初始开度，减压阀上下游阀门全开；

e. 对于分输流程上有过滤器的输油站，投用其中一路过滤器；

f. 选择待用质量流量计，打开其上下游阀门，并确定备用流量计前阀门关闭；确认质量流量计后调节阀在合适开度；

g. 打开分输油品对应的切换阀门；

h. 对非分输油品的切换阀门进行内漏检测，检漏阀无油品流出；

i. 输油站与油库双方共同进行质量流量计现场读数确认。

（2）就地启动油品分输

① 根据调度指令，当进站压力满足分输条件时，打开分输切断阀开始油品分输；

② 调节分输减压阀开度，在减压阀后压力不超压的情况下，将分输流量调整到计划值；

③ 当分输站为末站时，管道启输过程中进站压力上升较快，需要及时开启油品分输，避免进站压力超高；

④ 操作完毕后进行现场巡检，包括：设备无异响、无泄漏、质量流量计走数正常。

2. 停止分输

（1）停止分输前准备

① 明确停止分输时间；

② 输油站检查现场各设备运行情况，并向调控中心汇报；

③ 根据计划输油站与油库双方共同确认油品品种、批次号、批次量、停止分输时间等信息。

（2）停止分输操作

① 如果正在进行混油回掺或者污油（泄压油品）回注，在停止分输前，应先停回掺和回注；

② 分输总量等于分输计划总量时，先关闭本站分输切换阀，然后关闭分输油品切换阀；

③ 检查停止分输后该油品切换阀的内漏，确定检漏阀无油品流出；

④ 输油站与油库双方共同进行质量流量计现场读数；

⑤ 确认所有流程无误、相关设备全部停运。

3. 质量流量计切换

当分输过程中因在用质量流量计发生故障或者流量计需要标定、量程范围不适合需要进行切换。

（1）确认备用质量流量计完好；

（2）输油站通知油库需进行流量计切换，共同读取备用质量流量计底数；

（3）将质量流量计后调节阀调到合适开度，打开备用质量流量计前后阀门，确认油品流经该流量计（走数变化）后，关闭原质量流量计前后阀门，停用原质量流量计；

（4）输油站与油库共同读取原使用质量流量计的读数。

4. 分输油品切换

末站分输或两种性质相近的分输油品时需连续进行，一般不停分输，只对油品切换阀进行切换操作。

（1）核算界面到达本站的时间，输油站通知油库提前导通后行油品的接收流程；

（2）进站密度计系统运行正常，密度值显示正确；

（3）当前油品分输一切正常；

（4）在界面到达本站时，打开后行油品的切换阀，待阀门全开后关闭前行油品切换阀。

5. 质量流量计在线标定

质量流量计的标定必须在油品分输时进行，以图 14－1 为例介绍交接流量计 1 的标定。

（1）首先确认交流流量计 1 正在进行分输油品计量，且流程畅通：阀 1、阀 5、阀 7 全开，将（调节蝶）阀 3 设置合适开度，阀 8、9 关闭；

（2）交接流量计 2 处于停用状态，其流程关闭：阀 2、阀 6 全关；

（3）质量流量计连接标定系统的流程关闭，即阀 10、11、12、13 全关；

（4）连接好移动式标定体积管；

（5）打开阀 10、阀 12、阀 13，确定标定体积管流程畅通后关闭阀 5；

（6）标定体积管与交接流量计 1 串联连接，流过的油品流量相同，以此为基础进行交接流量计 1 的标定。

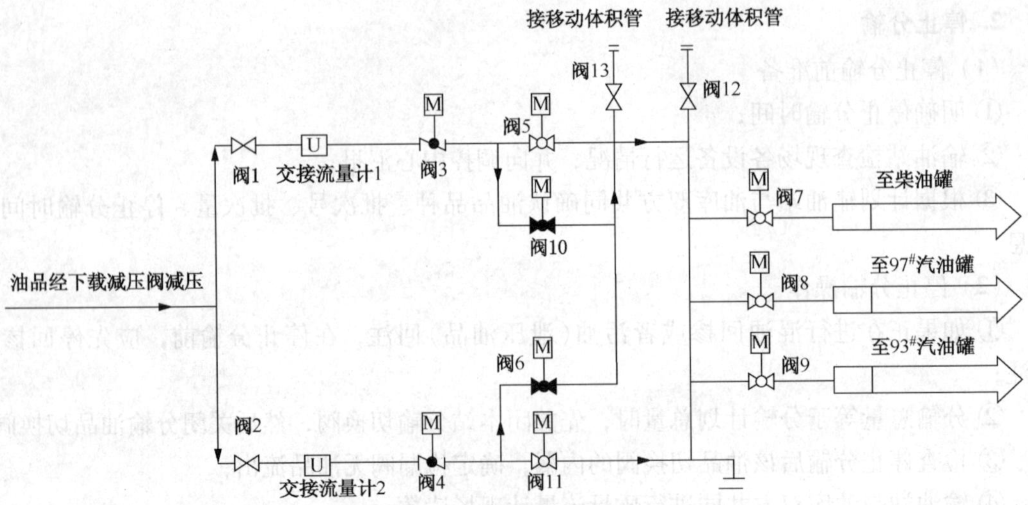

图 14－1　质量流量计标定流程图

6. 分输流量调节

由于市场需求、计划及管道运行的变化，需要调整分输流量。分输流量由分输减压阀进行调节，流量计后调节蝶阀用于调节流量计下游的背压。当流量的增量调节幅度较大时，应先将调节蝶阀全开以免造成低压部分憋压。

14.2.4.3　过滤器切换操作

当输油过程中在用过滤器发生堵塞或遇需要检修及出现紧急等特殊情况时，需要将在用过滤器切换至备用过滤器。完成备用过滤器排气并投用，停用待停过滤器。

1. 切换前准备

（1）备用过滤器

① 确认过滤器头盖关闭到位；

② 过滤器差压仪表处于停用状态：平衡阀打开，其他引压阀关闭；

③ 过滤器排污阀完全关闭；

④ 缓慢打开过滤器上游闸阀进行充压，听到有液体通过的声音后暂停操作；

⑤ 缓慢打开过滤器排气阀，控制气体排出速度，直到有油品连续流出则关闭排气阀完成排气；

⑥ 观察无异常后全开过滤器上游闸阀。

（2）注意事项

① 打开过滤器上游闸阀进行充压时，监控污油罐液位，以确认排污阀完全关闭；

② 观察过滤器头盖或盲板周围无渗漏，若有渗漏应立即关闭过滤器上游阀门，中止过滤器排气；

③ 控制排气阀开度，避免高速气流产生摩擦和冲击，造成排气管过热。

2. 过滤器切换操作

（1）操作步骤

① 全开备用过滤器下游阀门；

② 投用备用过滤器的差压仪表：打开上游引压管阀门→打开下游引压管阀门→打开三阀组上游阀门→打开三阀组下游阀门→关闭平衡阀；

③ 关闭在用过滤器上游阀门；

④ 关闭在用过滤器下游阀门；

⑤ 停用待停过滤器差压仪表：打开三阀组中间的平衡阀→关闭三阀组上游阀门→关闭三阀组下游阀门→关闭上下游引压管阀门。

（2）注意事项

① 过滤器停用期间应注意防止热膨胀引起的憋压；

② 如果有必要，则应对已停用过滤器进行排空操作。

3. 过滤器排空操作

（1）缓慢打开过滤器排气阀，直至无油品流出；

（2）缓慢打开过滤器底部排污阀，将油品排入污油罐中；

（3）污油罐液位静止后，排空结束，关闭排污阀和排空阀，完成过滤器排空操作。

（4）注意事项

① 排空前须确认污油罐剩余空容积大于过滤器容积；

② 在排污过程中，如过滤器排污阀出现堵塞无法排污、卡位无法关闭或过滤器上下游阀门存在严重内漏等现象，现场应立即采取冲洗等处理措施；

③ 在排污过程中，如果污油罐有冒罐趋势，应立即关闭过滤器排污阀、并检查其他排污阀是否处于全关状态，同时立即开启污油泵抽送污油罐内油品。

14.2.4.4 油品输入操作

1. 油品从自备罐输入

（1）输入准备

① 调控中心根据批输计划，提前通知输油站做好输入准备，确定油品输入流量和输入时间；

② 通知输油站导通自备罐相应流程；

③ 油品注输入阀处于远控状态；

④ 输入调节阀处于正常状态；

⑤ 所有检测仪表处于正常状态；

⑥ 输油站人员现场监护。

（2）输入中控操作

① 部分流量输入：当油品由双油源共同提供时，新输入站的油品采取部分输入的形式输送。

a. 调控中心根据批输计划将新输入站的输入流量、输入总量、预计开始时间等信息下达到输油站；

b. 油品的输入要求混油界面全部经过新输入站后，方可进行输入操作。

c. 计算输入前 2h，新输入站做好输入准备：给油泵做好启动准备、导通即将输入油品的供油流程；

d. 原输入站至新输入站之间的输油站和管道如需降量运行时，应先做好降量的准备；

e. 混油界面全部经过输入站后，开始输入操作：开启输入站给油泵，调节出站流量、压力，同时控制干线上游来油流量、压力，直至达到计划输入流量；

f. 要求输入期间上游各站的出站流量保持主输泵最小连续稳定流量，输入站的出站流量小于主输泵的额定流量以免电机超电流。

② 全流量输入：

a. 当新输入站作为单一油源向管道提供油品时，采取全流输入的形式输送；

b. 调控中心根据批输计划将新输入站的输入流量、输入总量、预计开始时间等信息下达到输油站；

c. 油品的输入要求混油界面全部经过新输入站后，方可进行输入操作；

d. 计算输入前2h，新输入站做好输入准备：给油泵做好启输准备、导通即将输入油品的供油流程；

e. 原输入站至新输入站之间的输油站和管道做好停输或者分段运行的准备；

f. 混油界面全部经过输入站后，开始输入操作：开启输入站给油泵，调节输入站出站调节阀，同时控制上游来油流量、压力，并开始停输上游各站主输泵及分输。

2. 油品从管线直接输入

一般不建议从正在运行的长输管线向另一正在运行的长输管线直接进行输入操作，如需要进行该类直接输入操作，应按全流或部分流输入分别编写操作步骤及注意事项，其操作与从自备罐中输入基本相似，但需同时对两条管线进行调节和操作，并控制好输入点来油的压力和流量。

14.2.4.5 收发清管器

收发球系统主要由(收)发球筒、引流手阀、球筒(入)出口阀、(进)出站阀组成，其中(收)发球筒上带有排气阀、排污阀、快开盲板、高低量程压力表和清管器指示器等附件。

1. 发送清管器操作

(1) 准备工作及注意事项

① 准备工作：

a. 按要求装配好清管器，发射器等部件牢固可靠；

b. 检查清管器、清管器指示器、压力表等设备、仪表完好；

c. 打开发球筒排气阀和排污阀，排净发球筒内的污油；

d. 先投用发球筒高量程压力表，如压力读数较高则继续排气、排污；压力读数较低时投用发球筒低量程压力表，并确认指针指示为零后，打开发球筒的快开盲板；

e. 将清管器装进发球筒内，并尽量推至发球筒最前端；

f. 关闭发球筒快开盲板，确认锁环已锁好；

g. 关闭排污阀和排气阀，并停用发球筒低量程压力表；

h. 缓慢打开发球筒引流手阀充压，油品通过时停止开阀；

i. 认真检查快开盲板、阀门、法兰等处是否有泄漏，如有泄漏，应及时关闭引流手阀并进行检修处理；

j. 缓慢打开排气阀进行排气，排气完毕后关闭排气阀，全开引流手阀。

② 注意事项：

a. 发球筒上的低量程压力表只能在球筒排空后压力低的情况下投用，防止超量程损坏；

b. 装球时间和发球时间间隔不宜过长，防止发射器电池电量耗尽；

c. 打开发球筒盲板时，正对盲板方向严禁有人；

d. 排气时缓慢打开排空阀，避免排空管过热或介质飞溅；

e. 排污前检查污油罐液位，确保空罐容满足排污要求。

（2）发送清管器操作

① 操作步骤：

a. 全开发球筒出口阀；

b. 逐渐关闭出站阀直至清管器发送出去；

c. 待清管指示器动作，确认清管球出站后，向调度汇报；

d. 恢复正常输油流程：全开出站阀，关闭发球筒出口阀和引流手动阀；

e. 打开发球筒排污阀和排气阀，排净发球筒内的污油；

f. 投用发球筒低量程压力表，并确认指针指示为零后，打开快开盲板，对发球筒进行清洁及维护保养。

② 注意事项：

a. 发球时必须确认发球筒出口阀机械位为全开，避免卡球；

b. 排污过程中做好污油罐液位监护，排污完成后及时清空污油罐内的污油；

c. 打开发球筒盲板时，正对盲板方向严禁站人。

2. 接收清管器

（1）准备工作及注意事项

① 准备工作：

a. 检查收球筒、清管指示器、压力表等设备、仪表完好；

b. 确认收球筒快开盲板关闭，确认锁环已锁好，投用收球筒高量程压力表，停用收球筒低量程压力表；

c. 确认排污阀和排气阀处于关闭状态；

d. 缓慢打开收球筒引流手阀充压，油品通过时停止开阀；

e. 认真检查快开盲板、阀门、法兰等处是否有泄漏，如有泄漏，应及时关闭引流手阀并进行检修处理；

f. 缓慢打开排气阀进行排气，排气完毕后关闭排气阀，全开引流手阀。

② 注意事项：

a. 收球筒上的低量程压力表只能在球筒排空的情况下投用，防止超量程损坏；

b. 如果设置有污油接收流程且需要接收污油时，应在收球准备时导通污油接收流程；

c. 排气时缓慢打开排空阀，避免排空管过热或介质飞溅。

（2）接收清管器

① 操作步骤：

a. 根据计算的清管球到站时间，提前 2h 打开收球筒入口阀导通收球流程，流程导通后关小进站阀，并注意观察进站压力的变化；

b. 待管线上清管器指示器动作，确认清管器进站后，逐渐关闭进站阀至全关；

c. 确认清管球入筒后，向调度汇报；

d. 恢复正常输油流程：全开进站阀，全关收球筒入口阀和引流手阀；

e. 打开收球筒排污阀和排气阀，排净收球筒内的污油；

f. 先投用发球筒高量程压力表，如显示压力较高则继续排气排污；显示压力较低时投用发球筒低量程压力表，并确认显示值为零后，打开快开盲板，对发球筒进行清洁及维护保养。

② 注意事项：

a. 收球时必须确认收球筒入口阀机械位为全开，避免卡球；

b. 排污过程中做好污油罐液位监护，排污完成后及时清空污油罐内的污油；

c. 打开收球筒盲板时，正对盲板方向严禁站人；

d. 排污前检查污油罐液位，确保空罐容满足排污要求；

e. 可以根据现场听声音、使用跟踪器等辅助方法判断清管球是否已出站或到站。

14.2.4.6 混油切割

根据不同情况混油切割可采用不同方式，一是将混油段切入混油罐内，二是直接将混油分两段分别切入前行及后行油品之中。对于直接将混油分两段分别切入前行、后行油品中的情况，在确定好切割点后，操作过程与连续油品分输切换基本相同，可参考该种操作。对于将混油段切入混油罐内情况，一般将混油段分为混油头、混油段、混油尾三部分，把混油头切入前行油品罐中，混油尾切入后行油品罐中，中间的混油段切入混油罐中。

1. 准备工作

（1）根据输油计划和当前进站流速，计算混油界面到站时间。

（2）提前4h进行以下工作：

① 启动密度计泵，确保密度计系统工作正常；

② 混油罐检前尺，计算混油罐可接收罐容，确保能接收预计的混油量，确认混油进罐的罐号、顺序及混油切割密度值；

③ 确认混油切换阀全关，混油接收罐进罐流程已导通。

（3）在混油到站前密切监视密度计和质量流量计参数，以及时发现混油到站。

2. 混油切割操作

（1）当密度计数值达到预定的起始切割值时，打开混油切换阀，待阀门全开后，立即关闭前行油品切换阀门；

（2）提前计算好对应混油浓度的密度值，按照混油密度变化进行混油罐的切换；

（3）当密度计数值达到预定的切割值时，开启下一个混油罐入口阀，待阀门全开后，立即关闭当前混油罐入口阀；

（4）当密度计数值达到合格油品切割值时，开启后行油品切换阀，待阀门全开后，立即关闭混油切换阀，开始合格油品分输。

3. 注意事项

（1）对于不同的混油界面，要注意富柴/富汽混油罐的接收顺序，确保不同浓度的混油与相应的混油罐一致；

（2）如果密度计系统故障，则应进行人工采样测密度确定混油界面到站；

（3）混油分输完成后需要对混油罐检后尺，并计算混油接收量；

（4）混油接收完成后，需要联系库区完成前行油品的数质量交接工作。

14.2.4.7 混油处理

分输到混油罐内的混油不能作为合格油品进行销售，需进行回掺和蒸馏、降级处理。混油回掺是在保证油品质量指标合格的前提下将混油按一定的比例回掺至合格油品中的处理方法，中间分输站、混油量少或质量潜力大的末站一般采用回掺处理；蒸馏是利用混油中各组分挥发度的差别，使混油部分汽化并使蒸气部分冷凝，从而将汽油与柴油分离开来，形成合格的汽油及柴油，一般在混油量大的末站采用蒸馏装置对混油进行处理；无法回掺或蒸馏处理的混油则进行降级销售处理。

混油回掺的操作：

（1）根据分输计划和分输油品的质量指标以及混油浓度确定回掺混油的比例，并下达至输油站；

（2）输油站设定回掺比例；

（3）导通混油回掺流程；

（4）根据油品分输流量计的瞬时流量和回掺比例确定回掺泵的转速或回掺泵（离心泵）的出口流量；

（5）按回掺泵的操作规程启动泵，开始回掺；

（6）如需停止回掺，按操作规程停下回掺泵，关闭相应流程；

（7）混油回掺操作结束，上报调控中心。

14.2.4.8 越站流程切换

越站是指在长输管道中某泵站不提供能量（主输泵停运）的运行方式，即走越站流程。需走越站流程的情况有：能量富余，不运行主输泵也能按计划满足输送要求；主输泵故障，无法运行；供电系统或电机故障，无法启泵；设备故障或者管道损坏，需在停输状态下检修。

越站分为压力越站和全越站，压力越站只是站内主输泵停止运行，但本站仍可进行油品分输；全越站时油品走全越流程，进出站阀门均关闭。

1. 泵输流程→压力越站→全越站流程切换

（1）首先确定本站停泵越站时管道输送流量，并制定上下游站输油泵匹配方案。

（2）降量输送准备。调整本站的出站压力值，如上游站需增启输油泵，在泵启动前，调整上游站出站压力。

（3）启动上游站输油泵，调节上游站出站压力。

（4）调节本站压力进行节流，当出站调节阀前后压差值与一台主输泵输出压力相近时停运此泵；重复此项操作，停本站所有主输泵。

（5）如本站一直在执行分输任务，则在工况调整过程中应注意调小分输流量，避免出现由于本站停泵后进站压力升高引起分输流量超限。

（6）如停泵后本站仍需分输，则本站走压力越站流程。

（7）如本站不需分输，则在停泵后关闭分输流程，打开全越站流程，关闭本站进出站阀门。

（8）在越站运行后，对全线流量、压力进行调整，以建立新的平衡。

2. 全越站流程→压力越站→泵输流程切换

（1）根据需要达到的输送流量、压力选择需要启动的输油泵。

（2）如需分输油品，通知油库确认分输油品品种及油品接收流程，做好分输前的计量确认工作。

（3）全开进出站阀门，然后关闭越站阀，本站从全越站转为压力越站。

（4）导通除分输切断阀外的分输流程。

（5）打开分输切断阀开始油品分输，调节分输减压阀使分输压力和流量满足要求。

（6）完成主输泵的检查后，设置出站调节阀的合适开度，然后按照启动输油泵操作规程逐台启动泵。

（7）主输泵启动后，根据计划流量对上下游输油站进行压力、流量调节，建立新的平衡。

14.2.4.9 混油控制

顺序输送过程中混油的形成无法避免，但可以在管道、输油站的设计以及操作运行方面进行改进和优化，以减少混油量。

1. 合理的工艺设计

（1）在工艺设计上采取“从泵到泵”的密闭输送工艺流程，避免采用“从罐到罐”和“旁接罐”工艺流程，可以减少在中间泵站油罐的混油。

（2）输油管道避免采用变径和并联复管，减少支盲管。

（3）防止出现翻越点。如出现翻越点，在翻越点后，自流管线将会出现不满流，流速增加，流动状态陡变，使混油量增加。

（4）优化站内工艺流程。汇管简单、平滑、减少涡流。减少、缩短盲支管段，支管阀门靠近干线，减少站内混油。

（5）油品切换阀门采用快速切换阀门，缩短切换时间，减少初始混油。

2. 改进运行操作

（1）为减少混油，应确保在紊流状态下输送，而且雷诺数应尽可能高，杜绝在层流状态下输送。

（2）分输或调节时，干线流量的降低不超过干线总输量的30%。

（3）合理组织油品输送顺序，在满足质量要求的前提下，应将性质相近的油品安排在一起输送。

（4）制定合理的批量与循环次数，每种油品的批量越大，形成混油的次数越少，产生的混油量也随之减少。

（5）减少油品切换的时间，以减少初始混油。

（6）避免管道长时间停输。如由于不得已而需停输时，尽可能使混油段位置停在平坦的地段，并关闭线路上混油段两端的阀门，且应使密度小的油品位于密度大的油品高处。

（7）采用各种隔离措施将前后油品隔开，可以减少油品的混合。常用的隔离措施有：机械隔离器、隔离液体。

14.2.5 输油站运行检查监护

输油站启动后，应认真检查工艺设备、管道及电气、仪表、自控、通讯等设施的运行状态，定期记录并向调控中心汇报，有异常情况应及时进行处理和汇报。

（1）给油泵、主输泵等设备的温度、振动等监测参数是否正常；电机电流是否正常；

（2）流量、压力等运行参数是否正常；

（3）流量计、在线密度计读数是否正常，运行是否平稳；

（4）管线、阀门、机泵、过滤器等工艺设备和仪表接头是否有泄漏；

（5）分输的压力、流量是否满足要求；

（6）过滤器的压差值是否接近规定值；

（7）泄压阀、安全阀是否正常；

（8）成品油罐、混油罐、泄压罐、污油罐的液位是否正常；

（9）电气、仪表、自控、通讯等设施运行是否正常。

14.3 管道工况调节

14.3.1 管道需要调节的原因

输油管道在正常输送时，全线基本处于稳定运行状态。各站设备、全线水力效率处于相对最佳条件。当有计划地调整输量、油品种类改变、管道沿线间歇分输或输入，工况会发生变化；管道运行过程中出现各种故障，也会引起各站进出站流量、压力的变化，甚至某些运行参数超过允许范围，如机泵故障停运，流程切换、阀门开关误操作，管道堵塞、漏油，电力供应中断或电力设备故障致中间站停输，设备、管道维修需降量或越站等。有的突发事故会在短时间内引起全线参数的剧烈变化。因此，确保管道全线密闭输送，且安全、平稳、低耗运行，须对管道系统进行调节。

输油管道的调节是通过改变管道的能量供应或改变管道的能量消耗，使之在给定的输量条件下，达到新的能量供需平衡，保持管道系统不间断、经济地输油。

14.3.2 输送流量发生变化前后管道系统的调节

1. 调节措施

通常采用改变泵站工作特性、管道工作特性等措施进行调节。

（1）改变泵站工作特性。改变泵站特性对工作点的调整如下：改变泵站特性即是改变总的能量供应，从而实现对输油管道的调节。如图 14－2 所示，当泵站特性由 A 降为 B 时，由于全线提供的总压力减小，管道的输送能力降低，流量从 Q_a 下降为 Q_b，全线需要的总压头从 H_a 降为 H_b。

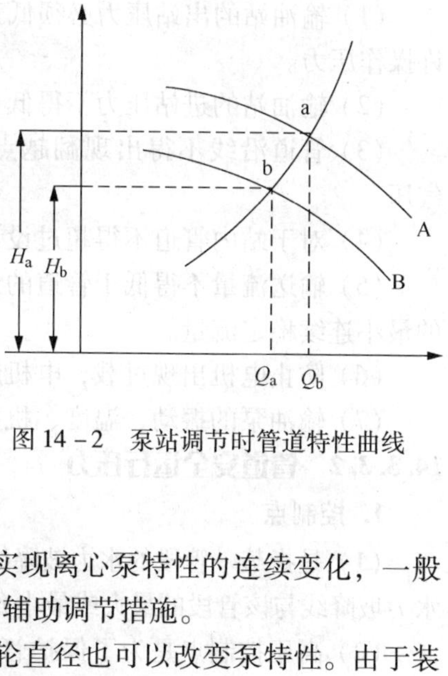

图 14－2　泵站调节时管道特性曲线

改变泵站工作特性主要有如下几种方法：

① 改变运行的泵站数或泵机组数。此种方法可以在较大范围内调整全线的压力供应，适用于工况波动较大的情况。对于串联泵机组密闭输送的管道，可以调整全线各站运行的泵机组数和大、小泵的组合方式，改变管道输量，实现全线能量供应的调整。

② 泵机组调速。泵机组调速可以改变离心泵特性，实现离心泵特性的连续变化，一般适用于输量小范围波动所要求的调节，或作为上述措施的辅助调节措施。

③ 改变(切削)离心泵的叶轮直径。改变离心泵的叶轮直径也可以改变泵特性。由于装配叶轮操作复杂，工作量大，一般这种方法仅适用于调整后的输量可维持时间比较长的情况。切削叶轮时需注意离心泵叶轮的允许切削范围。

（2）改变管道工作特性。一般通过调节干线阀门开度来改变管道工作特性，以改变管道总的能量消耗。输油管道投产后，管径、管长均为定值，改变管道工作特性只能通过关小干线阀门(多数情况是出站调节阀)的开度，人为增加阀门的局部阻力，从而改变管道总的能量消耗。如图 14－3 所示。管道调节前的工作点为 a 点。关阀节流后，由于流动阻力的增加，管内流量变为 Q_b。此时，管道的总摩擦阻力损失为 H_b，泵站提供的总压头为 H_a，Δh 即为阀门的节流损失。由于节流损失的增加使管道特性曲线变陡了，致使工作点发生了变

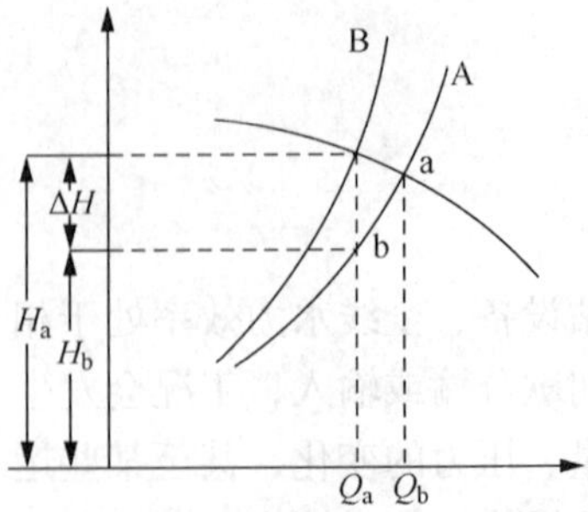

图 14－3　节流后的工况曲线

化，如图中曲线 B 所示，这种方法称为节流调节。

（3）改变分输点位置或分输流量调节。

（4）调节原则。对输油管道进行有计划的调节，应在确保完成输送任务和安全、平稳运行的前提下，以全线能耗(或费用)最低为基本原则；对于设备故障或事故等紧急情况的调节以防止事故发生或事故扩大、确保安全及减小对生产的影响为原则。

对于密闭输送的管道系统，全线是一个统一的水力系统。在管道平稳运行时，根据沿线各站的能耗单价和管道、泵站的承压能力，综合考虑全线泵站和站内组合方式，增加低电价泵站能量供应，减小高电价泵站的能量供应，优先考虑改变全线泵站泵站能量供应的基础上，减小节流损失，充分利用能量。

14.3.3　管道安全控制与调节

管道安全控制主要是针对运行压力的调节，对管道安全平稳运行至关重要。为了达到和维持合适的流量，操作人员必须掌握压力控制范围。压力超高会造成管道或设备的损坏，压力超低会导致管道在低输量和低效率下运行，甚至翻越点或不满流。

14.3.3.1　安全控制与调节原则

（1）输油站的出站压力必须低于规定值，以确保管道沿线任意一点的压力不超过最大允许操作压力。

（2）输油站的进站压力不得低于规定的最低进站压力或泵的允许最低吸入压力。

（3）管道沿线不得出现翻越点或不满流，沿线任一点的压力必须高于所输油品的蒸气压。

（4）对于站内管道不得超过设计要求的压力范围。

（5）输送流量不得低于管道的最小允许输送流量；通过输油泵的流量必须不得低于该泵的最小连续稳定流量。

（6）防止电机出现过载，电机超额定电流。

（7）输油泵的振动、温度、机械密封泄漏量不得超过规定值。

14.3.3.2　管道安全运行压力

1. 控制点

（1）是指某一管段的水力坡降线与高程线的交点或与最大运行压力线的交点。当某管段的水力坡降线与该管段的最大或最小允许运行压力线相交时，就出现了控制点(见图 14－4)。

（2）高压控制点是为了保护管线不发生破裂现象，包括 MAOP 和设计压力，设计压力取决于地区分类(如居民区、环境保护区)、管壁厚度和强度。

（3）低压控制点一般出现在管道高点和泵的入口处。控制低压点可以避免液柱分离、管道抽瘪和泵的气蚀。

2. 最大允许运行压力

MAOP 是指管线稳态运行时允许的最大压力。这是一个重要的设计参数，用于防止超压。MAOP 与管材强度、承压能力有关，它也取决于现场水压实验时的压力值。根据下列标准来确定 MAOP。对一特定管段，MAOP 为下面四个压力中的最低值。

（1）设计压力。根据钢级、壁厚和 72% 的屈服强度来确定。

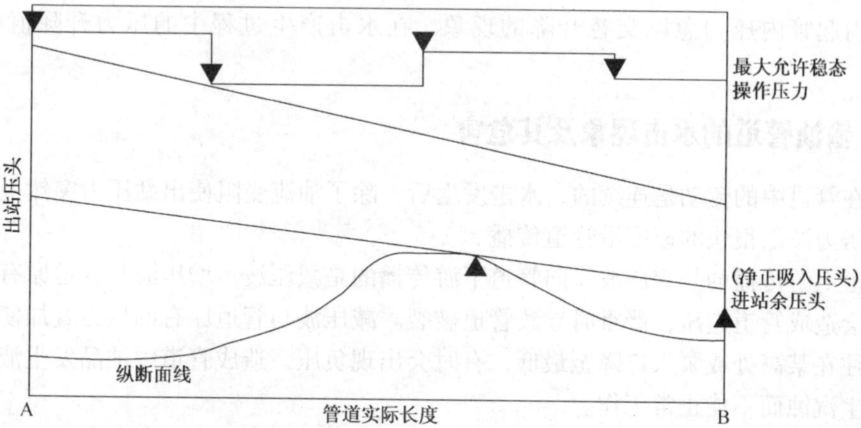

图 14－4　管道控制点示意图

（2）管道静水试压。一般使用空气或水作为介质检验管材的承压能力。

（3）法兰等级。依据法兰、材料等级和操作温度来确定。

（4）文件记载的历史运行压力。无需静水试压。

3. 压力限定范围和设定值

每两个泵站间的管段都有不同于其他管段的压力范围限定和设定值。

运行压力限定值包括最大出站压力、出站压力设定值和进站压力高限值。其中最大出站压力和出站压力设定值用于上游站，进站压力高限值用于下游站。

管线的关键点包括：出站压力、高点、低点、地区分类的变化处、阀的位置、分输位置以及管径、壁厚和强度改变处。

（1）最大出站压力。是指在某一流量下，允许的最大出站绝对压力。在一段管线中最大出站压力和下游站的进站压力高限值是一对相关的压力，中间的关键点制约了这组数值，当此管段内压力升高和降低时此组数值也随之变动以满足中间压力控制点的要求。一旦管道压力超过最大出站压力，SCADA 系统或者站控逻辑就会停泵，以降低出站压力

（2）出站压力设定值。包括报警值和联锁值，如果出站压力接近联锁值再不采取措施降低，关键点就会发生危险。出站压力接近或达到报警值时，出站调节阀将进行调节以降低出站压力及流量；出站压力达到联锁值时，就会联锁停泵或者水击泄压阀动作。

（3）进站压力高限值。指在已给定允许的最大出站压力和关键点的压力之后，此管段能安全运行的最大进站压力。进站压力高限值应用于下游进站，一旦其报警则说明上游出站压力过高。如果上游出站压力不降至最大出站压力以下或者下游进站压力不降至进站压力高限值以下，关键点处就会发生危险。

14.3.3.3　管道安全运行流量调节

对于密闭输送的管道系统，全线是一个流量平衡的系统。也就是说在全线稳定运行时，进入管道的油品体积流量与各站分输体积流量之和相等。在管道运行过程中，要求各站的出站流量不能低于运行泵的最小连续稳定流量，同时不得低于每段管段的最小流量，最大流量不能造成运行泵电机超电流。

14.4　管道水击控制与保护

在流动的有压管路中，由于阀门突然关闭或开启（或其他原因）使管内流速发生突然变

化，从而引起管内压力急剧交替升降的现象。在水击产生过程中的压力升降值称为水击压力。

14.4.1 输油管道的水击现象及其危害

油品在管道中的流动是连续的，水击发生后，除了油流受阻使出站压力突然上升外，还产生水击压力波以很快的速度沿管道传播。

向管道上游传播的是增压波，向管道下游传播的是减压波。增压波与管道原有的压力叠加，往往会造成管道超压，严重时导致管道破裂。减压波与管道原有的压力叠加使管道压力下降，往往在某高处或泵入口降至最低，有时会出现负压，造成管道中油品发生液柱分离或泵入口发生汽蚀而不能正常工作。

造成水击的原因主要有：开、关阀或阀门振动；启、停泵；泵扬程的改变；泵转速的改变；液柱分离；管道破裂；管道内混有气体；输入油品和排气方式欠妥。

水击一般会引起以下后果：流动不稳；压力波动；液柱分离；管道超压；管道断裂或抽瘪；停泵；单向阀关闭或压力控制阀振动。

14.4.2 主要水击事故的防护措施

14.4.2.1 压力自动调节

（1）压力自动调节的目的

① 控制出站压力超高或进站压力超低，防止管道超压或超低；

② 减轻管道运行参数波动，维持管道平稳运行。对于流动过程的控制，采用压力控制优先的原则，在压力允许范围内，进行流量调节。

（2）调节过程。如果水击源位于该站下游时，向该站传来的是增压波，当增压波到达该站使出站压力超高时，调节阀开度自动关小直到出站压力等于或低于设定值为止。当水击源位于该站上游时，向该站传来的是减压波，当减压波到达该站使进站压力过低时，调节阀开度自动关小，使进站压力上升直到进站压力恢复正常。

14.4.2.2 泄压保护

泄压保护是在管道某些关键位置安装泄压阀，当发生水击且这些关键位置出现超压情况时，通过自动开启泄压阀将管道内的部分液体泄放至泄压罐。当管道压力恢复正常时自动关闭。一般管道泄压阀都安装在输油站的进站和出站处。

14.4.2.3 压力自动保护

输油站泵机组部分停运或全部停运可使进站压力上升，出站压力下降。利用这一特点，当输油站出现高于出站压力保护设定值或低于进站压力保护设定值时，保护装置自动切断泵机组电源，使泵停运消除增压源或防止泵发生气蚀，是管道处于允许的压力范围工作。

14.4.2.4 水击超前保护

水击超前保护是水击发生后，在水击压力波还未传播到其他各站之前，各站提前提高进站压力或降低出站压力(节流或停泵)，发出与迎面而来的水击波相反的压力波，抵消水击的影响。具体地说，某站位于水击发生地点的上游，该站在水击波未到达该站之前降低出站压力，产生一个向下游传播的减压波拦截迎面而来的增压波，反之该站提前提高进站压力，产生一个向上游传播的增压波拦截迎面而来的减压波。

14.5 运行参数和设备状态的监控及分析判断

14.5.1 输油泵运行参数状态监控及分析判断

（1）确定运行主输泵或给油泵位号，观察操作柱指示灯是否与运行状态一致。

（2）在运行的主输泵或给油泵附近听电机及泵运行声音，确定是否有杂音。

（3）向站控室汇报现场电流示数。

（4）通过视油镜观察电机及泵的润滑油位是否在1/2～2/3之间，润滑油是否清澈无杂质、无乳化。

（5）打开机械密封保护罩上方盖子，观察机械密封泄漏情况。用秒表计时，若滴漏量超过规定值，即认为机械密封泄漏。

（6）使用测振仪测量泵的驱动端、非驱动端轴承振动值，向站控室汇报测量值。要求轴承振动不超过规定值。

（7）把听针细的一头对准轴承外壳部位，粗的一头贴近耳朵感受轴承转动的声音，确定泵和电机运转中轴承的声音有无异常。

（8）使用红外线测温仪测量泵的驱动端轴承和泵外壳温度温度，向站控室汇报检测结果。要求温度不超过规定值。也可用手触摸泵体，以不烫手为宜。

（9）向站控室汇报泵进口及出口压力表示数，与压力变送器示数对比，确定压力表示数准确。

（10）用手轻拧泵及电机地脚螺栓，确定地脚螺栓无松动。

14.5.2 输油站运行参数态监控及分析判断

14.5.2.1 进出站压力、流量

对于密闭输送的管道系统，全线是一个统一的水力系统。在稳定的工况下，如果突然出现进出站压力、流量的变化，则需要分析可能出现的故障情况。

（1）进出站压力均下降且进站流量减少，则可能出现以下情况之一：上游输油站甩泵、上游输油站进站或者出站阀门关闭、上游线路截断阀关闭、上游站间管线发生泄漏或者爆管。

（2）进出站压力均上升且进站流量减少，则可能出现以下情况之一：下游输油站甩泵、下游输油站进站或者出站阀门关闭、下游线路截断阀关闭。

（3）进出站压力均下降且进站流量增加，则可能出现以下情况之一：本站管线发生泄漏、本站设备的排污阀未关、泄压系统误动作。

（4）进站压力上升出站压力下降且进站流量减少，则可能出现以下情况之一：本站甩泵、本站输油流程上阀门关闭。

14.5.2.2 顺序输送混油界面密度

输油管道顺序输送油品，在线密度由进站的密度计系统检测并上传至控制室(站控和中控)。如果预计的油头到达时间已至，密度计上传的密度值还没有变化，则应考虑以下因素：密度计系统未投用、密度计系统的过滤器是否堵塞、密度值信号上传是否故障。

14.5.3 油罐运行参数态监控及分析判断

（1）观察油罐进出口阀门状态，确认罐流程与实际运行状况一致。

（2）储油罐有现场液位显示时，应向站控室汇报每台储油罐液位值。

（3）检查每台储油罐罐体及阀门是否有渗漏现象。

第 15 章 常用计量操作

散装油品的计量按照计量过程中油品所处的状态可以分为静态计量和动态计量两大类。例如通过测量相关的参数计算储存于油罐内的油品数量的方法就属于静态计量方法；通过流量计测量计算出流过流量计的油品数量的方法就属于动态计量方法。

本章主要介绍立、卧式金属罐和汽车罐车中油品的人工静态计量方法以及管道计量常用的质量流量计计量方法。

15.1 油罐静态计量操作

15.1.1 油罐静态计量的常用相关术语

（1）检尺：用量油尺测量容器内液体液面高度的过程。

（2）检尺口(计量口)：在容器顶部，进行检尺、测温和取样的开口。

（3）参照点：在检尺口上的一个固定点或标记，即从该点进行计量。

（4）检尺板(基准板)：一块焊在容器底部或容器壁上的水平金属板，位于参照点的正下方，作为检尺时量油尺尺砣的接触面。

（5）检尺点(基准点)：在容器底部或检尺板上，检尺时量油尺尺砣接触的点。

（6）参照高度：从参照点到检尺点的距离。

（7）油高：从油品液面到检尺点的距离。

（8）水高：从油水界面到检尺点的距离。

（9）空高(空距)：从参照点到容器内油品界面的距离。

（10）标准温度：确定某些随温度而变化的物理量时选定的一个参照温度。我国规定20℃为标准温度。

（11）标准密度(ρ_{20})：在20℃和101.325kPa下，单位体积液体的质量，单位kg/m^3或g/cm^3。

（12）视密度(ρ'_t)：在试验温度下，玻璃密度计在液体试样中的读数，单位kg/m^3或g/cm^3。

（13）试样温度(t')：在读取密度计读数时的液体试样温度，单位℃。试样温度有时简称视温。

（14）计量温度(t)：储油容器或管线内的油品在计量时的温度，单位℃。计量温度有时简称油温。

（15）标准体积(V_{20})：在标准温度20℃下的体积，单位m^3。

（16）体积修正系数(VCF)：石油在标准温度下的体积与其在非标准温度下的体积之比。

（17）石油在空气中的质量(也称空气中的重量、商业质量、表观质量)：表示石油数量的实用单位，等于油品在空气中称量时与之平衡的砝码的质量。在石油计量中为了准确计算油品质量，常采用空气浮力修正值或换算系数，对石油在真空中的质量进行修正。

15.1.2 液位测量

所有液位高度测量应符合 GB/T 13894《石油和液体石油产品液位测量法(手工法)》的规定。

15.1.2.1 油高测量方法

1. 检实尺

对于轻油(汽油、煤油、柴油和轻质润滑油)一般情况下应检实尺。检尺操作时，站在上风头，一手握尺小心地沿着计量口的下尺槽下尺。尺砣不要摆动，另一手拇指和食指轻轻地固定下尺位置，使尺带下伸，尺砣将接触油面时应缓慢放尺，以免破坏油面的平稳。当下尺深度接近参照高度时，用摇柄卡住尺带，手腕缓缓下移，手感尺砣触底后核对下尺深度(下尺深度应等于参照高度)，以确认尺砣触底。对于轻油可立即提尺读数，对于黏油稍停留数秒钟后提尺读数。读数时可摆动尺带，借助光线折射读取油痕最靠近的刻度值(准确至毫米)。轻油易挥发，读数应迅速。读数时应先读小数再读大数。若尺带油痕不明显，可在油痕附近的尺带上涂试油膏。至少连续测量 2 次，两次读数之差不大于 ±1mm，取第一次的读数；超过时应重新检尺，直至连续两次测量结果之差不大于 ±1mm。

2. 检空尺

对于原油、重质燃料油、重质润滑油应检空尺，具体测量方法这里不详细介绍，需要使用时可查阅 GB/T 13894《石油和液体石油产品液位测量法(手工法)》。

3. 其他规定

(1) 检尺部位。立式金属罐、卧式金属罐、汽车罐车均在罐顶计量口的下尺槽或标记处(参照点)进行检尺。如油罐有多个计量口时，应对这些计量口的使用做出规定，每批油品输转前后，测量应按照同一方法在同一位置进行。有的汽车罐车具有一个以上的舱，应分别在各舱的计量口进行测量。

(2) 液面稳定时间。收、付油后进行油面高度检尺时必须待液面稳定、泡沫消除后方可进行检尺，其液面稳定时间通常为：轻油液面稳定 15min，重质黏油稳定 30min。

(3) 新投用和维修后的立式油罐在罐底垫 1m 以上的油后，再进行收、付油品交接计量。

(4) 浮顶罐的油品交接计量，应在浮顶完全起浮并稳定后进行量油，以避免收、付油前后浮顶状态发生变化产生计量误差。

(5) 油品交接计量前后，与容器相连的管路工艺状态应保持一致。

15.1.2.2 水高测量方法

将量水尺擦净，在估计水位的高度位置附近，均匀地涂上一层薄薄的试水膏，然后将量水尺在容器计量口的指定下尺槽降落到容器内，直至轻轻地接触罐底。应保持水尺垂直，停留 5 ~ 30s 后，将量水尺提起，在试水膏变色处读数，即为容器内底水高度。

当容器内底水高度超过 300mm 时，可以用量油尺代替量水尺。

15.1.3 计量温度测量

容器内计量温度的测量操作应符合 GB/T 8927—2008《石油和液体石油产品温度测量法(手工法)》的规定。

测量容器内油品液面高度后，应立即测量油品的计量温度。测温部位是根据液面高度测量的。

15.1.3.1 测温部位

1. 立式油罐温度测量部位

油高在3m以下，在油高中部测量一点，作为罐内油品的计量温度。

油高在3~4.5m之间时，分别在油品上部和下部测量，取2点温度的算术平均值作为油品的计量温度。

油高在4.5m以上时，分别在油品上部、中部和下部各测一点温度，取3点油温的算术平均值作为油品的温度。

按照相当于油品深度的5/6、3/6、1/6依次计算油品的上部、中部和下部位置。

当液位深度远远大于4.5m时，应考虑按照同比例高度进行补充测量。如：液深的1/10、3/10、5/10、7/10、9/10位置测量，或按照1/20、3/20、5/20、7/20、9/20、11/20、13/20、15/20、17/20、19/20位置测量。

如果怀疑液体温度分层，可以适当增加测温点数。

2. 卧式油罐温度测量部位

在充满或接近充满的卧式圆筒形罐中，应在相当于油品深度的5/6、3/6、1/6三个高度进行温度测量。按照3∶4∶3的比例计算加权平均温度，即：

平均温度=(上部温度×3+中部温度×4+下部温度×3)/10

部分充满的卧式圆筒罐需要在对应总油品体积的5/6、3/6、1/6三个高度进行温度测量。对应的高度可由油罐容积表查到。取三点温度的平均值作为罐内液体的平均温度。

当罐内液体深度小于2m时，只需在对应油品体积一半的高度测量一点温度，取该点温度作为罐内液体的温度。

3. 汽车罐车温度测量部位

汽车罐车油品温度测量对应油品体积一半高度的一点温度即可，如果具有多个舱，则应分别测量不同舱内的油品温度。

15.1.3.2 测温方法

为使测量结果准确可靠，测量时应首选使用便携式数字温度计，也可以使用玻璃液体温度计。

1. 使用便携式电子温度计

(1) 在便携式电子温度计首次使用前，应进行如下检查

① 检查是否符合温度计的规格要求，表面有无损伤。

② 检查电池状态，必要时应更换电池或重新充电。

(2) 使用便携式电子温度计测温步骤

① 在打开计量口或蒸气闭锁阀之前，应将其静电接地夹与罐体连接。

② 每次计量前后，检查电池的电量。

③ 将传感器探头降落到第一个预定液深的位置。

④ 在预定液深上下大约0.3m的区间高度内，上下缓缓提拉传感器，使传感器与周围液体迅速达到温度平衡；当指示温度在30s内的变化不超过0.1℃时，就可以认为温度计与周围液体达到了温度平衡。

⑤ 读取并记录温度计的示值，作为该点的测量温度。

⑥ 如果需要测量多点温度，则可以按照由上而下的顺序在其他位置分别测量。

⑦ 如果各点最高和最低温度之差小于1.0℃，则可以直接计算平均温度；否则，应在相邻两点中间的液深位置再依次补测温度，而后再计算平均温度。

2. 使用玻璃液体温度计

选择一支合格的适合容器内油品温度范围的玻璃液体温度计放入杯盒中，盒子的容量至少为100mL，充溢盒式的容量至少为200mL。将杯盒放入容器内指定的测温部位。停留足够的时间以使温度计与周围液体达到温度平衡（杯盒温度计的建议浸没时间见表15－1）。当取出温度计读取温度时，杯盒或保温盒应保持充满液体，而且读数时间应尽可能短。

表15－1　使用杯盒温度计测量罐内油温时建议浸没时间表

油品的标准密度/(kg/m³)	杯盒运动时的浸没时间/min	杯盒静止时的浸没时间/min
<775	5	10
775～825	5	15
825～875	12	25
875～925	20	45
>925	45	80

15.1.4　手工取样法

取样也称采样，是按照规定的方法，从一定数量的整批物料中采集少量代表性试样的一种行为、过程或技术。在成品油计量中，为了测量成品油密度，需在批量的成品油中采集有代表性的少量试样，这一过程称为成品油取样。油品取样操作应符合GB/T 4756—1998《石油液体手工取样法》中的有关规定。成品油手工取样包括油罐取样和管线取样两种方法。

15.1.4.1　油罐取样

油罐取样应在油品静止时进行。

1. 取样前的准备

（1）选择清洁干燥、不渗漏、耐溶剂作用，并有足够强度、容量适合的取样器、取样设备和收集器。

（2）收集器可供储存和运送试样使用，应该有合适的塞子或阀密封试样。

2. 取样部位

立式油罐取样部位应按表15－2规定执行。

表15－2　立式油罐取样部位

	液位高度	取样部位	取样份数
均匀油品	液面3m以上	上部样：顶液面下1/6处 中部样：液面深度1/2处 下部样：顶液面下5/6处	各取一份按等体积1:1:1混合成组合样
均匀油品	液面低于3m	中部样：液面深度1/2处	取一份
不均匀油品	不区分液高	出口液面向上每米间隔取样	每份分别试验

卧式油罐取样时一般情况下，可以在液体深度的1/2位置取一份试样。如有严格的测量

要求时，应按照《GB/T 4756—1998 石油液体手工取样法》中表1规定的部位进行取样。

汽车罐车取样时，可以在液体深度的1/2位置取一份试样。

3. 取样方法及操作注意事项

（1）取样时，首先用待取样的油品冲洗取样器一次，再按照取样规定的部位、比例和上、中、下的次序取样。

（2）试样容器应有足够的容量，取样结束时至少留有10%的无油空间（不可将取满容器的试样再倒出，造成试样无代表性）。

（3）试样取回后，应分装在两个清洁干燥的瓶子里密封好，供试样分析和提供仲裁使用。贴好标签，注明取样地点、容器（罐）号、日期、油品名称、牌号和试样类型等。

（4）安全操作应遵照国家安全规程和石油安全操作规范执行。

15.1.4.2 管线取样

管线样可以分为流量比例样和时间比例样两种。见表15－3、表15－4。推荐使用流量比例样，因为它和管线内的流量成比例。

取样应在适宜的管线取样器中进行。取样前，要用被取样的产品冲洗样品管线和装有阀的连接件。然后把样品放进样品容器或样品接收器中。

表15－3 流量比例样取样规定

输油数量/m^3	取样规定
输油数量≤1000	输油开始时①和输油结束时②各取1次
1000＜输油数量≤10000	输油开始时1次，以后每隔1000m^3取1次
输油数量＞10000	输油开始时1次，以后每隔2000m^3取1次

① 输油开始时，指罐内油品流到取样口时；

② 输油结束时，指停止输油前10min。

表15－4 时间比例样取样规定

输油时间/h	取样规定
输油时间≤1	输油开始时①和输油结束时②各取1次
1＜输油时间≤2	输油开始时1次，中间和输油结束时各取1次
2＜输油时间≤24	输油开始时1次，以后每隔1h取1次
输油时间＞24	输油开始时1次，以后每隔2h取1次

① 输油开始时，指罐内油品流到取样口时；

② 输油结束时，指停止输油前10min。

15.1.5 密度实验室测量法（密度计法）

油品密度测定的操作应符合GB/T 1884—2000《原油和液体石油产品密度实验室测量法（密度计）》的有关规定。

15.1.5.1 仪器

（1）密度计量筒。透明玻璃等材料制成，其内径至少比密度计外径大25mm，其高度应使密度计在试样中漂浮时，密度计底部与量筒底部的间距至少有25mm。为了倾倒方便，密度计量筒边缘应有斜嘴。

（2）恒温浴的尺寸大小能容纳密度计量筒，使试样完全浸没在恒温浴液体表面以下，在试验期间，能保持试验温度变化在 ±0.25℃以内。

（3）温度计的技术要求见表 15－5，应有有效的检定证书。

表 15－5　温度计技术要求

范围/℃	刻度间隔/℃	最大误差范围/℃
－1～38	0.1	±0.2
－20～102	0.2	±0.3

15.1.5.2　油品密度测定法

在计量测定油品密度时，应在散装石油温度或接近散装石油 ±3℃下测定密度，以减少石油体积修正的误差。对于黏稠试样应达到足够的流动性。

将均匀的试样小心地倾入温度稳定、清洁的量筒中，避免试样飞溅和产生气泡，并要减少轻组分的挥发。用一片清洁的试纸滤除表面的气泡。当环境温度在整个试验过程中的变化大于 ±2℃时，应使用恒温水浴。

用合适的温度计搅拌试样，使整个量筒中的油品温度、密度均匀后，读取温度计示值，准确至 0.1℃。

取出温度计，再将选好的、清洁干燥的石油密度计轻轻地放在试样中，对于不透明的黏稠液体，要等待密度计慢慢地沉入液体中。对于透明低黏度液体，将石油密度计压入试样约 1～2mm，再放开，放开时要轻轻转动一下密度计，使它能在离开量筒壁的地方静止下来，自由漂浮。应有充分的时间让石油密度计静止，使其达到平衡，即可读取密度计刻度值，读数应估读至密度计最小分度值的 1/5。

读取密度计读数，即视密度的时候，必须按照密度计上标注的规定方法进行。依据密度计技术条件 SH/T 0316—98 制造的密度计，可按下列方法读数：

若测定透明液体，应先将眼睛放在稍低于液面的位置，慢慢地升到表面，先看到一个不正的椭圆，然后变成一条与密度计刻度相切的直线（见图 15－1）。密度计读数为液体的水平面与密度计刻度相切的那一点。

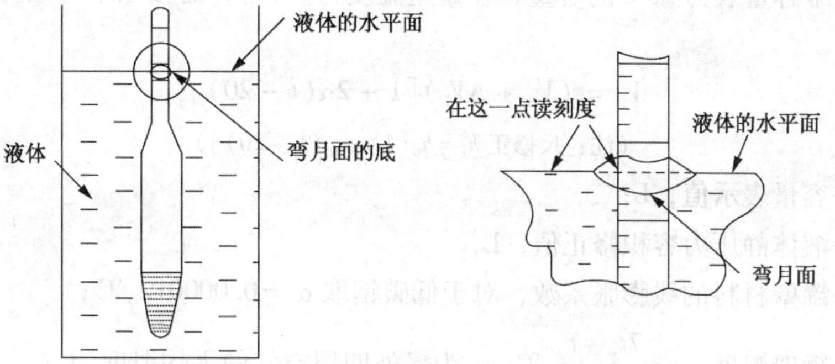

图 15－1　透明液体的密度计刻度读数

若测定不透明液体，应将眼睛放在稍高于液面的位置观察（见图 15－2）。密度计读数为液体上弯月面与密度计刻度相切的那一点。然后，再对视密度进行弯月面修正。对于 SY－05 型石油密度计，弯月面修正值为 +0.7kg/m^3。

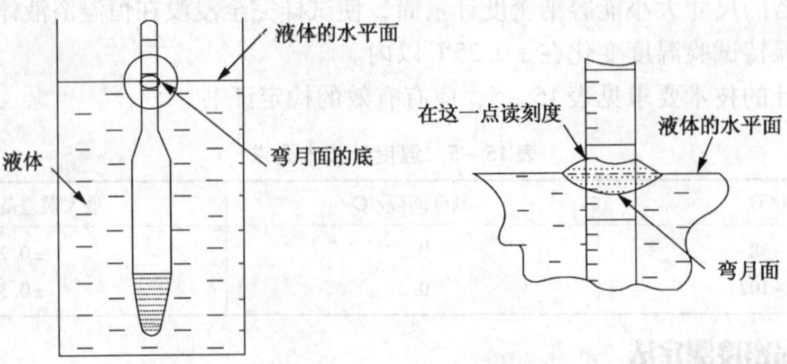

图 15－2　不透明液体的密度计刻度读数

取出密度计后，应再次使用温度计搅拌并读取试验温度值。如果这个温度与开始试验温度值之差大于 ±0.5℃，则应重新测量，直至温度变化稳定在 ±0.5℃之内。

15.2　油罐容积表的使用方法

容积表反映了容器内任意高度下的容积，即从容器底部基准点起，任一垂直高度下该容器的有效容积。容积表必须由计量检定机构进行检定后出具，并应按照检定规程的规定注明有效期。

下面分别介绍立式油罐、卧式油罐和汽车罐车容积表的使用方法。

15.2.1　立式金属罐容积表使用方法

15.2.1.1　立式金属罐容量表的计量性能

容量为 20～100m^3（含 100m^3）的立式金属罐，总容量的不确定度为 0.3%（$k=2$）；容量为 100～700m^3（含 700m^3）的立式金属罐，总容量的不确定度为 0.2%（$k=2$）；容量为 700m^3 以上的立式金属罐，总容量的不确定度为 0.1%（$k=2$）。

立式金属罐容量表为 20℃的容量，在罐壁温度为 t℃时，需按以下方法计算容量。对于非保温罐：

$$V_t = (V_B + \Delta V_P)[1 + 2\alpha(t - 20)] \tag{15-1}$$

$$(\text{注：尺修正 } h_t = h_0[1 + \alpha_{尺}(t_y - 20)]) \tag{15-2}$$

式中　V_B——容量表示值，L；

ΔV_P——液体静压力容积修正值，L；

α——罐壁材料的线膨胀系数，对于低碳钢取 $\alpha=0.000012$，℃；

t——罐壁温度，$t=\dfrac{7t_y + t_g}{8}$，℃，t_g 为罐外四周空气的平均温度，℃；

t_y——罐内液体的温度，℃。

对于保温罐：

$$V_t = (V_B + \Delta V_P)[1 + 3\alpha(t - 20)] \tag{15-3}$$

式中　t——罐壁温度，用罐内液体温度 t_y 代替，℃。

15.2.1.2 立式金属罐容积表的使用

立罐容积表主要包括主表、小数表、静压力容积修正量表三部分。另外还会对容积表的使用做出一些必要的说明，如：容积表总页数、罐壁温度修正的方法、浮顶质量、浮顶最低点和起浮高度(非计量段)等等。

在实际油量计算时，根据测量并修正后的液位高度查容积表即可计算出油品的体积。具体方法是：首先，根据液位高度查出主表上略低于液位高度的最接近的一个高度所对应的容积值；第二，根据液位高度确定查阅的小数表范围，按照液位高度与查主表时使用的高度的差值查出小数表中对应的容积值；第三，根据液位高度查静压力修正量表上最接近液位高度位置的静压力修正量。由于检定证书上的静压力修正量表是按照装入密度为 $1g/cm^3$ 的液体编制的，因此查出的静压力修正量应与油品相对密度相乘，即可得出油罐装该油品时对应静压力修正量。

为了计算方便，计算时，一般使用标准密度代替油品密度进行静压力修正量的计算。由两种取值方式所产生的计量误差是可以忽略的。例如，对于某 $2000m^3$ 的油罐，若油温 52℃，标准密度 $0.8724g/cm^3$，取 ρ_t 和 ρ_{20} 计算油罐静压容积增大时，所得的容积之差只占总容积的 0.00165%。

附表 15－1 是某油库 112 号立式金属罐的容积表。

例 15－1 若 112 号罐装油液位高 8.126m，油品的标准密度为 $0.7531/cm^3$，油温 31℃，求该罐油品的体积？

解：查附表 15－1：

8.12m 高的容积 $V_1 = 3337.302m^3$

6mm 高的容积 $V_2 = 2.465m^3$

8.10m 高的水静压容积修正值 $V_3 = 1.778m^3$

油品的体积 $V = V_1 + V_2 + V_3 \cdot d_4^{20}$

$$= 3337.302 + 2.465 + 1.778 \times \frac{0.7531}{1} = 3341.106m^3$$

15.2.1.3 浮顶罐容积表的使用方法

浮顶罐的容积表的结构同立式罐，只是在容积表的说明里注明浮顶质量、浮顶的非计量区间范围。

使用浮顶罐容积表时，应注意油品交接计量时的液位一定要避开非计量区间。因为在这一区间内，浮顶在油罐中已接触液体，但尚未完全起浮，难以确定浮顶在油罐中排开液体的体积和质量。

计量时的液位高于浮顶最低起浮高度(非计量区间的上限)时，液位下的容积表体积减去浮顶排开罐中介质在实际温度下的体积，才是油罐实际液位下介质的表载体积。一般情况下，当浮顶完全起浮时，计算油量时可采取扣除浮顶质量的方法而不扣除浮顶的排油体积。因为当油温变化时，油的密度和体积都有变化，所以浮顶的排油体积也有改变。但是根据阿基米德定律可知，浮顶排油的质量是不变的，始终等于浮顶的质量，完全符合我国石油贸易计量的要求(计量结果以表观质量单位结算)。

液位低于非计量区间下限时，容积表的使用方法与立式罐容积表的使用方法相同。因为此时浮顶已落在罐底支架上，液面在浮顶以下。

在油品的计量中，如果收付油在同一个油罐上进行，而且浮顶处于自由浮起状态，由于前尺和后尺均要扣除相同的浮顶质量，此情况下不考虑浮顶质量对油品收发数量没有影响，但在油品盘库时一定要扣除浮顶质量。

15.2.2 卧式金属罐容积表的使用方法

卧式罐是一个两端封顶的水平放置的圆筒，其容积由两端封顶和圆筒两部分组成。附表15-2为某单位2号卧式金属罐容积表。卧式罐容积表以厘米为间隔，单位高度的容量不等，也没有线性关系。为了使用方便，当计算卧式罐的毫米高度容量时，用线性插值法近似计算。若卧式罐容积表说明上标注了液高修正值，在使用该容积表时，应将实际测量高度 H 加上液高修正值 ΔH 以后，再查容积表。即：

$$H_1 = H + \Delta H \tag{15-4}$$

式中 ΔH——液高修正值；

H——下尺点的液高；

H_1——修正后的液面高度。

卧式金属罐容积表是20℃时的容量。在 t℃使用时，可以换算为

$$V_t = V_{20}[1 + \beta(t_s - 20)] \tag{15-5}$$

式中 V_t——t℃时的容量，m^3；

V_{20}——容量表所示的容量，m^3；

t_s——罐壁平均温度，℃；

β——罐材料的体胀系数，$℃^{-1}$；

罐壁温度 t_s 可由下式计算：

$$t_s = (3t_L + t_A)/4 \tag{15-6}$$

式中 t_L——液体温度，℃；

t_A——环境温度，℃。

对于带有绝热层壳壁的油罐(保温罐)可采用 $t_s = t_L$。

例15-2 若2号罐装油液位高1.323m，求该罐油品的体积？

解：查附表15-2：

1.32m 高的容积 $V_1 = 23.843m^3$

1.33m 高的容积 $V_2 = 24.079m^3$

1.323m 高的容积 $V_t = 23.843 + \frac{24.079 - 23.843}{1.33 - 1.32}(1.323 - 1.32) = 23.843 + 0.0708m^3$

$\approx 23.914m^3$

15.2.3 汽车油罐容积表的使用方法

汽车油罐车是运输油品的重要运输工具之一，输油过程中产生的少量混油、污油需要使用汽车油罐车运输。因此，汽车油罐容积表也是常用的油罐容积表之一。

各检定机构出具的汽车油罐容积表没有统一的规范，编制时有的是按照空高编制的，

有的是按照实高编制的，使用时应注意区分。同时，容积表编制的间隔有的是按照厘米间隔编制的，有的是按照毫米间隔编制的。如：附表 15－3 给出的鄂 A－19667 油罐汽车的容积表，就是按照毫米间隔编制的容积表。使用时，直接按照测量出的油品空高查出对应的油品体积即可。而对于按照厘米间隔编制的容积表，使用时则需按照线性插值法计算出油品实高（或空高）对应的油品体积，计算方法与卧式油罐容积表的使用方法一致。

15.3 油品质量计算方法

15.3.1 概述

15.3.1.1 质量

质量是指物体所含物质的量，是量度物体惯性大小的物理量。通常用 m 表示。在国际单位制中质量的单位是千克（kg）。

15.3.1.2 重量

习惯上人们认为：物体所受到的重力就是它本身的重量。重量的单位是牛顿。日常生活中，重量实质上是质量的事实，决定把日常生活中的重量看作是质量的同义词或惯用语。在油品计量中，“油品质量”习惯上称为“油品重量”，简称油重。

15.3.1.3 油量计算扣除空气浮力的方法

世界上关于油品质量的计算有两种不同的观点。一种观点认为，在贸易和生活中，人们习惯将质量称为重量，可以直接采用体积与密度相乘的，即 $m = V \cdot \rho$。

另一种观点认为，质量是用天平和砝码称出来的，被称的砝码和油品都在空气中，都受到空气的浮力。相同质量的油品和砝码相比，油品的体积大，在空气中受到的浮力比砝码受到的浮力大，因此在天平上称出来的质量比物体实际的质量要小。中国、美国、英国、日本等国都持这种观点，在贸易交接中使用的是空气中的质量。因此，在计算油量是应扣除空气浮力的影响。这个用砝码衡量的质量，称为“空气中的质量”、“空气中的重量”“表观质量”或者“商业质量”。

在油量计算中，为了修正这种因空气浮力而对油品数量计算产生的影响。修正的方法有两种：

（1）对油品质量进行空气浮力修正的方法之一是使用空气浮力修正值 F 值。F 值的定义是将石油在真空中的质量换算到空气中质量的换算系数。使用 F 值进行空气浮力修正计算油量的公式：

$$\text{石油的质量（重量）} \quad m = V_{20} \cdot \rho_{20} \cdot F \tag{15-7}$$

下面用天平说明式（15－7）的来源（如果用弹簧秤或其他称量原理，结论是相同的）。

一等臂天平的一端放着被称量的质量为 m_1 的油，另一端放着平衡它的质量为 m 的砝码。设等臂天平的臂长均为 a，油的密度是 ρ_1，砝码的密度是 ρ，空气的密度是 e，根据力矩平衡原理，天平两端平衡的条件为：

$$ag(m_1 - m_1 \cdot e/\rho_1) = ag(m - m \cdot e/\rho)$$

其中 g 为重力加速度。上式简化后为

$$m = m_1(1 - e/\rho_1)/(1 - e/\rho)$$

因为 $m_1 = V \cdot \rho_1$，V 是油的体积，所以：

$$m = V \cdot \rho_1(1 - e/\rho_1)/(1 - e/\rho) \quad (15-8)$$

令 $F = (1 - e/\rho_1)/(1 - e/\rho)$

可得 $m = V \cdot \rho_1 \cdot F$

在标准温度下则有：$m = V_{20} \cdot \rho_{20} \cdot F$ (15-7)

由上面表示 F 的公式可以看出，F 值是油品密度 ρ_1 的函数，根据油品密度以及都是常数的砝码密度和空气密度 e，就可以算出 F 值。

(2) 进行空气浮力修正的方法之二是使用空气浮力修正值 1.1kg/m³。GB 1885—1998《石油计量表》中将空气浮力修正值定为 1.1kg/m³。即：

$$m = V_{20}(\rho_{20} - 1.1) \quad (15-9)$$

这个修正值是用下述方法得到的：

因为空气密度 e 与砝码密度 ρ 的比值是一个很小的数，所以：

$$l/(1 - e/\rho) \approx 1 + e/\rho$$

所以可将式(15-8)变换为：

$$\begin{aligned} m &= V\rho_1(1 - e/\rho_1)/(1 - e/\rho) \\ &\approx V\rho_1(1 - e/\rho_1)(1 + e/\rho) \\ &= V\rho_1(1 - e/\rho_1 + e/\rho - e^2/\rho_1\rho) \end{aligned}$$

同样，$e^2/\rho_1\rho$ 也是一个极小的数值，可以略去，得到：

$$\begin{aligned} m &= V\rho_1(1 - e/\rho_1 + e/\rho) \\ &= V(\rho_1 - e + e \cdot \rho_1/\rho) \\ & V[\rho - e(1 - \rho_1/\rho)] \end{aligned}$$

令 $\beta = e(1 - \rho_1/\rho)$，即可得 $m = V(\rho_1 - \beta)$

在标准温度下即为：

$$m = V_{20}(\rho_{20} - \beta) \quad (15-10)$$

砝码密度为常数 8143.0kg/m³，空气密度在标准状况下也是常数为 1.2kg/m³。当油品密度 ρ_{20} 在 600～1000kg/m³ 范围内时，可以举例算出 β 的值为：

$\rho_{20} = 600\text{kg/m}^3$，$\beta = 1.11\text{kg/m}^3$　　$\rho_{20} = 700\text{kg/m}^3$，$\beta = 1.10\text{kg/m}^3$

$\rho_{20} = 800\text{kg/m}^3$，$\beta = 1.08\text{kg/m}^3$　　$\rho_{20} = 900\text{kg/m}^3$，$\beta = 1.07\text{kg/m}^3$

$\rho_{20} = 1000\text{kg/m}^3$，$\beta = 1.05\text{kg/m}^3$

可以看出，在油品的密度范围内，β 值都接近 1.1kg/m³，因此可以取 1.1kg/m³ 作为空气浮力修正值。将 $\beta = 1.1\text{kg/m}^3$ 代入式(15-10)，即得用 1.1kg/m³ 进行空气浮力修正的油量计算公式为：

$$m = V_{20}(\rho_{20} - 1.1) \quad (15-11)$$

从上面的计算可知，只有当 ρ_{20} 等于某一定值($\rho_{20} = 678.5\text{kg/m}^3$)时，$\beta$ 才正好等于 1.1kg/m³，当 ρ_{20} 取其他值时，β 并不等于 1.1kg/m³。除液态烃之外，大多数油品的密度都大于 678.5kg/m³。根据 $\beta = e(1 - \rho_1/\rho)$，在计算油量时，取 $\beta = 1.1\text{kg/m}^3$，一般油品的计算结果都比真正的结果偏小；而密度小于 678.5kg/m³ 的液态烃计算结果又偏大，尽管误差只是十万分之几，但是却永远不能抵消。所以，还是用 F 值的方法比较准确，即不同的油品密度选用不同的修正值，使用式(15－7)进行空气浮力修正。采用式(15－7)的国家标准GB 1885—83虽然已被 GB/T 1885—98 代替，但是其中的表 5 即 F 值表可以继续使用。

15.3.2 标准密度的换算方法

在容器内取得代表性试样后进行密度测定，得到的是试验温度下的密度计读数，按密度计检定证书给出的修正值进行修正后，即得到试验温度(视温度)和视密度。它不能直接用于计算油品质量，需借助于 GB/T 1885—98 表 59《标准密度表》，根据油品试样的试验温度和视密度查得标准密度。标准密度单位为 g/cm^3 时保留四位小数；单位为 kg/m^3 时，保留 1 位小数。附表 15－4 给出了石油产品标准密度表的一部分。

已知某种油品在某一试验温度(视温度)下的视密度，换算标准密度的步骤为：

(1) 根据油品类别选择相应油品的标准密度表，原油、产品和润滑油的标准密度表表号分别为表 59A、表 59B 和表 59D；

(2) 确定视密度所在标准密度表中的密度区间，并根据试验温度确定被查找的标准密度所在的表页；

(3) 在视密度行中查找已知的视密度值，在温度栏中找到已知的试验温度值。该视密度所在列与验温度值所在行交义点上的数即为该油品的标准密度。

如果已知的视密度值正好介于视密度行中两个相邻视密度值之间，则可以采用内插法确定标准密度，但温度值不内插，用较接近的温度值查表。

当需要用内插法确定标准密度时，可以采用下面的公式进行计算，即：

$$\text{标准密度} = \rho_{基} + \frac{\rho_{上} - \rho_{下}}{\rho'_{上} - \rho'_{下}} \times (\rho'_{t} - \rho'_{基}) \qquad (15-12)$$

式中 $\rho'_{上}$、$\rho'_{下}$——介于被查视密度 ρ'_t 值的两个相邻上限和下限视密度值；

$\rho_{上}$、$\rho_{下}$——试验温度 t′所在行 $\rho'_{上}$、$\rho'_{下}$ 所在列交叉点上的表载两个相邻上限和下限标准密度值；

$\rho'_{基}$——$\rho'_{上}$、$\rho'_{下}$ 较接近的视密度值；

$\rho_{基}$——$\rho'_{上}$、$\rho'_{下}$ 两者之中与 $\rho'_{基}$ 对应的那个表载标准密度值。

例 15－3 汽油试样温度 22℃，视密度 725.0kg/m³，求试样的标准密度。

解：查表：视密度纵列 725.0kg/m³，温度横行 22.00℃，得标准密度为 726.8kg/m³。

答：标准密度为 726.8kg/m³。

例 15－4 汽油试样温度 22.3℃，视密度 725.8kg/m³，求试样的标准密度。

解：查表：视密度位于纵列 725.0kg/m³ 和 727.0kg/m³ 之间，温度横行最接近 22.25℃。

$$\rho_{20} = 727.0 + \frac{729.0 - 727.0}{727.0 - 725.0} \times (725.8 - 725.0) = 727.8\text{kg/m}^3$$

答：标准密度为 727.8kg/m³。

15.3.3 标准体积的换算方法

计算油品数量时，需将计量温度(容器内油品的温度)下的油品体积换算为 20℃ 的标准体积，才能与标准密度相乘求出油品质量。换算的方法是使用体积修正系数 *VCF*。根据体积修正系数的定义，可以得到用 *VCF* 值法求标准体积的公式，即

$$V_{20}=V_{t}\cdot VCF \tag{15-13}$$

体积修正系数 *VCF* 可以通过 GB/T 188598 表 60《体积修正系数表》查得。查这个表，需要依据油品的计量温度 t 和标准密度 ρ_{20} 进行查表。附表 15－5 给出了石油产品体积修正系数表的一部分。*VCF* 的换算需保留五位小数。

已知某种油品的标准密度和计量温度，查找、换算体积修正系数的步骤为：

（1）根据油品类别选择相应油品的体积修正系数表，原油、产品和润滑油的体积修正系数表表号分别为表 60A、表 60B 和表 60D；

（2）确定标准密度所在体积修正系数表中的密度区间，并根据计量温度确定被查找的体积修正系数所在的表页；

（3）在标准密度栏中查找已知的标准密度值，在温度栏中找到油品的计量温度值，该标准密度值所在列与计量温度值所在行交叉点上的数即为该油品的体积修正系数。

如果已知的标准密度值正好介于标准密度行中两个相邻标准密度值之间，则可以采用内插法确定体积修正系数，而温度值不内插，仅以较接近的温度值查表。

当需要用内插法确定体积修正系数时，可以采用下面的公式进行计算，即：

$$VCF=VCF_{基}+\frac{VCF_{上}-VCF_{下}}{\rho_{上}-\rho_{下}}\times(\rho_{20}-\rho_{基}) \tag{15-14}$$

式中 $\rho_{上}$、$\rho_{下}$——与被查标准密度 ρ_{20} 加值相邻的上限和下限两个标准密度值；

$VCF_{上}$、$VCF_{下}$——计量温度所在行与 $\rho_{上}$、$\rho_{下}$ 所在列交叉点上的表载两个相邻上限和下限体积修正系数值；

$\rho_{基}$——$\rho_{上}$、$\rho_{下}$ 中与被查标准密度 ρ_{20} 值较接近的标准密度值；

$VCF_{基}$——和 $VCF_{上}$、$VCF_{下}$ 两者之中与 $\rho_{基}$ 对应的那个表载体积修正系数值。

例 15－5　汽油油温 16.9℃，体积为 520.156m³，标准密度为 717.1kg/m³，求汽油标准体积。

解：查表计算：

$$\begin{aligned}VCF&=1.0038+(1.0039-1.0038)/(716.0-718.0)\times(717.1-718.0)\\&=1.0038+0.000045=1.003845\approx1.00384\end{aligned}$$

$$V_{20}=520.156\times1.00384\approx522.153\text{m}^3$$

答：汽油的标准体积为 522.153m³。

15.3.4 油品质量计算

油品质量的计算按照前文推导出油量计算公式计算，即：

$$\begin{aligned}m&=V_{20}(\rho_{20}-1.1) &(15-15)\\&=V_{t}VCF(\rho_{20}-1.1) &(15-16)\end{aligned}$$

式中 m——油品在空气中的质量，kg；

V_{20}——油品在 20℃下的体积，m³；

V_{t}——油品在油温下的体积，m³；

ρ_{20}——油品标准密度，kg/m³。

例 15-6 汽油的标准密度 725.4kg/m^3，标准体积 516.532m^3，求汽油的质量。

解：$m = V_{20} \cdot (\rho_{20} - 1.1) = 516.532 \times (725.4 - 1.1) = 374124\text{kg}$

答：汽油质量为 374124kg。

15.3.4.1 立式金属罐油量计算

1. 立式金属罐内储存油量计算步骤

(1) 根据液位高度查容量表，得液位下的表载体积 V_B。

(2) 根据罐底明水高度查容量表，得罐底明水体积 V_s。

(3) 计算装油后油罐受压引起的容积增大值，准确至 L，即：$\Delta V_p = \Delta V_{sp} \cdot d_4^{20}$。

(4) 将罐内液位高度下的表载体积，修正到罐壁平均温度下的实际体积 V_t。

(5) 计算标准体积 V_{20}，准确至 L，VCF 值取至小数点后第五位。

(6) 计算油品在空气中的质量，准确至 kg。

对于浮顶罐的油量计算，严禁浮顶在非计量区(不可计量段)计量，即浮顶必须完全浮起来以后，或者浮顶完全由支柱支撑(即液体完全与浮顶不接触)时才能计量，再进行计算。当液位低于非计量段的下限高度时，计算方法与拱顶罐相同；当液位高于非计量段的上限高度时，应扣除浮顶的质量。

2. 油量计算公式

(1) 保温罐

$$m = (V_B + \Delta V_{sp} \cdot d_4^{20} - V_s) \cdot [1 + 3\alpha(t - 20)] \cdot VCF \cdot (\rho_{20} - 1.1) - G \tag{15-17}$$

式中 m——罐内纯油在空气中的质量，kg；

V_B——罐内液位高度下的总表载体积，m^3；

V_s——罐内明水高度下的表载体积，m^3；

d_4^{20}——罐内油品标准温度或计量温度下的密度和 4℃纯水密度的比值(纯水密度取 1000kg/m^3)；

ΔV_{sp}——罐内液位高度下装水引起得静压力容积增大值，m^3；

α——油罐材质体积线胀系数(碳钢材质一般取 $\alpha = 0.000012$)，1/℃；

t——罐壁温度,℃(用罐内油温代替)；

VCF——体积修正系数；

ρ_{20}——罐内油品标准密度，kg/m^3；

G——油罐浮顶重量(质量)，kg。

式(15-17)是立式金属罐油量计算的综合计算式，若罐内无罐底明水，视 $V_s = 0$，若储存罐是一般的立罐(无浮顶)，视 $G = 0$。

(2) 非保温罐。轻油罐一般不加保温层，油罐周围设防火墙。保温罐和非保温罐油量计算的差别就是罐壁温度变化对罐壳胀缩的影响，从而使油品体积随罐体变化。对于非保温罐，罐的内壁受油温 t_y 的影响，外壁受外界环境温度 t_q 的影响，由于环境温度比较复杂，非保温罐的罐壁温度难以准确测定。

按照 JJG 168—2005 检定规程的规定，对非保温罐，罐壁温度为：

$$t = [(7 \times t_y) + t_q]/8 \tag{15-18}$$

式中　t_y——罐内液体温度,℃;

t_q——罐外四周空气温度平均值,℃。

油品计算为:

$$m = \{(V_B + \Delta V_{sp} \cdot d_4^{20} - V_s) \cdot [1 + 2\alpha(t - 20)] \cdot VCF \cdot \rho_{20} \cdot F - G\}(1 - W_s) \tag{15-19}$$

其中,α 为罐壁材质线膨胀系数,对于低碳钢取仅 $\alpha = 0.000012$,1/℃。

注:量油尺应进行温度修正 $h_i = h_0[1 + \alpha_{尺}(t_y - 20)]$。

从式(15-17)和式(15-19)两式可以分析出,当油品温度不超过标准温度的 ±10℃ 范围时,温度的影响不会超过油品质量的 ±0.036%,远小于手工计量的误差。因此,一般情况下,当油品温度不超过标准温度的 ±10℃ 范围时,可以忽略温度对油品体积的影响。

例 15-7　某油库 112 号立式金属罐内储存汽油,发油前经计量油水总高为 10.695m,水高为 0.212m,计量温度 19.5℃,试验温度 21.5℃,视密度 727.5kg/m³,发油后测得油水总高为 6.895m,水高 0.118m,计量温度 18.5℃,试验温度 17.7℃,视密度 727.2kg/m³,问:112 号罐发油多少千克?

解:(1)发油前油品质量

查表得:$\rho_{20} = 728.8(kg/m^3)$,$VCF = 1.0006$

$V_{总} = 4392.732 + 2.053 + 3.103 \times 0.7288 = 4397.046m^3$

$V_{水} = 87.995 + 0.822 = 88.817m^3$

$V_t = 4397.046 - 88.817 = 4308.229m^3$

$V_{20} = 4308.229 \times 1.0006 = 4310.814m^3$

$m = 4310.814 \times (728.8 - 1.1) = 3136979kg$

(2)发油后油品质量

查表得:$\rho_{20} = 725.2(kg/m^3)$,$VCF = 1.0019$

$V_{总} = 2832.028 + 2.054 + 1.290 \times 0.7252 = 2835.018m^3$

$V_{水} = 46.911 + 3.287 = 50.198m^3$

$V_t = 2835.018 - 50.198 = 2784.820m^3$

$V_{20} = 2784.820 \times 1.0019 = 2790.111m^3$

$m = 2790.111 \times (725.2 - 1.1) = 2020319kg$

(3)发油量

发油量 $= m_{前} - m_{后} = 3136979 - 2020319 = 1116660kg$

答:发油量为 1116660kg。

15.3.4.2　卧式金属罐油量计算

卧式罐的油量计算同立式罐一样,都是将液位下油高的表载体积换算成标准体积,再根据 $m = V_{20} \cdot (\rho_{20} - 1.1)$ 计算油品在空气中的质量,差别就在于油品表载体积的求法。

例 15-8　某分输站场 2 号卧式金属罐内储存汽油,由于工作需要卸入汽油,卸油前经计量油水总高为 0.886m,水高为 0.022m,计量温度 19.5℃,试验温度 21.5℃,视密度

727.5kg/m^3，卸油后测得油水总高为1.287m，水高0.126m，计量温度18.5℃，试验温度17.7℃，视密度727.2kg/m^3，问2号卧式金属罐收油多少千克？

解：(1) 卸油前罐内油品质量

查表得：$\rho_{20}=728.8(\mathrm{kg/m^3})$，$VCF=1.0006$

$$V_{总}=13.790+\frac{14.008-13.790}{0.890-0.880}(0.886-0.880)=13.790+0.1308\approx13.921\mathrm{m^3}$$

$$V_{水}=0.066+\frac{0.112-0.066}{0.030-0.020}(0.022-0.020)=0.066+0.0092\approx0.075\mathrm{m^3}$$

$V_t=13.921-0.075=13.846\mathrm{m^3}$

$V_{20}=13.846\times1.0006=13.854\mathrm{m^3}$

$m=13.854\times(728.8-1.1)=10082\mathrm{kg}$

(2) 卸油后油品质量

查表得：$\rho_{20}=725.2(\mathrm{kg/m^3})$，$VCF=1.0019$

$$V_{总}=22.904+\frac{23.139-22.904}{1.290-1.280}(1.287-1.280)=22.904+0.1645\approx23.068\mathrm{m^3}$$

$$V_{水}=0.782+\frac{0.878-0.782}{0.130-0.120}(0.126-0.120)=0.782+0.0576\approx0.840\mathrm{m^3}$$

$V_t=23.068-0.840=22.228\mathrm{m^3}$

$V_{20}=22.228\times1.0019=22.270\mathrm{m^3}$

$m=22.270\times(725.2-1.1)=16126\mathrm{kg}$

(3) 收油量

收油量 $=m_{后}-m_{前}=16126-10082=6044\mathrm{kg}$

答：收油量为6044kg。

15.3.4.3 汽车罐车油量计算

汽车罐车的油量计算同卧式罐一样，都是将液位下油高的表载体积换算成标准体积，再根据 $m=V_{20}\cdot(\rho_{20}-1.1)$ 计算油品在空气中的质量，差别就在于油品表载体积的求法，在此不再赘述。

15.4 质量流量计计量

(1) 管道运行单位应与油源单位、分输单位(省石油公司)签订交接计量协议。

(2) 交接协议中应明确双方职责、交接计量人员要求、成品油交接范围、交接方式、质量要求、交接计量器具管理、争议处理等各项事宜。

(3) 输油站调度应按照交接计量协议与油源单位、分输油库进行油品交接。

(4) 应在质量流量计校验时根据运行需要确定校验范围要求。输油过程中质量流量计不能超出标定范围(高、低上下范围)运行，应根据瞬时注入或分输流量投用一路或两路质量流量计。

(5) 质量流量计计量操作及要求见操作规程和仪表自控部分。

附表 15－1　立式金属罐容量表

罐号：112 号

高度/m	容量/m^3	高度/m	容量/m^3	高度/m	容量/m^3	毫米容量表	
						mm	m^3
0.03	14.043	0.43	178.381	0.83	342.719	0.030(m) -	1.229(m)
0.04	18.151	0.44	182.490	0.84	346.828	1	0.411
0.05	22.260	0.45	186.598	0.85	350.936	2	0.822
0.06	26.368	0.46	190.707	0.86	355.045	3	1.233
0.07	30.477	0.47	194.815	0.87	359.153	4	1.643
0.08	34.585	0.48	198.923	0.88	363.262	5	2.054
0.09	38.694	0.49	203.032	0.89	367.370	6	2.465
0.10	42.802	0.50	207.140	0.90	371.479	7	2.876
0.11	46.911	0.51	211.249	0.91	375.587	8	3.287
0.12	51.019	0.52	215.357	0.92	379.696	9	3.698
0.13	55.127	0.53	219.466	0.93	383.804		
0.14	59.236	0.54	223.574	0.94	387.913		
0.15	63.344	0.55	227.683	0.95	392.021		
0.16	67.453	0.56	231.791	0.96	396.129		
0.17	71.561	0.57	235.900	0.97	400.238		
0.18	75.670	0.58	240.008	0.98	404.346		
0.19	79.778	0.59	244.117	0.99	408.455		
0.20	83.887	0.60	248.225	1.00	412.563		
0.21	87.995	0.61	252.333	1.01	416.672		
0.22	92.104	0.62	256.442	1.02	420.780		
0.23	96.212	0.63	260.550	1.03	424.889		
0.24	100.321	0.64	264.659	1.04	428.997		
0.25	104.429	0.65	268.767	1.05	433.106		
0.26	108.537	0.66	272.876	1.06	437.214		
0.27	112.646	0.67	276.984	1.07	441.322		
0.28	116.754	0.68	281.093	1.08	445.431		
0.29	120.863	0.69	285.201	1.09	449.539		
0.30	124.971	0.70	289.310	1.10	453.648		
0.31	129.080	0.71	293.418	1.11	457.756		
0.32	133.188	0.72	297.526	1.12	461.865		
0.33	137.297	0.73	301.635	1.13	465.973		
0.34	141.405	0.74	305.743	1.14	470.082		
0.35	145.514	0.75	309.852	1.15	474.190		
0.36	149.622	0.76	313.960	1.16	478.299		
0.37	153.730	0.77	318.069	1.17	482.407		
0.38	157.839	0.78	322.177	1.18	486.516		
0.39	161.947	0.79	326.286	1.19	490.624		
0.40	166.056	0.80	330.394	1.20	494.732		
0.41	170.164	0.81	334.503	1.21	498.841		
0.42	174.273	0.82	338.611	1.22	502.949		

续表

罐号：112 号

高度/m	容量/m^3	高度/m	容量/m^3	高度/m	容量/m^3	毫米容量表	
						mm	m^3
1.23	507.058	1.63	671.390	2.03	835.708	1.230(m) –	1.506 (m)
1.24	511.166	1.64	675.498	2.04	839.816	1	0.411
1.25	515.275	1.65	679.606	2.05	846.924	2	0.822
1.26	519.383	1.66	683.714	2.06	848.032	3	1.233
1.27	523.492	1.67	687.822	2.07	852.140	4	1.643
1.28	527.600	1.68	691.930	2.08	856.248	5	2.054
1.29	531.708	1.69	696.038	2.09	860.356	6	2.465
1.30	535.817	1.70	700.145	2.10	864.464	7	2.876
1.31	539.925	1.71	704.253	2.11	868.572	8	3.287
1.32	544.034	1.72	708.361	2.12	872.680	9	3.698
1.33	548.142	1.73	712.469	2.13	876.788	1.507(m) –	2.429(m)
1.34	552.251	1.74	716.577	2.14	880.896	1	0.411
1.35	556.359	1.75	720.685	2.15	885.003	2	0.822
1.36	560.468	1.76	724.793	2.16	889.111	3	1.232
1.37	564.576	1.77	728.901	2.17	893.219	4	1.643
1.38	568.685	1.78	733.009	2.18	897.327	5	2.054
1.39	572.793	1.79	737.117	2.19	901.435	6	2.465
1.40	576.902	1.80	741.225	2.20	905.543	7	2.876
1.41	581.010	1.81	745.333	2.21	909.651	8	3.286
1.42	585.118	1.82	749.441	2.22	913.759	9	3.697
1.43	589.227	1.83	753.549	2.23	917.867		
1.44	593.335	1.84	757.657	2.24	921.975		
1.45	597.444	1.85	761.765	2.25	926.083		
1.46	601.552	1.86	765.873	2.26	930.191		
1.47	605.661	1.87	769.981	2.27	934.299		
1.48	609.769	1.88	774.089	2.28	938.407		
1.49	613.878	1.89	778.197	2.29	942.515		
1.50	617.986	1.90	782.305	2.30	946.623		
1.51	622.094	1.91	786.413	2.31	950.731		
1.52	626.202	1.92	790.520	2.32	954.839		
1.53	630.310	1.93	794.628	2.33	958.947		
1.54	634.418	1.94	798.736	2.34	963.055		
1.55	638.526	1.95	802.844	2.35	967.162		
1.56	642.634	1.96	806.952	2.36	971.271		
1.57	646.742	1.97	811.060	2.37	975.378		
1.58	650.850	1.98	815.168	2.38	979.486		
1.59	654.958	1.99	819.276	2.39	983.594		
1.60	659.066	2.00	823.384	2.40	987.702		
1.61	663.174	2.01	827.492	2.41	991.810		
1.62	667.282	2.02	831.600	2.42	995.918		

续表

罐号：112 号

高度/m	容量/m^3	高度/m	容量/m^3	高度/m	容量/m^3	毫米容量表	
						mm	m^3
2. 43	1000. 026	2. 83	1164. 344	3. 23	1328. 662	2. 430(m) -	3. 306(m)
2. 44	1004. 134	2. 84	1168. 452	3. 24	1332. 770	1	0. 411
2. 45	1008. 242	2. 85	1172. 560	3. 25	1336. 878	2	0. 822
2. 46	1012. 350	2. 86	1176. 668	3. 26	1340. 986	3	1. 232
2. 47	1016. 458	2. 87	1180. 776	3. 27	1345. 094	4	1. 643
2. 48	1020. 566	2. 88	1184. 884	3. 28	1349. 202	5	2. 054
2. 49	1024. 674	2. 89	1188. 992	3. 29	1353. 310	6	2. 465
2. 50	1028. 782	2. 90	1193. 100	3. 30	1357. 418	7	2. 876
2. 51	1032. 890	2. 91	1197. 208	3. 31	1361. 525	8	3. 286
2. 52	1036. 998	2. 92	1201. 316	3. 32	1365. 632	9	3. 697
2. 53	1041. 106	2. 93	1205. 424	3. 33	1369. 738	3. 307(m) -	3. 629(m)
2. 54	1045. 214	2. 94	1209. 532	3. 34	1373. 845	1	0. 411
2. 55	1049. 322	2. 95	1213. 640	3. 35	1377. 951	2	0. 821
2. 56	1053. 430	2. 96	1217. 748	3. 36	1382. 058	3	1. 232
2. 57	1057. 537	2. 97	1221. 856	3. 37	1386. 164	4	1. 643
2. 58	1064. 645	2. 98	1225. 964	3. 38	1390. 271	5	2. 053
2. 59	1065. 753	2. 99	1230. 072	3. 39	1394. 377	6	2. 464
2. 60	1069. 861	3. 00	1234. 180	3. 40	1398. 484	7	2. 875
2. 61	1073. 969	3. 01	1238. 287	3. 41	1402. 590	8	3. 285
2. 62	1078. 077	3. 02	1242. 395	3. 42	1406. 697	9	3. 696
2. 63	1082. 185	3. 03	1246. 503	3. 43	1410. 803		
2. 64	1086. 293	3. 04	1250. 611	3. 44	1414. 910		
2. 65	1090. 401	3. 05	1254. 719	3. 45	1419. 016		
2. 66	1094. 509	3. 06	1258. 827	3. 46	1423. 123		
2. 67	1098. 617	3. 07	1262. 935	3. 47	1427. 229		
2. 68	1102. 725	3. 08	1267. 043	3. 48	1431. 336		
2. 69	1106. 833	3. 09	1271. 151	3. 49	1435. 442		
2. 70	1110. 941	3. 10	1275. 259	3. 50	1439. 549		
2. 71	1115. 049	3. 11	1279. 367	3. 51	1443. 655		
2. 72	1119. 157	3. 12	1283. 475	3. 52	1447. 762		
2. 73	1123. 265	3. 13	1287. 583	3. 53	1451. 868		
2. 74	1127. 373	3. 14	1291. 691	3. 54	1455. 975		
2. 75	1131. 481	3. 15	1295. 799	3. 55	1460. 081		
2. 76	1135. 589	3. 16	1299. 907	3. 56	1464. 188		
2. 77	1169. 697	3. 17	1304. 015	3. 57	1468. 294		
2. 78	1143. 805	3. 18	1308. 123	3. 58	1472. 400		
2. 79	1147. 912	3. 19	1312. 231	3. 59	1476. 507		
2. 80	1152. 020	3. 20	1316. 339	3. 60	1480. 613		
2. 81	1156. 128	3. 21	1320. 447	3. 61	1484. 720		
2. 82	1160. 236	3. 22	1324. 554	3. 62	1488. 826		

续表

罐号：112 号

高度/m	容量/m^3	高度/m	容量/m^3	高度/m	容量/m^3	毫米容量表	
						mm	m^3
3.63	1492.933	4.03	1657.192	4.43	1821.451	3.630(m) –	4.829(m)
3.64	1497.039	4.04	1661.299	4.44	1825.558	1	0.411
3.65	1501.146	4.05	1665.405	4.45	1829.664	2	0.821
3.66	1505.252	4.06	1669.512	4.46	1833.771	3	1.232
3.67	1509.359	4.07	1673.618	4.47	1837.877	4	1.643
3.68	1513.465	4.08	1677.725	4.48	1841.984	5	2.053
3.69	1517.572	4.09	1681.831	4.49	1846.090	6	2.464
3.70	1521.678	4.10	1685.938	4.50	1850.197	7	2.875
3.71	1525.785	4.11	1690.044	4.51	1854.303	8	3.285
3.72	1529.891	4.12	1694.151	4.52	1858.410	9	3.696
3.73	1533.998	4.13	1698.257	4.53	1862.516		
3.74	1538.104	4.14	1702.363	4.54	1866.623		
3.75	1542.211	4.15	1706.470	4.55	1870.729		
3.76	1546.317	4.16	1710.576	4.56	1874.836		
3.77	1550.424	4.17	1714.683	4.57	1878.942		
3.78	1554.530	4.18	1718.789	4.58	1883.049		
3.79	1558.637	4.19	1722.896	4.59	1887.155		
3.80	1562.743	4.20	1727.002	4.60	1891.262		
3.81	1556.850	4.21	1731.109	4.61	1895.368		
3.82	1570.956	4.22	1735.215	4.62	1899.475		
3.83	1575.063	4.23	1739.322	4.63	1903.581		
3.84	1579.169	4.24	1743.428	4.64	1907.688		
3.85	1583.275	4.25	1747.535	4.65	1911.794		
3.86	1587.382	4.26	1751.641	4.66	1915.901		
3.87	1591.488	4.27	1755.748	4.67	1920.007		
3.88	1595.595	4.28	1759.854	4.68	1924.114		
3.89	1599.701	4.29	1763.961	4.69	1928.220		
3.90	1603.808	4.30	1768.067	4.70	1932.326		
3.91	1607.914	4.31	1772.174	4.71	1936.466		
3.92	1612.021	4.32	1776.280	4.72	1940.539		
3.93	1616.127	4.33	1780.387	4.73	1977.646		
3.94	1620.234	4.34	1784.493	4.74	1948.752		
3.95	1624.340	4.35	1788.600	4.75	1952.859		
3.96	1628.447	4.36	1792.706	4.76	1956.965		
3.97	1632.553	4.37	1796.813	4.77	1961.072		
3.98	1636.660	4.38	1800.919	4.78	1965.178		
3.99	1640.766	4.39	1805.026	4.79	1969.285		
4.00	1644.873	4.40	1809.132	4.80	1973.391		
4.01	1648.979	4.41	1813.238	4.81	1977.498		
4.02	1653.086	4.42	1817.345	4.82	1981.604		

续表

罐号：112 号

高度/m	容量/m^3	高度/m	容量/m^3	高度/m	容量/m^3	毫米容量表	
						mm	m^3
4.83	1985.711	5.23	2150.034	5.63	2314.372	4.830(m) –	4.905(m)
4.84	1989.817	5.24	2154.143	5.64	2318.481	1	0.411
4.85	1993.924	5.25	2158.251	5.65	2322.589	2	0.821
4.86	1998.030	5.26	2162.360	5.66	2326.698	3	1.231
4.87	2002.137	5.27	2166.468	5.67	2330.806	4	1.643
4.88	2006.243	5.28	2170.576	5.68	2334.915	5	2.053
4.89	2010.350	5.29	2174.685	5.69	2339.023	6	2.464
4.90	2014.456	5.30	2178.793	5.70	2343.132	7	2.875
4.91	2018.563	5.31	2182.902	5.71	2347.240	8	3.285
4.92	2022.672	5.32	2187.010	5.72	2351.349	9	3.696
4.93	2026.781	5.33	2191.119	5.73	2355.457	4.906(m) –	6.029(m)
4.94	2030.889	5.34	2195.227	5.74	2359.565	1	0.411
4.95	2034.997	5.35	2199.336	5.75	2363.674	2	0.822
4.96	2039.106	5.36	2203.444	5.76	2367.782	3	1.233
4.97	2043.214	5.37	2207.552	5.77	2371.891	4	1.643
4.98	2047.323	5.38	2211.661	5.78	2375.999	5	2.054
4.99	2051.431	5.39	2215.769	5.79	2380.108	6	2.465
5.00	2055.540	5.40	2219.878	5.80	2384.216	7	2.876
5.01	2059.648	5.41	2223.986	5.81	2388.325	8	3.287
5.02	2063.757	5.42	2228.095	5.82	2392.433	9	3.698
5.03	2067.865	5.43	2232.203	5.83	2396.542		
5.04	2071.973	5.44	2236.312	5.84	2400.650		
5.05	2076.082	5.45	2240.420	5.85	2404.758		
5.06	2080.190	5.46	2244.529	5.86	2408.867		
5.07	2084.299	5.47	2248.637	5.87	2412.975		
5.08	2088.407	5.48	2252.746	5.88	2417.084		
5.09	2092.516	5.49	2256.854	5.89	2421.192		
5.10	2096.624	5.50	2260.962	5.90	2425.301		
5.11	2100.733	5.51	2265.071	5.91	2429.409		
5.12	2104.841	5.52	2269.179	5.92	2433.518		
5.13	2108.950	5.53	2273.288	5.93	2437.626		
5.14	2113.058	5.54	2277.396	5.94	2441.735		
5.15	2117.166	5.55	2281.505	5.95	2445.843		
5.16	2121.275	5.56	2285.613	5.96	2449.951		
5.17	2125.383	5.57	2289.722	5.97	2454.060		
5.18	2129.492	5.58	2293.830	5.98	2458.168		
5.19	2133.600	5.59	2297.939	5.99	2462.277		
5.20	2137.709	5.60	2302.047	6.00	2466.385		
5.21	2141.817	5.61	2306.156	6.01	2470.494		
5.22	2145.926	5.62	2310.264	6.02	2474.602		

续表

罐号：112 号

高度/m	容量/m^3	高度/m	容量/m^3	高度/m	容量/m^3	毫米容量表	
						mm	m^3
6.03	2478.711	6.43	2643.049	6.83	2807.380	6.030(m) -	6.704(m)
6.04	2482.819	6.44	2647.157	6.84	2811.488	1	0.411
6.05	2486.928	6.45	2651.266	6.85	2815.596	2	0.822
6.06	2491.036	6.46	2655.374	6.86	2819.704	3	1.233
6.07	2495.145	6.47	2659.483	6.87	2823.812	4	1.643
6.08	2499.253	6.48	2663.591	6.88	2827.920	5	2.054
6.09	2503.361	6.49	2667.700	6.89	2832.028	6	2.465
6.10	2507.470	6.50	2671.808	6.90	2836.136	7	2.876
6.11	2511.578	6.51	2675.917	6.91	2840.244	8	3.287
6.12	2515.687	6.52	2680.025	6.92	2844.352	9	3.698
6.13	2519.795	6.53	2684.134	6.93	2848.460	6.705(m) -	7.229(m)
6.14	2523.904	6.54	2688.242	6.94	2852.568	1	0.411
6.15	2528.012	6.55	2692.350	6.95	2856.675	2	0.822
6.16	2532.121	6.56	2696.459	6.96	2860.783	3	1.232
6.17	2536.229	6.57	2700.567	6.97	2864.891	4	1.643
6.18	2540.338	6.58	2704.676	6.98	2868.999	5	2.054
6.19	2544.446	6.59	2708.784	6.99	2873.107	6	2.465
6.20	2548.554	6.60	2712.893	7.00	2877.215	7	2.876
6.21	2552.663	6.61	2717.001	7.01	2881.323	8	3.286
6.22	2556.771	6.62	2721.110	7.02	2885.431	9	3.697
6.23	2560.880	6.63	2725.218	7.03	2889.539		
6.24	2564.998	6.64	2729.327	7.04	2893.647		
6.25	2569.097	6.65	2733.453	7.05	2897.755		
6.26	2573.205	6.66	2737.543	7.06	2901.863		
6.27	2577.314	6.67	2741.652	7.07	2905.970		
6.28	2581.422	6.68	2745.760	7.08	2910.078		
6.29	2585.531	6.69	2749.869	7.09	2914.186		
6.30	2589.639	6.70	2753.977	7.10	2918.294		
6.31	2593.747	6.71	2758.085	7.11	2922.402		
6.32	2597.856	6.72	2762.193	7.12	2926.510		
6.33	2601.964	6.73	2766.301	7.13	2930.618		
6.34	2606.073	6.74	2770.409	7.14	2934.726		
6.35	2610.181	6.75	2774.517	7.15	2938.834		
6.36	2614.290	6.76	2778.625	7.16	2942.942		
6.37	2618.398	6.77	2782.733	7.17	2947.050		
6.38	2622.507	6.78	2786.841	7.18	2951.158		
6.39	2626.615	6.79	2790.949	7.19	2955.266		
6.40	2630.724	6.80	2798.057	7.20	2959.373		
6.41	2634.832	6.81	2799.165	7.21	2963.481		
6.42	2638.941	6.82	2803.273	7.22	2967.589		

续表

罐号：112 号

高度/m	容量/m^3	高度/m	容量/m^3	高度/m	容量/m^3	毫米容量表	
						mm	m^3
7.23	2971.697	7.63	3136.014	8.03	3300.331	7.230(m) –	8.429(m)
7.24	2975.805	7.64	3140.122	8.04	3304.439	1	0.411
7.25	2979.913	7.65	3144.230	8.05	3308.546	2	0.822
7.26	2984.021	7.66	3148.338	8.06	3312.654	3	1.232
7.27	2988.129	7.67	3152.446	8.07	3316.762	4	1.643
7.28	2992.237	7.68	3156.553	8.08	3320.870	5	2.054
7.29	2996.345	7.69	3160.661	8.09	3324.978	6	2.465
7.30	3000.453	7.70	3164.769	8.10	3329.086	7	2.876
7.31	3004.561	7.71	3168.877	8.11	3333.194	8	3.286
7.32	3008.668	7.72	3172.985	8.12	3337.302	9	3.697
7.33	3012.776	7.73	3177.093	8.13	3341.410		
7.34	3016.884	7.74	3181.201	8.14	3345.518		
7.35	3020.992	7.75	3185.309	8.15	3349.626		
7.36	3025.100	7.76	3189.417	8.16	3353.734		
7.37	3029.208	7.77	3193.525	8.17	3357.841		
7.38	3033.316	7.78	3197.633	8.18	3361.949		
7.39	3037.424	7.79	3201.741	8.19	3366.057		
7.40	3041.532	7.80	3205.849	8.20	3370.165		
7.41	3045.640	7.81	3209.956	8.21	3374.273		
7.42	3049.748	7.82	3214.064	8.22	3378.381		
7.43	3053.856	7.83	3218.172	8.23	3382.489		
7.44	3057.963	7.84	3222.280	8.24	3386.597		
7.45	3062.071	7.85	3226.388	8.25	3390.705		
7.46	3066.179	7.86	3230.496	8.26	3394.813		
7.47	3070.287	7.87	3234.604	8.27	3398.921		
7.48	3074.395	7.88	3238.712	8.28	3403.029		
7.49	3078.503	7.89	3242.820	8.29	3407.136		
7.50	3082.611	7.90	3246.928	8.30	3411.244		
7.51	3086.719	7.91	3251.036	8.31	3415.352]		
7.52	3090.827	7.92	3255.144	8.32	3419.460		
7.53	3094.935	7.93	3259.251	8.33	3423.568		
7.54	3099.043	7.94	3263.359	8.34	3427.676		
7.55	3103.151	7.95	3267.467	8.35	3431.784		
7.56	3107.258	7.96	3271.575	8.36	3435.892		
7.57	3111.366	7.97	3275.683	8.37	3440.000		
7.58	2115.474	7.98	3279.791	8.38	3444.108		
7.59	3119.582	7.99	3283.899	8.39	3448.216		
7.60	3123.690	8.00	3288.007	8.40	3452.324		
7.61	3127.798	8.01	3292.115	8.41	3456.431		
7.62	3131.906	8.02	3296.223	8.42	3460.539		

续表

罐号：112 号

高度/m	容量/m^3	高度/m	容量/m^3	高度/m	容量/m^3	毫米容量表	
						mm	m^3
8.43	3464.647	8.83	3628.916	9.23	3793.174	8.430(m)-	8.502(m)
8.44	3468.755	8.84	3633.022	9.24	3797.280	1	0.411
8.45	3472.863	8.85	3637.129	9.25	3801.386	2	0.822
8.46	3476.971	8.86	3641.235	9.26	3805.493	3	1.232
8.47	3481.079	8.87	3645.342	9.27	3809.599	4	1.643
8.48	3485.187	8.88	3649.448	9.28	3813.706	5	2.054
8.49	3489.295	8.89	3653.554	9.29	3817.812	6	2.465
8.50	3493.403	8.90	3657.661	9.30	3821.919	7	2.876
8.51	3497.510	8.91	3661.767	9.31	3826.025	8	3.286
8.52	3501.616	8.92	3665.874	9.32	3830.132	9	3.697
8.53	3505.722	8.93	3669.980	9.33	3834.238	8.503(m)-	9.629(m)
8.54	3509.829	8.94	3674.087	9.34	3838.344	1	0.411
8.55	3513.935	8.95	3678.193	9.35	3842.451	2	0.821
8.56	3518.042	8.96	3682.300	9.36	3846.557	3	1.232
8.57	3522.148	8.97	3686.406	9.37	3850.664	4	1.643
8.58	3526.255	8.98	3690.512	9.38	3854.770	5	2.053
8.59	3530.361	8.99	3694.619	9.39	3858.877	6	2.464
8.60	3534.468	9.00	3698.725	9.40	3862.983	7	2.875
8.61	3538.574	9.01	3702.832	9.41	3867.090	8	3.285
8.62	3542.680	9.02	3706.938	9.42	3871.196	9	3.696
8.63	3546.787	9.03	3711.045	9.43	3875.302		
8.64	3550.893	9.04	3715.151	9.44	3879.409		
8.65	3555.000	9.05	3719.258	9.45	3883.515		
8.66	3559.106	9.06	3723.364	9.46	3887.600		
8.67	3563.213	9.07	3727.470	9.47	3891.729		
8.68	3567.319	9.08	3731.577	9.48	3895.835		
8.69	3571.426	9.09	3735.683	9.49	3899.941		
8.70	3575.532	9.10	3739.790	9.50	3904.048		
8.71	3579.638	9.11	3743.896	9.51	3908.154		
8.72	3583.745	9.12	3748.003	9.52	3912.260		
8.73	3587.851	9.13	3752.109	9.53	3916.367		
8.74	3591.958	9.14	3756.216	9.54	3920.473		
8.75	3596.064	9.15	3760.322	9.55	3924.580		
8.76	3600.171	9.16	3764.428	9.56	3928.687		
8.77	3604.277	9.17	3768.535	9.57	3932.793		
8.78	3608.384	9.18	3772.641	9.58	3936.899		
8.79	3612.490	9.19	3776.748	9.59	3941.006		
8.80	3616.596	9.20	3780.854	9.60	3945.112		
8.81	3620.703	9.21	3784.961	9.61	3949.219		
8.82	3624.809	9.22	9789.067	9.62	3953.325		

续表

罐号：112 号

高度/m	容量/m^3	高度/m	容量/m^3	高度/m	容量/m^3	毫米容量表	
						mm	m^3
9.63	3957.431	10.03	4121.689	10.43	4285.958	9.630(m) -	10.012(m)
9.64	3961.538	10.04	4125.796	10.44	4290.064	1	0.411
9.65	3965.645	10.05	4129.903	10.45	4294.171	2	0.821
9.66	3969.751	10.06	4134.010	10.46	4298.278	3	1.232
9.67	3973.857	10.07	4138.116	10.47	4302.384	4	1.643
9.68	3977.964	10.08	4142.223	10.48	4306.491	5	2.053
9.69	3982.070	10.09	4146.330	10.49	4310.598	6	2.464
9.70	3986.177	10.10	4150.437	10.50	4314.705	7	2.875
9.71	3990.283	10.11	4154.543	10.51	4318.811	8	3.285
9.72	3994.389	10.12	4158.650	10.52	4322.917	9	3.696
9.73	3998.496	10.13	4162.757	10.53	4327.025	10.013(m) -	10.829(m)
9.74	4002.603	10.14	4166.863	10.54	4331.131	1	0.411
9.75	4006.709	10.15	4170.970	10.55	4335.238	2	0.821
9.76	4010.815	10.16	4175.077	10.56	4339.345	3	1.232
9.77	4014.922	10.17	4179.184	10.57	4343.451	4	1.643
9.78	4019.028	10.18	4183.290	10.58	4347.558	5	2.053
9.79	4023.135	10.19	4187.397	10.59	4351.665	6	2.464
9.80	4027.241	10.20	4191.503	10.60	4355.771	7	2.875
9.81	4031.347	10.21	4195.610	10.61	4359.878	8	3.285
9.82	4035.454	10.22	4199.717	10.62	4363.985	9	3.696
9.83	4039.561	10.23	4203.824	10.63	4368.092		
9.84	4043.667	10.24	4207.930	10.64	4372.198		
9.85	4047.773	10.25	4212.037	10.65	4376.305		
9.86	4051.880	10.26	4216.144	10.66	4380.412		
9.87	4055.986	10.27	4220.250	10.67	4384.518		
9.88	4060.093	10.28	4224.357	10.68	4388.625		
9.89	4064.199	10.29	4228.464	10.69	4392.732		
9.90	4068.305	10.30	4232.571	10.70	4396.838		
9.91	4072.412	10.31	4236.677	10.71	4400.945		
9.92	4076.519	10.32	4240.784	10.72	4405.052		
9.93	4080.625	10.33	4244.891	10.73	4409.159		
9.94	4084.731	10.34	4248.997	10.74	4413.265		
9.95	4088.838	10.35	4253.104	10.75	4417.372		
9.96	4092.944	10.36	4257.211	10.76	4421.479		
9.97	4097.051	10.37	4261.317	10.77	4425.585		
9.98	4101.157	10.38	4265.424	10.78	4429.692		
9.99	4105.264	10.39	4269.531	10.79	4433.799		
10.00	4109.370	10.40	4273.638	10.80	4437.905		
10.01	4113.477	10.41	4277.744	10.81	4442.012		
10.02	4117.583	10.42	4281.851	10.82	4446.119		

罐号：112 号

高度/m	容量/m^3	高度/m	容量/m^3	高度/m	容量/m^3	毫米容量表	
						mm	m^3
10.83	4450.225	11.23	4614.493	11.63	4778.762	10.830(m) -	11.523(m)
10.84	4454.332	11.24	4618.600	11.64	4782.868	1	0.411
10.85	4458.438	11.25	4622.707	11.65	4786.975	2	0.821
10.86	4462.546	11.26	4626.813	11.66	4791.082	3	1.232
10.87	4466.652	11.27	4630.920	11.67	4795.189	4	1.634
10.88	4470.759	11.28	4635.027	11.68	4799.295	5	2.053
10.89	4474.866	11.29	4639.134	11.69	4803.402	6	2.464
10.90	4478.972	11.30	4643.240	11.70	4807.509	7	2.875
10.91	4483.079	11.31	4647.347	11.71	4811.615	8	3.285
10.92	4487.186	11.32	4651.454	11.72	4815.722	9	3.696
10.93	4491.292	11.33	4655.560	11.73	4819.829	11.524(m) -	12.029(m)
10.94	4495.399	11.34	4659.667	11.74	4823.936	1	0.411
10.95	4499.506	11.35	4663.774	11.75	4828.042	2	0.821
10.96	4503.613	11.36	4667.880	11.76	4832.149	3	1.232
10.97	4507.719	11.37	4671.987	11.77	4836.256	4	1.643
10.98	4511.826	11.38	4676.094	11.78	4840.363	5	2.053
10.99	4515.933	11.39	4680.201	11.79	4844.469	6	2.464
11.00	4520.039	11.40	4684.307	11.80	4848.576	7	2.875
11.01	4524.146	11.41	4688.414	11.81	4852.683	8	3.285
11.02	4528.253	11.42	4692.521	11.82	4856.790	9	3.696
11.03	4532.359	11.43	4696.627	11.83	4860.896		
10.04	4536.466	11.44	4700.734	11.84	4865.003		
10.05	4540.573	11.45	4704.841	11.85	4869.110		
11.06	4544.680	11.46	4708.947	11.86	4873.216		
11.07	4548.786	11.47	4713.054	11.87	4877.323		
11.08	4552.893	11.48	4717.161	11.88	4881.430		
11.09	4557.000	11.49	4721.267	11.89	4885.537		
11.10	4561.106	11.50	4725.374	11.90	4889.643		
11.11	4565.213	11.51	4729.481	11.91	4893.750		
11.12	4569.320	11.52	4733.588	11.92	4897.857		
11.13	4573.426	11.53	4737.694	11.93	4901.964		
11.14	4577.533	11.54	4741.801	11.94	4906.070		
11.15	4581.640	11.55	4745.908	11.95	4910.177		
11.16	4585.746	11.56	4750.014	11.96	4914.284		
11.17	4589.853	11.57	4754.121	11.97	4918.391		
11.18	4593.960	11.58	4758.228	11.98	4922.497		
11.19	4598.067	11.59	4762.335	11.99	4926.604		
11.20	4602.173	11.60	4766.441	12.00	4930.711		
11.21	4606.280	11.61	4770.548	12.01	4934.817		
11.22	4610.387	11.62	4774.655	12.02	4938.924		

续表

罐号：112 号

高度/m	容量/m^3	高度/m	容量/m^3	高度/m	容量/m^3	毫米容量表	
						mm	m^3
12.03	4943.031	12.43	5107.300	12.83	5271.569	12.030(m) -	12.981(m)
12.04	4947.138	12.44	5111.407	12.84	5275.676	1	0.411
12.05	4951.244	12.45	5115.514	12.85	5279.783	2	0.821
12.06	4955.351	12.46	5119.620	12.86	5283.890	3	1.232
12.07	4959.458	12.47	5123.727	12.87	5287.996	4	1.643
12.08	4963.565	12.48	5127.834	12.88	5292.103	5	2.053
12.09	4967.671	12.49	5131.941	12.89	5296.210	6	2.464
12.10	4971.778	12.50	5136.047	12.90	5300.317	7	2.875
12.11	4975.885	12.51	5140.154	12.91	5304.423	8	3.285
12.12	4979.991	12.52	5144.261	12.92	5308.530	9	3.696
12.13	4984.098	12.53	5148.368	12.93	5312.637		
12.14	4988.205	12.54	5152.474	12.94	5316.744		
12.15	4992.312	12.55	5156.581	12.95	5320.850		
12.16	4996.418	12.56	5160.688	12.96	5324.957		
12.17	5000.525	12.57	5164.794	12.97	5329.064		
12.18	5004.632	12.58	5168.901	12.98	5333.170		
12.19	5008.739	12.59	5173.008				
12.20	5012.845	12.60	5177.115				
12.21	5016.952	12.61	5181.221				
12.22	5021.059	12.62	5185.328				
12.23	5025.166	12.63	5189.435				
12.24	5029.272	12.64	5193.542				
12.25	5033.379	12.65	5197.648				
12.26	5037.486	12.66	5201.755				
12.27	5041.592	12.67	5205.862				
12.28	5045.699	12.68	5209.968				
12.29	5049.806	12.69	5214.075				
12.30	5053.913	12.70	5218.182				
12.31	5058.019	12.71	5222.289				
12.32	5062.126	12.72	5226.395				
12.33	5066.233	12.73	5230.502				
12.34	5070.340	12.74	5234.609				
12.35	5074.446	12.75	5238.716				
12.36	5078.553	12.76	5242.822				
12.37	5082.660	12.77	5246.929				
12.38	5086.767	12.78	5251.036				
12.39	5090.873	12.79	5255.143				
12.40	5094.980	12.80	5259.249				
12.41	5099.087	12.81	5263.356				
12.42	5103.193	12.82	5267.463				

立式金属罐静压力修正容量表

罐号：112 号　　　液体密度：1.0g/cm³　　　参照高度：13.988m

高度/m	容量/m³	高度/m	容量/m³	高度/m	容量/m³	高度/m	容量/m³
0.00	0.000	4.00	0.434	8.00	1.735	12.00	3.903
0.10	0.000	4.10	0.456	8.10	1.778	12.10	3.968
0.20	0.001	4.20	0.478	8.20	1.822	12.20	4.034
0.30	0.002	4.30	0.501	8.30	1.867	12.30	4.100
0.40	0.004	4.40	0.525	8.40	1.912	12.40	4.167
0.50	0.007	4.50	0.549	8.50	1.958	12.50	4.235
0.60	0.010	4.60	0.573	8.60	2.004	12.60	4.303
0.70	0.013	4.70	0.599	8.70	2.051	12.70	4.371
0.80	0.017	4.80	0.624	8.80	2.099	12.80	4.440
0.90	0.022	4.90	0.651	8.90	2.147	12.90	4.510
1.00	0.027	5.00	0.678	9.00	2.195		
1.10	0.033	5.10	0.705	9.10	2.244		
1.20	0.039	5.20	0.733	9.20	2.294		
1.30	0.046	5.30	0.761	9.30	2.344		
1.40	0.053	5.40	0.790	9.40	2.395		
1.50	0.061	5.50	0.820	9.50	2.446		
1.60	0.069	5.60	0.850	9.60	2.498		
1.70	0.078	5.70	0.881	9.70	2.550		
1.80	0.088	5.80	0.912	9.80	2.603		
1.90	0.098	5.90	0.943	9.90	2.656		
2.00	0.108	6.00	0.976	10.00	2.710		
2.10	0.120	6.10	1.008	10.10	2.765		
2.20	0.131	6.20	1.042	10.20	2.820		
2.30	0.143	6.30	1.076	10.30	2.875		
2.40	0.156	6.40	1.110	10.40	2.931		
2.50	0.169	6.50	1.145	10.50	2.988		
2.60	0.183	6.60	1.181	10.60	3.045		
2.70	0.198	6.70	1.247	10.70	3.103		
2.80	0.212	6.80	1.253	10.80	3.161		
2.90	0.228	6.90	1.290	10.90	3.220		
3.00	0.244	7.00	1.328	11.00	3.279		
3.10	0.260	7.10	1.366	11.10	3.339		
3.20	0.278	7.20	1.405	11.20	3.400		
3.30	0.295	7.30	1.444	11.30	3.461		
3.40	0.313	7.40	1.484	11.40	3.522		
3.50	0.332	7.50	1.524	11.50	3.584		
3.60	0.351	7.60	1.565	11.60	3.647		
3.70	0.371	7.70	1.607	11.70	3.710		
3.80	0.391	7.80	1.649	11.80	3.774		
3.90	0.412	7.90	1.691	11.90	3.838		

附表 15－2　卧式金属罐容量表

罐号：2 号

实高/m	容量/m^3	实高/m	容量/m^3	实高/m	容量/m^3	实高/m	容量/m^3
0.010	0.029	0.410	4.651	0.810	12.286	1.210	21.267
0.020	0.066	0.420	4.816	0.820	12.498	1.220	21.500
0.030	0.112	0.430	4.982	0.830	12.712	1.230	21.734
0.040	0.165	0.440	5.150	0.840	12.926	1.240	21.967
0.050	0.225	0.450	5.320	0.850	13.141	1.250	22.201
0.060	0.290	0.460	5.491	0.860	13.356	1.260	22.436
0.070	0.361	0.470	5.664	0.870	13.573	1.270	22.670
0.080	0.437	0.480	5.839	0.880	13.790	1.280	22.904
0.090	0.517	0.490	6.014	0.890	14.008	1.290	23.139
0.100	0.601	0.500	6.192	0.900	14.226	1.300	23.374
0.110	0.689	0.510	6.370	0.910	14.445	1.310	23.609
0.120	0.782	0.520	6.550	0.920	14.665	1.320	23.843
0.130	0.878	0.530	6.732	0.930	14.886	1.330	24.079
0.140	0.977	0.540	6.915	0.940	15.107	1.340	24.314
0.150	1.080	0.550	7.099	0.950	15.329	1.350	24.549
0.160	1.186	0.560	7.284	0.960	15.551	1.360	24.784
0.170	1.295	0.570	7.471	0.970	15.774	1.370	25.019
0.180	1.407	0.580	7.659	0.980	15.997	1.380	25.255
0.190	1.522	0.590	7.848	0.990	16.222	1.390	25.490
0.200	1.640	0.600	8.039	1.000	16.446	1.400	25.725
0.210	1.760	0.610	8.230	1.010	16.671	1.410	25.961
0.220	1.884	0.620	8.423	1.020	16.897	1.420	26.196
0.230	2.010	0.630	8.617	1.030	17.123	1.430	26.431
0.240	2.138	0.640	8.812	1.040	17.350	1.440	26.666
0.250	2.269	0.650	9.009	1.050	17.577	1.450	26.901
0.260	2.402	0.660	9.206	1.060	17.805	1.460	27.136
0.270	2.537	0.670	9.404	1.070	18.033	1.470	27.371
0.280	2.675	0.680	9.604	1.080	18.262	1.480	27.606
0.290	2.815	0.690	9.805	1.090	18.491	1.490	27.840
0.300	2.957	0.700	10.006	1.100	18.720	1.500	28.075
0.310	3.101	0.710	10.209	1.110	18.950	1.510	28.309
0.320	3.248	0.720	10.412	1.120	19.180	1.520	28.543
0.330	3.396	0.730	10.617	1.130	19.411	1.530	28.777
0.340	3.547	0.740	10.822	1.140	19.642	1.540	29.011
0.350	3.699	0.750	11.029	1.150	19.873	1.550	29.245
0.360	3.853	0.760	11.236	1.160	20.104	1.560	29.478
0.370	4.009	0.770	11.444	1.170	20.336	1.570	29.711
0.380	4.167	0.780	11.653	1.180	20.569	1.580	29.944
0.390	4.327	0.790	11.863	1.190	20.801	1.590	30.176
0.400	4.488	0.800	12.074	1.200	21.034	1.600	30.409

续表

罐号：2 号

实高/m	容量/m³	实高/m	容量/m³	实高/m	容量/m³	实高/m	容量/m³
1. 610	30. 641	2. 010	39. 510	2. 410	46. 894		
1. 620	30. 872	2. 020	39. 718	2. 420	47. 048		
1. 630	31. 104	2. 030	39. 924	2. 430	47. 200		
1. 640	31. 334	2. 040	40. 129	2. 440	47. 350		
1. 650	31. 565	2. 050	40. 334	2. 450	47. 499		
1. 660	31. 795	2. 060	40. 538	2. 460	47. 645		
1. 670	32. 025	2. 070	40. 740	2. 470	47. 789		
1. 680	32. 255	2. 080	40. 942	2. 480	47. 932		
1. 690	32. 484	2. 090	41. 142	2. 490	48. 072		
1. 700	32. 712	2. 100	41. 342	2. 500	48. 209		
1. 710	32. 940	2. 110	41. 540	2. 510	48. 345		
1. 720	33. 168	2. 120	41. 738	2. 520	48. 609		
1. 730	33. 395	2. 130	41. 934	2. 530	48. 609		
1. 740	33. 622	2. 140	42. 129	2. 540	48. 737		
1. 750	33. 848	2. 150	42. 323	2. 550	48. 863		
1. 760	34. 074	2. 160	42. 516	2. 560	48. 986		
1. 770	34. 299	2. 170	42. 708	2. 570	49. 106		
1. 780	34. 524	2. 180	42. 898	2. 580	49. 224		
1. 790	34. 748	2. 190	43. 088	2. 590	49. 339		
1. 800	34. 972	2. 200	43. 276	2. 600	49. 451		
1. 810	35. 195	2. 210	43. 462	2. 610	49. 560		
1. 820	35. 417	2. 220	43. 648	2. 620	49. 666		
1. 830	35. 639	2. 230	43. 832	2. 630	49. 769		
1. 840	35. 860	2. 240	44. 015	2. 640	49. 868		
1. 850	36. 080	2. 250	44. 196	2. 650	49. 964		
1. 860	36. 300	2. 260	44. 376	2. 660	50. 056		
1. 870	36. 520	2. 270	44. 555	2. 670	50. 145		
1. 880	36. 738	2. 280	44. 732	2. 680	50. 229		
1. 890	36. 956	2. 290	44. 908	2. 690	50. 309		
1. 900	37. 173	2. 300	45. 082	2. 700	50. 384		
1. 910	37. 389	2. 310	45. 255	2. 710	50. 455		
1. 920	37. 605	2. 320	45. 427	2. 720	50. 520		
1. 930	37. 820	2. 330	45. 596	2. 730	50. 579		
1. 940	38. 034	2. 340	45. 764	2. 740	50. 632		
1. 950	38. 248	2. 350	45. 931	2. 750	50. 678		
1. 960	38. 460	2. 360	46. 096	2. 760	50. 715		
1. 970	38. 672	2. 370	46. 259	2. 770	50. 739		
1. 980	38. 883	2. 380	46. 420				
1. 990	39. 093	2. 390	46. 580				
2. 000	39. 302	2. 400	46. 738				

附表 15 - 3 汽车罐车容积表

汽车油罐车容量表

罐车编号：鄂 A - 19667　　　　油罐口外高：141.0mm

空高/m	容量/L	空高/m	容量/L	空高/m	容量/L	空高/m	容量/L
0.221	26102.9	0.261	25665.4	0.301	25131.4	0.341	24559.9
0.222	26092.4	0.262	25652.9	0.302	25117.1	0.342	24545.6
0.223	26081.9	0.263	25640.4	0.303	25102.8	0.343	24531.3
0.224	26071.4	0.264	25627.9	0.304	25088.5	0.344	24517.0
0.225	26060.8	0.265	25615.4	0.305	25074.2	0.345	24502.8
0.226	26050.3	0.266	25602.9	0.306	25060.0	0.346	24487.6
0.227	26039.8	0.267	25590.4	0.307	25045.7	0.347	24472.5
0.228	26029.2	0.268	25577.9	0.308	25031.4	0.348	24457.3
0.229	26018.7	0.269	25565.4	0.309	25017.1	0.349	24442.1
0.230	26008.2	0.270	25552.9	0.310	25002.8	0.350	24427.0
0.231	25997.7	0.271	25540.3	0.311	24988.5	0.351	24411.8
0.232	25987.1	0.272	25527.8	0.312	24974.2	0.352	24396.7
0.233	25976.6	0.273	25515.3	0.313	24959.9	0.353	24381.5
0.234	25966.1	0.274	25502.8	0.314	24945.7	0.354	24366.4
0.235	25955.6	0.275	25489.5	0.315	24931.4	0.355	24351.2
0.236	25945.0	0.276	25476.2	0.316	24917.1	0.356	24336.1
0.237	25934.5	0.277	25462.8	0.317	24902.8	0.357	24320.9
0.238	25924.0	0.278	25449.5	0.318	24888.5	0.358	24305.8
0.239	25913.4	0.279	25436.2	0.319	24874.2	0.359	24290.6
0.240	25902.9	0.280	25422.8	0.320	24859.9	0.360	24275.5
0.241	25891.8	0.281	25409.5	0.321	24845.6	0.361	24260.3
0.242	25880.7	0.282	25396.2	0.322	24831.4	0.362	24245.2
0.243	25869.6	0.283	25382.8	0.323	24817.1	0.363	24240.0
0.244	25858.5	0.284	25369.5	0.324	24802.8	0.364	24214.9
0.245	25847.3	0.285	25356.2	0.325	24788.5	0.365	24199.7
0.246	25836.2	0.286	25342.8	0.326	24774.2	0.366	24184.6
0.247	25825.1	0.287	25329.5	0.327	24759.9	0.367	24169.4
0.248	25814.0	0.288	25316.2	0.328	24745.6	0.368	24154.3
0.249	25802.9	0.289	25302.8	0.329	24731.3	0.369	24139.1
0.250	25791.8	0.290	25288.5	0.330	24717.1	0.370	24123.9
0.251	25780.7	0.291	25274.3	0.331	24702.8	0.371	24108.8
0.252	25769.6	0.292	25260.0	0.332	24688.5	0.372	24093.6
0.253	25758.4	0.293	25245.7	0.333	24674.2	0.373	24078.5
0.254	25747.3	0.294	25231.4	0.334	24659.9	0.374	24063.3
0.255	25736.2	0.295	25217.1	0.335	24645.6	0.375	24048.2
0.256	25725.1	0.296	25202.8	0.336	24631.3	0.376	24033.0
0.257	25714.0	0.297	25188.5	0.337	24617.1	0.377	24017.9
0.258	25702.9	0.298	25174.3	0.338	24602.8	0.378	24002.7
0.259	25690.4	0.299	25160.0	0.339	24588.5	0.379	23987.1
0.260	25677.9	0.300	25145.7	0.340	24574.2	0.380	23971.5

续表

罐车编号：鄂 A－19667　　油罐口外高：141.0mm

空高/m	容量/L	空高/m	容量/L	空高/m	容量/L	空高/m	容量/L
0.381	23955.9	0.421	23325.7	0.461	22680.7	0.501	22027.8
0.382	23940.3	0.422	23309.6	0.462	22664.6	0.502	22011.4
0.383	23924.7	0.423	23293.5	0.463	22648.5	0.503	21995.0
0.384	23909.0	0.424	23277.4	0.464	22632.3	0.504	21978.6
0.385	23893.4	0.425	23261.3	0.465	22616.2	0.505	21962.2
0.386	23877.8	0.426	23245.1	0.466	22600.1	0.506	21945.8
0.387	23862.2	0.427	23229.0	0.467	22583.9	0.507	21929.4
0.388	23846.6	0.428	23212.9	0.468	22567.8	0.508	21913.0
0.389	23831.0	0.429	23196.8	0.469	22551.7	0.509	21896.6
0.390	23815.3	0.430	23180.7	0.470	22535.6	0.510	21880.2
0.391	23799.7	0.431	23164.5	0.471	22519.4	0.511	21863.8
0.392	23784.1	0.432	23148.4	0.472	22503.3	0.512	21847.4
0.393	23768.5	0.433	23132.3	0.473	22486.9	0.513	21831.0
0.394	23752.9	0.434	23116.2	0.474	22470.5	0.514	21814.6
0.395	23737.3	0.435	23100.1	0.475	22454.1	0.515	21798.2
0.396	23721.7	0.436	23083.9	0.476	22437.7	0.516	21781.8
0.397	23706.0	0.437	23067.8	0.477	22421.3	0.517	21765.4
0.398	23690.4	0.438	23051.7	0.478	22404.9	0.518	21749.1
0.399	23674.8	0.439	23035.6	0.479	22388.5	0.519	21732.7
0.400	23659.2	0.440	23019.5	0.480	22372.1	0.520	21716.3
0.401	23643.2	0.441	23003.3	0.481	22355.7	0.521	21699.9
0.402	23628.0	0.442	22987.2	0.482	22339.3	0.522	21683.5
0.403	23612.3	0.443	22971.1	0.483	22322.9	0.523	21667.1
0.404	23596.7	0.444	22955.0	0.484	22306.5	0.524	21650.7
0.405	23581.1	0.445	22938.8	0.485	22290.1	0.525	21634.3
0.406	23565.5	0.446	22922.7	0.486	22273.7	0.526	21617.9
0.407	23549.9	0.447	22906.6	0.487	22257.3	0.527	21601.5
0.408	23534.3	0.448	22890.4	0.488	22240.9	0.528	21585.1
0.409	23518.7	0.449	22874.3	0.489	22224.6	0.529	21568.7
0.410	23503.0	0.450	22858.2	0.490	22208.2	0.530	21552.3
0.411	23486.9	0.451	22842.0	0.491	22191.8	0.531	21535.9
0.412	23470.8	0.452	22825.9	0.492	22175.4	0.532	21519.5
0.413	23454.7	0.453	22809.8	0.493	22159.0	0.533	21503.1
0.414	23438.6	0.454	22793.6	0.494	22142.6	0.534	21486.7
0.415	23422.4	0.455	22777.5	0.495	22126.2	0.535	21470.3
0.416	23406.3	0.456	22761.4	0.496	22109.8	0.536	21454.0
0.417	23390.2	0.457	22745.3	0.497	22093.4	0.537	21437.6
0.418	23374.1	0.458	22729.1	0.498	22077.0	0.538	21421.2
0.419	23358.0	0.459	22713.0	0.499	22060.6	0.539	21404.8
0.420	23341.8	0.460	22696.9	0.500	22044.2	0.540	21388.5

续表

罐车编号：鄂 A－19667　　　　油罐口外高：141. 0mm

空高/m	容量/L	空高/m	容量/L	空高/m	容量/L	空高/m	容量/L
0. 541	21372. 1	0. 581	20716. 9	0. 621	20037. 9		
0. 542	21355. 7	0. 582	20700. 5	0. 622	20020. 7		
0. 543	21339. 3	0. 583	20684. 2	0. 623	20003. 4		
0. 544	21322. 9	0. 584	20667. 8	0. 624	19986. 1		
0. 545	21306. 6	0. 585	20651. 4	0. 625	19968. 9		
0. 546	21290. 2	0. 586	20635. 0	0. 626	19951. 6		
0. 547	21273. 8	0. 587	20618. 6	0. 627	19934. 4		
0. 548	21257. 4	0. 588	20602. 3	0. 628	19917. 1		
0. 549	21241. 0	0. 589	20585. 9	0. 629	19899. 8		
0. 550	21224. 7	0. 590	20569. 5	0. 630	19882. 6		
0. 551	21208. 3	0. 591	20553. 1	0. 631	19865. 3		
0. 552	21191. 9	0. 592	20536. 8	0. 632	19848. 0		
0. 553	21175. 5	0. 593	20520. 4	0. 633	19830. 8		
0. 554	21159. 1	0. 594	20504. 0	0. 634	19813. 5		
0. 555	21142. 8	0. 595	20486. 7	0. 635	19796. 3		
0. 556	21126. 4	0. 596	20469. 5	0. 636	19779. 0		
0. 557	21110. 0	0. 597	20452. 2	0. 637	19761. 7		
0. 558	21093. 6	0. 598	20434. 9	0. 638	19744. 5		
0. 559	21077. 3	0. 599	20417. 7	0. 639	19727. 2		
0. 560	21060. 9	0. 600	20400. 4	0. 640	19710. 0		
0. 561	21044. 5	0. 601	20383. 2	0. 641	19692. 7		
0. 562	21028. 1	0. 602	20365. 9	0. 642	19675. 4		
0. 563	21011. 7	0. 603	20348. 6	0. 643	19658. 2		
0. 564	20995. 4	0. 604	20331. 4	0. 644	19640. 9		
0. 565	20979. 0	0. 605	20314. 1	0. 645	19623. 6		
0. 566	20962. 6	0. 606	20296. 9	0. 646	19606. 4		
0. 567	20946. 2	0. 607	20279. 6	0. 647	19589. 1		
0. 568	20929. 8	0. 608	20262. 3	0. 648	19571. 9		
0. 569	20913. 5	0. 609	20245. 1	0. 649	19554. 6		
0. 570	20897. 1	0. 610	20227. 8	0. 650	19537. 3		
0. 571	20880. 7	0. 611	20210. 5	0. 651	19520. 1		
0. 572	20864. 3	0. 612	20193. 3	0. 652	19502. 8		
0. 573	20847. 9	0. 613	20176. 0				
0. 574	20831. 6	0. 614	20158. 8				
0. 575	20815. 2	0. 615	20141. 5				
0. 576	20798. 8	0. 616	20124. 2				
0. 577	20782. 4	0. 617	20107. 0				
0. 578	20766. 1	0. 618	20089. 7				
0. 579	20749. 7	0. 619	20072. 4				
0. 580	20733. 3	0. 620	20055. 2				

附表 15－4 石油产品标准密度表(节选)

温度/℃	视密度/(kg/m³)											温度/℃
	713.0	715.0	717.0	719.0	721.0	723.0	725.0	727.0	729.0	731.0	733.0	
	20℃密度											
15.75	709.1	711.1	713.1	715.2	717.2	719.2	721.2	723.2	725.2	727.2	729.2	15.75
16.00	709.4	711.4	713.4	715.4	717.4	719.4	721.4	723.4	725.4	727.4	729.4	16.00
16.25	709.6	711.6	713.6	715.6	717.6	719.6	721.6	723.6	725.6	727.6	729.6	16.25
16.50	709.8	711.8	713.8	715.8	717.8	719.8	721.8	723.9	725.9	727.9	729.9	16.50
16.75	710.0	712.0	714.1	716.1	718.1	720.1	722.1	724.1	726.1	728.1	730.1	16.75
17.00	710.3	712.3	714.3	716.3	718.3	720.3	722.3	724.3	726.3	728.3	730.3	17.00
17.25	710.5	712.5	714.5	716.5	718.5	720.5	722.5	724.5	726.5	728.5	730.5	17.25
17.50	710.7	712.7	714.7	716.7	718.7	720.7	722.7	724.8	726.8	728.8	730.8	17.50
17.75	711.0	713.0	715.0	717.0	719.0	721.0	723.0	725.0	727.0	729.0	731.0	17.75
18.00	711.2	713.2	715.2	717.2	719.2	721.2	723.2	725.2	727.2	729.2	731.2	18.00
18.25	711.4	713.4	715.4	717.4	719.4	721.4	723.4	725.4	727.4	729.4	731.4	18.25
18.50	711.6	713.6	715.6	717.6	719.6	721.6	723.6	725.7	727.7	729.7	731.7	18.50
18.75	711.9	713.9	715.9	717.9	719.9	721.9	723.9	725.9	727.9	729.9	731.9	18.75
19.00	712.1	714.1	716.1	718.1	720.1	722.1	724.1	726.1	728.1	730.1	732.1	19.00
19.25	712.3	714.3	716.3	718.3	720.3	722.3	724.3	726.3	728.3	730.3	732.3	19.25
19.50	712.5	714.5	716.5	718.5	720.5	722.5	724.5	726.6	728.6	730.6	732.6	19.50
19.75	712.8	714.8	716.8	718.8	720.8	722.8	724.8	726.8	728.8	730.8	732.8	19.75
20.00	713.0	715.0	717.0	719.0	721.0	723.0	725.0	727.0	729.0	731.0	733.0	20.00
20.25	713.2	715.2	717.2	179.2	721.2	723.2	725.2	727.2	729.2	731.2	733.2	20.25
20.50	713.5	715.5	717.5	719.5	721.5	723.5	725.5	727.4	729.4	731.4	733.4	20.50
20.75	713.7	715.7	717.7	719.7	721.7	723.7	725.7	727.7	729.7	731.7	733.7	20.75
21.00	713.9	715.9	717.9	719.9	721.9	723.9	725.9	727.9	729.0	731.9	733.9	21.00
21.25	714.1	716.1	718.1	720.1	722.1	724.1	726.1	728.1	730.1	732.1	734.1	21.25
21.50	714.4	716.4	718.4	720.4	722.4	724.4	726.3	728.3	730.3	732.3	734.3	21.50
21.75	714.6	716.6	718.6	720.6	722.6	724.6	726.6	728.6	730.6	732.6	734.6	21.75
22.00	714.8	716.8	718.8	720.8	722.8	724.8	726.8	728.8	730.8	732.8	734.8	22.00
22.25	715.0	717.0	719.0	721.0	723.0	725.0	727.0	729.0	731.0	733.0	735.0	22.25
22.50	715.3	717.0	719.0	721.3	723.3	725.3	727.2	729.2	731.2	733.2	735.2	22.50
22.75	715.5	717.5	719.5	721.5	723.5	725.5	727.5	729.5	731.5	733.5	735.5	22.75
23.00	715.7	717.7	719.7	721.7	723.7	725.7	727.7	729.7	731.7	733.7	735.7	23.00
23.25	715.9	717.9	719.9	721.9	723.9	725.9	727.9	729.9	731.9	733.9	735.9	23.25
23.50	716.2	718.2	720.2	722.2	724.2	726.2	728.1	730.1	732.1	734.1	736.1	23.50
23.75	716.4	718.4	720.4	722.4	724.4	726.4	728.4	730.4	732.4	734.4	736.4	23.75
24.00	716.6	718.6	720.6	722.6	724.6	726.6	728.6	730.6	732.6	734.6	736.6	24.00
24.25	716.9	718.9	720.8	722.8	724.8	726.8	728.8	730.8	732.8	734.8	736.8	24.25
24.50	717.1	719.1	721.1	723.1	725.1	727.1	729.1	731.0	733.0	735.0	737.0	24.50
24.75	717.3	719.3	721.3	723.3	725.3	727.3	729.3	731.3	733.3	735.3	737.2	24.75
25.00	717.5	719.5	721.5	723.5	725.5	727.5	729.5	731.5	733.5	735.5	737.5	25.00
25.25	717.8	719.8	721.7	723.7	725.7	727.7	729.7	731.7	733.7	735.7	737.7	25.25
25.50	718.0	720.0	722.0	724.0	726.0	728.0	729.9	731.9	733.9	735.9	737.9	25.50
25.75	718.2	720.2	722.2	724.2	726.2	728.2	730.2	732.2	734.2	736.1	738.1	25.75
26.00	718.4	720.4	722.4	724.4	726.4	728.4	730.4	732.4	734.4	736.4	738.4	26.00
26.25	718.7	720.7	722.7	724.6	726.6	728.6	730.6	732.6	734.6	736.6	738.6	26.25
26.50	718.9	720.9	722.9	724.9	726.9	728.8	730.8	732.8	734.8	736.8	738.8	26.50
26.75	719.1	721.1	723.1	725.1	727.1	729.1	731.1	733.1	735.0	737.0	739.0	26.75
27.00	719.3	721.3	723.3	725.3	727.3	729.3	731.3	733.3	735.3	737.3	739.3	27.00

视密度：713.0～733.0

附表 15-5 石油产品体积修正系数表(节选)

温度/℃	20℃密度											温度/℃
	710.0	712.0	714.0	716.0	718.0	720.0	722.0	724.0	726.0	728.0	730.0	
	20℃体积修正系统											
13.75	1.0081	1.0081	1.0081	1.0080	1.0080	1.0080	1.0079	1.0079	1.0079	1.0078	1.0078	13.75
14.00	1.0078	1.0078	1.0078	1.0077	1.0077	1.0077	1.0076	1.0076	1.0076	1.0075	1.0075	14.00
14.25	1.0075	1.0075	1.0074	1.0074	1.0074	1.0073	1.0073	1.0073	1.0072	1.0072	1.0072	14.25
14.50	1.0072	1.0071	1.0071	1.0071	1.0070	1.0070	1.0070	1.0070	1.0069	1.0069	1.0069	14.50
14.75	1.0068	1.0068	1.0068	1.0068	1.0067	1.0067	1.0067	1.0066	1.0066	1.0066	1.0066	14.75
15.00	1.0065	1.0065	1.0065	1.0064	1.0064	1.0064	1.0064	1.0063	1.0063	1.0063	1.0062	15.00
15.25	1.0062	1.0062	1.0061	1.0061	1.0061	1.0061	1.0061	1.0060	1.0060	1.0060	1.0059	15.25
15.50	1.0059	1.0058	1.0058	1.0058	1.0058	1.0057	1.0057	1.0057	1.0057	1.0056	1.0056	15.50
15.75	1.0055	1.0055	1.0055	1.0055	1.0054	1.0054	1.0054	1.0054	1.0054	1.0053	1.0053	15.75
16.00	1.0052	1.0052	1.0052	1.0051	1.0051	1.0053	1.0054	1.0051	1.0050	1.0050	1.0050	16.00
16.25	1.0049	1.0049	1.0048	1.0048	1.0048	1.0048	1.0048	1.0047	1.0047	1.0047	1.0047	16.25
16.50	1.0046	1.0045	1.0045	1.0045	1.0045	1.0045	1.0044	1.0044	1.0044	1.0044	1.0044	16.50
16.75	1.0042	1.0042	1.0042	1.0042	1.0042	1.0041	1.0041	1.0041	1.0041	1.0041	1.0041	16.75
17.00	1.0039	1.0039	1.0039	1.0039	1.0038	1.0038	1.0038	1.0038	1.0038	1.0038	1.0038	17.00
17.25	1.0036	1.0036	1.0036	1.0035	1.0035	1.0035	1.0035	1.0035	1.0035	1.0035	1.0034	17.25
17.50	1.0033	1.0032	1.0032	1.0032	1.0032	1.0032	1.0032	1.0032	1.0032	1.0031	1.0031	17.50
17.75	1.0029	1.0029	1.0029	1.0029	1.0029	1.0029	1.0029	1.0028	1.0028	1.0028	1.0028	17.75
18.00	1.0026	1.0026	1.0026	1.0026	1.0026	1.0026	1.0025	1.0025	1.0025	1.0025	1.0025	18.00
18.25	1.0023	1.0023	1.0023	1.0023	1.0022	1.0022	1.0022	1.0022	1.0022	1.0022	1.0022	18.25
18.50	1.0020	1.0019	1.0019	1.0019	1.0019	1.0019	1.0019	1.0019	1.0019	1.0019	1.0019	18.50
18.75	1.0016	1.0016	1.0016	1.0016	1.0016	1.0016	1.0016	1.0016	1.0016	1.0016	1.0016	18.75
19.00	1.0013	1.0013	1.0013	1.0013	1.0013	1.0013	1.0013	1.0013	1.0013	1.0013	1.0013	19.00
19.25	1.0010	1.0010	1.0010	1.0010	1.0010	1.0010	1.0010	1.0010	1.0009	1.0009	1.0009	19.25
19.50	1.0007	1.0006	1.0006	1.0006	1.0006	1.0006	1.0006	1.0006	1.0006	1.0006	1.0006	19.50
19.75	1.0003	1.0003	1.0003	1.0003	1.0003	1.0003	1.0003	1.0003	1.0003	1.0003	1.0003	19.75
20.00	1.0000	1.0000	1.0000	1.0000	1.0000	1.0000	1.0000	1.0000	1.000	1.0000	1.0000	20.00
20.25	0.9997	0.9997	0.9997	0.9997	0.9997	0.9998	0.9997	0.9997	0.9997	0.9997	0.9997	20.25
20.50	0.9993	0.9993	0.9994	0.9994	0.9994	0.9994	0.9994	0.9994	0.9994	0.9994	0.9994	20.50
20.75	0.9990	0.9990	0.9990	0.9990	0.9990	0.9990	0.9990	0.9990	0.9991	0.9991	0.9991	20.75
21.00	0.9987	0.9987	0.9987	0.9987	0.9987	0.9987	0.9987	0.9987	0.9987	0.9987	0.9987	21.00
21.25	0.9984	0.9984	0.9984	0.9984	0.9984	0.9984	0.9984	0.9984	0.9984	0.9984	0.9984	21.25
21.50	0.9980	0.9980	0.9981	0.9981	0.9981	0.9981	0.9981	0.9981	0.9981	0.9981	0.9981	21.50
21.75	0.9977	0.9977	0.9977	0.9977	0.9978	0.9978	0.9978	0.9978	0.9978	0.9978	0.9978	21.75
22.00	0.9974	0.9974	0.9974	0.9974	0.9974	0.9974	0.9975	0.9975	0.9975	0.9975	0.9975	22.00
22.25	0.9971	0.9971	0.9971	0.9971	0.9971	0.9971	0.9971	0.9971	0.9972	0.9972	0.9972	22.25
22.50	0.9967	0.9967	0.9968	0.9968	0.9968	0.9968	0.9968	0.9968	0.9968	0.9969	0.9969	22.50
22.75	0.9964	0.9964	0.9964	0.9965	0.9965	0.9965	0.9965	0.9965	0.9965	0.9965	0.9966	22.75
23.00	0.9961	0.9961	0.9961	0.9961	0.9961	0.9962	0.9962	0.9962	0.9962	0.9962	0.9962	23.00
23.25	0.9958	0.9958	0.9958	0.9958	0.9958	0.9958	0.9959	0.9959	0.9959	0.9959	0.9959	23.25
23.50	0.9954	0.9954	0.9955	0.9955	0.9955	0.9955	0.9955	0.9956	0.9956	0.9956	0.9956	23.50
23.75	0.9951	0.9951	0.9951	0.9952	0.9952	0.9952	0.9952	0.9952	0.9953	0.9953	0.9953	23.75
24.00	0.9948	0.9948	0.9948	0.9948	0.9949	0.9949	0.9949	0.9949	0.9949	0.9950	0.9950	24.00
24.25	0.9944	0.9945	0.9945	0.9945	0.9945	0.9946	0.9946	0.9946	0.9946	0.9947	0.9947	24.25
24.50	0.9941	0.9941	0.9942	0.9942	0.9942	0.9942	0.9943	0.9943	0.9943	0.9943	0.9944	24.50
24.75	0.9938	0.9938	0.9938	0.9939	0.9939	0.9939	0.9939	0.9940	0.9940	0.9940	0.9940	24.75
25.00	0.9935	0.9935	0.9935	0.9935	0.9936	0.9936	0.9936	0.9937	0.9937	0.9937	0.9937	25.00

20℃密度：710.0～730.0

续表

温度/℃	20℃密度											温度/℃
	750.0	752.0	754.0	756.0	758.0	760.0	762.0	764.0	766.0	768.0	770.0	
	20℃体积修正系数											
25.00	0.9940	0.9940	0.9940	0.9941	0.9941	0.9941	0.9941	0.9941	0.9942	0.9943	0.9944	25.00
25.25	0.9937	0.9937	0.9937	0.9938	0.9938	0.9938	0.9938	0.9939	0.9939	0.9940	0.9941	25.25
25.50	0.9934	0.9934	0.9934	0.9935	0.9935	0.9935	0.9935	0.9936	0.9936	0.9937	0.9938	25.50
25.75	0.9931	0.9931	0.9931	0.9932	0.9932	0.9932	0.9932	0.9933	0.9933	0.9934	0.9936	25.75
26.00	0.9928	0.9928	0.9928	0.9939	0.9929	0.9929	0.9929	0.9930	0.9930	0.9931	0.9933	26.00
26.25	0.9925	0.9925	0.9925	0.9926	0.9926	0.9926	0.9927	0.9927	0.9927	0.9929	0.9930	26.25
26.50	0.9922	0.9922	0.9922	0.9923	0.9923	0.9923	0.9924	0.9924	0.9924	0.9926	0.9927	26.50
26.75	0.9919	0.9919	0.9919	0.9920	0.9920	0.9920	0.9921	0.9921	0.9921	0.9923	0.9924	26.75
27.00	0.9916	0.9916	0.9916	0.9917	0.9917	0.9917	0.9918	0.9918	0.9918	0.9920	0.9922	27.00
27.25	0.9913	0.9913	0.9913	0.9914	0.9914	0.9914	0.9915	0.9915	0.9915	0.9917	0.9919	27.25
27.50	0.9910	0.9910	0.9910	0.9911	0.9911	0.9911	0.9912	0.9912	0.9913	0.9914	0.9916	27.50
27.75	0.9907	0.9907	0.9907	0.9908	0.9908	0.9908	0.9909	0.9909	0.9910	0.9911	0.9913	27.75
28.00	0.9904	0.9904	0.9904	0.9905	0.9905	0.9906	0.9906	0.9906	0.9907	0.9909	0.9910	28.00
28.25	0.9901	0.9901	0.9901	0.9902	0.9902	0.9903	0.9903	0.9903	0.9904	0.9906	0.9908	28.25
28.50	0.9898	0.9898	0.9898	0.9899	0.9899	0.9900	0.9900	0.9900	0.9901	0.9903	0.9905	28.50
28.75	0.9895	0.9895	0.9895	0.9896	0.9896	0.9897	0.9897	0.9897	0.9898	0.9800	0.9902	28.75
29.00	0.9892	0.9892	0.9892	0.9893	0.9893	0.9894	0.9894	0.9895	0.9895	0.9897	0.9899	29.00
29.25	0.9889	0.9889	0.9889	0.9890	0.9890	0.9891	0.9891	0.9892	0.9892	0.9894	0.9896	29.25
29.50	0.9886	0.9886	0.9886	0.9887	0.9887	0.9888	0.9888	0.9889	0.9889	0.9891	0.9894	29.50
29.75	0.9882	0.9833	0.9883	0.9884	0.9884	0.9885	0.9885	0.9886	0.9886	0.9888	0.9891	29.75
30.00	0.9879	0.9880	0.9880	0.9881	0.9881	0.9882	0.9882	0.9883	0.9883	0.9886	0.9888	30.00
30.25	0.9876	0.9877	0.9877	0.9878	0.9878	0.9879	0.9879	0.9800	0.9880	0.9883	0.9885	30.25
30.50	0.9873	0.9874	0.9874	0.9875	0.9875	0.9876	0.9876	0.9877	0.9877	0.9880	0.9882	30.50
30.75	0.9870	0.9871	0.9871	0.9872	0.9872	0.9873	0.9873	0.9874	0.9875	0.9877	0.9879	30.75
31.00	0.9867	0.9868	0.9868	0.9869	0.9869	0.9870	0.9871	0.9871	0.9872	0.9874	0.9877	31.00
31.25	0.9864	0.9865	0.9865	0.9866	0.9866	0.9867	0.9868	0.9868	0.9869	0.9871	0.9874	31.25
31.50	0.9861	0.9862	0.9862	0.9863	0.9864	0.9864	0.9865	0.9865	0.9866	0.9868	0.9871	31.50
31.75	0.9858	0.9859	0.9859	0.9860	0.9861	0.9861	0.9862	0.9862	0.9863	0.9866	0.9868	31.75
32.00	0.9855	0.9856	0.9856	0.9857	0.9858	0.9858	0.9859	0.9859	0.9860	0.9863	0.9865	32.00
32.25	0.9852	0.9853	0.9853	0.9854	0.9855	0.9855	0.9856	0.9856	0.9857	0.9860	0.9863	32.25
32.50	0.9849	0.9850	0.9850	0.9851	0.9852	0.9852	0.9853	0.9853	0.9854	0.9857	0.9860	32.50
32.75	0.9846	0.9847	0.9847	0.9848	0.9849	0.9849	0.9850	0.9850	0.9851	0.9854	0.9857	32.75
32.00	0.9855	0.9856	0.9856	0.9857	0.9858	0.9858	0.9859	0.9859	0.9860	0.9863	0.9865	32.00
32.25	0.9852	0.9853	0.9853	0.9854	0.9855	0.9855	0.9856	0.9856	0.9857	0.9860	0.9863	32.25
32.50	0.9849	0.9850	0.9850	0.9851	0.9852	0.9852	0.9853	0.9853	0.9854	0.9857	0.9860	32.50
32.75	0.9846	0.9847	0.9847	0.9848	0.9849	0.9849	0.9850	0.9850	0.9851	0.9854	0.9857	32.75
33.00	0.9843	0.9844	0.9844	0.9845	0.9846	0.9846	0.9847	0.9847	0.9848	0.9851	0.9854	33.00
33.25	0.9840	0.9841	0.9841	0.9842	0.9843	0.9843	0.9844	0.9845	0.9845	0.9848	0.9851	33.25
33.50	0.9837	0.9838	0.9838	0.9839	0.9840	0.9840	0.9841	0.9842	0.9842	0.9845	0.9849	33.50
33.75	0.9834	0.9835	0.9835	0.9836	0.9837	0.9837	0.9838	0.9839	0.9839	0.9843	0.9846	33.75
34.00	0.9831	0.9832	0.9832	0.9833	0.9834	0.9834	0.9835	0.9836	0.9836	0.9840	0.9843	34.00
34.25	0.9828	0.9829	039829	0.9830	0.9831	0.9831	0.9832	0.9833	0.9834	0.9837	0.9840	34.25
34.50	0.9825	0.9826	0.9826	0.9827	0.9828	0.9828	0.9829	0.9830	0.9831	0.9834	0.9837	34.50
34.75	0.9822	0.9823	0.9823	0.9824	0.9825	0.9825	0.9826	0.9827	0.9828	0.9831	0.9834	34.75
35.00	0.9819	0.9820	0.9820	0.9821	0.9822	0.9822	0.9823	0.9824	0.9825	0.9828	0.9832	35.00
35.25	0.9816	0.9817	0.9817	0.9818	0.9819	0.9820	0.9820	0.9821	0.9822	0.9825	0.9829	35.25
35.50	0.9813	0.9814	0.9814	0.9815	0.9816	0.9817	0.9817	0.9818	0.9819	0.9822	0.9826	35.50
35.75	0.9810	0.9811	0.9811	0.9812	0.9813	0.9814	0.9814	0.9815	0.9816	0.9820	0.9823	35.75
36.00	0.9807	0.9808	0.9808	0.9809	0.9810	0.9811	0.9811	0.9812	0.9813	0.9817	0.9820	36.00
36.25	0.9804	0.9805	0.9805	0.9806	0.9807	0.9808	0.9808	0.9809	0.9810	0.9814	0.9818	36.25

第16章 质量管理

16.1 油品质量判定

调控中心及输油站应根据油源炼油厂(或油库)、分输油库提交的油品质检合格报告判断注入或分输油品是否合格，是否符合现行有效的国家、行业、地方标准或协议标准要求。

目前，我国执行车用汽油标准为 GB 17930—2011；北京、上海、广州执行地方标准；我国部分省市使用车用乙醇汽油，即在乙醇汽油组分油中加入10.0%(体积分数)变性燃料乙醇，称为E10，执行标准为GB 18351—2010。我国柴油产品标准有GB 252—2011《普通柴油》和GB 19147—2009《车用柴油》，普通柴油适用于拖拉机、内燃机车、工程机械、船舶和发电机组等压燃式发动机以及三轮汽车和低速货车；车用柴油是作为压燃式柴油车所使用的发动机燃料，不包括三轮汽车和低速货车。

根据成品油管道顺序输送的特点，在油品质量合格的基础上，进入管道的油品质量应具备一定的潜力，便于混油切割及回掺。因此各管道运行单位对油源油品质量在合格的基础上提出了更高要求。如柴油的闪点一般不低于57℃，汽油的终馏点不高于201℃。

16.2 质量控制点

16.2.1 油品输入(或注入)

(1) 根据输送计划安排，油品在进入管道前的规定时间内，管道运行单位的首站(或输入站)或调控中心应向油源炼油厂(或油库)索取油品质检合格报告。如首站(或输入站)负责该项工作，该站应及时将油品质量情况报告以书面传真或口头电话形式通报调控中心，调控中心以质量情况报告作为是否按计划输送的依据。

(2) 非配置油品(如自采油等)进入管道时，根据输送计划安排，在输送前的规定时间内，首站向油源单位索取油品质检合格报告并及时通报输油管理处，由输油管理处质量专业管理人员确认后通报调控中心是否具备输送条件，调控中心以通报情况作为是否按计划输送的依据。

(3) 油源单位在切换油罐前规定时间内，应向管道运行单位首站或调控中心提交质检合格报告。如首站负责该项工作，该站应及时将油品质量情况以书面传真或口头电话形式通报调控中心，调控中心以通报情况作为是否同意切换油罐的依据。

16.2.2 油品分输

(1) 调控中心负责管道顺序输送混油跟踪，按照界面跟踪计算时间及监测仪表显示数据，进行分输油品切换及混油切割。

(2) 管输分输过程中，输油站按交接计量协议配合油库在输油站内计量区域进行油品取样、留样。

(3) 输油站及时与分输油库沟通，掌握油品质检结果，如分输油品检验不合格，应立即通报调控中心、输油管理处。

16.2.3 混油界面切割

（1）调控中心应根据收集的混油界面前后油品质量指标及其他相关影响条件，制定混油切割方案。

（2）切割方案应包括混油界面前行后行油品质量指标、需要进行混油分输的输油站、切割比例及切割注意事项。

（3）混油界面的头、尾切入末站或中间站前后行油品中的切割点需依据分输油罐罐容、该罐分输量、罐内存油质量及分输油品质量潜力而定。

（4）调控中心调度员依据密度计在线密度值（或其他界面检测仪表）进行混油切割。

（5）在顺序输送过程中，调控中心调度员及输油站操作员应严密监视密度计示值（或其他界面检测仪表）变化；在中控操作情况下，由调控中心调度员进行混油切割操作，调度值班长监护；在站控及就地操作条件下，由调控中心调度员远程指导，输油站人员进行站控或就地混油切割操作。

（6）调控中心应建立混油切割台账，对批次切割方案、切割情况、前后行油品质量指标等资料进行收集、存档。

16.2.4 混油回掺

（1）管道运行单位根据职责分工，确定混油回掺责任单位。

（2）原则上，对于汽油与柴油的混油，将富汽油混油回掺到汽油中，富柴油混油回掺到柴油中。对于同种油品的混油界面，当油品为汽油时应将混油界面直接切入低标号汽油中，当油品为柴油时应将混油界面直接切入高标号柴油中。

（3）在保证质量合格的前提下，尽可能地提高混油回掺效率并使回掺后油品留有一定质量余地，原则上要求回掺后柴油闪点≥57℃，汽油终馏点≤202℃。

（4）具备混油回掺设施的输油站，在油品开始分输后，接到调控中心指令方能进行混油回掺。

（5）管道启输运行后，回掺比例可参照该站停输时的回掺比例或经验公式计算确定。回掺后输油站按照签订《委托分析化验协议》联系分输点油库按时进行油品化验分析，及时取得化验结果。根据化验结果由责任单位调整回掺比例。

（6）回掺比例的调整兼顾考虑罐容、油罐分输总量、分输瞬时流量，回掺比例计算中回掺量应取混油罐罐容变化量。

（7）输油站应按时记录混油罐液位，建立混油回掺台账。

（8）调控中心应在每日规定时间点收集各输油站混油回掺情况及混油罐罐存油品信息，填入运行综合日报。

16.2.5 污油及泄压油品回注

一般情况下，将污油罐油品注入分输管线或注入泄压罐。污油注入分输管线操作时应与泄压罐油品回注同样要进行质量控制；污油注入泄压罐时可不考虑质量控制，待泄压罐油品回注时进行质量控制。以污油罐注入分输管线为例描述回注过程：

（1）污油罐及泄压罐油品回注工作由调控中心和输油站两级负责，调控中心负责批准、监护回注工作并予以指导，输油站负责现场具体操作。

（2）应及时回注，原则上泄压罐内不允许存油，特殊情况下要注入污油或存油，应经调控中心批准。

(3) 输油站应在该站停输前清空污油罐及泄压罐。如特殊情况没有清空，应记录罐存油品数量、种类，便于启输后安排回注。

(4) 污油罐(泄压罐)所存油品种类与分输油品相同时，安排罐存油品回注。如罐内所存油品与分输油品为不同种类油品，数质量部门应根据油品分输流量、质量潜力、分输罐罐容情况，核算允许回注量，发送至输油站，并指导输油站进行油品回注。

(5) 在输油过程中，调控中心及输油站操作岗要同时监视污油罐、泄压罐的液位变化情况，发现异常情况及时查找原因进行处置。

(6) 在进行污油罐、泄压罐油品回注前，输油站应进行现场采样分析，根据油品密度初步确定罐内所存油品种类，并报告调控中心。

(7) 输油站停输期间，设备维修需要排污，输油站操作岗要监控污油罐液位，如达到安全容量时不具备回注条件，由输油站计量员填写罐存油品处理单，经站长审批后上报数质量管理部门和调控中心，经批准后，进行装车或排入泄压罐。

(8) 将污油罐出口管上的装车阀加锁封闭，钥匙由站长保管；对泄压罐的排污口进行铅封，输油站在铅封登记本上记录铅封号。

(9) 站内污油罐、泄压罐、混油罐在清罐前需要排油、排污时，要经过调控中心批准。

(10) 调控中心调度岗在每日规定时刻收集各输油站污油罐、泄压罐罐存油品信息。

16.2.6 清管污油

(1) 清管作业时，调控中心应组织好污油的跟踪和接收，尽量避免出现多个油库分输污油的现象。

(2) 宜在清管器进站前后一段时间内在站场进站处进行现场采样，以确定污油量。

(3) 分输至输油站混油罐、油库油罐内的清管污油，应进行处理，合格后方可回注。

16.3 油品质量事故

16.3.1 成品油管道质量事故分类

1. 回掺后的油品质量不合格

由于回掺比例确定不当或回掺操作失误，造成的油品质量不合格。主要通过测定回掺后油品闪点或终馏点来判断。

2. 水分、杂质污染

如果管线运行过程中水分、杂质过多，将会对油品质量产生影响，造成杂质、水分超标，通过取样进行外观观察和常规试验即可判断。

3. 不同油品互混

由于管线、油罐阀门渗漏或误操作造成不同品种、牌号油品互混，导致油品质量不合格。

16.3.2 油品质量事故处理

输油过程中，各级操作岗位要严格执行相关操作规定，加强对混油回掺、水分、杂质、油品互混等情况的监控。发现异常情况，即时反馈，立即采取措施，对于混油回掺质量问题应调整回掺比例，如为水分、杂质污染应加紧清除，对于互混油品必须静置沉降，并立即找到并切断互混源头。质量事故及不合格油品处理，执行本行业或本单位质量管理办法。

第 17 章　应急操作与事故判断

17.1　应急操作

17.1.1　应急操作原则

1. 立即启动相应事故应急处理预案

在采取工艺应急操作时，可先进行紧急处理，同时向上一级调度或者主管部门汇报，并按照指令作进一步处理。

2. 按危害程度考虑应急操作先后次序

运行出现异常时，操作控制人员应及时进行工艺操作处理，防止异常状态扩大和事故发生，并防止发生次生事故。在面临多种问题而不能兼顾的情况下，建议根据异常状态可能带来后果的严重程度，按以下先后次序进行处理：

（1）确保外管道安全。对于已经出现的外管道泄漏事故，应尽可能减少油品泄漏量。

（2）避免输油站内出现油品跑漏或油罐冒罐。对于已经出现的输油站内油品跑漏，应尽可能减少油品泄漏量，并避免扩散或缩小扩散范围，特别是扩散并流出输油站外。

（3）避免造成油品质量事故。

（4）避免泄压阀动作。

（5）避免长时间停输或降量输送。

3. 其他操作原则

（1）根据异常状态下的人员分工，明确事故状态下谁指挥谁汇报以及谁操作等事项。

（2）当出现甩泵、甩站或管道干线阀门关闭等事件时，应重点关注并果断调节上游工况，避免出现超压现象。当不能同时顾及上下游站的工况调节时，允许下游站出现进站压力低联锁停运的情况。

（3）紧急停输时应快速按次序和程序对各输油站进行停输操作。

（4）当应急操作影响输油计划或质量交接时，需及时通知配套油库和相关职能部门。

17.1.2　工艺设备故障应急处理

17.1.2.1　主输油泵非计划停运

主输油泵可能因为联锁动作、外供电掉电或晃电等出现停运。如果主输泵非计划停运得不到及时处理，可能会引起上游站出站压力超高、下游进展压力超低、本站进站水击泄放阀动作等后果。主输泵非计划停运应急处理顺序如下：

（1）输油站在局部甩泵并确定不超压的情况下，应立即启动备用泵；在没有备用泵时，应适当调整工况并立即查明原因并排除故障，重新启动原有主输泵，恢复原有运行工况；在备用泵由于故障或在启泵后存在超压等情况不能启动的情况下，应采取降量输送方式，如加大上游站及本站油品分输流量，减小下游干线运行流量。

（2）如出现中间站主输泵全部甩泵，则立即执行该站越站操作，如不能越站，则进行全线或分段停输操作，上游站按反顺序停输，下游站按正顺序停输，如果工况和处理时间允许宜尽可能减小停输范围。如首站主输泵全部甩泵则执行全线停输操作。

17.1.2.2 输油站内阀门自动关闭

影响全线油品输送的输油站内阀门（如进出站阀、过滤器前后阀等）意外关闭时，应立即远控或就地操作打开阀门，不能及时打开则采取全越站操作，如不能越站则执行全线停输/分段停输。全越站仅适用于设置有全越站流程且可以越站的输油站。输油站内阀门意外关闭且不能及时开启时执行以下相应的应急操作：

（1）首站出站阀门意外关闭：执行全线停输操作，按正顺序停输各站。

（2）可越站的中间站进站或出站阀门意外关闭：执行全越站操作。全越站阀不能及时打开则执行全线或分段停输操作，上游站按反顺序停输，下游站按正顺序停输。

（3）不能越站的中间泵站进站或出站阀门意外关闭：执行全线或分段停输操作。

（4）分输站内干线阀门意外关闭：执行全线或分段停输操作，上游站按反顺序停输，下游站按正顺序停输。

（5）干线末站进站阀关闭：视具体情况执行全线或分段停输操作。

（6）支线末站进站阀及分输站分输阀意外关闭：停止本站（支线）油品分输，并将本站计划流量合理分配至其他站。

17.1.2.3 主输泵漏油

由于主输泵机械密封损坏等原因，造成油品泄漏，易引起火灾爆炸、环境污染等严重后果，因此必须迅速处理。在发现主输泵泄漏后，应立即按以下步骤采取应急措施：

（1）如果泄漏严重，应立即停运该泵并关闭该泵进出口阀门，同时做好全越站、停运本站并关闭进出站阀及全线停输准备，按程序启动应急预案。

（2）如果泄漏量小处理顺序为：①立即停运该泵并关闭该泵进出口阀；②现场确定是否能够打开排污阀将泵壳内油品排放到污油罐；③启动应急预案，现场采取措施防止油品向站内或站外扩散及火灾爆炸事故；④调控中心调整工况，并做好全越站、停运本站并关闭进出站阀及全线停输准备；⑤根据现场情况，如具备复原工况条件则启动备用泵逐渐恢复工况。

17.1.2.4 阀门外泄漏

阀门外泄漏常表现为油品从密封填料或法兰连接垫片处漏出，设备保养不到位或者死油段温升憋压等均有可能造成阀门外漏。在发现阀门漏油后，应立即按以下原则采取应急处理措施：

（1）首先切断油品泄漏源，采取切换流程、关闭流程等措施，必要时采取全越站、停运本站并关闭进出站阀及全线停输准备等措施。

（2）切断油品泄漏源后，应及时泄放管段内压力，排放管内油品，防止油品继续外漏。

（3）启动应急预案，现场采取措施防止油品站内或向站外扩散及火灾爆炸事故。

（4）现场处理完毕，经确认安全后，调整工况恢复运行。

17.1.2.5 水击泄放阀动作

水击泄放阀可能由于压力超过设定值发生动作，或者由于某些原因发生误动作。部分水击泄放阀在动作后可能出现无法复位而继续泄放油品的情况。水击泄放阀设置的目的，是为了防止管道因压力超限而破裂，因此在应急操作前需要分析判断阀门动作原因，避免造成更为严重的后果。可采取以下措施：

1. 确定发生动作的水击泄放阀位号

一般来说，发生动作的水击泄放阀后的流量开关或泄压罐液位会发出报警，同时结合工艺参数变化或现场现管道内介质流动声音，能很快判断出泄压阀位号。例如对于中间泵站，当进站干线水击泄放阀动作时进站压力快速下降，导致主输泵入口压力降低或报警、超低低联锁；当出站干线水击泄放阀动作时主输泵电机负荷将有所增加。

2. 判断水击泄放阀是否因超压而动作

（1）如果泄压阀是超压动作，则首先迅速分析清楚并消除导致超压的因素，再确定下一步措施，在消除超压源之前禁止停用水击泄放阀。

（2）如果水击泄放阀是在未超压情况下误动作，则立即执行下一步操作：

① 以最快的速度关闭水击泄放阀上游阀门。

② 视泄压罐内油品液位情况，确定是否在短时间内将泄压罐内油品回注至干线或分输线以降低液位。如果发生泄压罐冒罐事故，则需要启动相应事故应急预案，及时对外漏油品进行回收处理。

③ 对误动作或不能复位的水击泄放阀进行检修处理。

17.1.2.6 过滤器堵塞

由于管道内存在一定的杂质，将导致过滤器发生堵塞，在管道进行清管作业时，清管球携带的杂质极容易造成下游站过滤器堵塞。从过滤器开始出现堵塞迹象到压差达到规定值的时间非常短暂，需要立即采取措施，否则可能造成滤网破损，杂质进入站内输油泵等设备内造成损坏。对于首站给油泵前过滤器，堵塞严重时易导致输油泵入口压力超低联锁停泵。当过滤器发生堵塞时可采取以下措施：

（1）过滤器压差增长速度较慢时，密切监控压差数据，当压差达到规定值时，切换至备用过滤器。

（2）过滤器压差增长速度较快时，立即切换至备用过滤器。

（3）在两路过滤器均堵塞的情况下，需要根据实际情况执行降量、越站、全线停输或分段停输操作。

（4）特殊情况下可对已堵塞的过滤器进行一些非常规操作，使滤网上的杂质部分掉入过滤器底部，从而降低过滤器运行压差，延长使用时间。

17.1.2.7 减压阀堵塞

减压阀在使用过程中阀腔内往往因杂质进入而出现堵塞情况。减压阀堵塞后，在相同开度下，油品分输流量较堵塞前大幅降低，严重时在阀门全开的情况下仍不能达到需要的分输流量。减压阀发生堵塞后，可采取以下措施：

（1）对于有备用减压阀的输油站，立即切换至备用减压阀使用。

（2）对于没有备用减压阀的输油站，则停止该站油品分输。必要时可根据实际情况执行降量、全线停输或分段停输操作。

（3）特殊情况下，可短时间内使用减压阀旁路阀调节分输流量、压力，以确保油品分输计划。

17.1.2.8 分输线低压部分憋压

输油站分输减压阀之后部分为低设计压力，一旦出现超压情况，处理不及时，就易造成管道、设备等的损坏，甚至发生安全事故。有两种情况可导致分输线低压部分出现憋压：①分输流程未导通或者突然关闭，导致减压阀后压力迅速升高，接近或达到阀前压力，超过低压部分的设计压力；②在停输状态下，分输系统出现封闭死油段，因日照温升可能导致该管段内压力超过设计压力。出现憋压情况可采用以下措施：

（1）在输油运行状态下，因设有减压阀后压力超高联锁保护逻辑，当减压阀后压力超过设定值时，联锁逻辑动作并关闭分输切断阀门及时切断分输，对低压部分起到保护作用。在切断分输后，及时调整管道上下游流量、压力以达到新的平衡。

（2）在停输状态下，应密切监控分输阀后低压部分压力，当压力接近报警值时，需要输油站人员及时到现场进行排油消压处理。由于温升造成的压力升高速度很快，超高联锁又无法对此种情况起保护作用，因此人工监控和处理显得尤为重要。为彻底解决分输线死油段憋压问题可在安全阀后低压部分加装安全阀。

（3）末站的分输减压阀后压力超高联锁可能会造成干线和减压阀后水击泄放阀动作，应按照水击泄放阀动作应急处理措施进行处理。

17.1.2.9 排污阀内漏

关阀不到位、阀门内残留杂质或者阀芯损坏等，均可能造成排污阀内漏。排污阀内漏可通过污油罐液位变化发现。当污油罐液位出现不明原因上涨时，采取以下措施及时排查和处理：

（1）对运行流程上所有的排污阀门重新进行确认，对未关闭到位的阀门要重新关闭到位。

（2）如果污油罐液位继续上涨，可考虑通过切断不同管段进行排查，如果在某管段切断后污油罐液位不再上涨或上涨缓慢，则说明该段排污阀存在内漏，需要对相应排污阀进行开关操作后再投用该管段进行观察。

（3）如果阀门开关之后仍存在内漏，可考虑在管段内存在一定压力的情况下，小开度打开排污阀进行冲洗，将流道内残留的杂质冲走。带压冲洗排污阀存在一定风险，需要做好事故预想。

（4）如果重新开关和冲洗仍不能解决排污阀内漏问题，则应通知检修人员处理。

（5）在污油罐液位接近高限值时，应及时将罐内油品转移。

17.1.2.10 水击泄放阀内漏

水击泄放阀动作后，泄压罐液位将迅速上升，但在内漏的情况下，泄压罐液位增长速度则比较缓慢，常常不能及时发现，需要加强监控。当水击泄放阀出现内漏时，可采用以下措施：

（1）进行排查，对本站内水击泄放阀逐台停用，如果某台阀门在停用期间泄压罐液位不再上涨，则可以确定该阀存在内漏。

（2）确定内漏阀门后，对其停用并及时通知维修人员处理。

（3）在阀门进行内漏处理前，如果相应管段存在超压风险，且阀门内漏量非常小的情况下，可继续保持阀门在投用状态，以确保主管道的安全。

（4）水击泄放阀出现内漏的情况下，应密切监控泄压罐液位上涨情况，防止阀门内漏加大造成泄压罐液位太高甚至冒罐的情况发生。

17.1.2.11 线路截断阀关闭

线路截断阀有远程控制和就地手动两种，对于可远程控制的线路截断阀，可进行远程开关操作，会因系统或执行机构故障、人为误操作等导致误关闭；对于就地手动截断阀，只能在现场手动进行开关操作。对于运行中的管道，线路截断阀突然关闭，将发生水击，阀门关闭速度越快、管道流速越大，则水击波越强烈。对于停输状态的管道，如果未及时发现并开启，在启输时将严重影响管段运行。

对正处于输送状态的管道，线路截断阀关闭后，阀门上游站的出站流量迅速降低、出站压力迅速上升，且阀门下游站的进站流量降低、进站压力下降。对处于停输状态的管道，当线路截断阀关闭后，前后管段只能因温降速度不同导致压力变化幅度有所差异，因此难以发现和判断。可按以下措施进行处理：

（1）在正常输油过程中，如果发现某中间站出站流量突然下降、出站压力升高，则应立即加大本站分输，停运部分或者全部主输泵降低出站流量，并同时监视下游站的进、出站压力和流量是否降低，立即分析判断趋势，可视具体情况进行全线调节、执行全线停输或分段停输操作。

（2）在正常输油过程中，如果发现某中间站进站压力、流量突然下降，则应立即关小出站调节阀，在调节阀节流达到单泵扬程时停用一台泵直至该站泵全部停运，或者减小分输流量至停止分输，同时监视上游站是否出现出站流量突然下降、出站压力升高情况，立即分析判断趋势，可视具体情况进行全线调节、执行全线停输或分段停输操作。

（3）在正常输油过程中，如果发现首站出站流量突然下降、出站压力升高，下游站进站压力、流量突然下降，则停运首站部分或者全部主输泵，在下游站根据流量压力情况逐台停泵并调节分输量直至最后关闭分输。同时分析判断趋势，可视具体情况进行全线调节、执行全线停输或分段停输操作。

（4）线路截断阀关闭容易导致上游主输泵出口压力超高联锁和下游主输泵入口压力超低联锁，因此需要通过相应工艺操作，尽量将压力控制在正常范围之内。

17.1.3 自控、通信故障

成品油长输管道实现集中控制必须依赖于自控和通信系统的稳定可靠，一旦系统出现故障，将影响管道运行的集中控制甚至无法进行集中控制。因此一旦自控和通信系统出现故障，要迅速采取处置措施。输油站操作人员，要按操作规程、应急预案和调控中心指令进行操作。

17.1.3.1 SCADA 系统故障

SCADA 控制系统发生故障，SCADA 监控画面无法正常显示输油站运行参数及设备运行状况，输油站和调控中心均不能通过 SCADA 系监控输油站运行参数及设备运行状况，只能由输油站人员在现场监视运行工况和就地操作。输油站人员应采取以下措施：

（1）将情况汇报至调控中心，并通知上下游站，要求上下游有工况变动时及时通知本站操作人员。

（2）在现场对运行参数、设备运行状态进行监视，检查确认设备状态、运行参数是否与系统故障前一致，如发现情况异常立即向调控中心汇报、请示并立即采取相应措施。

（3）联系自控专业人员，在其电话指挥下配合完成故障的排查和处理工作。

（4）尽可能保持输油站现有运行工况不变，如果确实需要进行工况调整或者应急需要的情况下，应按照调控中心要求在现场就地完成设备的操作，将运行参数控制在要求的范围内，使密闭管道系统运行达到新的平衡。在就地操作无法满足管道运行需要时，按照调控中心要求就地完成本站的停输操作。

（5）有的 SCADA 系统控制器在掉电后再激活的过程中，调节阀门的设定值会自动变为初始状态，造成关闭。如果管道 SCADA 系统存在上述问题，在工艺操作上应考虑如何通过合理操作避免阀门关闭造成的危害。

17.1.3.2 通讯中断

在输油站与调控中心间的通讯出现中断后，调控中心与该站 SCADA 数据通讯中断，调控中心无法对输油站进行监控，不能进行后续集中控制操作。在此种情况发生后，应做好以下工作：

(1) 加强运行参数和设备状态监控，并按照调控中心指令，通过站控方式完成本站相应的运行操作内容。

(2) 配合通信专业人员，在其电话指挥下完成故障的排查和处理工作。

(3) 通讯路由中断常常造成语音调度系统不能正常使用，输油站与调控中心之间的联系只能通过数量有限的固定或移动电话完成信息的传达，此时需要注意备用的电话系统不能长期占用，避免出现因占线造成信息无法及时沟通的情况出现。

(4) 如果因光缆通信中断引起，则要立即组织查找断点，连接光缆；同时密切关注干线压力变化情况，发现异常及时采取相应的措施。因为光缆通信中断常常是由于管道线路上的光缆被挖破坏，此时输油管道本身也存在被施工破坏的风险。

17.1.4 仪表故障

主要介绍常见仪表故障对生产带来的影响及采用的工艺应急处理办法。

17.1.4.1 阀门电动/电液执行机构故障

执行机构由于故障无法进行远控操作要求时，需要输油站就地操作阀门以达到满足运行工况要求：

(1) 对于开关型的阀门，通过就地操作手轮完成阀门开关操作。

(2) 对于调节型的阀门，在操作的同时应注意对阀门开关速度的控制，需要通过对讲机等与站控室保持密切联系，根据站控指挥将阀门调整到适当的开度。

(3) 对于因执行机构故障导致阀门可能自动动作的情况，应及时对执行机构动力电源进行断电操作，避免阀门误动作造成事故。

(4) 注意检查执行机构发热情况，防止其因过热而导致火灾、爆炸事故的发生。

17.1.4.2 密度计故障

密度计是目前成品油长输管道用于检测混油界面最重要的仪表之一，如果密度计系统由于故障不能及时检测混油界面到站及浓度变化情况，有可能造成严重的油品质量事故。密度计发生故障后，需要进行以下工作：

(1) 检查密度计系统过滤器，确认是否由于过滤器堵塞造成密度计数值显示异常。如果堵塞则立即切换过滤器或者对过滤器进行清洗。

(2) 如果因密度计泵、信号传送系统等发生故障，无法及时处理。则采用其他辅助手段对干线来油密度及时进行监测。最常用的方法有：①人工采样测密度；②对于有分输质量流量计的输油站可读取流量计检测到的密度值作为参考；③观察混油界面经过输油泵时泵进出口压力差的变化。

(3) 采用比平时较为保守的方法处理混油界面：①对于中间输油站，在混油界面到站前停止前行油品分输；②当界面经过输油站后延迟一段时间再分输后行油品；③对于末站，可适当接收比正常混油量大的混油量后再开始分输后行油品。

（4）如果无法完成混油界面检测，可根据实际情况执行全线停输或分段停输操作，待密度计系统检修运行正常后再恢复。

17.1.4.3 液位计故障

液位计出现故障后，往往表现为液位数据无显示或者显示错误（液位数据保持不变、与实际液位之间存在差异），不能及时监控到液位的变化情况，对动罐来说易出现液位超低泵抽空或者超高冒罐事故，对于静态罐在发生跑油、串罐时无法及时发现。因此，应预判可能出现的风险并采取相应的措施：

（1）按照储罐管理要求，加密定时进行人工检尺作业。

（2）采用加密检尺、根据进出罐流量估算液位、液位开关报警等方式，加强对动罐的监控。

（3）对不动罐，当检罐对比发现液位出现变化后，应从温度变化、进出口阀门内漏、罐体内漏等方面排查液位变化原因。

（4）联系、跟踪、监督检修人员及时完成液位计的检修。

17.1.4.4 质量流量计/流量计算机故障

目前成品油长输管道多使用质量流量计和流量计算机进行油品交接计量，如流量计和流量计算机出现故障，将影响油品数量的正常交接，此时需要采用交接双方均认可的方式完成数量交接，一般程序为：

（1）当在用流量计算机出现故障时，采用备用流量计算机进行数据交接。

（2）当在用和备用流量计算机均出现故障时，采用质量流量计累积量前后差值交接。

（3）采用油罐计量交接。

（4）在某段时间无数据显示的情况下，例如 UPS 掉电导致计量仪表掉电，如果运行工况平稳，可以在流量计算机数据基础上累加无数据显示时间的平均流量累计量进行交接。

（5）通过协商采用其他方式进行交接。

17.1.4.5 机泵的温度仪表故障

在输油泵机组上，可远传的温度仪表数据一般都参与泵的联锁，例如泵壳温度、电机绕组温度、轴温超高等。当温度仪表出现故障时需及时判断和处理，以防止泵损坏和甩泵，在发现机泵温度出现异常时应按以下方法判断和处理：

（1）通过现场测温对比或其他排查方法，判断仪表温度值是否准确。

（2）如机泵温度显示准确且接近联锁报警值，则应立即停运相应机泵。

（3）如机泵实际温度正常，则应临时摘除该温度联锁且尽可能少使用该泵，在必须使用的情况下则应在巡检时加强对该温度值的测量和检查。

（4）分析、判断造成机泵温度超高的原因，必要时由检修人员处理。

17.1.5 输油站供电系统停电

虽然输油站供电系统大多数为双电源供电，但仍存在因各种因素引起的供电系统停电。一旦出现此种情况，采用以下措施：

17.1.5.1 输油站外供电系统停电

（1）当一路进线停电时，及时投用另一路进线，并在负荷允许情况下恢复本站机泵运行台数。

（2）当两路进线均停电时，根据实际情况执行降量、全越站、全线停输或分段停输操作。

（3）联系供电部门，了解停电原因并争取尽快恢复送电。

（4）在外供电停电的情况下，输油站阀门失去动力电源，当需要进行流程切换或工况调节时，则应在现场就地手动完成阀门的操作。

17.1.5.2 UPS供电中断

UPS（不间断电源）是确保自控、仪表系统连续供电的重要设施，在UPS无电源输出的情况下，将造成服务器、流量计、流量计算机、控制、仪表等掉电，不能正常工作，从而影响正常生产运行。出现UPS供电中断采取以下措施：

（1）保持现有运行工况，全线尽可能不进行工况调节及操作。

（2）将可能因控制器重新激活后导致关闭的阀门设为就地控制状态，在系统恢复正常将阀门切回远控状态前，需要检查确认系统设定阀位是否与现有阀位一致。

（3）在外供电恢复而UPS主机输出正常的情况下，配合专业人员恢复相关设备的运行。

（4）联系检修人员对UPS维修处理，尽快恢复其正常工作。

17.2 事故判断及处理

由于外管道损坏及设备故障或损坏等，会引起管道运行状态出现异常反应，需要操作人员及时做出分析、判断和处理。因此对于操作人员，除了进行输油生产中正常的操作和监护之外，加强对运行参数和设备状态的监控与分析，也是一个项重要的日常工作。针对输油管道常见事故可能在管道运行状态上出现的异常反应，从运行工艺方面进行分析、判断和处理。

17.2.1 输油站内油品跑漏事故

输油站内油品跑漏事故，是指由于某种原因，造成油品从输油站内油罐、输油设备、工艺管线、仪器仪表或者连接部位等位置跑漏出来，可能引发火灾、爆炸或环境污染等后果的事故。

17.2.1.1 常见输油站内油品跑漏事故

对于成品油长输管道，常见的输油站内油品泄漏事故有：

（1）油罐冒罐事故。当油罐进油接近或达到油罐的安全液位时，如不及时采取切断进油线等措施，将引起冒罐事故。导致冒罐事故的原因有：①干线水击泄放阀动作后不能及时复位，或者水击泄放阀由于某种原因误动作，会造成泄压罐冒罐；②输油站内排污阀、直接连接污油线的放空阀出现较为严重的内漏时，不及时发现和处理，造成污油罐冒罐；③油罐接收油品或混油时，由于液位监控不到位，未能及时换罐造成冒罐或停止进油。

（2）输油站内设备、阀门、管件、管道、垫片及密封、填料等损坏引起油品外漏事故。主要情况有：①设备、阀门、仪器仪表、管件、管道因超压或未按规定检维修导致损坏；②泵机械密封损害；③密封垫片、密封填料因超压或老化未定检维修损坏。

（3）仪表引压接头连接不牢脱落或疲劳、锈蚀损坏引起介质外漏事故。

（4）其他漏油事故。如油品排污阀、放空阀未按要求开关到位导致油品泄漏；检维修过程中流程未切断、设施回装和监护不到位造成的泄漏。

17.2.1.2 输油站内油品泄漏事故发现及汇报

对于输油站内油品泄漏情况发现的手段有：①操作人员通过SCADA画面的参数或设备

状态变化分析判断并及时发现跑冒油事故；②现场巡检发现跑冒油事故；③通过视频监控发现跑冒油事故；④现场巡检过程发现工艺设备、仪表、管道、管件故障或异常，检查判断出事故苗头，及时采取相应措施而将事故消灭在萌芽状态。

当输油站操作或巡检人员发现油品泄漏事故时，首先立即向站控、输油站值班人员汇报，站控立即向调控中心汇报，同时启动应急预案并采取相应的应急操作处理措施，以控制事故扩大，紧急情况时可先处理再汇报或处理的同时进行汇报，并根据上级指示进行现场应急处理。

在事故发生后，密切漏油现场最新动态，及时向上级部门汇报，并根据指令开展事故处理和善后工作。

17.2.1.3 输油站内油品跑漏事故

输油站内设备、阀门、管件、管道、垫片及密封、填料等损坏引起油品外漏事故。发生该种油品跑漏事故后，立即启动应急预案，调控中心视情况调整运行参数及运行方式，确定是否需要降低流量压力或执行全越站、全线停输或分段停输操作。输油站要根据现场情况切断或控制泄漏源，防止继续泄漏或减小泄漏量，同时控制跑漏油品溢流范围扩大，避免防火堤内泄漏油品溢出防火堤外和站内油品溢流至站外。如果油品溢流至站外，按照外管道油品泄漏处理方式处置。

在回收溢出的油品时，将地面油品尽可能回收至污油罐和泄压罐内。必要时寻求相应的外部协助，如请油库、地方消防职能部门等帮助回收现场油品。地面油品回收后，应使用消油剂等消除油品痕迹，并将现场打扫干净。当油气浓度过高时，应穿戴好呼吸防护用品，未穿戴防护用品的人员应在上风向进行作业，整个过程中都应该做好现场消防工作，防止出现人员中毒事故和避免静电引起火灾爆炸等次生事故发生。

如实记录事故发现和发生过程，并对事故原因进行初步分析，形成书面的事故报告材料，作为原始记录提交上级部门。

17.2.2 外管线油品泄漏事故

17.2.2.1 外管道油品泄漏及危害

由于打孔盗油、管道腐蚀或缺陷穿孔、第三方施工或自然灾害等引起的输油站外管线油品泄漏事故，可能引发火灾、爆炸或环境污染等严重后果。对于泄漏速度快的事故，常常易于从运行状态和系统监控上及早发现和处理，但由于泄漏速度快导致的泄漏量大，造成的危害也大；对于轻微泄漏或泄漏缓慢的事故，由于不易于从运行状态和系统监控上及时发现，泄漏的时间较长，泄漏量也可能较大，且泄漏的油品溢流范围扩大，造成的危害也较大。对于管道运行操作人员，必须具备管道泄漏情况下的分析、判断和处理能力，以便能及时正确地进行管道泄漏情况下工艺应急处理。

17.2.2.2 外管道油品泄漏的分析、判断

1. 外管道泄漏的表象特征

对处于运行状态的管道，当外管道发生泄漏且泄漏速度达到一定流量时，会出现运行参数及曲线变化的表象特征，通过监控画面上的运行参数及曲线的变化能够及时发现泄漏和泄漏大致位置，泄漏点上游站的出站流量增大、出站压力下降，且泄漏点下游站的进站流量降低、进站压力下降。对处于停输状态的管道，泄漏点所处的管段压力均下降，且相同泄漏量下压力下降幅度比处于运行状态的管道大，更容易发现和判断。但对于泄漏量极小的泄漏不

会出现运行参数及曲线变化的表象特征，难于从监控参数和曲线上发现。

2. 输油站外管道泄漏发现和分析判断、处理

(1) 监控表象特征出现异常：泄漏速度达到一定流量能够出现运行流量、压力及曲线变化的表象特征，运行操作人员可以通过 SCADA 系统监控发现。一旦出现异常表象特征，根据变化速率和趋势迅速分析判断，如排除站内无设备、自控仪表故障和操作调节、站内泄漏等情况，初步断定发生泄漏，立即启动应急预案，并采取停输该段管道或停输全线、分段停输等工艺处理措施，同时判断泄漏点大致位置，关闭两端线路阀门，必要时继续关闭相邻的线路截断阀；如果流量、压力变化速率较大，则需立即启动应急预案，并采取工艺处理措施，同时判断泄漏点大致位置，关闭两端线路阀门。

(2) 泄漏检测软件监测报警：对于安装泄漏检测软件的管道，当泄漏流量达到软件的检测灵敏度时，泄漏检测软件能够检测并报警。一旦出现报警，调控中心调度岗位迅速根据 SCADA 系统画面显示的流量、压力趋势并结合泄漏软件报警情况判断是否为误报警，如果 SCADA 系统画面显示的流量、压力趋势异常，输油站操作人员和调控中心同时进行排查，如排除站内无设备、自控仪表故障和无操作调节、泄漏等情况，初步断定发生泄漏，立即启动应急预案，采取工艺处理措施。

(3) 外线路巡线员或社会人员发现现场漏油或异常：外线路巡线人员在巡线过程中发现泄漏或社会人员发现泄漏。

对于内部巡线员工现场发现及汇报的泄漏情况，应立即启动外管道油品泄漏应急预案，并根据现场汇报的具体情况和流量压力变化情况进行工艺操作处理，并配合公司应急指挥中心开展相应的救援工作。

对于社会人员或政府职能部门报告外管道泄漏等异常情况，则首先在短时间内根据现场初步情况和参数变化情况做出分析判断，确认后立即启动应急预案，并确定采取何种工艺操作方案。

对于不能确认的汇报或现象，为安全起见，也应按管道泄漏事故采取工艺应急操作，并尽快落实人员对疑似泄漏点进行现场确认。

17.2.3 火灾爆炸事故

成品油管道输送是高危行业，存在发生火灾爆炸事故的可能，一旦出现火灾爆炸事故，操作人员应尽可能通过工艺操作控制事故扩大或产生次生灾害，减少火灾爆炸带来的经济损失和影响。

17.2.3.1 输油站内火灾事故

输油站火灾事故的处理程序：

(1) 立即报告调控中心、119 火警、输油站负责人(或值班人)。

(2) 在调控中心的配合下，进行工艺紧急处理，防止事故扩大。

(3) 启动站内消防系统及使用消防器材，进行现场初期火灾的扑救。在无法扑灭火灾的情况下，及时撤离到安全地带。分别派人尽快到达输油站上下游最近的线路截断阀室待命，根据调控中心指令关闭线路截断阀。

(4) 组织事故周边范围的安全警戒、疏散，检查确认现场无跑油。

(5) 迎接消防车、配合消防部门进行现场火灾的扑救。

(6) 检查、熄灭现场余火。

（7）检查确认周边环境无污染等问题出现。

17.2.3.2 外线路火灾事故

外线路火灾往往难以预料和控制，常见的火灾有森林大火、建筑设备火灾、油汽泄漏引发的火灾等。

（1）外管道线路上发生火灾事故，均应立即按顺序向调控中心、站输油站负责人、119火警等地方职能部门报告，并联系地方职能部门配合现场完成火灾扑灭工作。

（2）对于埋地管道因非油品泄漏引发的火灾，调控中心在接到报告后，可暂时保持管道运行，并根据现场及时汇报的火灾情况，确定工艺处理方案。

（3）对于裸露的管段，如穿跨越或者架空管廊，应尽可能防止火焰接近管道。在无法控制火势靠近的情况下，提前汇报调控中心，并派人到达着火点上下游线路截断阀室待命，在管段停输后根据调度指令关闭相应的截断阀。

（4）对于因管道油品泄漏引发的火灾，调控中心接报后，应立即停输，并立即派人到达着火点上下游线路截断阀室，关闭相应的截断阀。

第 18 章　生产记录

18.1　管道运行数据

管道运行数据是指日常生产运行过程中运行参数，主要包括：进出站压力及流量、泵进出口压力、过滤器压差、机泵温度、分输流量、密度计数值、调节阀(减压阀)开度值、电机电流、储罐液位、混油回掺流量和减阻剂加注流量(或浓度)等。每间隔一定时间，生产操作人员需按要求如实记录相应的生产运行数据，并签字确认。通过对数据记录的查询，可以还原某个特定时刻的生产运行状态，为事故调查等提供依据，同时也便于操作人员及时发现参数和运行状态的变化。数据记录应严格按要求存档，以备事后查询需要。

18.2　交接班记录

交接班记录是最重要的输油生产记录之一，对输油生产的承上启下起着至关重要的作用。

1. 填写交接班记录必须做到"十交五不接"

(1)"十交"：是指交任务、指示、原料(即油品)、操作指示、质量、流程设备、问题和经验、工具、安全和卫生、记录。

(2)"五不接"：是指设备润滑不好、缺陷原因不明不接；工具不全不接；工作情况交代不清不接；记录不全不接；卫生不好不接。

2. 交接班日志要求

要求依次记录当班期间的生产记事、生产运行现状、检维修情况、新增问题情况、注意事项、其他事项。

(1) 生产记事要求记录当班期间与运行相关的情况，应同时记录操作时间。

(2) 生产运行现状要求记录交班前外输和分输油品种类、当前投用流程、主输泵、密度计、减阻剂系统的状态。

(3) 检维修情况要求记录当班期间的设备检修、维护保养作业及结果。

(4) 新增问题情况要求记录当班期间新增加的问题及处理结果。

(5) 注意事项要求记录影响生产运行的遗留设备故障、本班操作经验、各级领导指示、本班未完成工作、下班主要生产任务。

(6) 其他事项要求记录本岗位卫生情况、本岗位所用工具等其他交接内容。

3. 交接班日志和生产操作记录

要求要做到内容齐全、真实、准确、整洁、字体工整，力求仿宋体。

4. 交接班日志

保管作为交接班内容的最终文字依据，保留期限一般为三年，对于已过期的日志要妥善销毁，严禁随意丢弃。

18.3　操作票

18.3.1　操作票的适用范围及管理原则

操作票是指在输油生产过程中进行操作的书面依据。操作人员应按规定要求填写操作票，进行操作时，必须实行一人操作，一人监护。输油站操作完成后，操作和监护人员应再次检查、确认其操作是否正确，现场或系统画面各项参数、设备状态显示正常方可离开现场或切换画面。输油站操作人员要立即将操作的具体内容、完成情况、操作时间、完成时间等相关信息汇报调控中心，认真填写记录并统一存档。操作票的保存期为一年。

如遇紧急情况(泄漏、冒罐、抽空、火灾等)，操作人员可按操作规程进行应急处理后补办操作票手续。

填票人和审核人由于工作失误，造成事故或经济损失的，按照有关制度追究责任。

已填写并经审核的操作票在操作完成后要签章“已执行”，对未执行的操作票要签章“未执行”，并要注明原因。作废的操作票要签章“作废”。

18.3.2　操作票内容

操作票主要包含以下内容：

(1) 操作单位、操作时间(包括开始时间和结束时间)和操作票编号。

(2) 操作项目，即操作需要达到的目的。

(3) 准备工作，即为达到操作条件提前需要确认和完成的工作。

(4) 操作内容和步骤，根据先后次序将具体操作内容按步骤列出。

(5) 操作注意事项，即对操作中可能出现异常情况的预判断，并列出应对措施。

(6) 相关人员签名，包括发令人、操作人、监护人和审核人，需要注意的是操作人和监护人不能为同一人。

18.3.3　操作票的填写方法

站控或就地操作时，要写明操作设备编号与设备名称，操作起始时间，要明确操作先后顺序，操作注意事项。

如一页票不能满足填写一个操作任务项目时，应紧接下一张操作票进行填写，在前一页操作票下面留一空白行，填写“下接××号操作票”字样。操作票连续多页时操作任务只填写在第一页对应栏(操作内容栏)。

审核人应当在审核操作票之后进行签字确认，再传至调控中心。发令栏应填写调控中心发出调度令的值班调度人员姓名。操作人、监护人在操作完成后在操作票对应栏目内签字并存档。

一份操作票只能填写一个操作任务。但一项连续操作任务不得拆分成若干单项任务而进行单项操作。

18.3.4 操作票的样式

×××操作票

部门： 年 月 日 编号：

操作内容	
操作时间	开始时间： 年 月 日 时 分
	结束时间： 年 月 日 时 分

作业内容及步骤			
注意事项：			
发令人		监护人	
操作人		审核人	

18.4 管道启动运行前条件确认

为了使管道启动运行前的准备工作有条不紊进行并确保管道能够安全、顺利启动，需要采用书面表格形式对相应的设备和流程等进行确认，调控中心依据该表的确认情况判断是否具备启输条件，只有所有条件具备并确认完毕才能启动运行。下表为某管道分输泵站启输条件确认表格参照形式。

____管道____站____月____日启输条件确认表

第一部分：站内情况

给油泵		主输泵		过滤器		质量流量计		水击系统	主流程	支线	下载	排污系统
使用	备用	使用	备用	使用	备用	使用	备用					

第二部分：外线情况

辖区线路截断阀情况：

第三部分：影响输油情况

第四部分：签字、盖章

本站签字	自控	仪表	设备	电气	业务	调控中心

备注：对影响输油情况须简要说明理由；线路截断阀情况须列明阀室名称及开关状态。

填表时间：____年____月____日

18.5 混油界面跟踪记录

混油跟踪记录是管道操作人员用于跟踪计算混油界面运行情况的记录表格。当混油界面到达某站后，操作人员往往需要根据管段流量、管容、到达上游输油站时间等数据，计算某个时刻混油界面所处的位置，预测界面到达下游输油站的时间等。

在管道计划停输前，需要进行界面停输位置测算以便于界面停留在不利于混油增加的地段。下游输油站需要通过混油界面跟踪计算，提前做好本站接收混油的准备工作。计划人员在编制管道输油计划时，也往往需要掌握混油界面所处的位置。以下为某管道混油跟踪记录参照表格形式。

油头跟踪记录表

批次号：___—___

_____项_____油头　　　　油头在_____(A)站—_____(B)站之间运行

计算时间（2011 年__月）	_____站 进站量 m^3	进站瞬时流量 m^3/h	油头运行信息		平衡量	记录人
			与_A_站距离 km	预计到达_B_站时间	_____站接收量 t/h	
__日__：__		（趋势__）		__日__：__		
__日__：__				__日__：__		
__日__：__				__日__：__		
__日__：__				__日__：__		
__日__：__				__日__：__		
__日__：__				__日__：__		
__日__：__				__日__：__		
__日__：__				__日__：__		
__日__：__				__日__：__		
__日__：__				__日__：__		
__日__：__				__日__：__		
__日__：__				__日__：__		
__日__：__				__日__：__		
__日__：__				__日__：__		
__日__：__				__日__：__		
__日__：__				__日__：__		
基础数据	站间距 = ___km　站间管容 = _____m^3 管容/公里 = _____m^3			备注：1. 下游站场提前___小时停止下载或停止分输； 2. 本批次量为______吨； 3. ________________。		
混油情况	油头到站时间：___年___月___日___时___分 油头过站时间：___时___分 混油量：_________m^3（或富汽油_______m^3；富柴油_______m^3）					

备注：

18.6 巡检记录

18.6.1 日常巡检记录

是输油操作人员在日常巡检过程中，通过现场“看听摸查比”等方法对工艺流程、参数及设备运行状况按规定时间、线路、内容和要求进行检查后需要填写的记录。通过日常巡检可及时发现流程、参数及设备异常情况，并及时采取措施，以避免情况恶化导致事故的发生。输油站日常巡检记录主要包括：

（1）输油站工艺设备、自控仪表、电气设备及参数等情况；

（2）输油站通信、阴保系统、阀室等情况。

18.6.2 输油专业巡检

主要是专业管理人员从专业角度对设备、电气、自控仪表、电气 SCADA 系统、外供电线路等按规定进行定期检查。

第19章 检维修管理

19.1 作业票

作业票制度是一种组织措施，使人的安全意识和行为、物的安全状态、作业应遵循的安全程序通过书面形式得到确认和巩固，也在使用与设备检修作业之间形成安全管理接口，防止误操作或使用带病设备引发安全事故。

为保证检维修作业顺利进行，保证现场人员安全，各类设施检维修作业前都必须办理设施检维修作业票，并对作业人员进行安全制度教育和安全规程提示，强化全体作业人员的安全意识。同时，责成专职安全监护人员对设施及周围环境进行检查确认，发现隐患及时消除。此外，检修人员要对所使用的全部工具和防护装置进行安全检查，严禁使用不合格工具。安全条件确认后，由专职安全管理人员、输油站负责人、检维修作业负责人、管理处及调控中心同时在检修作业票内签字确认。

检修作业结束后，作业负责人向专职安全监护人、输油站负责人报告检修结果，防护装置是否解除，作业人员是否撤离工作现场，设施是否可以投用。检维修负责人和输油站负责人双方签字确认后，检修工作正式结束，由输油站负责人通知调控中心设施可以投入生产运行。

需临时用电时，应办理临时用电票。进行特种作业(动火、破土、进入受限空间、高处、起重作业等)时，除办理办理检维修作业票外，仍需办理以下相关作业票或许可证：

需进行用火作业时，需办理用火作业许可证；

需进入容器等受限空间作业时，需办理进受限空间作业许可证，并按相关规定，进行受限空间气体分析；

从事起重作业，需办理吊装作业许可证；

从事高处作业，需办理高处作业许可证；

从事破土作业时，需办理动土作业许可证；

从事断路作业时，需办理断路作业许可证；

从事放射作业，应办理射线作业许可证。

19.1.1 输油站一般检维修作业票办理程序

(1) 由作业单位负责人或其指定的工作人员向输油站提出申请。

(2) 由输油站填写检维修作业票，输油站根据检维修项目和现场实际情况写明检维修作业的内容、开始时间、预计结束时间、作业步骤、风险评估和处理预案等内容，经输油站负责人、专职安全员、输油管理处专业管理人员、公司专业人员、检维修单位负责人签字同意后，报公司调控中心签字批准。调控中心根据生产运行情况，审核检修时间安排是否与生产运行冲突，审核通过并签字确认后，由公司专业管理部门或各输油管理处组织实施。对于生产和安全无影响的作业票可不经公司专业人员、调控中心签字。

(3) 输油站负责人或技术管理员组织岗位人员根据作业内容和现场情况填写检维修作业票的相关内容，写明作业人员、作业许可时间；联系岗位指定监护人并填写监护人姓名和岗位；

确定作业安全措施，并在需要确认的安全措施前打对号；根据现场情况提出附加安全措施。

(4) 作业单位人员和岗位人员分别对自己所要完成的安全措施进行确认，并在确认栏内签字确认。

(5) 作业单位人员将检维修作业票交输油站负责人员签字批准。

(6) 作业单位人员通知输油站岗位人员或安全监护人员到现场进行监护，双方共同确认安全措施落实到位后，开始作业。

(7) 作业结束后，作业单位负责人将情况通知输油站负责人员或技术人员，

由输油站负责人和作业负责人共同确认，确认无误分别在作业票的检维修结果区域签名，并传真至调控中心。

(8) 输油站、相关人员到现场确认作业已结束，填写作业结束确认栏有关内容，签字确认，并上报公司调控中心、输油管理处。

19.1.2 检维修作业票填写要求

(1) 安全措施确认人签字一栏不允许代签。按照“谁签字，谁负责”的原则，由能够对该项安全措施落实负责的人员(指作业票办理程序要求中的相关管理人员、岗位操作人员、检维修作业人员)签字确认，所有打对号的安全措施都必须有人签字确认。

(2) 具体作业时，由作业人员通知岗位人员到现场进行监护；并且作业期间，监护人不得离开现场。若监护人确需离开现场，应与本岗位人员办理监护交接，确保现场监护工作正常进行。

19.1.3 特种作业许可证办理程序

(1) 由作业单位负责人或其指定的工作人员向输油站提出(用火、进受限空间、高处作业、吊装作业等)申请。一般情况下，应提前办理检维修作业票。进受限空间作业及凡需要用火的罐、容器等设备和管道，应由输油站技术管理员安排做内部、环境的气体分析。

(2) 输油站技术管理人员根据作业内容和现场情况填写作业许可证的相关内容，作业人员、作业许可时间；联系岗位指定监护人并填写监护人姓名和岗位；确定作业安全措施，并在需要确认的安全措施前打对号；根据现场情况提出附加安全措施。

(3) 作业单位人员和岗位人员分别对自己所要完成的安全措施进行确认，并在确认栏内签字确认。特种作业许可证应有输油站技术员在“输油站技术管理员意见”一栏签字确认。

(4) 作业单位人员将作业许可证交输油站负责人及上级相关领导签字批准。

(5) 作业单位人员通知输油站岗位人员到现场进行监护，双方共同确认安全措施落实到位后，开始特种作业。

(6) 特种作业结束后，输油站岗位人员用电话将情况通知输油站技术人员或负责人。

(7) 输油站技术人员或负责人、岗位人员、检维修作业人员到现场确认特种作业结束，填写特种作业结束确认栏的有关内容。

19.2 工艺条件准备

(1) 检查确认检修设备已经加盲板或关闭阀门隔离工艺管线及其他设备，并倒(排)空、分析合格。加盲板处以及阀门隔断处，需悬挂明显标示牌。

(2) 转动设备检修前必须停电，督办停电手续，并且现场需挂“检修”标识牌以及“已停电”标识牌，在电源开关处挂上“禁止启动”的安全标志，并上锁。

（3）在线的仪表、阀门等设备检（维）修，相关专业人员必须共同确认工艺联锁条件。若需退出联锁条件，办理退出联锁手续。

（4）电气设备检修，检维修作业人员必须严格执行电气安全规程，并且检维修作业负责人需在作业票上签字确认。

（5）进受限空间作业由输油站技术员（安全员）督促办理进入受限空间作业的作业票，落实作业安全措施，按规定进行气体分析，分析合格。

（6）动火作业由输油站督促办理动火许可证，落实动火安全措施。

（7）高处作业由输油站督促办理高处作业票，三级以上高处作业，检查作业人员体检合格证。

（8）动土作业，由输油站督促办理《破土作业许可证》后，方可动土。

（9）需临时用电时，由输油站督促办理临时用电票。

（10）输油站、分库岗位操作人员可根据本单位实际运行情况，填写相关作业补充安全措施及要求。

19.3 现场监护

（1）现场监护人员应在检维修作业期间履行职责，做好监护工作。

（2）对检维修单位作业使用的电气焊用具、手持电动工具、扳手、管钳、脚手架、起重机具等各种工器具进行安全检查和监护，凡不符合作业安全要求的工器具不得使用。

（3）对需断电检维修的设备进行监护，要检查确认是否采取了可靠的断电措施，在电源开关处是否挂上“禁止启动”的安全标志，并上锁。凡不符合要求的禁止进行作业。

（4）对检维修作业使用的气体防护用材、消防器材、安全设施、通信设施、照明设施等进行检查，确保完好、可靠，并合理放置。

（5）对检维修现场的爬梯、栏杆、平台、铁篦子、盖板等进行检查监护，确保安全可靠。

（6）对现场盲板进行检查监护，确认系统隔断符合要求。

（7）对检维修现场存在作业坑、沟等进行检查监护，是否设置围栏及警示标志，夜间是否设置警示灯。

（8）现场易燃易爆、障碍物、油污、冰雪、积水等影响检修安全的杂物清理干净。

（9）检修现场不能占用消防通道，若必须占用消防通道，需提前办理相关手续，确保消防通道畅通无阻。

（10）检查监护夜间检修的作业场所，作业照明是否符合要求。在防爆区域，必须采用防爆型照明。

（11）检维修作业人员是否按照规定着装，并使用合格的劳动保护用品。

（12）检维修作业人员是否严格遵守安全技术规程和规定。

（13）检维修作业人员是否严格遵守电气安全工作规定。

（14）在生产出现异常情况时，应及时要求检维修人员停止作业，并且迅速撤离现场。待异常情况排除后，方可通知检维修作业人员重新进入现场作业。

（15）检维修作业票是否存在涂改、转借、变更作业内容，扩大或减小作业范围或转移作业地点的情况。

（16）检维修作业人员是否与检维修作业票一致，是否持有效证件上岗。

19.4 试运验收

19.4.1 验收原则

（1）检维修结束后，严格按照维护检修规程相关技术标准进行验收。各单位根据实际情况进行分级验收，主要设施和重点工程试运与验收工作由相应设施主管部门组织检维修单位、生产使用单位共同验收。

（2）检维修单位应提供完整清晰的检修记录、相关试验调整记录、检修图纸及其他资料等，确认检维修符合质量标准。

（3）检维修记录齐全、准确，按规定办理验收手续。验收记录要有生产、检维修和设施管理部门三方签字。

（4）试运中的操作按操作规程执行。

（5）主管部门组织有关人员对设备的检修项目和设备缺陷消除情况，按完好设备标准和检修质量标准进行检查验收，需作出是否投运的明确结论，并确认签字。

（6）检维修作业所在生产使用单位需提供完整的试运报告，要有生产、检维修和设备管理部门三方签字。

（7）试运合格后，双方办理验收手续，移交生产使用单位。

19.4.2 试运前准备

（1）检查检修记录，确认检修数据正确；检维修作业已按照消票手续办理消票。

（2）管道系统、储罐系统完好，零附件齐全，法兰螺栓紧固符合要求，安全防护设施完好，工艺流程正确。

（3）电气、仪表、通讯设备完好，安保系统、联锁系统完好，电、仪、通讯设备送电。

（4）转动设备电机转向正确，绝缘符合要求。

（5）转动设备润滑油系统正常，零附件齐全好用。

（6）转动设备盘车无卡阻和异常声响，轴封渗漏符合要求。

19.4.3 试运

（1）离心泵严禁空负荷试车，应按操作规程进行负荷试车。

（2）计量隔膜泵应首先进行空负荷试运合格后，方可进行负荷试车。

（3）机泵轴承振动、温度、轴封泄漏标准按照维护检修标准规程。

（4）保持运转平稳，无杂音，封油、冷却水和润滑油系统工作正常，泵及附属管路无泄漏。

（5）控制转动设备流量、压力和电流在规定范围内。

19.4.4 验收

（1）机泵带负荷连续运转24h后，测定轴承温度和振动及密封泄漏量符合相关维护检修规程规定，各项技术指标均达到设计要求或能满足生产需要。

（2）达到设备完好标准

① 转动设备运转正常，无超温、超压、超负荷现象，运转平稳。

② 转动设备运转平稳无杂音，振动、温度符合相关规定要求。

③ 静密封无泄漏，轴封无明显泄漏。

④ 润滑系统畅通，液位计清晰并有高低液位刻度，油位在刻度内，轴承温度符合标准。

⑤ 设备主体清洁，零附件齐全好用，保温油漆完整。

(3) 检修记录齐全、准确，按规定办理验收手续。

(4) 对于手续齐全、已经完成作业票，输油站和调控中心要分别做好归档管理工作。原则上，检维修作业票的保存期限最短为1年。

19.5 检维修作业票样式

检维修作业票

编号： 年 月 日

作业单位及现场名称		检维修单位	
时间安排	开始：	完成：	
检维修作业人员			
作业内容			
现场负责人意见	签名：	调度员意见	签名：
风险评估和处理预案			
作业步骤			
检修意见			签名
输油站负责人			
专职安全监护人			
检维修单位负责人			
管理处专业负责人			
调控中心			
作业结果签名确认			
检维修单位负责人		现场(或输油站)负责人	

检维修作业常用安全措施及要求：

1. 检修设备已经加盲板或关闭阀门隔离工艺管线及其他设备，并倒(排)空，分析合格。 确认人：
2. 转动设备检修前必须停电，办理停电手续。 确认人：
3. 在线的仪表、阀门等设备(维)修，相关专业人员必须共同确认工艺联锁条件。 确认人：
4. 电气设备检修严格执行电气安全规程。 确认人：
5. 动火作业必须办理动火许可证，落实动火安全措施。 确认人：
6. 高处检修作业，系好安全带，三级以上高处作业办理许可证，作业人员必须经体检合格。 确认人：
7. 检修后的设备必须按规定试验及安全联锁装置调试复位后方可投用。 确认人：
8. 动土作业，必须办理《破土作业许可证》后，方可动土。 确认人：
9. 补充安全措施及要求。 确认人：

第 20 章　生产方案及规程编制

20.1　联动试车方案

联动试车方案由建设单位或生产运行单位负责编制，设计、施工、监理生产商参与。联动试车方案主要包括：

（1）概述。简述管道情况及方案编制依据和原则。

（2）联动试车的目的

① 通过管道充水通球、扫线、冲洗、试压，清扫管线内杂质，检验管道有无变形或变形的程度，充水通球的同时完成管道的排气工作。

② 检验设备、管道、阀门、电气、仪表、自控等质量和性能是否符合设计与规范的要求，检验系统可靠性。

③ 对设备、阀门、仪表、自控等进行调试或整定。

④ 充分暴露问题并加以解决，降低潜在风险，为安全平稳输油打下坚实的基础。

⑤ 培训和提高操作人员的技能，使操作人员进一步熟悉设备及工艺流程、操作过程，为投油做准备。

（3）联动试车的范围和内容

① 联动试车的范围：新建所有输油站、站间管道及与其配套的工艺设备、电气、仪表、自控、通讯系统等。

② 联动试车内容包括：站间管道充水、排气、通球、冲洗、试压；站内工艺管道、设备冲洗；工艺管道和设备、电气、仪表、自控系统等的调试和试运。

（4）组织指挥机构：成立试车组织机构，明确相应职责。

（5）联动试车应具备的条件

① 工程中间交接完成。整个工程质量初评合格，并取得质量评定合格报告或质量评定证书；对于重大变更事项、重要事项报地方政府有关部门进行专项确认检查和备案。“三查四定”的问题整改消缺完毕，遗留尾项已处理完。工程办理完中间交接手续。全线施工用临时设施已全部拆除，现场清洁、无杂物、无障碍。设备位号和管道介质名称、流向标志齐全。站场管线系统试压合格、冲洗气密完毕。外管道分段试压和严密试验合格。

② 设备、仪表、自控系统联校、调试已完成，处于完好状态。SCADA 自动控制系统联校、调试完成，能正常运行，能实现三级控制；仪表、自控系统的检测、控制、联锁、报警系统调校完毕，准确可靠。所有现场设备、仪表、控制阀门调试完成，正常运行；安全阀送地方劳动局校验合格；可燃气体报警仪安装调试合格；火灾报警仪调试合格；防雷防静电设施安全可靠；设备处于完好备用状态；现场消防器材、岗位工器具齐备。

③ 通讯联络系统运行可靠，生产调度和指挥系统已建立；调度、火警、急救电话可靠运行。

④ 供配电系统已平稳运行。

⑤ 备品配件齐全。

⑥ 润滑油(脂)准备齐全。

⑦ 储罐防静电、防雷设施完好；储罐的呼吸阀、安全阀已调试合格，罐区防火有明显标志。

⑧ 设备位号、管道介质名称及流向已标识完毕。

⑨ 技术人员、班组长、岗位操作人员已经确定，经培训、考试合格并取得上岗证。

⑩ 生产管理制度编制完成并已落实，岗位职责已建立。

⑪ 联动试车方案、操作规程经过上级批准，发放到个人，培训合格。

⑫ 工艺参数、联锁、报警值已批准并公布。

⑬ 生产记录报表已印制齐全并发到岗位。

⑭ 安全卫生、消防设施、气防器材和温感、烟感、有毒有害可燃气体报警、防雷防静电、电视监控、防护设施已处于完好备用状态。各项安全、消防、急救系统已完善。

⑮ 上排水设施安装完毕，上排水系统已正常投用。

⑯ 保运机构已成立，人员已到位，保运工作已落实。

⑰ 建设或生产运行单位的维修人员已到位。

(6) 明确上水点、水源、上水和排水条件、临时流程及临时设施。

(7) 试车程序、试车进度。试车分为充水扫线和水联运两个阶段，明确各个阶段的内容和程序，并排出试车进度。

① 充水扫线：a. 进行站内冲洗；b. 主输油泵试运；c. 管道的充水、通球、排气；d. 根据情况考虑站间试压或气密试验。

② 输水联运：a. 出站调节阀、减压阀调试整定；b. 水击泄压阀、超声波流量计、质量流量计等设备调试；c. 泵的串并联试运及切换操作；d. 检验逻辑程序、联锁保护的正确性；e. 各站分输线试运；f. 正常、事故工况的演练。

③ 根据各阶段的试运内容和顺序，确定所需时间，排定试车的时间计划和进度。

(8) 确定输水联运工况、工艺参数。进行输水工况模拟，确定不同工况下输水联运的流量、压力等操作参数以及运行的泵站、泵的台数，核算管道在运行工况下沿线各点的动、静压力是否出现超压。模拟输水联运过程中发生水击时管道和设备是否安全，如何采取措施进行控制。

(9) 给出工艺参数、报警、联锁值。

(10) 明确试车及正常操作要点，分析难点及应对措施。

(11) 水联运阶段常见故障及处理，事故预想及处理措施。

(12) 进行 HSE 评估，制定相应的安全措施和(或)事故预案。

(13) 建立试车保运体系，明确责任、保运措施。

(14) 附录。各站场的上、排水临时流程示意图、管道线路纵断面图、线路平面图、水联运期间各工况水力坡降线等图；管道设计及运行参数。

20.2 投油方案

投油方案由建设单位或生产运行单位负责编制，设计、施工、监理生产商参与。投油方案的主要内容包括：

(1) 管道概况及投油目标。

(2) 编制依据及原则。

(3) 组织机构及指挥系统。

(4) 投油应具备条件。

(5) 投油步骤、程序与进度及控制点。

(6) 投油过程及操作步骤。

(7) 运行工况、工艺参数模拟计算。

(8) 工艺参数、报警、连锁值。

(9) 常见故障、事故预想及应急操作方案。

(10) 环保措施。

(11) 防火、防爆、防中毒等安全措施及注意事项。

(12) 投油保运体系，明确责任、保运措施。

(13) 分析投油难点与对策。

(14) 投油存在的问题及解决办法。

(15) 投油的成本预算。

(16) 进行 HSE 评估，制定相应的安全措施和(或)事故预案。

(17) 附录：设计及运行参数；工艺技术指标、投油期间水力模拟计算数据；流程、平面、断面等图纸资料。

20.3 顺序输送方案

顺序输送方案的内容包括：

(1) 概述。

(2) 编制依据。

(3) 组织结构。

(4) 输送方案描述，包含顺序输送的条件，顺序输送的品种和批次，油源的准备、油品的输送和分输、混油界面的跟踪、混油的接收、处理等主要内容，并制定各种工况下配泵方案和操作步骤。

(5) 顺序输送存在问题。

(6) 常见故障、事故预想及处理。

(7) 安全消防措施。

(8) 管道设计及运行参数、工艺技术指标、顺输送过程中各种工况的水力模拟数据等关键资料。

20.4 单机试运行方案

机泵等设备与其相关的电气、仪表、自控的检测、控制连锁、报警系统，安装结束均要进行单机试车，检验设备制造。安装质量和设备性能是否符合规范和设计要求。机泵设备的试车应由建设单位(或总承包单位组织)，成立试车小组，由施工单位编制试车方案和实施，生产单位配合，设计、供应、质检、监理等单位参加。

单机试车过程要及时填写试车记录，试车合格后，由建设单位组织生产、工程管理、监理、施工、设计、质监等人员确认、签字。试车操作由生产单位熟悉试车方案、操作方法、考试合格的取得上岗证的人员进行操作。

20.4.1 试车方案内容

试车方案应包括编制依据、试车主要设备、工程质量达到合格的标准、试车范围和目的、组织机构及人员配备。

20.4.2 编制依据

（1）相关工程文件资料。

（2）施工验收相关标准规范及法律法规。

（3）《离心泵技术条件》GB/T 5656—94。

（4）《机械设备安装、工程施工及验收通用规范》GB 50231—98。

（5）《压缩风机、风机、泵安装工程施工验收规范》GB 50275—98。

（6）与工程项目泵机组相关技术和设计文件资料。

20.4.3 试车前检查

按出厂技术文件和规范要求进行试运工作，设备试运前，对设备及其附属装置进行全面检查，符合要求后方可进行试运转。

严格按顺序进行运转，即应先进行无负荷运转，后进行带负荷运转；先从部件开始，由部件至组件，由组件到单台设备试运转，然后进行联合试车。泵必须带负荷试车。运转中不应有不正常的声音，密封部位不得有泄漏；各固件不得有松动；轴承温升符合设备随机技术文件的规定。

20.4.3.1 系统检查

（1）泵配管是否定位牢靠，连接法兰是否紧固，各固定连接部位不应有松动。

（2）管法兰应与泵、阀门的法兰相符，阀门安装手轮方向应便于操作，标高一致，配管排列整齐。

（3）试运介质已按照设计要求储备足够。

20.4.3.2 电路检查

（1）相关的电气、管道或其他专业的安装工程已结束，电气试验已完成，试运准备工作就绪，现场已清理完毕，人员组织已落实。

（2）接线前要进行电机绝缘电阻测试和接地电阻测试，绝缘电阻值不小于 1MΩ。

（3）线路连接是否明确，电缆规格、型号、截面、电压等级均符合设计要求，外观无扭曲、坏损等现象。

（4）配电柜在通电前要甩掉所有负荷，检查配电柜空载运行是否正常、合闸是否动作，指示灯显示是否正常。

（5）检查配电柜是否符合要求，及电机接线端子是否符合产品要求。

（6）系统供电正常；供配电设备是否完好。

20.4.3.3 机泵检查

（1）检查泵机组各处螺栓连接的完好程度。地脚螺栓、垫铁和灌浆检查记录，设备找正与找平记录，轴瓦检查记录等。

（2）轴承中润滑油是否充足、干净。

（3）检查出口阀、压力表及真空表上的阀门是否处于合适位置。

(4) 试运前必须检查电机转向、润滑部位的油脂等情况，直至符合要求。有关保护装置应安全可靠，工作正常。

(5) 严格按照其设备说明及运行手册进行。

20.4.4 机泵试运行

1. 空载试车

(1) 将电机与泵联轴器的键拆下，使电机与泵脱离开来，将电机进行点试车 2h。

(2) 检查转向及声音是否正常。没有发现异常问题时，再次安装联轴器。

(3) 对泵机组进行点试车。在泵没有介质的情况下，不宜长时间启动泵，以免损坏泵的轴承。

(4) 转子及各运动部件运转正常，不得有异常声响和磨擦现象。

(5) 滑动轴承的温度不应大于 70℃；滚动轴承的温度不应大于 80℃；特殊轴承的温度应符合设备技术文件的规定。

(6) 泵的安全保护和电控装置及各部分仪表均应灵敏、正确、可靠。

2. 负载试车

(1) 将电机与泵连接，进行对轮找正。

(2) 泵负荷试车项目负责人亲临现场指挥。各有关人员到位。

(3) 关闭泵出口阀门，开启泵入口阀将泵体充满介质。

(4) 开启水泵按钮启动泵，泵应在规定时间内投入正常使用。

(5) 检查泵、止回阀(单向阀)是否运转正常，检查管线压力、流量是否正常，电机的电流、电压以及轴温是否正常。

(6) 检查附属系统的运转情况；管道连接应牢固无渗漏。运转时压力、流量、温度等均符合设备随机技术文件的规定。

(7) 检查各阀门及管件、焊口是否有渗漏现象。

(8) 做好机泵试车记录，填写泵单机试车单。

3. 试运行情况(温度测量)

(1) 5min 就地操作及急停。查看电机是否运转正常，无异常声音，方向是否正确，信号显示是否正确，温度是否正常，判断 5min 就地操作及急停是否合格。

(2) 5min 远控(中控)操作及停止。查看电机是否运转正常，无异常声音，方向是否正确，信号显示是否正确，温度是否正常，判断 5min 远控操作及停止是否合格。

(3) 120min 站控操作及停止。要求每 10min 记录一下轴瓦(驱动端和非驱动端)的温度和机体的温度。查看电机是否运转正常，无异常声音，方向是否正确，信号显示是否正确，温度是否正常，判断 120min 站控操作及停止是否合格。

(4) 120min 站控操作及停止。实验中要求每 10min 记录一下电机的振幅并判断振幅等级。

20.4.5 电机、泵、阀门、管道常见故障及处理措施

故障及处理措施见表 20－1 ~ 表 20－4。

表 20－1 电机常见故障及处理措施

故障现象	可能原因	处理措施
无法启动	电源或接线脱落	检查电源及线路
运行中电流过小或过大	负载端故障	检查负载情况
温升过大	轴承或负载过大	检查轴承或负载端
噪音明显	基础不牢固；轴承问题；负载端故障	加固固定装置；检查轴承；检查负载端
转向错误	电源三相调乱	调整相序
运行中电压升高	电源故障，负载端故障	检查电源或负载端

表 20－2 电机常见故障及处理措施

故障现象	可能原因	处理措施
启动后泵不输介质	吸入管路不严密，有空气漏入	检查吸入管路
	泵内未灌满介质，有空气存在	重新灌介质，排气
	电动机转速不够	检查电源电压和周波是否降低
	电动机旋转方向相反	调整相序
	叶轮及出口堵塞	检查和清洗叶轮及出口
运行中电流减少	转速降低	检查原动机及电源
	安装高度增加	检查吸入管路
	空气漏入吸入管或经机械密封进入泵内	检查管路及机械密封
	吸入管路和出口管路阻力增加	检查管路及管路中可能堵塞
	叶轮堵塞	检查和清洗叶轮
	叶轮的损坏和密封环的磨损	清洗过滤网
	进口滤网堵塞	清洗过滤网
运行中压头降低	转速降低	检查原动机及电源
	介质中含有空气	检查吸入管和机械密封
	叶轮损坏和密封磨损	拆开修理，必要时更换
原动机过热	转速高于额定转速	检查原动机及电源
	泵流量大于许可流量	关小出口阀门
	原动机或泵发生机械磨损	检查原动机和泵
	泵装配不良，转动部件与静止部件发生摩擦或卡住	停泵，用手转动，找出摩擦和卡住的部件，然后加以修理或调整
	三相电动机有一相保险丝烧断或电动机三相电流不平衡	更换保险丝或检修电动机

故障现象	可能原因	处理措施
泵机组发生振动和噪声	装置不当	检查机组连轴器和中心以及叶轮
	叶轮局部堵塞	检查和清洗叶轮
	个别零件机械损伤	更换零件
	入口管和出口管的固定装置松动	拧紧固定装置
	安装高度太高，发生气蚀现象	停用水泵，采取措施以减少安装高度
	地脚螺栓松动或基础不牢固	拧紧地脚螺栓，如果基础不牢固，可加固或修理
轴承发热	轴瓦接触不良或接触不适当	进行检修校核
	轴承磨损或松动	仔细检查，进行修理和调整
	油环转动不灵活，油量太少或供油中断	检查或更新油环，使润滑系统畅通
	转子中心不正，轴弯曲.	进行校正或更换油
	油质不良或油内混有杂物	更换油质，或将油滤过处理，清洗轴承和油室
	轴承尺寸不够	改造轴承
管路发生水击	泵或管路中有空气	排放空气，清除积聚空气的原因

表 20－3　阀门类表常见故障及处理措施

故障现象	可能原因	处理措施
渗漏量过大	密封不良	调整阀门和阀板的密封
不能顺畅地起闭	重合度不适当	调整启闭机与闸门的重合度
限位失灵	行程开关故障	检查、调整行程开关

表 20－4　管道类常见故障及处理措施

故障现象	可能原因	处理措施
连接处渗漏	连接时未能良好密封	重新套接
管体泄漏	管件有本质性问题	更换管件
管件堵塞	管线内有杂物未清理出来	清理管线内杂物

20.5　动火方案

20.5.1　动火方案包括内容

动火方案应包括：动火项目概况、方案编制依据、组织机构、施工方案、HSE 管理措施、施工应急管理等内容。

20.5.2　遵守的相关标准规范及法律法规

动火施工应遵守的相关标准规范及法律法规见表 20－5。

表 20－5　动火施工应遵守的相关标准规范及法律法规

序号	标准规范编号	标准规范名称
1	GB 50183—2004	石油天然气工程设计防火规范
2	SY/T 0009—2004	石油地面工程设计文件编制规程
3	SY 4104—95	石油建设工程质量检验评定标准　管道穿越工程
4	GB 50369—2006	油气长输管道工程施工及验收规范
5	(SY/T 6276—1997)	石油天然气工业健康、安全与环境管理体系
6	(AQ 3022—2008)	化学品生产单位动火作业安全规范
7	GB 12523—90	建筑施工场界噪声标准
8	GB/T 16453—1996	水土保持综合治理
9	GB 8978—96	污水综合排放标准
10	SH 3024—1995	石油化工企业环境保护设计规范
11	(GBZ 2—2002)	工作场所有害因素职业接触限值
12	(SY 6503—2000)	可燃气体检测报警器使用规范
13	SY/T 6524—2002	石油工业作业场所劳动防护用具配备要求
14	GB/T 28001—2001	职业健康安全管理体系规范

20.5.3　动火施工方案

20.5.3.1　动火施工流程

施工前准备—人员、设备入场—确定动火点—勘查现场—动火前处理—危害识别确认—签动火票—动火施工—动火施工质量验收—施工收尾。

20.5.3.2　施工前准备

（1）根据现场施工工艺参数，编写详细的施工方案及施工应急预案。

（2）施工设备进入现场前，对每个设备的性能进行检查，确保进入现场施工的设备完好齐全，对施工设备(发电机、焊接等设备)进行全面检查和摇测，设置专人管理，做好运行中的巡查，必须保持完好，发现隐患，应立即采取措施。

（3）施工人员必须经过系统的安全教育培训。

（4）现场施工工艺技术交底。

20.5.3.3　动火前准备

（1）对操作现场进行危害识别，确认符合安全要求后签订动火作业票。

（2）检查动火设备机具、材料是否齐全。

（3）消防设施的配备。

20.5.3.4　动火施工操作流程

（1）准备抢修机具、材料进入作业场地。

（2）勘查现场。

（3）做好动火前准备工作。

（4）对现场进行危害识别确认。

（5）办理动火票。

（6）动火操作。

（7）动火质量检验。

（8）做好动火施工收尾工作。

20.5.3.5 相关安全措施

（1）动火现场道路畅通，必要时请求公安部门协助，利于消防车进出。

（2）动火前组织相关施工人员认真学习施工方案和动火安全措施，同时进行安全教育。

（3）施工现场设置警戒带和安全警示标志。

（4）严格办理“动火票”的审批。

（5）严格按照动火报告及操作规程施工作业，确保安全无事故。

（6）施工现场防火防爆必须做到器材落实、人员落实，消防器材必须专人看管，安全监护人必须到达现场并全程现场监护。

（7）动火前清理现场易燃物，施工现场20m内不准存放易燃物。

（8）作业现场可燃气体浓度进行检测合格。

（9）动火人必须严格执行安全操作规程，动火部位应该有专人监护。

（10）施工结束后，同施工负责人和安全监督人员一道组织现场清理工作，确认施工现场无余火。

20.5.4 HSE管理措施

20.5.4.1 HSE组织机构及职责范围

方案中需明确HSE组织机构及职责范围。

20.5.4.2 HSE控制措施

1. 安全管理

（1）员工培训与教育。

（2）焊工操作安全措施。

（3）作业环境管理安全标志。

（4）施工用电管理措施。

2. 施工应急管理

为积极应对施工期间可能发生的应急事件，预防和控制次生灾害的发生，最大限度降低和减少由此造成的财产损失、环境破坏，需制定临时应急预案。包括：

（1）应急工作原则。

（2）适用范围。

（3）应急组织与职责，成立临时应急指挥部，明确职责。

（4）应急程序（预警、启动预案、实施、善后处理、关闭预案）。

（5）应急工作准备。

20.6 输油站工艺操作规程的编写

输油站工艺操作规程应严格执行国家和行业相关标准、规范和规程，符合国家和行业有关管道建设方针和技术政策。工艺操作规程的内容包括：

20.6.1 总则

（1）说明输油管道工艺操作规程的编制内容、目的和适用范围。

（2）编制依据

① 遵从石油行业的相关国家标准和行业规定。

② 以工程设计和生产实践为依据，确保技术要求、操作方法的科学合理。

③ 工艺操作规程的内容和深度应符合输油生产的需要。

④ 操作规程必须保证操作步骤的完整、细致、准确、量化，有利于输油管道和设备的可靠运行。

20.6.2 输油站概况

（1）输油的类型、工艺流程及功能。

（2）自动化控制、通信、供配电、阴极保护、消防等系统基本情况。

（3）该站上下游输油管道、线路阀室设置情况。

20.6.3 工艺参数及设定值

列出工艺参数值及自控系统的设定、报警、连锁值。

20.6.4 主要设备及检测参数和控制要求

（1）输油泵机组。说明各类输油泵的轴承温度、振动、机械密封泄漏、泵壳温度以及电机轴承温度、电机定子温度等相关参数的检测和参数的要求；并说明参数超限时应采取的保护措施。

（2）自控阀门。站场自控阀门和线路自控截断阀的驱动方式、执行机构的检测和远控的信号参数；对于具有特殊功能的阀门执行机构，如泵出口调节型平板闸阀、具有 ESD 功能的阀门应特殊说明。

（3）其他：对过滤器、清管器收发装置、变频器、流量计、储油罐、泄压管、混油罐、污油罐等站场设备的相关检测参数进行说明。

20.6.5 工艺操作原则

说明各种工艺流程、主要工艺设备的操作原则，如油品切换及分输、混油切割、输油泵切换、输油站启停输、油罐操作等。

20.6.6 输油站各种工艺流程操作步骤

（1）输油站主要工艺操作：输油站启、停输；输油站紧急停输；启动或停止分输；启动或停止分输；油品切换；压力越站；全越站；输油泵切换；流量计切换；过滤器切换；泄压流程投用或停用；收(或发)清管器；混油回掺；泄压油品回注；热膨胀泄压；密度计系统启动(或停用)；密度计过滤器清洗；DBB 阀检漏；油罐收发油；油罐脱水；污油罐(或混油)装车；泄压罐油品装车。

（2）详细描述各种流程的站控操作及就地操作步骤、注意事项、操作前条件确认及准备工作。对于可进行中控、站控、就地三级操作的流程及设备要按中控、站控以及就地控制三种控制级别分别描述清楚操作步骤、条件确认、准备工作及责任，做到分工明确、密切配合。

20.6.7 故障或事故情况下操作预案

（1）为避免在故障或事故状态下对生产的影响或事故范围扩大，使故障或事故向可控制的方向发展，达到最终的受控状态，需要采取的处理步骤。使操作人员判明事故真相，决策处理目标，明确操作处理方案。

（2）主要故障或事故

① 工艺设备故障或误动作；

② 工艺流程或设备操作错误；

③ 工艺参数异常波动或变化；

④ 发生报警、连锁；

⑤ 输油站内火灾、线路截断阀关闭、站内或站外管线泄漏等；

⑥ SCADA 控制系统、通信系统、供电系统故障等。

（3）操作预案应包括故障或事故名称、现象、原因、确认、处理、退守状态。

20.6.8 绘图

绘制输油站工艺管线和仪表控制图、平面布置图、管道纵断面图

20.6.9 编写设备、仪表明细

设备、仪表分类列表，注明名称、代号、规格型号、主要设计性能参数等

第 4 篇
输油设备

第21章　泵机组

21.1　泵

长输管道输油泵是泵站中的关键设备，为管道内油品提供能量(见图21－1机泵示意图)，在长输管道中的作用犹如人体中的心脏，起着输送、加压等功能。泵长周期的稳定可靠运行是确保管道输油连续生产至关重要的先决条件之一。

图21－1　机泵示意图

21.1.1　泵的分类

泵的种类繁多，可以按照工作原理、几何结构将泵分为两大类：动态泵和容积泵。

动态泵主要分为离心泵和特殊作用泵两大类，离心泵可以进一步细分为轴流泵、混流泵(径流泵)、旋涡泵；特殊作用泵又可以进一步细分为喷射泵、气举泵、液压泵、电磁泵。容积泵主要分为往复泵和回转泵，往复泵可进一步细分为柱塞泵(活塞泵)、隔膜泵；回转泵可进一步细分为单转子泵和多转子泵，按照上述分类原则还可以进一步进行细分，详细的泵分类详见图21－2。

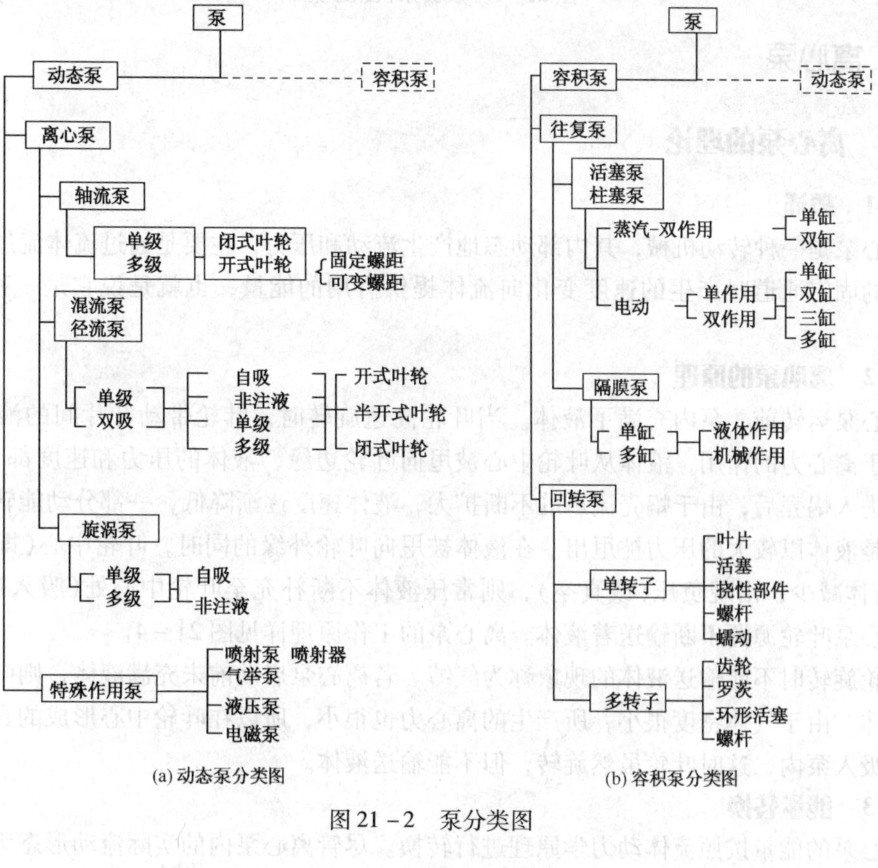

图21－2　泵分类图

21.1.2 泵的选择

通常最经济的泵选择方法是按离心泵、回转泵、往复泵的顺序来进行选择。所选用的泵和电机不仅要满足工艺条件的要求，而且还要满足运行周期长、运行费用低、操作维修方便等要求。如果泵选用不当，将会造成长期的不经济运行，甚至不能保证正常运行，直接影响输油生产的连续性。因此，我们应高度重视泵的选用。

对于一条新建的管道，可以考虑选择具有完整系统(橇装式，集成安装有附属管路、进出口配对法兰、底座、电机、监测仪表等)的成套泵机组(见图21－3)，泵机组选择时可以根据工艺要求的实际情况，按串联、并联或串并联组合配置。

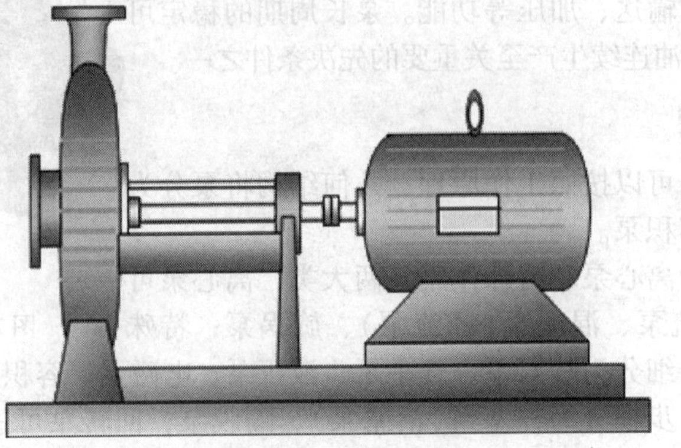

图21－3 成套泵机组示意图

21.2 离心泵

21.2.1 离心泵的理论

21.2.1.1 概述

离心泵是一种转动机械，其内部动态地产生流动和压力，主要是通过流体流过泵的叶轮和相关的固定通道时产生的速度变化向流体提供有用的能量，也就是说它是一种“旋转动态”泵。

21.2.1.2 离心泵的原理

离心泵运转前，泵内充满了液体。当叶轮高速旋转时，叶轮带动叶片间的液体一道旋转，由于离心力的作用，液体从叶轮中心被甩向叶轮边缘，液体的压力和速度都有所提高。当液体进入蜗壳后，由于蜗壳流道的不断扩大，液体速度逐渐降低，一部分动能转变为静压能，于是液体以较大的压力被甩出。在液体被甩向叶轮外缘的同时，叶轮中心(即叶轮的吸入口)液体减少，出现负压(或真空)，则常压液体不断补充至叶轮中心处(吸入口处)。于是，离心泵叶轮源源不断输送着液体。离心泵的工作原理详见图21－4。

叶轮旋转时不能输送液体的现象称为气缚。若离心泵启动前未充满液体，则叶片间必然充满气体。由于气体密度很小，所产生的离心力也很小，所以在叶轮中心形成的真空不足以将液体吸入泵内，这时叶轮虽然旋转，但不能输送液体。

21.2.1.3 能量转换

离心泵的能量按照流体动力学原理进行转换。尽管离心泵内的实际流动形态为三维，并

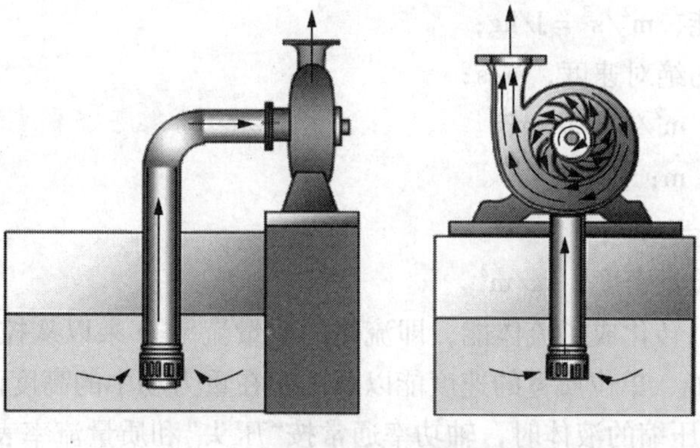

图 21-4　离心泵工作原理示意图

在不同程度上是不稳定的，但以一维稳定流为基础，很容易将离心泵的基本能量转换和性能关系与叶轮和定子或泵的固定通道的几何形状联系起来，这就是通常所说的“流体动力学”。

离心泵的能量转换过程实质是机械输入轴功率来增加泵抽送流体的能量，该转换过程遵从热力学第一定律。就泵扬程或压头来说，完成该能量的转变还涉及到损失和热力学第二定律。

1. 热力学第一定律

流体流经离心泵的过程实质上是一个绝热过程。与能量转换过程(见图 21-5)中涉及的其他形式的能量相比，热传导可以忽略不计(然而，即使这一过程不是绝热的，液体的密度也只随温度产生微小变化)。而且，即使旋转叶片向流体提供能量的过程本身是不稳定的(从一绝对参考系观察，叶片与叶片之间的压力是变化的)，穿过泵周围控制面边界的流动实际上也是稳定的。因此，泵的热力学第一定律可以按绝热稳流的能量方程表示为：

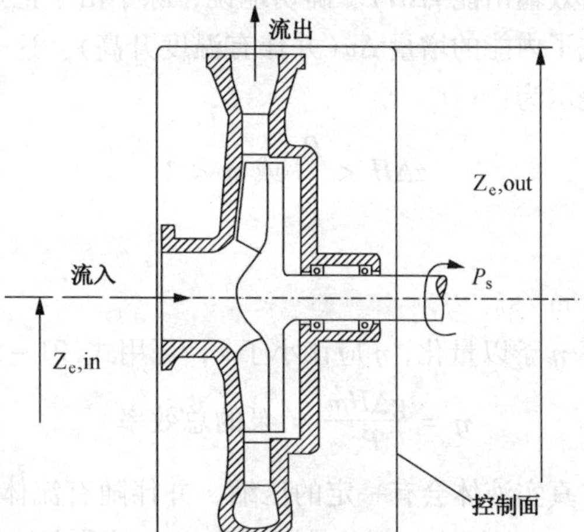

图 21-5　离心泵的能量转换图

$$P_s = \dot{m}\left(h + \frac{V^2}{2} + gZ_e\right)_{out} - \left(h + \frac{V^2}{2} + gZ_e\right)_{in} \qquad (21-1)$$

$$h = u + \frac{p}{\rho}$$

式中　P_s——轴功率，kW；

$\dot{m}$——质量流量，kg/s；

h——静态能，$m^2/s^2 = J/kg$；

V——流体的绝对速度，m/s；

u——内能，$m^2/s^2 = J/kg$；

Z_e——高度，m；

p——压力，N/m^2；

ρ——流体质量密度，kg/m^3。

其中，轴功率 P_s 转化成了流体能，即流体的质量流率 $\dot{m}$ 乘以从控制面入口到出口的总能量变化（包括静态能、单位质量的速度能以及由于在重力场中的高度而产生的位能）。

在处理基本不可压缩的液体时，轴功率通常按"压头"和质量流率表示为：

$$\frac{P_s}{\dot{m}} = g\Delta H + \Delta u \tag{21-2}$$

式中 $$H = \frac{p}{\rho} + \frac{V_2}{2g} + Z_e \tag{21-3}$$

H 的变化称为泵的压头 ΔH；由于 H 中包括速度头 $\frac{V_2}{2g}$ 和在关注点处的高度头 Z_e，ΔH 通常称为"总动压头"。ΔH 通常简写为" H "，它表示在控制面的入口和出口，也即泵的上游和下游相应位置的静压头 $\frac{p}{\rho}$ 和速度头 $\frac{V_2}{2g}$ 无损耗地转换为高度头 H 时所增加的液柱高度。

2. 热力学第二定律

从式（21-2）可以看出，单位质量的机械输入能量（即单位质量流量的轴功率）并没有全部转换成单位质量的泵有效输出能 $g\Delta H$）。确切地说，除了由于把热量传递到控制面而引起的损失之外，损失还造成了内能的增量 Δu（并伴有温度升高）。这一事实是由热力学第二定律产生的，对泵来说，表示为：

$$g\Delta H < \frac{P_s}{\dot{m}} \text{ 或 } \eta < 1 \tag{21-4}$$

其中 $\dot{m} = \rho Q$

式中 Q——泵的流量，m^3/s。

泵的损失可用总效率 η 予以量化，η 应该小于1，可用式（21-5）表示：

$$\eta = \frac{g\Delta H\dot{m}}{P_s} = \text{泵的总效率} \tag{21-5}$$

这里需要指出的是，真实液体会有一定的压缩，并伴随有流体温度的可逆性升高 ΔT_c，称为压缩热。实际总温升 ΔT 中的这一部分是因损失产生温升之外的部分，因此，在用测量泵流量的温升来决定效率时，必须将这一部分温升考虑在内。

21.2.1.4 功率损失和效率

泵的功率分为输入功率 N（即轴功率）与输出的有效功率 Ne。轴功率是指泵轴所需的功率。离心泵一般用电动机驱动（电动机具有结构简单、维护方便、价格较低、体积紧凑、起动和运行可靠等优点），其轴功率就是电动机传给泵轴的功率。有效功率是指单位时间内液体从泵中叶轮获得的有效功率，见式（21-6）。

有效功率的计算公式：

$$Ne = Q\rho gH \tag{21-6}$$

式中 Ne——有效功率，W；

Q——泵的流量，m^3/s；

ρ——液体密度，kg/m^3；

H——泵的扬程，m；

g——重力加速度，m/s^2。

离心泵工作时，泵内存在各种功率损失，致使从电动机输入的轴功率 N 不能全部转变为液体的有效功率 Ne，二者之差即为泵内损失功率，其大小用泵效率 η 来衡量。泵的效率等于有效功率与轴功率之比，其表达式为 $\eta = Ne/N$。η 值反映出泵工作时能量损失的大小。离心泵的效率主要包括机械效率、水力学效率和容积效率。机械效率主要是机械损失引起的功率损耗，机械损失主要是运行过程中的摩擦损失，是使流体流过叶轮流道所消耗的那一部分轴功率；泵的轴功率大于泵的理论功率(即理论扬程与理论流量所对应的功率)；理论功率与轴功率之比称为机械效率。水力学效率主要是泵主流道的水力学损失引起的功率损耗，主要是流体流过叶轮、泵壳时，由于流速大小和方向发生改变，且发生冲击而产生的能量损失；泵的实际扬程要比泵理论上所能提供的扬程低，其比值称为水力学效率。容积效率主要是容积损失引起的功率损耗，离心泵的运转过程中，有一部分获得能量的高压流体通过叶轮并返回到入口；从泵排出的实际流量要比理论排出流量为低，其比值称为容积效率。泵工作系统图见图 21-6。

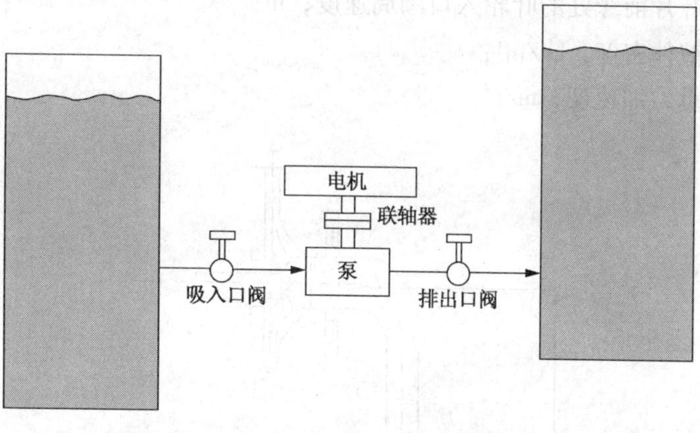

图 21-6　泵工作系统图

21.2.1.5　泵的扬程

泵的扬程通常是把传递给泵送介质的有效机械能量以在重力加速度下的单位质量来表达，此值以长度单位表示，称为扬程。按照国家标准化文件，扬程是指单位质量液体通过泵时所增加的能量，以 H 表示，其单位是 m，通常以米液柱(mH_2O)表示。额定扬程是指在额定流量下的扬程，即铭牌上所注的扬程。

总之，扬程是一个能量单位。扬程与泵送介质的特性无关，并且对一台给定的泵而言，扬程的大小只是与泵的流量和叶轮的转速有关。与此相对比，最终泵扬程及功率消耗与液体密度成正比例。然而，对于极度黏滞的流体，泵的特性在某种程度上与黏度有关。

21.2.1.6　汽蚀和吸入特性

1. 汽蚀现象

当叶轮入口最低压力点处的压力降到液体在该温度下的饱和蒸气压 p_v 时，液体将有部

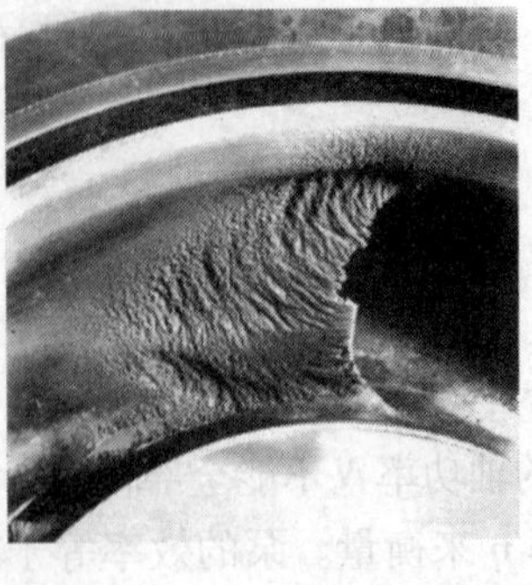

图 21－7　叶轮汽蚀产生的破坏

分汽化，同时还会有溶解于液体的气体解析出来，则生成大量小气泡。这些小气泡随液体流到叶轮内压力高于 p_v 区域时，小气泡便会突然破裂，其中的蒸气会迅速凝结，周围的液体将以高速冲向刚刚消失的气泡中心，造成很高的局部冲击压力，冲击叶轮，发生噪音，引起震动。金属表面受到压力大、频率高的冲击而剥蚀，以及气泡内夹带的少量氧气等活泼气体对金属表面的电化学腐蚀等，使叶轮表面呈海绵状、鱼鳞状破坏（见图 21－7），这种现象称为汽蚀。

2. 汽蚀余量

为了避免发生汽蚀现象，在离心泵的入口处液体的静压头 $p_1/\rho g$ 与动压头 $u_1^2/2g$ 之和必须大于操作温度下的液体饱和蒸气压头 $p_v/\rho g$ 一定余量，此余量即为离心泵的汽蚀余量（NPSH），单位为 m（见图 21－8），即：

$$NPSH = \frac{p_1}{\rho g} - \frac{p_v}{\rho g} + \frac{u_1^2}{2g} \qquad (21-7)$$

式中　p_1——入口压力，Pa；

p_v——操作温度下流体的饱和蒸气压，233.8Pa（N/m^2）；

u_1——叶片前缘处的叶轮入口圆周速度，m；

ρ——液体密度，kg/m^3；

g——重力加速度，m/s^2。

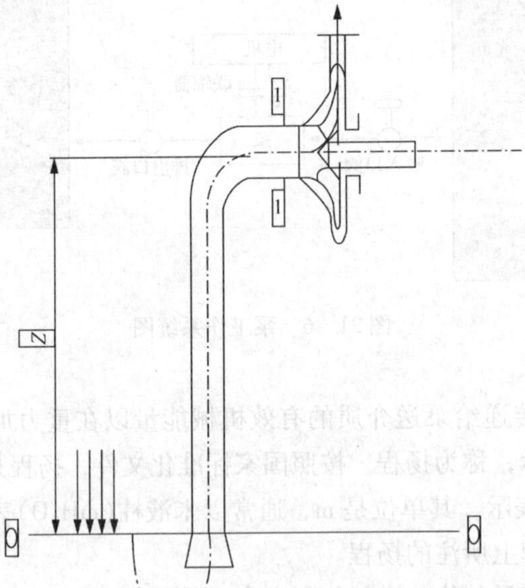

图 21－8　汽蚀余量示意图

在大多数情况下，泵的吸入性能或必需的（有效）*NPSH*（汽蚀余量）决定了泵的允许最高转速（关系到泵本身的大小和今后运行的成本）。当流量、扬程和泵站有效 *NPSH* 值给定时，可以用以下方法提高允许的转速，改进吸入性能，避免汽蚀发生：采用各种形状的特殊吸入叶轮；安装双吸首级叶轮；安装诱导轮；采用增压泵。

21.2.1.7　轴向力

轴向推力即是沿轴向方向所施加的推力。力的方向既可以是向内的也可以是向外的，通常由动态周期分量组成，而周期分量则以两个方向叠加到稳态负荷上。离心泵所产生的压力，在其固定和旋转的零件上会产生作用力，这些零件的结构本身平衡了部分力，但剩余的力(即剩余轴向力)还要用另外的方法来平衡，轴向推力为沿轴向作用在叶轮上的不平衡力之和。

泵承受以下轴向力：作用在叶轮盖板上的压力；立式泵中转子的重量；不平衡的轴向力；由任何平衡装置所施加的力。

为平衡这种轴向力，所有的离心泵，甚至是双吸叶轮的离心泵都安装有推力轴承，以承受泵运转过程中产生的轴向力。

21.2.1.8　径向力

径向力是作用于泵的转子上的力，方向指向轴旋转的中心。在单蜗壳泵的泵体结构中，当泵在设计流量(最佳效率点下的流量)下运转时，作用于叶轮的压力是均匀或近乎均匀的。在其他流量下，叶轮周围的压力则是不均匀的，因而就形成了一个合成的径向反作用力(见图21－9)。

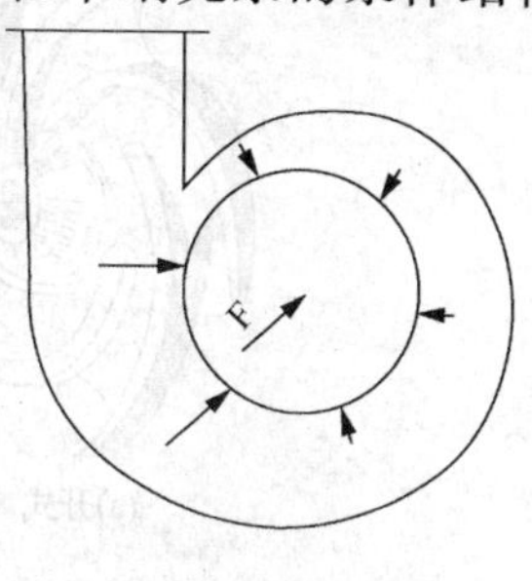

图21－9　泵的径向力

在任何百分比流量下，这种径向反作用力是扬程以及叶轮宽度和直径的函数。叶轮在泵体中的偏心度越大，径向力的稳定分量越大，而在同心运行时，不稳定的分量最大。因此，在部分流量下，叶轮直径大的高扬程泵要比叶轮直径小的低扬程泵具有大得多的径向反作用力。径向反作用力为零的情况通常是不能实现的，而在设计流量下的反作用力为最小。

21.2.1.9　转子动力学

转子动力学研究轴的振动性能。这包括挠性振动和扭转振动。为了保证高扬程泵的运转可靠性，应对转子的振动性能进行详细的分析。通过转子动力学分析固有频率、振动构成和阻尼产生的各种因素，可以改进转子的设计，以避免自激振动。

21.2.2　离心泵的结构

21.2.2.1　离心泵主要部件

1. 蜗壳

蜗壳泵是由环绕叶轮的螺旋形泵体而得名。壳体(泵壳见图21－10)部分收集叶轮排出的液体，并把速度能转变为压力能。离心泵的外壳多做成蜗壳形，其内有一个截面逐渐扩大的蜗形通道。泵壳又称为蜗壳或压出室，其作用是汇集叶轮甩出的流体，并按一定要求将流体送入压出管道或下级的叶轮。

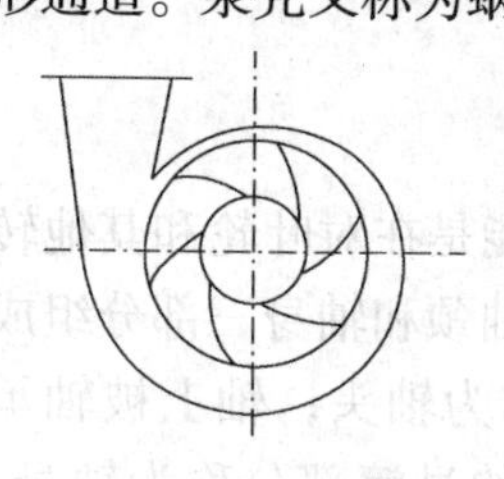

图21－10　离心泵蜗壳

离心泵的蜗室从起始点到围绕叶轮环绕整个360°面积递增，而后逐渐扩张到最后的排出口。将初始断面和壳体出口接管部分分开的壳壁，称为蜗舌或分水角。扩散形泵的扩压导叶和同心壳体与蜗室一样起着能量转换的作用。

2. 叶轮

叶轮是离心泵的主要部件，叶轮确保泵在流体能量损失最小的情况下，使单位质量流体获得较高的能量。叶轮是泵最重要的工作元件，是过流部件的心脏。叶轮由盖板和中间的叶片组成。

叶轮可以按其机械结构进行分类，即开式叶轮、半开式叶轮和闭式叶轮(见图 21 - 11)。开式叶轮是只有叶片及叶片加强筋，无前后盖板的叶轮，主要用于输送黏度较高的液体，以及浆状液体；半开式叶轮一般有两种结构：其一为前半开式，由后盖板与叶片组成，此结构叶轮效率较低，为提高效率需配用可调间隙的密封环，另一种为后半开式，由前盖板与叶片组成，由于可应用与闭式叶轮相同的密封环，效率与闭式叶轮基本相同，且叶片除输送液体外，还具有(背叶片或副叶轮的)密封作用，半开式叶轮适于输送含有固体颗粒、纤维等悬浮物的液体。开式叶轮和半开式叶轮铸造方便，但输送时液体容易漏失，效率比较低。闭式叶轮由叶片与前、后盖板组成，工作时液体泄漏量小，效率较高，适于黏度较小的、不含颗粒的清洁液体。

图 21 - 11　叶轮的分类图

3. 密封环

密封环在叶轮和壳体之间形成一个既简捷又经济更换的泄漏缝。密封环又叫口环，可装在叶轮进口处相对的泵体上，亦可分别装在叶轮和泵体上，其作用是防止压出室内的高压液体倒流到叶轮的进口，从而提高泵的效率。其密封机理是依靠密封环和叶轮间隙流体阻力来实现密封的。当密封间隙加大后，只需更换口环，不需要换泵壳或叶轮。

密封环结构有多种形式，应根据所输送的液体、通过泄漏缝的压差、摩擦速度和泵的结构特点选择最需要的形式(见图 21 - 12)。最普通的密封环结构是平直型和 L 型密封环。平直型密封环中的泄漏缝是直的环形间隙，在 L 型密封环中，叶轮和壳体的密封环间有大的轴向间隙，因此，流进叶轮吸入口中的泄漏液流的速度也是低的。

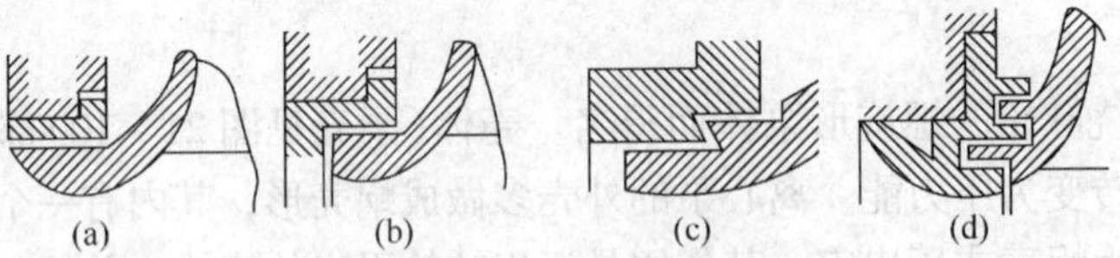

图 21 - 12　密封环分类图

4. 轴和轴套

叶轮等回转部件必须用轴来支承才能进行工作，离心轴的基本功能是在对叶轮和其他转动部件起到支承作用的同时，传递启动和工作时的扭矩。轴由轴头、轴颈和轴身三部分组成(见图 21 - 13)，轴上安装零件的部分称为轴头；轴上被轴承支承的部分称为轴颈；连接轴头和轴颈的过渡部分称为轴身。一般轴上要开设键槽，通过键联接使零件与轴一起旋转，即实

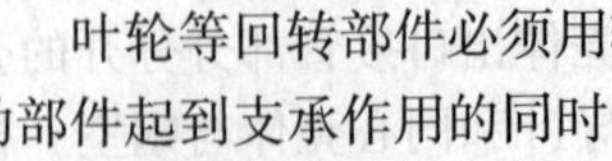

图 21 - 13　泵轴

现轴上零件的周向固定。轴必须在其挠度小于转动零件和静止部件之间最小间隙的情况下工作。在密封腔、泄漏缝、内轴承和流道处的泵轴通常依靠可以更换的轴套来抵抗冲蚀、腐蚀和磨损。轴套最常见的作用是在填料和机械密封处保护泵轴免受磨损。轴套用作其他作用时，则列出指明用途的专有名称，例如，用于两个多级泵叶轮之间，与级间衬套一起形成级间泄漏缝隙的轴套，称为级间轴套或间距轴套。

21.2.2.2 联轴器

除了直联机组把叶轮装在电机轴的延伸端外，离心泵与电机之间是靠某种类型的联轴器进行连接的。联轴器的主要功能是从电机把扭矩传递至泵轴。联轴器用来联接两根轴，使它们一起旋转以传递转矩。联轴器是一种固定联接装置，在泵机组运转过程中，被联接的两根轴始终一起转动而不能脱开；只有在泵机组停止运转并把联轴器拆开的情况下，才能把两轴分开。

按照有无补偿轴线偏移能力，可将联轴器分为刚性联轴器和挠性联轴器两大类型。

刚性联轴器没有补偿轴线偏移的能力。这种联轴器结构简单，制造方便，承载能力大，成本低，适用于载荷平稳、两轴对中良好的场合。常用的刚性联轴器有凸缘联轴器、套筒联轴器、夹壳联轴器等。

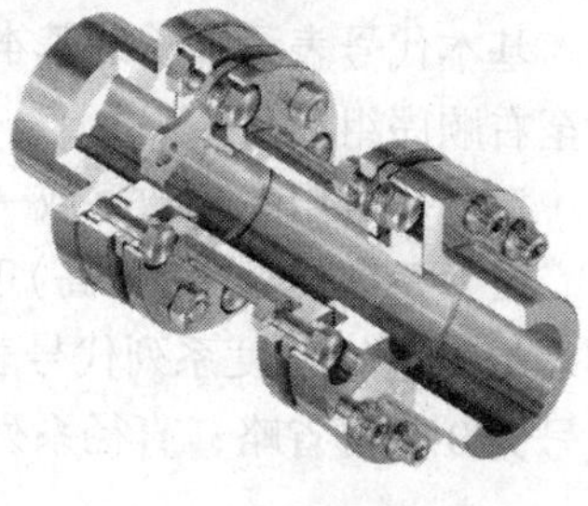

图 21－14　膜片联轴器

挠性联轴器分为无弹性元件和有弹性元件两种。无弹性元件的挠性联轴器只具备补偿轴线偏移的能力，不具备缓冲吸振的能力。有弹性元件的挠性联轴器包括弹性套柱销联轴器、弹性柱销联轴器、膜片联轴器等，由于有弹性套柱销、膜片等弹性元件，因此不仅具备补偿轴线偏移的能力，而且能够缓冲吸振。大型的离心泵机组通常使用膜片联轴器(见图 21－14)，其至少由一个膜片和两个轴套组成，膜片联轴器没有相对滑动，不需要润滑、密封，无噪声，基本不用维修，制造方便，应用广泛。

联轴器已经标准化，选用时根据工作条件选择合适的类型，然后根据转矩、轴径及转速选择型号。首先，根据工作载荷的大小和性质、转速高低、两轴相对偏移的大小和形式、环境状况、使用寿命、装拆维护和经济性等方面的因素，选择合适的类型；然后，根据所传递的转矩、工作转速和轴的直径，从联轴器标准中选用。

21.2.2.3 轴承

轴承是在径向和横向载荷(见图 21－15)的作用下，使轴或转子与固定零件保持正确的对中。给转子以径向定位的轴承称为径向轴承，而那些给转子以轴向定位的轴承则称为推力轴承。实际上，使用的大多数推力轴承同时具有推力轴承和径向轴承的作用。

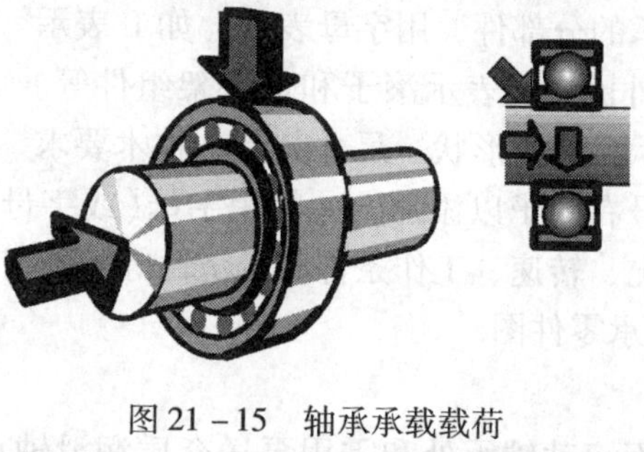

图 21－15　轴承承载载荷

轴承是支承轴的部件。而轴承一般安装在轴承箱的轴承座孔中，有些轴承与轴承箱做成一体。根据工作时摩擦性质的不同，轴承可分为滚动轴承和滑动轴承两大类。

1. 滚动轴承

在离心泵中最常用的滚动轴承是各种类型的滚珠轴承。

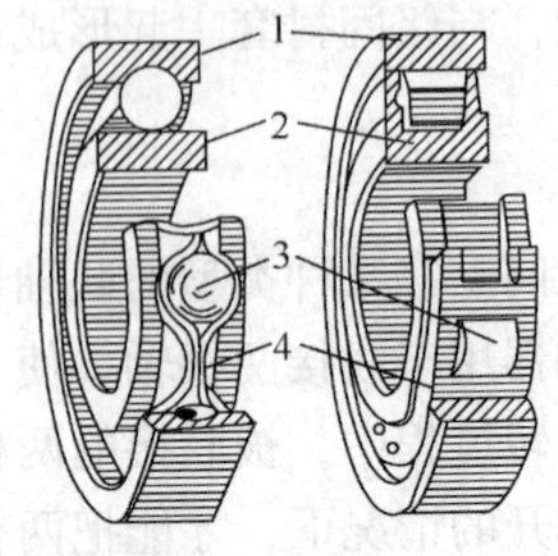

图 21－16　滚动轴承结构图

滚动轴承的典型结构见图 21－16 所示，它由外圈 1、内圈 2、滚动体 3 和保持架 4 四部分组成。内、外圈上都有滚道，滚动体沿滚道滚动。保持架的作用是把滚动体彼此均匀地隔开，避免运转时互相碰撞和磨损。一般滚动轴承内圈与轴配合较紧并随轴转动，外圈与轴承座孔或轴承箱座孔配合较松，固定不动。滚动轴承按照其滚动体的结构可以分为滚珠轴承和滚动轴承，按照受力形式还可向下细分具体详见轴承分类图 21－17。

按照 GB/T 272 规定，滚动轴承代号由前置代号、基本代号和后置代号三段由左至右顺序构成并刻印在外圈端面上。

基本代号表示轴承的基本类型、结构和尺寸，由类型代号、尺寸系列代号和内径代号由左至右顺序组成。

类型代号用一位数字或一至两个字母表示。

尺寸系列代号由宽(高)度系列代号和直径系列代号由左至右顺序组成。分别用一位数字表示。宽(高)度系列代号表示内径和外径相同而宽(高)度不同的系列，当宽(高)度系列代号为 0 时可省略；直径系列代号表示同一内径、不同外径的系列。

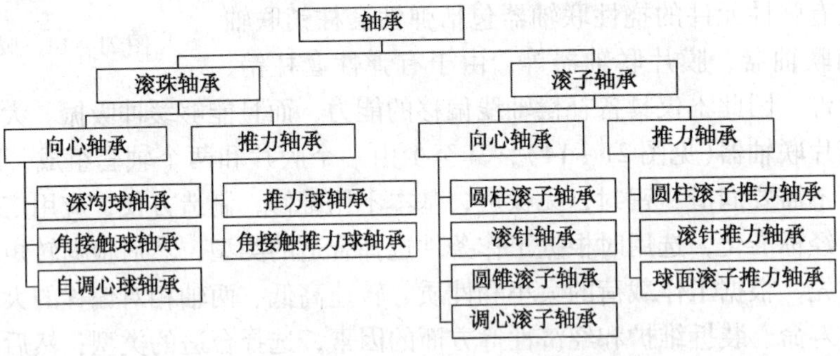

图 21－17　轴承分类图

内径代号通常用两位数字表示。一般情况下，内径 d = 内径代号 ×5mm；当内径代号为 00、01、02、03 时表示内径分别为 10mm、12mm、15mm、17mm；当内径 $d < 10$mm，$d = 22$mm、28mm、32mm 及 $d >$ 50mm 时的内径代号查有关手册。

图 21－18　轴承零件图

前置代号表示成套轴承的分部件，用字母表示。如 L 表示可分离轴承的分离内圈或外圈、K 表示滚子和保持架组件等。后置代号为补充代号，轴承在结构形状、尺寸公差、技术要求等有改变时，才在基本代号右侧予以添加，一般用字母(或字母加数字)表示。滚动轴承的类型应根据轴承的受载情况、转速、工作条件和经济性等来确定。不同类型的轴承，其实物零件组成详见图 21－18 轴承零件图。

2. 滑动轴承

在工作条件不允许使用滚动轴承处和需用泵送介质润滑轴承的场合，要使用滑动轴承(见图 21－19)。

滑动轴承分为整体式向心滑动轴承和剖分式向心滑动轴承。

整体式滑动轴承具有结构简单、制造方便、价格低廉、刚度较大等优点。但轴套磨损后间隙无法调整(只能采用更换轴套的办法)；装拆时必须做轴向移动，不太方便。故只适用于低速、轻载和间歇工作的场合。

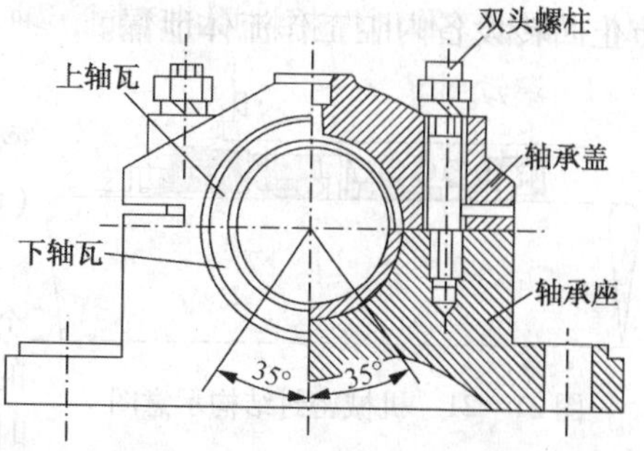

图 21－19　滑动轴承结构图

剖分式向心滑动轴承的结构如图 21－19 所示。它由轴承座、轴承盖、上轴瓦、下轴瓦、双头螺柱、螺母、调整垫片和润滑装置等组成。为了便于装配时的对中和防止横向错动，在其剖分面上设置有阶梯形止口。剖分式向心滑动轴承轴的装拆方便，轴瓦磨损后可用减薄剖分面的垫片厚度来调整间隙，因此应用广泛。

滑动轴承中直接与轴接触的部分是轴瓦。为了节省贵重金属等原因，常在轴瓦内壁上浇铸一层减摩材料，称作轴承衬。这时轴承衬与轴颈直接接触，而轴瓦只起支承轴承衬的作用。应用最广泛、性能最好的金属材料是锡基轴承合金、铅基轴承合金和铜基轴承合金。

21.2.2.4　轴封装置

轴封装置保证离心泵正常、高效运转。离心泵在工作时，泵轴旋转而泵壳不动，其间的环隙如果不加以密封或密封不好，输送流体会产生泄漏，且外界的空气会渗入叶轮中心的低压区，使泵的流量、效率下降，严重时流量为零，产生气缚。通常，可以采用填料密封或机械密封来实现泵轴与泵壳之间的密封。轴封装置其实质一种摩擦密封或填料函，用以防止离心泵或其他流体输送设备轴与壳体之间的液体泄漏。

1. 填料密封

填料密封(见图 21－20)装在离心泵的填料函中，以防止在轴穿过壳体的部位发生液体泄漏或空气进入。这种密封的基本结构形式可应用于轻、中等负荷的情况，难以采用机械密封的液体。填料函的作用主要是为了封闭泵壳与泵轴之间的空隙，不让泵内的液体流到外面来也不让外面的空气进入到泵内。填料一般采用浸油或涂石墨的石棉绳，结构简单，但功率消耗大，且有一定程度的泄漏。此类密封目前已不在成品油管道输送设备中应用。

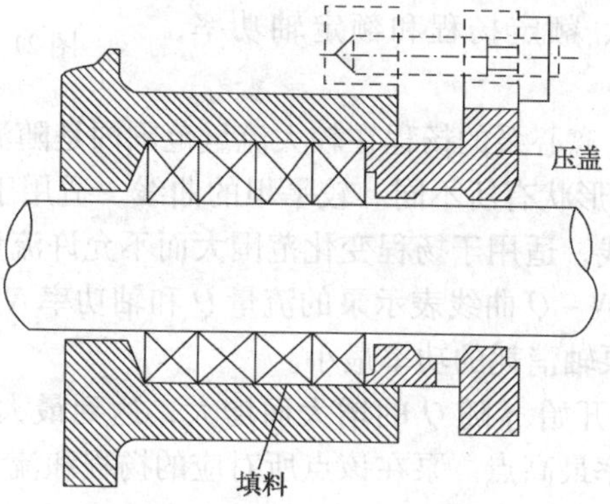

图 21－20　填料密封示意图

2. 机械密封

机械密封亦称端面密封，是靠一对或数对垂直于轴作相对滑动的端面在流体压力和补偿机构的弹力(或磁力)作用下，依赖辅助密封的配合与另一端保持贴合，并相对滑动，从而防止回转设备内腔工作流体泄漏。

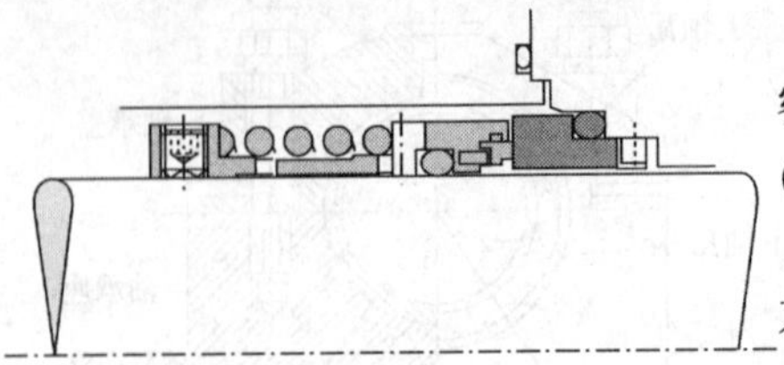

图 21－21　机械密封结构示意图

机械密封(见图 21－21)的主要组成元件有：端面密封副(动环和静环)、弹性元件(如弹簧)、辅助密封(O 形圈)、传动件、防转件和紧固件。

在旋转轴的各种机械密封类型中，尽管结构形式不相同，但其工作原理是一样的。旋转轴和装在轴上的动密封环一起旋转，静环安装在法兰座上。轴旋转时，动、静环形成了摩擦副，动、静环之间的间隙决定了某一压力的流体介质的泄漏量。机械密封其实质是将易泄漏、不易检修的动密封转换成不易泄漏、较易检修的静密封或端面密封。

机械密封具有泄漏量小、密封可靠、功率消耗少、寿命长、运转中不需要调整、结构复杂等特点。机械密封在几乎所有的泵送用途中得到了广泛的应用。

21.2.3　离心泵的运行特性

21.2.3.1　离心泵的一般性能特性

1. 离心泵的特性曲线

离心泵特性曲线(见图 21－22)表示一台离心泵在变工况时运行的性能。它是恒速 N 下，扬程 H、输入功率 P 和效率 η 对流量 Q 标绘而成。离心泵的特性曲线主要包括 H－Q 曲线(表示泵的压头与流量的关系)、$N-Q$ 曲线(表示泵的轴功率与流量的关系)、$\eta-Q$ 曲线(表示泵的效率与流量的关系)。离心泵特性曲线上的效率最高点称为设计点，泵在该点对应的压头和流量下工作最为经济。离心泵铭牌上标出的性能参数即为最高效率点上的工况参数。

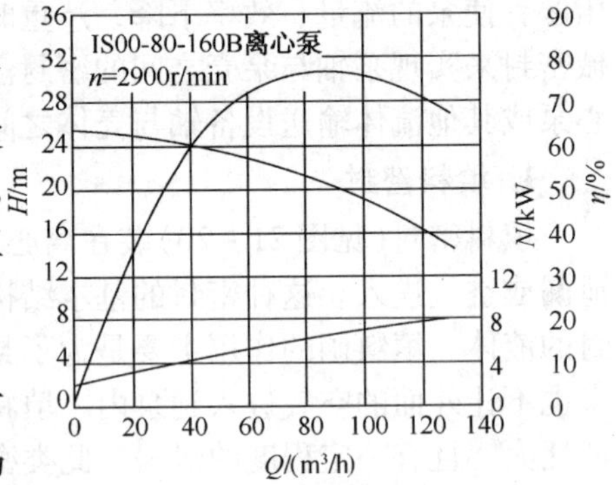

图 21－22　离心泵特性曲线图

离心泵的压头 H 一般是随流量 Q 的增大而下降，这是离心泵的一个重要特性。离心泵在一定转速下有一最高效率点，称为设计点。设计点对应的流量、扬程和轴功率称为额定流量、额定扬程和额定轴功率，标注在泵的铭牌上。

$H-Q$ 曲线变化趋势：离心泵的扬程在较大流量范围内是随流量增大而减小的，不同型号的离心泵，$H-Q$ 曲线的形状有所不同。较平坦的曲线，适用于扬程变化不大而流量变化较大的场合；较陡峭的曲线，适用于扬程变化范围大而不允许流量变化太大的场合。

$N-Q$ 曲线变化趋势：$N-Q$ 曲线表示泵的流量 Q 和轴功率 N 的关系，N 随 Q 的增大而增大。显然，当 $Q=0$ 时，泵轴消耗的功率最小。

$\eta-Q$ 曲线变化趋势：开始 η 随 Q 的增大而增大，达到最大值后，又随 Q 的增大而下降，曲线最大值相当于效率最高点。泵在该点所对应的扬程和流量下操作，其效率最高，故该点为离心泵的设计点。

泵在最高效率点条件下操作最为经济合理，但实际上泵往往不可能正好在该条件下运转，一般只能规定一个工作范围，称为泵的高效率区。

2. 泵的工作点

输送液体是靠泵和管路系统共同完成的。一台离心泵安装在一定的管路系统中工作，包括阀门开度也一定时，就有一定的流量与压头，离心泵 $Q-H$ 曲线上任一点都是一个工作点（见图 21－23），并对应一组参数（H、Q、P、η、$NPSH$）。

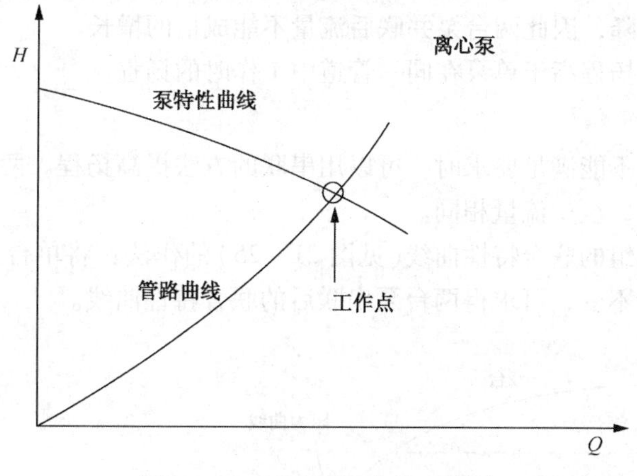

图 21－23　离心泵工作点示意图

所谓管路特性曲线，是指管路情况一定时（即管路进、出口液流的压力、输液高度、管路长度、管径、管件个数及尺寸、阀门开启度等已定），液体流过该管路时需要外加能量与流量 Q 之间的关系曲线。由于泵是串联在管路中，所以泵的流量必须等于管路的流量。此外，离心泵在某一转速下工作时，对应于某一个流量，泵只能按 $Q-H$ 性能曲线给出一个对应的扬程，所以泵的工作点应在 $Q-H$ 曲线上。从管路来看，当管路情况一定时，输送一定流量的液体所需外加压头应是 $Q-H$ 曲线上的对应值，即泵在管路中工作时的工作点也一定要在 $Q-H$ 曲线上。既然工作点既要在 $Q-H$ 线上，同时又一定要在 Q －H 曲线上，那么工作点就一定在泵的 $Q-H$ 曲线与管路的 $Q-H$ 曲线的交点，此流量与压头是离心泵特性曲线与管路特性曲线交点处的流量与压头，此点称为泵的工作点（见图 21－23）。显然，该点所表示的流量 Q 与压头 H，既是管路系统所要求，又是离心泵所能提供的。若该点所对应效率是在最高效率区，则该工作点是适宜的。

3. 并联运行

在一定的管路上，当使用一台离心泵不能满足流量要求时，可以使用几台离心泵并联工作。两台泵性能相同的泵并联工作时，在同一工作点，每台泵的扬程相同，各泵流量等于并联后总流量的一半。

两台泵并联后的联合特性曲线（见图 21－24）的作法：在每一个压头条件下，使一台泵操作时的特性曲线上的流量增大一倍而得出。

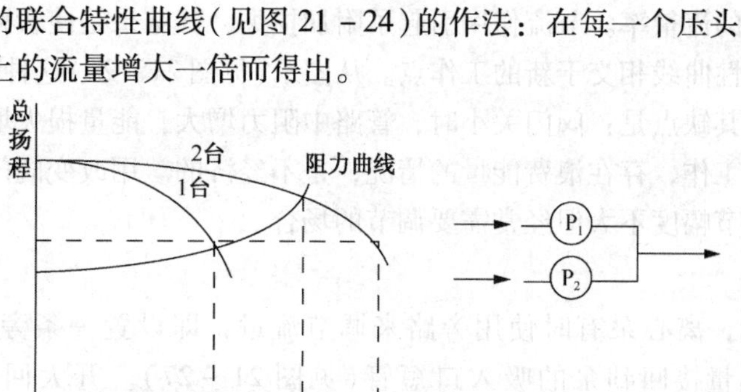

图 21－24　离心泵并联运行曲线图

并联工作后各泵流量比单泵工作时的流量要小，效率也有所降低，扬程增加，这是因为两泵并联后，管道内流量增加，阻力也随之增大，要求泵提供的扬程也相应增加，通过每台泵的流量必然有所下降，因此两台泵并联后流量不能成倍的增长。

两台泵并联后，扬程高于单泵在同一管道中工作时的扬程。

4. 串联运行

当一台泵的扬程不能满足要求时，可以用串联的方法提高扬程。两泵串联时，要求两台泵的性能尽可能相同，至少流量相同。

两台泵串联泵机组的联合特性曲线(见图 21－25)的作法：将单台泵的特性曲线的纵坐标加倍，横坐标保持不变，可求得两台泵串联后的联合特性曲线。

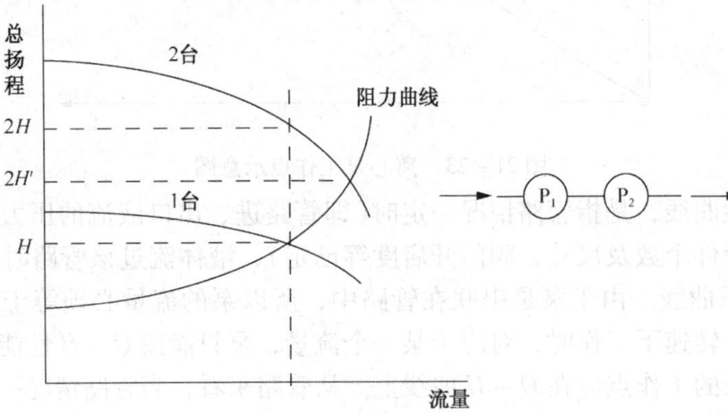

图 21－25　离心泵串联运行曲线图

串联后每台泵的流量比单台泵工作时大，扬程比单泵时小，这是因为串联后提供的能量增加，提高了管道的输送能力，即增加了流量，使单泵的扬程有所下降，所以，两泵串联工作时总扬程小于两泵单独工作时的扬程之和，不可能成倍增加。

离心泵串联的特点是，每台泵之间的流量相等，串联后总扬程等于各台泵扬之和。

两泵串联后，流量大于单泵在同一管道中工作时的流量。

21.2.3.2　离心泵的调节

1. 节流法

关小输出管路中的一台节流阀(对于成品油管道通常指出站调节阀)增加管中系统阻力，从而减少特性曲线的流量率。节流作用引起了附加损失，其结果是使管路系统特性曲线变得更陡，并与泵的特性曲线相交于新的工作点。从图示(见图 21－26)这种调节方法的优点是：操作简便、灵活；其缺点是：阀门关小时，管路中阻力增大，能量损失增大，从而使泵不能在最高效率区域内工作，存在浪费能量的情况，是不经济的。用改变阀门开度的方法来调节流量多用在流量调节幅度不大但经常需要调节的场合。

2. 旁路调节

为了调节流量，离心泵有时使用旁路来调节流量，即设置一条旁路管线，安装回流阀，将一定的排出量接回到泵的吸入口短管(见图 21－27)。开大回流阀，减少主管流量；泵流量和轴功率反而增加，可能超过额定功率；相当部分功率浪费于回流液体的阻力损失上；随着泵的流量增大，H_s 降低而实际吸入真空度却增大，如后者超过前者，即可能发生汽蚀。

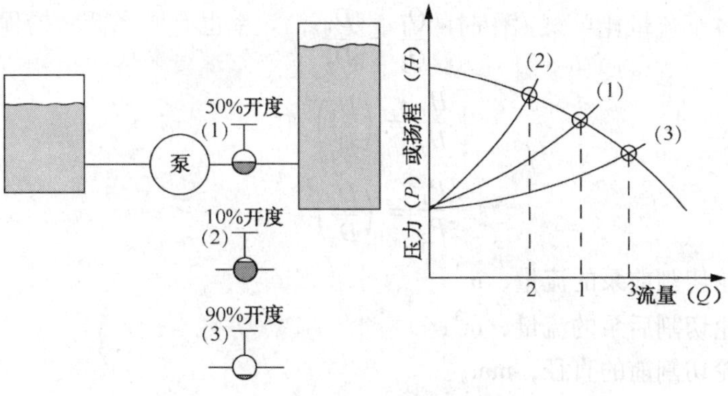

图 21－26　节流调节示意图

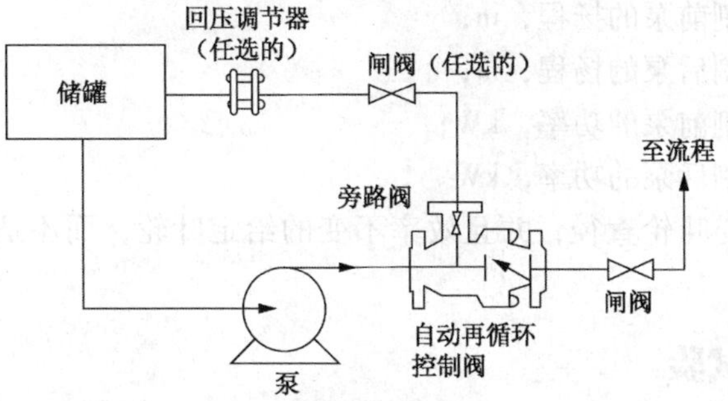

图 21－27　旁路调节示意图

3. 速度调节

速度调节保持管路系统特性曲线不变，因而与节流调节不同，泵的特性曲线（见图 21－28）按照速度变化而下移，较小的流量率产生于新的交点，能在较大范围内保持较高的效率；而且降速不会引起汽蚀；但仅适合于可变速电动机。采用这种方法调节流量时，可以使所需的功率减至最小，并可排除流量调节过程中的过热现象。各种机械式、磁力式、液压式的变速装置以及直流和交流变速电动机都可以用来调节转速。通常，变速电动机过于昂贵，只有在对特殊情况性价比进行分析研究后，采用变速电机证明是值得时方能使用。

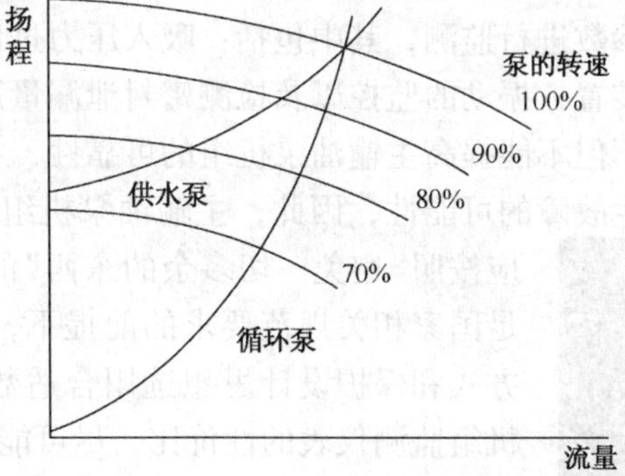

图 21－28　速度调节时泵曲线图

4. 叶轮切割

泵体通常设计为可以适应不同的叶轮，可以通过改变给定的径向叶轮外径尺寸来满足各种操作要求，根据理论计算的结果，可推导出所谓的预测性能的相似定律：

$$\frac{Q_1}{Q_2} = \frac{D_1}{D_2} \tag{21-8}$$

$$\frac{H_1}{H_2} = \left(\frac{D_1}{D_2}\right)^2 \tag{21-9}$$

$$\frac{P_1}{P_2} = \left(\frac{D_1}{D_2}\right)^3 \tag{21-10}$$

式中 Q_1——叶轮切割前泵的流量，m^3；

Q_2——叶轮切割后泵的流量，m^3；

D_1——叶轮切割前的直径，mm；

D_2——叶轮切割后的直径，mm；

H_1——叶轮切割前泵的扬程，m；

H_2——叶轮切割后泵的扬程，m；

P_1——叶轮切割前泵的功率，kW；

P_2——叶轮切割后泵的功率，kW。

上式仅适用于改变叶轮直径，并且效率不变的给定叶轮，而不适用于几何相似的叶轮系列。

21.2.4 离心泵的试验

离心泵的试验可以细分为工厂或验收试验：在泵制造厂的试验台上完成，由于运用的测量技术及重复试验结果的一致性，所以试验非常精确。

在现场进行泵的测量：受当时当地的运行条件的影响。测量结果的准确性和可靠性基本上决定于仪表装置和测量点。

定期的现场试验：用于检测泵的变化或磨损，应按确定的日程使用一定的标准仪器进行。

21.2.5 离心泵的监测

现在很多管线的泵站都将主输油泵及其他辅助泵设计在室外运行，采用很多的安全保护控制仪表和机构对其运行参数进行监测，其中包括：吸入压力过低、排出压力过高、轴承温度或泵体温度过高的报警装置，振动的监控以及检测密封泄漏量过大的报警装置。

由于多余的监测仪表不但不能提高主输油泵机组的可靠性，相反，它们可能使监测系统发生混乱，并且增加了发生故障的可能性，因此，主输油泵机组的监测仪表（见图 21－29）应按照“避免一切多余的东西”的基本原则进行选择，在满足国家相关规范要求的前提下，根据泵机组的用途、运行方式和保护设计思想选用合适数量、规格的仪表，优化泵机组监测仪表的性价比，尽可能减少维护和维修的费用。

图 21－29 离心泵监测仪表图

主输油泵的监测仪表主要包括：

（1）泵的轴承温度测量仪表（就地指示、远传、报警及联锁）；

（2）泵体温度测量测量仪表（就地指示、远传、报警及联锁）；

(3) 泵的振动测量仪表(远传、报警);

(4) 泵的机械密封泄漏量测量仪表(远传、报警)。

21.2.6 离心泵的安装

根据泵的安装平面布置图、基础图对基础进行制作。小泵的基础一般采用预埋地脚螺栓的一次灌浆法，大中型泵一般采用预留孔的二次灌浆法。安装前对基础要进行外观检查，不得有裂纹、蜂窝、空洞、露筋等缺陷。并按基础图对尺寸及位置进行复测检查。

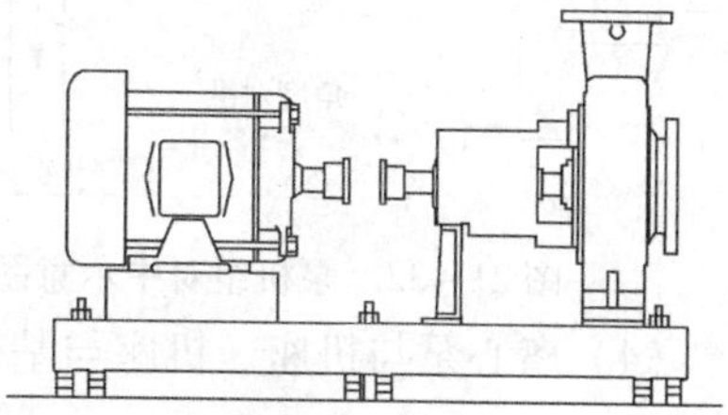

图 21－30 泵机组安装就位示意图

离心泵的安装工作包括机座的安装、离心泵橇座的安装、一次灌浆、二次灌浆、电动机的调整安装和试车。图 21－30 为泵机组安装就位示意图。

21.2.6.1 安装前的检查

当在工作现场并于开车之前验收泵机组设备时，制造厂应向用户发出通知，要求确保原来保护设施的完整性。所有的设备和材料应该避免和地面直

接接触并远离易遭积水的区域。尽可能将泵机组在室内存放和保管。应根据泵机组设备制造厂的说明书对泵机组设备主轴进行定期盘转并使用适当的防腐方法进行防腐。当主轴进行盘转时，首先要确认已清除所有在转动部件上的碎渣，并且在盘转之前，要进行适当的润滑。泵的安装装置应切合实际地尽可能靠近液体供给源，如有可能，泵的中心线应该放置得低于吸入容器的液面。基础由任何足以承受永久性刚性支承基座整个面积的重型结构构成，并且可以吸收任何的变形或冲击。

21.2.6.2 泵安装找正技术要求

当整个的泵机组设备在工厂组装时，基座放置在一个平坦的平台上；泵和电机安装在基座上；泵和电机的对中依靠在电机安装表面下使用垫铁来精确找正(见图 21－31)。通常，泵在工厂就被定位在基座上，但是电机留至在现场安装之后再进行定位。泵机组应该用靠近基础螺栓的短的钢板条或垫铁支承在基础之上，基座底部与浇注的基础顶部之间的允许空间为 2～5cm。垫铁应完全伸过基座的支承边。联轴器螺栓应在设备调整和联轴节找正之前被拆掉。可能的情况下，最好在泵轴、轴套的某些暴露的部分，或泵壳的平整表面上放置水平仪。应该调整基座下的钢支承条或垫铁，直到泵轴达到水平，吸入口和排出口法兰按需要呈垂直或水平，而且，泵处在规定的高度和位置。当基座已经找平时，应该用手劲拧紧基础螺栓的螺帽。

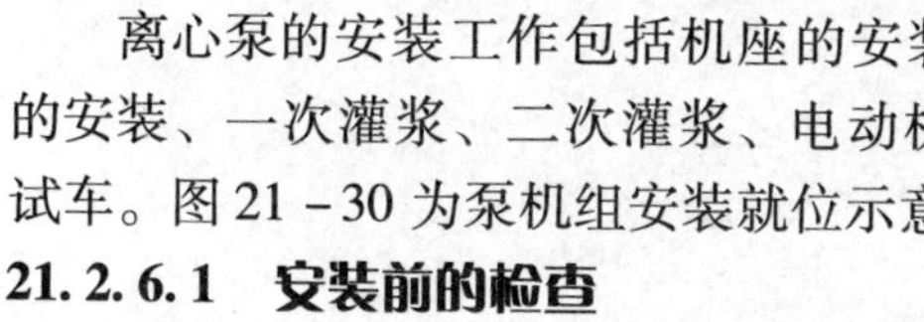

图 21－31 泵机组找正示意图

当使用一个隔膜型联轴器连接泵与其电机时，应该用百分表来校验找正。联接法兰间的隔离段应被拿开，露出联轴器毂盘。轴端的联接螺帽可以用来固定一个合适的延长杆或长度足以跨过联轴器毂盘间间距的支杆。百分表安装在这个杆上，对轮毂直径的同心度和毂盘面的平行度进行找正。从一个轮毂转到另一个轮毂可进行一次另外的检验。百分表延长杆必须进行挠度检验，而且应适当地校正读数。

21.2.6.3 泵安装质量验收

离心泵的安装工作包括机座的安装、离心泵的安装、电动机的安装、二次灌浆和试车。

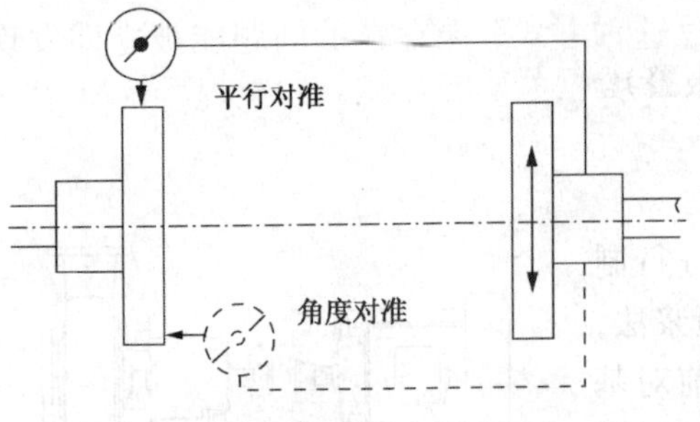

图 21－32　泵机组对中示意图

离心泵的安装技术要求如下：

（1）离心泵安装后，泵轴的中心线应水平（见图 21－32），其位置和标高必须符合设计要求；

（2）离心泵轴的中心线与电动机轴的中心线应同轴；

（3）离心泵各连接部分，必须具备较好的严密性；

（4）离心泵与机座、机座与基础之间，必须连接牢固。

21.2.7　离心泵的操作

21.2.7.1　启动

1. 启动前的准备

（1）检查主输泵两端轴承油位是否正常、润滑油是否变质。

（2）检查主输泵机械密封压缩调整片是否已旋出。

（3）检查电机绝缘电阻应合格。

2. 现场就地启动

（1）关闭主输油泵的出口阀。

（2）慢慢打开主输油泵入口阀。

（3）将油品缓慢充满入口管和泵体，打开主输油泵的放空排污阀，将主输油泵中的空气排放干净(注意放空时，先放低点再放高点)，排放完后关闭放空排污阀，手动盘车确认泵运转灵活(盘车要注意按相关的盘车要求执行)对于输送超出常温油品时，要注意让泵体均衡预热。0°C 以下的低温天气时，要注意用热水预热机械密封冲洗管，防止冲洗管封塞。

（4）将机械密封泄漏液收集腔的排液管线上的排污阀门打开。

注意：在泵运行过程中，站内其他部位需要排污时，要先将此排污阀关闭，防止由于污油管网连通，压力液体直接窜到机械密封泄漏液收集腔处，造成机械密封泄漏误报警或液体随转轴进入轴承箱中污染润滑油。排污完成后，将此排污阀再次打开。

（5）检查主输油泵机械密封在静态下是否有泄漏。

当上述工作完成后，并且主输油泵的入口压力达到规定值后，打开出口阀开度为 8%～10%，可以启动电机。

泵启动运转，在泵达到额定转速后，慢慢地将主输油泵的出口阀打到全开位置。

启动过程中要注意泵和电机有无异常声音，电流是否平稳。机械密封有无渗漏(注意检查机械密封泄漏液收集腔内有无液体积存，如果有，要及时查明原因，并将液体排放干净)，电流是否超过额定值，如有异常情况，应立即停机。

注意：泵只能短时间地在最小的流量操作范围内操作，泵的最小流量在特性曲线中给出。

21.2.7.2　运行过程中的监控

主输油泵的性能参数及监控参数见泵的说明书。图 21－33 为现场监测示意图。

在最初运行的2h内，要不断地监测泵。通过这种方式，泵存在的问题能被立即发现，并且采取相应的措施解决这些问题。

泵的监测包括：

(1) 进出口压力值是否在规定范围内，压力是否平稳。

(2) 检查油位是否符合规定(是否在2/3处)，油品是否变质。

(3) 检查轴承箱各测量点的温度不超过规定值(注意对比现场温度与远传的温度指示相差是否过大)。

(4) 检查泵机组(包括泵和电机)是否平稳运行，无异常震动(振动值不超标)。

图21-33 现场监测示意图

检查机械密封是否泄漏，如果泄漏量过大(泄漏量超过60滴/min)，尽快停泵，并 检查机械密封(必要时进行更换)。

(5) 机械密封泄漏液收集腔中是否积存液体。

(6) 检查电流不大于额定电流，并对电机功率消耗进行监测。

(7)阀门等连接处的严密性(有无跑、冒、滴、漏现象)。

(8)机械密封冲洗是否存在发热现象，如果存在要及时清理机械密封冲洗管。

21.2.7.3 停泵

(1)慢慢关闭主输油泵出口管线上的出口阀。

(2)关掉电机，观察泵的停转，直到泵完全停止。

注意：如果电机是停停动动或者是突然停止，可能是泵的转子被阻塞，应立即报告值班调度，并通知检维修人员处理。

(3)关闭主输油泵入口管线的入口阀。

(4)切断电机的电源，确保驱动电机不会自行地启动。

(5)确保主输油泵吸入口和排出口的阀门关闭严密，进出口不会自打开。

(6)关闭所有辅助管线的截止阀。

21.2.8 离心泵的维护

当离心泵处于稳定的工作状态时，应该按厂家说明书要求或操作规程要求，定期对泵进行巡回检查，记录运行参数，发现离心泵的不正常现象时，譬如泵运行时声音发生异常变化、轴承温度突然地变化和密封腔出现严重泄漏，应立即报告。若安装了压力表和流量计，巡回检查时要检查压力表和流量计的读数，并应在每天定期地检查振动。如果配备了记录仪表，应进行日常检查，以确定是电流容量、压力、动力消耗量，还是振动水平需要做进一步检查。如果这些读数用电子仪表读取，则应该形成趋势图，来观察作为时间函数的变化。可以考虑对某些趋势安排停机，以便提出劣化的特殊性能值。

21.2.9 离心泵在成品油管道上的应用

离心泵具有流量范围大，流量和压力平稳、转速较高、操作方便可行、结构紧凑、调节和维修相对方便、易于实现自动和远距离操作等优点。在液体输送管线上都采用离心泵来输送各种液体，其中包括柴油、汽油、原油等。泵的效率是十分重要的，因为输送液体需要很大的功率，管道运行的主要费用就是电机消耗的电费，提高主输油泵的效率可以大大降低管道运行成本。

21.2.9.1 主输油泵应用

成品油管线的主输油泵采用的是水平中开式离心泵。在大多数管线系统中，泵都是串联布置的，因为压头差主要是由于摩擦引起的能量损失造成的，如果其中某一台机组停车，则使过流流量只产生一部分能量损失。

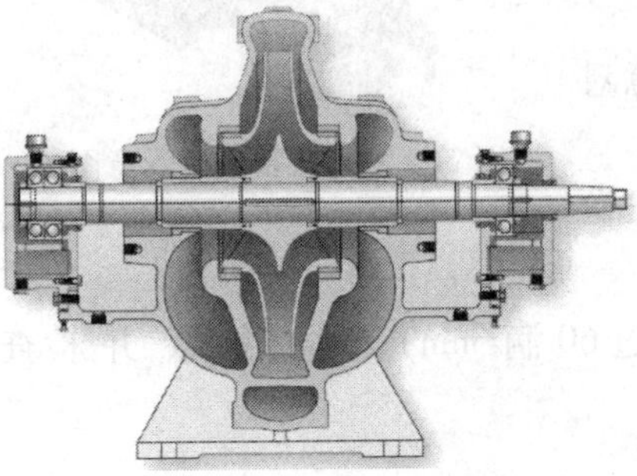

图 21－34 单级主输油泵

常见的管道主输油泵主要是单级双吸管线泵、两级双吸管线泵和四级管线泵。所有的泵都是双蜗室的，而且泵体都是水平剖分结构的。在流量高的大直径输油管线上串联运行时，单级双吸泵是典型的结构形式(见图 21－34)。

两级双吸泵是较高扬程应用的典型结构形式，功率等级可高达 5000kW。多级泵用于输油管线的支线泵站和管径较小的输油管线的泵站。可以根据所要求的压头差来选择泵的级数。多级泵最初可以卸掉一些级数，以产生比较低的扬程，这样可以节约功率；或者用适当的短管使多级泵的一部分叶轮级排列成串联或并联运行。正确的排列形式与系统特性曲线以及初始的输送流量及最终的输送流量有关。

如果转速和功率是规定的，则所有的泵都装有径向滑动轴承和滚珠推力轴承或滑动推力轴承。单级双吸泵和两级双吸泵的轴向推力是靠泵本身的作用平衡的。多级泵利用对置排列的叶轮结构来达到轴向力的平衡。所有现代化的泵，在填料函内都装有机械密封。

21.2.9.2 给油泵应用

给油泵常用于首站或起首站功能的泵站，主输油泵的吸入性能要求较高，为提高主输油泵的入口压力，保证输送流量，油罐液位静压很难保证达到前述要求，因此，在主输油泵入口流程上安装给油泵(中间输入站，称为输入泵，其实质起给油作用)。给油泵可以使用端吸径向剖分泵(见图 21－35)，也可以采用水平中开泵。端吸径向剖分泵剖分面沿径向进行剖分，进出口管道安装位置不足或空间相对较狭小的场合应用较多。另外，端吸径向剖分离心泵也是最常用的流程泵。

图 21－35 给油泵

21.2.9.3 管道泵应用

管道泵(见图 21－36)常用于油品转移注入、回掺、倒罐等用途。管道泵的结构主要由泵体、叶轮、密封装置、联轴器等部件组成。其联轴节通常为刚性联轴器，对安装的同心度要求较高。管道用作回掺时，可以通过旁路管线来对流量进行调节。管道泵的进出口管道，一般可大于排出管直径，以减少吸入管的阻力损失。进口管道的中心线高度应低于泵入口中心高，以防在管道上壁积存气体。泵的吸入管与排出应加支承，以免管道应力和重量集中到泵上，引起泵的振动。在泵的入口还要加装过滤器，防止杂质进入泵内。

21.2.9.4 污油泵应用

污油处理或污水处理时，污油等储存在卧式罐内，经常使用潜油式离心泵(见图 21－37)，将叶轮浸泡在油品中，通过延伸管将抽吸的污油排出罐外或接至其他容器内。

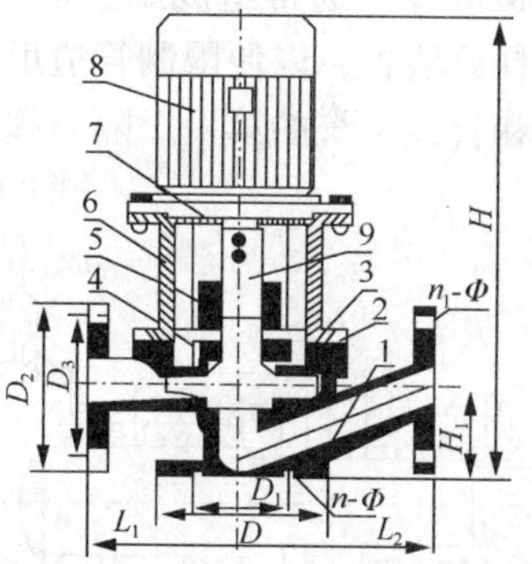

图 21－36　管道泵示意图

1—泵体；2—叶轮；3—泵盖；4—静环压盖；
5—机械密封；6—托架；7—柱头螺钉；
8—电机；9—叶轮轴

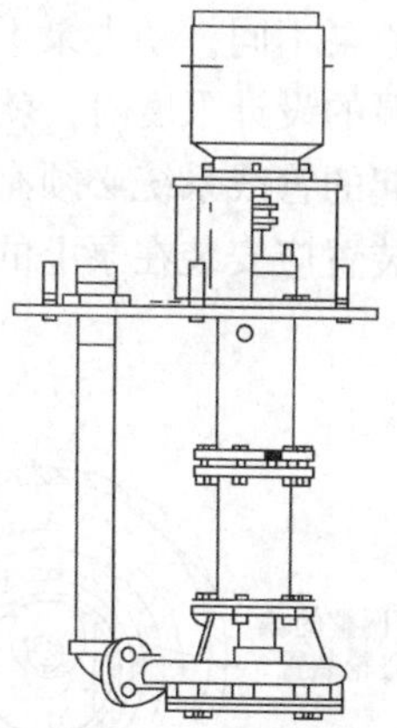

图 21－37　污油泵

21.2.9.5　磁力泵应用

磁力泵(见图 21－38)是由在隔离的壳体或隔膜内的转子、叶轮、介质润滑轴承和磁载体组成的组合体。转子由壳体或隔膜外部的磁体驱动。在驱动磁体与被驱动磁体之间没有机械接触。由于没有密封，常又称为无密封泵。开发无密封泵是为了消除具有填料密封或机械密封的泵向大气中泄漏有毒或有害液体。磁力泵在管道中常用于密度计系统的循环泵，为密度计检测成品油密度提供稳定的流量。

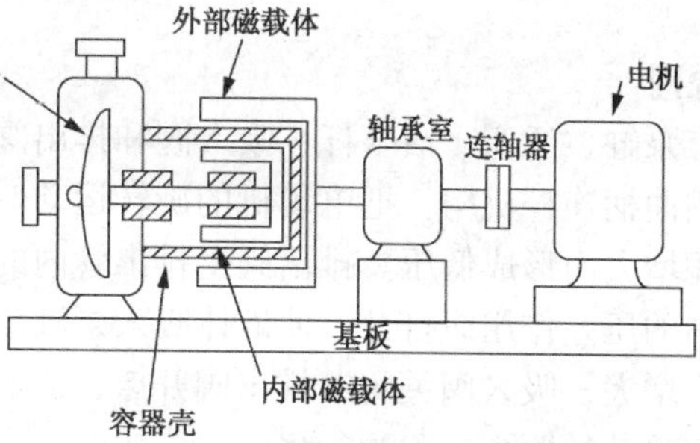

图 21－38　磁力泵

21.3　容积式泵

21.3.1　容积式泵的理论

与离心泵不同的是，动力泵不产生压力，它只形成液体流量。下游工艺或管道系统对流动产生阻力，从而在管道系统和泵的出口处产生压力。流量以与泵的转速和汽缸数量成正比的比率脉动。脉动振幅是汽缸数量的函数。一般，在额定的转速下汽缸的数量越多流量变化的幅度越小。

所有动力泵都能在很大的速度范围内工作，从而当它们与不同转速的驱动装置组合使用时可以产生不同的流量。当与其最高速度组合时，每个泵都有决定泵额定值的最大吸入和排出压力极限。泵可以适合低于它最大额定值的功率工况，但在机械效率上稍微有所降低。

动力泵是一个正排量的装置。运转时，它可以不受排出管线系统压力的制约连续不断地输送流体。与离心泵不同，动力泵不会随排出压力增加而产生“虚排”或“背离其曲线”的现象。当压力超过泵的设计限度时，就会出现机械故障，通常造成严重损坏。由于这个原因，所有与泵连在一起的管线系统必须有排出压力释放装置，以便限制管道里的压力，从而避免泵的事故。这些装置应安装在泵上的出口接管和管线系统的第一个隔离阀之间。

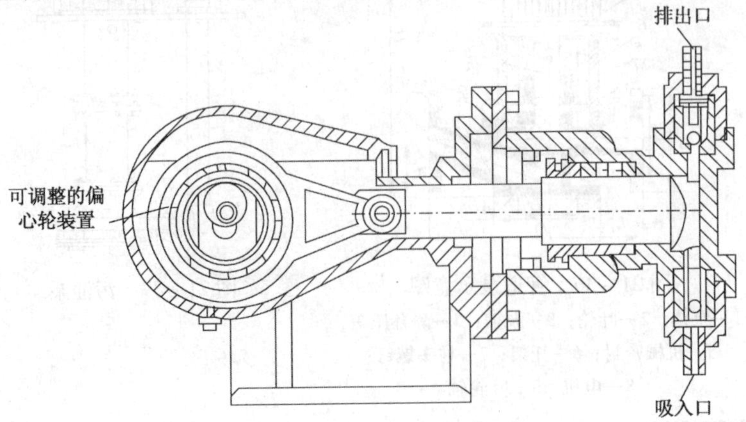

图 21－39　往复泵示意图

21.3.2　往复泵

往复式容积泵是容积泵的一种，见图 21－39。它依靠泵缸内做往复运动的活塞或柱塞来改变工作室的容积，从而达到吸入和排出液体目的。往复泵的基本原理是固定排出等量体积的液体。

21.3.2.1　往复泵工作原理

往复泵的主要部件有泵缸、活塞、活塞杆、吸入阀和排出阀。吸入阀和排出阀均为单向阀。电动往复泵通常是用曲柄连杆机构，把电动机的旋转运动变为活塞的往复运动。当活塞向右移动时，泵缸的容积增大而形成低压。排出阀受排出管内的流体压力作用而关闭；吸入阀受储液槽液面与泵缸内的压差作用而打开，使液体吸入泵缸。当活塞向左移动时，由于活塞的推压，缸内液体压力增大，吸入阀关闭，排出阀开启，使液体排出泵缸，完成一个工作循环。活塞在泵缸两端间移动的距离，称为行程。

活塞往复一次，各吸入和排出一次液体，称为一个工作循环；这种泵称为单动泵。

若活塞往返一次，各吸入和排出两次液体，称为双动泵。

21.3.2.2　往复泵的安全阀

往复泵在运转操作中如关闭出口，会产生一个无限上升的压力，因此最好采用安装阀作为泵、管道及阀门等最小的安全保护装置。当超过设定压力时，安全阀可以引导介质从出口回到入口。若安全阀被重新调整，调整螺丝的螺纹必须被重新锁定。应该用泵的全流量计算安全阀。调定压力或开启压力必须在操作压力以上，才足以防止正常压力波动启动安全阀。

21.3.2.3　往复泵的流量

往复泵的流量与压头无关，与泵缸尺寸、活塞冲程及往复次数有关。往复泵的实际流量比理论流量小，且随着压头的增高而减小，这是因为漏失所致。往复泵的流量不能用排出管路上的阀门来调节，而应采用旁路管或改变活塞的往复次数、改变活塞的冲程来实现。

21.3.2.4　往复泵的压头

往复泵的压头与泵的流量及泵的几何尺寸无关，而由泵的机械强度、原动机的功率等因素决定。往复泵启动前必须将排出管路中的阀门打开。

21.3.2.5 往复泵工作特点

适用的压力范围广，不论流量大小都能达到所需压力；效率较高；适应性较强，流量不受压力高低的影响，特别在小流量的范围内，几乎能满足工程上的任何使用要求；转速较低，机器大而重；结构复杂，易损件多，维修工作量大；流体的吸入和排出不连续，容易造成吸排管道内的压力脉动。

21.3.2.6 往复泵的操作

（1）检查所有的紧固件是否上紧。

（2）检查所有管路是否漏油现象。

（3）检查往复泵的的润滑油位是否满足要求。

（4）将泵的进出口阀门打开。

（5）点动电源开关，观察电机转向是否正确。

（6）启动泵，若无异响再打开排出阀门向系统添加物料。

21.3.2.7 往复泵的常见故障与维护

往复泵的常见故障与维护见表21-1。

表21-1 往复泵的常见故障与维护内容

故障	原因分析	处理措施
初始启动无流量或流量很小，压力表指针不动	入口阀门没有打开 排出口阀门故障 泵内有空气	打开入口阀门 检查排出口阀门 排除泵内空气
柱塞处密封泄漏严重	压紧弹簧损坏 密封圈磨损严重 柱塞严重划伤	更换弹簧 更换密封圈 更换柱塞
泵流量下降或冲击严重	吸入口阀门损坏 吸入口和排出口弹簧损坏 泵内空气未排净	更换新阀 更换弹簧 排净空气
泵的润滑油泄漏严重	油封损坏 箱体其他漏油 加油过多	更换油封 处理漏油处 放油至适合位置
泵运转声音不正常有撞击声	滑块压紧螺母松动 运动机件松动 轴承损坏 齿轮损坏	拧紧滑块压紧螺母 调整松动零件 更换轴承 更换齿轮
泵箱体温升过快或温度过高	轴瓦损坏或曲轴损坏 润滑油不足或太脏 润滑油太多	更换轴瓦或曲轴 清洗油池，更换新油 放油至适合位置
泵的压力上不去	管路漏液 安全阀不密封	检查各处密封情况，更换密封件 检查安全阀

21.3.3 隔膜泵

隔膜泵是另外一种类型的容积泵，它的特点是将柔性薄膜和止回阀相结合，以把液体排出或吸入泵腔。这类泵广泛用于传输或测量流量约在1150L/min左右的场合。它的用途很广，可用来输送很多种不同的流体。

21.3.3.1 隔膜泵工作原理

在预先设定的冲程长度下，活塞在精确量值的缸内往复运动，移出精确的流体。此活塞不打击介质，它打击液压油。活塞和其相关的机构被封装在偏心的箱内，此箱也被用作液压油的储存箱。隔膜将液压油与被泵打出的介质分开。隔膜的运动完全响应活塞的位移。隔膜只是用作分离，而无其他作用。因此，油的移出量被相等地传输至介质。活塞的回程使介质通过吸口逆止阀进入。活塞的正行程将相同量的介质通过出口逆止阀排出。隔膜泵工作原理如图21－40所示。

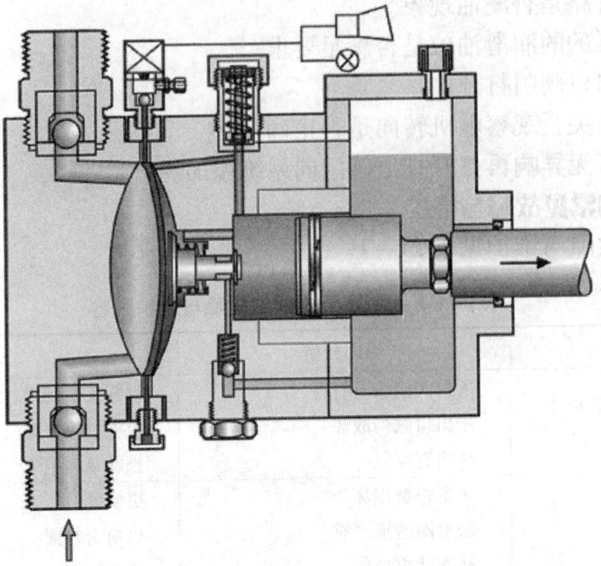

图21－40 隔膜泵工作原理示意图

21.3.3.2 压力缓冲器

最常用的缓冲器为充气型的。这类装置通常用氮气按系统压力的50%～60%充气。虽然，这类装置比较便宜，但它们却能使相互连接的管线系统的压力脉动削减90%，脉冲频率低于50Hz。蓄能器，是最经常使用而且在控制脉冲上也是相当有效的。当使用充气减振器时，气体的压力必须被监控和维持，因为气体可能被液体吸收。系统压力有时会低于充气压力，如在泵启动时就是这样，因此应安装一个阀门，以便在启动期间切断蓄能器，消除气体向原液的泄漏。当阀关闭时，蓄能器与系统隔开，此时它不起作用。应当适度调节配有完整止回阀的蓄能器，以使压力瞬变不能关闭止回阀和导致蓄能器失效。图21－41为缓冲罐示意图。

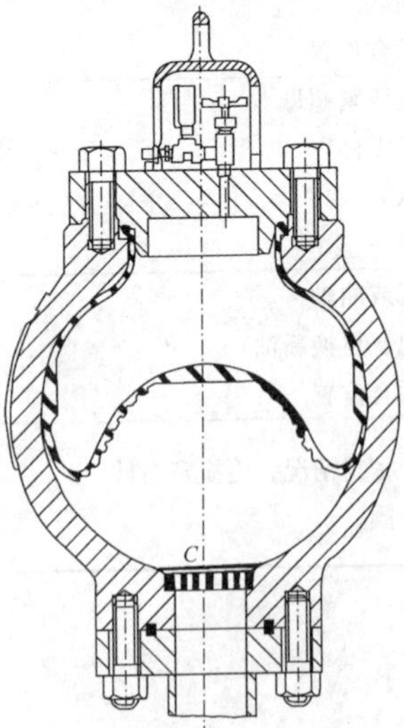

图21－41 缓冲罐示意图

21.3.3.3 隔膜泵的操作

计量泵都带手轮用作手动冲程调节。手轮安装在偏心箱上，可以调整到从0%到100%冲程中任何点，调整方法为按下手轮并旋转。调整后的冲程是锁定的：即按下手轮脱离锁定调整冲程，调整后释放自动恢复锁定。相邻手轮有一个位置指示器显示输出位置设定。冲程调整可以在泵运行和停机时操作，但运行时的操作更容易些。

开启进口和出口管路隔离阀。

如果管路系统的设计和储液罐能够使流体自己进入泵，则不需要灌注。在泵出口管路存在较大压力的空气或其他的情况下，有必要降低此压力保证泵能自启动。

如果安装产生吸程要求，有必要灌注泵液端及进口管。先灌注液端。松开出口四个连接螺栓作为整体拆下出口阀。将介质或与介质兼容的液体通过出口阀处加入，然后装上出口阀旋紧连接螺栓。

设定泵冲程于0%位置启动泵然后缓慢增加冲程到100%以自启动泵。如果仍然不能工作，有必要灌注进口(吸口)管路。

灌注吸口管需要阀或类似设备能在吸口管的末端保持液体。拆卸泵进口阀组件，灌入液体装上进口阀，然后拆卸出口阀组件，灌入液体如前述要求。

然后如前述要求启动泵，泵此时可以自启动。

所有计量泵为了使冲程设定与要求流量对应必须进行标定。

21.3.3.4 隔膜泵的常见故障与维护

隔膜泵的常见故障与维护见表21－2。

表21－2 隔膜泵的常见故障与维护

问　题	可能原因	措　施
泵不能启动	联轴器脱开	连接联轴器
	电源故障	检查电源
	保险或断路器断开	更换、排除负载问题
	电缆断路	检查并修理
	接线不正确	核对接线图
	管路系统堵塞	打开阀门
没有输送	电机没有运转	检查电源核对接线图
	供料灌空	灌料
	管路堵塞	清洗
	管路阀门关闭	打开阀门
	球型逆止阀被脏物堵塞	清洗
	气锁空穴	增加进口压力
	无法灌注	重新灌注并检查泄漏
	过滤器堵塞	拆下清洗，如必要则更换滤网
	液压系统浇注不足	参见“灌注泵”

21.3.4 齿轮泵

齿轮泵被广泛应用在各种不同的场合，它也是所有转子泵中最常用的一种。

齿轮泵由两个齿轮相互啮合来产生泵的输液作用。其特点是一个齿轮驱动另一个齿轮。各齿轮间的直接接触形成了一部分从泵入口到出口处的运动着的液封。齿轮的径向外齿顶和齿轮侧面形成进口到出口之间的运动着的液封。当齿轮运动时，齿轮的接触迹线沿齿面移动，并且在运转期间啮合和不啮合时非连续地由一个齿跳到另一个齿上去。

21.3.4.1 齿轮泵的工作原理

齿轮泵主要是由椭圆形泵壳和两个齿轮组成。其中一个齿轮为主动齿轮，由传动机构带动，另一个为从动齿轮，与主动齿轮相啮合而随之作反方向旋转。当齿轮转动时，因主动齿轮相互分开而形成低压，吸入液体，并沿壳壁把液体推送到排出腔。在排出腔里面，两齿轮相互合拢使液体受挤而形成高压而排出。如此靠齿轮的旋转位移，吸入和排出液体。能产生较高扬程，流量均匀。适用于流量小、无固体颗粒的各种油类黏液体的输送。具有构造简单、维修方便、运转可靠等优点。

齿轮泵的两种主要类型是外啮合齿轮泵和内啮合齿轮泵(见图21－42)，而外啮合齿轮泵又可以分为同步的和非同步的，对于外啮合齿轮泵，齿轮的齿牙都加工在齿轮外径上，并在外径啮合。轴承支撑轴的两端，齿轮安装在轴上并位于轴承的中间，这就阻止了轴的偏移以及齿轮和泵体壁的接触，从而能使泵在更高的压力下工作，而且长期产生的总磨损量比其他可能的情况都少。

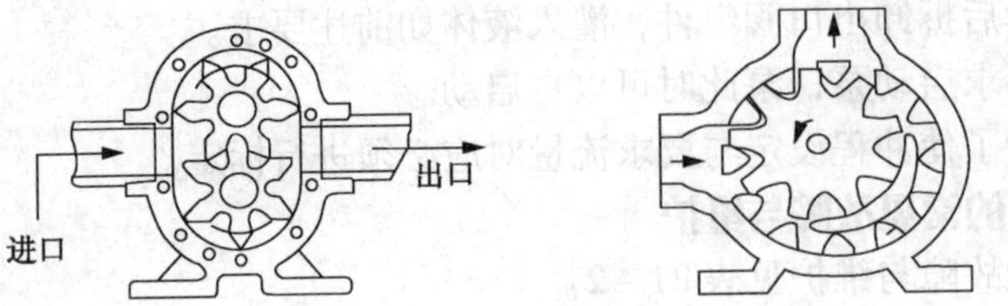

图21－42　齿轮泵工作原理示意图

21.3.4.2　齿轮泵的操作

(1) 将齿轮泵的进出口阀门打开。

(3) 第一次开机时泵体内充入介质，以确保泵的自吸能力。

(3) 检查控制装置。

(4) 检查旋转方向是否正确。

(5) 确保进出口管路畅通。

(6) 启动齿轮泵。

21.3.4.3　齿轮泵的常见故障与维护

齿轮泵的常见故障与维护见表21－3。

表21－3　齿轮泵的常见故障与维护

故　障	可能的原因	原因描述
泵不自吸	1、3、4、8、9、13	真空度过高
泵不能维持流量	1、5	黏度太高
流量太小	2、3、5、7、8、9、13	密度过高
噪音高	2、5	温度过高
电机超载	4、10	吸入空气
泵堵塞	4、10	压力过度
泵体磨损严重	8、10、11	安全阀有缺陷
		泵腐蚀
		泵磨损
		泵体内有杂质
		填料箱压得过紧
		电机有缺陷
		管道直径过小或管道堵塞

21.3.5 容积泵在成品油管道上的应用

容积泵在成品油管道上主要应用计量、流量控制等场合，往复泵适用于高压小流量，特殊性介质，譬如高黏度、强腐蚀、易燃、易爆、各种高压液体。往复柱塞泵和隔膜式计量泵在成品油管道上主要应用于回注流程中，作为混油回掺注入泵以及减阻剂注入系统的注入泵；齿轮泵主要应用于减阻剂注入系统的喂料泵，部分齿轮泵还可应用于密度计系统，用作流量循环，使密度计能够检测流体密度。

21.4 电动机

21.4.1 电动机的作用

电动机工作时，定子绕组产生旋转磁场并作用于转子形成磁电动力旋转扭矩，是把电能转换为机械能的一种设备，在输油站中主要用于带动各种离心泵、往复泵和磁力泵等设备。

21.4.2 电动机的分类

电动机的种类很多。按其功率分类，可分为微型电动机、中小型电动机、大型电动机。按其所使用的电源分类，又可分为三相电动机、单相电动机、直流电动机、交直流两用电动机(单相串励电动机)。

三相交流电动机按其转子转速分类，可分为三相同步电动机和三相异步电动机。三相异步电动机根据转子结构的不同，又可分为三相绕线式异步电动机(转子为绕线式，并带有滑环和电刷)、三相鼠笼式异步电动机。

输油站中主要使用的是防爆型三相异步电动机。

21.4.3 三相异步电动机

21.4.3.1 工作原理

无论是直流电动机，还是交流电动机，或交直流串激电动机，都是在磁场和电流(带电流的导体)的共同作用下的工作结果，二者缺一不可。

1. 磁场的产生

磁场的形式有两种方式，其一是永磁铁形成的恒定磁场；另一种磁场为电磁场。

电磁场的产生是由于载流导体或载流线圈产生的。当导体或线圈通以直流电流时，产生恒定磁场；当导体或线圈通以正弦交流电流时，产生交变磁场。

磁场有强弱之分。磁场的强弱主要取决于磁动势和磁路的磁阻，当然磁路的长度也起着重要的作用。描述磁场的有六个基本物理量，即磁场强度 H 、磁通密度 B 、磁通量 ϕ 、磁动势 F_m、磁阻 R_m、磁导率 μ 。它们之间关系为：

$$\phi = SB \qquad B = \mu H \qquad \phi \frac{F_m}{R_m} \tag{21-11}$$

2. 载流导体和载流线圈在磁场中受到的电磁力和电磁力矩。

载流导体在磁场所受到的电磁力的大小取决于导体内的电流强度 I (交流电流为有效

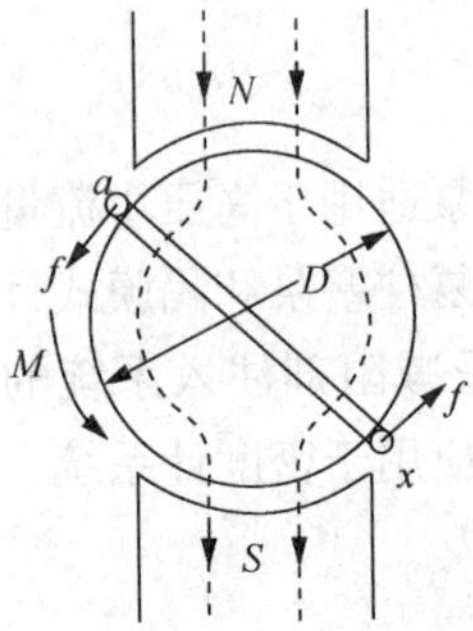

图 21－43　电磁力矩的产生原理

值)，取决于导体在磁场中的有效长度 L，还取决于磁场的磁通密度 B。电磁力与这三个量之间的关系为 $F = BLI$ (N)(B 为平均磁通密度)。

载流线圈在磁场中受到的电磁力矩 M 取决于线圈通过电流的大小(正弦交流为有效值)，取决于线圈的有效匝数 N，取决于线圈在磁场中的有效长度 l，还取决于磁场的平均磁通 B 和线圈的直径 D。载流线圈在磁场中受的电磁力矩 M 与以上五个量的关系可以表示为：$M = BLNID$ (N·m)。载流线圈在磁场中产生电磁力矩是电动机转动的基本原理，如图 21－43 所示。

3. 运动导体和运动线圈在磁场中产生的感应电势和感应电流

运动导体在磁场中之所以产生感应电势，其原因是运动导体切割磁力线。在磁场中运动的导体如果不切割磁力线，它就不会产生感应电势。在磁场中产生切割磁力线运动的导体所产生的感应电势 E 的大小取决于磁场的磁通密度 B，取决于导体切割磁力线的线速 V，取决于导体在磁场中的有效长度 l。感应电势 E 和 B、l、V 之间关系为 $E = BlV$ [V]。

在磁场中旋转的线圈也会产生感应电势 e。只要磁场与线圈之间有相对运动，则会在线圈中产生感应电势。因为线圈中通过的磁通量有变化，所以线圈会产生感应电势。线圈中产生的感应电势 $e = -N\frac{\mathrm{d}\phi}{\mathrm{d}t}$。当我们将线圈制成封闭(闭合)线圈，线圈产生感应电势时，必然产生感电流。

4. 三相异步电动机的工作原理、转矩及机械特性

电动机的作用是将电能转换为机械能。电磁转矩是三相异步电动机的重要物理量；机械特性是描述电动机转矩与转速之间的关系。分析电动机时是离不开它们的。

(1) 三相异步电动机的转动原理三相异步电动机定子上有三相对称的绕组，当定子绕组通入三相交流电时即可产生旋转磁场，此时，转子上部导体相当于向左切割磁力线，根据右手定则可知，产生的感应电动势方向朝外；下部导体相当于向右切割磁力线，则所产生的感应电动势方向朝里，由于笼型的导体是短路的，因此，转子绕组中产生感应电流，通电导体在磁场中受力，其方向根据左手定则确定，上部导体受力向右，下部导体受力向左，这两个力对轴形成转矩，并且转矩的方向与旋转磁场方向一致，所以转子便顺着旋转磁场方向转动起来。根据电磁感应原理，异步电动机也叫感应电动机。在实际交流异步电动机中，它的转子转动就是依靠定子绕组形成的旋转磁场带动。交流异步电动机定子旋转磁场是如何产生的，其转向又是由什么条件决定的呢？这些问题下面将作详细的陈述。

三相异步电动机的定子铁芯冲有很多槽，在定子槽内要均布三相定子绕组。三相定子绕组分别称为 A 相绕组(A_x)，B 相绕组(B_y)，C 相绕组(C_z)。每相绕组都有首、尾两条引出线(三相定子绕组首边引出线有三条，尾边引出线有三条)，定子三相绕组首、尾串联相接，而将每个首、尾相接点引出三棵线接电源的三棵火线。这样的联接方式被称为定子绕组三角形接法(△接)。如果将定子三相绕组的首 A、B、C 接在一起，或者将三相绕组尾 X、Y、Z 接在一起；将余下的三个端头引出三棵线与电源三棵火线相接，被称为电动机绕组星形联接(Y 接)。对称三相绕组示意图如图 21－44 所示。

由于三相绕组在空间分布上相差 120°，每相绕组的匝数(W_1)相等，三相绕组又是均匀分布，三相绕组所用漆包线的规格、材质、长度又相同，所以称三相定子绕组对称。无论三相绕组怎样联接，只要将它们的三根引出线接到三相对称电源，则会使三相定子绕组中产生三相对称电流。也就是说，每相绕组流过的电流有效值是相等的，每相绕组所加的相电压与其通过的电流之间的夹角，即相位差是相等的，而且三相绕组通过的电流间的相位差为120°。每相绕组的电流瞬时表达式为：

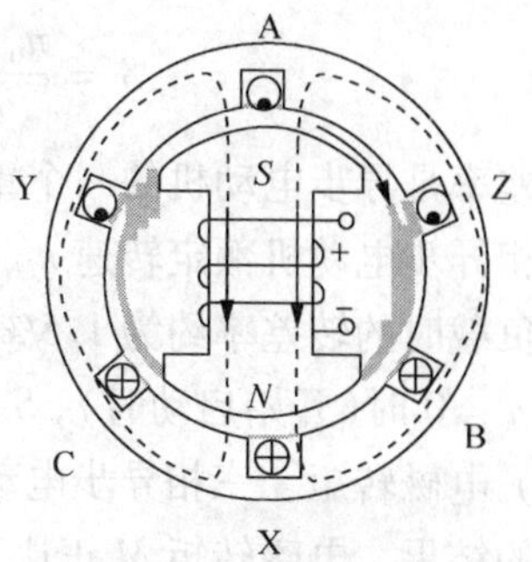

图 21 - 44　对称三相绕组示意图

$$\begin{cases} i_U\varphi = I_m\sin\omega t \\ i_V\varphi = I_m\sin(\omega t - 120°) \\ i_W\varphi = I_m\sin(\omega t + 120°) \end{cases} \quad (21-12)$$

图 21 - 45 为三相绕组电流波形图。

其每相绕组电流波形如图 21 - 45 所示。

现在我们将三相绕组的尾端引出线 x、y、z 接在一起，而将其三相绕组的首端 A、B、C 的三根引出线分别联接于三相电源的三根线。设定电流的方向(正方向)是从每相绕组的首端流入。由于三相绕组采用星形接法(Y 接)，所以每相绕组的相电流，就是三根火线上的电流，每相绕组所承受的电压(相电压)为线电压的$\frac{1}{\sqrt{3}}$。

通过分析可知，三相异步电动机的定子绕组通过对称的三相电流，电动机的定子绕组就会形成圆形旋转磁场。定子磁场的旋转方向，是从定子绕组电流跃前的绕组位，向绕组电流滞后的方向旋转。由前面分析可知，定子有旋转磁场，就会在电动机转子导条中产生感应电势和感应电流，转子会产生电磁力矩，转子会跟着定子磁场旋转。但是转子的旋转速度总是与定子磁场旋转速度有一个差值，这就是三相异步电动机名词的来源。

(2) 三相异步电动机的定子磁极与磁场转速之间的关系。在第二节中我们介绍了电动机转子是跟随定子磁场旋转的，其原因是鼠笼导条必须切割磁力线才能产生感应电势和感应电流，即只有转子与定子旋转磁场有相对位移才行，也就是说只有转子转速 n 比定子旋转磁场转速 n_0小，才能使转子导条产生感应电势和电流，转子导条电流与定子磁场相互作用，才能使其跟着旋转磁场转动，如图 21 - 46 所示。

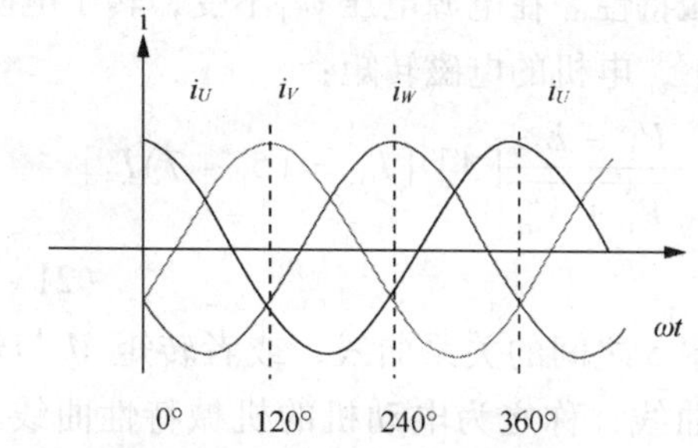

图 21 - 45　三相绕组电流波形图

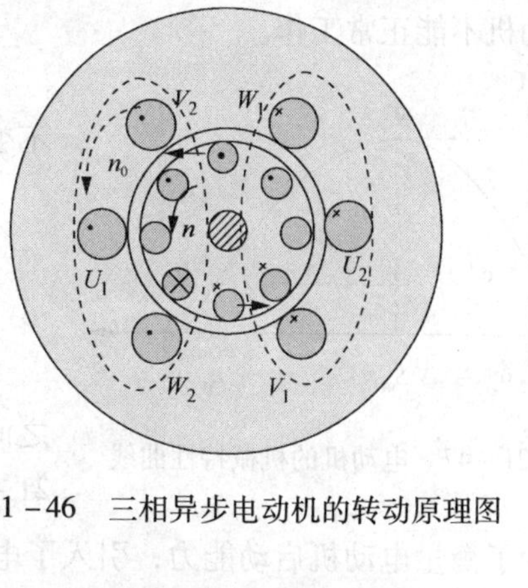

图 21 - 46　三相异步电动机的转动原理图

我们用转差率 S 来表示转子转速 n 与旋转磁场转速 n_0相差程度，即：

$$S = \frac{n_0 - n}{n_0} \times 100\% \qquad n = n_0(1 - S) \tag{21-13}$$

转差率是异步电动机的一个重要的物理量。转子转速越接近同步速，转差率 S 就越小。由于三相异步电动机额定转速 n_N 与同步转速相近，所以它的转差率很小。通常异步电动机在额定负载时的转差率约为1.5%～6%之间。

当 $n=0$ 时(开始启动时)，$S=1$，这时转速率最大；定子电流最大。

(3) 电磁转矩。三相异步电动机的电磁转矩是由旋转磁场每个磁极的磁通 Φ_m 与转子电流作用的结果。电磁转矩 M 正比于磁通 Φ_m 与转子电流 I_2 的乘积。此外，电磁转矩 M 还与转子的功率因数 $\cos\phi_2$ 有关。下面给出三相异步电动机电磁力矩(转矩) M 与磁通 Φ_m、转子电流 I_2、转子电路功率因数 $\cos\varphi_2$ 三者之间的数量关系。

$$M = K_M \Phi_m I_2 \cos\varphi_2 \tag{21-14}$$

式中　K_M 是与电动机结构有关系的系数。

由于磁通 $\Phi_m \frac{U_1}{4.44 f_1 W_1}$(式中 U_1 为电动机每相绕组所加电源电压，f_1 电压频率为50Hz，W_1 为定子每相绕组的总匝数)，所以电动机电磁力矩 M 与电压关系式为

$$M = K \frac{S R_2 U_1^2}{R_2^2 + (S X_{20})^2} \tag{21-15}$$

式中　K——与电机结构和有关参数有关的系数，$K = K_M \frac{W_2}{W_1 f_1}$；

R_2——转子一相绕组的电阻值

S——电动机转差率，$S = \frac{n_0 - n}{n_0}$；

X_{20}——电动机不转时，转子一相绕组的漏感抗；

W_2——转子每相绕组的总匝数；

U_1——定子一相绕组所加电压的有效值。

通过以上分析得知电动机正常运行时，电源电压对电动机工作影响是很大的。电动机的电磁力矩 M 正比于电源电压 U_1 的平方。例如电动机的额定电压为380V，如果电压降低到360V。则电磁力矩下降为原来的80%。这样对大型电动机来说，就会产生严重的过电流，使电动机不能正常工作。

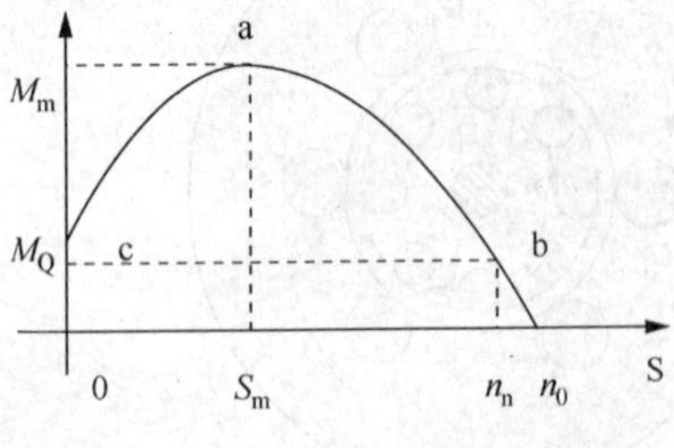

图21-47　电动机的机械特性曲线

(4) 机械特性。在电源电压 U_1 不变，转子电阻 R_2 不变的情况下，电机的电磁转矩：

$$I_Q = \frac{U_1 - E_1}{\sqrt{R_1^2 + X_{\sigma 1}^2}}[A] \; [I_Q = (5 \sim 7) I_N] \tag{21-16}$$

与转差率 S 之间的关系曲线，或者转矩 M 与转速之间的关系曲线，称之为电动机的机械特性曲线。图21-47所示为电动机的机械特性曲线。

为了衡量电动机启动能力，引入了电动机启动系数的概念。电动机的启动系数定义为启动力矩 M_Q 与额定力矩 M_N 的比值。一般三相异步电动机的启动系数在1.5～2范围内。

21.4.3.2 三相异步结构

三相异步电动机主要分两个基本部分，定子(固定部分)和转子(转动部分)。除此之外电动机还有机壳、端盖、轴、轴承、风扇、罩壳等部件。

三相异步电动机的定子由机座和装在机座内的圆形铁芯、定子绕组组成。铁芯由硅钢片冲压成型后叠制而成。铁芯有嵌定子绕组的定子槽，槽内有定子三相绕组。机座是用铸铁或铸钢制成。

三相异步电动机的转子根据构造上的不同分为两种型式，鼠笼式和绕线式。转子铁芯是圆柱状，也是用硅钢片冲压成型后叠制而成，表面冲有槽，以便放入导条或者转子绕组。转子铁芯套压于轴上，鼠笼式电动机的转子绕组做成鼠笼状。转子导条嵌入转子铁芯槽内，而两端用闭合端环使导条全部短接。目前常用的鼠笼转子多为铸铝制成鼠笼绕线式异步电动机。它的转子绕组和定子绕组基本相同，转子绕组是三相绕组，接成星型；每相绕组的引出线分别接于三个铜质滑环上，滑环之间相互绝缘。在滑环上用弹簧压着碳质(或者石墨)电刷。电刷引出线接到启动电阻和调速电阻上，也就是要串电阻启动。绕线式电动机多用于起重设备和要求调速的系统中。

鼠笼式异步电动机和绕线式异步电动机相比，只是转子结构不同，但它们的工作原理是一样的。鼠笼式三相异步电动机由于结构简单，价格低廉，工作可靠，使用和维修都很方便，故而得以广泛使用。绕线式异步机结构就复杂得多，价格比较贵，所以对启动力矩没有特殊要求的设备中尽量不选用绕线式异步电动机。

21.4.3.3 主要参数

要正确使用电动机，必须要看懂铭牌内容。现以某品牌电动机为例，来说明铭牌上各数据的意义。如表 21－4 电动机铭牌参数示列。

表 21－4 电动机铭牌

<table>
<tr><td colspan="11">×××电动机铭牌</td></tr>
<tr><td colspan="11">3 ~ MOT 1MS4 450 －2EN80 －Z NON －S71139063250001/2004 IMB3 Th CI F</td></tr>
<tr><td>V
10000
Y
±10%</td><td>Hz
50</td><td>Eex nA Ⅱ t3
EN 50021</td><td>A
22.5</td><td>kW
330</td><td>cos
ϕ
0.90</td><td>1/min
2980</td><td>IA/IN</td><td>TE s</td><td>Certif. No</td><td>IP
56
→
UVW</td></tr>
<tr><td colspan="11">Rotor SQU. CAGEKL EN/IEC 60034 －1 Gew/WI 47.1</td></tr>
<tr><td colspan="11">9500…. 10500V. 23.5…21.5a</td></tr>
<tr><td colspan="11">Ta： －8.. ＋40℃</td></tr>
<tr><td colspan="11"></td></tr>
<tr><td colspan="11">MADE IN XXX</td></tr>
</table>

1. 电机型号

电动机型号由产品代号、规格代号、特殊环境代号、补充代号等 4 部分组成。并按下列顺序排列：

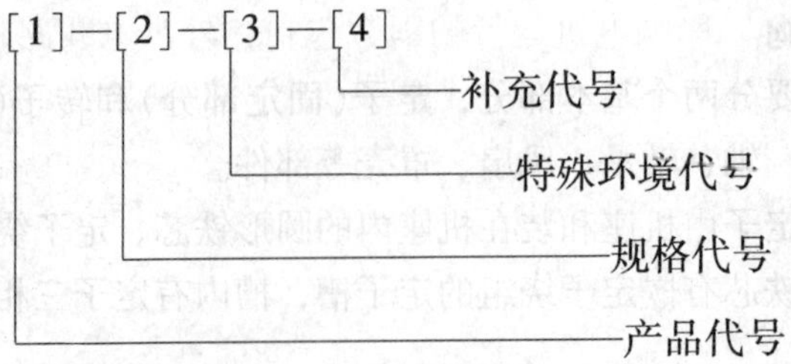

一般为了表征电机的性能，结构或用途而采用汉语拼音字母。如 Y 表示异步电动机，B 表示隔爆型，YB 为隔爆型异步电动机。

2. 额定频率

在交流电路中，电流每秒钟变化的周期次数称为频率；通俗的讲，额定频率是指在交变电流电路中 1s 内交流电所允许而必须变化的周期数称为额定频率。中国电力工业的标准频率定为 50Hz。

3. 接线方式

电机的接线方式指的是电机定子绕组与电源是采用 Y(星)型联接还是采用△(三角)型联接。

4. 防爆等级

一般电机铭牌上标识的为外壳防护等级(IP)代码。作为应用于易爆危险区的设备，对其外壳的保护等级亦应作出规定，赋予一定的代码，即 IP 等级号。保护等级由两位数字组成，在其前加上 IP 字样。第一位特征数字防止固定导体异物进入，第二位特征数字防止进水造成有害影响。“IP55”即表示该电机的外壳防爆等级为防尘、防喷水。

5. 功率因数

在交流电路中，电压与电流之间的相位差(Φ)的余弦叫做功率因数，用符号 $\cos\Phi$ 表示，在数值上，功率因数是有功功率和视在功率的比值，即 $\cos\Phi = P/S$ 。功率因数是衡量电气设备效率高低的一个系数。功率因数低，说明电路用于交变磁场转换的无功功率大，从而降低了设备的利用率，增加了线路供电损失。所以，供电部门对用电单位的功率因数有一定的标准要求。

6. 额定电压

额定电压就是指电器长时间工作时所适用的最佳电压。通俗的讲，电器正常工作时两端的电压值。我国的额定电压等级分别有 380/220V、10kV、35kV、110kV、220kV、330kV、500kV、750kV、1000kV。

7. 额定电流

电气设备额定电流是指在额定环境条件(环境温度、日照、海拔、安装条件等下)，电气设备的长期允许电流。

8. 额定功率

额定电压与额定电流的乘积就是电气设备的额定功率。在正常运行工作状况下，动力设备的输出功率或消耗能量的设备的输入功率。机器的额定功率是一定的。

21.4.4 三相异步电动机的运行及维护

21.4.4.1 三相异步电动机的运行

成品油管道上使用的三相异步电动机基本上采用的是室外露天放置，因此外部环境的变化对电机的运行影响很大。影响电机运行的因数包括：外供电线路过长、农业电网不稳定；启动容量不足、电压变化大；遭受雷击、造成晃电多；电机暴晒、发热而烧毁电机等。本小节重点讲述输油站如何延长电动机寿命。

输油站一般远离所在地区的供电枢纽中心，受供电条件限制，输油站变电所的电源主要以架空线就近接入，供电线路普遍较长，部分并接在当地的农电电网上，甚至与其他用户 T 接共用，供电网络的基础设施不完善，供电保障能力较差，故障较多，检修频繁，加上雷雨台风、冰冻雪灾等恶劣因素的影响，泵站的供电可靠性较低，供电电压波动较大。

电压变化对电机转矩、功率及转速的影响：电压下降时，电机的输出转矩及输出功率均与电压的平方成比例下降，电机转速随之下降，随后电流增加(此时若电机负荷过大，则容易发生过载现象)，输出功率有所回升。

供电电压标准：6kV 和 10kV 线路电压的正常波动范围为 ±7%，电动机端子供电电压的正常波动范围为 ±5%。

下面重点讲述如何避免电动机烧毁的措施：

1. 经常保持电动机的清洁

电动机在运行中，进风口周围至少 3m 内不允许有尘土、水渍和其他杂物，以防止吸入电机内部，形成短路介质，或损坏导线绝缘层，造成短路，电流增大，温度升高面烧毁电动机。所以，要保证电动机有足够的绝缘电阻，以及良好的通风冷却环境，才能使电动机在长时间运行中保持安全稳定的工作状态。

2. 保持电动机在额定电流下工作

电动机过载运行，主要原因是由于拖动的负荷过大，电压过低，或被带动的机械卡滞等造成的。若过载时间过长，电动机将从电网中吸收大量的有功功率，电流便急剧增大，温度也随之上升，在高温下电动机的绝缘使老化失效面烧毁。因此，电动机在运行中，要注意经常检查传动装置运转是否灵活、可靠；联轴器的同心度是否标准；齿轮传动的灵活性等。若发现有滞卡现象，应立即停机查明原因，排除故障后再运行。

3. 经常检查电动机三相电流是否平衡

三相异步电动机，其三相电流任何一相电流与其他两电流平均值之差不允许超过 10%，这样才能保证电动机安全运行。如果超过则表明电动机有故障，必须查明。

4. 检查电动机的温度要经常检查电动机的轴承、定子、外壳等部位的温度有无异常变化

尤其对无电压、电流和频率监视及没有过载保护的电动机，对温升的监视更为重要。电动机轴承是否过热、缺油，若发现轴承附近的温胜过高，就应立即停机检查。轴承的滚动体、滚道表面有无裂纹、划伤或损缺，轴承间隙是否过大晃动，内环在轴上有无转动等。出现上述任何一种现象，都必须更新轴承后方可再行作业。

5. 观察电动机有无振动、噪声和异常气味

电动机若出现振动，会引起与之相连的负载部分不同心度增高，形成电动机负载增大，出现超负荷运行，就会烧毁电动机。因此，电动机在运行中，尤其是大功率电动机更要经常检查地脚螺栓、电动机端盖、轴承压盖等是否松动，接地装置是否可靠，发现问题及时解决。噪场声和异味是电动机运转异常、随即出现严重故障的前兆，必须随时发现、查明原因并排除。

6. 保证启动设备正常工作

电动机启动设备技术状态的好坏，对电动机的正常启动起着决定性的作用。实践证明，绝大多数烧毁的电动机，其原因大都是启动设备工作不正常造成的。如启动设备出现缺相启动，接触器触头拉弧、打火等。而启动设备的维护主要是清洁、紧固，如接触器触点不清洁会使接触电阻增大，引起发热烧毁触点，造成缺相而烧毁电动机。

21.4.4.2 三相异步电动机的维护

1. 电动机的防水

当电机内部受潮或者进水以后，绕组绝缘性能降低，可能造成绕组短路，造成电机无法正常运转甚至烧坏电机。所以在电机的日常维护中要注意防水防潮，防止水进入电机内部。有电动机加热器的，电动机停止运行时，加热器必须投入使用。要定期对停转的电机进行绝缘电阻及吸收比检查，有条件时可以在每次电机启动前先检查其绝缘电阻。

电动机的防水能力用防护等级 IP 来表示，一般都标在电机铭牌上。户外电机一般设计为 IP54 ~ IP65 之间，其中后面一位数字表示防水等级，4 级防护来自所有方向的溅水，5 级防护来自所有方向的水柱，但不能防高压水柱。许多电机进水是人为用高压水枪对电机清扫造成的，主要原因是有人误以为防爆电机必然防水，或不清楚电机的相应防水能力所造成。

电机进水或受潮后有多种干燥方法：短路干燥法、外部加热法、混合干燥法（上述二种方法同时使用）、直流干燥法、定子铁损干燥法等。对于 6 ~ 10kV 的高压电机，通常用低压电源干燥法，也就是直接在电机绕组上加上 400V 的低压电源，这时电机堵转或低速盘动，通过堵转电流的热效应干燥电机绕组。干燥电流可按如下公式估算：

$$I = K_{st} \times I_e \times U/U_e$$

式中，I 为干燥电流，U 为干燥电压 400V，I_e 为电机额定电流，U_e 为电机额定电压，K_{st} 为启动电流倍数，可按 7 计算。例如一台 6kV、1000kW 的电机，其额定电流为 110A，其干燥电流为 51A，约为 50% 的额定电流。干燥的要点是控制绕组温度，最高不得超过绕组绝缘等级所允许的长期运行温度，需要注意的是此时电机基本堵转，风扇没有降温能力。

2. 电动机的润滑

（1）轴承。轴承是用于支撑转动轴的元件，同时引导轴的旋转，保证轴的灵活转动。

滚动轴承一般由内圈、外圈、滚动体和保持架组成，其中内圈的作用是与轴相配合，并与轴一起旋转，外圈作用是与轴承座相配合，起支撑作用，滚动体是借助于保持架均匀的将滚动体分布在内圈和外圈之间，其形状大小和数量直接影响着滚动轴承的使用性能和寿命，保持架能使滚动体均匀分布，防止滚动体脱落，引导滚动体旋转起润滑作用。图 21 - 48 为滚动轴承解剖图。

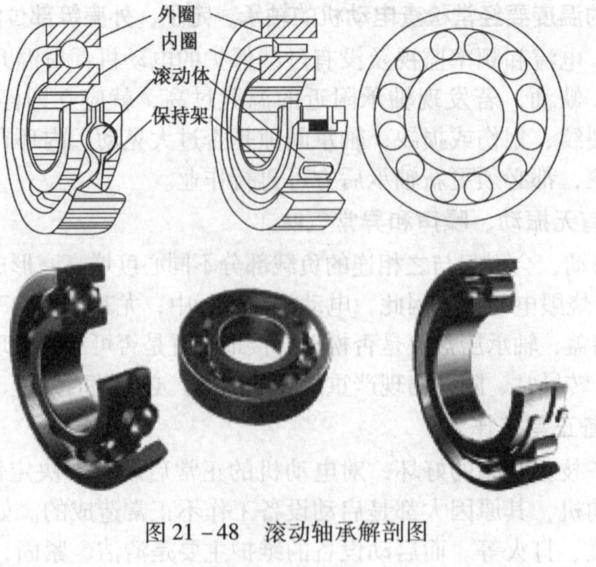

图 21 - 48　滚动轴承解剖图

（2）加注润滑油。保养标准：润滑油三个月加注一次、每年更换一次。工作质量标准：润滑油不老化。更换润滑油时打开排油口排出旧油，再关上排油口从注油口加注新油。巡检时通过观察口检查润滑油液位是否正常。

（3）润滑脂的加注。润滑脂每三个月加注一次，每半年更换一次。加注时，从正上方的加注口注入。按电机铭牌上或厂家规定加注；电机铭牌或厂家没有明确规定的，每次加注20～50g为宜。润滑脂的型号和更换间隔在电机的铭牌上也有指定。如两者不同，则以铭牌上的参数为准。更换润滑脂需要拆开清理旧脂后，再加注新脂。

21.4.5 三相异步电动机的常见故障与保护

1. 通电后电动机不能转动，但无异响，也无异味和冒烟。

（1）原因分析

① 电源未接通(至少两相未接通)；

② 过流保护定值调的过小；

③ 控制电路接线错误。

（2）检修方法：

① 检查电源回路开关、熔丝、接线盒处是否有断点，再进行修复；

② 调整过流保护的定值使其与电机相配；

③ 检查控制回路是否有断线，或接错线，再进行修复。

2. 通电后电动机不转有嗡嗡声

（1）原因分析

① 定、转子绕组有断路(一相断线)或电源一相失电；

② 绕组引出线始末端接错或绕组内部接反；

③ 电源回路接点松动，接触电阻大；

④ 电动机负载过大或转子卡住。

（2）检修方法

① 查明断点再进行修复；

② 检查绕组极性；判断绕组末端是否正确；

③ 减载或查出并消除机械故障；

④ 紧固松动的接线螺丝，用万用表判断各接头是否假接。

3. 电动机运行时响声不正常，有异响。

（1）原因分析

① 转子与定子绝缘纸或槽楔相擦；

② 轴承磨损或油内有砂粒等异物；

③ 定转子铁芯相擦；

④ 电源电压过高、不平衡、定子绕组错接或短路。

（2）检修方法

① 修剪绝缘，削低槽楔；更换轴承或清洗轴承；

② 检修定、转子铁芯；检查并调整电源电压；

③ 消除定子绕组故障。

4. 电动机运行时温度不正常，绕组或轴承超温

(1)原因分析

① 电动机过载；

② 电动机冷却效果不好；

③ 定子绕组中有短路或者接地故障；

④ 在运转中的三相电动机一相断路，如电源断一相或者电动机绕组断一相；

⑤ 转子运转时和定子相摩擦致使定子局部过热。

(2) 检修方法

① 降低负载或者更换一台容量大的电动机；

② 检查风扇旋转方向，风扇是否脱落，通风孔道、冷却水管是否堵塞，水压是否不足；

③ 测量各相线圈的直流电阻及测量各元件的绝缘电阻，局部或全部更换线圈；

④ 分别检查三相电源电压和绕组；

⑤ 抽出转子检查铁芯是否变形，轴是否弯曲，端盖的止口是否过松，轴承是否磨损。

5. 电动机运行时振动不正常，振幅超标

(1)原因分析

① 电动机的基础不平或地角螺丝松动，电动机安装得不好；

② 滑动轴承的电动机轴颈与轴承的间隙过小或者过大；

③ 转子绕组有局部短路故障；

④ 定子铁芯硅钢片压得不紧。

(2) 检修方法

① 检查基础情况及电动机安装情况；

② 检查滑动轴承情况；

③ 可以将转子绕组开路，在定子绕组上加以三相额定电压，使转子不动，测量转子绕组的三相开路电压，与电动机铭牌数值相比较；

④ 在机座外部向定子铁芯钻螺丝孔，加固定螺栓。

第 22 章　油　　罐

油罐是指用来储存油品的较大容积容器，按材质不同可分为金属油罐和非金属油罐。金属油罐大多是钢油罐。输油管道配套的金属油罐基本结构和类型较多，一般可根据金属油罐形状不同，分为立式圆柱形油罐、卧式油罐。

22.1　立式圆柱形金属油罐

这类油罐因其圆筒体垂直于地面而得名。它由罐底、罐壁和罐顶及一些油罐附件组成，是目前应用最广泛的一种油罐。

22.1.1　油罐的种类

立式圆柱形金属油罐分类多以罐顶的结构命名，其中目前最常见的是拱顶油罐、浮顶油罐和内浮顶油罐。不管容量大小或罐顶结构形式如何，其罐底、罐基础和罐壁结构大体相同。

22.1.2　油罐的容量

油罐的容量在实际应用中有三种情况：

（1）名义容量。它是油罐的理论容量，在设计油罐时，是以名义容量来选择油罐的高度和直径的。我们平时称某 $3000m^3$ 油罐，该容量即为名义容量。

（2）储存容量。即油罐的实际容量。一般油罐都有一个安全容量，油罐上部留有一定的空间，其高度为 A，A 一般是根据油罐结构及罐壁上的附件（如泡沫发生器，罐壁通气孔等）决定的。

（3）作业容量。油罐使用时，进出油管下部的一些油品不能发出，这些油品通常称为“死量”，其高度为 B，该容量是操作员或调度员必须掌握的，以便确定合理高度和安全收发。

油罐容量分类见图 22－1。

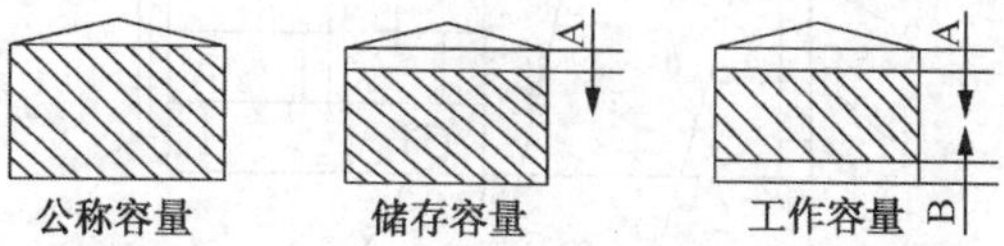

图 22－1　油罐容量示意图

22.1.3　油罐基础

油罐基础是将罐体自重和油品载荷均匀传递给土壤的中间层。建造油罐处的地基土壤要求地质情况均一，土耐压较好。

22.1.4　罐底板

正常情况下，油罐底板仅起传递油品和罐体作用下的重力，故一般底板厚度在 5～12mm 之间。

油罐底板由钢板铺设焊接而成。其外表面与基础接触，容易受潮，内表面又经常接触油品中沉积的水分和杂质，所以底板容易受到腐蚀，再加之底板不易检查和修理，所以要求罐底板焊接后无渗漏、防腐措施好。

22.1.5 罐壁

它是由若干层的圈板组装而成，每层圈板上的竖直焊缝均采用对接，圈板与圈板之间的环向焊缝则根据使用要求可以对接，亦可搭接。上、下圈板之间的排列方式有交互式、套筒式、对接式和混合式。

22.1.6 拱顶

拱顶为球缺形，球缺半径一般为油罐直径的1.2倍。拱顶本身是承重件，有较大的刚性，还能承受较高的内压，有利于降低蒸发损耗。

22.1.7 内浮盘

内浮顶储罐的罐顶为拱顶与浮盘结合的形式，外部为拱顶，可以防止雨水、尘土进入罐内，内部为浮盘，可以减少油品的蒸发损失，但对密封结构的检查维修不便。拱顶与内浮盘之间的空气层可以起到显著的隔热效果。内浮顶储罐(见图22-2)主要由罐体、内浮盘、密封装置、导向和防转装置、静电导出设施、通气孔、高液位报警器等组成。为避免浮盘漏损沉没，多采用带有环形隔舱的内浮盘。

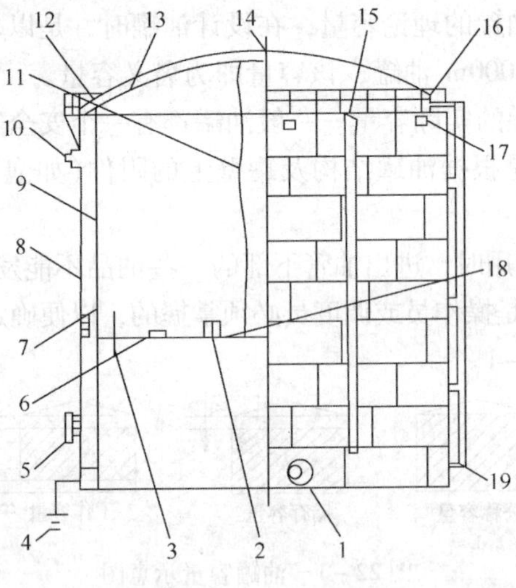

图22-2 内浮顶储罐

1—罐壁人孔；2—自动通气阀；3—浮盘立柱；4—接地线；5—带蕊人孔；
6—浮盘人孔；7—密封装置；8—罐壁；9—量油管；10—高液位警报器；
11—静电导线；12—手工量油孔；13—固定罐顶；14—通气孔；15—消防口；
16—人孔；17—通气孔；18—内浮盘；19—液面计

22.1.8 油罐附件

为了保证油品的储存安全、可靠和收发操作方便，储油罐必须配备必要的附件，以满足要求：

(1)确保油品在储存过程中不燃烧不爆炸，万一发生事故时；能将损失减少到最低限度；

(2)储油罐应有能够进行维修和清理罐底残留物(残液、杂质)的措施；

(3)储油罐应有安全防火措施，防止因撞击产生火花，防止外界火星或火焰进入储油罐。

22.1.8.1 拱顶油罐的附件

图22－3为拱顶油罐。

(1) 人孔。人孔设在罐壁最下部，中心距底板0.7m，孔径为0.6m，以便在储油罐进行安装、清洗和维修时，工作人员经人孔进出储油罐，并利用人孔进行通风。人孔数量决定于储油罐的容积：3000m³以下设1个人孔，3000～5000m³设1～2个人孔；5000m³以上设2个人孔；人孔的安装位置应与进出油管相隔不大于90°。如设两个人孔，两个人孔应相隔90°。

(2) 透光孔。

透光孔安装于拱顶，主要用于储油罐检修时采光和通风用。透光孔的孔径一般为0.5m，透光孔的数量与人孔数量相同。当罐顶只设1个透光孔时，应位于进出油管上方的罐顶上；设2个透光孔时，透光孔的外缘应距罐壁0.8～1m，透光孔应置于罐壁人孔的对面。

(3) 量油孔。量油孔用来测量油面高低和取样用，每个储油罐设一个直径为0.15m的量油孔。为了防止关闭量油孔孔盖时，因撞击产生火花，轻油储油罐量油孔的孔盖上，应安装由软金属(铜或铝)、塑料或耐油橡胶制成的垫圈。

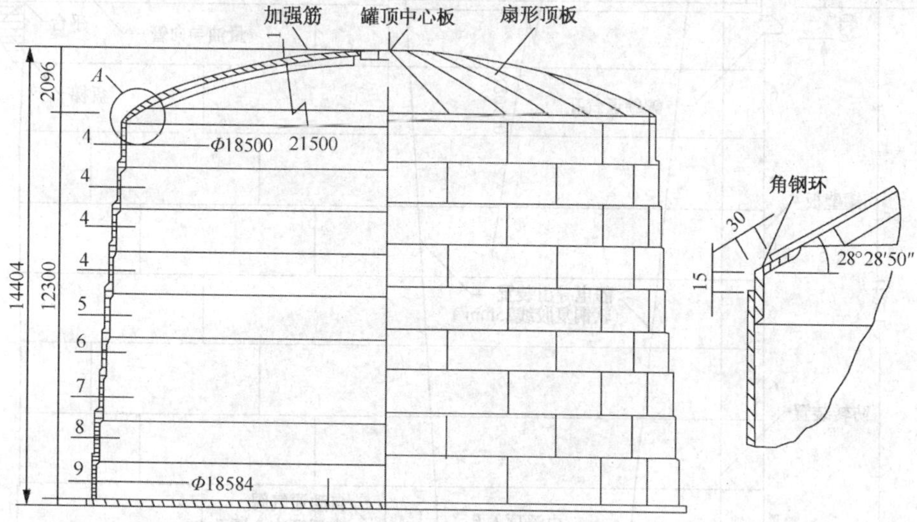

图22－3 拱顶油罐

(4) 呼吸阀。储油罐在收发油时，会引起罐顶空间气体体积和压力的变化。当温度和压力变化时，会产生“大呼吸”和“小呼吸”，从而造成油品蒸发损耗。呼吸阀的作用是保持储油罐气体空间的压力保持在一定范围内，以减少蒸发损耗。机械式呼吸阀是由压力阀和真空阀两部分组成的整体，压力阀和真空阀实际是单向阀，当储油罐内气体空间的压力超过设计压力时，气体顶开压力阀而逸出，使压力不再上升；当储油罐内气体空间的压力低于设计允许的真空度时，大气压力顶开真空阀而补入空气，使压力不再下降，以免储油罐被抽瘪。

(5) 阻火器。为了防止意外的火星和火焰进入储油罐，应设阻火器。阻火器内部装有许多铜、铝或其他高热容金属制成的丝网或皱纹板，当火星或火焰通过阻火器时，金属丝网或皱纹板迅速吸收燃烧气体的热量而熄火，从而防止外界火星或火焰经呼吸阀引入罐内。阻火器安装在呼吸阀之下，是切断火源的屏障。

(6) 放水管。为了放出罐底积存的污油和水，应在罐底装设放水管或排污孔，有的容积较小的罐只在离罐壁很近的罐外壁装设放水管。打开放水管上的阀门，罐底水在油品静压作用下排出。

(7) 通气短管。用于储存不易挥发油品(如重柴油)固定顶的罐顶上，使油罐直接与大气相通，作为收发油品作业时的呼吸通道。

(8) 液压安全阀。当机械式呼吸阀因锈蚀或冻结而不能动作时，通过它仍可保证油罐的安全，是保证安全的第二道防线。液压式安全阀的压力和真空值一般都比机械式呼吸阀高出10%。

(9) 盘梯及平台。盘梯及平台是操作人员进入罐内作业的必要设施，一般为金属结构，净宽不小于0.6m，盘梯的倾角为45°。当盘梯超过6m高时，除设有顶部平台外，还应设中间平台。

22.1.8.2　内浮顶油罐的附件

图22-4为内浮顶油罐的附件。

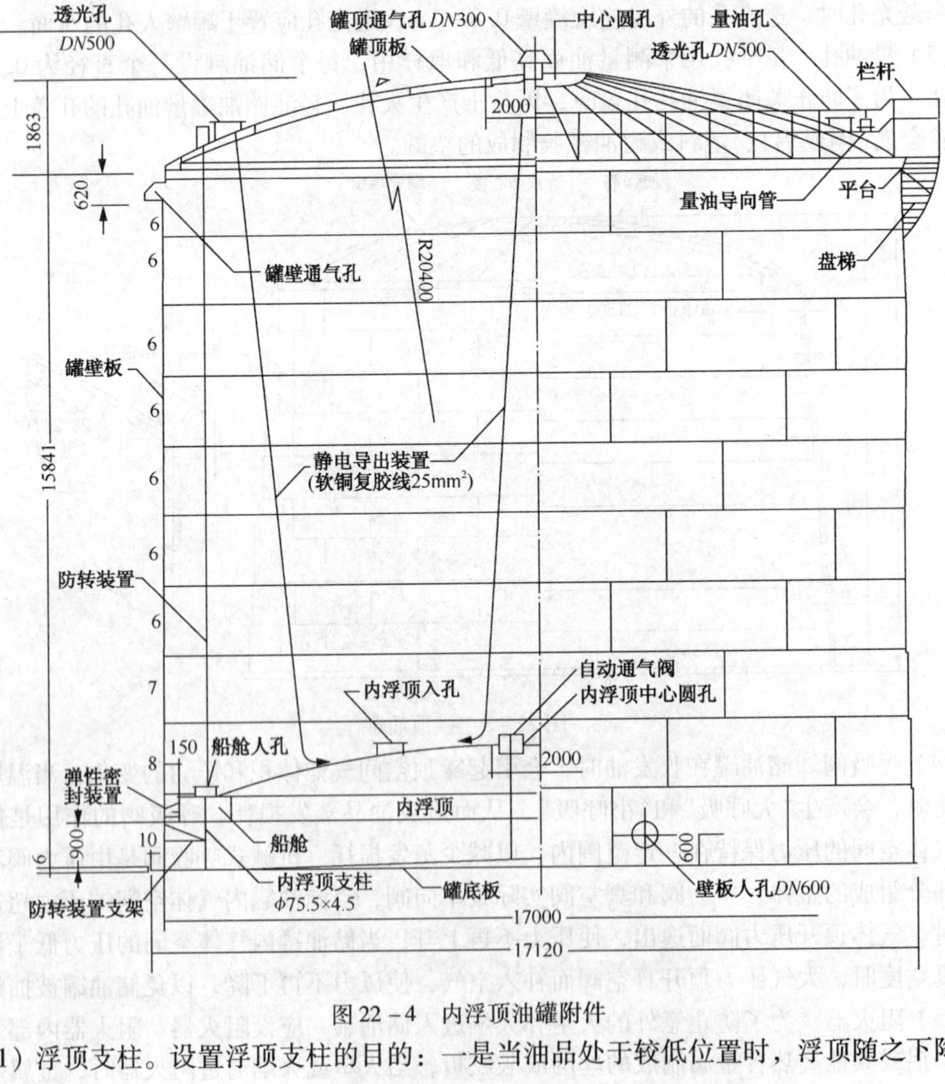

图22-4　内浮顶油罐附件

(1) 浮顶支柱。设置浮顶支柱的目的：一是当油品处于较低位置时，浮顶随之下降并支承在支柱上，以免与罐内其他附件(如加热盘)相碰撞；二是为了在检修时浮顶支于支柱上，以便工作人员在罐内进行检修和清扫罐底。

(2) 自动通气阀。自动通气阀的作用有二：一是当浮顶支柱降落到罐底时，通气阀自动打开，以使进出油时浮顶下面的气体得以排除或补充，以免浮顶或密封装置产生过大的应力和变形；二是当浮顶处于漂浮状态时，通气阀自动关闭，以防止油气逸出。

(3) 导向装置。浮顶的导向装置是防止浮顶偏移和转动的有效措施，多由两根导向管组成，互成180°排列，其中一根兼作量油管用。

(4) 浮盘人孔。浮盘上除在单盘板设有人孔外，每个浮盘隔舱均设有单独的人孔，以便进入舱内施工和检修。

(5) 密封。浮顶油罐的密封装置设于浮盘与罐壁之间的环形间隙内，并固定在浮盘的外边缘板上，能随浮盘一起上下移动。浮顶油罐能否正常工作以及降低油品蒸发损耗的效果好坏，主要取决于密封装置的状况。

(6) 此外内浮顶油罐与拱顶油罐一样，也有人孔、透光孔、量油孔、放水管、盘梯及平台等。

22.2 卧式罐

卧式圆筒(柱)形钢油罐简称卧式罐(见图22－5)，它能承受较高的正压和负压，有利于降低油品蒸发损耗，还具有制造

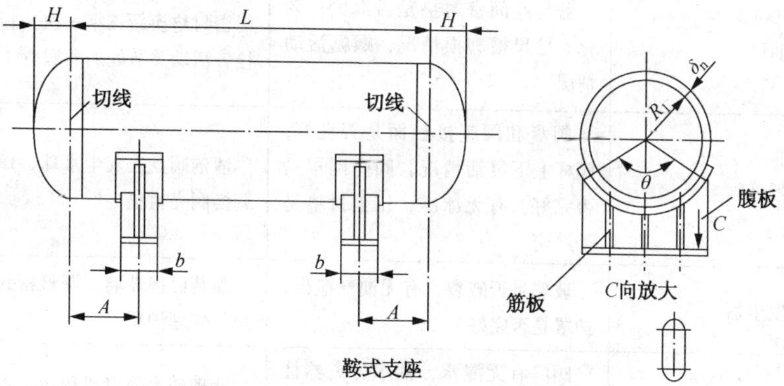

图22－5　卧式罐

方便、易搬运等优点，但也具有单位容积耗钢多、占地面积大等缺点。

22.3 油罐的操作与维护

油罐的合理使用，不仅可以保证输油生产正常进行，一定程度上还可以延长其使用寿命。

22.3.1 油罐的操作

新建的油罐、检修完毕或清扫完毕的油罐，在进油前必须进行认真检查，防止跑油、冒油、串油等事故发生。

22.3.1.1 油罐及附件的检查

(1) 新建或大修后的油罐，在交接前必须经有关部门验收合格，交工资料齐全(包括正负压试验资料)，要符合油罐完好标准。

（2）检查油罐罐体及其附件（见表22－1）。

表22－1 油罐附件的检查维护

配件名称	检查内容	维修养护内容
阻火器	防火网或波形散热片是否清洁畅通，有无冰冻，垫片是否严密，有无腐蚀现象	清洁防火网散热片，螺栓加油保护。（防火网应定期拆卸清洗）
通风管	防护网是否破裂	清洁防护网
阀门操纵装置	试验灵活性，检查填料涵是否渗油，检查钢丝绳是否完好	活动关节加油润滑，上紧并调整填料，必要时更新钢丝绳及填料
升降管	升降灵活程度，绞车是否好用，钢丝绳腐蚀情况，罐内关节处有无开裂	绞车活动部分加油，钢丝绳每年涂润滑脂保护，顶部滑轮销轴上油
放水阀	试验转动灵活性，填料函处有无渗漏，检查内部放水管段完整情况	如活门不灵，卸下整理，修整填料函、冬季要放净管内积水
进出油阀门	检查填料涵有无渗漏，检查阀体内部	螺杆加油润滑，清除底部积污。发现关闭不严，即应更换
人孔及光孔	是否渗油、漏气	
量油口	盖与座间密封垫是否严密，老化。导尺槽磨损情况，螺帽活动情况	密封垫换新三年一次，板式螺帽及压紧螺栓各活动关节处加油润滑
机械呼吸阀	阀盘和阀座接触面是否良好，阀杆上下灵活情况，阀壳网罩是否完好，有无冰冻，压盖衬垫是否严密	清洁阀盘上灰尘水珠，螺栓加油，必要时调换阀壳衬垫
泡沫发生器	玻璃是否破裂，有无油气泄出，护罩是否完好	换装已损玻璃，调整密封垫，螺栓加油防锈，修理护罩
阀门	阀门有无漏水，油水分离器性能是否良好，排水有无带油现象。检查内部支架有无损坏，管道接头外部检查	清理油水分离器积污，不使用时应打开排水阀，每冰冻期前按试验压力，作水压试验一次
液压安全阀	从外面检查保护网是否完好，有无雀窝，测量液面高度	清洁保护网，添注油品。每年秋末应放油品，清洁阀壳内部一次，必要时更换新油

（3）排污管及消压线是否完好。

（4）所属仪表是否安装完毕，灵活好用。

（5）内浮顶罐（或外浮顶罐）浮盘、浮仓、浮梯、静电线、中央排水管、采样孔拉绳、密封吊带等是否符合完好标准。

（6）正常生产中，每2h巡回检查一次（不上罐顶）。每月要对油罐及其所有附件，安全消防设施等进行一次检查，并作好月度记录。

22.3.1.2 油罐所属系统管线的检查

（1）油罐所属系统工艺管线（油、水）是否安装完毕，符合生产要求。

（2）管线静电跨越及接地是否完好齐全。

（3）系统管线应拆除的盲板是否拆除，应加上的是否加上。

（4）系统管线上的法兰、阀门(包括吹扫、排放空、消压、疏水、脱水等)是否完好，是否开关正确。

（5）设备、管线是否有跑、冒、滴、漏现象。

（6）罐区动火或施工部位的安全措施及安全制度执行情况。

（7）罐区边沟、管沟、明沟存油情况是否异常。

（8）在巡回检查中发现问题，要及时处理并报告有关人员。

22.3.1.3 油罐的收油

（1）接到进油通知后，要明确进油罐号、品种、数量、时间及使用管线。

（2）加强和流程有关的岗位做好联系，防止串油。

（3）现场操作前要严格执行流程挂牌制，掌握油罐动态及流程使用情况，做到心中有数。

（4）现场操作时要注意检查与流程相关的连通阀，中间阀、减压阀等是否开关正确，操作完毕后要继续再次核对流程图，确认无误后，联系各分输站石油公司的油库，进行分输操作。

（5）阀门开关要按先开后关原则进行，使用完毕的阀门应及时关闭，防止串油、跑油。

（6）随时掌握油罐进油状态，每小时检查一次、记录一次油高。

（7）油品输送时，要控制管线流速不大于规定流速。

（8）浮顶罐在浮舱起浮前，要控制进油速度不大于规定流速。

（9）油罐收油完毕后及时关好有关阀门。待罐内油品静止半小时后，才能进行手工检尺，测温等工作。

（10）进油过程中，要加强联系，确保安全进油。

22.3.1.4 油品倒罐

（1）油品倒罐前要与有关岗位加强联系，特别是和石油公司油库相关的，更要互相通气，明确倒油品种，所用罐号，管线流程及倒油量。并要明确倒油完毕是否需要处理管线，需处理管线时，要明确管线处理方案。

（2）严格执行流程图，改好本岗位流程。

（3）改好流程并确认无误后，报告班长并联系有关泵工岗位开泵。

（4）掌握倒油速度，加强联系，控制好进油量。

（5）流程使用完毕，及时关闭有关阀门。

（6）原则上禁止对正在进出油品作业的油罐进行倒油。确因生产需要必须经调度同意，在考虑呼吸阀容许量和安全高度，确保安全情况下才能进行。

油品倒罐或处理管线时，要记录好前后油高，计算好倒油量和处理管线进油量，并做好记录。

22.3.1.5 内浮顶油罐的正确操作

（1）防止油品溢到内浮盘上。

（2）为防止溢油，必须在以下方面引起重视：严格把好浮盘建造和验收关，严格检验浮盘的起浮性能；精确测量浮盘在不同部位浮动过程中压力，然后用人工监测或自动监测方法控制进油；严格控制浮盘起浮前进油流量。

（3）定期检修内浮盘的密封。

（4）自动通气阀不能常开。

（5）罐底水垫层不宜过高。

（6）罐底垫水层不能高于罐内量油导向管入口，否则将影响油品的计量和取样。油品垫水层通常以 8～12mm 为宜。

（7）防止静电导出装置松动和缠绕。

在浮盘上下浮动时，导线与其他部件也可能产生缠绕现象而被拉断，平时也应定期检查。

（8）定期检修清罐。

22.3.2 油罐的维护

油罐检查与维护保养分为日检查与保养、季检查与保养和年度检查与保养三种。各种检查与维护保养的项目应有记录，并且存档。

22.3.2.1 油罐的日常检查与保养

（1）检查排污阀应完好，无渗漏。

（2）检查各人孔、清扫孔、透光孔应密封严密。

（3）检查油罐上的检测仪器、仪表应齐全完好。

（4）检查与油罐有关的所有阀门应完好，开关状态符合运行工艺要求。

（5）维护好平台、量油孔、取样孔等处清洁卫生，做到无污油、杂物及鸟巢。

（6）检查安全阀、呼吸阀法兰与阻火器法兰连接。

（7）检查和保养内容应记录在值班日记中。

22.3.2.2 油罐季度检查与维护保养

（1）进出罐阀、排水阀、蒸汽阀、消防管线阀等阀体漆面应无脱落，填料函处应无渗漏；并做好阀杆的防腐润滑和防尘。

（2）检查罐顶表面和罐底边缘处的腐蚀情况；罐顶及罐壁板的焊缝有无渗漏，发现问题，应及时进行修补。

（3）检查罐消防系统、防静电设施、防雷接地装置应符合相关规定。

（4）检查呼吸阀、安全阀、阻火器是否正常。

（5）检查消防泡沫发生器装置应完整、无锈蚀、无堵塞。

（6）季度检查和维护保养记录应归入油罐技术档案。

22.3.2.3 油罐年度检查与保养

（1）检查油罐基础、边缘板和底圈壁板。

（2）检查罐顶板。

（3）检查量油管、导向管。

（4）检查盘梯及防护栏杆应牢固、完整、无腐蚀、安全可靠。

22.4 油罐的检修

油罐的修理分为三种：小修、中修、大修。每种修理的周期，根据油罐结构各部件的实际腐蚀速度并结合使用特点来确定。小修每半年至少一次。中修的周期视腐蚀速度而定。在油罐罐体及各主要部件因受腐蚀、磨损而接近报废时，就应组织大修。

（1）小修：包括检查阀门的工作性能，卸下或装上防火器等；在不进行明火作业的情况下修理罐顶、罐壁上圈板，修理安装在油罐外部的设备。在小修作业时，可不将油罐内的石油产品放空。

（2）中修：包括油罐的清洗和排空油气；应用焊接方法更换罐壁、罐顶、罐底的个别钢板；去除损坏的焊缝；修理或更换设备；平整油罐基础；各部件和整个油罐的强度和严密性试验；涂刷油罐防腐漆。

（3）大修：包括中修规定的全部工作，但实际的规模更大一些(罐壁、罐底、罐顶某些部分的更换；油罐基座防护坡的修理；设备的修理或更换；强度和严密性试验；油罐涂刷防腐漆等)。

第23章 阀　门

23.1 阀门的基础知识

23.1.1 概述

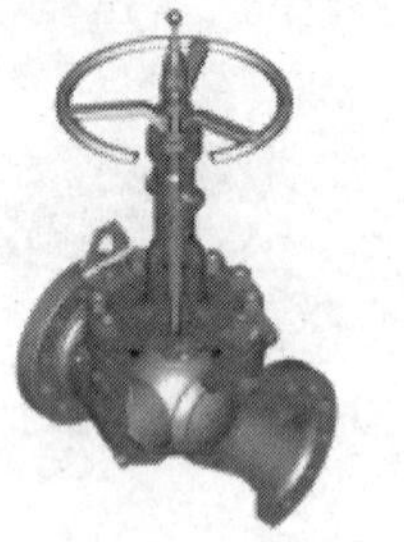

图23－1　典型阀门示意图

阀门是石油、化工、电站、长输管道、海洋采油、核工业等流体输送系统中的控制部件。其主要功能包括：接通和截断介质；防止介质倒流；调节介质压力、流量。阀门投资约占装置配管费用的40%～50%。选用阀门主要从操作和经济两方面考虑。典型阀门见图23－1。

阀门的启闭可采用多种控制方式，如手动、电动、气动、液动、电－气或电－液联动及电磁驱动等；也可在压力、温度或其他形式传感信号的作用下，按预定的要求动作，或者只进行简单的开启或关闭。

23.1.2 阀门的分类

阀门的分类方法有多种，通常有以下几种：

1. 按阀门的用途分类

(1) 切断用：用来切断(或接通)管路中的介质，如闸阀、截止阀、球阀、旋塞阀、蝶阀等。

(2) 止回用：用来防止介质倒流，如止回阀。

(3) 调节用：用来调节管路中介质的压力和流量。如调节阀、减压阀、蝶阀、V形开口球阀等。

(4) 安全用：用于超压安全保护，排放多余介质，防止压力超过规定数值。如安全阀、水击泄放阀等。

(5) 其他特殊用途用：如排污阀、放空阀、呼吸阀等。

2. 按阀门的公称压力分类

(1) 真空阀：公称压力低于标准大气压的阀门。绝对压力小于0.1MPa的阀门，习惯上常用毫米水柱或毫米汞柱表示阀门的压力。

(2) 低压阀门：公称压力 $PN \leqslant 1.6$MPa的阀门。

(3) 中压阀门：公称压力 PN 2.5～6.4MPa的阀门。

(4) 高压阀门：公称压力 PN 10.0～80.0MPa的阀门。

(5) 超高压阀门：公称压力 $PN \geqslant 100.0$MPa的阀门。

3. 按介质工作温度分类

(1) 超低温阀。$t < -100$℃的阀门。

(2) 低温阀。$-100℃ \leqslant t \leqslant -40℃$的阀门。

(3) 常温阀。$-40℃ \leqslant t \leqslant 120℃$的阀门。

(4) 中温阀。$120℃ \leqslant t \leqslant 450℃$的阀门。

(5) 高温阀。$t > 450℃$的阀门。

4. 按公称通径分类

(1) 小口径阀门。公称通径 $DN \leqslant 40$mm 的阀门。

(2) 中口径阀门。公称通径 DN50 ~ 300mm 的阀门。

(3) 大口径阀门。公称通径 DN350 ~ 1200mm 的阀门。

(4) 特大口径阀门。公称通径 $DN \geqslant 1400$mm 的阀门。

5. 按与管道连接的方式分类

(1) 法兰连接阀门。阀体上带有法兰，与管道采用法兰连接的阀门。见图 23－2。

(2) 螺纹连接阀门。阀体上带有内螺纹或外螺纹，与管道采用螺纹连接的阀门。见图 23－3。

(3) 焊接连接阀门。分为承插焊连接与对焊连接。阀体上带有焊接口与坡口，与管道采用焊接连接的阀门。见图 23－4。

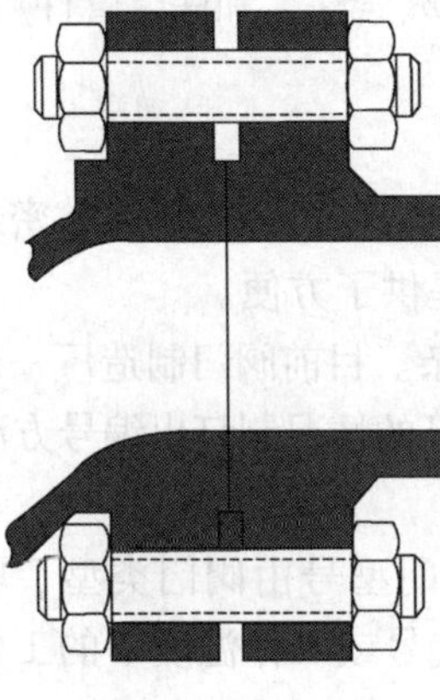

图 23－2　法兰连接

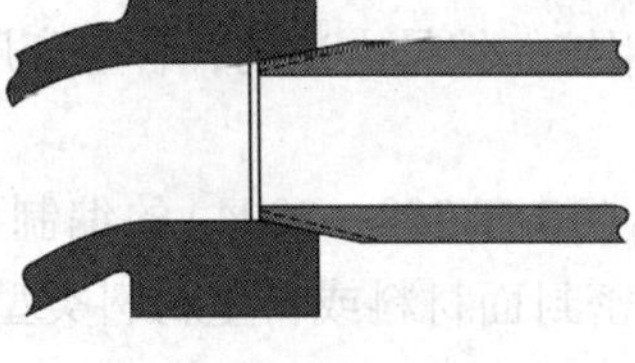

图 23－3　螺纹连接

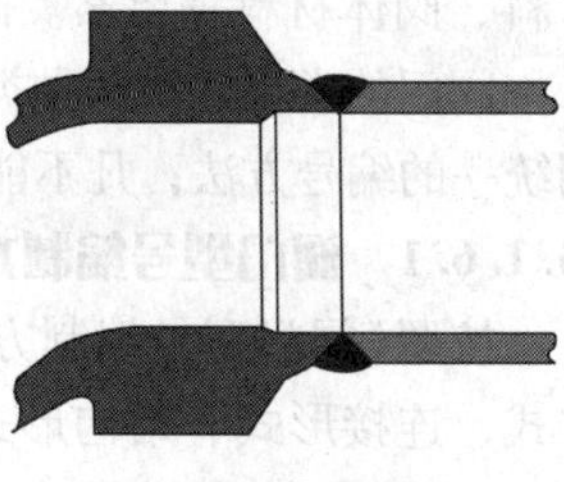

图 23－4　焊接连接

(4) 夹箍连接阀门。阀体上带有夹口，与管道采用夹箍连接的阀门。

(5) 卡套连接阀门。采用卡套与管道连接的阀门。

23.1.3　阀门的公称通径

阀门的公称通径又称公称尺寸，是管路系统中所有管路附件用数字表示的尺寸。公称通径是供参考用的一个方便的圆整数，与加工尺寸仅呈不严格的关系。

公称通径用字母“DN”后面紧跟一个数字标志，如公称通径 200mm 应标志为 DN200。

23.1.4　阀门的压力等级

阀门公称压力 PN 是一个用数字表示的与压力有关的标示代号，是仅供参考用的一个方便的圆整数。同一公称压力(PN)值所有管路附件，当采用同一连接标准时具有相同的连接尺寸。PN 的单位以 MPa 表示。

阀门的壳体试验压力是指对阀门的阀体和阀盖等联结而成的整个阀门外壳进行试验的压

力，其目的是检验阀体和阀盖的致密性及包括阀体与阀盖联结处在内的整个壳体的耐压能力。阀门的壳体试验压力用 PS 表示，单位用 MPa。

阀门的密封和上密封试验压力是检验启闭件和阀体密封副密封性能和阀杆与阀盖密封副密封性能的试验压力。

阀门的工作压力是指阀门在工作状态下的压力，它与阀门的材质和介质的温度有关，用 p 表示，并在 p 字的右下角加角注，角注为介质最高温度除以 10 所得的整数。例如，介质最高温度为 425℃的工作压力用 p_{42} 表示，单位为 MPa。

23.1.5 阀门的结构长度及法兰尺寸

阀门的结构长度通常是指阀门沿介质流向进出两端面间的直线距离，即是与管道连接的两个端面(或中心线)之间的距离，用字母 L 表示，其单位为 mm。阀门的结构长度是阀门安装的重要参数之一，对阀门的安装和维修有直接影响，特别是在已经固定的管线上，要实现同类型、同公称压力、同规格的阀门能够互换，结构长度必须是标准和一致的。

阀门的连接法兰尺寸是保证阀门能够在安装管路上互换的重要条件之一。所有连接法兰的尺寸均符合相应的标准，石化企业通常采用石化(SH)标准，如 SH 3406—1996《石油化工钢制管法兰》和美国机械工程师协会(ASME)标准，如 ASME B16.5—1992《管法兰和法兰管件》。

23.1.6 阀门型号编制方法和阀门标志

阀门型号通常应表示出阀门类型、驱动方式、连接形式、结构特点、公称压力、密封面材料、阀体材料等要素。阀门型号的标准化对阀门的设计、选用提供了方便。

阀门的类型和材料种类越来越多，阀门型号的编制也越来越复杂。目前阀门制造厂一般采用统一的编号方法；凡不能采用统一编号方法的，各生产厂都按自己的情况制订出编号方法。

23.1.6.1 阀门型号编制方法

按照《阀门型号编制方法》(JB/T 308—2004)的编制要求，阀门型号由阀门类型、驱动方式、连接形式、结构形式、密封面材料或衬里材料类型、压力代号或工作温度下的工作压力、阀体材料七部分组成。

编制的顺序按：阀门类型、驱动方式、连接形式、结构形式、密封面材料或衬里材料类型、公称压力代号或工作温度下的工作压力代号、阀体材料。

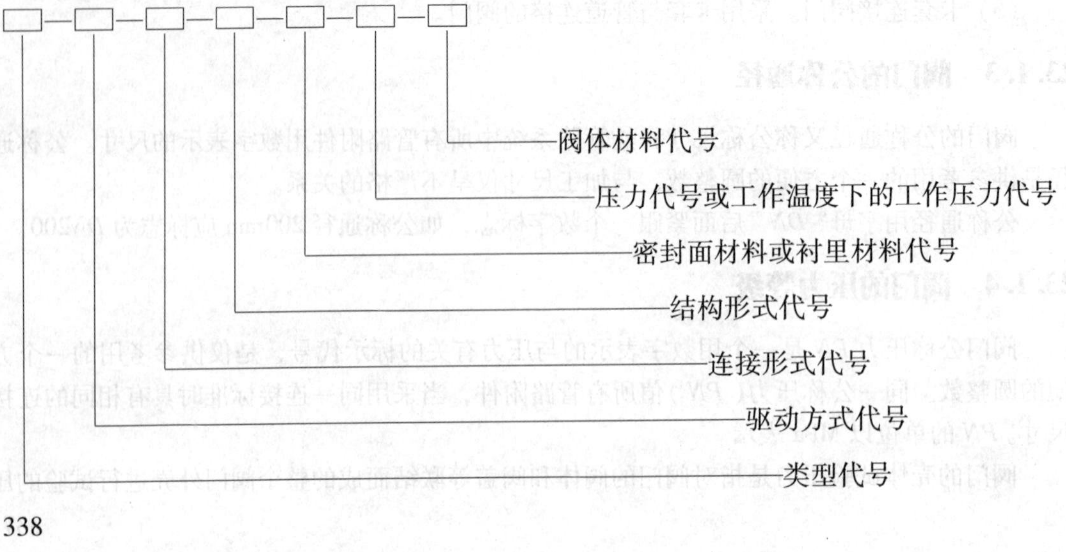

1. 阀门类型代号

阀门类型代号用汉语拼音字母表示，按表23－1的规定表示。

表23－1　阀门类型代号

阀 门 类 型	代号	阀门类型	代　号
弹簧载荷安全阀	A	排污阀	P
蝶阀	D	球阀	Q
隔膜阀	G	蒸汽疏水阀	S
杠杆式安全阀	GA	柱塞阀	U
止回阀和底阀	H	旋塞阀	X
截止阀	J	减压阀	Y
节流阀	L	闸阀	Z

2. 驱动方式代号

驱动方式代号用阿拉伯数字表示，按表23－2的规定。

表23－2　阀门驱动方式代号

驱动方式	代号	驱动方式	代　号
电磁动	0	锥齿轮	5
电磁－液动	1	气动	6
电－液动	2	液动	7
蜗轮	3	气 － 液动	8
正齿轮	4	电动	9

注：代号1、代号2及代号8是用在阀门启闭时，需有两种动力源同时对阀门进行操作。

安全阀、减压阀、疏水阀、手轮直接连接阀杆操作结构形式的阀门，本代号省略，不表示。对于气动或液动机构操作的阀门：常开式用6K、7K表示；常闭式用6B、7B表示；防爆电动装置的阀门用9B表示。

3. 连接形式代号

连接形式代号用阿拉伯数字表示，按表23－3的规定。

表23－3　阀门连接端连接形式代号

连 接 形 式	代　号	连 接 形 式	代　号
内螺纹	1	对夹	7
外螺纹	2	卡箍	8
法兰式	4	卡套	9
焊接式	6	—	—

4. 阀门结构形式代号

阀门结构形式代号用阿拉伯数字表示，按表23－4～表23－10规定。

表 23－4　闸阀结构形式代号

结构形式				代号
阀杆升降式（明杆）	楔式闸板	弹性闸板		0
		刚性闸板	单闸板	1
			双闸板	2
	平行式闸板		单闸板	3
			双闸板	4
阀杆非升降式（暗杆）	楔式闸板		单闸板	5
			双闸板	6
	平行式闸板		单闸板	7
			双闸板	8

表 23－5　截止阀、节流阀和柱塞阀结构形式代号

结构形式		代号	结构形式		代号
阀瓣非平衡式	直通流道	1	阀瓣平衡式	直通流道	6
	Z 形流道	2		角式流道	7
	三通流道	3		—	—
	角式流道	4		—	—
	直流流道	5		—	—

表 23－6　球阀结构形式代号

结构形式		代号	结构形式		代号
浮动球	直通流道	1	固定球	直通流道	7
	Y 形三通流道	2		四通流道	6
	L 形三通流道	4		T 形三通流道	8
	T 形三通流道	5		L 形三通流道	9
	—	—		半球直通	0

表 23－7　蝶阀结构形式代号

结构形式		代号	结构形式		代号
密封型	单偏心	0	非密封型	单偏心	5
	中心垂直板	1		中心垂直板	6
	双偏心	2		双偏心	7
	三偏心	3		三偏心	8
	连杆机构	4		连杆机构	9

表 23－8　止回阀结构形式代号

结构形式		代号	结构形式		代号
升降式阀瓣	直通流道	1	旋启式阀瓣	单瓣结构	4
	立式结构	2		多瓣结构	5
	角式流道	3		双瓣结构	6
—	—	—	蝶形止回式		7

表 23-9 安全阀结构形式代号

结构形式		代号	结构形式		代号
弹簧载荷弹簧密封结构	带散热片全启式	0	弹簧载荷弹簧不封闭且带扳手结构	微启式、双联阀	3
	微启式	1		微启式	7
	全启式	2		全启式	8
	带扳手全启式	4		—	—
杠杆式	单杠杆	2	带控制机构全启式		6
	双杠杆	4	脉冲式		9

表 23-10 减压阀结构形式代号

结构形式	代号	结构形式	代号
薄膜式	1	波纹管式	4
弹簧薄膜式	2	杠杆式	5
活塞式	3	—	—

5. 密封面或衬里材料代号

除隔膜阀外，当密封副的密封面材料不同时，以硬度低的材料表示。阀座密封面或衬里材料代号按表 23-11 规定的字母表示。

表 23-11 密封面或衬里材料代号

密封面或衬里材料	代号	密封面或衬里材料	代号
锡基轴承合金(巴氏合金)	B	尼龙塑料	N
搪瓷	C	渗硼钢	P
渗氮钢	D	衬铅	Q
氟塑料	F	奥氏体不锈钢	R
陶瓷	G	塑料	S
Cr13 系不锈钢	H	铜合金	T
衬胶	J	橡胶	X
蒙乃尔合金	M	硬质合金	Y

阀门密封副材料均为阀门的本体材料时，密封面材料代号用“W”表示。

6. 压力代号

阀门使用的压力级符合 GB/T 1048 的规定时，采用 GB/T 1048 标准 10 倍的兆帕单位(MPa)数值表示。

当介质最高温度超过 425℃时，标注最高工作温度下的工作压力代号。

压力等级采用磅级(lb)或 K 级单位的阀门，在型号编制时，应在压力代号栏后有 b 或 K 的单位符号。

公称压力小于等于 1.6MPa 的灰铸铁阀门的阀体材料代号在型号编制时予以省略。

公称压力大于等于 2.5MPa 的碳素钢阀门的阀体材料代号在型号编制时予以省略。

7. 阀体材料代号

阀体材料代号用表 23-12 的规定字母表示。

表 23－12　阀体材料代号

阀体材料	代　号	阀体材料	代　号
碳　钢	C	铬镍钼系不锈钢	R
Cr13 系不锈钢	H	塑　料	S
铬钼系钢	I	铜及铜合金	T
可锻铸铁	K	钛及钛合金	Ti
铝合金	L	铬钼钒钢	V
铬镍系不锈钢	P	灰铸铁	Z
球墨铸铁	Q	—	—

注：CF3、CF8、CF3M、CF8M 等材料牌号可直接标在阀体上。

如某阀门的铭牌上标明阀门的型号为 Z941H－1.6C，则表明该阀门的公称压力为 1.6MPa，阀体材质为碳钢，密封面材料为合金钢的法兰连接单闸板电动闸阀。

23.1.6.2　阀门标志

阀门必须使用的和可选择使用的项目如表 23－13 所示。对于手动阀门，如果手轮尺寸足够大，则手轮上应设有指示阀门关闭方向的箭头或附加“关”字。按照《通用阀门标志》GB12220—89 标准的要求，阀门的标志如表 23－13 所示。

表 23－13　通用阀门的标志项目

项　目	标　志	项　目	标　志
1	公称通径 DN	11	标准号
2	公称压力 PN	12	熔炼炉号
3	受压部件材料代号	13	内件材料代号
4	制造厂名或商标	14	工位号
5	介质流向的箭头	15	衬里材料代号
6	密封环(垫)代号	16	质量和试验标记
7	极限温度(℃)	17	检验人员印记
8	螺纹代号	18	制造年、月
9	极限压力	19	流动特性
10	生产厂编号		

1. 公称通径大于或等于 50mm 阀门的标志

（1）表 23－13 中 1～4 项是必须使用的标志，应标记在阀体上。

（2）表 23－13 中 5 和 6 项只有当某类阀门标准中有此规定时才必须使用的标志，它们应分别标记在阀体及法兰上。

（3）如果各类阀门标准中没有特殊规定，则表 23－13 中 7～19 项是按需选择使用的标志。当需要时，可标记在阀体或标牌上。

2. 公称通径小于 50mm 阀门的标志

（1）表 23－13 中 1～4 项是必须使用的标志。标记在阀体还是标牌上，由产品设计者规定。

（2）表 23－13 中 5～19 项标志的标记按公称通径大于或等于 50mm 阀门的标志第(2)、第(3)条。

3. 附加标志

在不同位置可以附加表中任何一项标志。例如：设在阀体上的任何一项标志，也可以重复设在标牌上。

只要附加标志不与表中的标志发生混淆，可以附加其他任何标志。例如：产品型号等。

23.2 阀门选择原则

阀门选择应在掌握介质特性、流量特性以及温度、压力等的基础上，结合工艺、操作、安全等要求，选用相应类型、结构形式、型号规格并符合有关标准规定的阀门。

介质特性主要指介质的腐蚀性及介质中夹带的颗粒状杂质。同一介质随着温度、压力、浓度的变化其腐蚀性也不同样，介质中含有的颗粒状杂质数量的多少，也会影响到阀门内件以及密封部位受冲刷损伤的程度。输送成品油的阀门通常为碳钢阀门。

23.2.1 阀门的密封性能

阀门的密封性能是考核阀门质量优劣的主要指标之一。阀门的密封性能主要包括两个方面，即内漏和外漏。内漏是指阀座与关闭件之间对介质达到的密封程度。外漏是指阀杆填料部位的泄漏、中法兰垫片部位的泄漏及阀体因铸造缺陷造成的渗漏，外漏是根本不允许的。如果介质不允许排入大气，则外漏的密封比内漏的密封更为重要。

23.2.1.1 泄漏标准

如果没有发现阀门泄漏，或者发现阀门的泄漏是是在允许值范围内，则该阀门被认为对介质是达到密封。对于某一用途的阀门的最大允许泄漏量即作为阀门的泄漏标准。

23.2.1.2 阀门的密封面

阀门的密封面是指阀门与关闭件互相接触而进行关闭的部位。由于阀门在使用过程中密封面主要受到冲刷和磨损，所以阀门的密封性能随着使用时间的延长而减低。

23.2.1.3 垫片

1. 垫片的基本密封原理

垫片的密封原理就是利用垫片材料在压紧载荷的作用下较容易产生塑性变形的特性，使之填平法兰密封面的微小凹凸不平，从而实现密封。在螺栓法兰垫片连接中，压紧垫片的力使垫片材料产生变形从而填满法兰密封面间的微间隙。垫片预紧应力的大小取决于螺栓的数量、拧紧螺栓的转矩、螺栓的润滑状态和垫片的压缩面积。垫片示意图见图 23－5。

图 23－5 垫片示意图

2. 垫片的种类

法兰用密封垫片的种类繁多，按其密封元件本体材料和其结构特征一般可分为非金属平垫片、金属复合垫片(或半金属垫片)及金属垫片三大类，各类又可细分为若干种，见图 23－6。

23.2.1.4 阀杆密封

阀杆是带动启闭件使阀门开启和关闭的重要部件，因为阀杆是可动件。所以是最易产生外漏的部位。因此，阀杆密封对于阀门来讲是非常重要的。阀杆密封通常用压缩填料。压缩填料是指压入填料函内使阀杆周围密封的软质材料。填料作用于横向支撑面上的压力如果等于或高于介质压力，而且足以能使横向面上的泄漏沟闭合，则填料就能对介质起到密封作

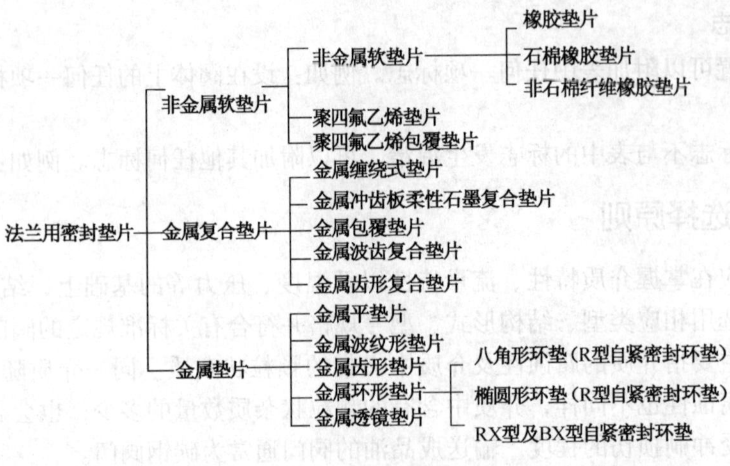

图 23－6　法兰垫片分类图

用。阀杆密封示意见图 23－7。

23. 2. 2　阀门的端部连接

阀门可用各种形式的端部与管路相连接。其中最主要的连接方法有螺纹、法兰及焊接连接。

23. 3　输油站常用阀门

输油管道常用阀门主要包括闸阀、蝶阀、球阀、截止阀、旋塞阀、安全阀、调节阀、止回阀，用于实现管路系统的截止与贯通、控制流量与压力以及安全保护等功能。

23. 3. 1　闸阀

闸阀是指关闭件(闸板)沿通道轴线的垂直方向移动的阀门，在管路上主要作为切断介质用，即全开或全关时使用。通常，闸阀不可作为调节流量使用。它可以适用低温低压也可以适用于高温高压，并可根据阀门的不同材质用于各种不同的介质。但闸阀一般不用于输送泥浆等介质的管路中。闸阀(主要是平板闸阀)在输油站中最常见安装于主输油泵的进出口，以及其他需要关断的部位。见图 23－8。

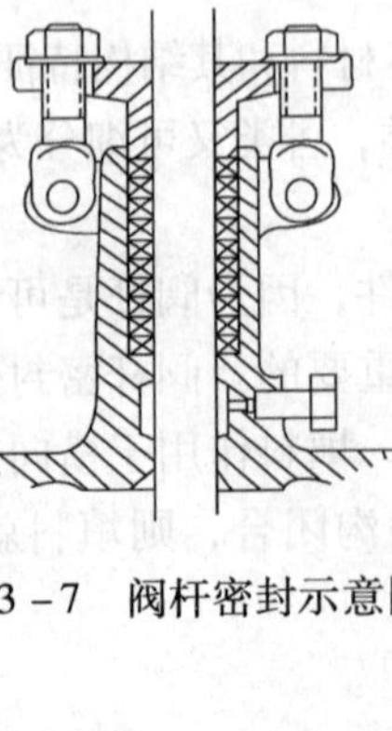

图 23－7　阀杆密封示意图

图 23－8　闸阀

23.3.1.1 闸阀的优点

（1）流体阻力小；

（2）启、闭所需力矩较小；

（3）可以使用在介质向两方向流动的环网管路上，也就是说介质的流向不受限制；

（4）形体结构比较简单，制造工艺性较好；

（5）全开时，密封面受工作介质的冲蚀比截止阀小；

（6）结构长度比较短。

23.3.1.2 闸阀的缺点

（1）外形尺寸和开启高度都比较大，所需安装的空间亦较大；

（2）在启闭过程中，密封面间有相对摩擦，较易磨损，甚至在高温时容易引起擦伤现象；

（3）一般闸阀都有上下游两密封副，给加工、研磨和维修增加了一些困难；

（4）启、闭时间长。

23.3.1.3 平板闸阀

平板闸阀是一种关闭件为平行闸板的滑动阀。其关闭件可以是单闸板或是其间带有撑开机构的双闸板。

阀板向阀座的压紧力是由作用于浮动阀座的介质压力来控制，低压时浮动阀座后补偿弹簧可将阀座推向阀杆两侧，使相对的密封面贴紧，起到低压密封作用。如果是双闸板平板闸阀，则两闸板的撑开机构可以补充这一压紧力。

平板闸阀的优点是流阻小，不缩径的平板闸阀其流阻与短直管的流阻相仿。带导流孔的平板闸阀安装在管路上还可直接用于清管器进行清管的场合。

23.3.1.4 楔式闸阀

楔式闸阀的关闭件是楔形的，使用楔形的目的是为了提高辅助的密封载荷，使金属密封的楔式闸阀既能保证对内压高的介质密封，也能利用一定的预紧力对内压低的介质实行密封。

23.3.2 蝶阀

蝶阀是用圆盘式启闭件往复回转90°来开启、关闭和调节流体通道的一种阀门。蝶阀不仅结构简单、体积小、重量轻、材料耗用省，安装尺寸小，而且驱动力矩小，操作简便、迅速，并且还可以同时具有良好的流量调节功能和关闭密封特性。蝶阀在完全开启时，具有较小的流阻，当开启大约15 °~70 °时，又能进行灵敏的流量控制，因而在大口径的调节领域，蝶阀的应用非常普遍。蝶阀在输油站中的典型应用是作为分输流量计后的背压流量调节以及油品的快速切换调节，见图23－9。

图23－9　蝶阀

23.3.3 球阀

球阀是由旋塞阀演变而来的，它的启闭件为一个球体，利用球体绕阀杆的轴线旋转90°实现开启和关闭的目的。球阀在管道上主要用于切断、分配和改变介质流动方向，设计成V形开口的球阀还具有良好的流量调节功能。通常，在双位调节、密封性能要求严格、泥浆、磨损、缩口通道、启闭动作迅速(90°转动启闭)、高压截止(压差大)、低噪声、要求流体阻力小的管路系统中，推荐使用球阀。

全焊接阀体的球阀，可以直接埋于地下，使阀体外部不受侵蚀，是石油、天然气管线理想的阀门。见图 23－10。

23.3.4 截止阀

截止阀是指关闭件(阀瓣)沿阀座中心线移动的阀门。根据阀瓣的这种移动形式，阀座通口的变化是与阀瓣行程成正比例关系。截止阀的阀瓣一旦从关闭位置移开，它的阀座和阀瓣密封面之间就不再有接触，因而它的密封面机械磨损很小，故其密封性能很好。缺点是密封面之间可能会夹住流动介质中的颗粒。截止阀常用于小口径的截止部位，譬如，放空阀或排污阀门。见图 23－11。

图 23－10 球阀

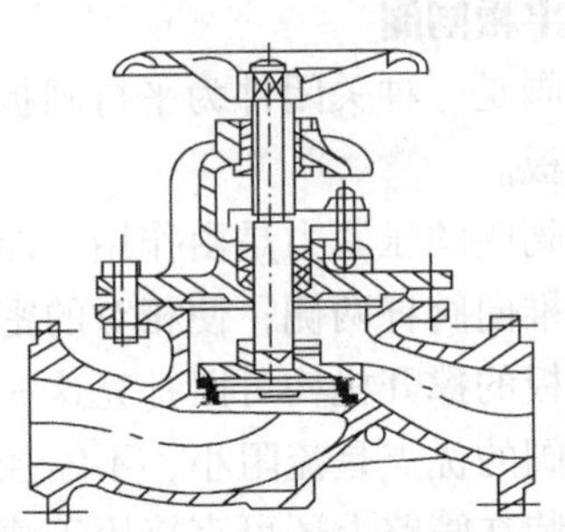

图 23－11 截止阀

23.3.5 旋塞阀

旋塞阀是关闭件成柱塞形的旋转阀，通过旋转 90°使阀塞上的通道与阀体上的通道口相通或分开，实现开启或关闭的一种阀门。阀塞的形状可成圆柱形或圆锥形。见图 23－12 和图 23－13。

图 23－12 圆柱旋塞阀

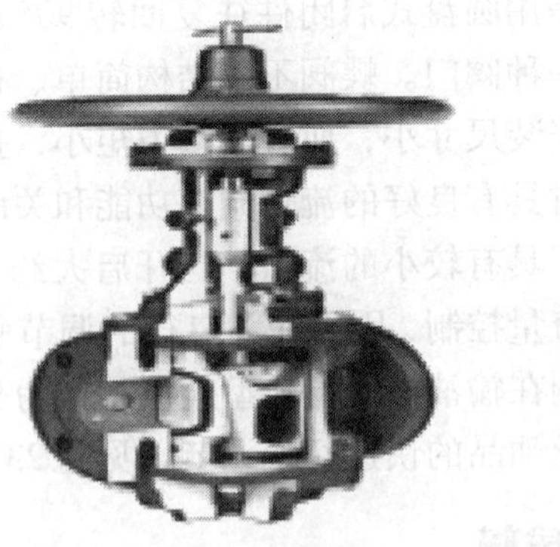

图 23－13 锥形旋塞阀

在圆柱形阀塞中，通道一般成矩形；而在锥形阀塞中，通道成梯形。这些形状使旋塞阀的结构变得轻巧，但同时也产生一定的压力损失。

由于旋塞阀的关闭件是成柱塞形的旋塞阀，通过旋转 90°使阀塞上的通道与阀体上的通道口相通或分开，达到启闭阀门的作用，所以旋塞阀最适用于快速启闭的场合；另外，由于旋塞阀的结构特点所致，它主要用于切断和接通介质以及分配和改变介质流动方向的场合。

输油管道目前常使用的旋塞阀是一种直行程与角行程相合的、有引导槽的特殊旋塞阀，利用旋塞阀阀塞锥体上的滑片，实现完全的密封。

旋塞阀常用于分输切换阀、标定阀等要求密封绝对严密的场合。

23.3.6 安全阀

安全阀用在受压设备、容器或管路上，作为超压保护装置、当设备、容器或管路内的压力升高超过允许值时，阀门自动开启，继而全量排放，以防止设备、容器或管路内的压力继续升高；当压力降低到规定值时，阀门应自动及时关闭，从而保护设备、容器或管路的安全运行。

23.3.6.1 安全阀分类

1. 按作用原理分类

①直接作用式安全阀；②先导式安全阀；③带补充载荷式安全阀

2. 按动作特性分类

① 比例作用式安全阀；②两段作用式(突跳动作式)安全阀

23.3.6.2 弹簧式安全阀

弹簧式安全阀由阀门进口的系统压力直接驱动，在这种情况下是由弹簧提供的机械载荷来克服在阀瓣下方的介质压力。见图 23－14。

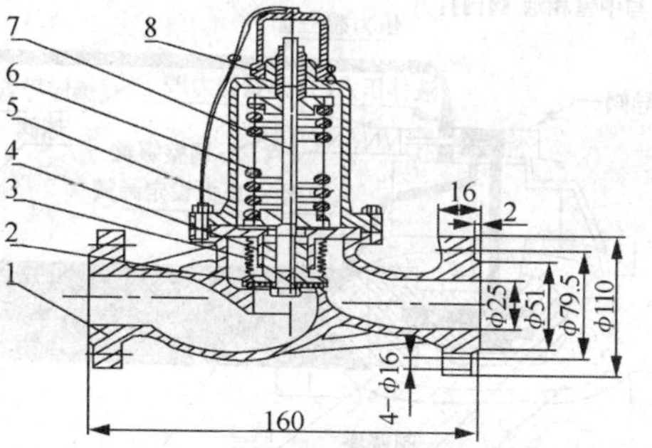

图 23－14　弹簧式安全阀

1—阀体；2—阀瓣；3—波纹管；4—导向管；5—阀盖；6—弹簧；7—阀杆；8—阀帽

23.3.6.3 水击泄放阀

管道运行时，可能会因为某种原因(停泵、阀门误动作等)产生水击，水击泄放阀就是为消除水击现象保护管道系统的一种特殊阀门。

1. 氮气式水击泄放阀

氮气式水击泄放阀使用氮气系统控制水击泄放阀阀塞的关闭压力，当阀前管线压力超过设定压力时，氮气系统释放关闭力使水击泄放阀开启。

2. 先导式水击泄放阀

(1) 关闭状态。水击阀关闭状态下的动作原理见图 23－15。

(2) 开启状态。水击阀开启状态下的动作原理见图 23－16。

先导式水击泄放阀由一套包括先导阀在内的控制机构驱动，该机构通过释放或施加一个关闭力来使先导式水击泄放阀实现开启或关闭。

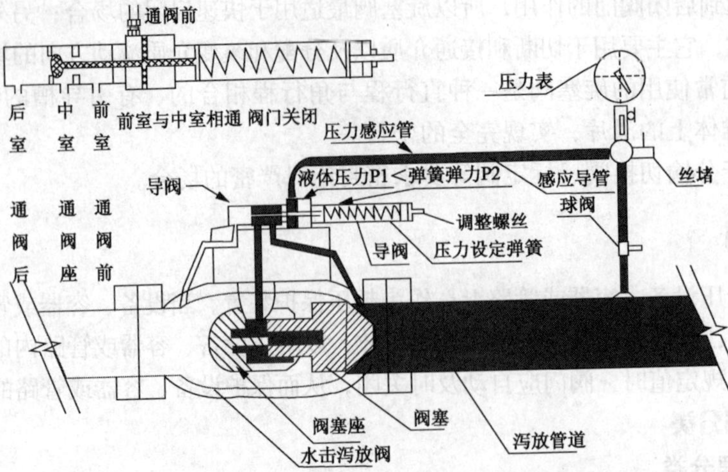

当上游压力小于设定压力时，导阀内阀塞在右侧，阀塞座内压力（上游液体压力+塞座弹簧的弹力）大于上游压力，阀塞关闭

图 23－15　水击阀关闭状态下的动作原理图

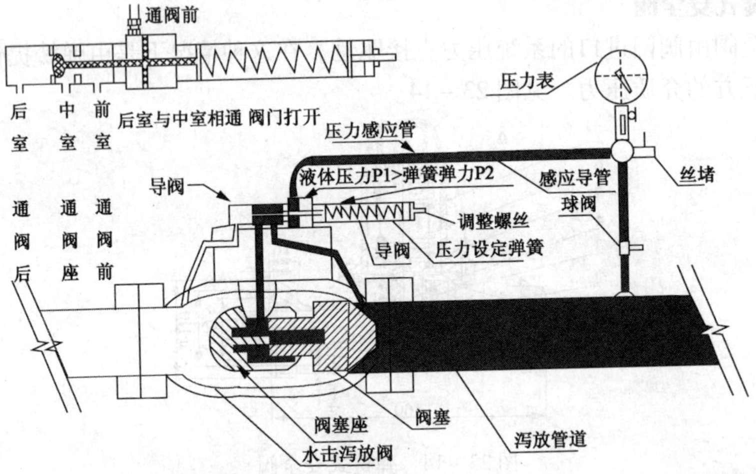

当上游压力大于设定压力时，导阀内阀塞在左侧，阀塞座内压力（塞座弹簧的弹力）小于上游压力，阀塞打开

图 23－16　水击阀开启状态下的动作原理图

23.3.7　调节阀

过程控制工业中最常用的终端控制元件就是调节阀。调节阀调节流动的流体，如气体、蒸汽、水或化学混合物，以补偿负载扰动并使得被控制的过程变量尽可能地靠近需要的设定点。调节阀在输油站中主要用于泵站的出口或分输线，控制全站的流量及压力或控制分输线的流量和压力。

23.3.7.1　出站调节阀

出站调节阀多采用旋转式调节阀。旋转式调节阀的流体控制元件为全球体。它使用一个完整的球并带有一个通过它的流体通道。流体通道与管道直径相等或相一致。随着它们的旋转，它们会通过对流动的流体打开或关小流通截面面积来改变流束的大小和形状。旋转式控制阀是一种阀类型，它的流体截流元件(全球、部分球、阀板或球塞)在流体通道里旋转，以控制阀门流量。见图23－17。

23.3.7.2 减压阀

减压阀是通过阀门内件的节流和降压将进口压力减至某一需要的出口压力，并依靠介质本身的能量，使出口压力自动保持稳定的阀门。从流体动力学的观点看，减压阀是一个局部阻力可以变化的节流元件，即通过改变节流面积，使流速及流体的动能改变，造成不同的压力损失，从而达到减压的目的。然后依靠控制与调节系统的调节，使阀后压力的波动与弹簧力相平衡，使阀后压力在一定的误差范围内保持恒定。见图23－18。

图23－17 出站调节阀

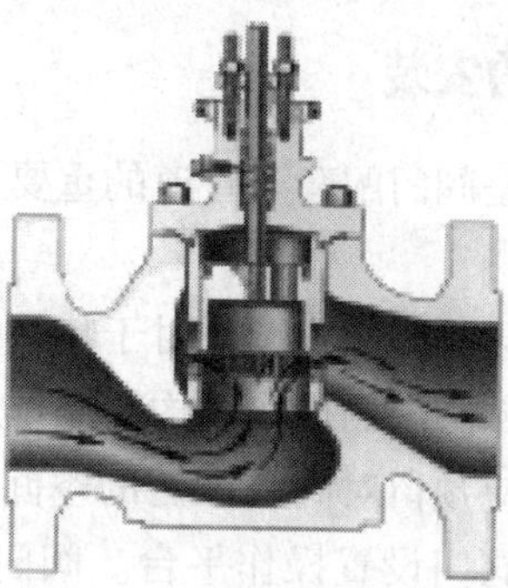

图23－18 减压阀

23.3.8 止回阀

止回阀(见图23－19)又称为逆流阀、逆止阀、背压阀和单向阀。这类阀门是靠管路中介质本身产生的流体推力而自动开启和关闭的，属于一种自力式阀门。止回阀用于管路系统，其主要作用是防止介质倒流、防止泵及其驱动电动机反转，以及容器内介质的外溢。止回阀还用于给其中的压力可能升高至超过主系统压力的辅助系统提供补给的管路上。止回阀在输油站中主要用于泵的出口防止流体的倒流。

23.3.8.1 旋启式止回阀

旋启式止回阀的阀瓣绕阀体内的转轴旋转，转轴的轴线必须和阀体密封面在同一个平面上，才能保证关闭时达到密封。旋启式止回阀一般只能安装在水平管路上。使用时，靠介质的工作压力把阀瓣冲开，此时止回阀便开启，介质通过；关闭时，靠介质逆流和阀瓣的自重，阀瓣绕阀体内转轴旋转，从而使阀瓣和阀座密封，达到关闭止回阀的目的。见图23－19。

23.3.8.2 双板止回阀

对于双板的蝶式止回阀，靠介质顺流时的压力克服弹簧的扭转力矩而开启，靠弹簧回旋所产生的扭力矩而关闭，再靠介质逆流时的压力产生的密封比压达到密封。

双板止回阀结构简单。其安装方式比较灵活，根据管路的情况，既可以垂直安装，又可以水平安装。又由于可以做成对夹式，这样其外形尺寸较小，重量较轻。其流体阻力较小，水击压力比较小。见图23－20。

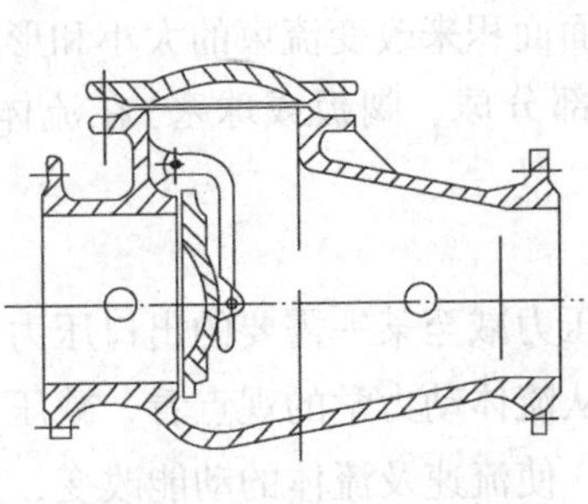

图 23－19 旋启式止回阀

图 23－20 双板止回阀

23.4 阀门的安装、操作与维护

23.4.1 阀门的安装

阀门的安装是阀门配套于管道的重要一步，其安装质量的好坏，直接影响以后的使用和维修。

这里是指一般阀门的安装，对于特殊阀门的安装应按有关说明进行。

安装阀门时，阀门的操作机构离操作地面宜在 1.2m 左右，对不同类型的阀门要考虑阀门的底部离地面应预留对阀腔排污的空间。当阀门的中心和手轮离操作地面超过 1.8m 时，应对操作频繁的阀门设置操作平台。阀门较多的管道，阀门尽量集中安装在平台上，便于操作。

当阀门安装在操作地面以下时，应设置伸长杆或地井。为安装起见，地井应加盖板。

水平管道上的阀门，其阀杆应垂直向上，不宜将阀杆朝下安装。

并排安装在管道上的阀门，应有操作、维修、拆装的空间位置，其手轮之间的净距不得小于 200mm；间距较窄时应将阀门交错排列。

分输减压阀的阀笼容易堵塞或冲蚀损坏，所安装的部位应考虑留足够的维修空间。

23.4.2 阀门操作

阀门密封性能的好坏、寿命的长短，不仅与其制造质量有关，也与操作者的使用方法是否正确有很大关系。操作阀门应注意以下几点：

（1）启闭阀门时，用力要均匀，不可冲击。同时阀门的启闭速度不能太快，以免产生较大的水击压力而损坏管件。

（2）利用螺杆启闭的阀门在关闭或开启到头（即上死点与下死点）时，要回半扣或 1/4 扣，使螺纹更好密合，以免拧得过紧，损坏阀件或在温度变化时把闸板楔紧。

（3）暗杆阀门全开、全闭时的阀杆位置应标明。这样既可以避免全开时撞击死点，又便于检查阀门是否关严了。

（4）若手轮转不动，不得借助其他器械强行开启。应分析原因，排除故障后再开启。

（5）管道在检修完后，再次投入使用时，先可将阀门稍微开启一点，利用介质的高速流动冲走阀内的残余杂质。然后反复开关几次，待冲尽杂物后，再投入正常使用。

（6）闸阀、截止阀、球阀只能全开或全闭，不允许节流。

23.4.3 阀门的维护

（1）管路中的泥沙、铁锈等杂质会严重冲蚀密封面，使阀门逐渐失效。在作业时，不要让泥沙、木屑、棉纱等到杂物掉进入油罐或油槽中，并应定期清罐和清洗过滤器。

（2）管道投入使用前或检修后，应用压缩空气或其他方式清扫管道内残留的杂质。

（3）不经常启闭的阀门，要定期转动手轮，以防螺杆锈死。如果螺杆生锈，则可用煤油或柴油湿润阀杆，然后慢慢转动手轮。

（4）应保持阀门的清洁，定期清除阀杆上的铁锈，并涂上防锈脂。根据现场情况定期除锈和擦油保养。

（5）露天场所的阀门清洁应戴上防雨防尘罩，特殊地区的阀门冬季应采取保温措施。

（6）当阀门的法兰和填料函泄漏时，应压紧或更换垫片与填料。

（7）当发现阀门内部渗漏时，应及时研磨闸板、阀座或更换阀门。

（8）阀门应建立日常检查和定期检查制度，检查内容包括：承压密封部位的泄漏情况；动作是否灵活，是否有异常振动和噪音；活动部件的定期注油；不常用阀门的定期开闭测试等。

（9）给阀门涂防锈漆前应先清除阀门上的铁锈，然后刷两道红丹底漆，最后刷上与原来颜色相同的面漆。注意标牌的清洁。

（10）建立阀门的技术档案，记录有关数据及维护和故障排除情况。

23.5 阀门的维修

阀门是管道及设备上的重要附件。阀门的日常维修主要结合管道输油站的检查维护进行。阀门中修及大修通常与油罐清洗或管线大修理相结合进行。其检修计划应根据抽查的实际情况编制。阀门大修理的参考周期：使用频繁且重要部位阀门为3~5年。

阀门的修理包括小修、中修和大修，其内容为：

（1）小修。清洗油嘴，更换填料，清洗阀杆及其螺纹部位，清除阀内杂物，紧固更换螺栓，配齐手轮等。

（2）中修。包括小修项目，解体清洗零部件，阀体修补，研磨密封件，更换变形阀杆等。

（3）大修。包括中修项目，更换阀杆，修理支架，更换弹簧及密封件，动力头的解体、修理及更换等。

23.5.1 传动装置的修理

传动装置的修理可以采用调整换位修理、修理或更换磨损的传动部件、密封件，整体更换等措施进行修复。图 23－21 为阀门传动箱。

图 23－21　阀门传动箱

23.5.2 阀件的修理

组成阀门的零件称为阀件，主要阀件有阀体、阀盖、阀杆、阀杆螺母、启闭件（阀瓣、闸板、蝶板、球体等）、手轮驱动装置等。

阀件在压力、温度、腐蚀等多种因素交替作用下，都会不同程度地被损坏。阀体损坏可以通过修补剂修补、补焊修复等方式修理。静密封面可以通过研磨、补焊等方式修理。阀杆可以通过磨削、电镀、精磨削、研磨、更换等措施进行修理。启闭件可以通过补焊、磨削等措施修理。

23.5.3 密封面和密封件的修理

研磨是一种精密的机械加工工艺，在阀门生产中，研磨工艺具有特别重要的地位，阀门的金属密封大多是采用研磨达到其密封性能要求的。密封面的修复主要通过研磨、机械加工、堆焊等措施进行修理。

23.5.4 阀门常见故障的处理

阀门常见故障的处理见表 23－14。

表 23－14 阀门常见故障及处理

常见故障	产生原因	排除方法	备注
阀体泄漏	砂眼或其他铸造缺陷	修补剂修补或补焊	
阀盖泄漏	密封垫老化或损坏、螺栓未上紧或预紧力不均匀、法兰密封面存在问题	更换密封垫、重新均匀上紧螺栓、重新修复法兰密封面	
阀杆填料部位泄漏	填料老化、填料安装不正确、预紧力不中或不均匀、填料损坏、腐蚀或阀杆划伤、阀杆变形等	更换并正确安装填料，正确压紧填料压盖，修复或更换阀杆	
阀门密封面泄漏	密封件老化或损坏、启闭件损坏、阀门设计制造质量存在问题	更换密封件、修复密封面，修复或更换启闭件，重新更换阀门	
阀杆上密封不起作用	制造不同心或其他问题	重新修复或更换上密封	
阀门卡阻或过扭矩	阀体内积存杂质、启闭件卡阻、传动部件损坏	清理杂质、处理启闭件问题，检修并修复传动部件	

第 24 章　其他管道输油设备

24.1　过滤器

过滤器(见图 24－1)是流体输送管道上不可缺少的一种装置，通常安装在长输管道进站处，用来阻拦过滤介质中的杂质，以保护管输设备的正常使用。当流体进入置有一定规格滤网的滤芯后，其杂质被阻挡，经过滤后的介质由过滤器出口流出，当滤网堵塞到一定程度，过滤器前后产生一定差压影响流量时，需要对过滤器进行清理。清理过滤器时只要将可拆卸的滤芯取出，处理后重新装入即可，因此，使用维护极为方便。

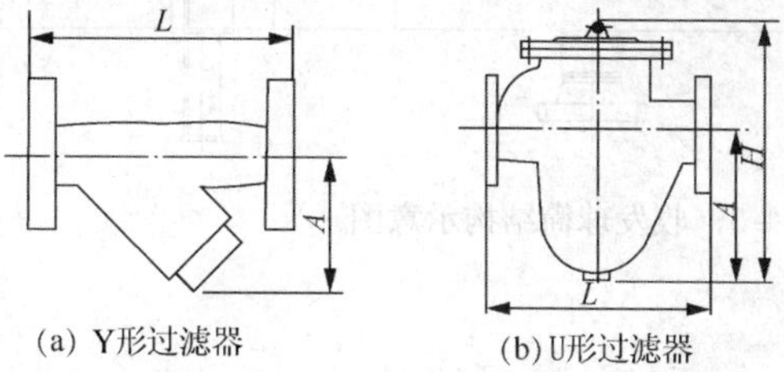

图 24－1　过滤器

24.1.1　篮式过滤器结构

成品油管道所采用的过滤器通常为篮式过滤器，滤芯采用 30 目不锈钢过滤网的篮子，利用流入过滤器的流体的自身能量，对杂质进行过滤的过滤器，适用于大流量、高压液体输送管道中。见图 24－2。

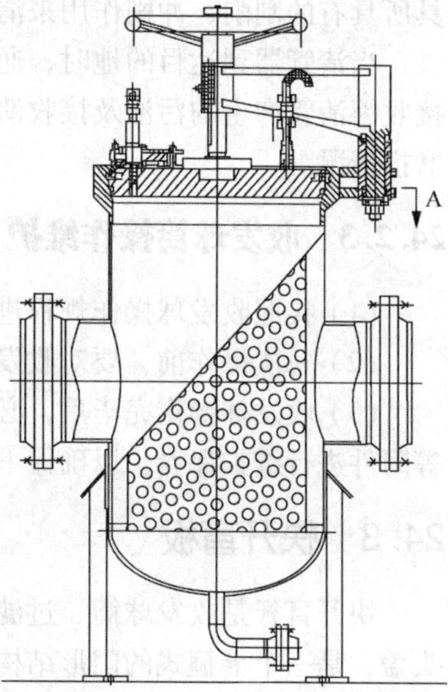

图 24－2　篮式过滤器结构图

24.1.2　过滤器工作原理

在过滤器内部，介质直接流入过滤器的滤芯中，经过篮式过滤器滤芯过滤，把杂质留在篮式滤芯中，经过滤的介质流出过滤器。过滤器上盖采用快开式结构，过滤器上盖的开启简单方便，便于过滤器的维护和检修，减少了过滤器清洗检修时间和工作量。

24.1.3　过滤器操作维护

过滤器在运行过程中，如果出现进出口压差过大现象，可能的原因是：

（1）过滤器中堆积了过多杂质，造成过滤器芯有效过流面积减少到一定程度，需进行排渣处理；

（2）过滤器的滤网附着杂质，造成滤网的过流面积减小，过滤网内外形成过大的压差，需清洗过滤器滤芯。

24.2 收发球筒

收发球筒是收发球装置的主体设备，结构特点是由两个不同内径的圆筒通过偏心大小头连接，底部在同一水平线上，发球筒较小内径部分与外管道内径等径并连接，长度根据清管器尺寸确定，用于长输管道清管作业。

24.2.1 收发球筒结构

收发球筒结构见图 24-3。

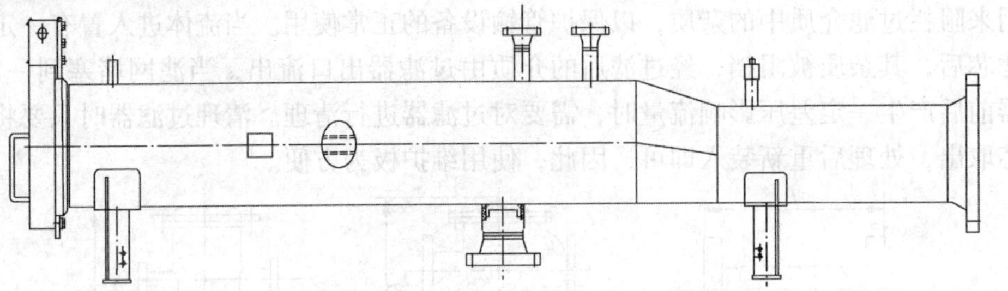

图 24-3　收发球筒结构示意图

24.2.2 收发球筒工作原理

对管道清管作业时，将清管器装入发球筒，并送至发球筒与外管道相连的部位，对发球筒进行排气作业，完毕后，按照发球流程进行发球作业。清管器皮碗的外沿与管道内壁弹性密封，用管输介质产生的压差为动力，推动清管器沿管道运行。依靠清管器自身或其所带机具所具有的刮削、冲刷作用来清除管道内的结垢或沉积。

当清管器到达目的地时，通过收球筒进行收球作业，将正常输送流程切换到收球流程，接收因清管产生的污油及接收清管器。当收球作业完成后，切换到正输流程，检查清管器的磨损情况。

24.2.3 收发球筒操作维护

(1) 接照收发球操作规程进行操作。

(2) 每次操作前，要对收发球筒上的快开盲板、阀门等附件进行检查确认。

(3) 收发球操作完毕后，必须将收发球筒清理干净，并对收发球筒上的快开盲板、阀门等附件进行维护保养，以确保下次正常投用。

24.3 快开盲板

快开盲板是收发球筒、过滤器上的一个承压部件，它安装在收发球筒的端部或过滤器的头盖，是一个卡箍式的门形结构，当卡箍松开时，盲板可以绕着旁边的销钉旋转而打开，便于收发球作业及过滤器清理。

24.3.1 快开盲板结构

快开盲板示意图见图 24-4。

24.3.2 快开盲板操作维护

1. 打开操作

（1）用手拧开放空螺丝。如果可听到嘶嘶声音或有油泄出，说明收球筒(或发球筒)筒内带压。在这种情况下必须先泄掉筒内的压力然后再卸放空螺丝。卸压主要通过收发球筒上的排污和放空管线进行，不能用放空螺丝做内部泄压。

（2）当筒内压力完全泄放后，再用手拧放空螺丝直到放空螺丝完全拔出，安全塞也随之拔出。

（3）夹板式快开盲板须用操作手轮松开夹板螺杆。

（4）拉手柄杆。

（5）打开盲板门。

图 24－4　快开盲板示意图

2. 关闭操作

（1）非常小心地清洗密封圈，并用发动机油类型的轻油润滑。

（2）清洗并用机油润滑垫圈表面和密封凹槽，安装密封圈。密封垫圈与密封凹槽的两个面要 100% 接触。

（3）用油脂润滑螺杆。

（4）关闭快开盲板门。

（5）夹板式快开盲板旋转手轮逐渐拧紧双头螺杆。当两个螺母支架接触到，即停止拧动螺杆，不要用扳手拧动螺杆。

（6）用少量的黄油涂在放空螺丝及螺丝孔的螺纹上，但一定不要堵住放空口(在放空螺丝上)。

（7）回装安全锁块(即放空装置)。

3. 维护保养

（1）维护周期：6 个月。

（2）润滑：

① 润滑铰链轴。

② 润滑夹板螺杆、支架螺母、滑轨。

③ 润滑放空螺栓。

（3）实时维修/更换密封圈。

24.4 常用法兰和管件

24.4.1 法兰及其组件

法兰连接是管道连接的一种常见形式，法兰是该形式的主体。法兰包括上、下法兰、垫片及螺栓螺母三部分标准件。见图 24－5。

24.4.2 弯头、三通、大小头

弯头(见图 24－6)是管道安装中需要量较大的部件。油库中常见的弯头主要有无缝弯

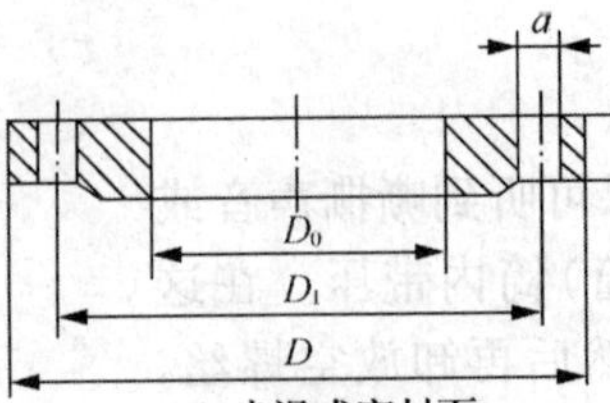

(a) 光滑式密封面

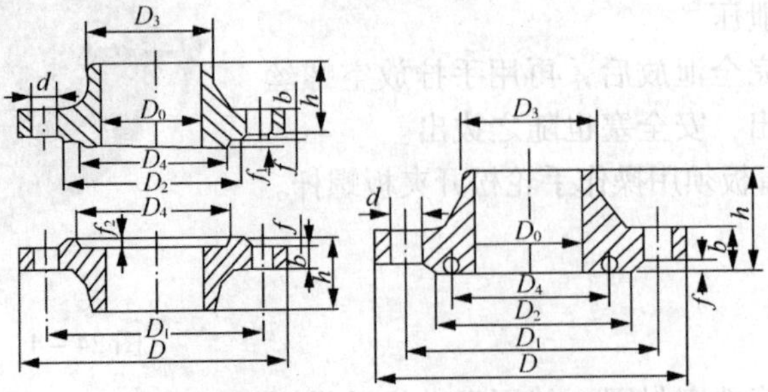

(b) 凹凸式密封面　　(c) 梯形槽式密封面

图 24－5　法兰密封面

头、冲压焊接弯头和焊接弯头三种。

油库中最常见的是无缝弯头，有 45°和 90°弯头两种类型。弯头的弯曲半径 R 依据管子的公称直径 DN 确定，常见的有 $R=1.5DN$ 和 $R=1.0DN$，尤以前者更为常用。

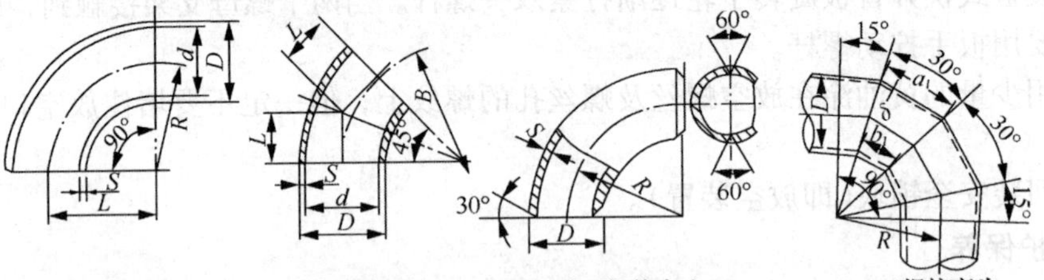

(a)90°无缝弯头　(b) 45°无缝弯头　(c) 冲压焊接完头　(d) 90°焊接弯头

图 24－6　常用弯头形式图

三通(见图 24－7)主要用于从主管上接出分管或支管。三通可分为等径三通和不等径三通两大类。等径三通规格仅注明公称直径 DN 即可。

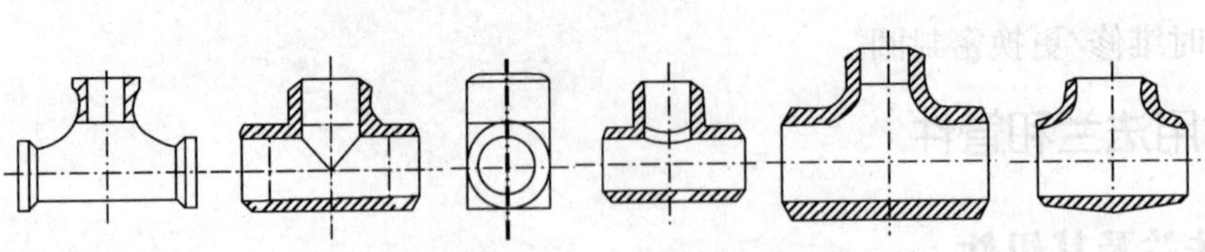

(a) 铸造三通　(b) 锻造三通　(c) 焊接三通　(d) 顶拉焊接三通　(e) 挤压三通

图 24－7　常用三通形式图

大小头又称为变径管，有同心和偏心两种形式。主要用于变径管道上，如泵的出入口管段大多采用偏心大小头。大小头的规格通常用大头和小头公称直径的乘积表示。

24.4.3 绝缘接头

绝缘接头是钢质管道阴极保护系统中必不可少的重要压力元件。绝缘接头主要靠绝缘材料、填充材料和密封材料把站场与外管道进行绝缘分开。见图 24－8。

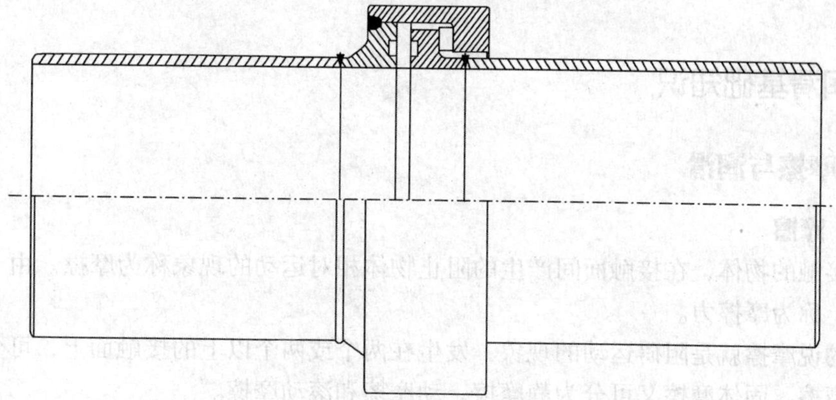

图 24－8 绝缘接头示意图

第 25 章　设备润滑

25.1　润滑基础知识

25.1.1　摩擦与润滑

25.1.1.1　摩擦

相互接触的物体，在接触面间产生的阻止物体相对运动的现象称为摩擦。由于摩擦而产生的阻力，称为摩擦力。

简单的说摩擦就是阻碍运动的现象，发生在两个或两个以上的接触面上，可分为液体摩擦和固体摩擦，固体摩擦又可分为静摩擦、动摩擦和滚动摩擦。

25.1.1.2　润滑

一般来说，在摩擦副之间加入某种物质，用来控制摩擦、降低磨损，以达到延长使用寿命的措施称为润滑。能起到减低接触面间的摩擦阻力的物质都称为润滑剂。

润滑形成一个更易于剪断的润滑膜，从而减少或避免两个接触表面的摩擦和磨损。润滑的主要作用包括：减少摩擦、减少磨损、冷却系统、防止生锈、清洁系统。

润滑剂是介于两个相对运动的物体之间，具有减少两物体因接触而产生的摩擦的功能。

25.1.2　润滑油的理化性能指标及试验

25.1.2.1　黏度(阻止液体流动的能力)

动力黏度单位：泊 P，通常用厘泊 cP 为单位；运动黏度单位为厘沱，即 cSt 或 mm^2/s。

运动黏度 = 动力黏度/油品的密度

其他表示方法有雷氏黏度、恩氏黏度、赛氏黏度。

25.1.2.2　闪点

在规定条件下，加热油品所逸出的蒸气和空气的混和物，与火焰接触发生瞬间闪火时的温度，以℃表示。分为 ASTM D92、开口闪点(COC)、闭口闪点(PMCC)。

25.1.2.3　倾点

油冷却到不可流动时的温度即为倾点，是润滑油的基本特性。

25.1.2.4　总酸值

表示油的酸性，以 1g 油能中和的 KOH 的量表示。

25.1.2.5　总碱值

表示油的碱性，以 1g 油能中和的酸所等量的 KOH 的量表示。

25.1.2.6　残炭

油品进行蒸发和裂解期间形成的残留物，以质量分数表示，可大致判断油品的精炼程度。添加剂高，残炭相对较高，因此添加剂不能降低成品油的残炭。

25.1.2.7　灰分

油品被煅烧后留下的残留物，以质量分数表示。

25.1.2.8 硫酸灰分

油品被煅烧干后，再加入数滴硫酸，再加热至775℃后的残余量。添加剂越高，灰分一般也越高。

25.1.2.9 破乳化时间

表示油品破乳化性的量度，以分钟(min)表示油和水分离的性能。

25.1.2.10 氧化安定性

油品抵抗空气(或氧气)的作用而引起性质发生永久改变的能力，氧化后油品的酸值升高，并有沉淀物。氧化安定性对于长期使用的汽轮机油、变压器油和压缩机油非常重要。

25.1.2.11 清净性

表示油品在发动机工作时活塞侧面生成油膜的状况。

25.1.2.12 抗泡沫性

往油中吹气后若干时间后泡沫的残余量。

25.1.2.13 水分

指油品中水的含量，以质量分数表示。小于0.03% 即为痕迹，特殊要求的油品，其水分以 μg/g 表示。

25.2 润滑油的选用

按机械工作条件作为选用润滑油的依据。

25.2.1 负荷

负荷大，应选用黏度大或油性好，极压性好的润滑油。反之，负荷小，应选用黏度小的润滑油。

间歇性的或冲击力较大的机械运动，容易破坏油膜，应选用黏度较大或极压性能较好的润滑油。

25.2.2 运动速度

设备润滑部位摩擦副运动速度高，应选用黏度较低的润滑油。若采用高黏度反而增大摩擦阻力，对润滑不利。低速部件，可选用黏度大一些的油。

25.2.3 温度

在高温条件下，应选用黏度较大、闪点较高、油性好以及氧化安定性好的润滑油。在低温条件下，应选用黏度较小，凝点低的润滑油。温度变化大的摩擦部位，应选黏温性能较好的润滑油。

25.2.4 潮湿

在潮湿的工作环境里，或者与水接触较多的工作条件下，应选用抗乳化性较强、油性和防锈性能较好的润滑油。

25.2.5 摩擦表面位置

在垂直导轨、丝杠上、润滑油容易流失，应选用运动黏度较大的润滑油。立式位置上的轴承宜选用润滑脂，可以减少流失，保持润滑。

25.2.6 润滑方式

在循环润滑系统中，要求换油周期长，散热快，应选用黏度较小，抗泡沫性和抗氧化安定性较好的润滑油。在飞溅及油雾润滑系统中，为了减轻润滑油的氧化作用，应选用加有抗氧、抗泡沫添加剂的润滑油。

25.3 设备润滑管理

设备润滑管理是设备管理的一个重要组成部分，它是用科学管理的手段，按照技术规范的要求，实现设备的及时、正确、合理地润滑和节约用油，达到设备安全正常地运行。

设备润滑管理的基本任务概括起来是：保证润滑系统正常，提高设备生产效率和加工精度，减少摩擦阻力和机件磨损，延长设备使用寿命，节能，防止设备事故发生。图25-1为齿轮箱润滑。

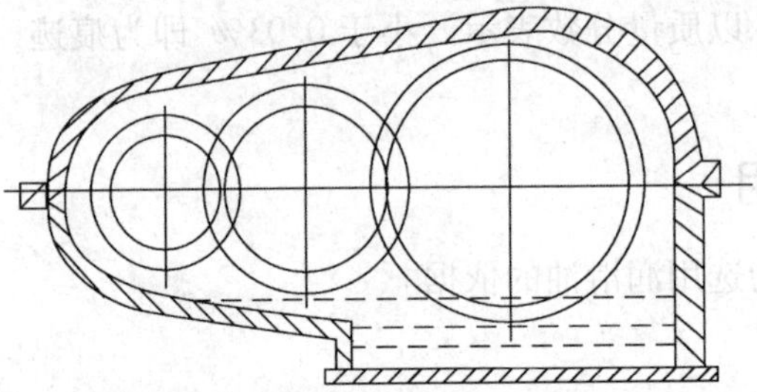

图25-1 齿轮箱润滑

25.3.1 设备润滑方式

25.3.1.1 手工加油(或脂)润滑

主要用于开式齿轮、链条、钢丝绳及不经常使用的粗糙机械。通过油嘴和油杯加油，结构最简单。可以分别控制各个润滑点的油量。对于相距很远的各个润滑点，可以省去集中润滑系统所需要的很长的管路，从而可减轻重量。其缺点是如加油不及时，就容易造成磨损。

25.3.1.2 滴油润滑

依靠油的自重通过装在润滑点上的油杯中的针阀或油绳滴油进行润滑。结构简单，使用方便，一般只需每8h往油杯中加一次油，而且可以装在油壶够不着的地方。但给油量不容易控制，振动、温度的变化及油面的高低，都会影响给油量。不宜使用高黏度的油，否则针阀被堵塞。主要用于滑动及滚动轴承、齿轮、链条及滑动导轨上。

25.3.1.3 飞溅润滑

靠浸泡在油池中的零件本身或附装在轴上的甩油环将油搅动，使之飞溅在摩擦表面上。这是闭式箱体中的滚动轴承、齿轮传动、蜗杆传动、链传动、凸轮等较为广泛应用的一种循环润滑方式。为考虑搅拌功率损失和润滑的有效性，零件的浸泡深度有一定限制。浸在油池中的机件的圆周速度一般控制在小于12m/s，速度过高，则搅拌功率损失过大，油的氧化严重；但速度也不宜过低，否则影响润滑效果。

25.3.1.4 油环与油链润滑

依靠套在轴上的油环或油链将油从油池中带到润滑部位。套在轴径上的油环下部在油池中，当轴旋转时，靠摩擦力带动油环转动，从而把油带入轴承中，进行润滑。见图 25－2。

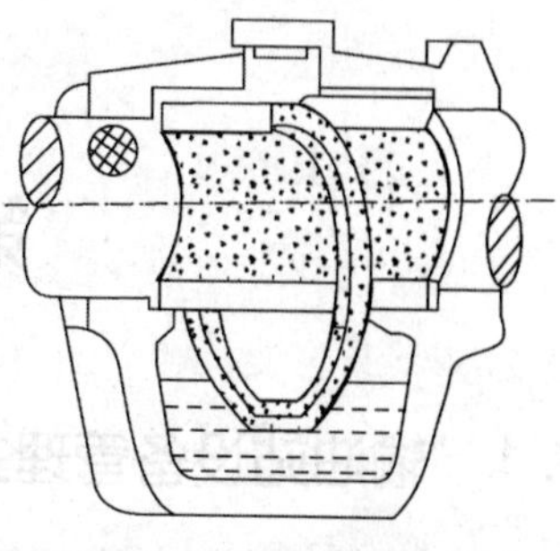

图 25－2　油环润滑

25.3.1.5　油绳与油垫润滑

一般是与摩擦表面接触的毛毡垫或油绳从油中吸油，然后将油涂在工作表面上。有时没有油池，仅在开始时吸满油，以后定期用油壶补充一点油。主要应用于小型或轻载滑动轴承。这种方式的主要优点是简单、便宜，毡垫与油绳能起过滤的作用，因此比较适合多尘的场合。但由于油量少，不适用于大型或高速轴承。供油量不易调整。

25.3.1.6　油雾润滑

油雾润滑系统由油雾润滑装置、管道和凝缩嘴组成。油雾润滑装置主要由分水滤气器、调压阀及油雾发生器等组成。

油雾润滑主要用于高速滚动轴承和高温工作条件下的链条等。此方法不仅达到润滑目的，还起冷却和排污作用，耗油量小。其缺点是排出的气体含有悬浮的油雾，造成污染。这种方法将被油气润滑所取代。

25.3.1.7　集中润滑

集中润滑主要用在机械设备中有大量的润滑点或整个车间、工厂的润滑系统。采用集中润滑可以减少维护工作量，提高可靠性。

25.3.1.8　压力循环润滑

这种润滑方式是润滑油在用油泵从油箱送到各润滑点以后，又回到油箱，油可以循环使用，因此可以供应很多的润滑油而损耗极少，而且对环境的污染也较少。由于供油充分，油还能带走热量，冷却效果好，广泛应用于大型、重型、高速、精密和自动化的各种机械设备上。

25.3.2　润滑油的质量维护与监控

对机械设备的液压润滑油品分析是实现机械设备故障诊断的重要手段之一。油品分析是利用各种常规、简易、精密或综合的油品分析仪器和方法，对其理化性质，特别是其内所含的机械磨屑以及其他微粒进行定性定量测量，从而得到有关零部件磨损状态、机器工作情况以及系统污染程度等方面的重要信息。

润滑油的常规分析是指采用油品化验的物理、化学方法对润滑油的各种理化指标进行测定。一般包括：油品外观、黏度、酸值(中和值)、水分、闪点、抗乳化、抗氧化安定性和机械杂质等。

25.3.3　润滑故障的分析与预防

一般纯净润滑油中不含铁、铬、铜、铝等杂质元素。在设备零件磨损后，这些元素以杂质呈现在油品中的含量就会逐渐增高。设备正常磨损时，这些杂质元素含量增高缓慢，非正常磨损时，其含量会急剧增高。因此测定油中杂质元素的含量就可预测零件的磨损状态。运行中的机器设备，其零部件之间的相互磨损产生磨屑，而润滑系统本身的异常产物、外来污染物等微粒均以分散形式大量存在于机器设备的润滑油中。油品中的各磨损元素的浓度与零部件的磨损状况有关。对润滑油进行状态监测，可以预测机器设备的故障，降低事故的发生。

第 26 章　设备管理

26.1　输油站设备管理主要工作内容

管理输油站范围内的所有设备、房屋建(构)筑物；贯彻执行设备管理的各项规章制度、设备操作维护保养规程及标准；建立健全设备基础资料、设备台账、设备检定台账和设备技术档案；做好设备的操作、日常巡检、维护、保养工作，掌握设备运行状态；做好各种设备报表的统计及上报工作，做好设备技术状况分析，定期进行设备管理总结工作；根据设备运行时间、运行状况及易损零部件的使用寿命，按时上报备品备件、材料及专用工具的需求计划，建立备品备件及材料消耗台账；编制上报设备修理等费用预算，按时统计实际发生的费用；做好固定资产的日常管理工作，具体包括调拨过程中的实物交接、闲置设备的日常维护保养等工作，配合做好设备报废工作。

26.2　技术档案管理

设备技术档案管理是设备管理的重要环节，技术档案记录了设备从规划、设计、制造、购置、安装、使用、维护、修理、改造、更新直至报废的整个寿命周期进行全过程的管理。做到"一台一档"，档案内容应涵盖设备技术文件、全过程管理动态；设备迁移、调拨时，其档案随设备移交；档案管理人员变更时，交接方必须认真组织按项移交。

26.3　密封管理

加强密封管理是成品油管道企业减少跑、冒、滴、漏，增加生产，降低消耗，消除污染，保证职工身体健康的一项重要措施。

26.3.1　密封点分类和统计范围

(1) 动密封各种机电设备的连续运动(旋转和往复)的两个偶合件之间的密封，属于动密封。如压缩机轴、泵轴等的密封均属动密封。

(2) 静密封设备(包括油罐、过滤器和收发球筒等)及其附属管线和附件，在运行过程中两个没有相对运动的偶合件之间的密封属于静密封。如设备管线上的法兰、各种阀门、丝堵、活接头、机泵设备上的油标、附属管线、变电所设备的变压器、油开关、电缆头、仪表孔板、调节阀、附属引线以及其他设备的结合部位，均属静密封。

26.3.2　密封点计算方法

1. 动密封点的计算方法

一对连续运动(旋转或往复)的两个偶合件之间的密封算一个动密封点。

2. 静密封点的计算方法

一个静密封点接合处，算一个静密封点。如：一对法兰，不论其规格大小，均算一个密封点；一个阀门一般算四个密封点，如阀门后有丝堵或阀后紧接放空，则应各多算一点；一个丝扣活接头，算三个密封点；特别部位，如连接法兰的螺栓孔与设备内部是连通的，除了接合面算一个密封点外，有几个螺栓孔应加几个密封点。

3. 泄漏点的计算方法

有一处泄漏，就算一个泄漏点，不论是密封点或因焊缝裂纹、砂眼、腐蚀以及其他原因造成的泄漏均作泄漏点统计。

4. 泄漏率计算公式

静(动)密封点泄漏率(‰)=静(动)密封点泄漏点数/静(动)密封点数×1000‰

26.3.3 静密封检验标准

(1) 设备及管线的接合部位用肉眼观察，不结焦，不冒烟，无漏痕，无渗迹，无污垢。

(2) 仪表设备及风引线、焊接及其他连接部位用肥皂水试漏，无气泡。

(3) 电气设备、变压器、油开关、油浸纸绝缘电缆头等接合部位，用肉眼观察，无渗漏。

26.3.4 动密封检验标准

1. 各类往复泵填料无明显泄漏

(1) 石棉类填料：轻质油不超过30滴/min，重质油不超过15滴/min。

(2) 塑料类填料：轻质油不超过20滴/min，重质油不超过15滴/min。

2. 各类离心泵轴封无明显泄漏

(1) 填料密封泄漏：轻质油不超过20滴/min，重质油不超过10滴/min。

(2) 机械密封泄漏：轻质油不超过10滴/min，重质油不超过5滴/min。

3. 无泄漏输油站标准

(1) 密封点统计准确无误。

(2) 管理完善，见漏就堵，常查常改不间断。

(3) 泄漏率常保持在0.5‰以下，且无明显泄漏。

(4) 泄漏点实行挂牌管理，漏点记录及挂牌、摘牌记录齐全准确。

(5) 静密封技术档案齐全。

26.3.5 管理措施

(1) 凡投入运行的设备、管路都必须建立静、动密封档案和台账，密封点统计准确无误(密封档案一般应包括：生产工艺流程示意图，设备静、动密封点登记表，设备管线密封点登记表，密封点分类汇总表。台账一般包括：按时间顺序的密封点分布情况，泄漏点数，泄漏率等)。

(2) 建立健全各级密封管理责任制，密封管理责职明确，公司、分公司(管理处)定期组织检查、考核、评比。

(3) 开展创造和巩固无泄漏输油站活动，消漏、堵漏工作经常化，具体化，制度化。

(4) 按时做好密封泄漏点的检查，统计和上报工作。

(5) 组织各种密封技术研究，推广应用密封新技术、新材料。

26.4 备件管理

备件是指为了缩短设备修理停歇时间，在设备维修、保养过程中，为了恢复设备原有的性能、效率、消除设备隐患所准备的需要更换的零件、部件。备件管理是指备件的生产、订货、供应、储备的组织与管理，它是设备维修资源管理的主要内容。

26.4.1 备件管理目标

用最少的备件资金、合理的库存储备，保证设备维修的需要，提高设备的使用可靠性、维修性和经济性。具体目标：把设备突发故障所造成的生产停工损失减少到最低程度；把设备计划修理的停歇时间和修理费降低到最低限度；把备件的储备资金压缩到合理供应的最低水平。

26.4.2 备件管理的主要任务

及时、有效地向维修人员提供合格的备件；重点做好关键设备维修所需备件的供应工作；做好备件使用情况的信息收集和反馈工作；在保证备件供应的前提下，尽可能减少备件的资金占用量。

26.4.3 备件的技术管理主要工作

备件图样的收集、测绘、整理。备件图册的编制，各类备件统计卡片和储备定额等基础资料的设计、编制及备件卡的编制工作。通过编制积累备件管理的基础资料，可以掌握备件的要求，预测备件的消耗量，确定比较合理的备件储备定额、储备形式，为备件的生产、采购、库存提供科学、合理的依据。

26.4.4 备件的计划管理

指备件计划人员通过对备件需求量的预测，结合本企业的生产维修能力、年度设备维修计划及市场备件供应情况来编制备件生产、订货、储备和供应计划等工作；同时，要求做好各项计划的组织、实施和检查工作，以保证企业的生产和设备维修的需要及备件管理的经济性。

编制备件计划的依据：

(1) 各类备件的清单。

(2) 各类备件统计汇总表：备件库存量表；库存备件领用、入库动态表；备件达到企业规定的订货点和最小储备量时库房提出的备件申请量表。

(3) 年度、月度设备修理计划。

(4) 日常维修备件申请表。

(5) 库房或修复小组加收可修复件的情况。

(6) 本企业备件历史消耗记录和设备开车率。

(7) 本地区备件生产、协助情况。

26.4.5 备件的经济管理

主要是备件库存资金的核定、出入库账目的管理、备件成本的审定、备件消耗统计、备件各项经济指标的统计分析等。经济管理贯穿于设备备件管理工作的全过程。

备件经济管理考核指标：

(1) 备件储备资金定额。是企业财务部门给设备管理部门规定的备件库存资金限额。

(2) 备件资金周转期。在企业中，减少备件资金的占用和加速周转具有很大的经济意义，也是反映企业备件管理水平的重要经济指标，其计算方法：

资金周转期(年)=年平均库存金额/年消耗金额

备件资金周转期为一年半左右，应不断压缩。若周转期过长造成占用资金过多，企业就应对备件卡的储备品种和数量进行分析、修正。

(3) 备件库存周转率。它是衡量库存备件占用的资金，实际上满足设备维修需要的效率。其计算公式：

库存资金周转率=年备件消耗总额/年平均库存金额

26.5 使用与维护管理

企业应建立健全设备的使用、维护管理制度，制定严格的设备操作和维护规程，严格执行巡回检查、维护保养和润滑等各项管理制度，建立设备隐患发现、分析、报告、处理等闭环管理机制。

设备操作和维护人员上岗前必须经过系统的理论和实践培训，严格持证上岗。设备管理部门要监督检查关键设备、重点岗位操作人员的培训情况。特种设备操作人员须经具有资质的单位进行培训，经考核合格后颁发相应资质的操作证。

设备操作人员是设备运行和日常维护保养的责任者，必须遵守设备操作、维护制度和规程，认真控制操作指标，严禁设备超温、超压、超负荷、超转速运行。

26.5.1 设备的技术状态

设备技术状态是指设备所具有的工作能力，包括性能、精度、效率、运行参数、安全、环境保护、能源消耗等所处的状态及其变化情况。企业的设备是为满足某种生产对象的工艺要求或为完成工程项目的预定功能而配套的，其技术状态如何，直接影响到企业产品的质量、数量、成本和交货期等经济指标能否顺利完成。设备在使用过程中受到生产性质、加工对象、工作条件及环境等因素的影响，使设备原设计制造时所确定的功能和技术状态将不断发生变化而降低或劣化。为延缓劣化过程，预防和减少故障发生，除操作工人严格执行操作规程、正确合理使用设备外，必须定期进行设备状态检查，加强设备使用维护的管理。

26.5.2 设备技术状态完好标准

设备完好是指设备处于完好的技术状态。设备完好标准总的有三条要求：

(1) 设备性能良好。机械设备精度能稳定并满足生产工艺要求；动力设备的功能达到原设备或规定标准，运转时无超温、超压现象。

(2) 设备运转正常，零部件齐全，安全保护装置良好，磨损、腐蚀程度不超过规定的技术标准，控制系统、计量仪器、仪表和液压润滑系统工作正常，安全可靠。

(3) 原材料、燃料、动能、润滑油料等消耗正常，基本无漏油、漏水、漏气(汽)、漏电现象，外表清洁整齐。

设备完好的具体标准，应能对设备作出定量分析和评价，并根据总的要求结合企业设备重点制定，作为本企业检查的设备完好标准。

26.5.3 完好设备的考核和完好率的计算

企业生产设备的技术状态完好程度，以“设备完好率”指标进行考核，其目的在于促进企业加强设备管理，经常保持设备处于完好状态，保证生产正常进行。设备完好率的计算如下：

设备完好率＝生产设备完好台数/生产设备总台数×100%

设备完好台数是指经检查符合完好标准的生产设备台数，通过计算故障设备台数，总生产设备台数减去故障设备台数即为完好设备台数。

企业完好设备台数应是逐台检查的结果，不得采用抽查和估计的方法推算。正在检修的设备，应按检修前的实际技术状况计算，检修完的设备按检修后技术状况计算。

26.5.4 设备的使用维护

设备在负荷下运转并发挥其规定功能的过程，即为使用过程。

企业应建立健全设备的使用、维护、安全管理制度，制定严格的设备操作规程和维护规程，严格执行巡回检查、维护保养等各项制度，建立设备隐患、分析、报告、处理等闭环管理机制。

设备操作和维护人员上岗前必须经过系统的理论和实践培训，严格持证上岗。设备管理部门要监督检查关键设备、重点岗位操作人员的培训情况。

特种设备作业人员及相关管理人员，按照国家《特种设备作业人员监督管理办法》的规定，经考核合格取得特种设备作业人员证，方可从事相应的作业和管理工作。

岗位操作人员是设备运行和日常维护保养的责任者，必须遵守设备操作、维护制度和规程，严格控制操作指标，严禁超温、超压、超速等超指标运行。严格按照设备点检、巡回检查等管理规定和标准，进行设备维护和保养。

设备维修人员严格按照设备点检管理规定、点检标准和设备维护检修规程对所管辖的设备进行维护和检修。

企业加强设备故障和事故管理，建立设备故障和事故记录，制定主要设备事故应急预案，不断提高处理突发事故的能力。

企业重视大型机组、关键设备的特级维护，机械、电气、仪表、操作、管理专业应分别建立台账，做好记录，掌握设备运行特性和规律，减少故障和降低维修成本，提高设备安全性和经济性。

企业制定并严格实行备用设备管理维护制度，定期对备用设备进行检查和维护保养，确保设备处于完好备用状态。

企业加强关键设备、需要监控运行和运行年限较长设备的管理，定期开展技术性能和安全可靠性评估，采取必要的防范措施，保障设备安全可靠运行，降低设备运行风险。

企业制定活动设备回场检查制度，配备专职检验人员，定期做好设备回场检查，技术处理设备存在的问题。

企业要重视做好设备防腐蚀工作，制定设备防腐蚀工作管理制度，设立设备防腐蚀专业技术岗位。采用工艺、技术防腐等综合技术措施，预防设备腐蚀。

企业必须执行设备润滑管理制度，配备专业管理人员。

企业应配备高素质的专业技术人员主管故障诊断和状态监测工作，配备开展状态监测工作所需的仪器，积极开展设备状态监测和故障诊断，及时准确掌握设备运行状态、积累状态监测历史数据，总结探索设备故障停机规律，发现问题及时反馈和处理。

加强仪表自控设备管理工作。建立仪表自动化管理、使用、维护、检修的责任制和规程并严格执行，提高仪表的完好率、使用率和控制率。要重视仪表自动化技术人员的技术培训，以适应仪表自动化技术进步和设备更新换代快的特点。

企业应完善、落实电气“三三二五”(三票、三图、三定、五规程、五记录)管理制度，并严格执行。

重视并做好继电保护及安全自动装置的运行与维护，严格保护定值的管理，保证电力系统安全、可靠运行。

做好防爆电气设备、接地与接零装置、电气安全用具管理，做好防过电压、防污闪、防小动物、防火、防雷、防冻、防洪和防震等管理工作。

第 5 篇
仪表自控

第 27 章　常用仪表的使用及日常维护

27.1　压力检测仪表

在长输管道运行过程中，压力是反映管道运行状态的重要参数，压力检测仪表是最常用的测量仪表之一。

目前，成品油长输管道使用的压力检测仪表主要有弹性式压力计、压力开关、差压表和压力变送器。

27.1.1　弹性式压力计

27.1.1.1　基本测量原理

弹性式压力计的工作原理是将具有弹性的材料制作成弹性元件，作为测量部件，在弹性极限范围内，弹性元件受到外力产生形变的量与外力大小成比例，形变量经传动机构放大后，带动仪表指针动作，从而达到测量目的。

常见的测量元件有如下几种：弹簧管式弹性元件、薄膜式弹性元件、波纹管式弹性元件，如图 27－1 所示。

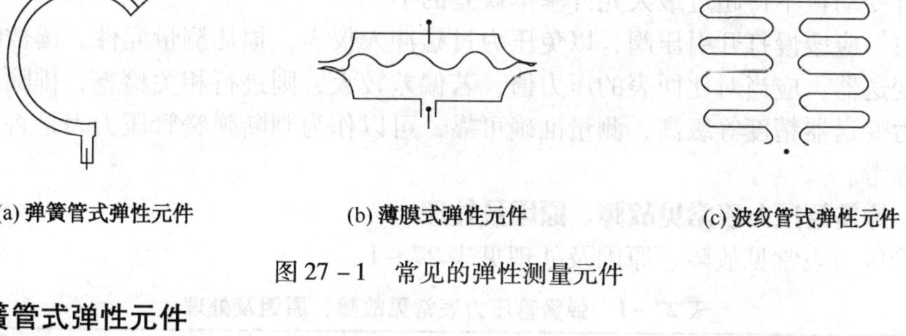

(a) 弹簧管式弹性元件　(b) 薄膜式弹性元件　(c) 波纹管式弹性元件

图 27－1　常见的弹性测量元件

1. 弹簧管式弹性元件

弹簧管式弹性元件允许的测压范围较宽，可测量高达 1000MPa 的压力。但弹簧管是弯成圆弧形的金属管子，它的截面做成扁圆形或椭圆形。

2. 薄膜式弹性原件

薄膜式弹性元件的测压范围较弹簧管式低，它是由金属或非金属材料做成的具有弹性的一张膜片，在压力作用下能产生变形。

3. 波纹管式弹性原件

波纹管式弹性元件是一个周围围成波纹状的薄壁金属筒体，这种弹性元件易变形，而且位移很大，常用于微压或低压的测量。

以上三种主要以弹簧式压力表最为常用。

27.1.1.2　弹簧管压力表的结构

弹簧管式压力表结构如图 27－2 所示，弹簧管 1 一端焊接在接头 4 上，为固定端，端口与接头孔相通。弹簧管的另一端为活动端，通过拉杆 5、调整螺钉 10 与扇形齿轮 6 相连，扇形齿轮与固定在支撑架上的中心齿轮啮合，中心齿轮后轴与游丝 8 相连，指针 7 套压在中心齿轮的轴前端，平置在刻度盘零刻度处。

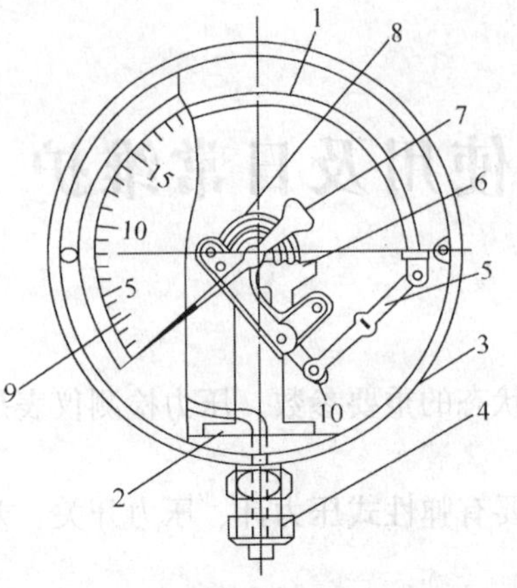

图 27－2　弹簧管式压力表结构

1—弹簧管；2—固定支撑；3—外壳；4—接头；5—拉杆；6—扇形齿轮；7—指针；8—游丝；9—刻度盘；10—调整螺钉

当被测压力通过固定端端口进入弹簧管内，管壁受挤压发生形变，膨胀伸展，推动活动端的连杆动作，连杆传动至扇形齿轮，扇形齿轮再带动中心齿轮转动，套压在中心齿轮上的指针随中心轴转动，指针所停刻度值的位置，即为被测压力的示值。游丝用于保持扇形齿轮与中心齿轮的良好啮合，调整螺钉用于校准压力表的量程。

测量时，为了减少压力波动对仪表的振动造成机械损伤，以及保持指针的平稳指示，便于读数，一般在外壳与玻璃板之间充硅油或甘油，油高度为表盘的2/3以上。

27.1.1.3　安装使用注意事项

弹簧管式压力表为就地指示仪表，通常安装在便于观察、检修的地方，取压源选在介质流速稳定的地方。

日常巡检时，检查外观是否清洁无污物，表盘刻度清晰；各部件装配是否牢靠，不得有影响测量的锈蚀、裂纹、孔洞等缺陷；接口处不得有漏油，表壳与玻璃板之间的填充油是否高于表盘的2/3。测量时指针移动在全分度范围内应平稳，不得有跳动或卡阻现象；轻敲表壳后，指针变动量不得超过最大允许基本误差的1/2。

投用时，应缓慢打开引压阀，以免压力过猛冲入仪表，损坏测量元件。读数时，如果旁边有压力变送器，应当对比两表的压力值，若偏差较大，则进行相关检查，排除故障。一般来说，压力变送器精度等级高，测量准确可靠，可以作为判断弹簧管压力表是否正常工作的一个重要参考。

27.1.1.4　弹簧管压力表常见故障、原因及处理

弹簧管压力表常见故障、原因及处理见表27－1。

表27－1　弹簧管压力表常见故障、原因及处理

常见故障	可能原因	处理方法
指针不动	（1）根部阀门关闭；根部阀堵塞 （2）指针与中心轴松动；指针卡住，扇形齿轮与小齿轮脱开	（1）打开阀门；待停输时打开清理 （2）取下压力表修理，或更换新表
指针不回零位	（1）根部阀门被堵塞 （2）弹簧弯管失去弹性，游丝失去弹性、没有足够盘紧或脱落，指针弯曲或卡住，调整螺丝松动	（1）待停输时打开清理 （2）更换压力表
指针跳动	（1）游丝损坏或紊乱；中心轴两端弯曲；弹簧管与拉杆结合的铰轴卡住；压力表内齿轮传动有阻碍 （2）有高频振动影响 （3）根部阀局部堵塞	（1）更换压力表 （2）消除振源 （3）待停输时打开清理
表内充油泄漏	（1）弹簧管裂纹渗漏 （2）弹簧管与支撑座焊接不良有泄漏 （3）表壳与玻璃板密封失效	更换压力表

27.1.1.5　弹簧管式压力表的检定与校验

压力仪表在长期使用中，由于弹性元件疲劳、传动机构磨损或腐蚀、电子元器件老化等

因素造成测量误差，所以必须要对仪表进行定期校验。

弹簧管式压力表的检定与校验，分为弹簧管式精密压力表和弹簧管式一般压力表检定，前者执行国家计量检定规程 JJG49—2013《弹性元件式精密压力表和真空表检定规程》，后者执行国家计量检定规程 JJG52—2013《弹性元件式一般压力表、压力真空表和真空表检定规程》。

检定项目主要包括：外观检定、零位检定、示值误差、回程误差、轻敲位移、指针偏转平稳性检定等。

校验一般分为两种：一种是将被校表的示值与标准表的示值在相同环境条件下进行比较，校验结构简图见图 27 - 3(a)；另一种是将被校表的示值与标准压力比较。最常用的校验仪器是活塞式压力计，结构简图见图 27 - 3(b)，若在 b 阀上安装标准表，则两种校验方法都可进行。常用检验方法实物图见图 27 - 4。压力表和压力传感器、变送器都可采用这两种校验方法。

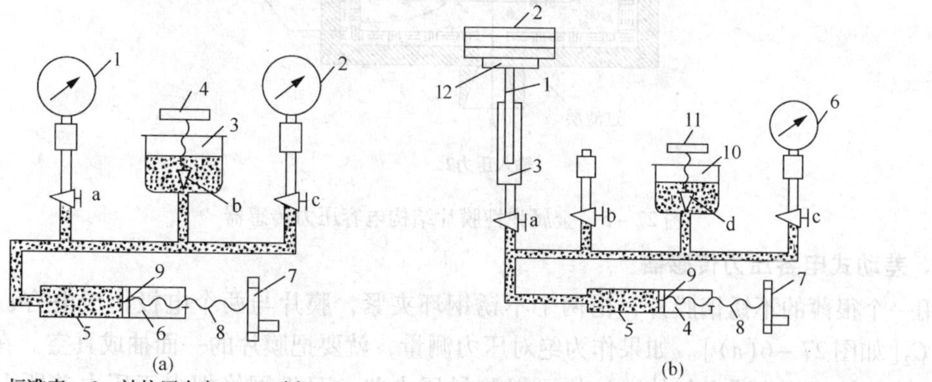

1—标准表；2—被校压力表；3—油杯；4—进油阀手轮；5—工作液；6—手摇泵；7—手轮；8—丝杆；9—手摇活塞泵；a、c—切断阀；b—进油阀

1—测量活塞；2—砝码；3—活塞柱；4—手摇泵；5—工作液；6—被校压力表；7—手轮；8—丝杆；9—手摇活塞泵；10—油杯；11—进油阀手轮；12—托盘；a、b、c—切断阀；d—进油阀

图 27 - 3　压力表校验结构简图

弹簧管压力表校验周期最短为半年或一个装置检修周期，仪表校准合格后应加标识，填写检定记录和检定结果。

图 27 - 4　压力表检验实物图

27.1.2　压力变送器和差压变送器

27.1.2.1　测量原理

压力变送器测量原理是测量元件感受压力，产生与被测压力成比例的位移，通过传送部件的运算放大后，将位移量转换为标准电流信号，一般为 4 ~ 20mA 的直流电流或 1 ~ 5V 的直流电压，信号通过电缆远传至控制室机柜，在操作员站上进行显示、记录和控制。

差压变送器是利用节流装置或高、低压差将介质分别由两根引压导管引入变送器的两个测量室，形成的差压分别作用在测量室的正、负膜片上产生微变位移，再利用电容式、振弦式、扩散硅式等数字脉冲信号，进行现场指示和远距离传送。

从压力传感器将压力转换成电量的途径来看，主要有电容式、电感式和电阻式三种。在长输管道中应用较为广泛的是电容式压力传感器。下面介绍几种电容式压力传感器。

1. 在密封系统内将压力变为微小位移再引起电容变化的传感器

采用转换电路将变化的电信号输出(如图 27-5)，用来检测低量程 $0 \sim 1 \times 10^3$ Pa 的压力，响应速度为 100ms。这种传感器的敏感元件是一个很薄的金属弹性膜片，安装在两个凹型的玻璃片之间。当膜片承受两面输入的压力后，膜片就向压力小的方向产生形变，膜片与玻璃片内侧的金属膜层之间的电容就发生变化。由于这个敏感元件对工作范围没有加以限制，一旦产生压力差，金属膜片就会贴到玻璃表面上，因此玻璃片的金属表面要有绝缘。

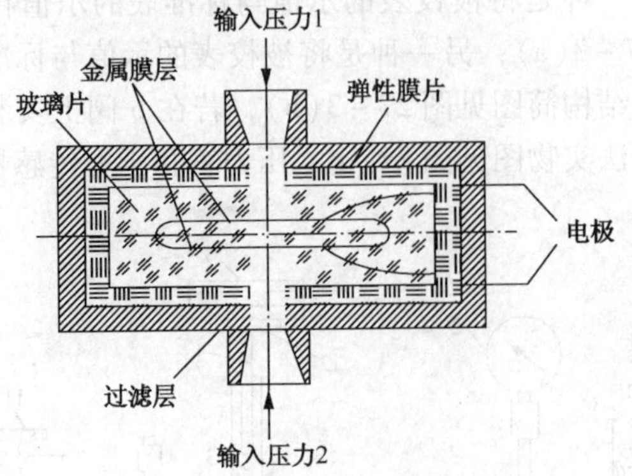

图 27-5　金属弹性膜片结构电容压力传感器

2. 差动式电容压力传感器

用一个很薄的不锈钢膜片，由两个不锈钢环夹紧，膜片与两个电极构成电容，分别为 C_1 和 C_2[如图 27-6(a)]。如果作为绝对压力测量，就要把膜片的一面抽成真空。在差动情况下，膜片的两面都通入气体，这样可以测量压力差。双 T 网络把由于压力差所引起的差动电容转换成输出电压。基本电路如图 27-6(b)。

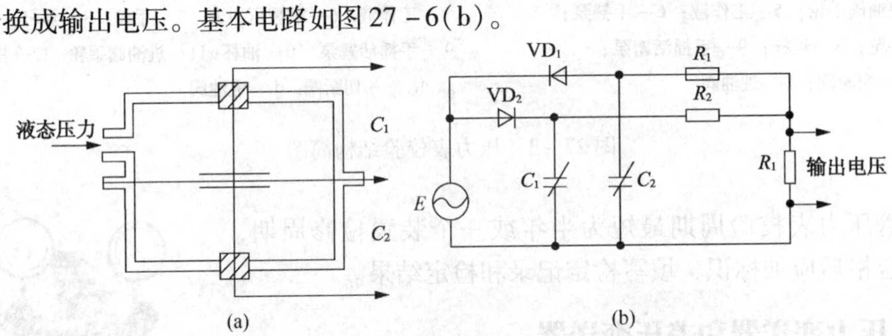

图 27-6　不锈钢环夹紧结构电容压力传感器

3. 硅电容式集成压力传感器

核心部件是一个对压力敏感的电容器，如图 27-7 所示，图中电容器的两个极板，一个置于玻璃片上，为固定极板；另一个置于硅膜片的表面上，为活动极板。硅膜片是由腐蚀硅片的正面和反面形成。当硅片和玻璃键合在一起之后，就形成有一定间隙的空气(或真空)电容器。电容器的大小由电容电极的面积和两个电极间的距离决定。当硅膜片受压力作用变形时，电容器两电极间的距离便发生变化，导致电容的变化。电容的变化量与压力有关，因此可利用这样的电容器作为检测压力的元件。这一工作方式与金属元件的压力敏感电容一样，但是微机械加工工艺可以把尺寸做得很小，其测量电路也与压敏电容做在同一硅片上，构成电容式单片集成压力传感器。

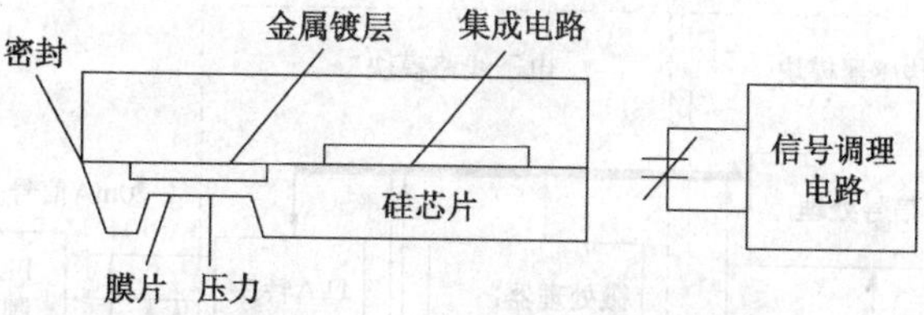

图 27-7　硅电容式集成压力传感器

压力变送器按所用能源分为气动压力变送器和电动压力变送器，电动压力变送器按电气安全等级又分为普通型、隔爆型和本安型。成品油长输管道属于易燃易爆的油气场所，一般采用隔爆型或本安型电动压力变送器。

27.1.2.2　应用实例

电动压力变送器种类、型号较多，以罗斯蒙特3051系列电容式压力变送器为例，简单介绍测量变送过程。

3051型变送器主要部件为传感器模块和电子元件外壳。传感器模块包括充油传感器系统和传感器电子元件，充油传感器系统由隔离膜、充油系统和传感器组成；传感器电子元件安装在传感模块内并包括一个温度传感器、存储模块和电容/数字信号转换器（C/D转换器）、本机零点、量程按钮和端子块。3051C型压力变送器的部件分解图如图27-8。

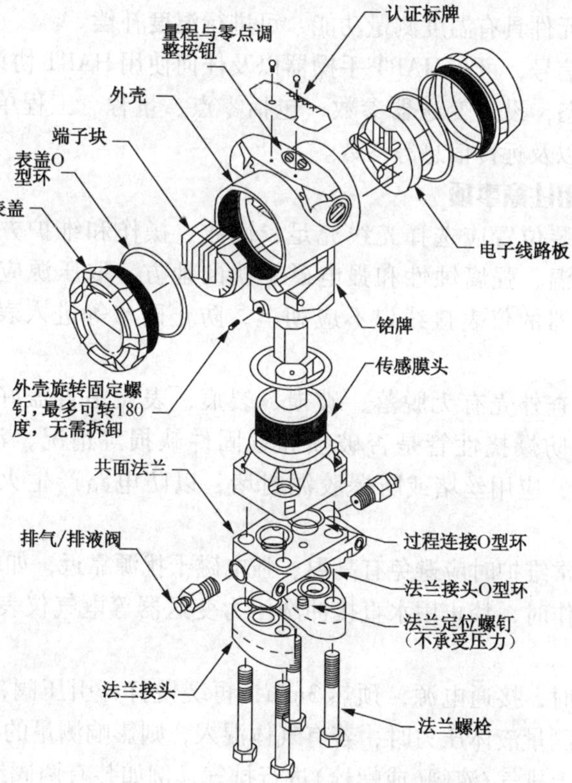

图 27-8　3051C型压力变送器部件分解图

当压力作用于变送器的隔离膜，充油偏离中心膜从而改变电容信号，该电容信号在C/D转换器中转换成数字信号，该数字信号和电阻温度检测器测量的温度在微处理器中进行计算，然后输送至数字量/模拟量（D/A）转换器转换成4～20mA的电流信号，并在输出上叠加HART信号。基本结构图如图27-9。

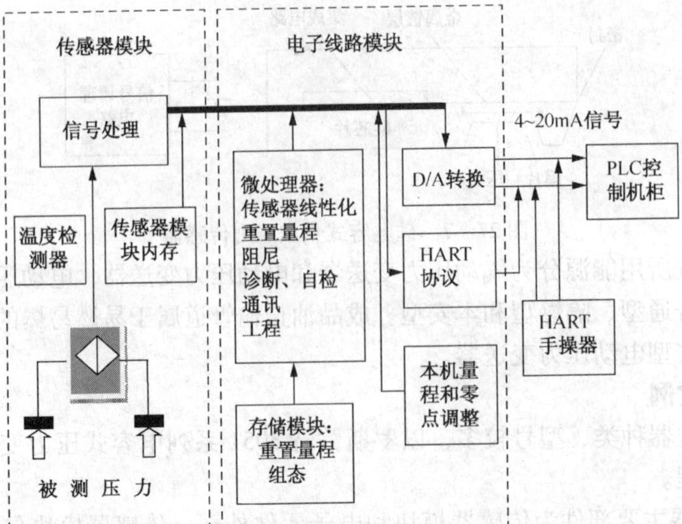

图 27-9　3051 型变送器基本结构

3051 型变送器的一些特点如下：

(1) 传感器模块远离过程法兰，移至电子外壳颈部，实现机械隔离和热隔离。

(2) 传感器电子元件具有温度测量功能，可进行温度补偿。

(3) 输出 HART 信号，可与 HART 手操器以及任何使用 HART 协议的主机通讯。可以用 HART 手操器进行组态，设定变送器参数，包括零点、量程、工程单位、线性或平方根输出、日期、法兰类型以及远传信息等参数。

27.1.2.3　安装、使用注意事项

压力变送器的安装位置应选择光线充足，读数、操作和维护方便的管道上，不宜安装在振动、潮湿、高温、强腐蚀性和强电磁干扰的地方。取压源应选在被测介质流束稳定的管段。压力变送器的仪表接线口不应朝上，防止雨水等进入表内，损坏仪表的电气部分。

日常巡检时，检查外壳有无脱落、破损、裂痕，表盖是否盖好拧紧，各接口处是否有漏油，仪表电缆及防爆挠性管是否破损和紧固件缺损等情况，消除缺陷，使之完整。仪表上如有空余进口，应用丝堵或防爆胶泥封堵，以防电路产生火花点燃油气发生爆炸的危险。

压力变送器在日常维护时应避免有高温、强电磁干扰源靠近，如电焊机、氧乙炔切割机等。在做日常清洁工作时，禁止用水直接冲洗压力变送器等电气仪表，以免水进入表壳内，发生短路损坏仪表。

启用压力变送器时，接通电源，预热 3min，再缓慢打开引压阀，以免压力过猛冲入仪表，损坏测量元件。测量液体压力时，若有气体混入，则影响测量的准确度，因此投用前应排气放空，打开仪表上排气/液阀(或螺栓)进行排气，例如装有两阀组的压力变送器，打开两阀组的引压阀(如有一次阀的，先开一次阀)，再打开排气阀放空，待稍有油品渗出时则排气完成，关闭排气阀完成投用。

27.1.2.4　压力变送器常见故障判断及处理

压力变送器常见故障判断及处理见表 27-2。

表 27-2　压力变送器常见故障判断及处理

常见故障	可能原因	处理方法
仪表黑屏无显示	(1)未供上电 (2)电源正负极接反；仪表电源故障或电源接线断路 (3)仪表故障	(1)检查是否供电 (2)调整电源接线；检查仪表电源或接线 (3)拆下维修或更换新表
读数为零或对压力变化无响应	(1)引压阀(根部阀或阀组)关闭；引压管堵塞 (2)仪表故障 (3)实际压力是否在仪表的设定量程内	(1)打开引压阀；停输时疏通引压管 (2)检查测试仪表 (3)调整仪表量程，若超出量程，在仪表压力极限内调大量程，如果仍不满足则更换大量程仪表
不回零，超出正常偏移值范围	零点飘移	调整零点
读数低或高	(1) 精度不够 (2) 仪表未正确检定 (3) 引压管堵塞或不畅；含有气体	(1) 检查测试仪表精度 (2) 重新检定 (3) 停输时清理引压管；进行排气

27.1.2.5　压力变送器的检定与校验

弹性压力表的两种检验方法也适用于压力变送器。压力变送器可以拆卸后用压力校验台离线校验，也可以不拆卸在线校验。

压力变送器的基本校验方法如下：准备标准压力信号发生器、精密压力表、标准电流表、标准电阻箱和24V直流稳压电源等，将被校变送器、标准电流表和电阻按照图27-10接好线路，按变送器的输出4、8、12、16、20mA校验。标准压力信号发生器向被校表和精密压力表同时加压，以便两表的数值进行比较。

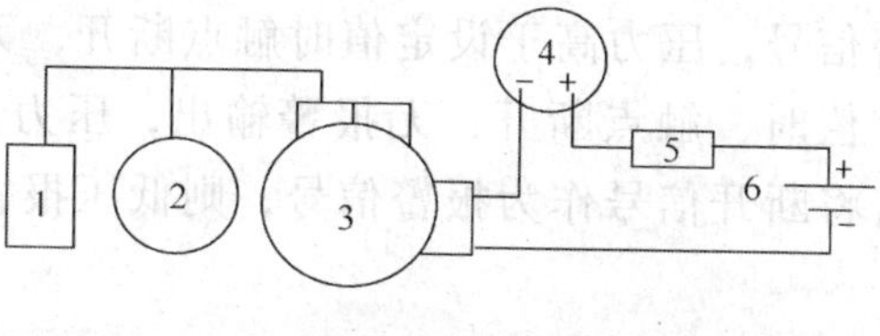

图 27-10　校验压力变送器接线路图

1—压力信号发生器；2—精密压力表；3—被校压力变送器或压力表

4—标准电流表；5—标准电阻；6—直流稳压电源

当变送器不受压时，输出为4mA，否则应调整变送器的零位。零位调整好后把压力加到上限值，观察变送器的输出电流是否在20mA，否则应调整。再把压力降至零，看4mA有无变化，否则应调整，然后把压力加至上限值，观察20mA有无变化，否则调整。反复调整直至4mA和20mA都合适。然后再按照上行和下行进行五点校验，即4、8、12、16、20mA逐点校验，每检定一点，都与精密压力表(标准表)对准整刻度，读输出电流表的刻度。经反复调整至变送器的误差(测量值与标准表值的差值)、变差(上升和下降时的数值之差)等符合仪表的使用精度。校准合格后应加标识，填写校验记录和校验结果。

压力变送器的检定与校验执行国家计量检定规程JJG 882《压力变送器检定规程》，周期最短为一年或一个装置检修周期。

27.1.3 压力开关

27.1.3.1 工作原理

压力开关是借助弹性元件受压后产生位移使开关元件动作的压力控制仪表，通常用在报警联锁保护系统中。压力开关可分为位移式和力平衡式两种，其受力的弹性元件有弹簧管、膜片、膜盒或波纹管等。开关元件常采用磁性开关、水银开关、微动开关等，一般都有常开(N.O)、常闭(N.C)两种触点，开关形式有单刀双掷(SPDT)和双刀双掷(DPDT)等。单刀双掷的有一组常开常闭触点，三个接线端子。双刀双掷有两组常开常闭触点，六个接线端子。

压力开关最常用于主输泵的联锁保护，例如在防止泵入口压力低造成汽蚀的保护中，当泵入口压力过低，压力开关检测到压力低于设定值时，报警并参与联锁，停主输泵。联锁停泵逻辑见图 27－11，压力开关接线见图 27－12。

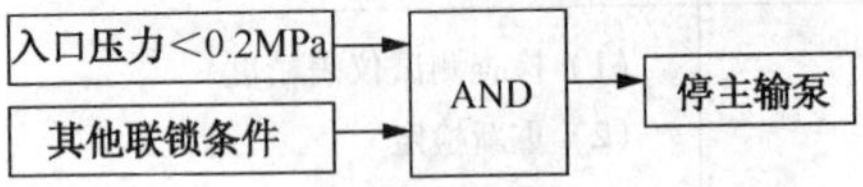

图 27－11　主输泵联锁停泵逻辑示意图

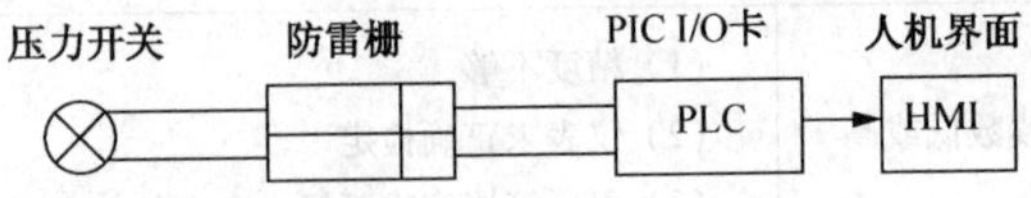

图 27－12　压力开关接线示意图

27.1.3.2 常见故障及判断

压力开关的原理是弹性元件受压后发生位移使开关动作，使用一段时间后其设定值会产生漂移，应定期进行检定校验，及时调整压力设定值满足生产要求，校验周期最长为一年或者一个装置运转周期。

正常工况下，压力开关异常报警一是回路内可能发生了短路，二是将常开常闭触点反接造成的。如果将闭合信号作为报警信号，则低压报警接常闭触点，压力低于设定值时，触点闭合，输出报警信号，压力高于设定值时触点断开，无报警输出；高压报警接常开触点，压力低于设定值时，触点断开，无报警输出，压力高于设定值时触点闭合，输出报警信号。反之，若将断开信号作为报警信号，则低压报警接常开触点，高压报警接常闭触点。

27.2 温度检测仪表

27.2.1 温度测量的基本概念

温度只有通过物体随温度变化的某些特性来间接测量，而用来量度物体温度数值的标尺叫做温标，它规定温度的读数的起点和测量温度的基本单位，目前国际上用得较多的温标有华氏温标、摄氏温标、热力学温标和国际实用温标。

27.2.2 温标及其换算

1. 摄氏温标规定

在标准大气压下，冰的融点为0℃，水的沸点为100℃，中间划分 100 等份，每等份为摄氏 1 度，符号为℃。

2. 华氏温标规定

在标准大气压下，冰的融点为32℃，水的沸点为212℃，中间划分280等份，每等份为华氏1度，符号为°F。

3. 摄氏温标与华氏温标关系

摄氏温度t(℃)和华氏温度t_F(℉)有如下关系：

$$t = (t_F - 32)5/9 \quad (27-1)$$

$$t_F = 9t/5 + 32 \quad (27-2)$$

4. 热力学温标

热力学温标又称开尔文温标，或称绝对温度，它规定分子运动停止时的温度为绝对零度，符号为K。

27.2.3 常用温度检测仪表分类

温度测量仪表按测温方式可分为接触式和非接触式。通常来说接触式测温仪表比较简单、可靠，测量精度较高，但因测温元件与被测介质需要进行充分的热交换，故需要一定的时间才能达到热平衡，所以存在测量延迟现象，同时受到耐高温的限制，不能应用于很高的温度测量。非接触式仪表测温是通过热辐射原理来测温的，测温元件不与被测介质接触，测量范围广，不受测量上限的限制，也不会破坏被测物体的温度场，反应速度也较快，但受到物体的发射率、测量距离。烟尘和水汽等因素影响，其测量误差较大。常用温度检测仪表分类及特点见表27－3和表27－4。

表27－3　常用温度检测仪表分类

测温方式	测温原理		仪表分类
接触式	体积变化	（1）利用两种膨胀系数不同的金属材料在加热或冷却时产生的膨胀差 （2）利用密封容器中气体、饱和蒸汽压力或液体体积随温度的变化	固体热膨胀：双金属温度计 液体热膨胀：玻璃液体温度计 气体热膨胀：气体压力式温度计
	电阻变化	利用导体或半导体的电阻随温度变化的特性	金属热电阻：铂、铜、铁 半导体热敏电阻：碳、锗、金属氧化物等半导体温度计
	电压或电动热势变化	（1）利用两种不同材料相接触而产生的热电动势随温度变化的特性 （2）利用半导体PN结电压随温度变化的特性	金属热电偶 非金属热电偶 PN结电压：PN结数字温度计
	其他		石英晶体温度计、光纤温度传感器、声学温度计等
非接触式	辐射能量变化	根据被测量对象所发射的辐射能量测定被测对象的表面温度	比色法：比色温度计 辐射法：辐射感温式温度计 亮度法：光学高温计、光电高温计 其他：红外温度计、火焰温度计、光谱温度计

表 27－4　各种测温仪表测温范围及主要特点

测温种类和仪表		测温范围/℃	主要特点
膨胀式	双金属温度计	－80～600	结构简单，牢固可靠，维护方便，抗振性好，价格低廉，适用振动较大的场合
	玻璃液体温度计	－100～600	结构简单，读数直观，使用方便，价格便宜，易断裂，信号不能远传
	压力式温度计	－200～600	结构简单，防爆，信号可远传，计数清晰，使用方便
热电阻	铂电阻	－260～850	测量准确，稳定性好，耐腐蚀，易加工，信号远传方便
	铜电阻	－50～150	线性度好，灵敏度高，易于加工，互换性好，价格便宜
	半导体热敏电阻	－50～300	灵敏度高，结构结单，体积小，响应时间短，稳定性不如金属型热电阻
热电偶		－200～1800	测温范围宽，测量准确，性能稳定，结构简单，信号远传方便
辐射式温度计		0～3500	测温上限不受限制，动态特性好，灵敏度高，广泛应用于测量处于运动状态对象的温度

27.2.4　热电阻温度计

27.2.4.1　热电阻温度计基本工作原理

热电阻温度计的工作原理是基于电阻的热效应进行温度测量的，即利用金属的电阻值随温度的变化而变化的特性来测量温度。热电阻一般用于测温精度要求较高、无激烈振动、测量温差等场合，是中低温区最常用的温度检测元件，测量范围通常应用于 0～200℃。具有性能稳定、测量精度高、在中低温区有输出信号大、信号可以远传等优点。

热电阻的感温元件是铂丝或铜丝制成的，分为铂热电阻和铜热电阻。铜热电阻测温范围窄、准确度较低，成品油长输管道主要采用铂热电阻（Pt100）来测温。通常使用的铂热电阻 Pt100（$R_0=100\Omega$）有两种标准，一种为 0.385Ω/℃，一种为 0.395Ω/℃，一般使用前者。即：Pt100 在 0℃时电阻值为 100Ω，温度每升高 1℃，电阻值升高 0.385Ω，通过电阻的这种变化来对应并显示不同的温度值。测得的阻值可直接接入站控 PLC 系统的热电阻输入模块，由 PLC 转换成温度值；或者用温度变送器将阻值信号转换成 4～20mA 的标准电流送入 PLC 系统的模拟量输入模块，由 PLC 转换成温度值，实现远程监控。

27.2.4.2　热电阻温度计的三种引出线方式

1. 两线制

在热电阻的两端各连接一根导线将电阻信号引出的方式称为两线制。这种接线方法最简单，但由于导线也存在电阻，阻值大小与导线的材质、长度和截面积有关，会影响测量的精度，因此这种引线方式只适用于测量精度较低的场合。

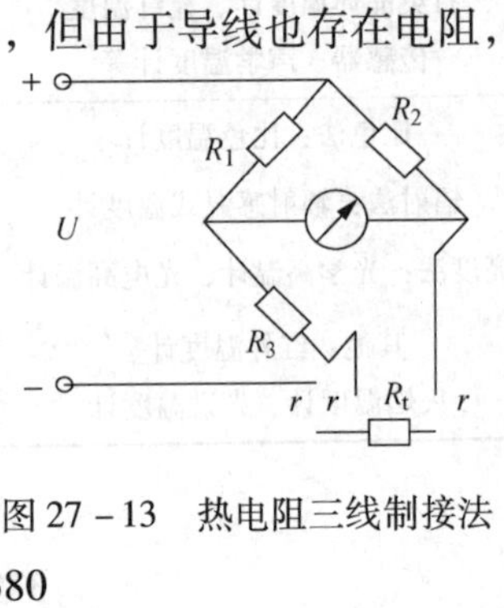

图 27－13　热电阻三线制接法

2. 三线制

在热电阻的一端接一根导线，另一端连接两根导线的接线方式称为三线制，这种方式通常与电桥配套使用，可以较好地消除导线自身电阻地影响，既经济，且精度较高，是工业过程控制中最常用的接线方式。成品油长输管线上主要采用三线制接线方式。图 27－13 为热电阻三线制接法，其中 R_t

为热电阻。

3. 四线制

在热电阻的根部两端各连接两根导线的接线方式称为四线制，其中两根导线为热电阻提供恒定电流，把电阻阻值转换成电压信号，再通过另两根引线把电压信号引至二次仪表或计算机控制装置。这种接线方式可消除导线的引入电阻影响，但电缆使用较多，投资相对较大，主要用于高精度的温度检测。

27.2.4.3 热电阻温度计的常见故障及判断

热电阻测量回路的常见故障是热电阻的短路和断路。一方面，可以从 SCADA 画面上做初步判断，也可用万用表的电阻档测量是否断路和短路，若测得的阻值小于 R_0（一般为 0℃的阻值），则可能有短路的地方；若阻值无穷大，则电阻体或测量回路已断路。常见故障可能原因及处理见表 27－5。

表 27－5　热电阻温度计常见故障判断及处理

故障现象	可能原因	处理方法
仪表显示无穷大或上位机画面显示最大值	(1) 回路接触不良 (2) 热电阻或引出线断路及接线端子松开等	(1) 检查测量回路 (2) 更换电阻体，或焊接及拧紧接线螺丝等
仪表显示负值	(1) 显示仪表与热电阻接线有错 (2) 热电阻有短路现象 (3) 保护套管进水	(1) 改正接线 (2) 找出短路处，加强绝缘 (3) 清理保护套
显示仪表指示值比实际值低或示值不稳	保护管内有金属屑、灰尘、接线柱间脏污及热电阻短路（水滴等）	除去金属，清扫灰尘、水滴等，找到短路点，加强绝缘等
阻值与温度关系有变化	热电阻丝材料受腐蚀变质	更换电阻体（热电阻）

27.2.5 热电偶温度计

热电偶温度计工作原理是基于赛贝克（seeback）效应，即两种不同的导体或半导体两端连接成如图 27－14 所示的回路，当两连接端温度不同时，则在回路内产生热电流。两根不同材质的导体 A、B 称为热电极，它们的一端是采用焊接或绞结的方式连接在一起，形成测量端（也称工作端），如图 27－15 所示。将测量端插入被测介质中，另一端（参比端或自由端）则与显示仪表相连，如图 27－16 所示。当测量端与参比端存在温度差时，则显示仪表将指出热电偶产生的热电动势，不同的热电势对应不同的温度。

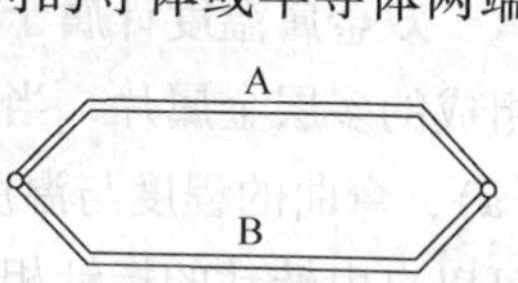

图 27－14　热电偶回路

只有保持热电偶温度计的工作端和自由端之间的电势差稳定，自由端才能测得准确温度，这需要自由端温度保持恒定。但一般情况下，由于热电偶的自由端常靠近设备或管道，不仅受环境温度影响，而且还受设备和管道中物料温度的影响。所以，为了准确测量温度，采用补偿导线将自由端延伸至远离被测对象且环境温度又比较稳定的地方，例如操作室的机柜室。

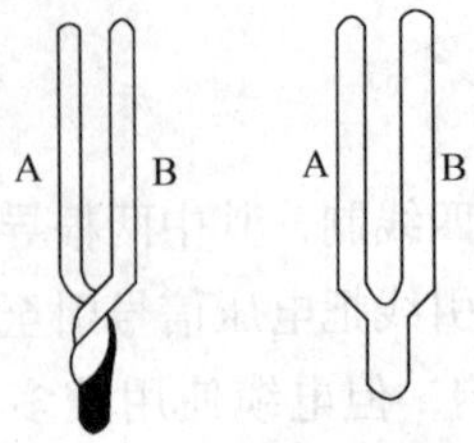

图 27-15　热电偶示意图

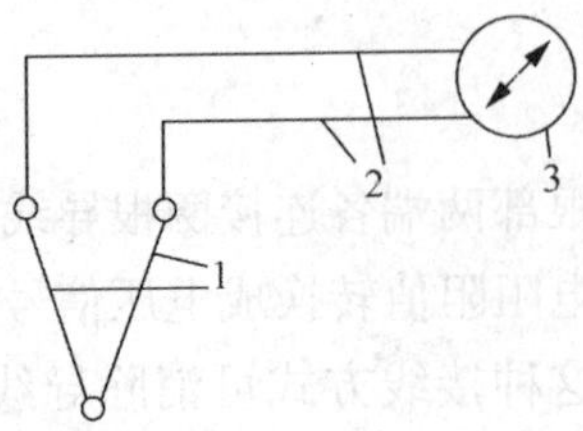

图 27-16　热电偶测温系统示意图

1—热电偶；2—导线；3—测温仪表

热电偶感受被测温度的电势差很小，产生的毫伏信号通过专用的、相匹配的信号线（补偿导线）传送回室内 DCS 或 PLC 系统等，再由温度卡件转换成相应的温度信号在操作站上显示。热电偶的热电动势将随着测量温度升高而增长，测量精度较高、量程和使用范围也很大。

27.2.6　一体化温度变送器

一体化温度变送器是一种将温度变量转换为可传送的标准化输出信号的仪表，通常由两部分组成：传感器和信号转换器。传感器主要是热电阻或热电偶，信号转换器主要由测量单元、信号处理和转换单元组成。信号转换器将热电偶或热电阻的信号转换成 4～20mA（0～10mA 或 1～5V）的标准电流（电压）信号，用电缆传送到站控系统 PLC 的模拟输入卡件（AI 卡）上转换成相应的温度在操作站上显示。有些变送器增加了显示单元，有些还有现场总线功能。由于温度变送器能和热电偶或热电阻构成一体化，所以安装比较方便，不需使用补偿导线传送信号，降低使用成本。仪表为全密封型，因而抗振动、防潮湿、防止有害气体的侵蚀能力较强。但使用过程中要求环境温度不宜太高或太低，一般不超出 -20～80℃。

27.2.7　双金属温度计

双金属温度计用于现场就地指示，无信号传送回操作室指示，直接安装在管线或设备的测温点上，可直观看到温度值。

双金属温度计属于膨胀式温度计，主要测温元件是一个用两种或多种金属片叠压在一起组成的多层金属片，当温度改变时，两种不同金属因膨胀程度不同发生弯曲，如图 27-17（a），弯曲的程度与温度的高低成正比。将双金属绕制成环性弯曲状，一端固定，另一端与可以自由转动的指针相连，受热时两种金属的体积膨胀变化量不一样，发生弯曲，带动指针旋转，工作仪表便显示出热电势所对应的温度值，如图 27-17（b）所示。

双金属温度计有轴向、径向、万向三种常见结构。其外壳直径有 60mm、100mm、150mm 三种。保护管的直径有 4mm、6mm、8mm、10mm、12mm 五种。

国内生产的双金属温度计的测量范围是 -80～600℃，准确度等级为 1、1.5、2.5 级，使用的工作环境温度为 -40～60℃。

27.3　流量检测仪表

成品油管道中流量计是一种重要的常用仪表。它主要用于计量交接、管道输油状态监测调整、泄漏检测等方面。管道中常用的流量计种类有质量流量计、超声波流量计、齿轮流量

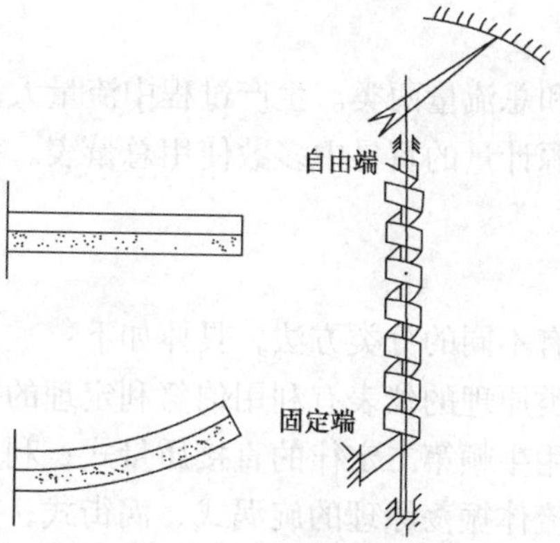

图 27－17　双金属温度计测温原理

计、流量开关等，此外还有靶式流量计、转子流量计等其他种类的流量计。

27.3.1　流量测量基础知识

27.3.1.1　流量的定义和单位

1. 流量的定义

流量就是单位时间内流经某一截面的液体数量，可用体积流量和质量流量来表示。

2. 流量的表示方法

（1）质量流量 q_m。单位时间内流过某截面的质量，其单位为 kg/s。

（2）工作状态下的体积流量 q_v。单位时间内流过某截面的流体的体积，其单位为 m^3/s。它与质量流量的关系是：

$$q_m = q_v\rho \tag{27-3}$$

或

$$q_v = q_m/\rho \tag{27-4}$$

式中　ρ——为流体密度，kg/m^3。

（3）标准状态下的体积流量 q_{vn}。气体是可压缩的，q_v 会随工作状态变化而变化，q_{vn} 就是折算到标准的压力和温度状态下的体积流量。在仪表计量上多数以 20℃ 和 1 个物理大气压(101.325kPa)为标准状态。

q_{vn} 与 q_m、q_v 的关系如下：

$$q_{vn} = q_m/\rho_n \tag{27-5}$$

或

$$q_m = q_{vn}\rho_n \tag{27-6}$$

$$q_{vn} = q_v\rho/\rho_n \tag{27-7}$$

$$q_v = q_{vn}\rho_n/\rho \tag{27-8}$$

式中　ρ_n——气体在标准状态下的密度。

27.3.1.2　常用流量仪表的分类

流量测量与仪表可以按照多种原则进行分类。

1. 按测量的量值分类

可以分为测量瞬时流量和总流量两类。生产过程中流量大多作为监控参数，测量的是瞬时流量，但在物料平衡和能源计量的贸易中多数使用总量表。有些流量计备有累积流量的装置，可以作为总量表使用。

2. 按测量原理分类

流量测量仪表根据不同有不同的分类方法，具体如下：

(1) 力学原理。属于此类原理的仪表有利用伯努利定理的差压式、转子式；利用动量定理的冲量式、可动管式；利用牛顿第二定律的直接质量式；利用流体动量定理的靶式；利用角动量定理的涡轮式；利用流体振荡原理的旋涡式、涡街式；利用总静压力差的皮托管式以及容积式等。

(2) 电学原理。有电磁式、差动电容式、电感式、应变电阻式等。

(3) 声学原理。有超声波式。

(4) 热学原理。有热量式、直接热量式、间接热量式等。

(5) 光学原理。激光式、光电式等是属于此类原理的仪表。

27.3.1.3 按测量方法和结构分类

流量测量方法大致可分成两大类：体积流量和质量流量。

1. 体积流量

测量体积流量的方法又可分为两类：容积法(又称直接法)和速度法(又称间接法)。

(1) 容积法。在单位时间内以标准固定体积对流动介质连续不断地进行度量，以排出流体的固定容积数来计算流量。流量越大，度量的次数越多，输出的频率越高。

容积式流量计的原理比较简单，受流体流动状态影响小，适于测量高黏度、低雷诺数的流体。根据回转体的不同，目前的产品有：适于测量液体流量的腰轮流量计、椭圆齿轮流量计、旋转活塞流量计和刮板流量计。适于测量气体流量的伺服式容积流量计、皮膜式和转筒式流量计等。

基于容积法的流量检测仪表有椭圆齿轮流量计、腰轮流量计、皮膜式流量计等。

(2) 速度法。先测出管道内的平均流速，再乘以管道截面积求得流体和体积流量。速度法可用于各种工况下的流体测量检测，但由于是利用平均流速计量流量，因此受管路条件影响较大，流动产生的涡流以及截面上流速分布不对称等都会影响测量精确度。

用于测量管道内流速的方法或仪表主要有：

① 差压式。差压式又称节流式，利用节流前后的差压和流速关系，通过差压值获得液体的流速。

② 电磁式。导电流体在磁场中运动产生感应电动势，感应电动势的大小与流体的平均流速成正比。

③ 旋涡式。流体在流动中遇到一定形状的物体会在其周围产生有规则的旋涡，旋涡释放的频率与流速成正比。

④ 涡轮式。流体作用在置于管道内部的涡轮上使涡轮转动，其转动速度在一定流速范围内与管道内液体的流速成正比。

⑤ 声学式。根据超声波在流体中传播速度的变体得到流体的速度。

⑥ 热学式。利用加热体被流体的冷却程度与流速的关系来检测流速。

基于速度法检测流量的仪表有：节流式流量计、靶式流量计、弯管流量计、浮子流量计、电磁流量计、漩涡流量计、涡轮流量计、超声波流量计等。

2. 质量流量

质量流量计是以测量流体的质量为依据的流量检测仪表，具有精确度不受流体温度、压力、密度、黏度等变化影响的优点。质量流量的测量方法分为直接法和间接法两类。

（1）直接法。直接测量质量流量，如科里奥利流量计、量热式流量计、角动量式流量计等。

（2）间接法。间接法又称推导法，测出流体的体积流量以及密度（或温度和压力），经过运算求得质量流量。主要有压力温度补偿式质量流量计。

27.3.2 科氏力质量流量计

质量流量计是通过一定的检测装置反映出质量流量的一种常用仪表。它的最大优点是无需进行换算直接检查质量流量，检测方便准确。以科氏力为基础的质量流量计不仅能直接测量通过流量计介质的质量流量、密度、温度，还能间接测量介质的体积流量。下面就着重介绍科氏力质量流量计的工作原理、结构、安装及使用注意事项。

27.3.2.1 工作原理及结构

1. 工作原理

流体流过测量管时，如果测量管以某一频率振动，则振动的测量管相当于一个匀速转动的参考系，由于流体与测量管具有相对运动，所以会受到科里奥利力的作用，使测量管发生扭曲，流体的质量流量与这个扭转角是成正比的，因此只要测出这个扭转角，就可以得到流体的质量流量。

2. 结构

科氏力质量流量计其结构一般由信号测量传感器和用于信号处理的变送器两部分组成。其中传感器包括测量管、检测器、热电阻和驱动器，变送器则是一次仪表输出信号的处理系统。

科氏力质量流量计的测量管的形状有多种，但总的说来可分为弯管与直管两种，其中又有单管与双管之分。典型的结构是双 U 形管结构，如图 27－18 所示。

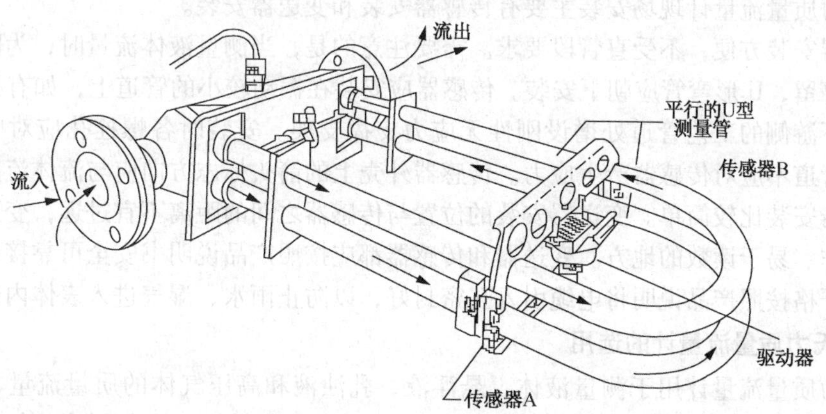

图 27－18 双 U 形管结构

利用安装在测量管上的磁铁和线圈组件，在交变电流的作用下，使得两根平行的测量管按照某个固定的频率进行振动。当测量管中有流体流过时，科里奥利力使测量管的振动发生相移，流体的质量流量越大，测量管的振动相移也越大。检测两根测量管的振动相移，就可以得到质量流量值。

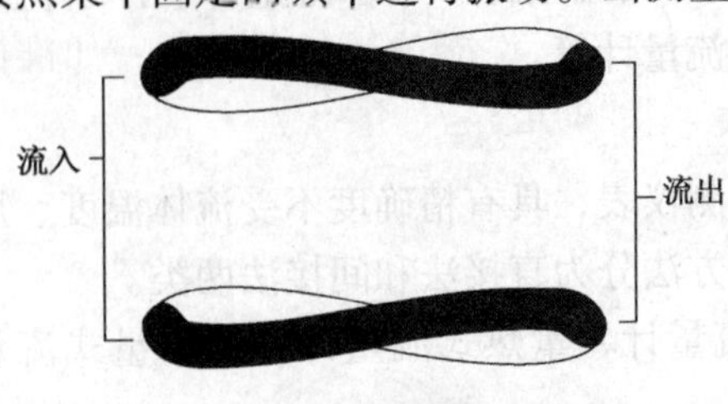

图 27－19　双 U 形测量管变形示意图

在双 U 形测量管结构中，两根测量管的振动方向相反，使得测量管扭曲相位相差 180°，如图 27－19所示。相对单测量管型来说，双管型的检测信号有所放大，流通能力也有所提高。

质量流量计的传感器部分按测量管形状可分为弯曲形和直形，按测量管段数可分为单管型和双管型。变送器部分一般具有信号处理、信号显示、故障报警与上位机通信等功能。见图 27－20

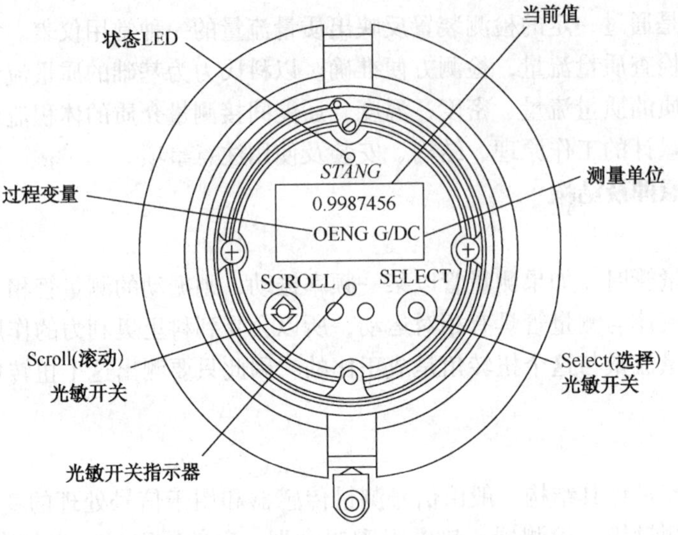

图 27－20　质量流量计变送器显示器

27.3.2.2　质量流量计的安装、特点及选用

1. 质量流量计的安装

科氏力质量流量计现场安装主要有传感器安装和变送器安装。

传感器安装方便，不受直管段要求。需要注意的是，当测量液体流量时，为防止气泡在流量管内停留，U 形弯管应朝下安装。传感器应安装在振动较小的管道上，如有必要则在传感器上、下游侧的工艺管道处增设刚性无应力支撑支架。安装时各螺栓孔应对中，不可偏心，工艺管道不应对传感器产生应力。传感器外壳上的箭头标志方向应与流体流向一致。

变送器安装比较简单。变送器安装的位置与传感器之间的距离不宜过远，变送器应安装在易于操作、易于读数的地方。变送器和传感器都应按照产品说明书安全可靠接地。接线过程中，应严格按照产品说明将电缆引入孔密封好，以防止雨水、湿气进入表体内部。

2. 科氏力质量流量计的选用

科氏力质量流量计用于测量液体、悬浮液、乳浊液和高压气体的质量流量、密度和温度，主要用于要求精确测量的场合。对于强振动、强磁场场合，以及管道内流体有强水击效应、强脉动流、夹带气流等场合不宜采用。另外，要根据被测流体的腐蚀性、温度、压力等选用相应型号的科氏力质量流量计。如安装在需要保温的场合，应选用带保温夹套的，危险场合应选用防爆产品。

科氏力质量流量计的选择一般主要考虑其性能和可靠性。性能包括各种指标，如准确度、量程利用率、压力损失和量程能力等。可靠性需要实践的检验。

准确度主要包括：偏差、重复性、线性和回滞。有3种描述方式，流量百分比准确度、满量程准确度和带零点稳定度的准确度，不同的厂家可能以不同的方式给出，比较时应考虑到这一点。其中，带零点稳定度的准确度更能体现科氏力质量流量计在整个流量范围内的准确度，因为零点稳定度表示了流量计测量实际零流量的能力。

根据操作条件和传感器的最大流量，预选出传感器的规格(公称管径)，计算出压力损失是选型工作的一个重要环节。过大的流量会引起较大的压力损失，灵敏度高，准确度就好。小流量会使压力损失降低，灵敏度低，准确度较差。所以选择的时候要综合考虑，在尽可能低的压力损失下得到高的流量灵敏度和准确度。

量程能力(相对mA输出，最大量程和最小量程的比值)也是一个考虑因素。如果使用mA输出信号的话，与许多其他常规仪表的选择一样。量程利用率(额定流量与瞬时流量的比值)也很重要，一般可通过厂家给出的科氏力质量流量计在各种流速下的量程利用率、压力损失和准确度曲线来计算其在给定应用中的性能。

27.3.2.3 检定与校验

科里奥利质量流量计近年得到了快速发展，随着其制造水平的提高，对检定技术也提出了新的要求，JG 1038—2008《科里奥利质量流量计》正是在这种情况下制定的，其代替了JJG 897—1995《质量流量计》中的科里奥利质量流量计部分。该规程由国家质检总局于2008年3月25日批准，并自同年6月25日施行。

对于检定周期，新的规程当中规定：优于0.5级的一般不超过一年；0.5级及以下的一般不超过两年。

质量流量计的检定必须由具备检定资质的单位进行，检定后要出具正式的检定报告。使用方接收后要仔细核对流量计各设定参数，回装时要注意接线正确。

27.3.2.4 日常维护及故障判断

科氏力质量流量计使用方便可靠，日常使用时一般查看仪表指示、累计是否正常；仪表供电是否正常；表体及其连接件是否损坏和腐蚀；仪表外线路有无损坏及腐蚀；传感器与工艺管道连接有无渗漏。应用过程中故障主要是各种原因引起的零点漂移，常见故障判断及处理见表27－6。

表27－6 科氏力质量流量计常见故障判断及处理

故障现象	可能原因	处理方法
零点慢慢移动，且各次漂移状况相同	停流后液体中的微小气泡积聚于测量管上部	停流后立即
零点漂移量大，很多情况下无法调零	测量管内壁黏附流体内沉积物	清洗或冲洗清除
温度变动形成应力变化，传感器前后机械原因形成应力变化	流量传感器所受的应力变化	出入口中任何一处换装柔性连接管，在传感器与软管之间设置2个以上支持点
零点不稳定，但移动量很小	管道有振动	尽量减小管道振动

27.3.2.5 影响科氏力质量流量计性能的环境因素和零点漂移问题

工艺温度、工艺压力、振动及零点不稳定性都会对科氏力质量流量计的性能造成一定的影响。

1. 工艺温度

当温度升高时，振动管刚度变小，造成偏移增大，使流量测量值偏高。同时，也将使振动频率降低，密度指示值偏高。因此，一般的科氏力质量流量计都有温度补偿。这种补偿在一定程度上可以校正由于温度变化而引起的管子的刚度变化，但却不能校正其对零点稳定度的影响。因为后者主要是由于传感器几何结构及材质的不均衡等因素引起的，温度的变化扩大了这种差异。在流速很低时，其影响尤为严重。这种由于温度的变化引起的零点稳定度的变化是一个附加的固定偏差。如果工艺温度与仪表调零时温度相差很大时，则对于高精度的测量要考虑这一因素的影响。

2. 工艺压力

科氏力质量流量计振动管的刚度会随着环境压力的升高而变大，即刚度的变化与环境压力的变化成正比，这与环境温度对其的影响刚好相反。压力升高时，刚度变大，振动管的弹性变形减小，因此，对于一定的质量流量，振动管的偏移减小，造成指示值偏低，应进行适当的补偿。另外，压力的变化还会引起管子尺寸的变化，可能会影响流量计的灵敏度。

3. 振动

振动像温度一样影响所有的机械结构，科氏力质量流量计是基于振动的原理进行工作的，因此环境的振动最终将影响测量结果。对于短周期振动(小于1s)，可通过增加阻尼常数和安装正常的管子支撑，将振动减少到最小程度。

4. 电磁和射频干扰

电磁和射频干扰几乎对所有的电子仪器都有影响，对科氏力质量流量计也不例外。这是因为基于振动原理工作的科氏力质量流量计，其振动的激励、振动情况的检测以及检测信号的处理都运用了电磁技术。若将其安装在大电机、射频发送器、变压器、大功率电子开关等设备附近，传感器中测量管的自激谐振会受到干扰，而且检测器检测出来的微弱信号也有可能被干扰信号覆盖，检测将受到很大影响。

5. 零点漂移问题

零点漂移即零点的不稳定性是科氏力质量流量计在实际运行中经常遇到的问题，对测量结果影响很大，尤其在小流量测量时，影响尤为严重。造成零点漂移的因素很多，如传感器的安装应力、测量管的结构不对称、被测流体物理参数的变化等。在实际应用中，应具体分析造成零点漂移的因素，尽量予以克服。另外，定期进行零点检查和调整。零点检查至少每3个月进行一次，当零点漂移值较大时，应首先查找原因，予以排除。

27.3.2.6 配套流量计算机的组成及使用

在成品油管道运输过程中，流量计算机还可以和质量流量计配套使用。质量流量计一般可以直接输出质量流量、温度、密度等信息，而一台流量计算机可以同时管理多台质量流量计，并根据客户的需要，分批次、分油品种类独立计算油品的质量累积量和体积累积量，并进行记录存储，生成报表。

27.3.3 超声波流量计

27.3.3.1 超声波流量计基本测量原理

超声波流量计的测量原理是通过检测流体流动时对超声束(或超声脉冲)的相关作用，

从而测量体积流量的仪表。检测原理有传播时间法、多普勒效应法、波束偏移法、噪声法等。根据测量具体参数的不同，传播时间法又分为时差法、频差法、相位差法。时差法和多普勒效应法应用最为广泛。

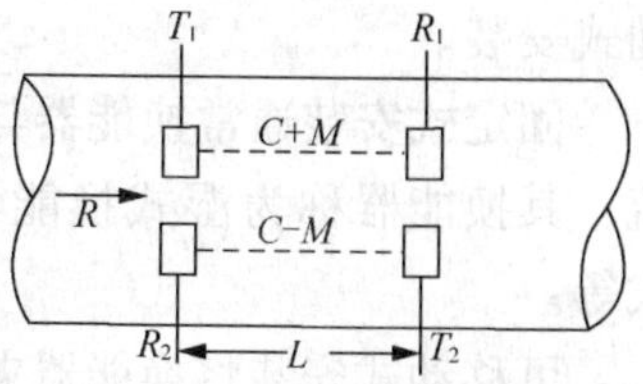

图 27－21　超声波测速原理

时差法用于清洁的液体或气体，不能测量固体颗粒或气泡较多的液体，多普勒法可以测量固体颗粒或气泡较多的液体，但测量精度不高。这里主要介绍时差法测量原理，其测量参数是时间，利用声波在流体中顺流和逆流的传播时间差求出流速和流量，如图 27－21 所示。

假设声波在静止流体中的传播速度为 c，流体的流速为 u，传播距离为 L，当探头 T_1、T_2发出声波时，经过 t_1、t_2的时间后，超声波接收器（探头）R_1、R_2分别接收到声波信号，其关系如下：

$$t_1 = \frac{L}{c+m} \qquad t_2 = \frac{L}{c-m} \qquad \Delta t = t_2 - t_1 = \frac{2Lm}{c^2 - m^2}$$

声波在液体中的流速 c 在 1000m/s 以上，而管道中液体流速只有每秒几米，即 $c_2 > u_2$，所以

$$u = \frac{c^2 \Delta t}{2L} \tag{27-9}$$

因而知道了 L、c，则通过测量时间差就可以求得流量。但是由于这个时间差非常小，一般在 10 ~5s 以下，如果要达到 1% 的准确度，则要求测量时间差达到 0.01μs 的准确度。

超声波流量计结构上由超声波换能器（探头）、电子线路和流量显示及累积三部分组成。超声波流量计的电子线路包括发射、接收、信号处理和显示电路。发射换能器将电能转换为超声波能量发射到被测流体中，接收换能器将接收到的超声波信号，经电子线路放大并转换为代表流量的电信号供给显示和积算仪表进行显示和积算。换能器成对安装在管外壁两侧，其中基于传播时间法的流量计成对换能器间必须要有一定轴向间距。

传播时间超声波流量计精度与换能器（探头）数量即声道数量有关，声道数越多，精度越高。主要分为单声道、双声道、四声道和八声道等，各声道换能器位置分布如图 27－22。

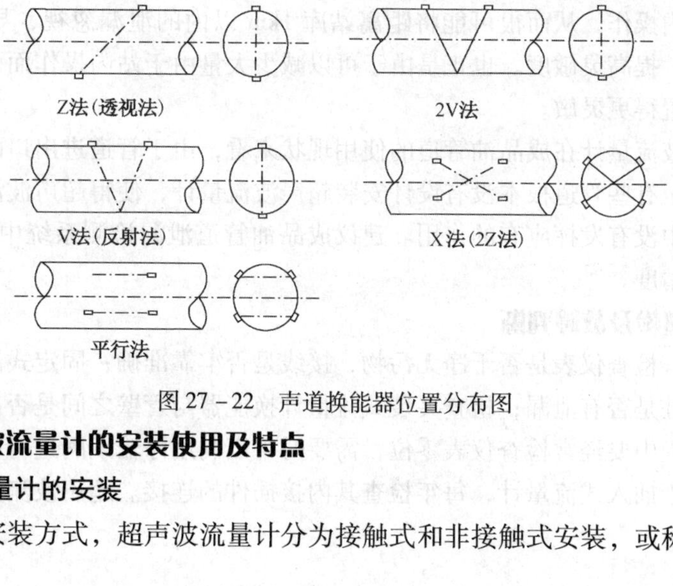

图 27－22　声道换能器位置分布图

27.3.3.2　超声波流量计的安装使用及特点

1. 超声波流量计的安装

根据换能器安装方式，超声波流量计分为接触式和非接触式安装，或称为固定式和可移

动式安装。

固定式安装通常换能器与被测介质直接接触，又称湿式安装，在用管道安装时需停输截流，其换能器称为湿式换能器或直射式换能器。固定安装又分为管段式、插入式和外插式等。

可移动式安装将换能器夹装在管外，称为夹装式安装，与被测介质不接触，又称干式安装。可在线安装，装拆方便，具有良好的便携性。测量时无压力损失，使用不受管道内介质和管径的限制。安装时，剥净保温层和保护层，避开接口和焊缝，换能器安装处壁面要打磨干净，漆锈层磨净，不可有凹陷和凸物，管道衬里和结垢不能过厚，衬里、锈层与管壁之间不能有间隙。换能器与管壁之间要有足够的耦合剂，不能有气泡和固体颗粒。

超声波流量计测量时需要稳定的流速，其前后有直管段要求，一般前管段为 10*D* 以上，后管段为 5*D* 以上，泵、弯头应在被测管段上游 50*D* 以上，调节阀在 30*D* 以上（其中 *D* 为流量计公称通径）。被测管段应选在不可能产生气泡的地方，若无法避免安装在易产生气泡的场合，则应在其前加消气器。测量液体时，应让管道内充满液体保证一定背压，防止或减少气泡的产生。

2. 超声波流量计的特点

超声波流量计的主要特点是：流体中不插入任何元件，对流速无影响，也没有压力损失；能用于任何液体，特别是具有高黏度、强腐蚀，非导电性等性能的液体的流量测量，也能测量气体的流量；对于大口径管道的流量测量，不会因管径大而增加投资；量程比较宽，可达 5:1；输出与流量之间呈线性等优点。缺点：当被测液体中含有较多气泡或杂质时，将会影响测量精度，故要求变送器前后分别有 10*D* 和 5*D* 的直管段，安装条件要求较高。

3. 超声波流量计在成品油管道上的应用

成品油管道采用超声波流量计的设计初衷一是为调度跟踪混油头，二是为输油管道泄漏检测软件提供泄漏量计算与漏点定位服务的。要保证输油管道泄漏监测系统能有效地发挥作用，实际上流量信号起着重要的作用。第一，可以减少由于站内操作而引起的误报；第二，消除盲区。如果仅靠压力波报警，一般情况下为了减少误报，常将定位在距离站库 1km 以内的报警视为站内操作，从而很可能将距离站库 1km 以内的泄漏忽视，导致泄漏监测出现一段盲区；第三，提高灵敏度。也正是由于可以减少大量由于站内操作而引起的误报而可以把灵敏度阈值设置得更灵敏。

从目前超声波流量计在成品油管道的使用现状来看，由于管道进出口两端设计时超声波流量计不全，甚至有些管道根本没有设计安装超声波流量计，使得超声波流量计在成品油管道泄漏检测系统中没有发挥应有的作用。建议成品油管道泄漏检测系统中使用质量流量计，以提高泄漏检测精度。

27.3.3.3 日常巡检及故障判断

日常巡检时，检查仪表是否干净无污物，接线是否牢靠准确；固定式流量计，应检查仪表密封点、连接处是否有泄漏；检查夹装式流量计换能器与管壁之间是否良好接触。

日常使用过程中要经常检查仪表零位，需要时可以利用停输期间进行一次零位调整；定期清洁仪表；对于插入式流量计，每年检查其内接插件的连接。超声波流量计常见故障及处理见表 27－7。

表 27－7　超声波流量计常见故障及处理

故障现象	可能原因	处理方法
无显示	供电异常	检查电源，供电线路是否正确接入、保险是否完好
流量显示变化波动太大	（1）刚启泵流体流动不稳 （2）直管段长度不够引起流动不稳 （3）对于夹装式换能器，可能是安装位置不正确或与管壁耦合不良 （4）有外界噪声源干扰或仪表自身抗干扰性差	（1）待启泵完成稳定后再测 （2）满足直管段长度或在上游装流动调整器 （3）调整位置，正确安装，重新涂耦合剂 （4）排除干扰源，调小增益或做好接地
流体静止时流量显示不为零	（1）流体有对流或泄漏 （2）外界噪声干扰 （3）没有设定零流阈值或阈值偏小	（1）流体确实有流动，仪表正常 （2）排除干扰源，调小增益，做好接地 （3）根据实际重新设定
流量显示误差大	（1）流体不满管，有气泡 （2）直管段长度不够 （3）夹装式换能器安装距离不符合要求或发生偏移，与管壁耦合不良 （4）其他噪声干扰 （5）相关参数设定误差大	（1）待充满管道再测或排气 （2）满足直管段长度或在上游装流动调整器 （3）重新安装符合要求，重新耦合 （4）排除干扰源，调小增益，做好接地 （5）重新设定
正向流量值带“—”	上下游换能器电缆接反	调整接线

27.3.4　齿轮流量计

容积式流量计有许多品种，常用的有椭圆齿轮流量计、腰轮流量计等。容积式流量计的优点是测量准确度高，对上游的流动状态不太敏感，因而在工业生产和商品交换中得到广泛应用。缺点是比较笨重。

椭圆齿轮流量计的测量原理同其他容积式流量计一样，是通过测量元件（椭圆齿轮）把流体连续不断地分割成固定体积的单元流体，然后根据测量元件动作次数给出流体的总量，即采取容积分割法测量出流体的流量。

把流体分割成单元流体的固定体积空间称为计量室，是由流量计壳体的内壁和作为测量元件的活动壁形成的。

椭圆齿轮流量计又称为奥巴尔流量计。它的测量部分由壳体和两相互啮合的椭圆形齿轮等3部分组成。流体流过仪表时，因克服阻力而在仪表的入、出口之间形成压力差，在此压差的作用下推动椭圆齿轮旋转，不断地将充满在齿轮和壳体之间所形成的半月形计量室中的流体排除，由齿轮的转数表示流体的体积总量。其动作过程如图 27－23 所示。

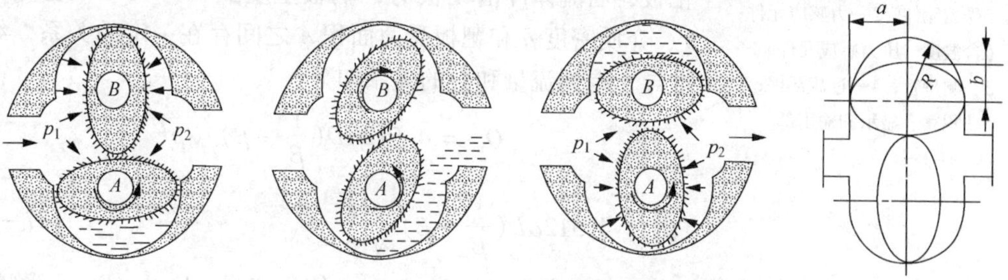

(a)　(b)　(c)　(d)

图 27－23　椭圆齿轮流量计动作过程

27.3.5 流量开关

27.3.5.1 工作原理

流量开关的功能是当被检测的介质流速达到设定的流速值时触发开关输出报警信号或将信号用于联锁保护。成品油管道应用过程中，流量开关的主要报警方式属于启动流量报警，即规定一个最小的适当流量，当管路中流量大于此值时启动开关触点吸合，触发报警或联锁启动某设备，小于这个流量值时触点常开，无报警信号输出。

根据工作原理，流量开关可分为机械式和感应式的。机械式的有挡板式和靶式等；感应式的有热导式和电磁式等，具有常开、常闭两种触点。成品油长输管线上，流量开关安装在泄压阀之后，用于监测压力超高时泄压阀的动作，及时报警，启动相关联锁保护。

27.3.5.2 安装使用及检查校验

流量开关的安装要避开有磁场和振动大的环境。挡板式流量开关是比较常用的，安装时管道中的流体方向一定要和流量开关上所标箭头方向一致。成品油管线上，一般接常开触点(N.O)，常开点是指无流量或流量少时，开关是断开的，流量增大到设定值时才闭合，输出报警信号。

日常维护时，流量开关外表应整洁良好，无毛刺、裂痕、锈蚀，文字符号、铭牌应清晰。流量开关的检定校验可根据使用情况而定，一般周期为一年或一个装置运转周期，按照JJG198《速度式流量计检定规程》进行，包括流量设定值和重复性的检定，防止设定值漂移，设定值的重复测量不少于3次。为检验流量开关的动作情况，应定期对泄压阀进行泄放试验，一方面保证泄压阀能安全可靠动作，另一方面也防止杂质沉积堵塞泄压线。

27.3.6 靶式流量计

靶式流量计是差压流量计的一个品种，新型靶式流量计的力转换器采用应变式力转换器，它完全消除了旧型靶式流量计力平衡机构的缺点，新型靶式流量计还把微电子技术和计算机技术应用到信号转换器和显示部分。

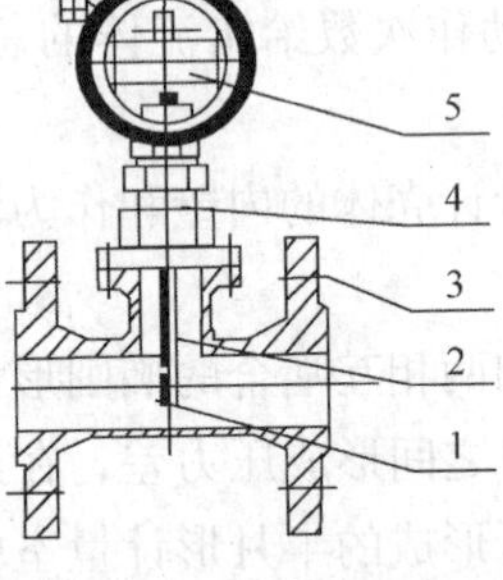

图27-24 靶式流量计结构
1—受力元件；2—力感应元件；(含温度、压力感应元件)；3—测量管；4—过渡部件；5—积算、显示和输出部件

主要由测量管(壳体)、受力元件(靶板)、感应元件(力传感器，压力传感器，温度传感器)、过渡部件(根据温度，压力而增减)、积算显示和输出部分组成，其结构如图27-24所示。

如图所示，在测量管(仪表表体)中心同轴放置一块圆形靶板，当流体冲击靶板时，靶板上受到一个力F，它与流速V、介质密度ρ和靶板受力面积A之间存在一定的关系，经过推导，得到流量和力的关系如下：

$$Q_m = 4.512\alpha D(\frac{1}{\beta}-\beta)\sqrt{\rho F}$$

$$Q_v = 4.512\alpha D(\frac{1}{\beta}-\beta)\sqrt{\frac{F}{\rho}} \quad (27-10)$$

式中 Q_m——质量流量，kg/h；d——靶直径，mm；Q_v——体积流量，kg/h；D——测量管内径，mm，α——流量系数；F——靶板上受的力；β——直径比(d/D)。

靶板的受力经力传感转换成电信号，前置放大，再经过 A/D 转换及计算机处理后，可得到相应的瞬时流量和累计流量。靶式流量计的工作原理图如图 27－25。

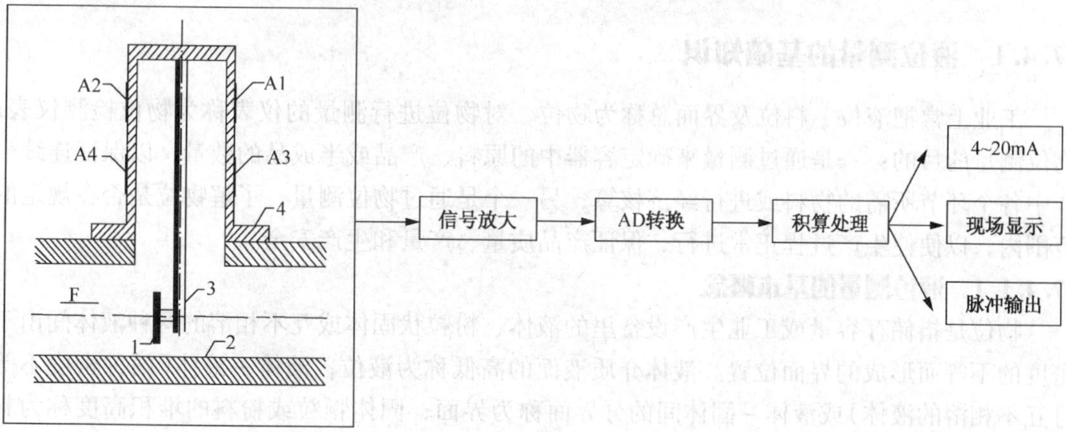

图 27－25　靶式流量计工作原理

1—靶片；2—测量管；3—靶杆；4—感应器；A—应变片

为保证流量计测量准确，一般要求设置前 10D、后 5D 的直管段，如图 27－26 所示。

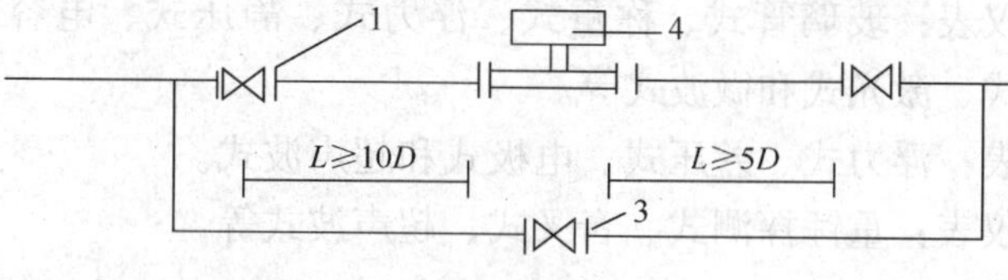

图 27－26　靶式流量计安装示意图

1、2、3—分别为前后阀和旁通阀；4—流量计；

$L\geqslant 10D$ 和 $L\geqslant 5D$—分别为前后直管段长度，D 为管道公称直管

27.3.7　转子流量计

转子流量计属于节流式流量计，其工作原理如图 27－27 所示。它是由一段向上扩大的圆锥形管子和重度大于被测流体重度能随被测介质流量大小而作上下浮动的转子组成。介质自下而上流经转子与锥形管之间的环形缝隙时，因为流通面积突然变小，流体受到了截流作用，于是转子上下的流体的静压力就产生了差异，使转子向上浮，转子自身的重力使之下沉。当二力平衡时转子就稳定在某一位置上。流量不同，转子的平衡位置就不同，流通截面积也不同。因而，根据流通截面积的大小就可衡量流量的大小。

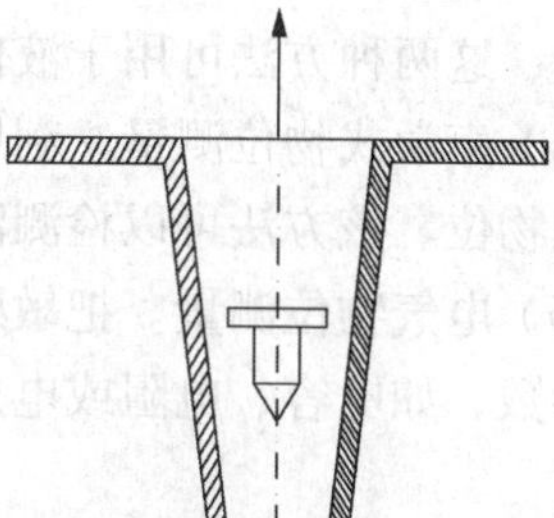

图 27－27　转子流量计工作原理

为了使转子能在锥管中心自由、灵活地上下浮动，不致黏附在管壁上影响测量精度，一般采取两个办法：一是在转子圆盘边缘上开凿数条斜形的流道，流体自下而上流过转子时，使转子不断旋转，就可以保持转子处于锥管中心位置；二是在锥管中心安装一根导向杆，使它穿过转子中心，使得转子始终沿导向杆在锥管中心上下浮动。

27.4 液位检测仪表

27.4.1 液位测量的基础知识

工业上常把液位、料位及界面总称为物位，对物位进行测量的仪表称为物位检测仪表；物位测量的目的：一是通过测量来确定容器中的原料、产品或半成品的数量，以保证连续生产中各个环节所需的物料或进行经济核算；另一个是通过物位测量，了解物位是否在规定的范围内，以便使生产过程正常进行，保证产品质量、产量和生产安全。

27.4.1.1 液位测量的基本概念

物位是指储存容量或工业生产设备里的液体、粉粒状固体或互不相溶的两种液体间由于密度的不等而形成的界面位置。液体介质液面的高低称为液位，液体 - 液体(两种密度不等且互不相溶的液体)或液体 - 固体间的分界面称为界面；固体颗粒或粉料的堆积高度称为料位。一般将液位、料位、界面统称为物位。液位、料位、界面的测量统称为物位测量。

27.4.1.2 常用液位仪表的分类

1. 按液位、料位、界面分类

（1）测量液位的仪表：玻璃管式、称重式、浮力式、静压式、电容式、电感式、电阻式、超声波式、放射式、激光式和微波式等。

（2）测量界面仪表：浮力式、差压式、电极式和超声波式。

（3）测量料位的仪表：重锤探测式、音叉式、超声波式等

2. 按照测量原理不同分类

（1）直接式物位测量。用于容器相连通的玻璃管或玻璃板来显示容器中的液位高度。

（2）压力式物位测量。根据流体静力学原理，静止介质某一点的静压力与介质上方的介质高度成正比，因此可以利用差压来测量液位。

（3）浮力式物位测量。利用漂浮于液面上的浮子随液面变化位置，或者部分浸没于液体中的浮子所受到的浮力随液位变化而变化来进行物位测量。前者称为恒浮力法，后者称为变浮力法，这两种方法可用于液位或界面测量。

（4）声学式物位测量。利用超声波在介质中的传播速度及在不同相界面之间的反射特性来检测物位。该方法可以检测液位、料位和界面。

（5）电气物位测量。把敏感元件做成一定形状的电极放置在被测介质中，则电极之间的电气参数，如电容、电阻或电感随物位的变化而变化。这种方法既可以测量液位，也可以测量物位。

3. 成品油管道常用液位计

液位计在成品油管道中是常用的仪表之一，一般用于污油罐、混油罐及配套油库油罐的液位测量、监视和贸易交接。常用液位计有磁致伸缩液位计、伺服液位计、雷达液位计、差压液位计、超声波液位计和液位开关等。

27.4.2 磁致伸缩液位计

27.4.2.1 基本测量原理

磁致伸缩液位计的主要由不锈钢导管、磁致伸缩线、可移动磁浮子及电子部分组成。磁

致伸缩线内置在不锈钢导管内受到保护，而浮子则随着液位变化而沿着导波管在测量介质里上下移动。

磁致伸缩液位计的主要工作原理：在不锈钢导管的内部有一根被拉紧的磁致伸缩线，电子部分沿磁致伸缩线发射出询问脉冲电流，该脉冲同时产生一个磁场，并沿波导管向下传播，和波导管上的浮子内的永磁体所产生的磁场相交时，就会产生一个应变脉冲。应变脉冲沿导波管返回并被电子单元所接收，脉冲传播的速度是一个恒定值，因此通过测量询问脉冲和返回脉冲的时间间隔，就可以精确地计算出被测液体的液位或界面。原理图见图 27－28。

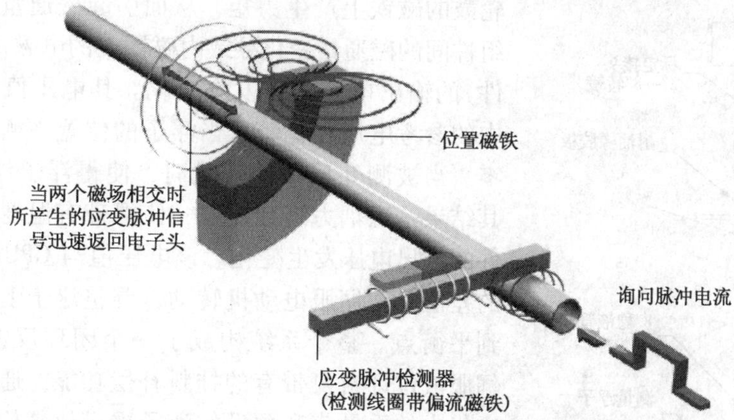

图 27－28　磁致伸缩原理

27.4.2.2　维护及使用注意事项

日常巡检时，应检查仪表外观有无裂痕、紧固件有无松动和密封件有无泄漏，仪表零部件应完好无损、无积水，仪表外壳应可靠接地。

磁致伸缩液位计一年或一个装置运转周期检修一次，拆装检修前要切断电源，应保持与探测杆轴线一致的方向将仪表从罐中取出，防止在提取时损伤探测杆、浮子或使探测杆变形。检修时检查变送器内部有无腐蚀情况，探测杆、浮子有无变形或破损，并清除脏物和附着物。重新安装后，与工艺设备一同试压，确认接线准确无误，再校对变送器的零点及量程等参数。

27.4.2.3 磁致伸缩液位计常见故障及处理

磁致伸缩液位计常见故障及处理见表 27－8。

表 27－8　磁致伸缩液位计常见故障及处理

故障现象	可能原因	处理方法
仪表无显示	供电故障 仪表自身故障	检查电源、供电线路 拆下仪表维修或更换仪表
液位变化，但显示不变	探杆或浮子上有污物，或探测杆变形，使浮子卡住	取出探杆，清除污物，整修探杆，无法修复的则更换仪表
输出一直为最小值	浮子卡在底部或者浮子脱落	取出探杆，清理浮子和探杆，或更换浮子
输出信号无规则跳变	外在电磁干扰 接地不良	排除干扰源 良好接地
显示与实际不符，为最小值或最大值	浮子超出零点和满量程之间。 液位计故障	检查输出电流是否在 4～20mA 之间 维修或更换液位计

27.4.3 伺服液位计

27.4.3.1 工作原理

伺服式液位计基于力平衡的原理，由微伺服电动机驱动体积较小的浮子，能精确地测出液位等参数。浮子用测量钢丝悬挂在仪表外壳内，而测量钢丝缠绕在精密加工过的外轮鼓上；外磁铁被固定在外轮鼓内，并与固定在内轮鼓的内磁铁耦合在一起。

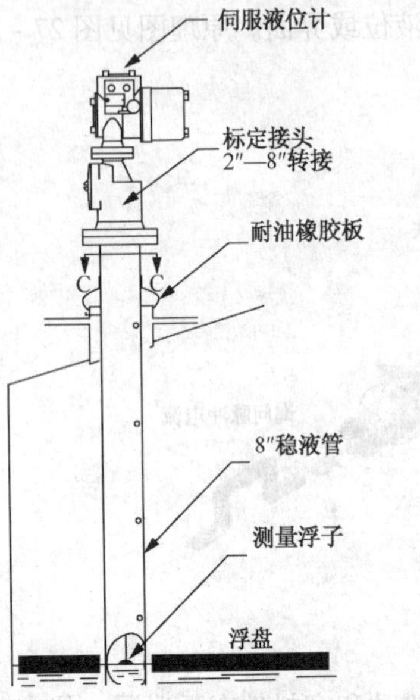

图 27－29 伺服液位计安装示意图

当液位计工作时，浮子作用于细钢丝上的重力在外轮鼓的磁铁上产生力矩，从而引起磁通量的变化。轮鼓组件间的磁通量变化导致内磁铁上的电磁传感器(霍尔元件)的输出电压信号发生变化。其电压值与储存于 CPU 中的参考电压相比较。当浮子的位置平衡时，其差值为零。当被测介质液位变化时，使得浮子浮力发生改变。其结果是磁耦力矩被改变，使得带有温度补偿的霍尔元件的输出电压发生变化。该电压值与 CPU 中的参考电压的差值驱动伺服电动机转动，调整浮子上下移动重新达到平衡点。整个系统构成了一个闭环反馈回路。而且，伺服液位计自身带有的挂料补偿功能，通过比较浮子在空气中的重量值和预设的浮子重量值来检查浮子是否有黏附或腐蚀，能够补偿由于钢丝或浮子上附着被测介质导致的钢丝张力的改变，保证仪表的精度。图 27－29 为伺服液位计在储罐上的安装示意图。

伺服液位计是一种多功能仪表，既可以测量液位也可以测量界面、密度和罐底等参数。主要应用在轻油品的高精度测量中。使用于平静的轻质无腐蚀性液体。安装调试比较麻烦，同样有接触式液位计的各种不利因素。

27.4.3.2 组成及使用注意事项

伺服液位计本身一般由伺服电机、测量磁鼓、测量浮子、张丝(钢丝)、核心处理器及显示面板组成。整个伺服液位计系统除了伺服液位计本身外，还包括导波管、通讯单元及其他附属配套设备。

日常使用时，要定期检查信号线保护管是否完好，检查伺服液位计外观、密封状况是否良好，信号线接线端是否有腐蚀或水汽等，检查显示面板是否有读数、是否有故障报警等信息。

27.4.3.3 常见故障及判断

伺服液位计常见故障判断及分析见表 27－9。

表 27－9 伺服液位计常见故障判断及分析

故　障	可能原因	处理方法
力传感器故障	马达没有解锁；或力传感器与马达相连的张丝(钢丝)可能断裂	解锁马达；更换力传感器，新的力传感器必须标定
钢丝上没有张力	马达没有解锁，或测量钢丝可能断了，浮子已经丢失	解锁马达；维修或进行更换

故　障	可能原因	处理方法
钢丝上张力过大	稳液管不垂直，或稳液管内有杂质阻碍浮子移动	调整导波管，清理杂质
液位变化时数值不刷新	浮子卡住；供电回路故障或马达未上电；总线通信单元故障；仪表故障	清理卡浮子杂质或马达，断电重启重提浮子；检查供电回路，给马达上电；检查通信单元并维修；检查仪表并维修或更换
测量数值与实际检尺值有偏差	未对测量值进行数据修正；变送器故障	修正测量值；检查仪表维修或更换

27.4.4 雷达液位计

27.4.4.1 工作原理

雷达液位计主要由雷达探测器(一次表)和雷达显示仪(二次表)组成。雷达探测器主要由主体、连接法兰和天线三部分组成。天线分为喇叭型和直接与波导管连接两种形式。雷达显示仪提供连接上位计算机的 RS-485 接口，可以传递液位等参数及报警信号，亦可通过上位计算机对智能雷达显示仪进行控制。

雷达液位计又称微波液位计(Radar)，测量原理是高频电磁波经天线向被测液面发射，电磁波碰到液面后反射回来，发射源处的接收器捕获到反射波，与发射波作比较，根据两者的时间差计算出液面高度。

目前，发射电磁波的工作原理有脉冲和连续调频(FMCW)两种。连续调频式雷达液位计由天线发射调制的连续高频微波信号，并进行扫描，同时接收返回信号，发射信号和返回信号之间的频率差与到介质表面的距离成一定比例关系。脉冲式雷达液位计发射固定频率的脉冲，然后接收并建立回波图形，信号的传播时间与到介质的距离成一定比例。

27.4.4.2 使用注意事项

雷达液位计在使用上具有以下优势：

(1) 连续准确测量：由于雷达液位计不与被测介质接触，且受温度、压力、气体等影响非常小。

(2) 维护方便，操作简单：雷达液位计具有故障报警及自诊断功能。

(3) 适用范围广：非接触式测量，方向性好，传输损耗小，可测介质多。

(4) 安装简单：在储罐液位测量时，雷达液位计可直接安装到储罐顶部，安装十分简单。

雷达探测器采用的是线性调频连续波测距原理：天线发射的微波是频率波线性调制的连续波，当回波被天线接收到时，天线发射频率已经改变。根据回波与发射波的频率差可以计算出物料面的距离。FMCW 方式测量线路较复杂，从而测量精确度较高，同时干扰回波也较易去除，一般用于较高端的测量方案。雷达探测器的主体中包括微波信号源、信号处理部分。雷达液位计的天线形式有喇叭口式、杆式和缆式几种。轻质油介电常数大多小于3，反射波强度减小，不宜使用喇叭口式天线液位计，最好采用杆式或缆式液位计。对于带导向管的罐，由于导向管壁可能会反射电磁波产生虚假信号，也不宜使用喇叭口天线液位计，而尽量采用杆式或缆式的。

安装时，传感器轴线应垂直液态物料表面，要避开进料口，以免产生虚假反射。传感器不要安装在拱形罐的中心或近罐壁处，应安装在容器半径的 1/2 处。若传感器安装在接管上，天线必须从接管伸出。若有导波管的，内壁一定要光滑，下面开口的导波管必须达到需要的最低液位。

雷达液位计投用调整时，应准确测量罐体高度尺寸、雷达安装位置高度尺寸等相关参数，确定合适的零点量程的高度位置，以便提高测量的准确度。

日常维护时主要看电源电压和输出电流是否正常。仪表通电后，大约 30 ~ 60min 仪表才能正常工作，对于不超过 2 个月的短期停运，不必切断仪表电源。雷达液位计使用时是和设备连成一体的，整个系统是密闭的，平时巡检时应注意各部件连接处密封情况是否良好。

24. 4. 4. 3　雷达液位计常见故障及判断

雷达液位计常见故障及判断见表 27 – 10。

表 27 – 10　雷达液位计常见故障及判断

故障现象	可能原因	处理方法
仪表不工作	电源极性接反；电压不符；电源回路故障；仪表电源模块故障	调整电源极性；更换正确电源；检查供电回路；维修或更换仪表
测量值不正确	基本设置不正确，如罐高、死区等 罐顶雷达液位计油位满高设定值与 PLC 程序中液位设定值可能不一致	重新进行设置
系统显示无有效回波	由于黏附等因素造成失波	检查安装，优化天线方向，清洗天线
测量值波动较大	仪表安装在进出料口等波动较大的地方；附近有较大振动源	调整安装位置，消除振动源

27. 4. 5　差压式液位计

差压式液位计是利用容器内的液位改变时，由液柱产生的静压也相应变化的原理而工作的。如图 27 – 30 所示。

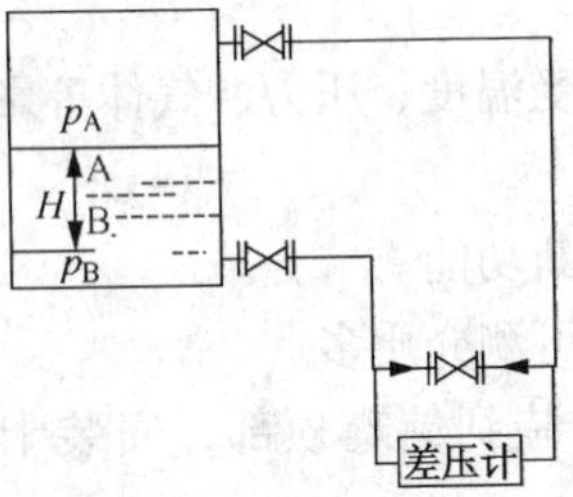

图 27 – 30　差压式液位计的应用

根据流体静力学原理可知：

$$p_B = p_A + H\rho g \tag{27-11}$$

式中　p_A、p_B——分别是气相压力和 B 处的压力；

H——液位高度；

ρ——介质密度；

g——重力加速度；

由上式得到

$$\Delta p = p_B - p_A = H\rho g \tag{27-12}$$

通常，被测介质的密度是已知的。因此，差压计得到的差压与液位高度成正比。这样就把测量液位高度的问题转换为测量差压的问题。

27. 4. 6　液位开关

27. 4. 6. 1　工作原理

液位开关是用于控制液位的开关，当液位到达报警高度时，开关动作，送出报警信号，或控制相关设备，关闭使液位变化的泵阀等设备，对液位起到限位保护的作用。从形式上主要分为接触式和非接触式。常用的接触式液位开关有浮球式、音叉式和电容式等，非接触的有超声波侧贴式等。

浮球液位开关的工作原理是：带磁性的浮球在浮力作用下随液位升或降，使传感器检测管内设定位置的干簧管芯片动作，发出接点开(关)转换信号。音叉液位开关又称作“电气浮子”，是通过安装在音叉基座上的一对压电元件使音叉在一定共振频率下振动，当液体到达探头时振幅和频率突变，由此转化为电子信号，使继电器的开关动作。

侧贴式超声波液位开关是利用声波在不同介质界面传播时会发生反射和投射原理，在发射和接收探头之间只有一种介质时，接收信号强，否则接收信号弱的特点，产生开关信号。

成品油长输管线上，液位开关主要用于泄压罐、混油罐和油库大罐的高低液位报警联锁控制，防止油罐冒罐或被抽空。常用的有音叉式和侧贴超声波液位开关。

27.4.6.2 安装和使用

液位开关的安装方式有顶装和侧装两种，都应与罐顶或罐壁垂直安装，侧装的在满足报警高度要求后，应尽量安装在油罐近扶梯且不影响正常通行的地方，便于调试与检维修。安装时，音叉液位开关探头伸入罐内的长度应满足其技术规定的要求；为防止因外力冲击造成探头变形，音叉液位开关应安装在远离进/出料口等液位波动较大的地方，安装搬运时不得摔碰冲撞，不得通过音叉探头提起仪表。

侧贴式超声波液位计的安装是将探头紧贴于容器外侧壁，不需打孔，需剥净保温层和保护层，避开接口和焊缝，探头安装处壁面要打磨干净，漆锈层磨净，不可凸凹不平，不适用于内壁有衬里和结垢过厚的罐，探头与管壁之间要有足够的耦合剂，不能有气泡和固体颗粒。

27.4.6.3 常见故障及判断

仪表最常见的是供电故障，一般表现为黑屏、无显示或电源指示灯不亮等现象，首先检查仪表电源和供电回路，排除故障，若电源盒回路正常，则为仪表自身故障，进行维修或更换。

音叉液位开关的报警异常，除了电子元件部分、仪表线路故障外，最常见的是两个音叉探头发生变形，应查找使其发生变形的原因并进行排除，断电拆下对探头进行校正后，再正确回装。

侧贴式超声波液位计的探头与罐壁之间的耦合不良是较常见的故障，拆下后去除残留耦合剂，粘贴处罐面重新打磨，正确涂抹耦合剂粘合。

27.4.7 超声波液位计

超声波液位仪是依据“回波反射的原理”来进行液面测量的。超声波液位计由发送/接受元件组成，探头向液面发射超声波，超声波遇到液面反射回波，回波被探头接收，超声波液位仪记录声波从发送到接收的时间间隔(t)，这个时间间隔与探头到液面的距离成正比关系，根据超声波在空气中的传播速度(v)和探头到罐底的高度(H)，可求出液面的高度(L)，图 27-31 为其原理图。

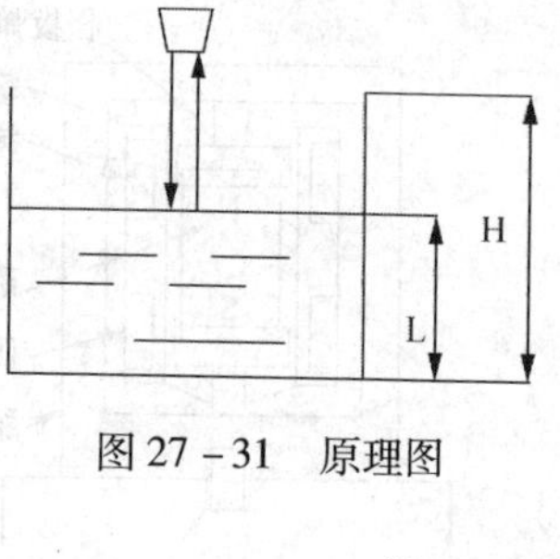

图 27-31 原理图

$$L = H - 2tv \qquad (27-13)$$

27.5 振动检测仪表

27.5.1 测量原理

振动测量的原理是将原始振动参量转换为便于测量的信号，一般为机械信号、光信号和电信号三种形式，经系统放大后进行测量、远传、显示和记录。测振系统包括以下三个环节：

(1) 拾振环节：振动传感器把所测的原始机械振动量转换为机械的、光学的或电的信号。

(2) 测量线路：将转换的信号进行放大、滤波等处理，输出分析、显示所需的电压信号。

(3) 信号分析及显示、记录环节：从测量线路输出的电压信号，可按测量要求输入给信号分析仪，或输送给显示仪器、记录设备，如远传至控制室进行显示、记录和报警。

目前广泛采用将原始机械振动量转换为电信号的电测量法，图 27－32 为基本测量系统示意图。

图 27－32　电测量系统示意图

其中，振动传感器包括机械接收和机电变换两部分，前者接收所测原始机械量，形成另一个适合于变换的机械量，后者将该机械量变换为电量用于测量。

27.5.2　振动传感器的分类

振动传感器根据变换原理和测量参量有三种分类方法：

(1) 按机械接收原理，分为相对式和惯性式。

(2) 按机电变换原理的不同，分为电动式、压电式、电涡流式、电感式、电容式、电阻式、光电式等。

(3) 按所测机械量，分为位移传感器、速度传感器、加速度传感器、力传感器、应变传感器、扭振传感器、扭矩传感器。

以上三种分类法中的传感器是相容，即同一个传感器一般同时具备这三种分类性能。

27.5.2.1　惯性式电动传感器

成品油长输管线上，振动测量用于对输油泵和电机的轴振动的监测，主要采用惯性式电动传感器。它是一种速度传感器，机电变换基于电磁感应原理，即当运动的导体在固定磁场里切割磁力线时，所感生的电动势与导体切割磁力线的速度成正比，从而将振动速度转变成电量达到测量目的，若配以积分电路或微分电路还可测量振动位移或加速度。结构简图如图 27－33 所示，由固定部分(磁铁、螺栓、罩壳)、可动部分(测试线圈、绕线管、阻尼线圈)以及支承弹簧部分所组成，可动部分的质量应该足够大，而支承弹簧的刚度应该足够小，让传感器具有足够低的固有频率。

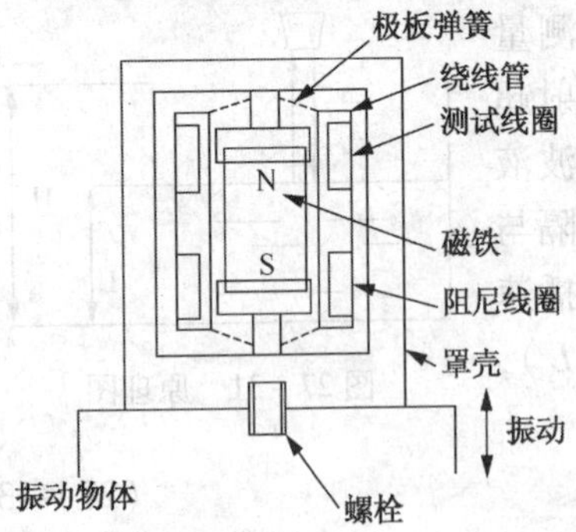

图 27－33　惯性式电动传感器结构图

弹簧片、线圈骨架和线圈组成了一个惯性系统，当物体振动频率远大于该惯性系统固有频率时，线圈则因惯性来不及随振动物体一起振动而接近于静止，而传感器刚性地固定在振动物体上，所以磁铁与振动物体的振动完全一致，当振动物体振动时，相当于磁铁在线圈内运动，线圈切割磁力线，线圈与磁铁的相对位移接近于振动物体的绝对位移，所感生的电动势与线圈切割磁力线的速度成正比，即在线圈内产生与振动信号成比例的电压信号，再经变送器或转换器转换为标准电信号送至计算机控制装置用于监控、记录和报警。

27.5.2.2 电涡流式振动传感器

电涡流式振动传感器也广泛应用于旋转机械转轴振动的监测，主要用于监测离心空压机等大型旋转机械的轴振动及运行状态。是一种相对式非接触式传感器，它是通过传感器端部与被测物体之间的距离变化来测量物体的振动位移或幅值的。其探头由通有高频信号的线圈构成，被测轴金属表面与探头相对位置变化时，形成的电涡流变化，探头内高频能量损失随之变化，该变化信号转换成与位置变化相对应的电信号，经处理后反映轴的径向振动状况和轴的转动速度，送至监视器或进行报警。

27.5.3 功能及使用要求

成品油管道运输中，振动传感器主要用于电机和泵的轴振动的监测，对保障管线的安稳运行至关重要。日常检查时，探头及相关组件应完整无损，接头无氧化锈蚀、变形脱漆，密封良好，紧固件齐全，接线盒无损坏。日常清理卫生时，严禁用水直接冲洗探头及接线盒等相关电气设备。

27.5.4 常见故障及判断

振动传感器故障判断及处理见表 27－11。

表 27－11 振动传感器故障判断及处理

故障现象	可能原因	处理方法
无数据显示	电源故障；供电回路中断；电源极性接反；信号回路断路；仪表故障	检查电源；检查供电回路；调整电源极性；检查信号回路；维修或更换仪表
无振动时有较大值输出	发生零点漂移；没有正确检定；仪表损坏	调整零点；重新检定；维修或更换仪表
输出值偏高	被测设备实际振动较大；信号电缆未做好接地；零点漂移；没有正确检定；仪表故障	检查被测现场设备；检查电缆重做接地；调整零点；重新检定；维修或更换仪表

27.6 电动执行机构

电动执行机构就是我们通常所说的电动头部分，电动执行机构是工业自动化仪表中的执行单元. 它能够接受来自调节器、工控机、DCS、计算机等仪表系统的控制值号，自动完成调节动作，是组成自动控制系统的不可缺少的主要装置。相比较气动和液动执行机构，电动执行机构的特点是能源取用方便，信号传输速度快，便于远距离传送，具有较高的灵敏度和精度。

27.6.1 组成及工作原理

电动执行机构主要由显示单元、通讯单元、伺服放大器、伺服电动机、减速器、位置发送器等组成。其工作原理如图 27－34 所示。伺服放大器将控制器输入的统一标准电信号，与位置反馈信号进行比较。当无信号输入时，由于位置反馈信号也趋于零，放大器无输出，电机不转。如有信号输入，且与反馈信号产生偏差，使放大器有足够的输出，驱动伺服电机，减速器输出轴开始转动，直到与输出轴相连的位置发送器的输出电流与输入信号相等为止。此时输出轴就稳定在该输入信号相对应的位置上。

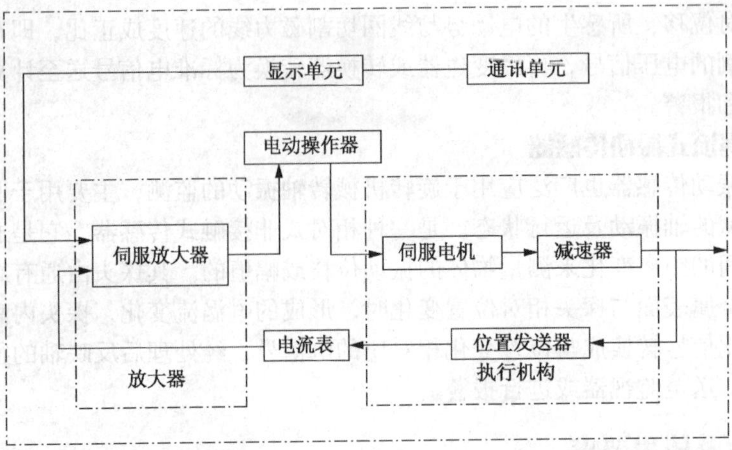

图 27-34　电动执行机构的原理图

27.6.2　阀门与自动化

电动执行机构与阀门的组合不仅解决了人工现场操作的局限性，还极大地提高了控制的集中性、可靠性和实时性，也就是实现了我们通常意义上说的自动化控制。因为使用电信号作为控制信号，人可以远离操作现场，通过相应软件操作管理多个阀门。电动执行机构动作灵敏、精度高，一般还带有自诊断功能和通讯功能，方便人们随时了解阀门的工作状态。最后，电动执行机构与控制器组合，通过事先编制好的控制程序，更可以自动实时地调节阀门，满足复杂多变的工艺需要，以实现无人值守的工作方式。

27.6.3　类型

电动执行机构根据其输出形式不同，主要有角行程电动执行机构、直行程电动执行机构和多回转式电动执行机构。它们在电气原理方面基本相同。

27.6.4　连续控制与开关控制

电动执行机构把来自控制器的 4～20mA 直流电信号转换成与输入信号相对应的转角或位移，以推动各种类型的调节阀，从而达到连续调节生产工艺过程中的流量以实现连续控制。而开关控制是电动执行机构利用继电器的通断信号简单地开启和关闭阀门以控制流体的通断，达到自动控制生产过程的目的。

27.6.5　操作及使用注意事项

一般电动执行机构上有小液晶显示屏，可以直接观察到阀门状态，还有远程、就地控制切换旋钮，开关控制按钮、手动切换装置及手轮等，如图 27-35 所示。操作使用前应仔细阅读相关手册，熟悉各部分功能，能根据阀门报警代码简单判断故障原因，并会设置电动头的常用参数。

运行中的电动阀门，各种阀件应齐全、完好。法兰和支架上的螺栓不可缺少，螺纹应完好无损，不允许有松动现象。手轮上的紧固螺母，如发现松动应及时拧紧，以免磨损连接处或丢失手轮和铭牌。手轮如有丢失，不允许用活扳手代替，应及时配齐。填料压盖不允许歪斜或无预紧间隙。对容易受到雨雪、灰尘、风沙等污物沾染的环境中的电动阀门，其阀杆要安装保护罩。电动阀门上的标尺应保持完整、准确、清晰。电动阀门的铅封、盖帽、电动附件等应齐全完好。保温夹套应无凹陷、裂纹。

图 27－35　阀门电动执行机构

不允许在运行中的电动阀门上敲打、站人或支承重物；特别是非金属电动阀门和铸铁电动阀门，更要禁止。

27.6.6　预防性维护

安装后，应定期进行检查，主要检查项目：

（1）密封面磨损情况。

（2）阀杆和阀杆螺母的梯形螺纹磨损情况。

（3）填料是否过时失效，如有损坏应及时更换。

（4）电动阀门检修装配后，应进行密封性能试验。

27.6.7　常见故障分析及判断

阀门电动执行机构常见故障及处理见表 27－12。

表 27－12　阀门电动执行机构常见故障及处理

故障	可能原因	解决方法
电机不转	电机的启动电容损坏	检查电容
	电机一侧线圈不通或线圈匝间轻微短路	测量电机线圈电阻
	电源电压不够	检查电压
	操作器开关接触不好	检查操作器开关
无反馈信号	反馈信号回路线路不通	检查信号回路接线
阀门开关不到位	电动执行机构限位漂移	调整限位值
扭矩报警	阀门有卡阻，整体机械部分配合不好，不灵活	需调整加油
	扭矩设置偏小	增大扭矩设定值
电动执行机构显示异常	控制板程序故障	电动执行机构断电重启

27.7　电液执行机构

电液执行机构将输入的标准电流信号(4～20mA)转换为电动机的机械能，以液压油为工作介质，通过动力元件(例如液压泵)将电动机的机械能转换为液压油的压力能，并经管道和控制元件，借助执行元件使液压能转化为机械能，驱动阀杆完成直线或回转角度的运动。成品油管道使用的出站和分输调节阀大多采用电液联动执行机构，用来调节管道进出站和分输的压力、流量，一般通称为电液联动调节阀。电液执行机构具有电动执行机构的快速响应性和活塞式执行机构的推力大等优点，但因使用液压油，也带来油路系统的泄漏等问题。

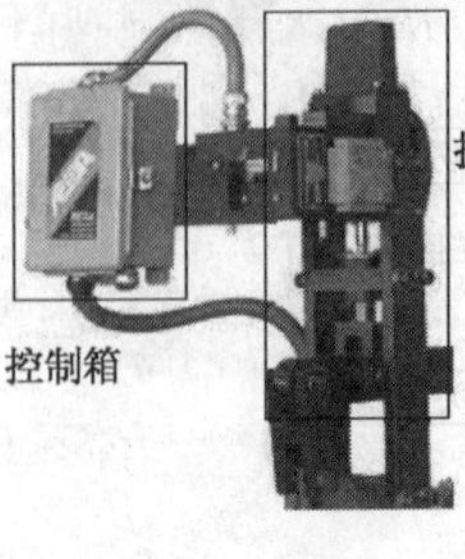

图 27－36　电液执行机构实物图

27.7.1　组成及工作原理

下面以 REXA 公司的电液执行机构为例，简单介绍其组成及工作原理。

电液执行机构包含两个主要部分，即执行器（油缸＼反馈装置和电液动力组件）部分和控制箱部分。执行器装在驱动装置上，控制箱远程安装。连接它们的是模块电缆和反馈电缆，图 27－36 为电液执行机构实物图，图 27－37 为电液执行机构基本结构图。执行器结构如图 27－38 所示。

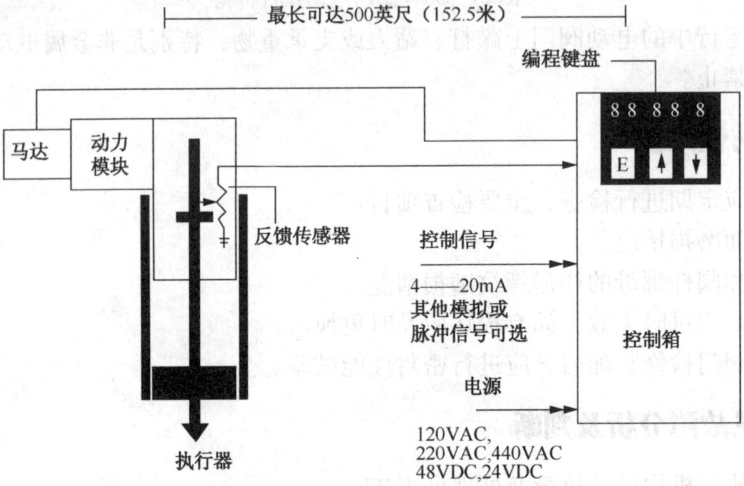

图 27－37　电液执行机构基本结构图

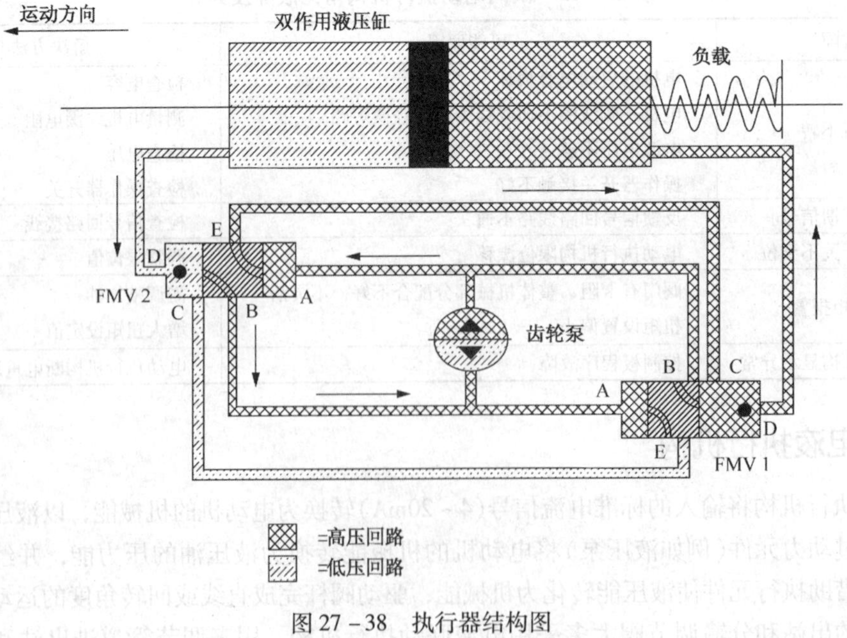

图 27－38　执行器结构图

电液执行机构的控制原理如下：位置处理器把用户设置的阀门开度转化为执行器的目标位置，执行器的当前位置通过装在其上的反馈组件测定，将目标位置和当前位置进行对比，通过两者差值来控制齿轮泵正向或反向旋转，推动液压缸活塞移动，从而达到控制阀门开度的目的。

一旦检测到差值，位置处理器将启动齿轮泵来重新校正活塞位置。齿轮泵能够通过两个流量配对阀(FMV－1 和 FMV－2)中的一个来使双作用油缸的任意一侧增压。每个配对阀由一个带有先导逆止阀的开口阀芯组成，两个配对阀的端口尺寸严格一致。

为把活塞移动到左边，泵改变旋转方向，通过 A 端口使配对阀 FMV－2 加压，FMV－2 的阀芯在压差的作用下失去平衡移向左侧，使端口 D 到端口 B 相通，端口 A 到端口 E 相通。高压油从端口 E 流到油缸的右腔，由于液压回路是闭合的，与流入活塞右侧相同容量的油必须从左侧流出，这股油液通过配对阀 FMV－2 打开的逆止阀进入泵吸口侧。

通过改变泵旋转方向，配对阀逆向操作，移动活塞杆到右侧。当泵停下来后，两个配对阀的逆止阀均关闭，液压油留在缸内，齿轮泵不需要进行操作就可以使液压缸的位置得到保持。

27.7.2 投用前的检查

电液调节阀第一次投入使用前，要注意检查各种接线是否正确。其次要注意提供良好的接地。控制信号不应该与电源及其他电源电缆放置在同一电缆管道内。控制信号的屏蔽应采取单点接地。第三要注意机械限位和电子限位，注意径向不对中、轴向不对中等配合问题。

27.7.3 操作及使用注意事项

电液执行机构具有三种工作模式：自动、现场、设定。当电源接通时，执行器处在上述三种运行模式之一。电液执行机构断电后，当再恢复电源时，执行器会维持上一次的运行模式。当电液执行机构在自动模式时，它会根据控制信号，通过自动调节来达到目标位置。当电液执行机构在现场模式时，可以通过手动方式来调节执行器位置。当电液执行机构在设定模式时，可以对执行器进行校准，同时可设置其运行参数，此运行参数控制电液执行机构的动态特性。

现场操作电液执行机构时，要特别注意两个问题：一是分清正作用还是反作用调节阀：所谓正作用执行机构是控制信号增加时，阀门开度变大；反作用的执行机构是控制信号增加时，阀门开度反而变小。换言之，正作用：给 20mA 信号的时候阀门位置处于全开的状态，给 4mA 信号的时候，阀门位置处于初始全关的状态。反作用：给 20mA 信号的时候阀门位置是在初始位置(全关)，当给 4mA 信号的时候，阀门位置就变成全开状态。例如，控制箱中显示的所设定行程的百分数为 100.0，而调节阀实际是关闭的，属于反作用阀门，这和工艺要求有关。二是注意无扰动切换的设置状态。无扰动切换提供一种当电液执行机构在现场、自动、设定模式切换时避免阀位变化的抗扰动方式。

27.7.4 电液执行机构的调校

根据使用维修情况，应定期对电液执行机构进行调校。在停输、停泵时对输入信号、零位和实际行程、阀位输出(反馈)进行调校。

（1）正作用时，输入4mA DC(20mA DC)，或将控制权限置于远控状态，由控制室手动写入0%(100%)开度，控制箱内显示板应显示0(100)，活塞杆上的指针应停留在0位(全开位)，阀位输出信号应为4mA DC(20mA DC)，控制室阀位显示为0%(100%)。

（2）反作用时，输入4mA DC(20mA DC)，或远控状态下由控制室手动写入0%(100%)开度，控制箱内显示板应显示0(100)，活塞杆上的指针应停留在全开位(0位)，阀位输出信号应为4mA DC(20mA DC)，控制室阀位显示为0%(100%)，即与阀门的实际位置一致。

（3）如果不满足调校要求时，调节控制箱内的位置控制处理器(PCP)，进入"设置(Set-up)"模式，可对位置、行程、阀位反馈、速度、死区和控制信号等进行设置调整。

27.7.5 常见故障及判断

电液执行机构常见故障及处理见表27－13。

表27－13 电液执行机构常见故障及处理

故障现象	可能原因	处理方法
执行机构不动作	（1）液压油泄漏 （2）控制箱内驱动器故障 （3）动力电源故障 （4）控制回路故障	（1）充油、封堵或更换 （2）检查维修驱动器 （3）检查维修电源及供电情况 （4）检查维修控制回路
实际输出值与用户给定值有较大偏差	限位电流漂移	重新设置限位电流

27.8 密度计

密度计的种类有以下几种：浮子式密度计、静压式密度计、振动式密度计和放射性同位素密度计。

浮子式密度计的工作原理是：物体在流体内受到的浮力与流体密度有关，流体密度越大浮力越大。如果被测样品的温度保持恒定，则仪器也可以用相对密度数值作为刻度值。这类仪器中最简单的是目测浮子式玻璃比重计，简称玻璃比重计。

静压式密度计的工作原理是：一定高度液柱的静压力与该液体的密度成正比，因此可根据压力测量仪表测出的静压数值来衡量液体的密度。膜盒(见膜片和膜盒)是一种常用的压力测量元件，用它直接测量样品液柱静压的密度计称为膜盒静压式密度计。另一种常用的是单管吹气式密度计。它以测量气压代替直接测量液柱压力，将吹气管插入被测液体液面以下一定深度，压缩空气通过吹气管不断从管底逸出。此时管内空气的压力便等于那段高度的样品液柱的压力，压力值可换算成密度。

振动式密度计的基本工作原理是：物体受激而发生振动时，其振动频率或振幅与物体本身的质量有关。如果在物体内充以一定体积的液体样品，则其振动频率或振幅的变化便反映一定体积的样品液体的质量或密度。

放射性同位素密度计仪器内设有放射性同位素辐射源。它的放射性辐射(例如γ射线)，在透过一定厚度的被测样品后被射线检测器所接收。一定厚度的样品对射线的吸收量与该样品的密度有关，而射线检测器的信号则与该吸收量有关，因此反映出样品的密度。

27.8.1 组成、结构及工作原理

下面就以艾默生公司的高准(MICRO MITION)密度计为例，简单介绍成品油管道中常用

振动式密度计。现场橇座及二次仪表组成的密度计系统结构图见图 27－39。

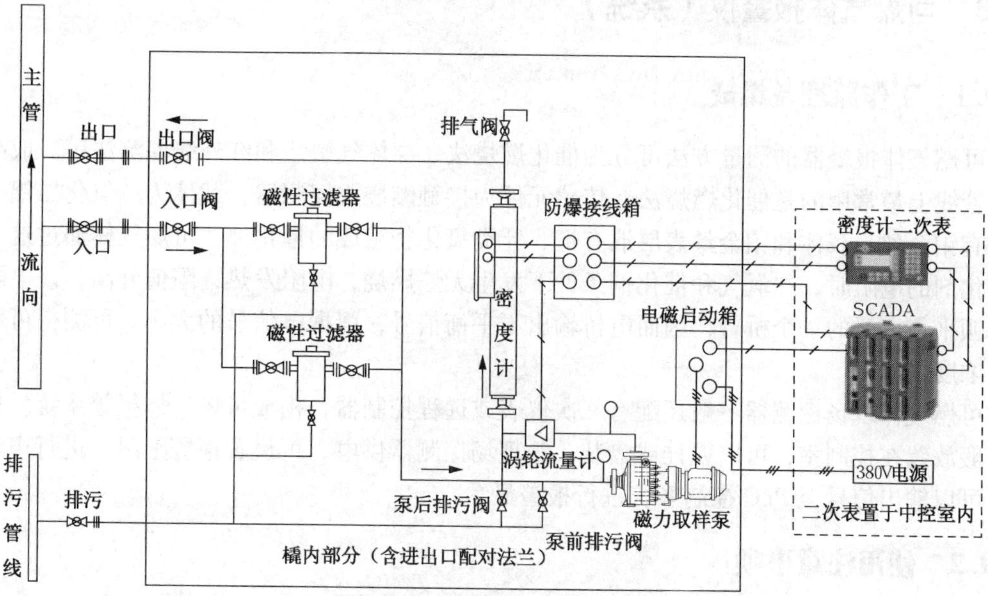

图 27－39　密度计系统结构图

一套完整的标准装置包括一个在线密度计、一台磁力离心泵、两个磁性过滤器和过滤器在线切换系统、流量计(可选)、压力变送器、电磁启动器和卸压系统。

在线密度计选用 MICRO MITION 7835 振动管式密度计，包含分度号为 Pt100 的铂电阻温度计，用于密度计测量温度补偿。内径为 1″的直通平滑管在一电子反馈系统的作用下产生谐振，振动频率随着管内液体密度值的变化而变化。通过检查平滑管的振动频率从而确定管内液体的密度值。

27.8.2　安装及使用注意事项

密度计橇座一般选择安装在坚固的水平表面上，最好是混凝土地坪，底座与地坪间须用膨胀螺栓进行固定。橇座与主管道间应保持 1～2m 的距离。按照设备安装手册接好电源线及各种信号线。之后短暂运行磁力离心泵，以检验电机的旋转方向是否正确。

密度测量系统是一种维护要求较低的系统，磁性篮式过滤器是密度测量系统的关键环节，因此，在不同时期对过滤器要按照不同的周期进行维护、清理。

日常使用中，应定期分油品采样化验分析，分析所得的密度值与密度计的测量值进行比对，从而检查密度计测量的准确性和设备的完好性。

27.8.3　常见故障及判断

密度计常见故障及分析见表 27－14。

表 27－14　密度计常见故障及分析

现　　象	解决方法
主管道油品已经切换，密度计不显示	确保橇座进、出口阀门已经打开
采样泵电机不运行	确保橇座电磁启动器采样泵电机断路器开启
流量计(可选)显示流量小于额定流量	确保过滤器已经清理干净

27.9 可燃气体报警仪（系统）

27.9.1 工作原理及组成

可燃气体报警器的测量方法可分为催化燃烧法、导体气敏法和红外线探测法等。成品油长输管线上最常用的是催化燃烧法，传感元件为接触燃烧式探测器，载体为三氧化二铝，表面附有铂金丝，载体和铂金丝表层混有钯、钍类氧化物组成的催化池。可燃气体通过这个涂有催化剂的电阻时，在氧气和催化剂条件下发生无焰燃烧，电阻发热，阻值升高，该电阻为惠斯顿平衡电桥的一个桥臂，因而电桥输出不平衡信号，根据电信号的大小，可测得可燃气体的浓度。

可燃气体现场探测器一般还配有二次仪表或远程控制器，构成可燃气体报警系统。控制器一般放置在控制室，可以壁挂或盘装，为现场探测器供电，可设置报警上限，进行声光报警，可以输出信号至 PLC 控制系统进行报警显示。

27.9.2 使用注意事项

探测器应安装在危险源下风处，以便检测到可燃气体，根据危险气体的密度决定探测器安装的高度，当危险气体比空气重时，安装在离地面 300mm 左右的高度，当危险气体比空气轻时，则应安在高处，如室内顶棚的集气处。成品油长输管线采用的可燃气体探测器主要检测成品油的挥发气体，其密度比空气大，因此安装在离地 300mm 处。

应定期对探测器进行校验和维护，防止产生零漂，延长使用寿命，并保持扩散口的畅通。

27.9.3 常见故障及判断

可燃气体报警器常见故障及处理见表 27－15。

表 27－15　可燃气体报警器常见故障及处理

现　象	可能原因	处理方法
仪表无指示或指示偏低	未送电；电源故障；供电回路损坏、接触不良	检查电源、保险丝、供电回路；检查电路接插件及虚焊
	检测器或变送器损坏	确认后修复或更换
	扩散式或吸入式仪表过滤器堵塞	检查清洗过滤器
指示不稳定，时而报警，时而正常	现场监测点附近时而确有大量泄漏	配合工艺安全检查确认并处理
	探测器安装在风口或气流波动大的位置	更换检测位置
	探测器安装在振动过大的位置	更换检测位置
	电路接触不良，供电不稳；电缆绝缘不好或为屏蔽；电子元件故障	检查电路、供电；检测电缆绝缘，做好屏蔽；检查电子元件，维修或更换
指示值为最大	现场确实大量泄漏	配合工艺安全检查确认并处理
	检测元件损坏，电路故障	更换检测元件，修复电路
	仪表未校准好	重新校验仪表

27.10 火灾报警系统

火灾自动报警系统是设置在建筑物中或其他场所的一种自动消防设施，用于早期发现并通报火灾，并及时采取有效措施，控制和扑灭火灾。成品油长输管道上，火灾报警主要用于站场办公楼、控制室、配电室、机柜间等室内的火灾监测与防范。

27.10.1 工作原理及组成

火灾报警系统一般由触发器件、火灾报警控制器、火灾警报装置、消防控制设备和电源组成。

27.10.1.1 触发器件

自动或手动产生火灾报警信号的器件，主要包括火灾探测器和手动火灾报警按钮。火灾探测器分成感温探测器、感烟探测器、火焰探测器和复合探测器。手动火灾报警按钮是手动方式产生火灾报警信号、启动火灾自动报警系统的器件。

27.10.1.2 火灾报警控制器

火灾报警控制器为火灾探测器提供稳定的工作电源；主电、备电自动转换功能；监视探测器及系统自身的工作状态；接收、转换、处理火灾探测器输出的报警信号；进行声光报警，指示报警的具体部位及时间；火灾报警记忆功能，时钟单元功能，声报警音响消音及再次声响报警功能。同时执行相应辅助控制等诸多任务。是火灾报警系统中的核心组成部分。

27.10.1.3 火灾警报装置

用以发出区别于环境声、光的火灾警报信号的装置，它以声、光音响方式向报警区域发出火灾警报信号，如警铃、警灯等，以警示人们采取安全疏散、灭火救灾措施。

27.10.1.4 消防控制设备

接收到火灾报警后，能自动或手动启动相关消防设备并显示其状态的设备。主要包括自动灭火系统的控制装置，室内消火栓系统的控制装置，防烟排烟系统及空调通风系统的控制装置，常开防火门，防火卷帘的控制装置，电梯回降控制装置等。

27.10.1.5 电源

火灾报警系统属于消防用电设备，其主电源应当采用消防电源，备用电采用蓄电池或UPS。系统电源除为火灾报警控制器供电外，还为与系统相关的消防控制设备等供电。

27.10.2 使用注意事项

（1）应建立火灾自动报警系统的技术档案。

（2）火灾自动报警系统应保持连续正常运行，不得随意中断。

（3）火灾自动报警系统的定期检查和试验，应符合下列要求：

① 每日应检查火灾报警控制器的功能，并填写系统运行和控制器日检登记表。

② 采用专用检测仪器分期分批试验探测器的动作及确认灯显示；

③ 试验火灾报警装置的声光显示。

④ 用自动或手动检查下列消防控制设备的控制显示功能：

a. 室内消火栓、自动喷水灭火系统的控制设备；

b. 卤代烷、二氧化碳、泡沫、干粉等固定灭火系统的控制设备；

c. 火灾事故广播、火灾事故照明灯及疏散指示标志灯。

⑤ 消防通讯设备应在消防控制室进行对讲通话试验；

⑥ 检查所有转换开关；

(4) 每年对火灾自动报警系统的功能应作下列检查和试验，并填写年检登记表。

① 每年用专用检测仪器对所安装的探测器，应试验一次；

② 进行(3)项中各项试验，其中第④项 c 试验可作模拟试验；

③ 试验火灾事故广播设备的功能。

(5) 探测器投入运行二年后，应每隔三年全部清洗一遍，并作响应阈值及其他必要的功能试验，合格者方可继续使用，不合格者严禁重新安装使用。

27.10.3 常见故障及检查

(1) 火灾控制器输入电源故障，一般控制器自身会发出声光报警，检查输入电源是否完好，有无断路，熔断丝有无烧断、接触不良，备用电池是否正常等情况。

(2) 探测器回路故障。检查控制器至火灾探测器回路的接线是否完好，火灾探测器有无被人取下，终端监控器有无损坏。

(3) 误报火警。应勘察误报的火灾探测器的现场有无蒸汽、油气、粉尘等影响火灾探测器正常工作的环境存在，如有，应设法排除。对于误报频繁而又无其他干扰影响正常工作的火灾探测器，应及时更换。

(4) 一时无法排除的故障，应立即通知生产厂家、施工或专业维修单位尽快修复，恢复正常工作。

27.11 仪表故障的分析判断

27.11.1 仪表的一般故障

成品油长输管线上主要使用的是电动仪表，电动仪表的大部分故障出现在回路的结点上，易出现接触不良、断路、短路。除了电子部分的故障外，还有机械方面的故障，如端子松脱、卡、漏、堵等现象。

(1) 接触不良：仪表的插件、接线端子氧化、连接螺丝松动，焊点虚焊等，以及导线的虚接、似断非断都可造成接触不良。

(2) 短路：导线裸露部分相碰，或进水、潮湿造成短路；晶体管、电容击穿是短路的主要原因。

(3) 断路：接线时未压紧，在有外力作用下，如振动、电缆自身重量的拉拽造成接线端断路；保险丝烧断、电气元件损坏发生断路；或另有施工挖断电缆造成断路。

(4) 机械方面：有端子松脱，如指针、螺钉等。此外，常见的还有漏、卡、堵，如仪表的引压、引液部分的连接处易发生泄漏，阀门电动执行机构由于过扭矩或杂质发生卡阻，磁致伸缩液位计因探杆有铁屑等附着物使浮子卡住，压力表的引压管有时发生堵塞现象等。

27.11.2 仪表故障分析判断方法

27.11.2.1 外围调查法

故障发生时，先不要急于拆卸检修，先从外围现象调查，与使用人员沟通，然后现场进行核实，再做下一步维修工作。一般从以下几个方面进行调查：

（1）故障发生前的使用情况，有无误操作、使用不当或工况调整。

（2）有无断电、供电不稳等情况。

（3）故障发生时有无打火、冒烟、异常气味等现象。

（4）故障前有其他外界因素，如施工、雷击、电焊、过热、潮湿、碰撞、强电磁场干扰等。

（5）以前发生过哪些修理，故障出现在使用中还是更换元器件后。

27.11.2.2　直观检查法

不采用任何测试仪器，通过人的感官直接发现故障的方法。主要现象有以下几种：

（1）检查仪表外壳及表盘玻璃是否完好，指针是否有变形，是否有裂痕漏液现象，各紧固件连接是否良好；各旋钮开关位置是否正确。

（2）接线有无断开，各插件连接是否正常，各连接螺丝是否拧紧，各零部件是否有错位、歪斜、脱落；印刷版敷铜条是否断裂、搭锡、短路，焊点有无虚焊、脱焊；继电器各接点是否有错位、卡阻、氧化、烧焦粘死等现象；电阻是否有烧焦，电容是否有膨胀、漏夜、暴烈现象。

（3）电源指示灯、相关发光元件是否通电正常发光。

（4）变压器、电机、功放管等易发热元件、电阻、集成块等温升是否正常，有无烫手、特殊异味等。

（5）机械传动部件是否运行正常，有无卡阻、严重磨损及打滑变形、传动不灵等现象。

27.11.2.3　断电重启法

随着计算机和通信技术在仪表领域的广泛应用，越来越多的仪表具有独立的中央处理器、配套通讯设备等，除了先进的硬件设备，还要依赖强大的软件功能，大大提高了仪表的监测、自检以及与第三方设备通信的功能，但同时由于大量的运算和数据交换有时会造成设备死机，表现为数据不随实际变化为一死数，或通信指示灯闪烁不正常等现象，有时重启设备就可排除故障。在不影响生产、符合操作规程的情况下，可以对仪表或其配套的控制通信设备进行断电重启，重新上电后仪表恢复正常。

27.11.2.4　分段检查法

在查找故障过程中，将仪表回路分为几个部分查找故障原因的方法。具有远传功能的仪表一般都与控制室内的 PLC 系统构成一个完整仪表回路，可分为 PLC 机柜、现场仪表和连接前两者的电缆三大部分，仪表故障时，可以初步按以上三部分进行分段检查，缩小故障范围，锁定故障位置。以仪表供电故障为例，先将机柜与现场电缆断开，用万用表选择适当挡位，测量是否有标准电压输出，若没有则进一步检查机柜内各元件、保险、浪涌保护器、PLC 卡件以及电源等。如果电压输出正常，则故障在机柜之外，再测试连接电缆是否断路以及绝缘情况，若电缆故障，则采用备用线缆或更换电缆。若电缆正常则故障可能发生在仪表自身，对其进行维修或更换。通过以上三步分段检查过程，达到查找和解决故障的目的。

27.11.2.5　替换法

用规格相同、性能良好的仪表或元件替换下可能故障的仪表或元件，然后再通电试验，如果故障消失，则确定出故障的位置。若故障仍然存在，再对其他可能故障元件采用同样方法试验，直到找到故障所在，这就是替换法。

替换前先进行故障分析，不要盲目乱替换元件。进行更换仪表或元件前一定要先切断电源，安装时应符合原安装方式和要求，正确连接后方可上电试验。

27.11.2.6 电压法

电压法是用万用表(或其他电压表)选择适当的量程测量可能故障的部分，分为测直流和交流电压两种。测直流电压主要指直流供电电压、半导体元器件各级工作电压、集成块各引出脚对地电压等，成品油长输管线上大多仪表供电电压为低于36V的直流电压。测交流电压主要指交流供电电压，如阀门的电动执行机构、交流供电的仪表、交流220V网电压、交流稳压器输出电压、变压器线圈电压及振荡电压等。

电压法有其使用范围和注意事项，有些故障，如线圈轻微短路、电容断线或轻微漏电，采用直流电压测量就无法检测；有些故障，如出现元件短路、跳火等情况时，就必须关掉电源，无法使用电压法，要采用其他检测办法。

27.11.2.7 电流法

电流法是通过对电流的测量或计算，得到电流值是否处在正常范围内，从而判断仪表及元器件故障的方法。分为直接测量和间接测量两种。直接测量是将电流表直接串入电路，测出电流值与仪器仪表正常工作时的数据对比，进行故障判断。间接测量不用断开电路，测出电阻上的压降，根据电阻值的大小计算出近似电流值，再与正常值对比进行判断，多用于晶体管元件的测量。

27.11.2.8 电阻法

电阻法是在不通电的情况下，用万用表电阻挡检查仪器仪表整机电路或部分电路的输入输出电阻是否在正常值范围内；各电阻元件是否开路或短路，阻值有无变化；电容器是否击穿或漏电；电感线圈有无断线或短路；灯丝是否完好等。

第 28 章　数据采集与监视控制系统

28.1　SCADA 系统概述

28.1.1　SCADA 系统基本概念

SCADA 系统是英文 Supervisory Control and Data Acquisition 的缩写，即数据采集与监视控制系统。它是以计算机为基础的生产过程控制与调度自动化系统，建立在 3C + S(Computer, Control, Communication, Sense；即：计算机，控制，通信及传感器)技术上的一门学科。SCADA 系统广泛应用于电网、水网、输油、输气管网、智能建筑等领域。它能收集远处现场的各种信息，并通过通信线路将远方信息传送到站控和调控中心进行集中显示和报告，控制中心的操作员监视这些信息的变化，并能向远方的设备发布命令，以实现数据采集、设备操作控制以及各类信号报警等各项功能。

自 20 世纪 70 年代以来，世界上长距离成品油管线迅速发展，长距离成品油管线的特点是距离长，站点分布广，全长有数千公里。一般以多品种、多分输点、单管密闭顺序输送成品油，所有泵站和管路构成一个统一的水力系统。管道输送多种介质油品，管道运行管理及控制要求采用先进可靠的 SCADA 系统，一般全线设站控和调度控制中心。它对全线各个站场关键设备进行远距离数据采集、传输和记录、处理，对管道进行监控、统一调度和控制。将 SCADA 系统广泛用于长输管道中，即实现对全线的远程监视和控制，完成输油管道生产过程的数据采集、监视、水击保护与控制，并可采用第三方软件辅助管线的运行管理，完成批量计划、批次编排与输送，安全保护，管道泄漏检测与定位，油品、混油界面检测与跟踪，计量、运行管理及仿真培训等任务。

28.1.2　长输管道使用 SCADA 系统的目的和必要性

28.1.2.1　目的

长输管道使用 SCADA 系统的目的是在保证安全的情况下，以对供需双方最少的限制，用最经济的方式、最快的手段将产品从供方输送到用户手中。此外，使用 SCADA 系统还能改善劳动条件，节省人力和提高环保水平。

28.1.2.2　必要性

早期的管道大部分是采用点对点的形式，即一个首站，相继几个中间升压站，一个接收/分配末站，油品从一个站的油罐用泵输送到下一站的油罐。这是一种非密闭的输送方式或称开放式输送方式，其特点是每两个站之间的管线都可当作一个独立的热力、压力和管理系统，对站内自动控制和全线自动化控制及管理要求不高，每个站有人值守即可。

长输管道距离长、范围广、生产指挥难度大，尤其是采用了密闭输送工艺管道全线构成了统一的水力系统，管道任意点的扰动都将迅速波及全线，为保证管道的安全平稳运行，相关设备必须及时做出正确反映。特别是成品油长输管道，沿途可能有很多进油和分输点，同时还有多种油品在管道中输送，要求操作者必须在规定的时间对管道的几十个甚至几百个设备进行正确操作；另一方面，随着管线的增加，越来越多的企业要通过管道输送产品，越来越多的用户通过管道输送得到产品，供需双方对产品质量和供需变化的要求也越来越苛刻；再者，管线终点越来越接近最终用户，怎样防止易燃易爆和有毒产品对员工、设备和居民的伤害，保证安全显得更加重要。最初是由中控调度人员通过电话来指挥管线的运行，现场的操作、传统的人工记录、逐级汇报的长输管线监控方式已不适应生产调度快速化和城市发展数字化、信息化的要求。显然，这种调度方式过于缓慢，任务也太繁重，难以满足密闭输送协调运行、供需变化及安全经济运行的要求。对于这些较高的要求往往是非人力所能及的，因此需要借助现代化的自动控制系统管理输油管道。输油管道自动化是管道安全、经济运行的重要保证，而使用 SCADA 系统可以确保输油管道的集中指挥和统一管理，可以节省大量人力、物力，大大提高生产调度速度，确保管线安全、平稳、经济地运行。

28.2 SCADA 系统结构和配置

28.2.1 SCADA 系统基本结构

SCADA 系统基本结构见图 28－1。

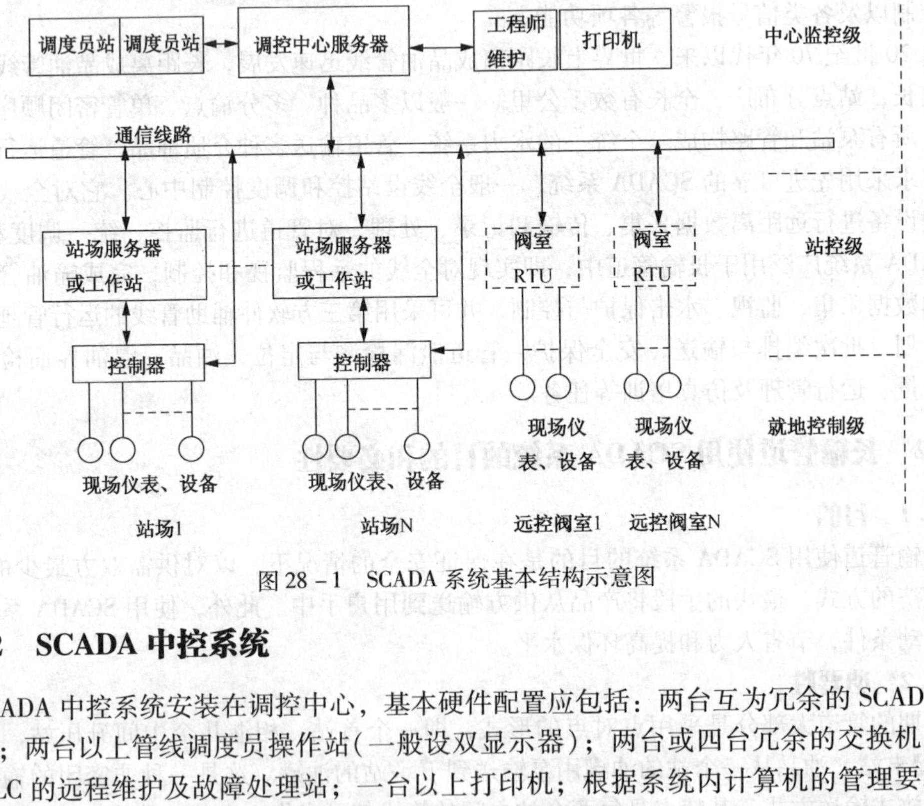

图 28－1 SCADA 系统基本结构示意图

28.2.2 SCADA 中控系统

SCADA 中控系统安装在调控中心，基本硬件配置应包括：两台互为冗余的 SCADA 系统服务器；两台以上管线调度员操作站(一般设双显示器)；两台或四台冗余的交换机；一台以上 PLC 的远程维护及故障处理站；一台以上打印机；根据系统内计算机的管理要求，可配一台域服务器；另外，根据需要可增加 Web 服务器及防火墙，还可扩展接入第三方的应用软件机器，包括两台互为冗余的应用服务器；应用软件工作站(包括泄漏检测、批次跟踪和计量)以及培训机器等；一般调控中心布局分为：调度长办公室、控制室、机房、工程师维护室和培训室。SCADA 中控系统结构见图 28－2。

28.2.2.1 SCADA 系统服务器

SCADA 系统服务器主要完成数据采集及处理功能，为保证可靠、稳定地运行，一般冗

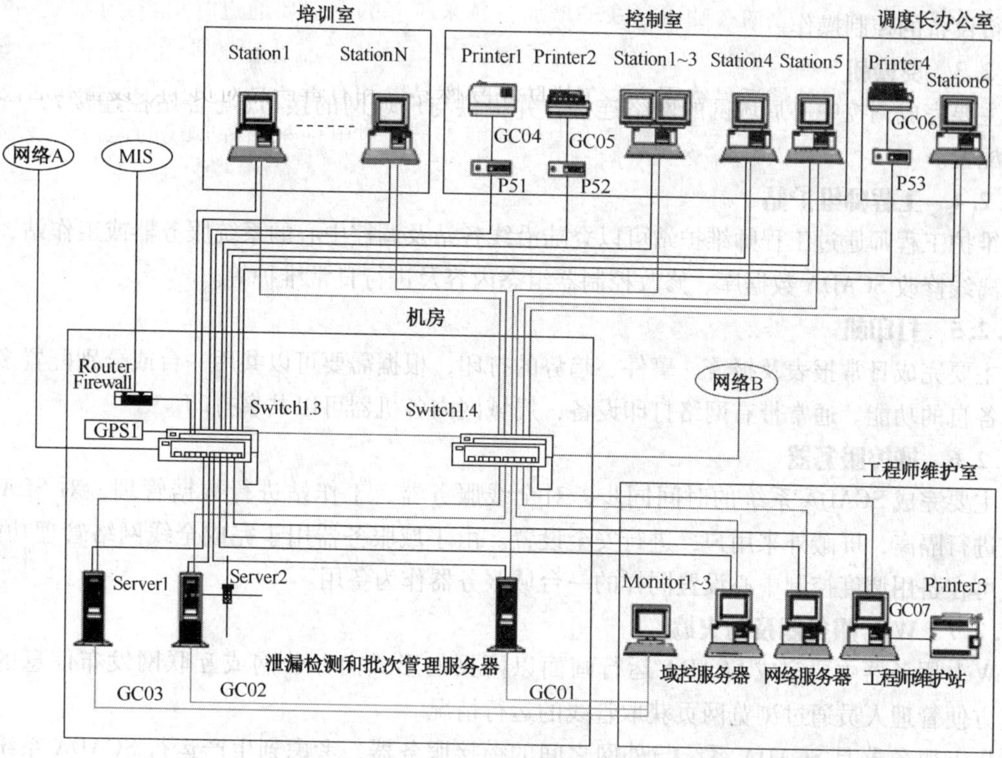

图 28－2　调控中心 SCADA 中控系统结构示意图

余配置、热备运行。

SCADA 系统服务器持续地获取全部的管线运行数据、状态及报警信息并为所有的操作站节点提供实时数据，不同厂家的系统采集和发送控制指令的方式一般有两种，一种中控服务器直接跟各站场的控制器连接，另一种是中控服务器不直接连接控制器，而是连接各站场的服务器，由各站场的服务器连接各自的控制器。主从服务器同时管理冗余的磁盘阵列系统中的历史、实时数据库，以达到数据的实时同步要求，其中一台作为主服务器，另一台作为备用服务器(热备形式)。备用服务器持续检测主服务器是否处于正常工作状态，一旦发现主服务器出现故障，备用服务器将自动取得控制权成为主服务器，切换时间一般在 1s，对中控的监控和操作没有任何的影响。

SCADA 服务器应具有全部的系统功能，可以启动所有的控制命令和数据输入，为调控中心各调度员操作站提供图形及表格显示，数据获取、报警、图形、实时趋势、历史趋势显示等。历史趋势可对每个记录变量提供可选的采样频率及时间周期。

在最大工作负荷下，服务器的资源利用率不应超过 60%。为提高可靠性，服务器电源、存储介质等应采用冗余配置，并可实现模块化的在线热插拔维护工作。服务器的硬件、网络和软件最少应具有 100% 的扩展能力，并保证将来数据库、存储器、磁盘容量和通信信道等的可扩展能力。

28.2.2.2　调度员工作站

主要用于调度员监视画面和发送设备操作指令。操作站通过网口和网线连接中控系统交换机，与系统服务器进行数据交换，调度员工作站具有完整的各站流程图画面，作为系统服务器客户机方式运行，能获取全部的系统服务器实时数据，通过活动画面进行数据输入，并可进行设备的控制操作。

28.2.2.3 交换机

主要完成调控中心局域网的网络连接，并提供与广域网的接口(与各站控连接)，一般冗余配置。

28.2.2.4 工程师维护站

维护工程师通过工程师维护站可以登陆沿线各站及调控中心的系统服务器或工作站，在线或离线修改 SCADA 数据库、修改控制器组态内容及进行日常维护等。

28.2.2.5 打印机

主要完成日常报表及报警、事件、趋势的打印，根据需要可以共用一台或分别配置多台完成各自的功能。通常带有网络打印设备，局域网内各机器可以共享打印。

28.2.2.6 域控服务器

主要完成 SCADA 系统的时间同步，对全线服务器、工作站进行数据管理，对 SCADA 系统进行隔离，屏蔽外来用户，进行安全设置。由于域服务器用于完成全线网络管理功能，因而可在备用调度控制中心设置同样的一台域服务器作为备用。

28.2.2.7 Web 服务器及防火墙

Web 服务器主要完成 SCADA 运行画面以网页的形式向办公网或互联网发布信息的功能，方便管理人员通过浏览网页获取管线的运行情况。

Web 服务器是 SCADA 系统与外网之间的衔接服务器，考虑到生产运行 SCADA 系统安全的重要性，必须使用防火墙进行隔离。SCADA 系统服务器有关信息送到 Web 服务器并实时更新，在网络中以网站形式出现。它既为 Web 服务器提供生产信息，又避免了与 SCADA 系统无关的计算机直接访问 SCADA 服务器。

Web 服务器上必须安装专业网络防火墙和病毒防火墙，进一步保护 SCADA 系统。

28.2.3 SCADA 站控系统

站控系统一般由服务器、监控操作站、交换机、一套 PLC 硬件等组成(见图 28-3)，对本站现场远控仪表及设备进行监控。为了安全起见，一般在站控室操作台上设置一个紧急停车按钮，用于紧急事故停车，各管线的实际情况有所不同，但通常为拉起有效，按下复位。

28.2.3.1 站控系统服务器

站控系统服务器主要完成本站数据采集及处理功能，为了保证可靠、稳定的运行，一般冗余配置，热备运行。服务器同时也可以兼作监控工作站使用，对站内工艺参数进行集中显示、记录、报警等；显示运行状态、动态趋势、工艺流程图、遥控设备等。

需要注意的是，有些管线不同厂商的 SCADA 系统站场不设置服务器，只配置监控工作站，工作站直接从控制器采集信号和发送操作命令。

28.2.3.2 站控工作站

站控工作站是输油站操作员用于监控本站设备及管线的人机界面，显示本站所有的参数，发送指令控制本站的设备，有些管线的工作站由服务器兼作。另外，由于管线是一个密闭的系统，各站参数相互影响，为了方便本站的操作员了解上下游站的参数，以便提前做好准备，一般都实现站间通讯，即通过站控工作站可以看到上下游站场的关键数据，但不能对上下游站场设备进行操作。

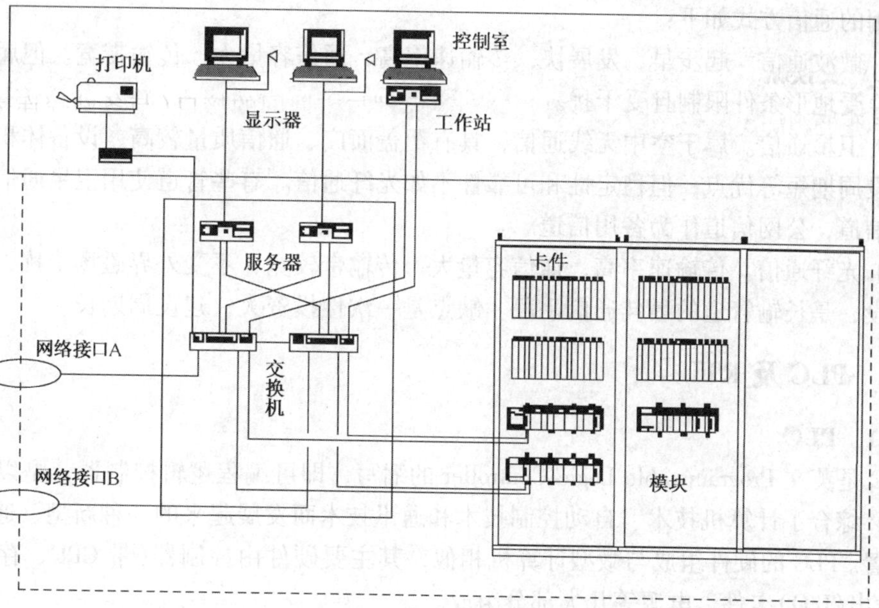

图 28－3　SCADA 站控系统结构示意图

28.2.3.3 交换机

交换机主要完成站控局域网的网络连接，并提供与广域网的接口(与中控连接)，一般冗余配置。

28.2.3.4 打印机

主要完成日常报表、报警、事件和画面打印的功能。

28.2.4 SCADA 通信系统

通信系统的主要作用是将控制中心计算机系统与分散在远处的站控系统连接起来，实现数据互传。SCADA 系统工作的有效性和可靠性，取决于调控中心与站控系统的数据传输情况。为确保主信道中断时不影响生产的正常运行，一般对通信信道采用冗余配置，即采用一主一备双通信信道，有些管道在管道建设时同步自敷设光缆，主用信道都是通过光纤通信，外加租用公网通信形成一个闭环，再加一个后备电话自动拨号上网，以确保 SCADA 数据的传输可靠。SCADA 通信系统结构见图 28－4。

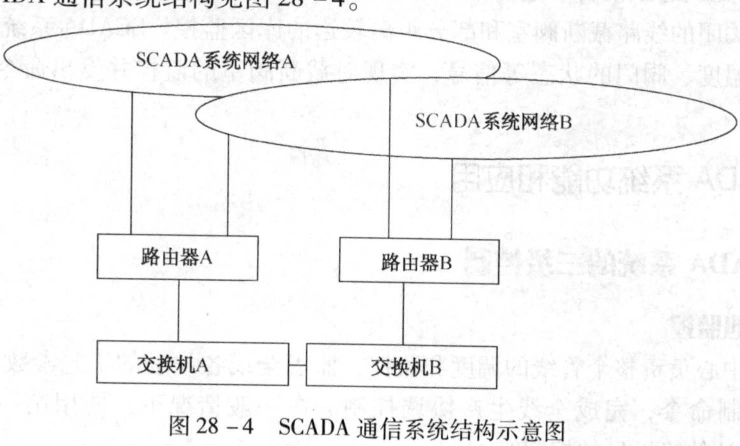

图 28－4　SCADA 通信系统结构示意图

常用的通信方式如下：

(1) 微波通信。起步早，发展快，传输速率高，通信容量大，传输带宽。但属于地面无线通信，受地形条件限制且受干扰。

(2) 卫星通信。属于空中无线通信，具有覆盖面广、通信质量较高、设备体积小、投资少、建设周期短等优点，但稳定性和可靠性不如光纤通信。有些管道使用卫星通信作为数据主传输信道，公网信道作为备用信道。

(3) 光纤通信。传输速率高，通信容量大，传输带较宽，不受外界磁场干扰，可与管道同沟敷设，是长输管道的最佳通信手段。缺点是一次性投资大，建设周期长。

28.2.5 PLC 及 RTU

28.2.5.1 PLC

PLC 是英文 Programmable Logic Controller 的缩写，即可编程逻辑控制器，是以微处理器为基础，综合了计算机技术、自动控制技术和通讯技术而发展起来的一种新型、通用的自动控制装置。PLC 的硬件组成与微型计算机相似，其主要硬件由控制器(带 CPU、存储器等)、输入/输出(I/O)卡件、电源等几大部分组成。

管道的监控数据和输出命令绝大部分都是通过 PLC 来完成，服务器和工作站只是提供一个组态和人机交互的界面，绝大部分数据采集和控制程序都是分输到 PLC 控制器里运行，它主要以模拟量和数字量的输入输出信号与现场的仪表和控制设备相连，对现场设备进行轮询，实时采集所需要的各种工艺参数，并发出命令实现控制。

CPU 也称中央处理器，是由一片或几片大规模集成电路芯片组成的，相当于人的大脑，是 PLC 的核心部分；CPU 的作用是通过接口及软件与输入输出设备进行数据交换，同时对被检测参数进行巡回检测、数据处理、控制运算、报警处理及逻辑运算判断等，实现对整个 PLC 的工作过程进行控制。

I/O 卡件是输入(IN)/输出(OUT)卡件的简称，是 PLC 主机与被控对象进行信息交换的纽带；PLC 通过 I/O 卡件与外部设备进行数据交换，PLC 所有的输入输出信号均经过浪涌保护器或安全栅、光电隔离器件等，大大增强了 PLC 的抗干扰和防雷能力。

28.2.5.2 RTU

RTU(Remote Terminal Unit)中文可译为远程终端单元，通常由信号输入/输出模块、微处理器、有线/无线通讯设备、电源及外壳等组成。一般应用于较恶劣环境中，在长输管线应用于需快速关闭的线路截断阀室和部分距离较远的库区监控。SCADA 系统通过 RTU 采集阀室的压力、温度、阀门的状态等信号，实现对截断阀室的监控并发出命令快速关阀。如图 28-5 所示。

28.3 SCADA 系统功能和应用

28.3.1 SCADA 系统的三级控制

28.3.1.1 中心监控

调度控制中心负责整个管线的调度和监控，监视全线各站场的工艺参数和设备的状态，对各站下达控制命令，完成全线生产协调控制。在一般情况下，使用第一级控制，这是 SCADA 系统设计的终极目的控制级。

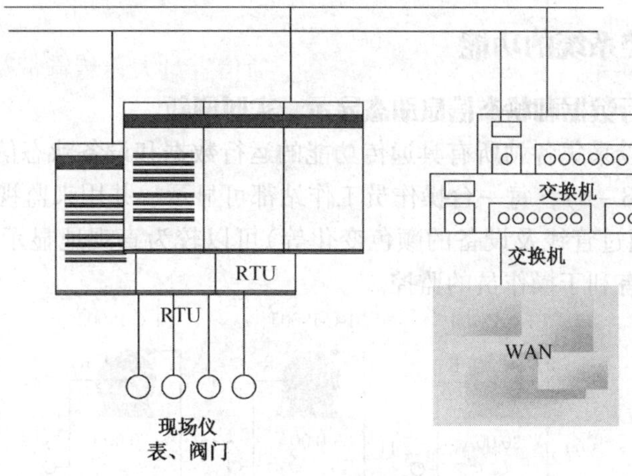

图 28－5 RTU 示意图

28.3.1.2 站控

站控的基本功能是对本站的设备、辅助系统以及生产过程进行监视和控制，完成数据采集和逻辑控制。当与中控的通信出现故障或调控中心主计算机发生故障时，可使用第二级控制（站控）。这是一种后备手段。

28.3.1.3 就地控制

在长输管道中，通常认为就地控制级是指站控级以下，通过各类现场控制装置、动力机构或操作柱对现场设备进行手动操作。一般当中控和站控失灵或发生紧急事故或设备检修时使用就地控制。

28.3.2 SCADA 系统数据采集与传输方法

SCADA 系统数据采集的类型主要有：AI 信号（一般是 4～20mA 的电流信号，如站场压力变送器的信号）；DI 信号（触点闭合或断开的开关量信号，如开关阀门的全关、全开、就地/远程、故障报警、压力开关、液位开关等信号）；RTD 信号（热电阻的电阻信号，如机泵的各种温度等）。输出的信号类型主要有：AO 信号（一般是 4～20mA 的电流信号，如控制各种调节阀的信号）；DO 信号（触点闭合或断开的开关量信号，如控制阀门开或关的命令、启停泵的命令等）。另外，还有一种数据是通过现场总线方式或 RS485 串行通信、MODBUS TCP 或 OPC 方式进行数据采集和交换的通信信号。

一般的 AI、DI、RTD、AO、DO 信号都是通过仪表信号电缆先连接室内的浪涌保护器或安全栅，然后再连接 SCADA 系统相应的 I/O 卡件进出系统，每个信号都是硬线连接，一个信号有 1～4 条信号线，大部分 AI、DI、AO、DO 都是两线制，个别 AI 采用四线制，有部分 DI 和 DO 采用 2 个信号 3 条线的接线方式，共用一条公共线；RTD 信号采用三线制，这些信号都可直接用万用表相应的档位来测量和诊断信号的情况。RS485 串行通信或 OPC 通信是一批信号通过一根专用通信电缆或一条网线传输数据，从各个仪表或系统的输出通信端口连接到 SCADA 系统的通信口或系统的交换机上，现场总线方式是现场的多个仪表或阀门信号先连接汇集到现场的接线箱，再通过一根专用通信电缆连接到 PLC 的通信卡件交换数据；这些通信信号用万用表是不易直接测量的，一般都是通过电脑安装相应软件来检测和诊断信号。MODBUS TCP 一般是将多个设备共同连接到通讯交换机上，通过网线 RJ45 端口连接主从设备。

28.3.3 SCADA中控系统的功能

28.3.3.1 采集各站运行数据和状态信息动态显示、实时刷新

中控系统服务器可以采集各站所有具远传功能的运行数据和设备状态信息，并进行动态显示，实时刷新(见图28-6)，每一台操作员工作站都可显示，并用来监视和操作。画面显示通过一定的方式(如通过管线及设备的颜色变化等)可以较为直观地显示管线和设备是处于运行还是停止状态，有利于操作员的监控。

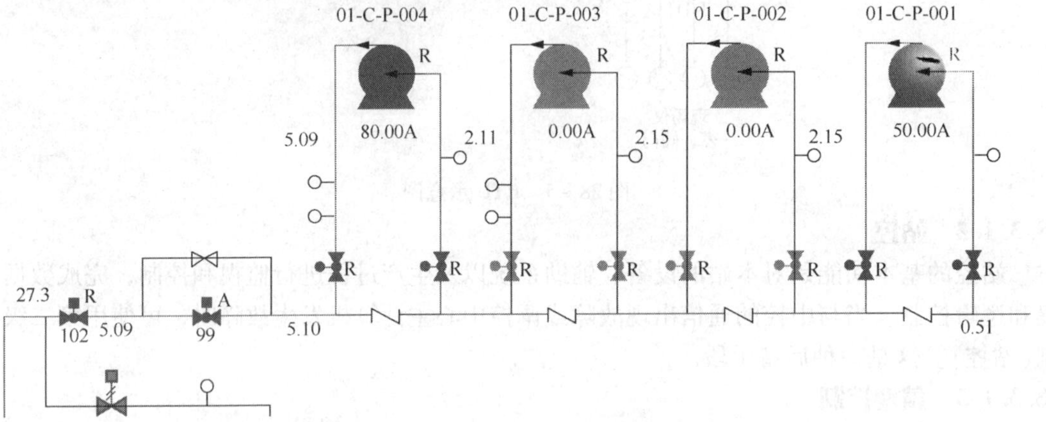

图28-6 工作站运行数据和设备状态信息示意图

28.3.3.2 实现远程控制输油站设备

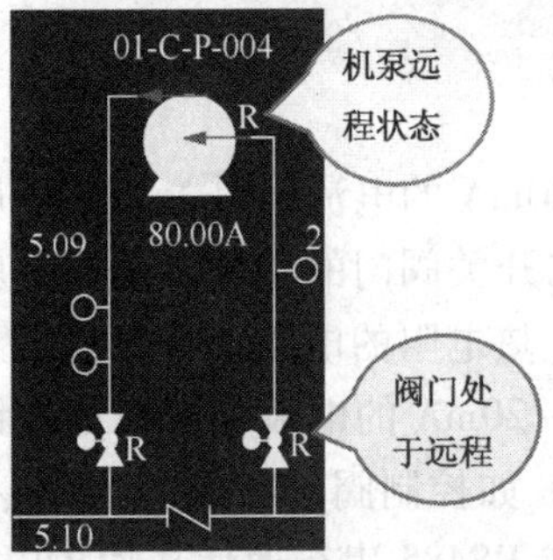

图28-7 设备控制状态示意图

中控的每一台操作员工作站都可发出命令去控制任意站场的具有远控功能的阀门或机泵(见图28-7)，前提是此类设备的就地/远控操作切换按钮要打在远控位置(该按钮一般在阀门的执行机构或机泵的操作柱上)。置为远控后，根据该站操作权限的需要可以在站场或调控中心控制该设备。如果当前该站的操作控制权限为站控，那么输油站的操作员可以控制该设备，调控中心调度员只能监视而不能操作；如果当前该站的操作控制权限为中控，那么调控中心的调度员可以控制该设备，站场的操作员只能监视而不能操作。

28.3.3.3 历史数据的存储及趋势显示

(1)自动存储数据。系统内部可以把各参数自动存储起来，每一个参数的瞬时值过了当时就成了历史数据，有些数据非常有用，可根据需要组态存储。不同厂商的系统存储数据形成的文件格式会有不同，存储数据的多少和时间的长短根据总数据量的大小和系统硬盘的大小来确定。

(2)趋势显示。趋势显示是一种将数据变化以柱状图、曲线图或数据列表的形式提供浏览数据的方法，包括实时趋势和历史趋势，实时趋势用于记录生产过程中各参数的当前动态变化过程，而历史趋势则用于提取特定的历史数据文件并用于还原显示。趋势可以提供多种方式进行浏览，比如柱状图，曲线图，数据列表等，提供显示连续的历史数据曲线，操作员可以读取曲线上的任意点的当时实际数据和时间，并可以对曲线进行压缩显示和细化显示，满足不同的需要。每一趋势图可以显示多个参数的数据，便于各参数的比较(见图28-8)。

趋势调用和显示的功能主要为：一是为工况分析提供依据，如启泵或停泵过程压力及流量的变化，分输过程中阀门开关切换导致压力及流量的变化曲线，我们可以通过这些数据，优化操作过程；二是通过监视各参数前后的变化，为操作员决策提供依据，如汽油顶柴油的混油段到达某一站前，操作员可以调用密度显示曲线进行监视，便于监测混油段到站的情况，进行相应的油品分输。另外通过监视沿线各站压力及流量参数的趋势曲线，操作运行人员能够快速发现管线上参数的变化，并判断其对全线是否有影响，及时采取正确的控制以减小其对全线的影响。

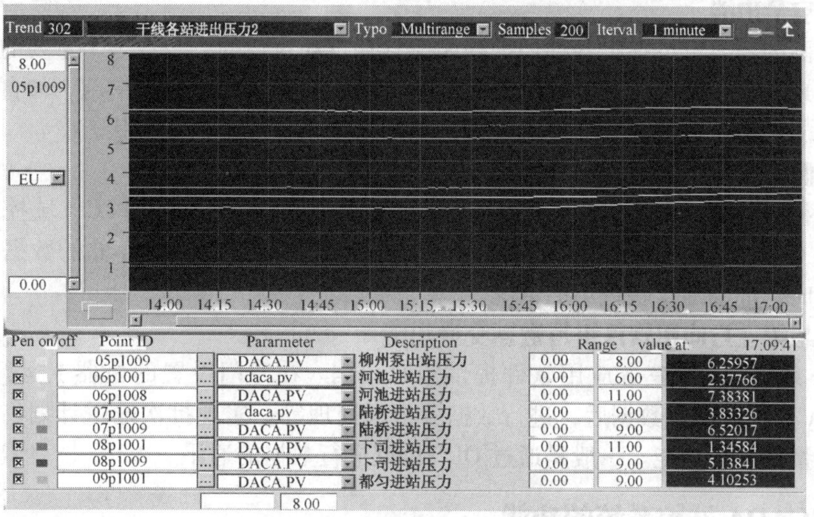

图 28－8　趋势曲线示意图

28.3.3.4　事件、报警功能

（1）报警功能。异常情况发生时，系统以某种方式记录并提示信息，以引起操作人员的注意并及时采取措施。

报警可分为系统报警和过程报警两大类，系统报警——当服务器、控制器、卡件等硬件及通讯网络出现故障时，所发出的报警为系统报警。过程报警——当过程控制对象出现异常时，系统所发出的信息为过程报警，例如工艺过程参数超出正常范围的低报和高报，远控设备异常的启停等。

由于成品油管线距离长、设备多、重要的工艺参数多，如果发生异常情况，操作员不能及时地发现并采取有效措施，将导致较大的危害，需要对较为重要的参数设置报警提示，当出现异常时将以声音或颜色改变提示操作员。由于设备多、参数多，一般对参数的重要程度设置报警的级别，报警的级别可以分为紧急、重要、一般等，每级报警相应的描述及颜色有所不同，如紧急为红色，重要为黄色，一般为其他不显眼的颜色，系统按照一定的时间顺序以及级别的优先顺序进行显示，发生异常情况时提醒操作员注意，并能够根据轻重缓急及时采取相应措施。当报警产生时，一般报警栏都有一条信息出现，当报警条件不再满足时，经操作员确认以后，报警即可消除，否则报警信息确认以后还留在报警汇总栏里。

（2）事件功能。事件即系统自动记录下每项操作过程或者是系统内部执行的命令，并按照时间的顺序保存到历史数据库中，且事件是不可以清除的，存到一定的条数或一定的天数或占满一定的储存空间后，后面的事件替换前面的事件这种轮换储存。事件记录所有的操作过程，包括数据库修改和操作员对现场设备的操作、变更用户名、更换控制级别等信息，为事故分析及工艺操作过程的分析提供依据，一方面可做到凡事有据可查，确保安全操作、责任到人；另一方面也可为一些好的操作案例提供过程回放做为参考、借鉴。

28.3.3.5 报表生成和打印

系统可选择组态多种格式的报表，比较常用的是 EXCEL 格式。从时间上，报表可以分为日报表、周报表、月报表等，根据需要进行编排组态。报表组态好以后可以定期生成，还可以组态成自动打印，也可组态成人工选择打印，能够及时准确地提供规范化的参数记录，减轻操作员的工作量。

28.3.3.6 安全功能

根据实际的需要可组态出各种保护程序，它是自动执行的，一旦某个重要的工艺参数或设备状态出现异常，系统通过实时检测和判断自动采取一系列相应的措施，如自动关阀、开阀、启停泵、停站、局部或全线停输等，确保管线处于有效安全监控状态。

28.3.3.7 时钟同步功能

通过域控服务器或直接连接 GPS 同步全线的服务器、工作站和 PLC，域控服务器的时间也是来自 GPS，从而确保整个 SCADA 系统的时钟统一、准确，所存储的数据都带有时钟标签并能及时、准确地反映现场的情况。

28.3.3.8 与第三方应用软件进行数据交换功能

SCADA 系统可为第三方应用软件提供实时数据。在专门设置的机器上运行应用软件，通过 SCADA 数据库获取数据后，进行数据分析、处理等，实现批次输送计划、检漏、清管器跟踪、批量跟踪等功能。一般是通过 OPC 协议进行数据的通讯。

28.3.4 SCADA 站控系统的功能

站控系统是一个过程控制系统，是实现中心控制的基础，负责与调控中心、现场仪表及设备的连接，数据与命令的上传下达。主要功能如下：

(1) 过程参数巡回检测和数据处理。如监控各站进出站压力及温度，监控各站的设备运行状态(开/停/可用/不可用)等，检查数据报警限并提供报警信息。

(2) 向控制中心上传各输油站的数据、设备状态及报警信息，并接收来自调控中心的调度控制命令。

(3) 提供运行状态、工艺流程、动态数据的画面、图像显示、报警、存储、报表记录、打印功能。

(4) 除执行控制中心的控制命令外，还可独立进行本站的监控工作。如机泵、阀门的控制(开/停)等。

(5) 实现站场的逻辑联锁保护和紧急停车。

(6) 进行故障检测，通过自诊断程序将结果报告站控和控制中心显示。

(7) 提供 SCADA 系统的通信接口，采集流量计算机的流量信号、电气 SCADA 系统过来的电压、电流信号等。

(8) 系统组态、维护。

28.3.5 单体设备常用的控制及典型逻辑

28.3.5.1 几种常见控制方式

(1) 阀门的单体操作

① 开关式阀门。现场执行机构传过来的 DI 信号有：阀门的就地/远程信号，全开信号、

全关信号、故障信号；SCADA 输出到现场的信号包括：开阀和关阀信号。部分关键阀门还有单独一路 ESD 关阀信号。操作方法：单击工艺流程画面上的该阀门设备本体，弹出一个操作面板，点击相应的开阀或关阀按钮，再确认即可完成操作。

② 调节类阀门。现场执行机构传过来的信号有：就地/远程信号、故障信号以及阀门开度反馈(AI 信号)；SCADA 输出到现场的信号为开度输出(AO 信号)。操作方法：单击工艺流程画面上的该阀门设备本体，弹出一个操作面板，在面板的输出框里输入 0 ~ 100 的开度数字，再回车确认即可完成操作。一般有模式的切换下拉框，进一步提示操作信息。

在实施阀门的单体控制操作中，特别需要注意：在现场就地电动操作与远程控制操作切换时，应确保无扰动切换，即从远程控制操作切到现场就地电动操作时，要先检查现场的操作按钮与远控操作命令状态是否一致，防止在切换过程中导致阀门的误动作，反过来从现场就地电动操作切换到远程控制操作时也要先注意室内画面上阀门的操作面板上的输出值，是否跟当时阀门的开度位置一致，如果不一致，要先变更操作面板上的输出值一致后，才可把阀门切回远程控制，防止在切换过程中导致阀门的误动作。

(2) 顺序控制。通常指设备开、停时执行一组人为事先编排好的、按照一定顺序执行的逻辑动作。这类控制允许由操作人员决定是否投用。

(3) 联锁保护控制。联锁保护实际是一种自动操作系统，能使有关设备按照规定的条件或程序完成操作任务，达到消除异常、防止事故发生的目的。联锁保护的最高级别是 ESD 保护，ESD 是 Emergency Shutdown System 的简称，中文意思是紧急停车系统，如果生产过程超出安全操作范围，可以实现全线或局部紧急停车，使其进入安全状态，确保生产过程安全，不导致事故。

① 联锁保护系统由 3 部分组成：

a. 发信元件。包括工艺参数或设备状态检测接点、控制盘开关、按钮、选择开关，以及操作指令等，它们起到参数检测、发布指令的作用。这些元件的通断状态也是系统的输入信号，如泵入口压力开关等。

b. 执行元件。也叫输出元件，如阀门的执行机构等。

c. 逻辑元件。又叫中间元件，它们根据输入信号进行逻辑运算，并向执行机构发出控制信号。逻辑元件以前多采用有触点的继电器、接触器线路和无触点的晶体管等，现在普遍采用 PLC、RTU 的控制器来完成逻辑运算。

② 管道中联锁保护控制的应用主要有：

a. 站场保护：如发生火灾或可燃气体报警时，可执行紧急停车保护。在监控画面上可设一个软按钮，具有一定权限的人员输入密码后操作或是通过桌面上的紧急停车按钮，发生紧急情况时，拔出盖后，拉起即可实现站场紧急停车。

b. 油罐保护：设立液位低报警，液位低低联锁关阀，防止油罐抽空；设立液位高报警，液位高高联锁关阀，防止冒罐。

c. 机泵的保护：从安全角度出发，必须对泵机组的工况进行监视和控制，并自动联锁停泵。主要监控的参数有：泵出入口压力、泵壳温度、泵及电机轴承温度、电机定子绕组温度、电机电流、电压、泵及电机轴承振动、泵密封泄漏量等。每种参数都可构成联锁条件。

d. 分输压力超高保护：分输减压阀后的管线和设备都是低压的，要求压力不能过高，当减压阀后的压力超出联锁值时，会自动联锁关闭分输第一道阀门和各分输切换阀。

(4) 简单 PID 单回路控制

①了解几个名词:

被控对象——自动控制系统中，需要控制的生产过程、设备或机器等。

被控变量——生产过程中借助自动控制保持恒定值(或按一定规律变化)的变量。

操纵变量——用于调节被控变量大小的物理量。它是执行器的输出。

扰动量——除操纵变量外，作用于被控对象并引起被控变量变化的因素。

设定值——生产过程中被控变量需要保持的值，又称给定值。

偏差——被控变量的设定值与实际测量值之差。

② 简单控制系统。通常是指由一个被控对象、一个检测元件及传感器、一个调节器和一个执行器所构成的闭环控制系统，也称单回路控制系统。见图 28－9 。

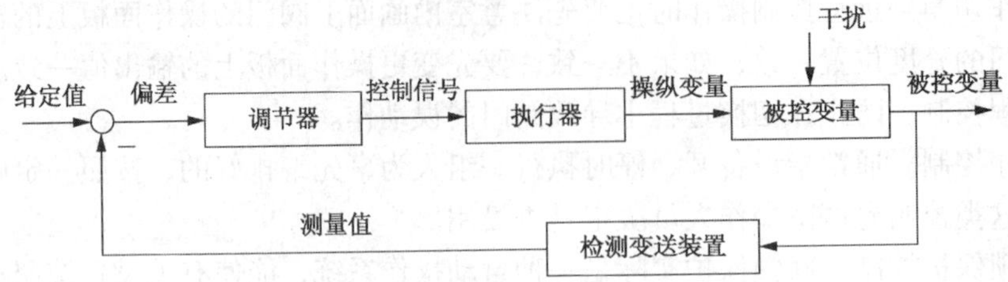

图 28－9　简单控制回路方块图

③ 调节器的正、反作用。将调节器的输入偏差信号定义为测量值减去给定值，那么当偏差增加时，其输出也增加的调节器称为“正作用”调节器；反之，调节器的输出信号随偏差的增加而减少的称为“反作用”调节器。

④ 在 PID 调节中，比例作用是根据“偏差的大小”来动作，它的输出与输入偏差的大小成比例。比例调节及时、有力，但有余差。它用比例度来表示其作用的强弱，比例度是比例的倒数，比例度越小，比例作用越大，调节作用越强，比例作用太强时，会引起振荡。积分调节依据“偏差是否存在”来动作，它的输出与偏差对时间的积分成比例，只有当余差消失时，积分作用才会停止，其作用是消除余差。用积分时间 T 来表示其作用的强弱，T 愈小，积分作用愈强，但积分作用太强时，也会引起振荡。微分调节根据“偏差变化速度”来动作。它的输出与输入偏差变化的速度成比例，其效果是阻止被控变量的一切变化，有超前调节的作用，它使调节过程偏差减少，时间缩短 ，余差也减小(但不能消除)。它用微分时间 T_d来表示其作用的强弱，T_d大，作用强，但 T_d太大，也会引起振荡。

⑤ 对于一个控制回路，通常由一个 PID 调节器来实现反馈控制，为了使控制调节的反应速度和开度变化更加快速合理，需要对 PID 调节器的 PID 参数进行整定，根据自控回路上设备的综合系统特性，调试出一个比较合理的 PID 参数匹配值，才能投用自动控制。在长输管道的单回路控制中，常常用来控制进出站压力、流量和分输流量，自动调节一般只用到比例和积分控制。

⑥ 分输流量控制的实例。长输管线中的输油站分输区设置了流量调节阀，通过 PID 调节控制，达到控制分输流量的目的。即给定值为设定分输流量，调节器定为反作用，一般没有温度调节滞后问题，无需设置微分调节，只需设置比例度和积分时间即可。当分输流量超过设定值时，关小调节阀，反之开大调节阀，直至分输流量与设定值一致时保持调节阀不动。见图 28－10。

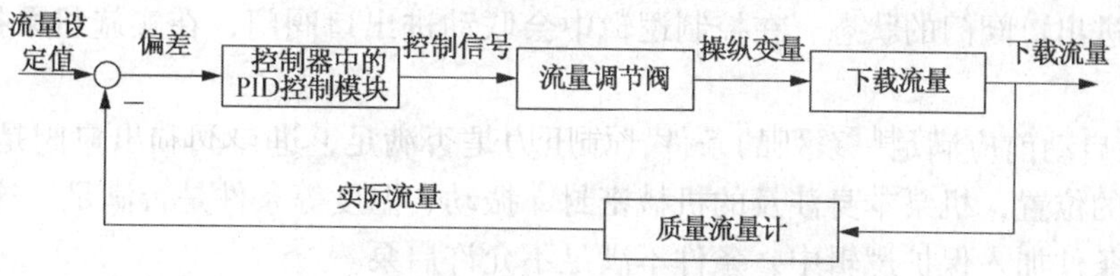

图 28－10　分输流量 PID 控制回路示意图

（5）复杂回路控制

① 选择控制，见图 28－11。

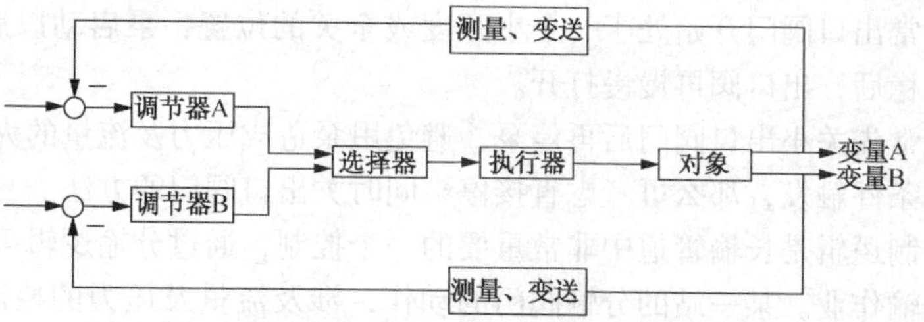

图 28－11　选择控制回路方块图

选择性控制又叫取代控制，在该系统中，一般有两个或两个以上调节器，它们的输出通过一个选择器后，送往执行器。这两个调节器，一个在正常情况下工作，另一个在非正常情况下工作。在生产处于正常情况时，系统由用于正常工作下工作的调节器进行控制；一旦生产出现不正常情况，用于非正常情况下工作的调节器将自动取代正常情况下工作的调节器，对生产过程进行安全性控制，直到生产自行恢复到正常情况，正常情况下工作的调节器又将取代非正常情况下工作的调节器，恢复对生产过程的正常控制。

② 出站调节阀选择控制实例。在长输管道中，输油泵站出站设置调节阀，用来调节泵入口压力、出站压力。对于入口压力控制回路来说，只要入口压力高于设定压力，调节器的输出就不断开大，直到 100%，这时以低选器选择出口压力调节的输出来控制出口阀，但是，一旦入口压力低于入口的设定压力，调节器的输出不断向下减小，当调节器输出下行到小于泵出口压力调节的输出时，低选器把控制权切换给入口压力控制器，达到选择控制的目的(见图 28－12)。首站除了保护性调节入站压力、出站压力外，还加上出站流量调节，正常情况下，入站压力不低、出站压力不高，控制出站流量，低选回路的工作原理与以上相同。低选控制的关键是设定值要合理，各调节器 PID 参数整定完成，主输出控制器打在自动状态，要实现全自动控制，还需把各参与低选的调节回路都打到自动状态。

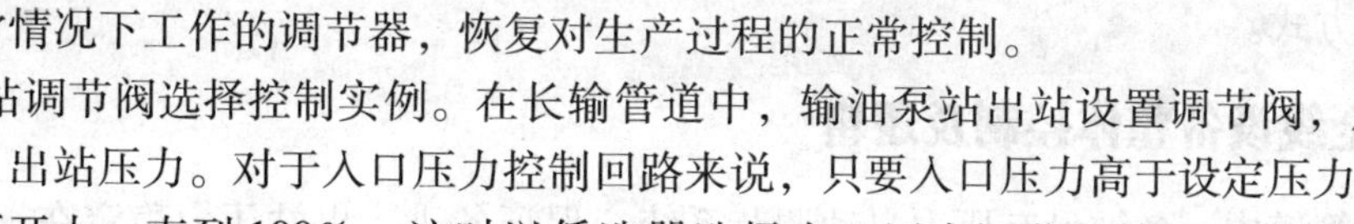

图 28－12　出站调节阀选择回路控制方块图

28.3.5.2　典型泵站的控制逻辑

（1）机泵的启停控制。基于工艺及设备本身的安全考虑，机泵的启停需要考虑与之相关的压力及泵进出口阀门的状态，在控制逻辑中会联动进出口阀门，在实施机泵控制逻辑中，需要注意：

① 机泵启动前应满足一系列的条件，如压力是否满足，进口阀和出口阀是否已经处于预先考虑好的位置，机泵本身涉及的机械密封、振动、温度等条件是否满足。这些都作为启泵前的必要条件加入保护逻辑中，条件不满足不允许启泵。

② 启泵/停泵信号是脉冲信号还是长信号，根据电气方面的要求一般都是脉冲信号，通常 SCADA 输出先到继电器的干触点，再触发继电器闭合输出信号到电气柜来动作机泵。

③ 需要考虑机泵运行或停止后与阀门动作的联系。

启泵时，通常出口阀门开始处于一个小开度或全关的位置，泵启动以后延时一定时间，待机泵运行较平稳后，出口阀再慢慢打开。

停泵时，通常先关小出口阀门后再停泵，避免甩泵造成压力及流量的大波动。如果是紧急停泵，如联锁条件触发，那么可考虑直接停泵同时关出口阀门的方法。

（2）分输控制逻辑是长输管道中非常重要的一个控制，通过分输逻辑可以全自动或半自动完成油品的分输作业。某一站的分输阀门的动作，涉及流量及压力的控制对全线的影响。通常来讲，分输控制逻辑包括分输前的准备、分输开始和分输结束三部分。需要考虑以下几点：①分输前的准备：包括工艺要求的流程导通，批输数据的录入，如分输油品种类、介质特性、分输流量、分输总量等。②分输开始：开始的标志，可以分为自动方式和手动方式，考虑人工触发命令还是按照设定时间触发命令，再通过油品介质特性判断实施分输。③分输结束：如果设定总量，那么到达总量时自动停止分输；如果分输过程中发现非本次分输的油品到达，那么应自动启动意外情况停止分输；除了以上两项考虑外，还应设定人工停止分输控制程序的方式。

28.3.6 全线设备整体控制及逻辑

在长输管道中，各站设有压力自动调节系统，保证各进、出站压力稳定在一定范围内，以防止水击产生。针对不同的工况发生时，提出相应恰当的处理预案及处理措施，通过 SCADA 系统的功能组态实现水击保护控制，以消除不安全因素可能产生的危害。常用的逻辑保护措施有：

1. 调节性保护，调节进出站压力

在各泵站的出站设置调节阀，确保泵入口压力不低于设定值，出站压力不高于设定值，保证机泵及管线的运行安全。该方法属于超前保护。

2. 停泵或停站保护

当发生异常工况时，如线路截断阀突然关闭等，需要局部或全线停泵、停输。

28.4 系统的维护和管理

28.4.1 系统的运行环境及要求

系统的运行环境对系统能否长期稳定、可靠运行有很大的关系，一般控制室和机柜室温度控制在 10～26℃之间，以 22℃为宜；相对湿度在 20%～70%，以 45%为宜。另外，控制室和机柜室应保持清洁，过多的灰尘会影响到系统设备的使用寿命和引发故障。

28.4.2 系统日常维护的内容和方式

28.4.2.1 关键设备巡检

（1）服务器。检查设备的状态灯指示和运转是否正常，服务器的硬盘指示灯是否显示正常。

（2）交换机。检查设备的状态灯指示和运转是否正常，交换机各端口指示是否正常。

（3）控制器。检查控制器冗余工作是否正常，电源灯、状态灯等是否显示正常，是否有故障状态显示。

（4）I/O 连接模块。检查连接模块指示灯、状态灯是否正常。

（5）I/O 卡件。检查卡件电源灯、状态灯是否显示正常。

（6）电源模块。检查工作状态灯是否正常，必要时检查 24V 输出是否正常。

28.4.2.2 保持系统设备及运行环境的清洁

鉴于系统运行环境的重要性，日常应注意保持控制室内和机柜室内的环境卫生，严格遵守相关控制室和机房的管理制度，随时做好室内环境和设备表面的清洁工作。

28.4.3 系统定期维护的内容和方式

28.4.3.1 数据备份

（1）备份内容

① 画面组态文件；

② 控制器组态文件；

③ 数据库最新文件；

④ 数据库数据，包括实时数据文件和历史趋势文件等。

（2）备份周期

① 每季度或半年进行一次全面备份，并存储于专用机器、移动硬盘或其他专用存储设备上，对备份文件使用规范化标识，并注意时间标签；

② 对于任何有修改的组态文件，应及时进行备份，并另存于至少两个不同地方。

28.4.3.2 SCADA 系统服务器的远程定期优化和整理

（1）优化内容：

① 磁盘清理；

② 历史数据清理；

③ 报警记录清理；

④ 文件的清理。

（2）优化周期：每半年定期清理一次，并且完成清理后要重新启动服务器。

28.4.3.3 SCADA 系统后备电池的定期检测

（1）检测内容：主要检测控制器电池的工作情况，电池电压是否正常，接线是否良好。

（2）检测周期：每半年应检测一次。

（3）检测方法：

① 接线检查。检查电池与控制器连接处是否牢固，电缆接口是否与控制器及电池接口对应（正负对应，在控制器及电池均有标识）。

② 检查电池电压。如果电池安装位置较窄，不利于操作，可将电池上电缆接头拔出后，

将安装在导轨上的电池拉出，在方便操作的地方测试电池的电压(正常情况下电池电压为3.6～4.0V)，拆出以后应间隔半小时以上再重新测量一次。

③ 电池回装。将完成测试的电池回装及恢复接线。

④ 断电测试电池。首先记下主从控制器，然后将从控制器断电，最后将主控制器断电。此时，SCADA 操作画面应无法正常显示现场数据。

⑤ 恢复上电。10min 后，给主控制器上电；约 2min 后，控制器应能正常工作。观察操作站 SCADA 画面能否正常显示数据，调控中心有关该站的画面能否正常显示数据。

⑥ 如果无法正常显示数据，那么联系专业人员检查程序保持情况，当画面数据显示正常后，再给从控制器上电。

⑦ 观察主从控制器同步正常以后，可切换主从控制器，采用同样的方法测试从控制器电池的性能。

28.4.3.4 控制器的冗余功能定期测试

控制器硬件或者软件运行时间过长，出现软故障的几率增大，应定期进行预防措施消除，预防性处理措施工作步骤如下：

(1) 落实安全措施后，将从控制器断电，20min 后，给此从控制器上电，观察主控制器是否可以正常同步从控制器。

(2) 将主控制器断电，观察从控制器能否自动切换作为主控制器。

(3) 原主控制器断电 20min 后，给此控制器上电(已作为从控制器)，观察主控制器是否可以正常同步从控制器。

(4) 将从控制器断电，并将电池模块拔出，20min 后，插上电池模块，并给从控制器上电，观察主控制器是否可以正常同步从控制器。

28.4.4 用户身份和密码的安全管理

28.4.4.1 用户的管理

(1) 操作系统用户。主要分为三个级别：操作员级别是最低级别，主要特点是作为普通操作员登陆服务器或工作站使用的用户，没有权限浏览计算机内部文件，没有权限关闭计算机；工程师级别是作为站场技术员使用，有一定管理计算机的权限，除了可以运行 SCADA 系统软件外，还可以进行计算机日常维护，有权限启停服务器；最高级别是管理员级别，有权限配置服务器的各种用户，并对其他用户分配权限。

(2) SCADA 系统用户。主要分为三个级别：操作员级别是最低级别，作为日常对现场的监控；工程师级别是作为站场技术员使用，有权进行日常维护管理权限，比如趋势组态、站控中控权限切换、联锁紧急切除；最高级别是管理员级别，有权限配置服务器的各种用户，并对其他用户分配权限，进行 SCADA 系统内部组态。

28.4.4.2 密码安全管理

(1) 使用者必须以合法的账户和密码登录计算机系统，并妥善保管，任何使用别人的账户密码登录系统的行为均属于违章操作。

(2) 合法使用者发现密码泄密时，应及时向专业人员报告，由其修改账户密码。

28.4.5 联锁投用和摘除管理

联锁保护系统根据其重要性程度，可实行分级管理，明确规定相关部门的管理职责、审批权限及审批程序。必须注意以下内容：

（1）联锁保护系统需要变更、临时解除或取消时，必须履行审批手续。

（2）执行联锁保护系统的变更、临时/长期解除、取消等作业前，应办理作业票，注明依据、作业执行人/监护人、执行作业内容、作业时间等。在操作过程中应与工艺操作人员保持密切联系。处理完成后，应在工作票上做好记录并签字确认。

（3）新设备检修后投运之前、长期解除的联锁保护系统恢复之前，应对所有相关的联锁回路进行检查和确认。

（4）联锁保护系统所用到的仪表、设备、器件、运算单元等应随设备停车检修进行检修、校准、标定。新更换的元件、仪表、设备必须经过检验、标定之后方可装入系统。联锁保护系统检修后必须进行联校，并履行投用手续。

28.5 系统常见故障判断和处理思路

28.5.1 操作画面死机的判断和处理

28.5.1.1 故障现象

操作画面数据不更新，或无法点击画面设备等。

28.5.1.2 处理方式

（1）注销及重新登陆

① 拉出键盘，用左手按住键盘上的 Ctrl 和 Alt 键，用右手点击一次 Del 键。

② 在弹出的画面上用鼠标或键盘上的 Tab 键选择 Log off 按钮，点击或回车一次。

③ 在弹出的画面上选择 Yes，进行点击或回车确认。

④ 重新登录用左手按住键盘上的 Ctrl 和 Alt 键，用右手点击一次 Del 键。

⑤ 在第一栏中输入用户名，在密码栏中输入密码，回车确认。

⑥ 重新运行 SCADA 监控软件，根据需要输入操作用户名和密码。

（2）重启机器．对于无法正常注销的，取得专业人员的同意后通过主机电源开关重启机器或联系专业人员协助进行处理。

28.5.2 监控画面少量仪表信号显示不正常的判断和处理

28.5.2.1 故障现象或原因

（1）现场变送器等元件故障。

（2）连接线路问题，包括信号线接反、松动、脱落、断路。

（3）卡件或通道故障。

28.5.2.2 采取的措施

（1）检查该点所在的卡件是否正常，若卡件正常，则检查线路。

（2）检查现场设备信号是否正常送入 I/O 卡件，信号送入是否准确，若送入不准确，则在回路中逐段查找，检查卡件接线处、浪涌的输入/输出、现场仪表的输出等。

（3）如果显示值与现场不一致，检查 SCADA 组态设置的量程是否与仪表一致。

(4)若通道故障，则改接至备用通道的端子上进行试验，确认以后更换通道，需变更接线和相应的组态。

28.5.3 阀门远程操作不正常的判断和处理

(1) 检查命令是否正常发出。

(2) 如果命令正常发出，检查卡件通道是否正常。

(3) 检查浪涌保护器是否正常，检查各接线端子是否正常。

(4) 如果以上都正常，那么应在阀门执行机构上检查信号是否到达以及执行机构的工作情况。

28.5.4 机泵或阀门误动作的判断和处理

(1) 首先通过事件记录查看是否为人为动作。

(2) 在报警记录中查看是否有报警或者联锁动作信息。

(3) 联系专业人员到程序中查看与该设备相关的程序是否动作，是否有命令发出。

(4) 如果并非从系统内部发出指令，那么查看现场或配电房的情况，检查现场操作柱或执行机构或配电房的控制。

28.5.5 某站的数据在调控中心显示不正常或数据中断的判断和处理

(1) 查看该站与调控中心的通信线路是否畅通，可以通过 Ping 包命令进行检查，并诊断故障出现的节点位置。

(2) 检查服务器与该站控服务器或控制器的通讯状态是否正常，不同厂家采集数据的方式不一样，有些从该站服务器读取，有些直接从该站控制器中读取数据。

(3) 登陆该站服务器，检查该站场的数据是否正常。

(4) 检查控制器的工作状态是否正常。

28.5.6 SCADA 系统单体设备故障判断及处理

(1) 检查设备的各种运行状态指示灯，一般都有电源灯、状态灯等，检查是否正常，外部供电是否正常，故障灯是否亮。

(2) 可联系专业人员进入系统内部程序中检查设备的工作状态，是否正常工作。

(3) 如果设备出现故障，由于设备长时间运行后可能出现一些软故障，可通过断电重启后解决，有些设备卡件也可通过重新插拔的方式恢复正常；如果是卡件故障，由于同类卡件都是通用的，可更换好的卡件来检查底座是否有问题，或者把卡件插到好的底座上检查。

(4) 以上方法如不能解决问题，则需要更换设备。

28.5.7 通信链路故障判断及处理

(1) 查看调控中心与各站的通信线路是否畅通，可以通过 Ping 包命令进行检查，并诊断故障出现的节点位置。

(2) 检查内部电话和工业电视监控是否正常，是否为光缆中断导致。

(3) 检查交换机和路由器的工作状态，是否正常工作。

(4) 检查通信机房相关设备是否有故障，是否有报警。

(5) 联系通信专业人员协助检查处理。

28.5.8 第三方通信数据信号故障判断及处理

目前与SCADA系统通讯的第三方设备主要有密度计、流量计算机、液位计、电气SCADA系统及部分用户库区系统等，采用串行通讯实现数据的互传，传输方式为RS485，通信协议为Modubus RTU。故障现象通常是其中一种或几种设备的通信数据异常、无数据或数据不刷新不变化，这是由于其中一种或几种设备与SCADA系统的通信不通所导致。

第三方通讯故障的判断方法，一般都是通过Modscan软件对第三方设备传输过来的数据进行扫描(即采用该软件与第三方设备进行通讯)，观察数据是否到达；也可用串行通信软件与SCADA通信口连接，检查SCADA的通信端口和输出数据包的情况。

需要用到的设备：笔记本电脑、RS232转RS485转换器及部分信号线。将第三方设备的两根线接上转换器的正端和负端，并将转换器插在笔记本的串口，打开Modscan软件，填写或选择设备地址、传输波特率、停止位、校验类型、起始地址、数据个数、数据类型等参数进行通讯测试。如果没有数据显示，说明第三方设备通信数据无输出或线路有问题，那么需要联系相关部门或专业进行处理；对于库区液位的通讯，需要协调油库处理。

28.6 SCADA系统安全应急操作指南

28.6.1 外供电断电应急措施

SCADA系统需要配置稳定的电源：双回路外供电和不间断电源(UPS)的电源配置。即便是管线生产停输的情况下，SCADA系统仍作为监控的重要手段，需要连续运行工作。当外供电断电，SCADA设备只能依靠UPS蓄电池的放电维持运行，一旦电池放电耗尽，系统将会瘫痪，这时只能依靠系统内的小电池维持控制器里的程序，但只能维持有限的时间，根据电池容量的大小，从几小时到几天不等。

如果SCADA系统是由于外线停电而面临断电，需安排人员严密监视UPS电池的放电情况，在外电未能恢复供电而UPS蓄电池的放电又要放尽的情况下，需按正常步骤停下系统，防止系统数据丢失或损坏系统设备，由调度人员通知相关人员抓紧联系，尽快恢复供电。

应急处置如下：

(1) 做好危害识别，落实好安全防护措施。

(2) 经调度同意后，现场技术人员按照系统启停的步骤要求，停下SCADA系统，防止系统数据丢失或损坏系统；而后切断电源。

(3) 做好现场的监控工作，待供电恢复正常后，执行上电恢复流程。上电恢复流程是危害识别的重点环节，因为系统上电的过程中，部分系统的输出会根据不同的情况导致不同的输出状态或者回到初始化的状态，因此要根据系统的实际情况进行判断，从而采取各种不同的安全措施，确保系统上电后不影响不改变在用现场设备的工作状态。

(4) 明确断电和恢复流程的确认注意事项。系统断电后，控制器电池的不同状态决定了现场所需采取的不同措施。如果电池有电能够保持程序且能够记忆输出卡件断电前的输出值时，系统上电后，不需要进行人工确认的系统会自动恢复正常，现场设备不会发生任何动作。但当电池无法保持程序时，系统上电后程序丢失，应该在上电前完成现场可调节设备置为就地的确认工作，然后再上电重新分输程序，分输程序结束后，要注意观察SCADA画面上可调节设备的OP输出和现场状态是否一致，不一致的要进行相应的操作(中控或站场)，使两者都一致后，才能将现场调节设备置为远控状态，确保设备不发生误动作。

（5）SCADA 系统断电后，现场操作和监护人员要加强对现场的监控，此时现场智能仪表也失去数据，现场监控要以一次就地仪表的指示为主，应该把管输系统如主输泵的入口和出口压力等作为关键监控，还有进出站的压力和阀门以及出站调节阀门等。

28.6.2 系统病毒感染瘫痪应急措施

SCADA 系统在进行系统维护和数据备份过程中，不可避免要使用部分移动介质。同时系统在与其他信息系统进行数据交换的过程中，也存在着网络传播感染病毒的可能。病毒感染事件是指操作系统软件或者应用软件在运行过程中失去了正常功能，不能正常执行操作或者系统运行速度异常缓慢，实时数据不能完成在线处理，历史数据不能进行备份且不能有效调用的现象，或者是网络阻塞等等人为不能解释的异常行为。SCADA 系统感染病毒后，应对其所使用的服务器和操作站进行紧急处理，使其断离网络，然后查找原因，设法解决。

应急处置如下：

（1）断开相关联的网络。

（2）查找病毒源，查找异常的进程，并根据异常原因，查找根源。

（3）确定方案，如有针对性地杀毒或格式化硬盘重新安装系统，争取在最短的时间内恢复。一定要用最新的备份恢复系统和数据。系统平时的管理要做到规范化，以便第一时间能找到最近最新的组态数据备份，缩短修复时间。

另外，平时应该对外来访问执行严格的审批制度，加强密码管理，定期进行更换；加强远程终端管理，杜绝一切感染病毒的可能。

28.6.3 系统及周围火灾爆炸应急措施

SCADA 系统火灾指控制室内能够对系统运行造成影响的火灾。包括控制室火灾、机房火灾、配电系统火灾和周边油库火灾。根据造成火灾的不同原因、区域并根据火灾造成的后果分别进行应急处置。UPS 室火灾如果不能及时扑灭，将导致 SCADA 系统及相关通信系统供电中断，SCADA 系统、调度及行政电话等全部瘫痪。当出现火情时，当班人员在确保自身安全的前提下，应重点做好管道安全运行监控。当控制室着火时应在力所能及的情况下处理控制室内的初期火情。

应急处理措施如下：

（1）当班人员在接到火灾报警或发现火灾后，应保持镇定、不慌乱。

（2）如火情较小，且为非电气系统的火情后，应立即动用控制室内灭火器材灭火；若确认为电气系统的火情，立即采取断电等应急措施，如果是某一台设备或某条线路着火，若空开未跳开，应立即断掉其电源，并采用机房内配置的二氧化碳灭火器进行灭火。

（3）如火情较大，立即拨打消防部门电话，向消防部门报警，说明发生火灾的单位名称、地点、起火部位和大小、联系电话等基本情况。

（4）向上级汇报，并打印当前工况作为后续电话指挥或现场应急操作的依据。

（5）当火情威胁到人身安全时，由专职消防员进行灭火，必要时协助；如果火情进一步蔓延扩大，应从安全通道、路线撤离，撤离时应尽可能戴上防毒面具；若没有防毒面具，应用毛巾或湿布蒙住口鼻，减少烟气的吸入；如烟不太浓时要俯下身子行走，必要时，须匍匐行走。

（6）在现场如果核实为火警误报时，应及时将系统误报的原因及处理情况向有关部门及相关人员汇报。

28.6.4 系统防洪抗汛应急措施

洪汛灾害事件是指江河湖海决堤、水库垮坝、山洪以及汛情引发的泥石流、山体滑坡等影响到控制室和设备室的SCADA系统和无人值守的RTU阀室等。

应急处置如下：

（1）在洪汛灾害到达前，做好对控制室的围堵保护措施（如筑围墙，垒沙袋等），确保控制室的安全。因为控制室内的系统设备大部分无法搬离或垫高，而电子设备（控制系统）是严禁进水的，一旦控制系统进水，特别是泡在水里，那么整套系统将有可能瘫痪，而且电子设备进水后将很难恢复，所以必须保证控制系统的安全。

（2）关闭系统设备；经调度同意后，现场人员按照系统启停的顺序要求，停下系统设备，防止系统数据丢失或损坏系统；而后切断电源。

（3）加强设备设施监控和监护。如果水已经进入阀室或者控制室，那么应该尽快组织人员将RTU或者服务器、工作站、交换机、显示器等搬到安全的地方，最大限度减少损失。

（4）系统恢复。洪汛灾害过后，应尽快组织人员清洗现场，检查、恢复系统，为恢复生产创造条件；并准备好备品备件，及时更换损坏的设备。

第 29 章　管道通信

29.1　通信系统的组成及作用

29.1.1　通信系统简介

通信是指各种“消息”的传递和交换。通信的最基本形式是点对点之间建立通信系统。传递信息所需要的一切技术设备的总和称为通信系统。通信系统的一般模型如图 29－1 所示。

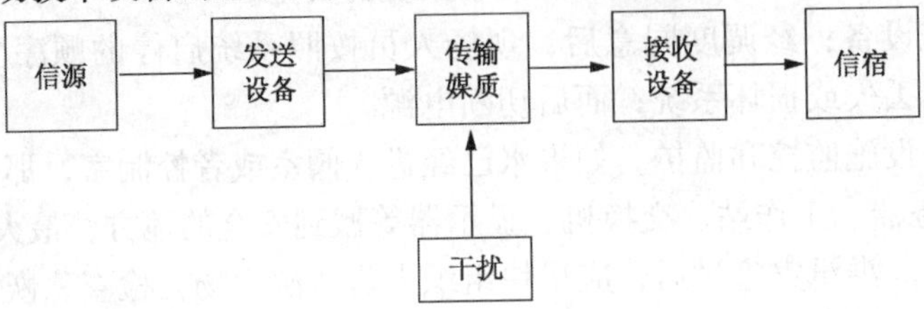

图 29－1　通信系统一般模型

29.1.2　常见通信设备

众多的通信系统通过交换系统按照一定的拓扑结构组合在一起，才能形成一个通信网。最早的通信网是公用电报网，随后建立了公用电话网，后来又建立了用户电报网。近年来，综合业务数字网发展迅猛。

一个实际的通信系统由如下三大部分组成：终端设备(电话机、传真机、计算机)；传输链路(无线、有线)；交换设备(电话交换机、SDH、计算机网络交换机、路由器)。输油管道通信系统就是一个开通了电话、传真、会议电视、视频监控、计算机网络和 Internet 等业务的综合业务数字网。

常见通信设备主要有终端设备(如电话机、传真机、计算机等)、传输设备(如光传输设备、微波站等)、交换设备(如程控电话交换机、交换机、路由器)。

29.1.3　通信系统的作用

伴随着油气长输管道建设，管道通信系统应运而生，主要是以光传输系统为载体，以 SCADA 系统、OA 系统、视频监控系统、视频会议等业务系统组成的一个综合性通信系统，主要功能是为管道石油输送生产、办公自动化等提供可靠的通信保障。

管道通信系统作为成品油管道的基础性配套系统，作为输油管道的神经中枢，担负着生产系统数据传输、调度及语音通信、视频会议及视频监控、办公自动化管理等任务，为成品油安全稳定的输送提供可靠通信保障。

29.2　光纤通信基础知识

29.2.1　光纤通信的优点和缺点

所谓光纤通信，就是利用光纤来传输携带信息的光波以达到通信的目的。要使光波成为携带信息的载体，必须先在发射端对其进行调制，而在接收端把信息从光波中检测出来(解调)。依目前技术水平，大部分采用强度调制与直接检测方式。

典型的数字光纤通信系统如图 29－2 所示。

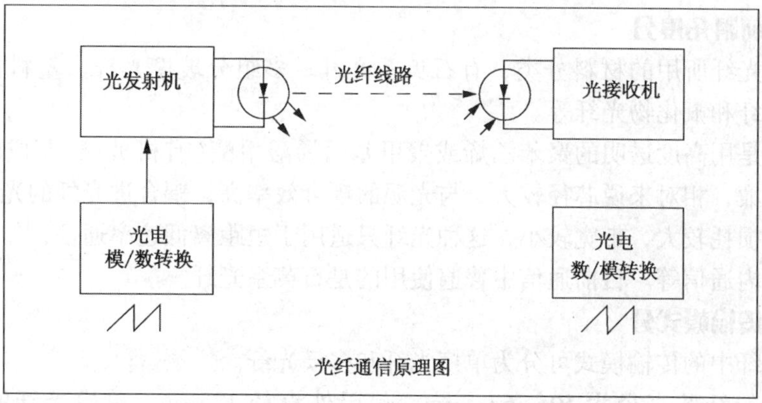

图 29－2　数字光纤通信系统方框图

与电缆或微波等电通信方式相比，光纤通信具有不受电磁干扰、光纤线径细、重量轻、便于施工运输、损耗低、中继距离长等优点，但也具有光纤弯曲半径不宜过小、切断和连接操作技术复杂、分路、耦合麻烦等缺点。

29. 2. 2　光的基本知识

光信号的分类如下：

功率：（w/db）使用光功率计测试时 dBm 一种典型的测量单位。类似电灯，功率越大＝越亮。

波长：从 350m（蓝色光）到 700nm（红色光）为人眼可以识别的光，光通信系统则通常使用 850、1310、1550nm 三个波长。人眼可以识别的光从 350nm（蓝色光）到 700nm（红色光），光纤通信所用的波长 800 ~1600nm，光度量的单位为纳米（nm）。不同的颜色（波长）有不同的特征，如：日落时的橘红色阳光，雾灯的黄色光。

29. 2. 3　光纤的结构

通信用光纤主要是由纤芯和包层构成，包层外是涂覆层，整根光纤呈圆柱形。纤芯的粗细、纤芯材料和包层材料的折射率，对光纤的特性起着决定性的影响。基本结构如图 29－3 所示

(1) 纤芯：主体材料为 SiO_2(石英)，掺杂微量的掺杂剂，如二氧化锗(GeO_2)，用以提高纤芯的折射率(n_1)。纤芯的直径通常在 5 ~ 50μm 之间。

(2) 包层：一般采用纯 SiO_2，外径为 125μm。包层的折射率(n_2)低于纤芯的折射率(n_1)。

(3) 涂覆：涂覆采用环氧树脂、硅橡胶等高分子材料，外径约 250μm。通过增加涂覆，增强光纤的柔韧性、机械强度和耐老化特性。按照光在光纤中传输模式的不同，分为单模光纤和多模光纤。单模光纤的纤芯直径极细，一般不到 10μm；多模光纤的纤芯直径较粗，通

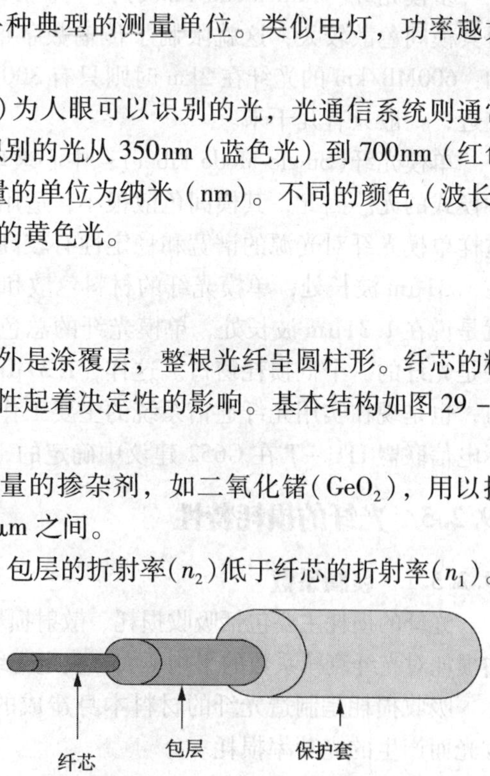

图 29－3　光纤基本结构图

常在 50μm 左右。但从光纤的外观上来看，两种光纤区别不大。

29.2.4 光纤的分类

29.2.4.1 从材料角度分

按照制造光纤所用的材料分类，有石英系光纤、多组分玻璃光纤、塑料包层石英芯光纤、全塑料光纤和氟化物光纤等。

塑料光纤是用高度透明的聚苯乙烯或聚甲基丙烯酸甲酯（有机玻璃）制成的。它的特点是制造成本低廉，相对来说芯径较大，与光源的耦合效率高，耦合进光纤的光功率大，使用方便。但由于损耗较大，带宽较小，这种光纤只适用于短距离低速率通信，如短距离计算机网链路、船舶内通信等。目前通信中普遍使用的是石英系光纤。

29.2.4.2 按传输模式分

按光在光纤中的传输模式可分为单模光纤和多模光纤。

多模光纤的纤芯直径为 50～62.5μm，包层外直径 125μm，单模光纤的纤芯直径为 8.3μm，包层外直径 125μm。光纤的工作波长有短波长 0.85μm、长波长 1.31μm 和 1.55μm。光纤损耗一般是随波长加长而减小，0.85μm 的损耗为 2.5dB/km，1.31μm 的损耗为 0.35dB/km，1.55μm 的损耗为 0.20dB/km，这是光纤的最低损耗，波长 1.65μm 以上的损耗趋向加大。由于 OH^-的吸收作用，0.90～1.30μm 和 1.34～1.52μm 范围内都有损耗高峰，这两个范围未能充分利用。20 世纪 80 年代起，倾向于多用单模光纤，而且先用长波长 1.31μm。

多模光纤（Multi Mode Fiber）：中心玻璃芯较粗（50 或 62.5μm），可传多种模式的光。但其模间色散较大，这就限制了传输数字信号的频率，而且随距离的增加会更加严重。例如：600MB/km 的光纤在 2km 时则只有 300MB 的带宽了。因此，多模光纤传输的距离就比较近，一般只有几千米。

单模光纤（Single Mode Fiber）：中心玻璃芯很细（芯径一般为 9μm 或 10μm），只能传一种模式的光。因此，其模间色散很小，适用于远程通讯，但还存在着材料色散和波导色散，这样单模光纤对光源的谱宽和稳定性有较高的要求，即谱宽要窄，稳定性要好。后来又发现在 1.31μm 波长处，单模光纤的材料色散和波导色散一为正、一为负，大小也正好相等。这就是说在 1.31μm 波长处，单模光纤的总色散为零。从光纤的损耗特性来看，1.31μm 处正好是光纤的一个低损耗窗口。这样，1.31μm 波长区就成了光纤通信的一个很理想的工作窗口，也是现在实用光纤通信系统的主要工作波段。1.31μm 常规单模光纤的主要参数是由国际电信联盟 ITU－T 在 G652 建议中确定的，因此这种光纤又称 G652 光纤。

29.2.5 光纤的损耗特性

29.2.5.1 衰减系数

光纤的损耗主要包括吸收损耗、散射损耗、弯曲损耗三种，在弯曲半径较大的情况下，弯曲损耗对光纤衰减系数的影响不大，决定光纤衰减系数的损耗主要是吸收损耗和散射损耗。

吸收损耗是制造光纤的材料本身造成的，是光纤中过量金属杂质和氢氧根离子 OH^- 吸收光而产生的光功率损耗。

散射损耗通常是由于光纤材料密度的微观变化，以及所含 SiO_2、GeO_2和 P_2O_5等成分的浓度不均匀，使得光纤中出现一些折射率分布不均匀的局部区域，从而引起光的散射，将一部分光功率散射到光纤外部引起损耗；或者在制造光纤的过程中，在纤芯和包层交界面上出现某些缺陷、残留一些气泡和气痕等。这些结构上有缺陷的几何尺寸远大于光波，引起与波长无关的散射损耗，并且将整个光纤损耗谱曲线上移，但这种散射损耗相对前一种散射损耗而言要小得多。

综合以上几个方面的损耗，单模光纤的衰减系数一般分别为 0.3 ~ 0.4dB/km（1310nm 区域）和 0.17 ~ 0.25dB/km（1550nm 区域）。ITU – T G.652 建议规定光纤在 1310nm 和 1550nm 的衰减系数应分别小于 0.5dB/km 和 0.4dB/km。光纤衰减图如图 29 – 4 所示。

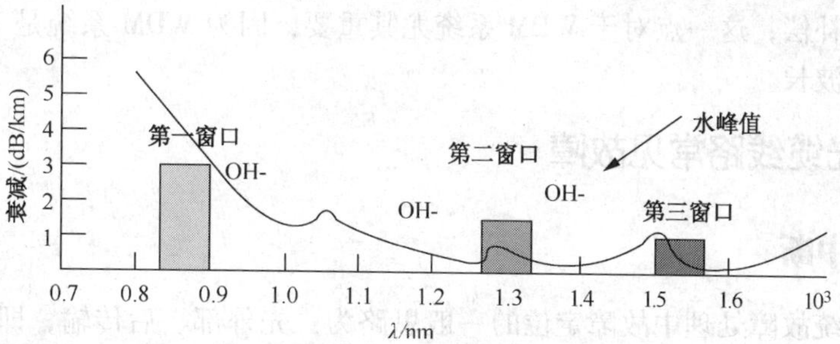

图 29 – 4　光纤的衰减图

29.2.5.2　色散系数

光纤的色散指光纤中携带信号能量的各种模式成分或信号自身的不同频率成分因群速度不同，在传播过程中互相散开，从而引起信号失真的物理现象。一般光纤存在三种色散：

模式色散：光纤中携带同一个频率信号能量的各种模式成分，在传输过程中由于不同模式的时间延迟不同而引起的色散。

材料色散：由于光纤纤芯材料的折射率随频率变化，使得光纤中不同频率的信号分量具有不同的播速度而引起的色散。

波导色散：光纤中具有同一个模式但携带不同频率的信号，因为不同的传播群速度而引起的色散。

29.2.5.3　模场直径

单模光纤的纤芯直径为 8 ~ 10μm，与工作波长 1.3 ~ 1.6μm 处于同一量级，由于衍射效应，不易测出纤芯直径的精确值。此外，由于基模 LP_{01} 场强的分布不只局限于纤芯之内，因而单模光纤纤芯直径的概念在物理上已没有什么意义，所以改用模场直径的概念。模场直径是产生空间光强分布的基模场分布的有效直径，也就是通常说的基模光斑的直径。

G.652 光纤在 1310nm 波长区的模场直径标称值在 8.6 ~ 9.5μm 范围，偏差小于 10%；G.655 光纤在 1550nm 波长区的模场直径标称值在 8 ~ 11μm 范围，偏差小于 10%。上述两种单模光纤的包层直径均为 125μm。

29.2.5.4　截止波长

为避免模式噪声和色散代价，系统光缆中的最短光缆长度的截止波长应该小于系统的最低工作波长，截止波长条件可以保证在最短光缆长度上单模传输，并且可以抑制高阶模的产生或可以将产生的高阶模式噪声功率代价减小到完全可以忽略的地步。目前 ITU – T 定义了三种截止波长：

（1）短于 2m 长跳线光缆中的一次涂覆光纤的截止波长；

（2）22m 长成缆光纤的截止波长；

（3）2 ~ 20m 长跳线光缆的截止波长。

29.2.5.5 零色散波长

当光纤的材料色散和波导色散在某个波长互相抵消时，光纤总的色度色散为零，该波长即为零色散波长。一般来讲，光纤的零色散波长位于1310nm波长区内，但人们可以通过巧妙的波导结构设计使光纤的零色散波长移到我们所希望的波长区内，从而制造出色散移位光纤。

29.2.5.6 零色散斜率

在零色散波长附近，光纤的色度色散系数随波长而变化的曲线斜率称为零色散斜率。其值越小，说明光纤的色散系数随波长的变化越缓慢，因此越容易一次性地对其区域内的所有光波长进行色散补偿，这一点对于WDM系统尤其重要，因为WDM系统是工作在某个波长区而不是某个单波长。

29.3 通信光缆线路常见故障

29.3.1 光缆中断

在光传输系统故障处理中故障定位的一般思路为：先外部、后传输，即在故障定位时，先排除外部的可能因素，如光纤断裂、电源中断等，然后再考虑传输设备故障。

光缆线路常见故障的原因：首先分析光缆线路的常见障碍现象及原因。线路全部中断：SDH出现断纤告警（光纤接口Rx警灯红灯闪烁），主要原因是ODF纤盘熔接点断、尾纤被老鼠咬断、外力挖断光缆或自然灾害等。其次是如何快速判断障碍点的准确位置。目前使用比较常见的光缆故障测试仪是安科特纳MTS－5100e便携式光时域反射（OTDR）测试仪，它可以测试光纤的长度、光纤断点的位置/光纤链路的全程损耗、沿线光纤长度的损耗分布、光纤接续点的接头损耗。

29.3.2 通信质量下降

通信故障的判断，应该从多个方面来获得信息进行分析。如：各种通信设备的指示灯，通信仪器的测试数据，通过Ping上下站之间的IP等，打电话和上下站之间以及总部沟通。

29.3.2.1 常见的故障：

（1）全部中断：此时表现为其中一站或者几站的数据全部不上传，一般为光纤线路故障；

（2）数据中断，但是电话业务正常：此时一般为传送数据的设备出现了问题，应该及时利用电话上报调度中心和通信维护人员；

（3）个别数据上传中断：此时一般为卡件故障，应及时报调度中心并通知维护人员，说明哪些数据已中断上传。

29.3.2.2 通信质量下降

（1）出现误码告警，可能的原因有光缆在敷设和接续过程中造成光纤的损伤使线路衰耗时小时大，法兰连接器与尾纤连接不到位或灰尘污染，或者其他原因造成适配时好时坏；

（2）光纤性能下降，其色散和衰耗特性受环境因素影响产生波动；

（3）光纤受侧应力作用，全程衰耗增大；

（4）光缆接头盒进水，使光纤通光性能下降；

（5）光缆可能因被重物压迫，造成光纤损伤使损耗增大（如盘纤盘内纤芯受压）等。

附录1　工艺流程及自控仪表图图例

附表1　管线和管件图例一览表

序号	名　　称	图　　例	作用(或功能)
1	工艺管道		使用于主干线，输送成品油
2	辅助管道		使用于污油或污水等辅助管线
3	保温管道		输送油品
4	已建设备及保温管道		设备或管道
5	边界线或撬状设备		框部件或撬状设备
6	焊接封头		封闭管道端头
7	法兰连接		连接
8	绝缘法兰	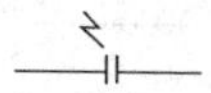	连接
9	法兰盖		封闭管道端头
10	螺纹或承接式焊接管帽		封闭管道端头
11	快速接头		接头
12	角位移法兰		连接
13	绝缘接头	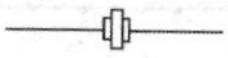	连接
14	活接头	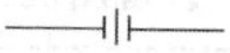	连接
15	同心大小头	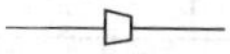	改变管径
16	偏心大小头	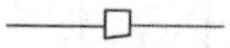	改变管径
17	隔环	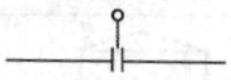	连接
18	盲板	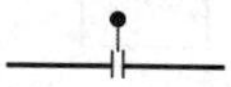	隔离
19	8字盲板	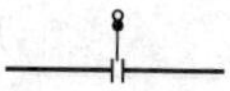	隔离
20	管道等级分界点	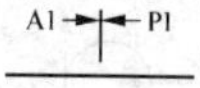	
21	带隔栅的三通	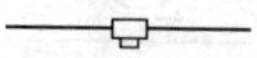	通球管线上分支
22	蓝式过滤器	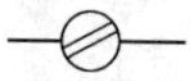	滤除杂质
23	Y型过滤器	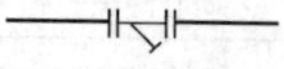	滤除杂质
24	锥型过滤器	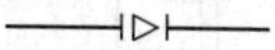	滤除杂质
25	T型过滤器	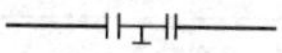	滤除杂质
26	金属软管	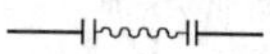	位移补偿

附表 2　阀门图例一览表

序号	名　称	图　例	作用(或功能)
1	球阀		接通或截断
2	闸阀		接通或截断
3	止回阀		阻止介质倒流
4	截止阀		接通或截断
5	蝶阀		接通或截断
6	DBB 阀		接通或截断
7	针型阀		接通或截断
8	减压阀		接通或截断
9	角阀		接通或截断
10	三通阀		接通或截断
11	四通阀		接通或截断
13	全通径球阀		接通或截断
14	安全阀		泄放压力，安全保护
15	水击泄放阀		泄放水击压力，安全保护
16	法兰连接阀(任一种)		接通或截断
17	对焊、螺纹或承接插焊阀门(任一种)		接通或截断
18	电液联动阀		接通或截断
19	电动阀		接通或截断

附表 3　设备图例一览表

序号	名　称	图　例	作用(或功能)
1	内浮定罐		储存汽油等易挥发油品
2	拱顶罐		储存柴油等挥发性较小的油品
3	卧式罐		储存油品
4	离心泵	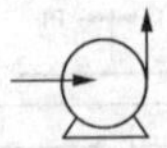	输送流体，提高流体压力
5	电动筒袋式泵	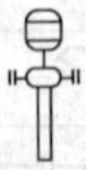	输送流体
6	隔膜泵		输送流体
7	齿轮泵		输送流体

续表

序号	名　称	图　例	作用(或功能)
8	人孔	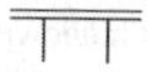	进出人员或设备
9	流量标定系统	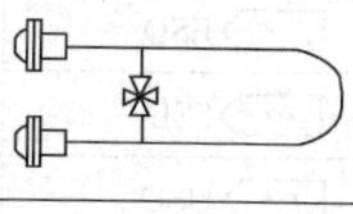	流量标定
10	污水泵	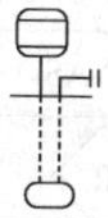	输送污水
11	电动机	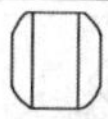	提供驱动动力
12	清管器收发筒	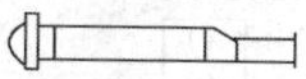	收发清管器
13	带水坑的围堰		排水
14	地面排水		排水

附表 4　自控仪表图例一览表

序号	名　称	图　例	作用(或功能)
1	过程连接		引线
2	气动信号或气源		提供信号
3	电动信号(硬连接)		提供信号
4	内部数据连接(软连接)		连接
5	液压信号		提供信号
6	现场安装仪表	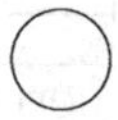	提供现场显示
7	液位计		液位测量并提供信号
8	现场安装仪表(随设备供应商带)	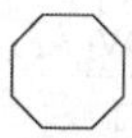	提供信号
9	火灾可燃起气体探测器		提供信号
10	流量计算机	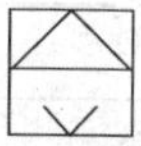	提供信号
11	基本的可编程逻辑控制(泵站/分输站)(SPLC)	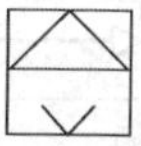	逻辑编程
12	辅助的可编程逻辑控制	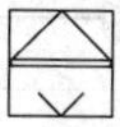	逻辑编程
13	ESD 逻辑控制		逻辑控制

续表

序号	名　称	图　例	作用(或功能)
14	停车功能	xxx Shutdown	提供信号
	紧急停车	xxx ESD	提供信号
	站停车	xxx SSD	提供信号
	单元停车	xxx USD	提供信号
	区域停车	xxx ASD	提供信号
15	手动恢复		提供信号
16	连锁逻辑		提供信号
17	涡轮流量计	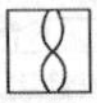	测量流量
18	超声波流量计		测量流量
19	容积式流量计		测量流量
20	质量流量计		测量流量
21	整流器	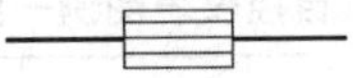	对管内流体整流
22	孔板	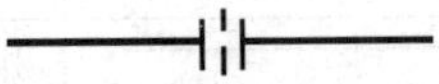	节流或测量流量
23	电动闸阀	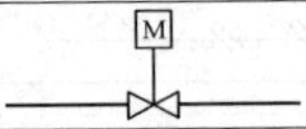	电力驱动闸阀的开关
24	电液联动球阀	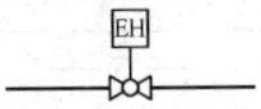	电液驱动球阀的开关
25	电动蝶阀	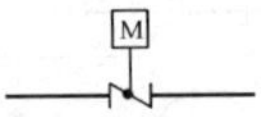	电力驱动蝶阀的开关
26	气动(执行机构)紧急停车阀	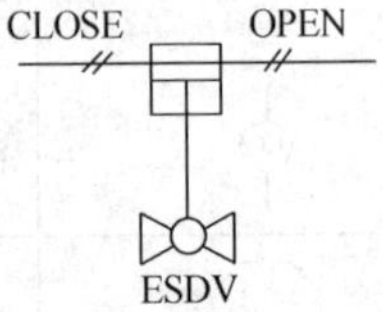	气动驱动的紧急关断阀门
27	气动(执行机构阀)无风保位阀	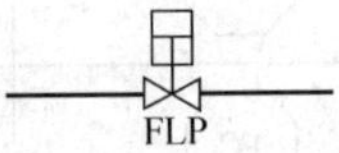	无风压时阀保位
28	气动薄膜执行机构调节阀	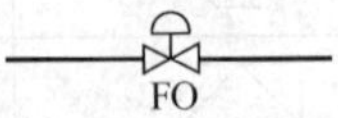	气体驱动调节
29	电磁阀	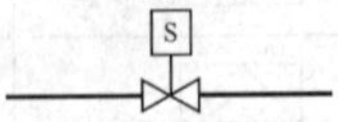	利用电磁力力驱动阀门开关
30	二位三通电磁阀	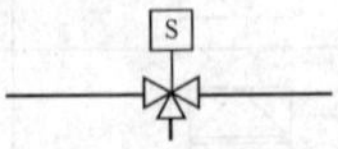	利用电磁力力驱动阀门开关
31	二位四通电磁阀	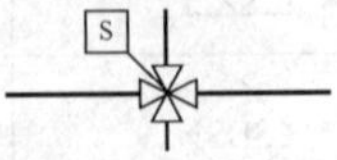	利用电磁力力驱动阀门开关

附录2 名词术语

1. 成品油。原油经过加工生产的商品油。在成品油储运中，一般多指 C_5 及 C_5 以上的轻质油。

2. 密度。单位体积内所含有的流体质量称为流体密度，以符号 ρ 表示，单位是 kg/m^3。

3. 重度。流体单位体积内具有的重力称为重度，单位是 N/m^3。

4. 压缩性。在温度不变的情况下，流体的体积随压强的增加而变小的性质称为压缩性。

5. 膨胀性。在压强不变的情况下，流体的体积随温度的升高而变大的性质叫做膨胀性。

6. 黏性。黏性指当流体微团发生相对运动时产生切向阻力的性质。

7. 压强。单位面积所承受的压力。

8. 绝对压强。以绝对真空为零点而计量的压强。

9. 相对压强(表压)。以当地大气压为零点而计量的压强，实质是指某点绝对压强超过大气压的数值，即为绝对压强与大气压之差。

10. 真空度。流体的绝对压强小于大气压产生真空的程度。

11. 稳定流。在每一空间点上，液体的全部运动参数都不随时间而变化的液流称为稳定流。

12. 不稳定流。流体的全部或部分运动参数随时间而变化的液流称为不稳定流。

13. 层流。流体流动时，如果质点没有横向脉动，不引起流体质点的混杂，而是层次分明，能够维持稳定的流束状态，这种流动状态称为层流。

14. 紊流。流体流动时，质点具有横向脉动，引起流层质点的相互错杂交换，这种流动状态称为紊流。

15. 摩擦阻力损失。在管路中流动的流体质点之间和质点与管路之间的摩擦所消耗的能量，称为管道摩擦阻力损失。

16. 沿程摩擦阻力。实际流体在管道内流动时，由于粘滞力作用，在等直径(等断面)的直管内，流体之间所产生的摩擦力称为沿程阻力或沿程摩擦阻力。

17. 局部阻力。流体流经设备、管件时，流体质点将发生急剧变化，速度分布迅速改变，并且往往出现漩涡区，产生附加阻力，称为局部阻力。

18. 水力坡降。管道的水力坡降就是单位长度管道的摩阻损失。

19. 纵断面图。管道纵断面图是指按适当比例，在直角坐标系中，用来表示管道长度与沿线高程关系的图形。

20. 管道系统。各类型输油站、管线及与输送液体有关设施的总称。

21. 输油站。输油管道工程中各类工艺站场的统称。

22. 首站。首站是长输管道的起点，接收或储存油品并经计量、加压后输往下一站。

23. 末站。为输油管道的终点。接收、储存管道来油品和混油，配套有接收油品的油库(自备库或者其它用户油库)和混油罐及混油处理设施。

24. 中间站。在输油首站与末站之间设有各类站场的统称。

25. 分输泵站。主要作用是加压和分输油品。通过输油泵给干线管道油流加压后，输往下一站，有的站也需要给支线增压；分输干线油品进用户油库、自备库、或进支线，分输量大的站还可以分输和处理混油。

26. 中间泵站。主要作用是通过输油泵给干线管道油流加压。

27. 分输站。在输油管道沿线，分输干线(或支线)油品进用户油库。

28. 分输支线泵站—分输油品进油库或向支线分输油品并经支线泵加压后输至支线末站，个别站可能两种作用兼有。

29. 输入站。将炼油厂、港口、转运站或其它管道来油注入干线，输往下站。

30. 分输阀室。从干线分输油品进支线的阀室。

31. 中间减压站—由于地形落差大而形成管内压力大于管道设计压力或由于动压过大超过下一站的允许进口压力而设置的减压装置。

32. 旁接油罐输送—上站来油可进入泵站的输油泵，也可同时进入油罐的输油工艺，油罐通过旁路连接到干线上，当本输油站与上下两站的输量不平衡时，油罐起缓冲作用。

33. 密闭输送—中间输油站不设缓冲用的油罐，是将上站来的输油干管内油品直接进入下站泵机组的入口，各输油泵站直接串联工作。

34. 翻越点。输油管道线路上可能导致后面管段内不满流的某高点。

35. 动水压力。指油流沿管道流动过程中各点的剩余压力。在水力坡降图上，动水压力是管道纵断面线与水力坡降线之间的垂直高度。

36. 静水压力。指管道系统停止输送、油流停止流动后，管内液体因地形高差而产生的静液柱压力。

37. 水击。是指在压力管路中，由于某种原因如阀门突然关闭或突然停泵而引起流速变化时，引起的管内压力的突然变化。

38. 顺序输送。在同一条管道内，多种油品按一定批量和次序连续地输送的方式。

39. 循环次数。完成一个循环所需的时间为循环周期，一年内完成的循环周期数称为循环次数。

40. 最大允许操作压力。管道内的油品处于稳定(非瞬态)时的最大允许操作压力。其值应等于站间的位差、摩阻损失以及所需进站剩余压力之和。

41. 管道设计内压。在相应的设计温度下，管道或管段的设计内压力不应小于管道在操作过程中管内流体可能产生的最大内压力。

42. 线路截断阀。为防止管道事故扩大、减少环境污染和管内油品损失及维修方便，在管道沿线安装的阀门。

43. SCADA 系统。是英文 Supervisory Control and Data Acquisition 的缩写，即数据采集与监视控制系统，是以计算机为基础的生产过程控制与调度自动化系统。

44. 就地控制。在长输管道中，通常认为就地控制级是指站控级以下，通过各类现场控制装置、动力机构或操作柱对现场设备进行手动操作。

45. 站控操作(站控)。由输油站通过站控系统对本站的设备、辅助系统以及生产过程进行监视和控制。

46. 中心控制(中控)。在调度控制中心通过 SCADA 系统对整个管线的进行调度和监控，监视全线各站场的工艺参数和设备的状态，对各站下达控制命令，完成全线生产协调控制。在正常情况下，使用中心控制进行监控。

47. 三级控制。通常是指中心控制、站控、就地控制，中心控制为第一级，站控为第二级，就地控制为第三级。

48. 误差。是指用于测量的仪器仪表不绝对准确，测量原理的局限、测量方法的不完善以及测量人员的个人因素，使测量值与被测量的真值之间存在的差值。

49. 灵敏度。是指仪表对被测参数变化的灵敏程度，或者说是对被测的量变化的反应能力，输出变化增量对输入变化增量的比值。

50. 灵敏限。所谓仪表的灵敏限，是引起仪表指针发生动作的被测参数的最小变化量。在数字仪表中，则用分辨率表示仪表的灵敏度的大小。数字式仪表的分辨率就是在仪表的最低量程上最末位改变一个数所表示的被测参数变化量。

51. 反应时间。仪表对被测量进行测量时，被测量突然变化以后，仪表需要经过一定的时间才能准确显示。反应时间就是用来衡量仪表能不能尽快反应出参数变化的品质指标。

52. 线性度。用来说明输出量与输入量的实际关系曲线偏离规定直线的程度。

53. 重复性。表示检测仪表在被测参数按同一方向作全量程连续多次变动时所得标定特性不一致的程度。

54. 自动控制。是指在没有人直接参与的情况下，利用控制装置使被控对象(如机器、设备或生产过程)的一个或数个物理量(如电压、电流、速度、位置、温度、流量、化学成分等)自动的按照预定的规律运行(或变化)。

55. 自动控制系统。是指能够对被控对象的工作状态进行自动控制的系统。它一般由控制装置和被控对象组成。被控制对象是指那些要求实现自动控制的机器、设备或生产过程。控制装置是指对被控对象起控制作用的设备总体。

参考文献

1　袁恩熙. 工程流体力学[M]. 北京：石油工业出版社，1998
2　杜扬. 流体力学[M]. 北京：中国石化出版社，2008
3　黄春芳. 石油管道输送技术[M]. 北京：中国石化出版社，2008
4　刘金玲，冯万利，张有东. 主编，数据库原理及应用[M]. 北京：清华大学出版社，2009
5　夏于飞，张国忠，卜文平. 成品油管道的运行与技术管理[M]. 北京：中国科学技术出版社，2010
6　曾多里，刘玲莉. 成品油管道输送技术[M]. 北京：石油工业出版社，2002
7　杨槐青. 石油成品油计量[M]. 太原：山西科学技术出版社，1999
8　肖素琴. 成品油计量员读本[M]. 北京：中国石化出版社，2010
9　中国石油化工集团公司，中国石油化工股份有限公司. 石油化工设备维护检修规程第七册仪表成品油计量员读本[M]. 北京：中国石化出版社，2004
10　陈洪全，岳智主编. 仪表工程施工手册[M]. 北京：化学工业出版社，2005
11　左国庆，明赐东主编. 自动化仪表故障处理实例[M]. 北京：化学工业出版社，2003
12　孟凡芹，赵鹏程主编. 油库仪表与自动化[M]. 北京：中国石化出版社，2008
13　王森等编著. 仪表工试题集 控制仪表分册[M]. 北京：化学工业出版社，2003
14　江秀汉等编著. 长输管道自动化技术[M]. 西安：西北工业大学出版社，2000
15　吴明等编著. 油气储运自动化[M]. 北京：化学工业出版社，2005
16　石油化工设备维护检修规程—仪表[M]. 北京：中国石化出版社，2004(12)
17　(英)George Coulouris. Jean. 分布式系统概念与设计(原书第3版)[M]. 北京：机械工业出版社，2004
18　邵佩英. 分布式数据库系统及其应用(第二版)[M]. 北京：科学出版社
19　周龙骧. 集中式、分散式、分布式和Client/Server体系结构[J]. 计算机世界报，1995(3)
20　姚恩德，叶非. 集散型控制系统冗余方式的探讨[J]. 自动化仪表，1999(4)
21　华镕. 如何在工业自动化中使用WEB服务[J]. 自动化博览，2006(5)